내[...] 경향에 맞춘 최고의 수험서

2024

건설재료시험 기사·산업기사 실기

고행만 저

예문사

머리말

Intro

인간의 생활환경을 보다 유익하고 효과적으로 이용하기 위하여 천연자원을 사용하여 인위적인 구조물을 건설함으로써 산업발전과 공익사업에 도움을 주고 경제발전의 중추적인 역할을 담당해 온 것이 건설사업이라고 생각합니다. 댐, 하천, 도로 및 철도, 제방 등의 구조물을 건설하고 최근에는 광범위한 분야로 세분화되어 지하공간을 이용하는 구조물의 건설과 연구에 역점을 두고 있습니다.
건설산업은 각기 다른 공종과 자재, 기술이 조화를 이루는 복합산업으로 시대가 발전하면서 급속도로 대형화, 다양화, 고도화, 첨단화되고 이에 따라 각 전문업종 분야별 기술과 품질이 중요시되고 있습니다.
이에 토목 및 건축분야에 반드시 건설재료시험기사가 착공에서 준공에 이를 때까지 현장에 상주하면서 부적합한 자재나 재료 사용을 사전에 품질시험을 통해 관리하여 양질의 구조물을 건설하여야 하겠습니다.

수험자 여러분!
건설재료시험 1차 합격을 진심으로 축하드립니다.
이 책은 짧은 시간에 2차 시험을 대비할 수 있도록 발간하게 되었습니다.
본책의 구성을 살펴보면 이론 필답은 과년도 출제문제의 유형을 중심으로 골재 및 콘크리트 분야, 토질 분야, 아스팔트 분야로 분류했고 중복되는 문제 없이 새로운 문제를 다수 수록하였습니다.
2차 시험은 이론 필답(60점)과 실기작업(40점)으로 분류되는데, 이론 필답시험을 본 며칠 후 실기작업시험을 보게 됩니다. 실기작업은 간단하게 그림과 주의할 사항을 과정별로 자세히 설명하였으므로 시험에 대비하시는 데 어려움은 없을 것입니다.
수험생 여러분이 주의해야 할 부분은 이론 필답시험 성적을 가능한 높게 취득하여야 한다는 것입니다. 그래야 실기 작업이 다소 서툴러도 시험 합격이 무난할 수 있습니다.

수험자 여러분!
여러분의 무한한 정진과 최선을 다하는 모습에서 보람을 느끼며 최종 합격을 진심으로 기원합니다.
끝으로 본책의 보급을 위해 협조해 주신 예문사 관계자 분들과 원고의 정리 및 교정 등에 많은 도움을 주신 분들께 감사드리며 항상 아껴주신 여러 선생님 그리고 가족에게 진심으로 고마움을 표합니다.

고 행 만

시험정보
Information

건설재료시험기사 실기 출제기준

직무 분야	건설	중직무 분야	토목	자격 종목	건설재료시험기사	적용 기간	2023.1.1.~2025.12.31.

- 직무내용 : 건설공사를 수행함에 있어서 품질을 확보하고 이를 향상시켜 합리적 · 경제적 · 내구적인 구조물을 만들어 냄으로써, 건설공사 품질에 대한 신뢰성을 확보하고 수행하는 직무이다.
- 수행준거 : 1. 토질 및 기초에 대한 이론적인 지식을 바탕으로 토질 및 기초시험을 수행하고 결과를 판정할 수 있다.
  2. 콘크리트용 재료 및 각종 콘크리트에 대한 이론적 지식을 바탕으로 콘크리트 관련 실험을 수행하고 결과를 판정할 수 있다.
  3. 아스팔트 및 아스팔트 혼합물에 대한 이론적인 지식을 바탕으로 관련 시험을 수행하고 결과를 판정할 수 있다.

실기검정방법	복합형	시험시간	필답형 : 2시간, 작업형 : 3시간 정도

실기 과목명	주요항목	세부항목	세세항목
토질 및 건설재료시험	1. 토질 및 기초 시험	1. 토성시험 이해하기	1. 토성시험의 기본 지식을 알고 있어야 한다. 2. 흙입자 밀도시험을 할 수 있어야 한다. 3. 함수비 시험을 할 수 있어야 한다. 4. 입도시험을 할 수 있어야 한다. 5. 컨시스턴시 시험을 할 수 있어야 한다. 6. 투수시험을 할 수 있어야 한다. 7. 기타 토성시험을 할 수 있어야 한다.
		2. 압밀시험하기	1. 압밀시험을 할 수 있어야 한다.
		3. 흙의 전단강도시험하기	1. 직접전단시험을 할 수 있어야 한다. 2. 일축압축시험을 할 수 있어야 한다. 3. 삼축압축시험을 할 수 있어야 한다.
		4. 다짐 및 현장밀도 시험하기	1. 다짐시험을 할 수 있어야 한다. 2. 현장밀도시험을 할 수 있어야 한다.
		5. 노상토 지지력비 시험하기	1. 노상토 지지력비(CBR)시험을 할 수 있어야 한다.
		6. 토공관리시험하기	1. 토공관리시험을 할 수 있어야 한다.
		7. 평판재하시험하기	1. 평판재하시험을 할 수 있어야 한다.
		8. 표준관입시험하기	1. 표준관입시험을 할 수 있어야 한다.
		9. 말뚝재하시험하기	1. 말뚝재하시험을 할 수 있어야 한다.
	2. 콘크리트 재료 및 콘크리트 시험	1. 시멘트 시험하기	1. 시멘트 밀도시험을 할 수 있어야 한다. 2. 시멘트 분말도 시험을 할 수 있어야 한다. 3. 시멘트 응결시험을 할 수 있어야 한다. 4. 시멘트 안정도 시험을 할 수 있어야 한다. 5. 시멘트 모르타르의 강도시험을 할 수 있어야 한다.

실기 과목명	주요항목	세부항목	세세항목
토질 및 건설재료시험	2. 콘크리트 재료 및 콘크리트 시험	2. 골재 시험하기	1. 골재 체가름시험을 할 수 있어야 한다. 2. 골재의 잔입자시험을 할 수 있어야 한다. 3. 골재의 안정성시험을 할 수 있어야 한다. 4. 골재의 단위용적 질량시험을 할 수 있어야 한다. 5. 잔골재의 밀도 및 흡수율 시험을 할 수 있어야 한다. 6. 굵은골재의 밀도 및 흡수율 시험을 할 수 있어야 한다. 7. 굵은골재의 마모시험을 할 수 있어야 한다. 8. 모래의 유기불순물시험을 할 수 있어야 한다. 9. 기타 골재관련 시험을 할 수 있어야 한다.
		3. 콘크리트 시험하기	1. 콘크리트 배합설계를 할 수 있어야 한다. 2. 굳지 않은 콘크리트 시험을 할 수 있어야 한다. 3. 굳은 콘크리트 시험을 할 수 있어야 한다.
	3. 아스팔트 및 아스팔트 혼합물시험	1. 아스팔트 시험하기	1. 아스팔트 시험의 기본 특성을 이해할 수 있어야 한다.
		2. 아스팔트 혼합물시험하기	1. 아스팔트 혼합물의 기본 특성을 이해할 수 있어야 한다. 2. 아스팔트 혼합물의 배합설계를 할 수 있어야 한다. 3. 아스팔트 혼합물의 품질관리시험을 할 수 있어야 한다.

건설재료시험기사 실기시험 변경 내용

변경 전	변경 후	적용 시기
• 복합형(필답형+복합형) • 필답형(2시간) – 문항 수 : 8～10문항 – 배점 : 각 문항당 2～14점 – 출제 형태 : 그림을 작도하거나 배점이 높은 복잡한 계산문제 등이 한 문항씩 출제됨 • 작업형(3시간) – 노상토 지지력비(CBR)(KS F 2320) – 흙의 액성한계시험(KS F 2303) – 모래치환법에 의한 흙의 밀도시험 (KS F 2311)	• 복합형(필답형+복합형) • 필답형(2시간) – 문항 수 : 12문항 – 배점 : 각 문항당 5점 – 출제 형태 : 복잡한 형태의 문제는 항목을 줄여서 변형하고, 그래프를 작성하는 문제는 피하는 경향이 있음 • 작업형(3시간) – 콘크리트의 슬럼프(KS F 2402) 및 공기량 시험 (KS F 2421) – 흙의 액성한계 및 소성한계 시험(KS F 2303) – 모래치환법에 의한 흙의 밀도시험(KS F 2311)	2021년도 기사 제4회 실기시험부터

◎ 건설재료시험산업기사 실기 출제기준

직무 분야	건설	중직무 분야	토목	자격 종목	건설재료시험산업기사	적용 기간	2023.1.1.～2025.12.31.

• 직무내용 : 건설공사를 수행함에 있어서 품질을 확보하고 이를 향상시켜 합리적 · 경제적 · 내구적인 구조물을 만들어 냄으로써, 건설공사 품질에 대한 신뢰성을 확보하고 수행하는 직무이다.

• 수행준거 : 1. 토질 및 기초에 대한 이론적인 지식을 바탕으로 토질 및 기초시험을 수행하고 결과를 판정할 수 있다.
2. 콘크리트용 재료 및 각종 콘크리트에 대한 이론적 지식을 바탕으로 콘크리트 관련 실험을 수행하고 결과를 판정할 수 있다.
3. 아스팔트 및 아스팔트 혼합물에 대한 이론적인 지식을 바탕으로 관련 시험을 수행하고 결과를 판정할 수 있다.

실기검정방법	복합형	시험시간	필답형 : 1시간 30분, 작업형 : 3시간 정도

실기 과목명	주요항목	세부항목	세세항목
토질 및 건설재료시험	1. 토질 및 기초 시험	1. 토성시험 이해하기	1. 토성시험의 기본 지식을 알고 있어야 한다. 2. 흙입자 밀도시험을 할 수 있어야 한다. 3. 함수비 시험을 할 수 있어야 한다. 4. 입도시험을 할 수 있어야 한다. 5. 컨시스턴시 시험을 할 수 있어야 한다. 6. 투수시험을 할 수 있어야 한다. 7. 기타 토성시험을 할 수 있어야 한다.
		2. 압밀시험하기	1. 압밀시험을 할 수 있어야 한다.
		3. 흙의 전단강도시험하기	1. 직접전단시험을 할 수 있어야 한다. 2. 일축압축시험을 할 수 있어야 한다. 3. 삼축압축시험을 할 수 있어야 한다.
		4. 다짐 및 현장밀도 시험하기	1. 다짐시험을 할 수 있어야 한다. 2. 현장밀도시험을 할 수 있어야 한다.
		5. 노상토 지지력비 시험하기	1. 노상토 지지력비(CBR)시험을 할 수 있어야 한다.
		6. 토공관리시험하기	1. 토공관리시험을 할 수 있어야 한다.
		7. 평판재하시험하기	1. 평판재하시험을 할 수 있어야 한다.
		8. 표준관입시험하기	1. 표준관입시험을 할 수 있어야 한다.
		9. 말뚝재하시험하기	1. 말뚝재하시험을 할 수 있어야 한다.
	2. 콘크리트 재료 및 콘크리트 시험	1. 시멘트 시험하기 (사유 : 순서 및 시멘트 및 콘크리트시험을 따로 분할)	1. 시멘트 밀도시험을 할 수 있어야 한다. 2. 시멘트 분말도시험을 할 수 있어야 한다. 3. 시멘트 응결시험을 할 수 있어야 한다. 4. 시멘트 안정도시험을 할 수 있어야 한다. 5. 시멘트 모르타르의 강도시험을 할 수 있어야 한다.

실기 과목명	주요항목	세부항목	세세항목
토질 및 건설재료시험	2. 콘크리트 재료 및 콘크리트 시험	2. 골재 시험하기	1. 골재 체가름시험을 할 수 있어야 한다. 2. 골재의 잔입자시험을 할 수 있어야 한다. 3. 골재의 안정성시험을 할 수 있어야 한다. 4. 골재의 단위용적 질량시험을 할 수 있어야 한다. 5. 잔골재의 밀도 및 흡수율 시험을 할 수 있어야 한다. 6. 굵은골재의 밀도 및 흡수율 시험을 할 수 있어야 한다. 7. 굵은골재의 마모시험을 할 수 있어야 한다. 8. 모래의 유기불순물시험을 할 수 있어야 한다. 9. 기타 골재관련 시험을 할 수 있어야 한다.
		3. 콘크리트 시험하기	1. 콘크리트 배합설계를 할 수 있어야 한다. 2. 굳지 않은 콘크리트 시험을 할 수 있어야 한다. 3. 굳은 콘크리트 시험을 할 수 있어야 한다.
	3. 아스팔트 및 아스팔트 혼합물시험	1. 아스팔트 시험하기	1. 아스팔트 시험의 기본 특성을 이해할 수 있어야 한다.
		2. 아스팔트 혼합물시험하기	1. 아스팔트 혼합물의 기본 특성을 이해할 수 있어야 한다. 2. 아스팔트 혼합물의 배합설계를 할 수 있어야 한다. 3. 아스팔트 혼합물의 품질관리시험을 할 수 있어야 한다.

건설재료시험산업기사 실기시험 변경 내용

변경 전	변경 후	적용 시기
• 복합형(필답형+복합형) • 필답형(1시간 30분) –문항 수 : 8~10문항 –배점 : 각 문항당 2~14점 • 작업형(3시간) –흙의 다짐시험(KS F 2312) –시멘트 비중시험(KS L 5110) –콘크리트 슬럼프시험(KS F 2402)	• 복합형(필답형+복합형) • 필답형(1시간 30분) –문항 수 : 12문항 –배점 : 각 문항당 5점 • 작업형(3시간) –흙의 다짐시험(KS F 2312) –잔골재의 밀도시험(KS F 2504) –흙 입자의 밀도시험(KS F 2308)	2021년도 산업기사 제2회 실기시험부터

차 례
Contents

Part 01 필기분야(필답형)

Part 02 실기분야(작업형)

차 례
Contents

Part 03 과년도 기출문제

차 례
Contents

PART

01

필기분야 (필답형)

CHAPTER 01 : 골재 및 콘크리트

제 1 절 일반 콘크리트

1. 굳지 않은 콘크리트의 성질

(1) 반죽질기

물의 양의 다소에 따라 반죽의 되고 진 정도

(2) 워커빌리티

반죽질기에 따른 작업의 난이도

(3) 성형성

거푸집에 쉽게 다져 넣을 수 있고 거푸집을 제거하면 천천히 형상이 변하는 과정으로 허물어지거나 재료분리가 발생하지 않는 상태

(4) 피니셔빌리티

굵은골재 최대치수, S/a, 잔골재의 입도, 반죽질기 등에 의해 표면 마무리하기 쉬운 정도

2. 워커빌리티에 영향을 주는 요소

(1) 시멘트 사용량 및 수량
(2) 골재의 모양과 입도
(3) 혼화재료의 성질과 사용량
(4) 콘크리트 온도
(5) 반죽질기
(6) 배합상태

3. 콘크리트의 압축강도에 영향을 주는 요소

(1) 배합

① 물－시멘트비
② 골재입도
③ 시멘트 품질
④ 골재 혼합비율
⑤ 워커빌리티
⑥ 공기량

(2) 혼합방법과 시공방법

(3) 시험방법

① 재령
② 공시체 모양과 치수
③ 시험기구 상태

(4) 재료의 성질, 골재의 최대치수 및 입형

4. 콘크리트 공사 중의 시험

(1) 슬럼프시험
(2) 공기량시험
(3) 압축강도시험
(4) 염화물 함유량시험

5. 콘크리트 재료의 계량오차 허용범위

(1) 시멘트 : −1%, +2%
(2) 물 : −2%, +1%
(3) 혼화재 : ±2%
(4) 골재 : ±3%

6. 워커빌리티의 측정방법

(1) 슬럼프시험
(2) 플로우시험
(3) 비비시험
(4) 케리볼시험
(5) 리몰딩시험

7. 혼화재료의 사용 목적

(1) 재료분리 방지 및 시멘트 사용량의 절감효과
(2) 워커빌리티 개선
(3) 작업의 용이성 및 양질의 콘크리트 생산
(4) 내구성, 수밀성, 화학적 저항성 증대
(5) 응결경화 촉진 및 지연 효과

8. 거듭비비기

콘크리트 또는 모르타르가 아직 엉기지 않았으나 일정한 시간이 지나 다시 비비는 작업

9. 되비비기

콘크리트 또는 모르타르가 엉기기 시작하였을 경우에 다시 비비는 작업

10. 시멘트가 풍화될 경우 발생하는 현상

(1) 응결 지연
(2) 밀도가 작아진다.
(3) 강도의 저하

11. 콘크리트의 배합설계 순서

(1) 물－시멘트비 결정
(2) 슬럼프 값 결정
(3) 굵은골재 최대치수 결정
(4) 잔골재율 결정
(5) 단위수량 결정
(6) 시방배합 산출
(7) 현장배합 조정

12. 콘크리트 시공 시 블리딩의 방지대책

(1) 분말도가 큰 시멘트 사용
(2) 가능한 한 단위수량을 적게 사용
(3) 적합한 잔골재 사용
(4) 굵은골재 최대치수를 크게 사용
(5) 부배합 시공

13. 콘크리트 시공 중 균열 발생의 원인

(1) 건조수축 및 수화열
(2) 블리딩
(3) 콘크리트 침하
(4) 시멘트의 이상 응결

14. 콘크리트 비파괴시험방법

(1) 표면경도법
(2) 방사선법
(3) 철근탐사법
(4) 초음파법
(5) 공진법

15. 콘크리트 양생 시 주의사항

(1) 일광의 직사, 비, 서리, 바람으로부터 콘크리트 노출면 보호
(2) 경화 중에 습윤상태 유지
(3) 콘크리트가 경화할 때까지 충격으로부터 보호
(4) 경화 중에 알맞은 온도 유지

16. 양생방법의 종류

(1) 습윤양생
(2) 막양생
(3) 증기양생
(4) 전기양생

17. 콘크리트 운반 도중 주의사항

(1) 운반시간 단축
(2) 재료 분리 방지
(3) 슬럼프 저하 방지

18. 콘크리트 타설 전 거푸집의 검사 내용

(1) 거푸집 청결 상태
(2) 거푸집 위치 및 치수 체크
(3) 거푸집 연결부위의 견고성
(4) 박리제 도포

19. 거푸집 내면에 박리제를 바르는 이유

(1) 콘크리트 부착 방지
(2) 물의 흡수 방지
(3) 거푸집의 뒤틀림 방지

20. 백태의 정의

콘크리트가 강우에 노출될 때 내부에 있던 염분이나 황화물 등이 용해되어 표면에 백색의 침전물이 생기는 현상

21. 레디믹스트 콘크리트 공장 선정 시 검토사항

(1) 운반거리
(2) 제조능력
(3) 운반능력
(4) 기술수준
(5) KS 허가 유무
(6) 소요시간 1.5시간 이내

22. 레디믹스트 콘크리트 표시 기준

(1) 콘크리트의 종류
(2) 굵은골재의 최대치수
(3) 호칭강도
(4) 슬럼프 또는 슬럼프 플로

제2절 특수 콘크리트

1. 서중 콘크리트 시공 시 유의사항

(1) 콘크리트 타설 전 거푸집, 주콘크리트, 지반, 기초 등은 충분히 적신다.
(2) 고온의 시멘트는 사용하지 않는다.
(3) 저온의 물을 사용한다.
(4) 장시간 열을 받은 골재는 사용하지 않는다.

2. 수중 콘크리트 시공 시 유의사항

(1) 물-결합재비는 50% 이하
(2) 시멘트량은 $1m^3$당 370kg 이상
(3) 점성이 풍부할 것
(4) 굵은골재 최대치수는 25mm 이하
(5) 정수 중 타설하거나 3m/분 이하 유속에서 타설 가능
(6) 트레미나 콘크리트 펌프 사용
(7) 연속적으로 타설
(8) 수중에 낙하시켜서는 안 된다.

3. 섬유보강 콘크리트의 특성

(1) 균열에 저항성이 크다.
(2) 인장, 휨, 전단강도가 크다.
(3) 동결융해 작용에 대한 저항성이 크다.
(4) 인성이 크다.

4. 댐 콘크리트, 매스 콘크리트의 시공관리사항

(1) 단위 시멘트량을 적게 한다.
(2) 수화열이 낮은 중용열 포틀랜드 시멘트를 사용한다.
(3) 1회 타설 높이는 0.75~2.0m가 표준
(4) 콘크리트 재료의 일부 또는 전부를 미리 냉각시켜서 콘크리트의 온도를 내린다. -Pre Cooling
(5) 콘크리트 타설 전 Cooling용 파이프를 설치하여 냉각수 또는 찬공기를 순환시킨다. -Pipe Cooling

5. 프리플레이스트 콘크리트의 특성

(1) 동결 융해에 대한 저항성이 크다.
(2) 건조수축이 보통 콘크리트의 1/2 정도로 작다.
(3) 재료분리가 적다.

6. 공기연행 콘크리트의 장점

(1) 동결 융해에 대한 저항성이 좋고 내구성이 크다.

(2) 워커빌리티가 좋아진다.

(3) 사용수량의 15% 정도가 감소된다.

(4) 수축균열이 적어진다.

7. 한중 콘크리트 시공 시 유의사항

(1) 적당한 워커빌리티 범위 내에서 단위수량을 적게 한다.

(2) 초기 동해 방지로 양생관리

(3) 조강시멘트를 사용한다.

(4) 배합 시 경화촉진제, 혼화제 사용

제3절 콘크리트 배합설계(규격 25－21－120)(레미콘 회사 배합 실례)

1. 설계기준

(1) 기본조건

① 기준호칭강도 : 21MPa

② 굵은골재 최대치수 : 25mm

③ 슬럼프(Slump) : 80mm(8cm)

④ 공기량(Air) : 4.5(%)

⑤ 시멘트 밀도 : 3.15g/cm³

⑥ 잔골재 밀도 : 2.59g/cm³

⑦ 굵은골재 밀도 : 2.60g/cm³

⑧ 잔골재 조립률 : 2.80

2. 물－시멘트비(W/C)의 결정

(1) 콘크리트의 압축강도, 내동해성, 수밀성 등을 고려하여 물－시멘트비를 55.2%로 가정한다.

(2) $f_{28} = -7.4 + 16.2\, C/W$

3. 잔골재율(S/a)의 결정

(1) 굵은골재의 최대치수가 25mm일 때의 S/a : 43.0(%)

(2) 모래의 조립률에 대한 보정치 : $\dfrac{2.80-2.80}{0.1} \times 0.5$ 0(%)

(3) W/C에 대한 보정(±5%에 ±1% 보정) : $\frac{55.2-55.0}{5}\times 1$ 0(%)

(4) 부순돌(쇄석)에 대한 보정치(+3~5% 보정) : 0(%)

(5) 슬럼프에 대한 보정치(±1cm에 ±0.30% 보정) : (12.0−8.0)×0.30 1.2(%)

(6) 워커빌리티에 대한 보정 : 0(%)

※ S/a = (1) + (2) + (3) + (4) + (5) + (6) 44.2(%)

4. 단위수량의 결정

(1) 굵은골재의 최대치수가 25mm일 때의 단위수량(W) : 160(kg)

(2) 부순돌(쇄석)에 대한 보정치(+9~15kg 보정) : 9.0(kg)

(3) 슬럼프에 대한 보정치(1cm 증감에 ±1.2% 보정) : (12.0−8.0)×0.012×160 7.7(kg)

(4) 잔골재율에 대한 보정치(1% 증감에 대해 ±1.5kg 보정) : (44.2−43.0)×1.5 1.8(kg)

(5) 워커빌리티에 대한 보정 : 0(kg)

※ W = (1) + (2) + (3) + (4) + (5) 178.0(kg)

5. 시험배치 재료량 계산 및 시험

(1) 시험 제1배치

① W/C=55.2(%), S/a=44.2(%), W=178(kg), $C=\frac{178}{0.552}=322(\text{kg})$

단 위 수 량	178.0(l)
단 위 시 멘 트 량	322.2(l)
공 기 량	25.0(l)
합 계	525.0(l)

② 골재의 체적 : 1,000.0−525.0=475.0(l)

- 잔골재 : 475.0×0.442=210.0(l)
- 굵은골재 : 475.0×0.558=265.1(l)

③ 골재의 질량

- 잔골재 : 210.0×2.59=544.0(kg)
- 굵은골재 : 265.1×2.60=689.0(kg)
- 혼화재 : 322.0×0.0025=0.81(kg)

Tip Plus 콘크리트의 워커빌리티 상태 및 슬럼프 공기량 시험을 위한 15l 재료량 계산

- 단위수량 : 178.0×0.015=2.67(kg)
- 시멘트량 : 322.0×0.015=4.83(kg)
- 잔골재량 : 544.0×0.015=8.16(kg)
- 굵은골재량 : 689.0×0.015=10.34(kg)
- 혼화재량 : 0.81×0.015=12.15(g)

(2) 시험 결과

- 슬럼프 13.0(cm)
- 워커빌리티 상태 : 굵은골재의 양이 다소 많음
- 공기량 4.5(%)

(3) S/a에 대한 보정

① 워커빌리티 불량 : 2.5(%)

② 공기량에 대한 보정치(1% 증감에 대해 ±0.5~1% 보정) : (4.5−4.5)×0.5 0.0(%)

∴ S/a=44.2+①+② 46.7(%)

(4) W에 대한 보정

① 슬럼프에 대한 보정치 : {(12.0−13.0)×0.012}×178 −2.1(kg)

② 공기량에 대한 보정치(±1%에 대해 ±3% 보정) : {(4.5−4.5)×0.03}×178 0(kg)

③ S/a에 대한 보정치(±1%에 대해 ±1.5kg 보정) : (46.7−44.2)×1.5 3.8(kg)

∴ W=178.0+①+②+③ 179.6(kg)

※ 보정결과치 S/a=46.7(%), W=180(kg)

(5) 시험 제2배치

① W/C=55.2(%), S/a=46.7(%), W=180(kg), $C=\dfrac{180}{0.552}=326$(kg)

단위수량	180.0(l)
단위시멘트량	103.5(l)
공기량	25.0(l)
합계	308.5(l)

② 골재의 체적 : 1,000.0－308.5＝691.5(l)

- 잔골재 : 691.5×0.467＝322.9(l)
- 굵은골재 : 691.5×0.533＝368.6(l)

③ 골재의 질량

- 잔골재 : 322.9×2.59＝836.0(kg)
- 굵은골재 : 368.6×2.60＝958.0(kg)
- 혼화재 : 326×0.0025＝0.82(kg)

Tip Plus 콘크리트의 공시체 제작시험을 위한 20l 재료량 계산

- 단위수량 : 180.0×0.02＝3,600(g)
- 시멘트량 : 326.0×0.02＝6.52(kg)
- 잔골재량 : 836.0×0.02＝16.7(kg)
- 굵은골재량 : 958.0×0.02＝19.2(kg)
- 혼화재량 : 0.82×0.02＝16.4(g)

(6) 시험 결과

- 슬럼프 : 12.0(cm)
- 워커빌리티 상태 : 양호
- 공기량 : 4.5(%)

6. 시방배합 결정

시험에 의한 소요 콘크리트 배합은 다음과 같다.

① W/C＝55.2(%), S/a＝46.7(%), W＝180(kg), $C=\dfrac{180}{0.552}$＝326(kg)

단 위 수 량	180.0(l)
단 위 시 멘 트 량	103.5(l)
공 기 량	25.0(l)
합 계	308.5(l)

② 골재의 체적 : 1,000.0－308.5＝691.5(l)

- 잔골재 : 691.5×0.467＝322.9(l)
- 굵은골재 : 691.5×0.533＝368.6(l)

③ 골재의 질량

- 잔골재 : 322.9×2.59=836.0(kg)
- 굵은골재 : 368.6×2.60=958.0(kg)
- 혼화재 : 326×0.0025=0.82(kg)

7. 시방배합표

굵은 골재 최대 치수 (mm)	호칭 강도 (MPa)	슬럼프의 범위 (mm)	공기량의 범위 (%)	물 시멘트비 (%)	절대 잔골재율 (%)	단위 수량 (kg/m^3)	단위 시멘트량 (kg/m^3)	단위 잔골재량 (kg/m^3)	단위 굵은 골재량 (kg/m^3)	단위 혼화재량 (kg/m^3)	단위 용적 중량 (kg/m^3)
25	21	120	4.5	55.2	46.7	180	326	836	958	0.82	2,300

CHAPTER 01 : 기출 및 예상문제

01 다음 잔골재 밀도 및 흡수율시험 성과표를 완성하시오.(단, 골재의 밀도는 표면건조포화상태 밀도이며 밀도 및 흡수율 값은 소수 셋째 자리에서 반올림하시오. $\rho_W = 1\text{g/cm}^3$)

용기의 공기 중 질량(g)	플라스크의 질량(g)	건조시료+용기의 공기 중 질량(g)	물+플라스크의 질량(g)	플라스크+시료+물의 질량(g)	건조 시료의 공기 중 질량(g)	표건시료의 공기 중 질량(g)	밀도	흡수율(%)
350	177.5	839.2	677.5	986.9		500		

Solution

(1) 건조시료의 공기 중 질량=839.2−350=489.2g

(2) 밀도$=\dfrac{500}{677.5+500-986.9}\times 1 = 2.62\text{g/cm}^3$

(3) 흡수율$=\dfrac{500-489.2}{489.2}\times 100 = 2.21\%$

02 다음 굵은골재밀도 및 흡수율시험 성과표를 완성하시오.(단, 골재의 밀도는 표면건조포화상태 밀도이며 밀도 및 흡수율 값은 소수 셋째 자리에서 반올림하시오. $\rho_W = 1\text{g/cm}^3$)

용기의 공기 중 질량(g)	철망태 수중 질량(g)	건조시료+용기의 공기 중 질량(g)	표건시료+용기의 공기 중 질량(g)	시료+철망태 수중 질량(g)	건조시료의 공기 중 질량(g)	표건시료의 공기 중 질량(g)	시료의 수중 질량(g)	밀도	흡수율(%)
225	1,528	5,690	5,816	4,973					

Solution

(1) 건조시료의 공기 중 질량=5,690−225=5,465g

(2) 표건시료의 공기 중 질량=5,816−225=5,591g

(3) 시료의 수중질량=4,973−1,528=3,445g

(4) 밀도$=\dfrac{5,591}{5,591-3,445}\times 1 = 2.61\text{g/cm}^3$

(5) 흡수율$=\dfrac{5,591-5,465}{5,465}\times 100 = 2.31\%$

03 **굵은골재의 습윤상태 질량이 6,585g, 표면건조포화상태 질량이 6,450g, 기건상태 질량이 6,395g, 노건조상태 질량이 6,312g으로 되었을 때 다음 물음에 답하시오.(단, 소수 셋째 자리에서 반올림하시오.)**

(1) 표면수율을 구하시오.
(2) 유효흡수율을 구하시오.
(3) 흡수율을 구하시오.
(4) 전함수율을 구하시오.

Solution

(1) 표면수율 $= \frac{6{,}585 - 6{,}450}{6{,}450} \times 100 = 2.09\%$

(2) 유효흡수율 $= \frac{6{,}450 - 6.395}{6{,}395} \times 100 = 0.86\%$

(3) 흡수율 $= \frac{6{,}450 - 6{,}312}{6{,}312} \times 100 = 2.19\%$

(4) 전함수율 $= \frac{6{,}585 - 6{,}312}{6{,}312} \times 100 = 4.33\%$

04 **시료를 여러 개의 무더기로 나누어서 시험하였을 때 다음과 같이 각 무더기별 굵은골재 밀도 및 흡수율 결과를 얻었다. 물음에 답하시오.**

무더기의 크기 (mm)	원시료에 대한 백분율(%)	시료질량(g)	밀도(g/cm³)	흡수율(%)
5～20	43	2,150	2.65	0.9
20～40	33	5,340	2.63	1.7
40～65	24	14,650	2.61	2.3

(1) 평균밀도를 구하시오.(단, 소수 셋째 자리에서 반올림하시오.)
(2) 평균흡수율을 구하시오.(단, 소수 셋째 자리에서 반올림하시오.)

Solution

(1) 평균밀도 $= \frac{2.65 \times 43 + 2.63 \times 33 + 2.61 \times 24}{100} = 2.63\text{g/cm}^3$

(2) 평균흡수율 $= \frac{0.9 \times 43 + 1.7 \times 33 + 2.3 \times 24}{100} = 1.5\%$

05 다음 물음에 답하시오.

(1) 콘크리트용 굵은골재의 절대건조밀도는 (①) 이상, 흡수율은 (②)% 이하여야 한다.

(2) 일반적인 골재의 조립률은 잔골재 (③)~(④)이고, 굵은골재는 (⑤)~(⑥) 범위에 있는 것이 좋다.

(3) 잔골재의 절대건조밀도는 (⑦)~(⑧) 정도이고, 흡수율은 (⑨)% 이하이다.

(4) 로스앤젤레스 마모시험에 의한 보통 콘크리트용 굵은골재의 마모율은 (⑩)% 이하로 하고 아스팔트용 골재는 (⑪)% 이하로 한다.

Solution

(1) ① 2.5g/cm^3 ② 3

(2) ③ 2.0 ④ 3.3 ⑤ 6 ⑥ 8

(3) ⑦ 2.5g/cm^3 ⑧ 2.65g/cm^3 ⑨ 3

(4) ⑩ 40 ⑪ 35(※ 아스팔트 콘크리트용 골재 : 표층)

06 다음의 잔골재 체가름시험 성과표를 보고 물음에 답하시오.

체의 크기	잔류량(g)	잔류율(%)	가적 잔류율(%)	통과율(%)
10mm	0	0	0	100
5mm	0	0	0	100
2.5mm	43.2			
1.2mm	127.5			
0.6mm	240.8			
0.3mm	106.6			
0.15mm	57.6			
Pan	8.6			
계	584.3			

(1) 빈칸의 성과표를 완성하시오.(단, 소수 둘째 자리에서 반올림하시오.)

(2) 조립률(FM)을 구하시오.(단, 소수 둘째 자리에서 반올림하시오.)

(3) 입도 상태를 판정하시오.

Solution

(1)

체의 크기	잔류량(g)	잔류율(%)	가적 잔류율(%)	통과율(%)
10mm	0	0	0	100
5mm	0	0	0	100
2.5mm	43.2	7.4	7.4	92.6
1.2mm	127.5	21.8	29.2	70.8
0.6mm	240.8	41.2	70.4	29.6
0.3mm	106.6	18.2	88.6	11.4
0.15mm	57.6	9.9	98.5	1.5
Pan	8.6	1.5	100	0
계	584.3			

① 잔류율

- 2.5mm : $\frac{43.2}{584.3} \times 100 = 7.4\%$
- 1.2mm : $\frac{127.5}{584.3} \times 100 = 21.8\%$
- 0.6mm : $\frac{240.8}{584.3} \times 100 = 41.2\%$
- 0.3mm : $\frac{106.6}{584.3} \times 100 = 18.2\%$
- 0.15mm : $\frac{57.6}{584.3} \times 100 = 9.9\%$
- Pan : $\frac{8.6}{584.3} \times 100 = 1.5\%$

② 가적 잔류율

- 2.5mm : 7.4%
- 1.2mm : 7.4+21.8=29.2%
- 0.6mm : 29.2+41.2=70.4%
- 0.3mm : 70.4+18.2=88.6%
- 0.15mm : 88.6+9.9=98.5%
- Pan : 98.5+1.5=100%

③ 통과율

- 2.5mm : 100−7.4=92.6%
- 1.2mm : 100−29.2=70.8%
- 0.6mm : 100−70.4=29.6%
- 0.3mm : 100−88.6=11.4%
- 0.15mm : 100−98.5=1.5%
- Pan : 100−100=0%

(2) 조립률(FM)$= \frac{(7.4+29.2+70.4+88.6+98.5)}{100} = 2.9$

(3) 양호하다.

잔골재 입도가 입도범위(FM=2.0~3.3) 안에 들어 양호하다.

07 다음의 굵은골재 체가름시험 성과표를 보고 물음에 답하시오.

체의 크기	잔류량(g)	잔류율(%)	가적 잔류율(%)	통과율(%)
50mm	0	0	0	0
40mm	845			
25mm	5,635			
20mm	3,249			
10mm	3,980			
5mm	2,470			
2.5mm	565			
Pan	0	–	–	–
계	16,744	–	–	–

(1) 빈칸의 성과표를 완성하시오.(단, 소수 첫째 자리에서 반올림하시오.)

(2) 조립률(FM)을 구하시오.(단, 소수 둘째 자리에서 반올림하시오.)

(3) 굵은골재의 최대치수를 구하시오.

(4) 입도 상태를 판정하시오.

Solution

(1)

체의 크기	잔류량(g)	잔류율(%)	가적 잔류율(%)	통과율(%)
50mm	0	0	0	0
40mm	845	5	5	95
25mm	5,635	34	39	61
20mm	3,249	19	58	42
10mm	3,980	24	82	18
5mm	2,470	15	97	3
2.5mm	565	3	100	0
Pan	0	–	–	–
계	16,744	–	–	–

① 잔류율

- 40mm : $\frac{845}{16,744}\times 100 = 5\%$
- 25mm : $\frac{5,635}{16,744}\times 100 = 34\%$
- 19mm : $\frac{3,249}{16.744}\times 100 = 19\%$
- 10mm : $\frac{3,980}{16,744}\times 100 = 24\%$
- 5mm : $\frac{2,470}{16,744}\times 100 = 15\%$
- 2.5mm : $\frac{565}{16,744}\times 100 = 3\%$

② 가적 잔류율

- 40mm : 5%
- 25mm : 5+34=39%
- 20mm : 39+19=58%
- 10mm : 58+24=82%
- 5mm : 82+15=97%
- 2.5mm : 97+3=100%

③ 통과율

- 40mm : 100−5=95%
- 25mm : 100−39=61%
- 20mm : 100−58=42%
- 10mm : 100−82=18%
- 5mm : 100−97=3%
- 2.5mm : 100−100=0%

(2) 조립률(FM)$=\dfrac{(5+58+82+97+100+100+100+100+100)}{100}=7.4$

※ 조립률이란 75mm, 40mm, 20mm, 10mm, 5mm, 2.5mm, 1.2mm, 0.6mm, 0.3mm, 0.15mm의 10개 체를 따로 사용하여 체가름하였을 때, 각 체에 남는 양의 전시료에 대한 질량비(%)의 합을 100으로 나눈 값이다.

(3) $G_{max}=40$mm

※ 굵은골재 최대치수란 질량으로 90% 이상을 통과시키는 체 가운데서 가장 작은 치수의 체눈을 나타낸다.

(4) 양호하다. 굵은골재 입도가 입도범위(FM=6~8) 안에 들어 양호하다.

08 굳지 않은 콘크리트의 공기함유량시험에 대한 다음 물음에 답하시오.

(1) 공기량 측정방법의 종류 3가지를 쓰시오.

(2) AE 콘크리트에서 알맞은 공기량의 범위는 얼마인가?

(3) 콘크리트 부피에 대한 겉보기 공기량(A_1)이 6.5%이고 골재의 수정계수(G)가 2.1%일 때 콘크리트의 공기량을 구하시오.

Solution

(1) ① 공기실 압력법

② 수주 압력법

③ 질량법

(2) 4~7%

(3) $A=A_1-G=6.5-2.1=4.4\%$

09 굳지 않은 콘크리트의 공기함유량시험 결과를 보고 다음 물음에 답하시오.(단, 잔골재량 및 굵은골재량은 1m³당 소요량이며 6l의 공기량 시험기를 사용하여 시험한다.)

겉보기 공기량	골재의 수정계수	잔골재량	굵은골재량
5.5%	1.2%	895kg	1,125kg

(1) 수정계수에 의한 잔골재량을 구하시오.(단, 소수 둘째 자리에서 반올림하시오.)

(2) 수정계수에 의한 굵은골재량을 구하시오.(단, 소수 둘째 자리에서 반올림하시오.)

(3) 공기함유량을 구하시오.

Solution

(1) $F_s = S \times B \times F_b = 0.006 \times 895 = 5.4\text{kg}$

(2) $C_s = S \times B \times C_b = 0.006 \times 1{,}125 = 6.8\text{kg}$

여기서, S : 콘크리트 시료의 용적

B : 1배치 콘크리트 성형된 양(l)

(3) $A = A_1 - G = 5.5 - 1.2 = 4.3\%$

10 굳지 않은 콘크리트의 반죽질기 측정방법 5가지를 쓰시오.

(1) (2) (3)

(4) (5)

Solution

(1) 슬럼프시험 (2) 흐름시험 (3) 케리볼시험

(4) 리몰딩시험 (5) 비비시험

11 시멘트의 강도시험 방법(KS L ISO 679)에서 공시체를 제작하는데 모르타르의 성형 비율을 질량으로 쓰시오.

Solution

시멘트 1에 대해서 물/시멘트 비 0.5 및 잔골재 3의 비율

12 시멘트 모르타르의 흐름시험을 실시한 결과 평균 퍼진 지름값이 112mm일 때 흐름값을 구하시오.(단, 몰드의 밑지름은 102mm이다.)

Solution

$$흐름값(\%) = \frac{모르타르의\ 퍼진\ 평균지름}{몰드의\ 밑지름} \times 100$$

$$= \frac{112}{102} \times 100 = 109.8\%$$

13 시멘트 응결에 관계되는 요소를 쓰시오.

Solution

(1) 분말도가 클수록 응결은 빠르다.
(2) 수량이 많으면 응결은 늦다.
(3) 온도가 높으면 응결은 빠르다.
(4) 풍화가 심하면 응결은 늦다.
(5) 석고량이 많으면 응결은 늦다.

14 콘크리트 휨강도시험에 대한 내용이다. 다음 물음에 답하시오.(단, 소수 첫째 자리에서 반올림하시오.)

(1) 몰드 제작 시 몇 층으로 다지는가?
(2) 몰드에 각 층 다짐횟수를 구하시오.(단, 150mm×150mm×530mm)
(3) 공시체를 제작한 후 해체 가능한 시기는?
(4) 공시체 수중양생 시 수조의 온도는?
(5) 공시체가 지간방향 중심선 4점 사이에서 파괴되었을 때 휨강도를 구하시오.(단, 지간은 450 mm, 파괴 최대하중이 36,000N이다.)

Solution

(1) 2층 이상
(2) (150×530)÷1,000=80회
(3) 16시간 이상 3일 이내
(4) 20±2℃
(5) $f_b = \dfrac{Pl}{bd^2} = \dfrac{36{,}000 \times 450}{150 \times 150^2} = 5\text{MPa}$

15 공시체의 지름 15cm, 공시체의 길이 30cm인 콘크리트 인장강도시험을 한 결과 최대 파괴하중이 150,000N이었다. 인장강도를 구하시오.(단, 소수 둘째 자리에서 반올림하시오.)

Solution

$$f_{sp}=\frac{2\cdot P}{\pi\cdot d\cdot l}=\frac{2\times 150{,}000}{3.14\times 150\times 300}=2.1\text{MPa}$$

16 콘크리트 슬럼프시험에 대한 다음 물음에 답하시오.

(1) 슬럼프 콘의 규격을 쓰시오.(윗면 안지름 × 밑면 안지름 × 높이)

(2) 슬럼프 콘에 시료를 채우고 벗길 때까지의 전작업시간은?

(3) 구관입시험으로 측정값이 3cm이었다. 슬럼프 값을 구하시오.

Solution

(1) 100mm×200mm×300mm

(2) 3분 이내

(3) (1.5～2배)×3cm=4.5～6cm

17 단위 시멘트량 325kg, 물－시멘트비 47%, 공기량 1%, 시멘트의 밀도 3.14g/cm³, 잔골재율 (S/a) 41%, 잔골재 밀도 2.61g/cm³, 굵은골재 밀도 2.64g/cm³, 혼화재 밀도 2.42g/cm³일 때 다음 물음에 답하시오.(단, 혼화재 사용은 단위 시멘트량의 6%로 한다.)

(1) 단위수량을 구하시오.(단, 소수 첫째 자리에서 반올림하시오.)

(2) 골재 전체 부피를 구하시오.(단, 소수 넷째 자리에서 반올림하시오.)

(3) 잔골재 부피를 구하시오.(단, 소수 넷째 자리에서 반올림하시오.)

(4) 굵은골재 부피를 구하시오.(단, 소수 넷째 자리에서 반올림하시오.)

(5) 단위 잔골재량을 구하시오.(단, 소수 첫째 자리에서 반올림하시오.)

(6) 단위 굵은골재량을 구하시오.(단, 소수 첫째 자리에서 반올림하시오.)

(7) 단위 혼화재량을 구하시오.

Solution

(1) $\dfrac{W}{C}=47\%$

$\therefore\ W=0.47\times 325=153\text{kg}$

(2) $V=1-\left(\dfrac{153}{1{,}000}+\dfrac{325}{3.14\times 1{,}000}+\dfrac{1}{100}+\dfrac{19.5}{2.42\times 1{,}000}\right)=0.725\text{m}^3$

(3) $V_s=0.725\times 0.41=0.297\text{m}^3$

(4) $V_G = 0.725 - 0.297 = 0.428\text{m}^3$ (또는 $0.725 \times 0.59 = 0.428\text{m}^3$)

(5) $S = 2.61 \times 0.297 \times 1{,}000 = 775\text{kg/m}^3$

(6) $G = 2.64 \times 0.428 \times 1{,}000 = 1{,}130\text{kg/m}^3$

(7) 혼화재량 $= 325 \times 0.06 = 19.5\text{kg/m}^3$

18 **콘크리트 호칭강도 $f_{cn} = 24\text{MPa}$을 갖는 구조물을 만들려고 할 때 시험 결과 참고 도표를 이용하여 배합설계를 하시오.(단, 표준편차는 3.6MPa이며 시험 결과 시멘트-결합재비(B/W)와 f_{28} 관계에서 얻은 값은 $f_{28} = -13.8 + 21.6B/W$(MPa)이다.)**

[시험 결과]

- 굵은골재 최대치수 : 25mm
- 잔골재 밀도 : 2.60g/cm^3
- 잔골재의 조립률(FM) : 2.7
- 시멘트 밀도 : 3.14g/cm^3
- 굵은골재 밀도 : 2.65g/cm^3
- 슬럼프 : 120mm

[표 1] 배합설계 참조표

굵은골재의 최대치수 (mm)	단위굵은 골재용적 (%)	공기연행제를 사용하지 않은 콘크리트		
		갇힌공기 (%)	잔골재율 S/a(%)	단위수량 W(kg)
20	62	2.0	49	197
25	67	1.5	45	187
40	72	1.2	40	177

[표 2] S/a 및 W의 보정표

구분	S/a의 보정(%)	W의 보정(kg)
잔골재의 조립률이 0.1만큼 클(작을) 때마다	0.5만큼 크게(작게) 한다.	보정하지 않는다.
물-결합재비가 0.05만큼 클(작을) 때마다	1만큼 크게(작게) 한다.	보정하지 않는다.
슬럼프 값이 10mm만큼 클(작을) 때마다	보정하지 않는다.	1.2%만큼 크게(작게) 한다.

※ [표 1]의 값은 골재로서 보통의 입도의 잔골재(조립률 2.80 정도) 및 부순돌을 사용한 물-결합재비 55% 정도, 슬럼프 약 80mm의 콘크리트에 대한 것이다.

(1) 물-결합재비(%)를 구하시오.

(2) 잔골재율(S/a)및 단위수량(W)을 구하시오.

(3) 단위 시멘트량을 구하시오.

(4) 단위 잔골재량을 구하시오.

(5) 단위 굵은골재량을 구하시오.

(6) $20l$ 시험배치의 각 재료량을 구하시오.(단, 소수 둘째 자리에서 반올림하시오.)

Solution

(1) 배합강도($f_{cr}=f_{28}$)

$f_{cn} \leq$ 35MPa인 경우이므로

$f_{cr}=f_{cn}+1.34S$
$f_{cr}=(f_{cn}-3.5)+2.33S$] 두 식 중 큰 값 적용

여기서, S=3.6MPa

$f_{cr}=24+1.34\times3.6=28.8$MPa

$f_{cr}=(24-3.5)+2.33\times3.6=28.9$MPa

∴ 배합강도($f_{cr}=f_{28}$) =28.9MPa

물－결합재비(W/B)

$f_{28}=-13.8+21.6B/W$(MPa)

$28.9=-13.8+21.6B/W$

$\therefore \frac{W}{B}=\frac{21.6}{28.9+13.8}=0.506=50.6\%$

[참고]

f_{cn} > 35MPa인 경우에는

$f_{cr}=f_{cn}+1.34S$
$f_{cr}=0.9f_{cn}+2.33S$] 중 큰 값으로 한다.

(2) ① 잔골재율(S/a)

• 잔골재의 FM 보정 : $45+\frac{2.7-2.8}{0.1}\times0.5=44.5\%$

• 물－결합재비 보정 : $44.5+\frac{0.506-0.55}{0.05}\times1=43.62\%$

∴ 잔골재율(S/a) =43.62%

② 단위수량(W)

• 슬럼프에 대한 보정 : $187+187\times\left(\frac{120-80}{10}\times0.012\right)=196$kg

∴ 단위수량(W) =196kg

(3) $\frac{W}{B}=50.6\%$

$\therefore$ 시멘트량 $=\frac{196}{0.506}=387.4$kg

(4) ① 골재의 체적(V)

$$V = 1 - \left[\frac{\text{단위수량}}{1{,}000} + \frac{\text{단위시멘트량}}{1{,}000 \times \text{시멘트밀도}} + \frac{\text{공기량}}{100}\right]$$

$$= 1 - \left[\frac{196}{1{,}000} + \frac{387.4}{1{,}000 \times 3.14} + \frac{1.5}{100}\right]$$

$$= 0.6656\text{m}^3$$

② 잔골재의 체적(V_s)

$V_s = V \times S/a = 0.6656 \times 0.4362 = 0.2903\text{m}^3$

∴ 단위 잔골재량(S) $= 0.2903 \times 2.60 \times 1{,}000 = 754.8$kg

(단위 잔골재량 = 단위 잔골재 체적 × 잔골재 밀도 × 1,000)

(5) 굵은골재의 체적(V_G)

V_G = 골재의 체적 − 잔골재의 체적

$= 0.6656 - 0.2903 = 0.3753\text{m}^3$

[또는 $V_G = 0.6656 \times (1 - 0.4362) = 0.3753\text{m}^3$]

∴ 단위 굵은골재량(G) $= 0.3753 \times 2.65 \times 1{,}000 = 994.5$kg

(단위 굵은골재량 = 단위 굵은골재 체적 × 굵은골재 밀도 × 1,000)

(6) 각 재료량

① 물의 양

$$196 \times \frac{20}{1{,}000} = 3.92\text{kg}$$

② 시멘트량

$$387.4 \times \frac{20}{1{,}000} = 7.75\text{kg}$$

③ 잔골재량

$$754.8 \times \frac{20}{1{,}000} = 15.1\text{kg}$$

④ 굵은골재량

$$994.5 \times \frac{20}{1{,}000} = 19.89\text{kg}$$

19 콘크리트의 배합 결과 시방배합표와 현장골재상태가 다음과 같을 경우 현장배합으로 보정하시오.(소수점 없이 정수로 구하시오.)

[시방배합표]

굵은골재 최대치수 (mm)	슬럼프 (mm)	공기량 (%)	물-결합재비 W/B(%)	잔골재율 S/a(%)	물 (W)	단위량(kg/m³)			AE제 (g/m³)
						시멘트 (C)	잔골재 (S)	굵은골재 (G)	
25	120	4.5	47	37	172	325	892	1,100	325

[현장골재상태]

- 잔골재의 5mm체 잔류율 5%
- 굵은골재의 5mm체 통과율 7%
- 잔골재의 표면수 2.5%
- 굵은골재의 표면수 0.8%

(1) 입도에 대한 보정을 하시오.

① 잔골재 ② 굵은골재

(2) 표면수에 대한 보정을 하시오.

① 잔골재 ② 굵은골재

(3) 콘크리트 1m³를 계량할 재료의 양을 구하시오.

① 시멘트 ② 물

③ 잔골재 ④ 굵은골재

Solution

(1) 입도보정

① 잔골재

$$x=\frac{100S-b(S+G)}{100-(a+b)}=\frac{100\times 892-7(892+1,100)}{100-(5+7)}=855\text{kg}$$

② 굵은골재

$$y=\frac{100G-a(S+G)}{100-(a+b)}=\frac{100\times 1,100-5(892+1,100)}{100-(5+7)}=1,136\text{kg}$$

(2) 표면수량 보정

① 잔골재

$855\times 0.025=21\text{kg}$

② 굵은골재

1,136×0.008＝9kg

(3) 콘크리트 1m³를 계량할 재료

① 시멘트

325kg

② 물

172－(21＋9)＝142kg

③ 잔골재

855＋21＝876kg

④ 굵은골재

1,136＋9＝1,145kg

20 다음 현장배합표를 보고 가로 1m, 세로 1.5m, 높이 5m 구조물의 거푸집에 콘크리트 소요 재료량을 구하시오.(단, 소수 둘째 자리에서 반올림하시오.)

[현장배합표(kg/m³)]

물(kg)	시멘트(kg)	잔골재(kg)	굵은골재(kg)
167	320	893	1,107

(1) 콘크리트의 총량(m³)을 구하시오.
(2) 물의 양(kg)을 구하시오.
(3) 시멘트량(kg)을 구하시오.
(4) 잔골재량(kg)을 구하시오.
(5) 굵은골재량(kg)을 구하시오.

Solution

(1) 1×1.5×5＝7.5m³
(2) 167×7.5＝1,252.5kg
(3) 320×7.5＝2,400kg
(4) 893×7.5＝6,697.5kg
(5) 1,107×7.5＝8,302.5kg

21 콘크리트 1m³를 만들기 위한 단위 시멘트량이 327kg, 잔골재량이 856kg, 굵은골재량이 1,120kg일 때 1배치에 계량되는 재료의 양을 구하시오.(단, 1배치에 시멘트 5포를 사용하여 단위수량은 172l이다.)

(1) 잔골재량을 구하시오.(단, 소수 첫째 자리에서 반올림하시오.)
(2) 굵은골재량을 구하시오.(단, 소수 첫째 자리에서 반올림하시오.)
(3) 물의 양을 구하시오.

Solution

(1) 잔골재량 $= 856 \times \dfrac{200}{327} = 524\text{kg}$

여기서, 시멘트 1포대는 40kg이므로 $40 \times 5 = 200\text{kg}$

(2) 굵은골재량 $= 1{,}120 \times \dfrac{200}{327} = 685\text{kg}$

(3) 물의 양 $= 172 \times \dfrac{200}{327} = 105\text{kg}$

22 다음의 굵은골재마모시험 결과를 보고 물음에 답하시오.

[시험 결과]

- 시험 전 시료 질량 : 10,000g
- 시험 후 시료 질량 : 6,500g

(1) 시험 후 시료를 몇 번 체로 체가름하는가?
(2) 마모율을 구하시오.
(3) 보통 콘크리트용 골재로 사용 가능한지 판단하시오.
(4) 다음 표의 골재 입도별 시험조건을 완성하시오.

입도 구분	철구수	시료의 총 질량(g)	회전수(회)
A			
B			
C			
D			
E			
F			
G			
H			

Solution

(1) 1.7mm체

(2) 마모율$= \frac{10,000-6,500}{10,000} \times 100 = 35\%$

(3) 사용 가능하다.

※ 마모감량의 한도는 보통 콘크리트의 경우 40% 이하, 댐콘크리트의 경우 40% 이하, 포장콘크리트의 경우 35% 이하로 한다.

(4)

입도구분	철구수	시료의 총 질량(g)	회전수(회)
A	12	5,000	500
B	11	5,000	500
C	8	5,000	500
D	6	5,000	500
E	12	10,000	1,000
F	12	10,000	1,000
G	12	10,000	1,000
H	10	5,000	500

23 골재에 포함된 잔입자시험(No. 200체, 0.08mm체 통과하는 시험) 결과가 다음과 같다. 물음에 답하시오.

[잔골재시험 결과]

- 씻기 전 시료의 건조질량(g) : 738g
- 씻은 후 시료의 건조질량(g) : 720g

(1) 0.08mm체 통과량(%)을 구하시오.(단, 소수 둘째 자리에서 반올림하시오.)
(2) 콘크리트용 잔골재로 사용가능한지 판정하시오.
(3) 굵은골재의 잔입자 함유량의 한도는 몇 % 이하인가?
(4) 시험에 이용되는 한 벌의 체는?

Solution

(1) 통과량$= \frac{738-720}{738} \times 100 = 2.4\%$

(2) 사용 가능하다.

※ 잔골재의 잔입자 함유량의 한도가 3% 이하이므로 사용 가능하다.

(3) 1%

(4) 0.08mm체, 1.2mm체

24 슈미트 해머에 의한 콘크리트강도의 비파괴시험에 관한 다음 물음에 답하시오.

(1) 한 곳의 측정은 몇 cm 간격으로 몇 점 이상 타격하는가?

(2) 반발경도(R)값 차이가 평균값의 몇 % 이상 되는 값을 계산에서 빼는가?

(3) 반발경도(R)값이 30이다. 타격방향이 수평일 때 수정반발경도를 구하여 압축강도를 추정하시오.

Solution

(1) 3cm, 20점

(2) 20%

(3) $F = -18 + 1.27$

$R_o = -18 + 1.27 \times 30 = 20.1$MPa

※ 수정반발경도 : $R_o = R + \Delta R = 30 + 0 + 30$

25 콘크리트 압축강도 측정치가 각각 22.5MPa, 21.7MPa, 23.2MPa이다. 다음 물음에 답하시오.

(1) 시료 평균치를 구하시오.(단, 소수 둘째 자리에서 반올림하시오.)

(2) 시료 표준편차를 구하시오.(단, 소수 셋째 자리에서 반올림하시오.)

(3) 변동계수를 구하시오.(단, 소수 둘째 자리에서 반올림하시오.)

(4) 품질관리상태를 판정하시오.

Solution

(1) 평균치($\bar{x}$) $= \dfrac{22.5 + 21.7 + 23.2}{3} = 22.5$MPa

(2) 표준편차(S) $= \sqrt{\dfrac{(22.5 - 22.5)^2 + (22.5 - 21.7)^2 + (22.5 - 23.2)^2}{3}} = 0.61$MPa

(3) 변동계수(V) $= \dfrac{\text{표준편차}}{\text{평균치}} = \dfrac{0.61}{22.5} \times 100 = 2.7\%$

(4) 매우 우수

[품질관리상태 기준]

변동계수	품질관리상태
10% 이하	매우 우수
10～15%	우수
15～20%	보통
20% 이상	불량

26 콘크리트 구조물 공사에 있어 공시체 압축강도 측정치가 시험일자별로 3개씩 시험한 결과 다음과 같다. 물음에 답하시오.(단, $A_2=1.02$, $D_3=0$, $D_4=2.57$)

시험일자	측정치		
	x_1	x_2	x_3
5월 1일	23.7	22.6	24.2
5월 4일	21.5	24.7	25.7
5월 6일	23	22.6	24.2
5월 8일	25.7	23.0	24.5
5월 11일	22.6	24.2	23.7

(1) 다음 표를 완성하시오.(단, 소수 첫째 자리에서 반올림하시오.)

시험일자	측정치			계 (Σx)	평균치 $(\overline{x})$	범위 (R)
	x_1	x_2	x_3			
5월 1일	23.7	22.6	24.2			
5월 4일	21.5	24.7	25.7			
5월 6일	23	22.6	24.2			
5월 8일	25.7	23	24.5			
5월 11일	22.6	24.2	23.7			

(2) $\overline{x}$ 관리 한계선을 구하시오.(단, 소수 둘째 자리에서 반올림하시오.)

① $CL=$ ② $UCL=$ ③ $LCL=$

(3) R 관리 한계선을 구하시오.(단, 소수 둘째 자리에서 반올림하시오.)

① $CL=$ ② $UCL=$ ③ $LCL=$

(4) $\overline{x}-R$ 관리도 그림을 작성하시오.

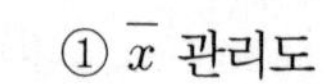
① $\overline{x}$ 관리도

② R 관리도

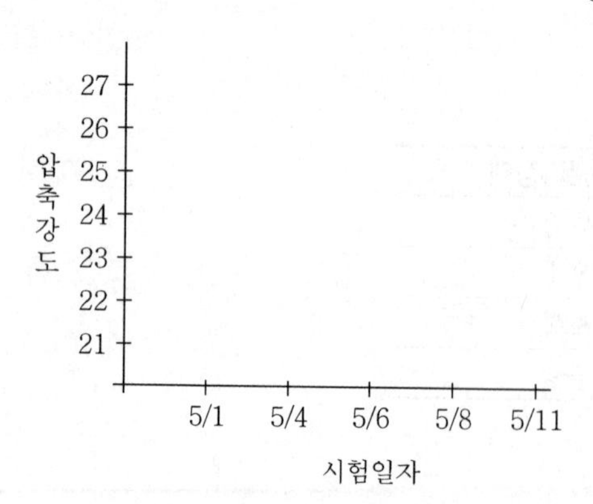

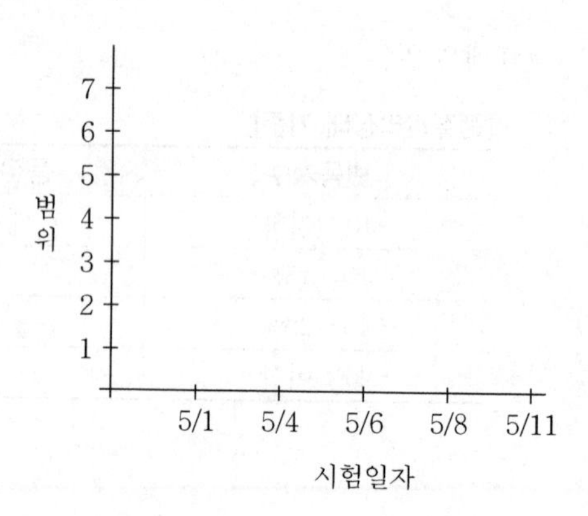

Solution

(1)

시험일자	측정치			계 (Σx)	평균치 ($\bar{x}$)	범위 (R)
	x_1	x_2	x_3			
5월 1일	23.7	22.6	24.2	70.5	23.5	1.6
5월 4일	21.5	24.7	25.7	71.9	24.0	4.2
5월 6일	23	22.6	24.2	69.8	23.3	1.6
5월 8일	25.7	23.0	24.5	73.2	24.4	2.7
5월 11일	22.6	24.2	23.7	70.5	23.5	1.6

[계산 근거]

① 계(Σx)

- $23.7+22.6+24.2=70.5$
- $21.5+24.7+25.7=71.9$
- $23.0+22.6+24.2=69.8$
- $25.7+23.0+24.5=73.2$
- $22.6+24.2+23.7=70.5$

② 평균치($\bar{x}$)

- $\frac{70.5}{3}=23.5$
- $\frac{71.9}{3}=24.0$
- $\frac{69.8}{3}=23.3$
- $\frac{73.2}{3}=24.4$
- $\frac{70.5}{3}=23.5$

③ 범위(R)

- $24.2-22.6=1.6$
- $25.7-21.5=4.2$
- $24.2-22.6=1.6$
- $25.7-23.0=2.7$
- $24.2-22.6=1.6$

(2) ① $CL=\bar{\bar{x}}=\frac{23.5+24.0+23.3+24.4+23.5}{5}=23.7$

② $UCL=\bar{\bar{x}}+A_2\cdot\bar{R}=23.7+1.02\times 2.3=26.0$

여기서, $\bar{R}=\frac{\Sigma R}{n}=\frac{1.6+4.2+1.6+2.7+1.6}{5}=2.3$

③ $LCL=\bar{\bar{x}}-A_2\cdot\bar{R}=23.7-1.02\times 2.3=21.4$

(3) ① $CL=\bar{R}=2.3$

② $UCL=D_4\cdot\bar{R}=2.57\times 2.3=5.9$

③ $LCL=D_3\cdot\bar{R}=0\times 2.3=0$

(4) ① x 관리도

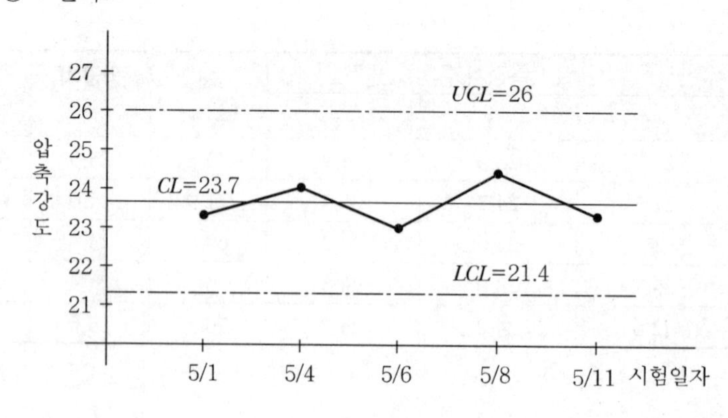

② R 관리도

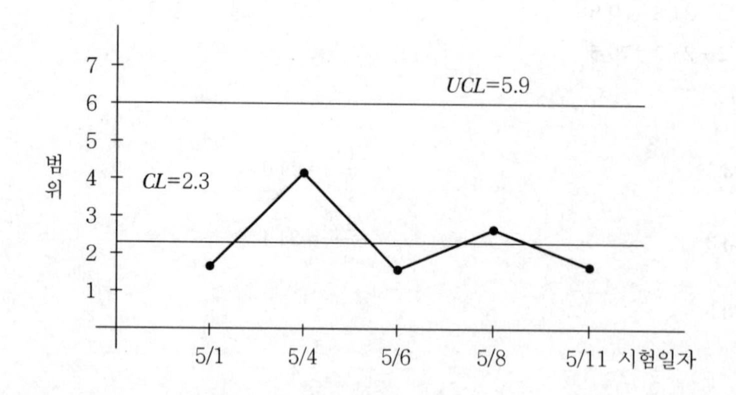

27 **콘크리트에 있어서 블리딩량과 블리딩률을 계산하는 공식을 쓰시오.(단, V : 규정된 측정시간 동안에 생긴 블리딩 물의 양, A : 콘크리트 윗면의 단면적, B : 시료의 블리딩 물의 총 질량, C : 시료에 함유된 물의 총 질량, W : 콘크리트 1m^3에 사용된 재료의 총 질량, w : 콘크리트 1m^3에 사용된 물의 총 질량, S : 시료의 질량)**

(1) 블리딩량

(2) 블리딩률

Solution

(1) $\dfrac{V}{A}$

(2) $\dfrac{B}{C}\times 100$, $C=\dfrac{w}{W}\times S$

28 현장에서 콘크리트 타설 시 공사 진행 중에 실시해야 할 시험 4가지를 쓰시오.

(1)

(2)

(3)

(4)

Solution

(1) 공기량시험
(2) 슬럼프시험
(3) 염화물 함량시험(염분 측정)
(4) 압축강도시험(공시체 제작)

29 콘크리트 모래에 포함되어 있는 유기불순물시험에서 식별용 표준색 용액을 만드는 제조방법을 쓰시오.

Solution

(1) 10% 알코올 용액으로 2% 타닌산 용액을 만든다.
(2) 3% 수산화나트륨 용액을 만든다.
(3) 2% 타닌산 용액 2.5ml를 3%의 수산화나트륨 용액 97.5ml에 타서 만든다.

30 콘크리트 배합설계 순서를 쓰시오.

Solution

(1) 재료 시험
(2) 배합강도 결정
(3) W/C 결정
(4) 슬럼프 값 결정
(5) 굵은골재 최대치수 결정
(6) 단위수량, S/a
(7) 재료량 산정
(8) 현장배합

31 레디믹스트 콘크리트에 대한 다음 물음에 답하시오.

(1) 레디믹스트 콘크리트의 종류를 4가지 쓰시오.
(2) 구입자가 지정할 사항 3가지를 쓰시오.

Solution

(1) ① 보통 콘크리트 ② 경량 콘크리트 ③ 포장 콘크리트 ④ 고강도 콘크리트
(2) ① 굵은골재최대치수 ② 호칭강도 ③ 슬럼프

32 콘크리트의 품질관에서 콘크리트의 받아들이기 품질검사 항목 5가지만 쓰시오.

Solution

(1) 굳지 않은 콘크리트 상태
(2) 슬럼프
(3) 슬럼프 플로
(4) 공기량
(5) 온도
(6) 단위용적질량
(7) 염화물 함유량
(8) 배합
(9) 펌퍼빌리티

33 콘크리트 받아들이기 품질관리 중 다음 항목을 간단히 쓰시오.

(1) 워커빌리티 검사
(2) 강도 검사
(3) 내구성 검사

Solution

(1) 워커빌리티 검사
굵은골재 최대치수 및 슬럼프가 설정치를 만족하는지의 여부 확인, 재료 분리 저항성을 외관으로 관찰
(2) 강도 검사
압축강도시험
(3) 내구성 검사
공기량, 염화물 함유량 측정

34 콘크리트 호칭강도가 24MPa이고 슬럼프가 120mm로 지정된 레디믹스트 콘크리트를 구입하여 품질검사에서 3회(각각 1회 평균값)의 압축강도 시험을 하였는데 아래의 결과를 얻었다. 콘크리트의 압축강도에 대한 합격 여부를 판정하시오.

24MPa(1회), 22.5MPa(2회), 28.5MPa(3회)

Solution

- 1회의 시험결과는 구입자가 지정한 (호칭강도 − 3.5)MPa 이상이어야 한다.
  (24 − 3.5) = 20.5MPa이다.
- 3회 시험결과의 평균값이 호칭강도 이상이어야 한다.
  평균값 $= \dfrac{(24+22.5+28.5)}{3} = 25\text{MPa}$이다.

∴ 합격(적합하다.)

Tip Plus

$f_{cn} \leq 35\text{MPa}$	$f_{cn} > 35\text{MPa}$
① 연속 3회 시험값의 평균이 호칭강도 이상 ② 1회 시험값이 (호칭강도-3.5)MPa 이상	① 연속 3회 시험값의 평균이 호칭강도 이상 ② 1회 시험값이 호칭강도의 90% 이상

여기서, 1회의 시험값은 공시체 3개의 압축강도 시험값의 평균값임

CHAPTER 02 : 토질

제1절 흙의 성질

1. 흙 속의 물의 무게(W_W)

$$W_W = \frac{w \cdot W}{100 + w}$$

여기서, W : 습윤토 무게

w : 흙의 함수비$\left(w = \frac{W_W}{W_s} \times 100\right)$

2. 건조토의 무게(W_s)

$$W_s = \frac{100W}{100 + w}$$

3. 흙 입자 밀도(G_s)

$$G_s = \frac{m_s}{m_s + m_a - m_b} \times \rho_w$$

여기서, m_s : 공기 중 건조토 무게

m_a : 피크노미터에 물을 채운 무게

m_b : 피크노미터에 물과 건조토를 넣은 무게

ρ_w : 물의 밀도

4. 흙의 단위중량

(1) 포화밀도

$$\gamma_{sat} = \frac{G_s + e}{1+e} \cdot \gamma_w$$

(2) 습윤밀도

$$\gamma_t = \frac{G_s + \frac{S \cdot e}{100}}{1+e} \cdot \gamma_w$$

(3) 건조밀도

$$\gamma_d = \frac{G_s}{1+e} \cdot \gamma_w = \frac{\gamma_t}{1+\frac{w}{100}}$$

(4) 수중밀도

$$\gamma_{sub} = \frac{G_s - 1}{1+e} \cdot \gamma_w$$

여기서, e : 공극비$\left(e = \frac{n}{100-n} = \frac{\gamma_w}{\gamma_d} G_s - 1\right)$

S : 포화도$\left(\frac{w \cdot G_s}{e} = \frac{V_W}{V_V} \times 100\right)$

5. 상대밀도(D_r)

(1) 사질토 지반의 조밀한 상태 및 느슨한 상태 판정

(2) $D_r < \frac{1}{3}$: 느슨, $\frac{1}{3} < D_r < \frac{2}{3}$: 보통, $\frac{2}{3} < D_r$: 조밀

$$D_r = \frac{e_{max} - e}{e_{max} - e_{min}} \times 100$$

$e_{max} = \frac{\gamma_w}{\gamma_{dmin}} G_s - 1$, $e_{min} = \frac{\gamma_w}{\gamma_{dmax}} G_s - 1$을 대입하면

$$D_r = \frac{\gamma_d - \gamma_{dmin}}{\gamma_{dmax} - \gamma_{dmin}} \times \frac{\gamma_{dmax}}{\gamma_d} \times 100$$

제2절 흙의 연경도

1. 수축한계(w_s)

$$w_s = w - \left[\frac{V - V_o}{W_o} \gamma_w \times 100 \right] = \left(\frac{1}{R} - \frac{1}{G_s} \right) \times 100$$

여기서, w : 습윤토 함수비

V : 습윤토 체적

V_o : 수축한계 도달 시 체적

W_o : 수축한계 시 건조토 중량

R : 수축비$\left(R = \frac{W_o}{V_o \cdot \gamma_w} \right)$

2. 흙의 연경도 관련 지수

(1) 소성지수

$$I_p = w_L - w_p$$

여기서, w_L : 액성한계

w_p : 소성한계

w : 자연함수비

(2) 액성지수

$$I_L = \frac{w - w_p}{I_p}$$

(3) 연경도(Consistency)지수

$$I_c = \frac{w_L - w}{I_p}$$

(4) 유동지수

$$I_f = \frac{w_1 - w_2}{\log N_2 - \log N_1}$$

제3절 흙의 분류

1. 입경가적곡선

(1) 균등계수 $C_u = \dfrac{D_{60}}{D_{10}}$, 자갈($4 < C_u$: 양호), 모래($6 < C_u$: 양호)

(2) 곡률계수 $C_g = \dfrac{(D_{30})^2}{D_{10} \times D_{60}}$, $1 < C_g < 3$: 양호

여기서, D_{10} : 가적 통과율 10%에 해당하는 입경(mm)

D_{60} : 가적 통과율 60%에 해당하는 입경(mm)

D_{30} : 가적 통과율 30%에 해당하는 입경(mm)

2. 흙의 입도 체분석

(1) 잔류율 $= \dfrac{\text{남은 중량}}{\text{전체중량}} \times 100$

(2) 가적 잔류율 = 각 체의 잔류율 합계

(3) 가적 통과율 = 100 − 가적 잔류율

3. 흙의 통일분류법

(1)	GW	입도분포가 양호한 자갈	(9)	MH	압축성이 큰 실트
(2)	GP	입도분포가 불량한 자갈	(10)	ML	압축성이 낮은 실트
(3)	GM	실트질 섞인 자갈	(11)	GH	압축성이 큰 점토
(4)	GC	점토질 섞인 자갈	(12)	CL	압축성이 낮은 점토
(5)	SW	입도분포가 양호한 모래	(13)	OH	압축성이 큰 유기질토
(6)	SP	입도분포가 불량한 모래	(14)	OL	압축성이 낮은 유기질토
(7)	SM	실트질 섞인 모래	(15)	Pt	이탄
(8)	SC	점토질 섞인 모래			

4. 삼각좌표에 의한 흙의 분류법

모래, 실트, 점토분 세 성분의 양을 중량 백분율로 나타내어 좌표에서 구한다.

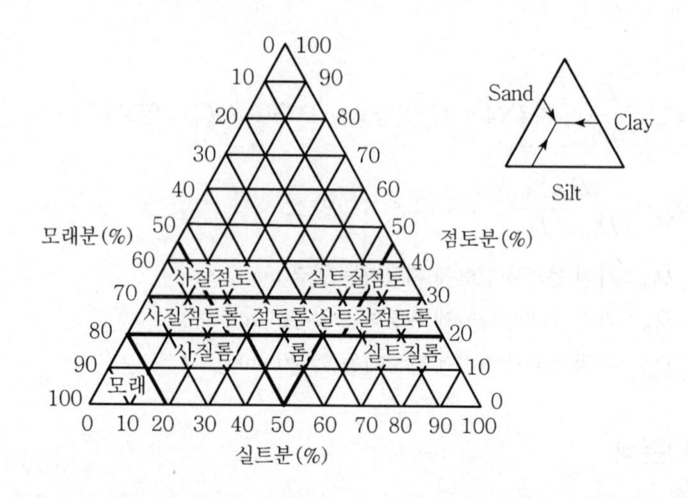

제4절 유선망

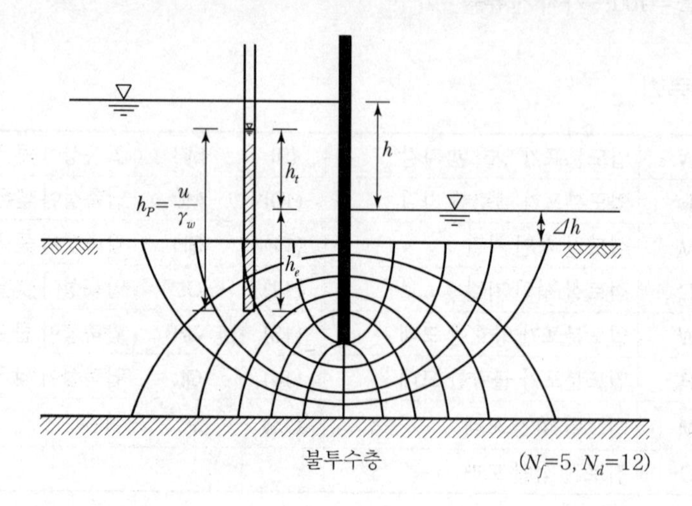

1. 수두

$$h_t = h_e + h_p = h_e + \frac{u}{\gamma_w}$$

여기서, h_t : 전수두

h_e : 위치수두

h_p : 압력수두

2. 임의점의 수두

$$h_t = \frac{N_d'}{N_d} \cdot H$$

$$h_e = -\Delta h$$

$$h_p = h_t + \Delta h$$

여기서, N_d : 전등수두면의 수

N_d' : 하류 수위면에서의 등수두면의 수

$-\Delta h$: 지반 임의점 위치

3. 침투수량(단위폭당)

$$Q = k \cdot H \cdot \frac{N_f}{N_d}$$

이방성 지반의 경우 $k = \sqrt{k_h \cdot k_v}$ 를 적용한다.

제5절 흙의 다짐

1. 흙의 건조밀도(실내 다짐시험의 경우)

$$\gamma_d = \frac{\gamma_t}{1 + \frac{w}{100}} = \frac{\frac{W}{V}}{1 + \frac{w}{100}}$$

여기서, γ_t : 습윤밀도$\left(\gamma_t = \frac{W}{V}\right)$

W : 몰드 속의 젖은 흙무게(g)

V : 몰드의 체적(cm^3)

w : 흙의 함수비

2. 다짐곡선과 영공기 공극곡선

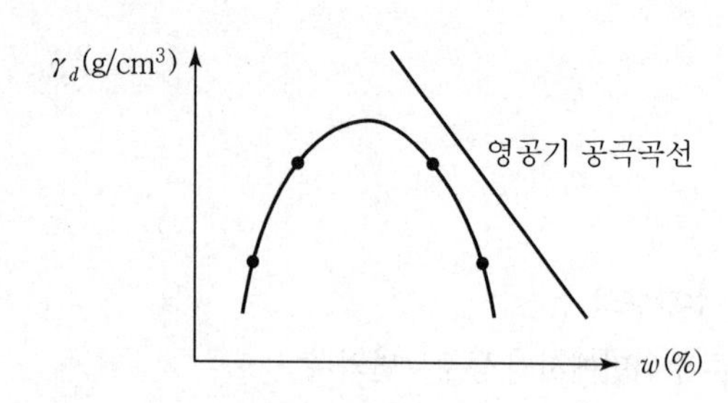

$$\gamma_d = \frac{G_s}{1+e} \cdot \gamma_w = \frac{G_s}{1+\dfrac{w \cdot G_s}{S}} \cdot \gamma_w \frac{\gamma_w}{\dfrac{1}{G_s}+\dfrac{w}{S}}$$

$$\gamma_{dsat} = \frac{\gamma_w}{\dfrac{1}{G_s}+\dfrac{w}{100}}$$

제6절 흙의 들밀도시험

1. 흙의 건조밀도(들밀도시험의 경우)

$$\gamma_d = \frac{\gamma_t}{1+\dfrac{w}{100}} = \frac{\dfrac{W}{V}}{1+\dfrac{w}{100}}$$

여기서, γ_t : 구멍 속 흙의 습윤밀도$\left(\gamma_t = \dfrac{W}{V}\right)$

W : 구멍 속 흙의 무게

V : 구멍의 체적(모래의 밀도 $\gamma = \dfrac{W}{V}$에서 구한다.)

w : 구멍 속 흙의 함수비

2. 다짐도(%)

$$\text{다짐도} = \frac{\gamma_d}{\gamma_{d\max}} \times 100$$

여기서, $\gamma_{d\max}$: 공사 전에 실내에서 다짐시험한 값

γ_d : 공사 완료 후 현장에서 들밀도시험한 값

제7절 노상, 노반의 지지력

1. 평판재하시험

(1) $K_{30} = \frac{q}{y}$

여기서, q : 재하판이 $y$cm 침하될 때 하중강도(kN/m^2)

y : 재하판의 침하량 1.25mm 표준

(2) $K_{75} = \frac{1}{2.2} \cdot K_{30} = \frac{1}{1.5} \cdot K_{40}$

$\left(\text{단, KS F 2310 조건의 경우에는 } K_{75} = \frac{1}{2.2} \cdot K_{30},\ K_{40} = \frac{1}{1.3} \cdot K_{30}\right)$

2. 실내 CBR 시험

(1) $CBR_{2.5} = \frac{\text{시험하중}}{13.4} \times 100 = \frac{\text{시험단위하중}}{6.9} \times 100$

(2) $CBR_{5.0} = \frac{\text{시험하중}}{19.9} \times 100 = \frac{\text{시험단위하중}}{10.3} \times 100$

(3) $CBR_{5.0} < CBR_{2.5}$ 일 경우 CBR 값은 $CBR_{2.5}$ 의 값이다.

여기서, 시험하중 : kN

시험단위하중 : MN/m^2

(4) 팽창비(γ_e)

$$\gamma_e = \frac{d_2 - d_1}{h_o} \times 100$$

여기서, h_o : 공시체의 처음높이(cm)

d_2 : 다이얼 게이지 종독

d_1 : 다이얼 게이지 초독

제8절 흙의 유효압력과 중립압력

1. 유효응력($\bar{p}$)

토립자 상호 간에 작용하는 압력

2. 중립압력(u)

공극수가 받는 압력

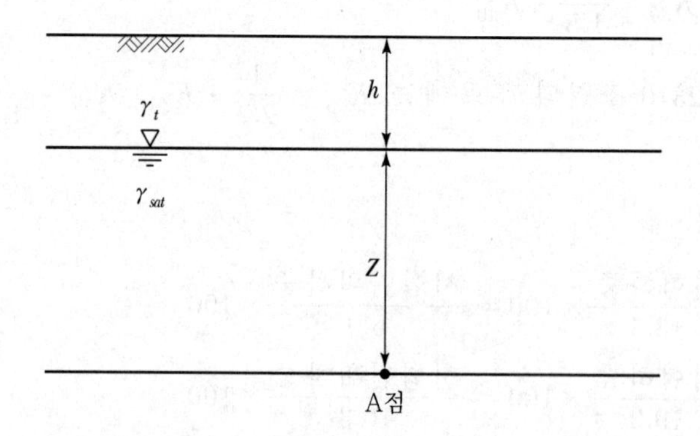

3. 전압력(P)

$$P = \bar{p} + u$$

$$\gamma_t \cdot h + \gamma_{sat} \cdot Z = \bar{p} + \gamma_w \cdot Z$$

$$\therefore \bar{p} = \gamma_t \cdot h + \gamma_{sat} \cdot Z - \gamma_w \cdot Z$$

$$= \gamma_t \cdot h + (\gamma_{sat} - \gamma_w) \cdot Z$$

$$= \gamma_t \cdot h + \gamma_{sub} \cdot Z$$

4. 모관상승이 있을 경우 유효응력($\bar{p}$)

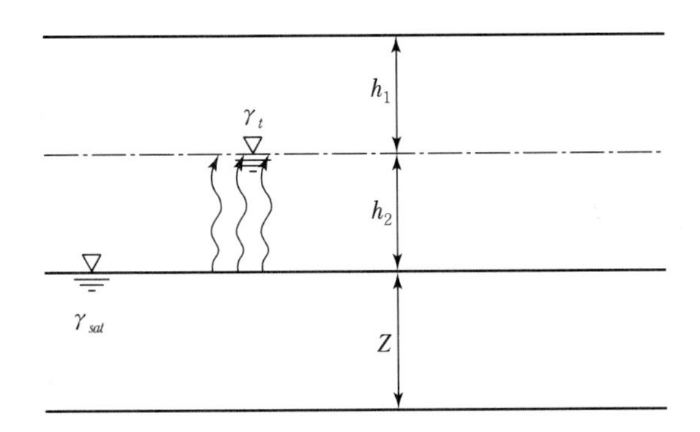

$$P = \bar{p} + u$$

$$P = \gamma_t \cdot h_1 + \gamma_{\text{sat}} \cdot (h_2 + Z)$$

$$u = \gamma_w \cdot (h_2 + Z) - \gamma_w \cdot h_2 = \gamma_w \cdot Z$$

$$\therefore \ \bar{p} = \gamma_t \cdot h_1 + \gamma_{\text{sat}} \cdot (h_2 + Z) - \gamma_w \cdot Z$$

$$= \gamma_t \cdot h_1 + \gamma_{\text{sub}} \cdot Z + \gamma_{\text{sat}} \cdot h_2$$

제9절 흙의 압밀

1. 압축계수

$$a_v = \frac{e_1 - e_2}{P_2 - P_1}$$

2. 체적의 변화계수

$$m_V = \frac{a_V}{1 + e}$$

3. 압축지수

$$C_c = \frac{e_1 - e_2}{\log \frac{P_2}{P_1}}$$

4. 최종 침하량

$$\Delta H = m_V \cdot \Delta P \cdot H$$

$$\Delta H = \frac{e_1 - e_2}{1 + e_1} \cdot H$$

$$\Delta H = \frac{C_c}{1+e} \log \frac{P_2}{P_1} \cdot H$$

5. 압밀의 일반식

$$k = C_V \cdot m_V \cdot \gamma_w$$

6. 압밀계수(C_V)

(1) $\sqrt{t}$ 법

$$C_V = \frac{0.848 H^2}{t_{90}}$$

(2) $\log t$ 법

$$C_V = \frac{0.197 H^2}{t_{50}}$$

제10절 흙의 전단강도

1. Mohr 응력원의 평면기점(극점)과 평면좌표

(1) 평면기점(극점) : O_P(Origin of Pole)

① 최소 주응력(σ_3)에서 최소 주응력면과 평행선이 Mohr 원과 만나는 점을 평면기점이라 한다.

② 또는 최대 주응력(σ_1)에서 최대 주응력면과 평행선과 Mohr 원이 만나는 점을 평면기점이라 한다.

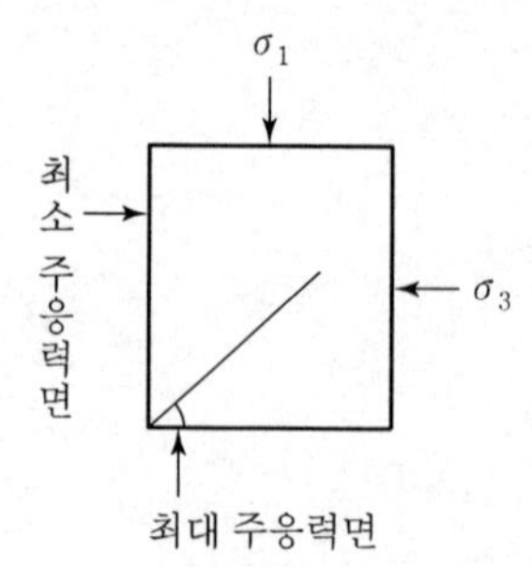

(2) Mohr 원의 평면좌표

① 평면기점을 구하고 수평면과 θ의 각을 이루는 직선을 그어 Mohr 원과 만나는 C점

② 즉, $\sigma = \dfrac{\sigma_1 + \sigma_3}{2} + \dfrac{\sigma_1 - \sigma_3}{2}\cos 2\theta$

$\tau = \dfrac{\sigma_1 - \sigma_3}{2}\sin 2\theta$

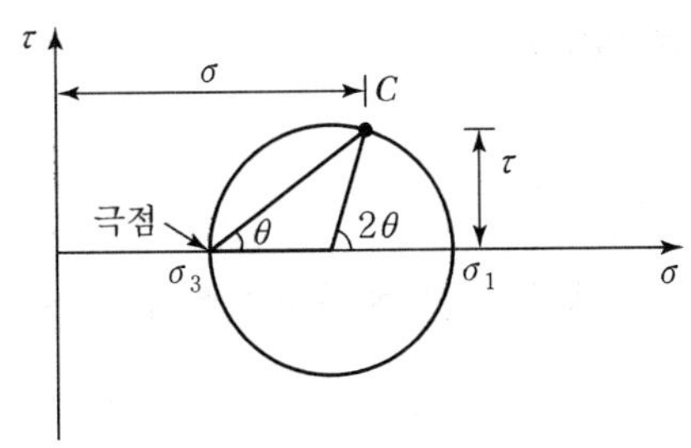

2. 일축압축시험

(1) $C = \dfrac{q_u}{2\tan\left(45 + \dfrac{\phi}{2}\right)}$, 점토의 경우 $C = \dfrac{q_u}{2}$

(2) 파괴면과 최대 주응력면이 이루는 각 $\theta = 45 + \dfrac{\phi}{2}$

(3) 파괴면과 최소 주응력면이 이루는 각 $\theta' = 45 - \dfrac{\phi}{2}$

3. 예민비(S_t)

(1) $S_t = \dfrac{q_u}{q_{ur}}$

(2) 흐트러진 시료가 최댓값이 나타나지 않을 경우는 $\varepsilon = 15\%$ 값을 적용한다.

(3) 틱소트로피란 흙의 교란으로 강도가 저하된 흙이 시간의 경과에 따라 강도가 회복되는 현상을 말한다.

4. 삼축압축시험

(1) 최대 주응력(σ_1) $= \sigma_V + \sigma_3$

$\sigma_V = \dfrac{P}{A}$, $A = \dfrac{A_o}{1-\varepsilon} = \dfrac{A_o}{1 - \dfrac{\Delta l}{l}}$

여기서, A_o : 최초 단면적
A : 파괴 시 단면적
l : 처음 시료의 높이
Δl : 변형된 높이
P : 최대 압축력

(2) 최소 주응력(σ_3) : 측압(액압)

5. 표준관입시험

(1) 63.5kg 해머가 75cm 높이에서 자유낙하하여 샘플러가 30cm 관입될 때의 타격횟수 N치를 측정한다.

(2) 사질토에 더 적합하며 점토에도 적용한다.

(3) ϕ와 N치 관계

① 입자가 둥글고 입도가 불량한 경우 : $\phi = \sqrt{12N} + 15$
② 입자가 둥글고 입도 분포가 양호한 경우 : $\phi = \sqrt{12N} + 20$
③ 입자가 모나고 입도 분포가 불량한 경우 : $\phi = \sqrt{12N} + 20$
④ 입자가 모나고 입도 분포가 양호한 경우 : $\phi = \sqrt{12N} + 25$

(4) N치 수정

① Rod에 의한 수정 : $N_R = N'\left(1 - \frac{x}{200}\right)$

② $N_R = 15$ 이상의 경우 토질에 의한 수정 : $N = 15 + \frac{1}{2}(N_R - 15)$

제11절 토압

1. 토압계수

(1) 주동토압계수 $K_A = \tan^2\left(45 - \frac{\phi}{2}\right)$

(2) 수동토압계수 $K_P = \tan^2\left(45 + \frac{\phi}{2}\right)$

2. 옹벽에 작용하는 토압

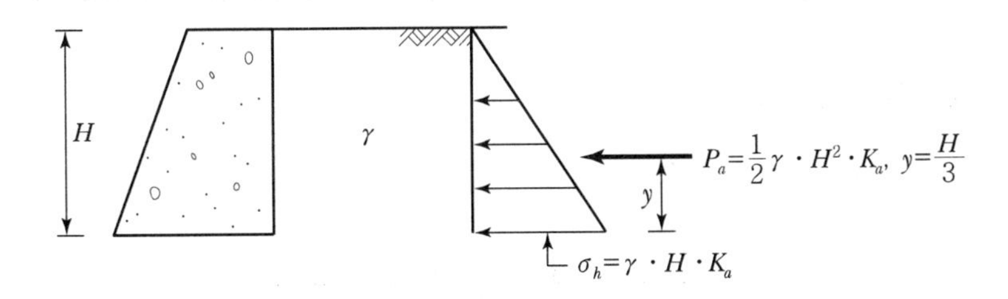
H
γ
$P_a=\frac{1}{2}\gamma\cdot H^2\cdot K_a,\ y=\frac{H}{3}$
y
$\sigma_h=\gamma\cdot H\cdot K_a$

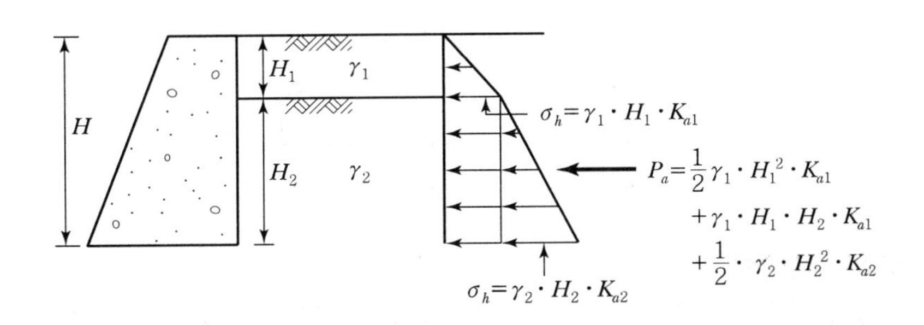
H
H_1 γ_1
H_2 γ_2
$\sigma_h=\gamma_1\cdot H_1\cdot K_{a1}$
$P_a=\frac{1}{2}\gamma_1\cdot H_1^2\cdot K_{a1}$
$+\gamma_1\cdot H_1\cdot H_2\cdot K_{a1}$
$+\frac{1}{2}\cdot\gamma_2\cdot H_2^2\cdot K_{a2}$
$\sigma_h=\gamma_2\cdot H_2\cdot K_{a2}$

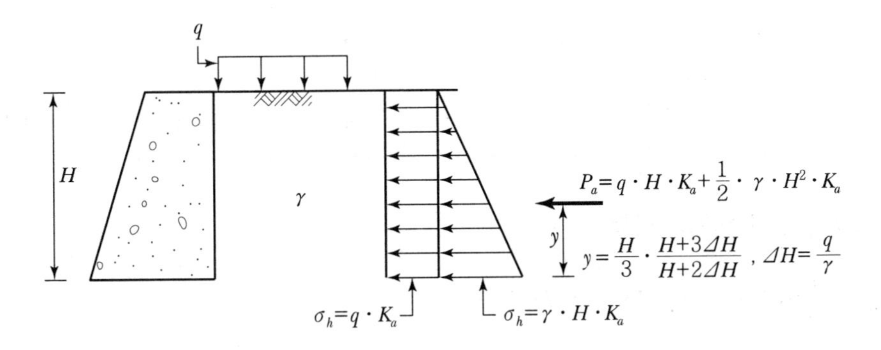
q
H
γ
$P_a=q\cdot H\cdot K_a+\frac{1}{2}\cdot\gamma\cdot H^2\cdot K_a$
y
$y=\frac{H}{3}\cdot\frac{H+3\Delta H}{H+2\Delta H}$, $\Delta H=\frac{q}{\gamma}$
$\sigma_h=q\cdot K_a$
$\sigma_h=\gamma\cdot H\cdot K_a$

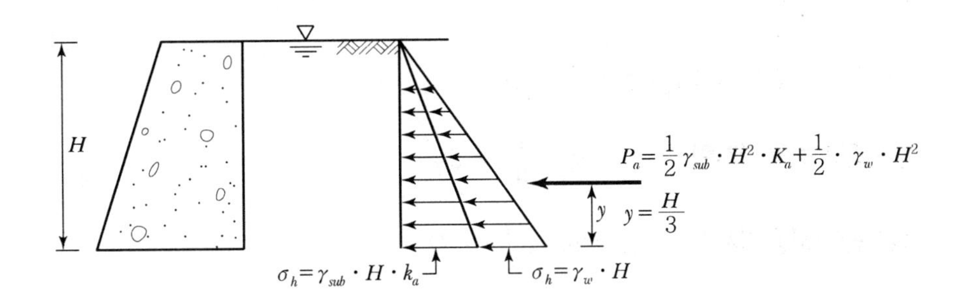
H
$P_a=\frac{1}{2}\gamma_{sub}\cdot H^2\cdot K_a+\frac{1}{2}\cdot\gamma_w\cdot H^2$
y $y=\frac{H}{3}$
$\sigma_h=\gamma_{sub}\cdot H\cdot k_a$
$\sigma_h=\gamma_w\cdot H$

제12절 기초공

1. Terzaghi의 극한지지력

(1) $q_d = \alpha CN_c + \beta\gamma_1 BN_r + \gamma_2 D_f\ N_q$

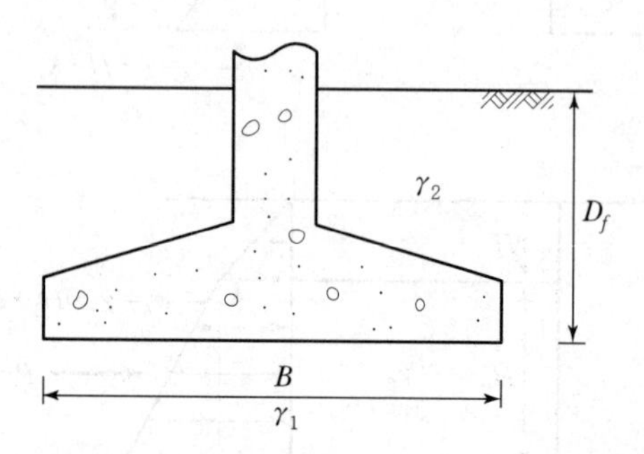

(2) 기초의 형상계수

단면형상	연속기초	정사각형	원형	직사각형
α	1.0	1.3	1.3	$1+0.3\dfrac{B}{L}$
β	0.5	0.4	0.3	$0.5-0.1\dfrac{B}{L}$

2. Terzaghi의 허용지지력

$$q_a = \frac{1}{3}(\alpha CN_c + \beta\gamma_1 BN_r + \gamma_2 D_f N_q)$$

여기서, $F_s=3$인 경우

3. 재하시험 결과에 대한 허용지지력

(1) 장기허용지지력 $q_a = q_t + \frac{1}{3}\gamma \cdot D_f \cdot N_q$

(2) 단기허용지지력 $q_a = 2q_t + \frac{1}{3}\gamma \cdot D_f \cdot N_q$

여기서, q_t : 재하시험 항복강도의 $\frac{1}{2}$ 또는 극한강도의 $\frac{1}{3}$ 중 작은 값 적용

CHAPTER 02 : 기출 및 예상문제

01 어떤 흙 입자 밀도시험에서 다음과 같은 결과를 얻었다. 밀도값을 구하시오.(소수 셋째 자리에서 반올림하시오.)

[시험 결과]

- 피크노미터 중량(m_f) : 40.51g
- (피크노미터+증류수+시료) 중량(m_b) : 191.06g
- 노건조 시료중량(m_s) : 24.85g
- m_b 측정 시 수온 및 물밀도 : 22℃, 0.997800
- (피크노미터+증류수)중량($m_a{}'$) : 175.55g
- 22℃일 때 물의 밀도 : 0.998700
- $m_a{}'$ 측정 시 수온 및 물밀도 : 21℃, 0.998022

Solution

$$m_a = \frac{T℃\text{에서의 물의 밀도}}{T'℃\text{에서의 물의 밀도}} \times (m_a{}' - m_f) + m_f$$

$$= \frac{0.997800}{0.998022} \times (175.55 - 40.51) + 40.51 = 175.52\text{g}$$

$$G_s = \frac{m_s}{m_s + m_a - m_b} \times \rho_\omega$$

$$= \frac{24.85}{24.85 + 175.52 - 191.06} \times 0.997800 = 2.66\text{g/cm}^3$$

02 흙의 자연함수비(w_n)가 25.0%인 점성토의 토성시험 결과가 아래와 같을 때 다음 물음에 산출근거와 답을 구하시오.(단, 흙의 소성한계는 21.5%)

측정 번호	1	2	3	4	5
낙하 횟수(회)	10	18	28	35	46
함수비(%)	38.0	31.5	26.2	24.0	21.0

(1) 소성지수(I_P)를 구하시오.

(2) 유동곡선을 그리고 액성한계를 구하시오.

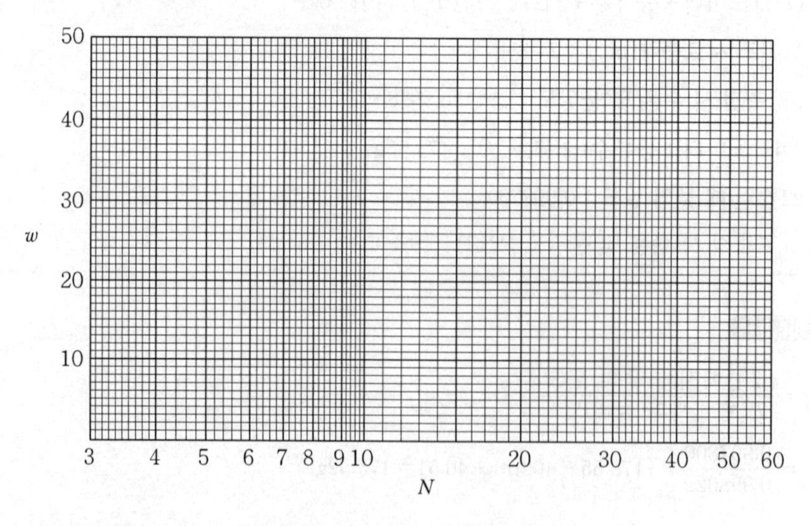

(3) 액성지수(I_L)를 구하시오.(소수 넷째 자리에서 반올림하시오.)

(4) 컨시스턴시 지수(I_C)를 구하시오.(소수 넷째 자리에서 반올림하시오.)

(5) 유동지수(I_f)를 구하시오.(소수 셋째 자리에서 반올림하시오.)

Solution

(1) 소성지수(I_p)

$$I_p = w_L - w_p = 27.5 - 21.5 = 6\%$$

(2) 액성한계(w_L) : 27.5%

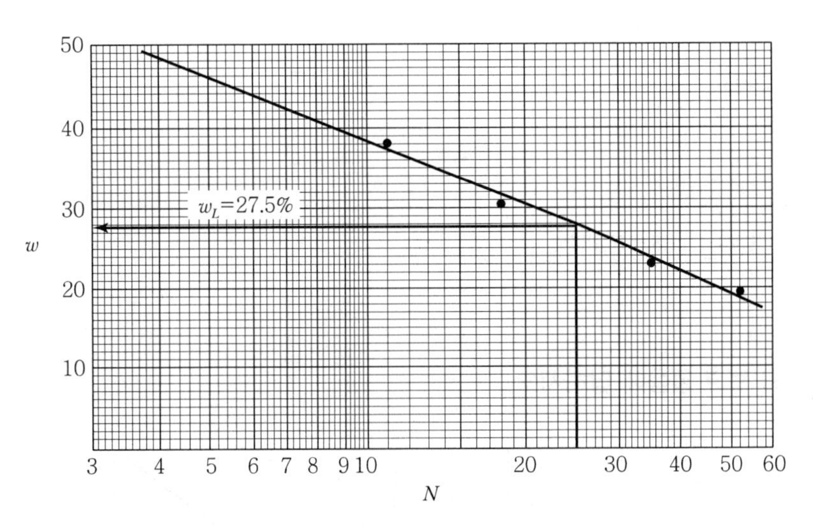

(3) 액성지수(I_L)

$$I_L = \frac{w_n - w_p}{I_p} = \frac{25.0 - 21.5}{6} = 0.583$$

(4) 컨시스턴시 지수(I_c)

$$I_c = \frac{w_L - w_n}{I_p} = \frac{27.5 - 25.0}{6} = 0.417$$

(5) 유동지수(I_f)

$$I_f = \frac{w_1 - w_2}{\log N_2 - \log N_1} = \frac{38.0 - 21.0}{\log 46 - \log 10} = 25.65\%$$

03 어떤 시료에 대해 액성한계시험을 한 결과 낙하 횟수 30회일 때의 함수비가 37.2%, 낙하 횟수 20회일 때의 함수비가 41.5%이다. 이 흙의 액성한계를 1점법으로 구하시오.(단, 소수 둘째 자리에서 반올림하시오.)

Solution

$w_L = w_n\left(\dfrac{N}{25}\right)^{0.12}$ 공식을 이용한다.

$w_{L1} = 37.2\left(\dfrac{30}{25}\right)^{0.12} = 38.0\%$

$w_{L2} = 41.5\left(\dfrac{20}{25}\right)^{0.12} = 40.4\%$

$\therefore\ w_L = \dfrac{w_{L1} + w_{L2}}{2} = \dfrac{38.0 + 40.4}{2} = 39.2\%$

04 다음 소성표를 보고 물음에 답하시오.

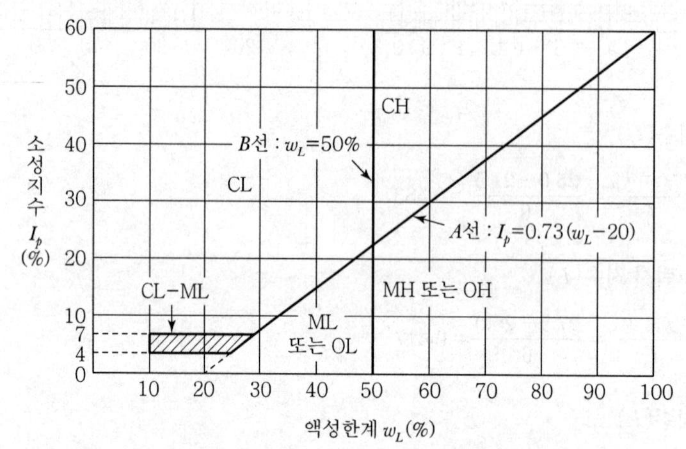

(1) 액성한계(w_L)가 35%, 소성한계(w_p)가 20%일 때 이 흙을 분류하시오.

(2) 소성지수(I_p)가 5%이고, 액성한계(w_L)가 15%일 때 이 흙을 분류하시오.

Solution

(1) $w_L = 35\%$

$I_p = w_L - w_p = 35 - 20 = 15\%$

$\therefore$ CL

(2) CL − ML

05 **자연상태의 함수비 24.5%인 점성토 시료를 채취하여 애터버그한계시험을 한 결과가 다음과 같았다. 다음 물음에 대한 답을 구하시오.**

[액성한계시험]

용기 번호	(습윤시료 +용기) 질량(g)	(건조시료 +용기) 질량(g)	용기 질량(g)	건조시료 질량(g)	물의 질량(g)	함수비 (%)	낙하 횟수
1	28.67	27.29	16.25	( )	( )	( )	55
2	25.38	23.90	15.82	( )	( )	( )	40
3	29.62	27.30	17.36	( )	( )	( )	30
4	28.23	25.67	16.55	( )	( )	( )	23
5	29.81	26.60	18.48	( )	( )	( )	12

[소성한계시험]

용기 번호	(습윤시료+용기) 질량(g)	(건조시료+용기) 질량(g)	용기 질량(g)	건조시료 질량(g)	물의 질량(g)	함수비 (%)
1	22.01	21.19	17.36	( )	( )	( )
2	20.92	19.99	15.42	( )	( )	( )
3	23.19	22.34	18.30	( )	( )	( )

(1) 액성한계시험 및 소성한계시험 성과표의 ( ) 안을 채우시오.(단, 소수 셋째 자리에서 반올림하시오.)

(2) 유동곡선을 작도하시오.

(3) 액성한계를 구하시오.(소수 첫째 자리까지 구하시오.)

(4) 소성한계를 구하시오.(소수 둘째 자리에서 반올림하시오.)

(5) 유동지수를 구하시오.(소수 셋째 자리에서 반올림하시오.)

(6) 소성지수를 구하시오.

(7) 애터버그한계와 연경도 사이의 관계로 보아 자연상태에서 이 시료는 다음의 어디에 가장 적합한가?

① 고체상태　　② 반고체상태

③ 소성상태　　④ 액체상태

(8) 다음 소성도표에 의해 이 흙을 공학적으로 분류하시오.

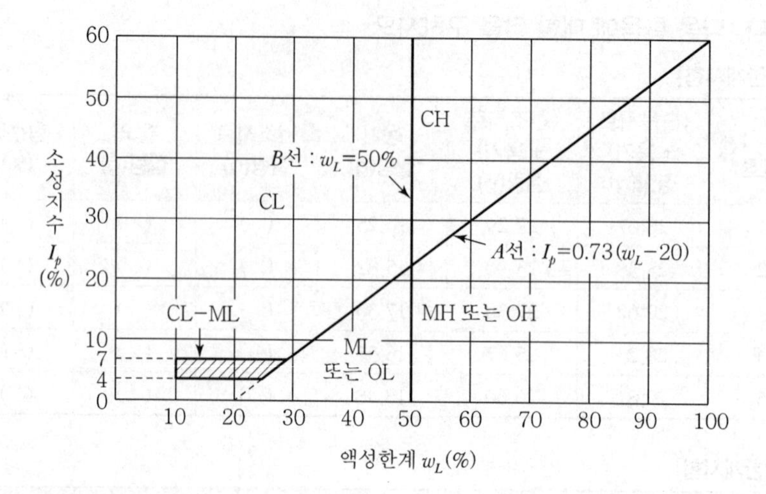

Solution

(1) ① [액성한계시험]

용기 번호	(습윤시료+용기) 질량(g)	(건조 시료+용기) 질량(g)	용기 질량(g)	건조시료 질량(g)	물의 질량 (g)	함수비 (%)	낙하 횟수
1	28.67	27.29	16.25	(11.04)	(1.38)	(12.50)	55
2	25.38	23.90	15.82	(8.08)	(1.48)	(18.32)	40
3	29.62	27.30	17.36	(9.94)	(2.32)	(23.34)	30
4	28.23	25.67	16.55	(9.12)	(2.56)	(28.07)	23
5	29.81	26.60	18.48	(8.12)	(3.21)	(39.53)	12

[계산 근거]

• 함수비 $w=\dfrac{W_W}{W_S}\times 100=\dfrac{WW-DW}{DW-TW}\times 100$

여기서, WW : (습윤시료+용기) 질량

DW : (건조시료+용기) 질량

TW : 용기질량

• $w_1=\dfrac{28.67-27.29}{27.29-16.25}\times 100=12.50\%$

• $w_2=\dfrac{25.38-23.90}{23.90-15.82}\times 100=18.32\%$

• $w_3=\dfrac{29.62-27.30}{27.30-17.36}\times 100=23.34\%$

• $w_4=\dfrac{28.23-25.67}{25.67-16.55}\times 100=28.07\%$

• $w_5=\dfrac{29.81-26.60}{26.60-18.48}\times 100=39.53\%$

② [소성한계시험]

용기 번호	(습윤시료+용기) 질량(g)	(건조시료+용기) 질량(g)	용기 질량(g)	건조시료 질량(g)	물의 질량(g)	함수비 (%)
1	22.01	21.19	17.36	(3.83)	(0.82)	(21.41)
2	20.92	19.99	15.42	(4.57)	(0.93)	(20.35)
3	23.19	22.34	18.30	(4.04)	(0.85)	(21.04)

[계산 근거]

- $w = \dfrac{W_W}{W_S} \times 100 = \dfrac{WW - DW}{DW - TW} \times 100$
- $w_1 = \dfrac{22.01 - 21.19}{21.19 - 17.36} \times 100 = 21.41\%$
- $w_2 = \dfrac{20.92 - 19.99}{19.99 - 15.42} \times 100 = 20.35\%$
- $w_3 = \dfrac{23.19 - 22.34}{22.31 - 18.30} \times 100 = 21.04\%$

(2) 유동곡선

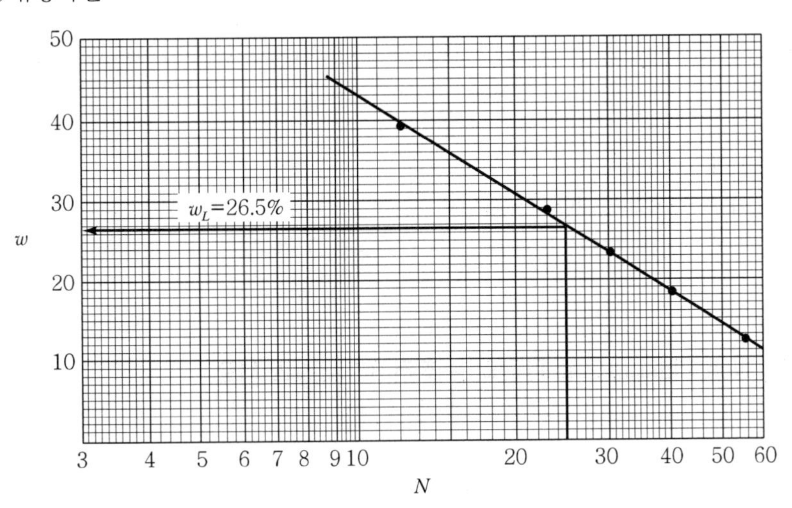

(3) 액성한계

$w_L = 26.5\%$ (타격횟수 25회에 해당하는 함수비)

(4) 소성한계

$$w_p = \frac{21.41 + 20.35 + 21.04}{3} = 20.9\%$$

(5) 유동지수

$$I_f = \frac{w_1 - w_2}{\log\frac{N_2}{N_1}} = \frac{39.53 - 12.5}{\log\frac{55}{12}} = 40.88\%$$

(6) 소성지수

$I_p = w_L - w_p = 26.5 - 20.9 = 5.6\%$

(7) 흙의 Atterberg 한계

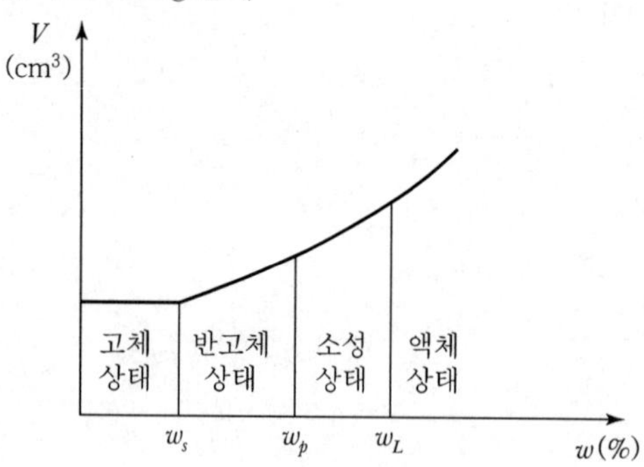

자연상태의 시료함수비는 24.5%로 액성한계 26.5%보다 작고 소성한계 20.9%보다 크므로 소성상태이다.

(8) 소성도표를 통해

$w_L = 26.5\%$와 $I_p = 5.6\%$에 해당하는 흙으로

CL－ML

06 비소성(N.P : Non Plastic)으로 판단되는 조건 3가지를 쓰시오.

(1)

(2)

(3)

Solution

(1) 액성한계나 소성한계를 결정할 수 없는 경우

(2) 소성한계가 액성한계와 같을 경우

(3) 소성한계가 액성한계보다 클 경우

07 어떤 시료에 대하여 수축한계시험을 한 결과가 다음과 같았다. 물음에 답하시오.

[시험 결과]

• 자연 함수비 : 45.2%	• 습윤토 체적 : 17.9cm³
• 건조토 체적 : 12.3cm³	• 건조토 중량 : 21.5g

(1) 수축한계(w_s)를 구하시오.(단, 소수 둘째 자리에서 반올림하시오.)

(2) 수축비(R)를 구하시오.(단, 소수 셋째 자리에서 반올림하시오.)

(3) 체적변화(C)를 구하시오.(단, 소수 셋째 자리에서 반올림하시오.)

(4) 선수축(L_s)을 구하시오.(단, 소수 셋째 자리에서 반올림하시오.)

(5) 흙의 비중(G_s)을 구하시오.(단, 소수 셋째 자리에서 반올림하시오.)

Solution

(1) $w_s = w - \left(\dfrac{V-V_o}{W_o}\gamma_w \times 100\right)$

$= 45.2 - \left(\dfrac{(17.9-12.3)}{21.5} \times 1 \times 100\right)$

$= 19.2\%$

(2) $R = \dfrac{W_o}{V_o \cdot \gamma_w} = \dfrac{21.5}{12.3 \times 1} = 1.75$

(3) $C = \dfrac{V-V_o}{V_o} \times 100 = \dfrac{17.9-12.3}{12.3} \times 100 = 45.53\%$

또는 $C = R(w-w_s) = 1.75(45.2-19.2) = 45.5\%$

(4) $L_s = 100\left(1 - \sqrt[3]{\dfrac{100}{C+100}}\right)$

$= 100\left(1 - \sqrt[3]{\dfrac{100}{45.53+100}}\right)$

$= 11.76\%$

(5) $G_s = \dfrac{1}{\dfrac{1}{R} - \dfrac{w_s}{100}} = \dfrac{1}{\dfrac{1}{1.75} - \dfrac{19.2}{100}} = 2.64$

08 **완전 포화된 점토의 함수비가 57%이고, 이 흙의 밀도가 1.68t/m³, 수축비가 1.6이라고 할 때 다음 물음에 답하시오.(단, 소수 셋째 자리에서 반올림하시오.)**

(1) 비중을 구하시오.

(2) 수축한계를 구하시오.

Solution

(1) $S \cdot e = G_S \cdot w$

$$\therefore\ e = \frac{G_S \cdot w}{S} = \frac{G_S \times 57}{100} = 0.57G_S$$

$$\gamma_{sat} = \frac{G_S + e}{1+e}\gamma_w$$

$$1.68 = \frac{G_S + 0.57G_S}{1+0.57G_S} \times 1$$

$$1.68 + 0.958G_S = 1.57G_S$$

$$1.68 = 1.57G_S - 0.958G_S$$

$$1.68 = 0.612G_S$$

$$\therefore\ G_S = \frac{1.68}{0.612} = 2.75$$

(2) $$w_s = \left(\frac{1}{R} - \frac{1}{G_S}\right) \times 100$$

$$= \left(\frac{1}{1.6} - \frac{1}{2.75}\right) \times 100 = 26.14\%$$

09 **어떤 도로 건설 현장의 흙 시료를 채취하여 공기 건조시킨 후 4분법에 의해 시료를 채취하여 노건조중량으로 환산한 양이 200g이었다. 이 흙을 0.08mm체로 세척하여 노건조한 후 각 체에 잔류량은 다음과 같다. 물음에 답하시오.**

체눈금	25mm	19mm	10mm	No.4	No.10	No.20	No.40	No.60	No.140	No.200
잔류량(g)	15	20	25	15	20	15	25	25	10	22

(1) 각 체의 빈칸을 채우고 통과 백분율을 구하시오.

체눈금	잔류량(g)	누적 잔류량(g)	누적 잔류율(%)	통과율(%)
25mm	15			
19mm	20			
10mm	25			
No.4	15			

체눈금	잔류량(g)	누적 잔류량(g)	누적 잔류율(%)	통과율(%)
No.10	20			
No.20	15			
No.40	25			
No.60	25			
No.140	10			
No.200	22			

(2) 입경가적곡선을 그리시오.

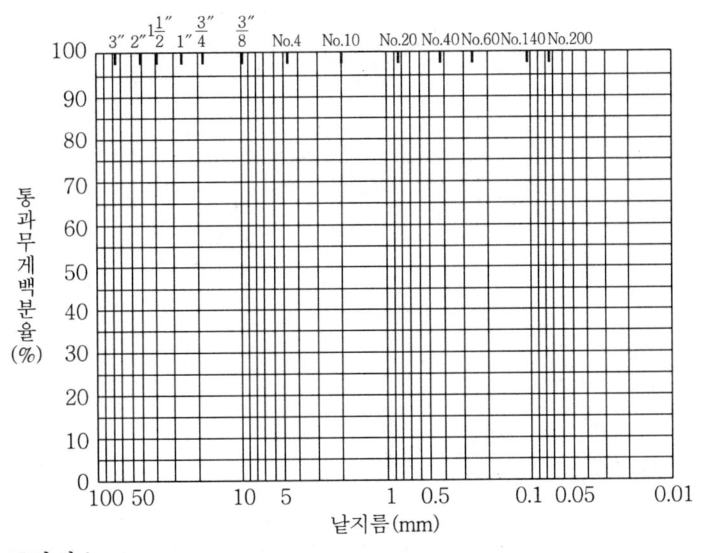

(3) C_u, C_g를 구하시오.

(4) 통일분류법에 따른 기호로 분류하시오.

Solution

(1)

체눈금	잔류량(g)	누적 잔류량(g)	누적 잔류율(%)	통과율(%)
25mm	15	15	7.5	92.5
19mm	20	35	17.5	82.5
10mm	25	60	30	70
No.4	15	75	37.5	62.5
No.10	20	95	47.5	52.5
No.20	15	110	55	45
No.40	25	135	67.5	32.5
No.60	25	160	80	20
No.140	10	170	85	15
No.200	22	192	96	4

① 임의 체 누적 잔류량 = 임의 체 잔류량 + 앞 모든 체의 잔류량

② 임의 체 누적 잔류율 $= \dfrac{\text{임의 체 누적 잔류량}}{\text{전체 노건조 시료량}} \times 100$

③ 임의 체 통과율 = 100 − 임의 체 누적 잔류율

(2)

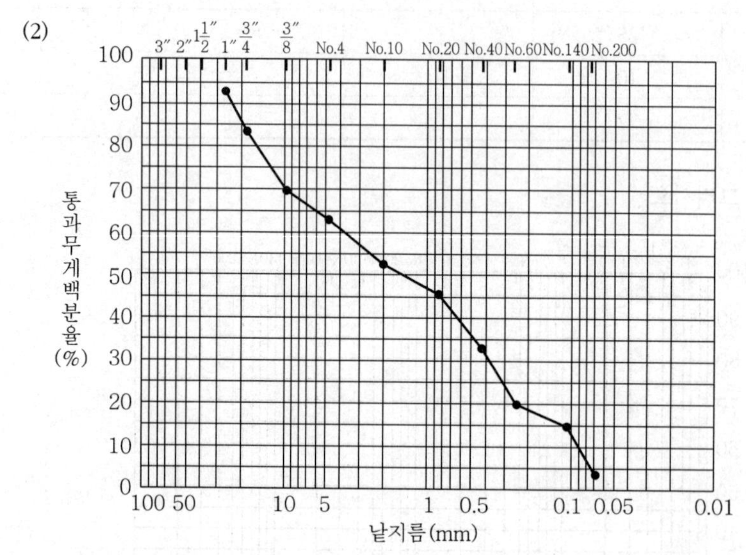

(3) ① $C_u = \dfrac{D_{60}}{D_{10}} = \dfrac{3.7}{0.09} = 41.1$

② $C_g = \dfrac{(D_{30})^2}{D_{10} \times D_{60}} = \dfrac{0.38^2}{0.09 \times 3.7} = 0.43$

(4) ① $6 < C_u$로 양호하나 C_g가 1~3 범위에 들지 않으므로 입도분포가 불량하다.

② No.4체 통과율이 50% 이상이므로 모래질이다.

그러므로, 입도분포가 불량한 모래질 즉, SP이다.

10 어떤 시료에 대해 입도분석시험을 한 결과가 다음과 같았다. 물음에 답하시오.

체눈금(mm)	25.4	19.0	9.51	4.76	2.0	0.84	0.42	0.25	0.105	0.074	0.05	0.010	0.005	0.001
통과율(%)	100	97	76	68	60	43	30	26	20	13	10	8	6	3

(1) 균등계수(C_u)를 구하시오.

(2) 곡률계수(C_g)를 구하시오.(단, 소수 셋째 자리에서 반올림하시오.)

(3) 다음의 삼각좌표를 보고 흙을 분류하시오.

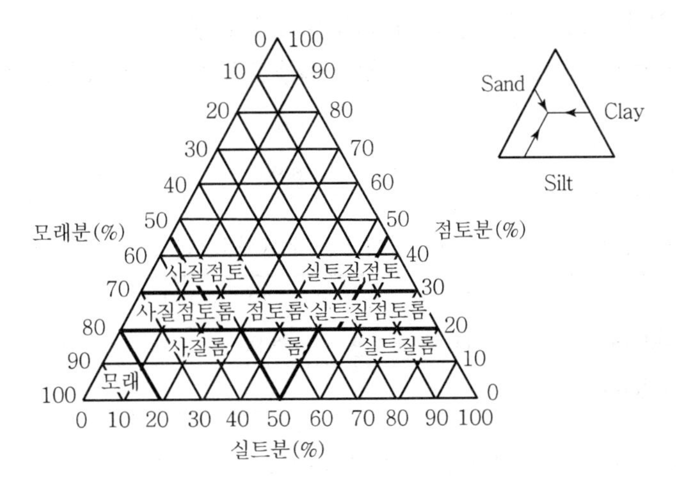

Solution

(1) $C_u = \dfrac{D_{60}}{D_{10}} = \dfrac{2.0}{0.05} = 40$

(2) $C_g = \dfrac{(D_{30})^2}{D_{10} \times D_{60}} = \dfrac{(0.42)^2}{0.05 \times 2.0} = 1.76$

(3) ① 자갈분 : 2.0mm 이상

$100 - 60 = 40\%$

② 모래분 : 0.05∼2.00mm

$60 - 10 = 50\%$

$\therefore S = \dfrac{50}{50+4+6} \times 100 = 83.3\%$

③ 실트분 : 0.005∼0.05mm

$10 - 6 = 4\%$

$\therefore M = \dfrac{4}{50+4+6} \times 100 = 6.7\%$

④ 점토분 : 0.005mm 이하

6%

$\therefore C = \dfrac{6}{50+4+6} \times 100 = 10\%$

모래, 실트, 점토분을 삼각좌표에 의해 분류하면

∴ 모래

11 **입도 분석용 비중계의 구부길이가 15cm, 구부체적이 27cm³이었고 메스실린더 단면적이 24cm³이었다. 또한 비중계 구부상단에서 비중계 읽음부분 γ 까지의 거리 L_1은 다음과 같다. 또한 침강 분석 시의 수온이 27℃이었고 사용한 노건조 시료량은 100g이었다.**

γ	1.000	1.015	1.035	1.050
L_1(cm)	11.55	8.96	5.06	2.26

(1) 각각의 비중계 읽음에 대한 유효깊이 L을 구하시오.(단, 소수 셋째 자리에서 반올림하시오.)

γ	1.000	1.015	1.035	1.050
L_1(cm)	11.55	8.96	5.06	2.26
L_2(cm)				

(2) 비중계 읽음값과 유효깊이의 관계를 작도하고 $\gamma=1.030$일 때 유효깊이를 구하시오.(단, 소수 둘째 자리에서 반올림하시오.)

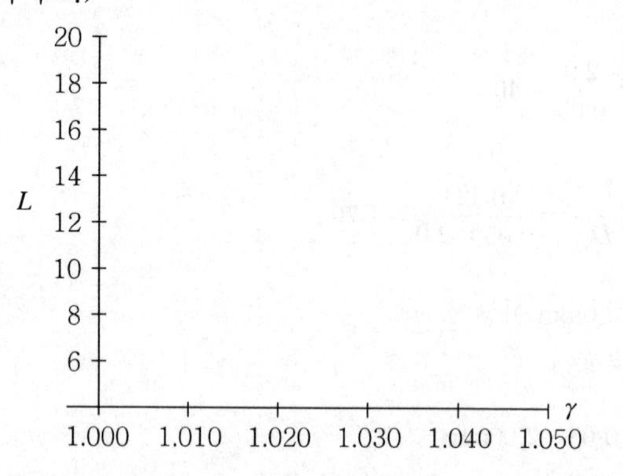

(3) 비중계 읽음 $\gamma=1.015$일 때 경과시간이 15분이었고 비중이 2.70인 경우 토립자의 지름을 표를 참조하여 구하시오.

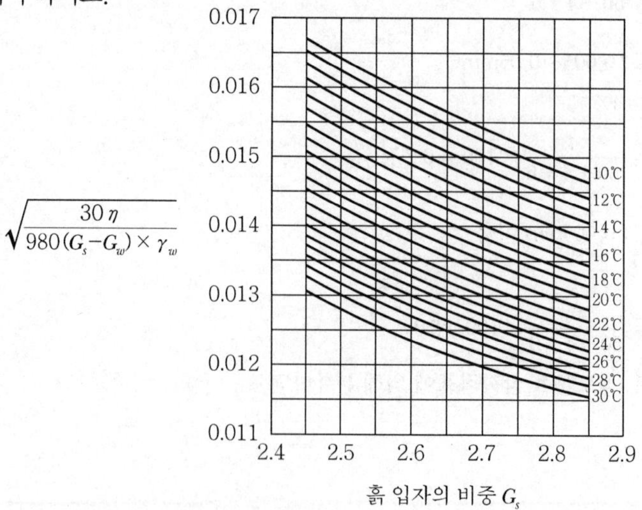

(4) (3)의 조건일 때 통과 백분율을 구하시오.(단, 메니스커스 보정 0.0005, 온도보정계수 0.0016, $P_{2.0}=65\%$, 메스실린더 현탁액 체적은 1,000cc이다.)

Solution

(1)

γ	1.000	1.015	1.035	1.050
L_1(cm)	11.55	8.96	5.06	2.26
L_2(cm)	18.49	15.90	12.00	9.20

유효깊이 $L=L_1+\frac{1}{2}\left(L_2-\frac{V_B}{A}\right)$ 공식에서

$$L=11.55+\frac{1}{2}\left(15-\frac{27}{24}\right)=18.49\text{cm}$$

$$L=8.96+\frac{1}{2}\left(15-\frac{27}{24}\right)=15.90\text{cm}$$

$$L=5.06+\frac{1}{2}\left(15-\frac{27}{24}\right)=12.0\text{cm}$$

$$L=2.26+\frac{1}{2}\left(15-\frac{27}{24}\right)=9.20\text{cm}$$

(2)

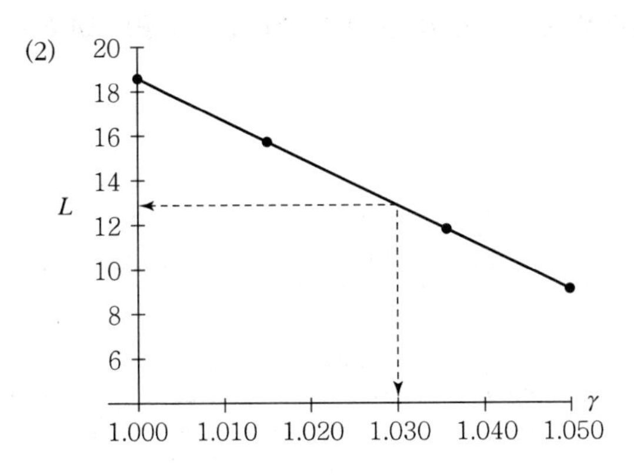

$\gamma=1.030$일 때 $L=12.9\text{cm}$

(3) $d=C\sqrt{\frac{L}{t}}$ 공식에서

그림표에서 $C=\sqrt{\frac{30\mu}{980(G_S-G_w)\times\gamma_w}}=0.0124$

$\therefore d=0.0124\sqrt{\frac{15.90}{15}}=0.0128\text{mm}$

(4) ① γ' = 비중계 소수부 읽음 + 메니스커스 보정

$= 0.015 + 0.0005$

$= 0.0155$

② $\gamma' + F = 0.0155 +$ 온도보정계수

$= 0.0155 + 0.0016$

$= 0.0171$

③ $M = \dfrac{100}{\dfrac{W_S}{V}} \times \dfrac{G_S}{G_S - G_w} = \dfrac{100}{\dfrac{100}{1,000}} \times \dfrac{2.7}{2.7 - 1.0} = 1,588.24$

④ 통과 백분율

$P' = M \times (\gamma' + F) = 1,588.24 \times 0.0171 = 27.16\%$

⑤ 보정통과 백분율

$P = P' \times P_{2.0} = 27.16 \times 0.65 = 17.65\%$

12 어느 시료 흙의 입도분석 결과 다음 값을 얻었다. 물음에 답하시오.(단, 측정 시 수온은 16℃, 시료의 중량은 100g이며, 토립자 비중은 2.63이고, 16℃에 있어서 물의 비중 G_w = 0.999, μ=0.01116이다.)

[비중계 분석]

경과기간(분)	1	2	5	15	30	60	240	1,440
비중계의 읽음	1.0235	1.0170	1.0155	1.0135	1.0120	1.0105	1.0090	1.0060

[체분석]

체 크기(mm)	No.20 (0.85)	No.40 (0.425)	No.60 (0.25)	No.140 (0.106)	No.200 (0.075)	No.200 (0.075) 이하
잔류량(g)	0.9	1.2	2.7	17.3	21.3	18.5

(1) 비중계 분석에 따른 성과표를 완성하시오.

경과 시간 t(분)	비중계 읽음	유효 깊이 L (mm)	$\frac{L}{t}$	$\sqrt{\frac{L}{t}}$	$\sqrt{\frac{30\mu}{980(G_S-G_w)\gamma_w}}$	d (mm)	비중계 소수 부분 읽음 (γ')	보정 계수 (F)	$\gamma'+F$	가적 통과율 $M\times(\gamma'+F)$
1	1.0235	11.4						0.0001		
2	1.0170	15.1						0.0001		
5	1.0155	16.5						0.0001		
15	1.0135	16.9						0.0001		
30	1.0120	17.3						0.0001		
60	1.0105	17.7						0.0001		
240	1.0090	18.3						0.0001		
1,440	1.0060	19.2						0.0001		

(2) 체분석한 성과표를 완성하시오.

체 크기(mm)	잔류량(g)	잔류율(%)	가적 잔류율(%)	가적 통과율(%)
No.20(0.85)	0.9			
No.40(0.425)	1.2			
No.60(0.25)	2.7			
No.140(0.106)	17.3			
No.200(0.075)	21.3			
No.200(0.075) 이하	18.5			

(3) 입경가적곡선을 그리시오.

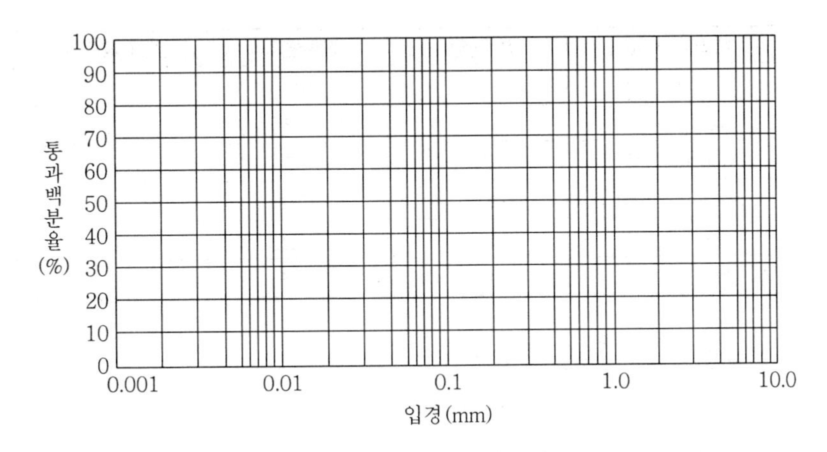

(4) 균등계수(C_u) 및 곡률계수(C_g)를 구하시오.

Solution

(1)

경과 시간 t(분)	비중계 읽음	유효 깊이 L (mm)	$\frac{L}{t}$	$\sqrt{\frac{L}{t}}$	$\sqrt{\frac{30\mu}{980(G_S-G_w)\gamma_w}}$	d (mm)	비중계 소수 부분 읽음 (γ')	보정 계수 (F)	$\gamma'+F$	가적 통과율 $M\times(\gamma'+F)$
1	1.0235	11.4	11.4	3.38	0.01447	0.0489	0.0235	0.0001	0.0236	38.06
2	1.0170	15.1	7.55	2.75	0.01447	0.0398	0.0170	0.0001	0.0171	27.57
5	1.0155	16.5	3.3	1.82	0.01447	0.0263	0.0155	0.0001	0.0156	25.16
15	1.0135	16.9	1.13	1.06	0.01447	0.0153	0.0135	0.0001	0.0136	21.93
30	1.0120	17.3	0.58	0.76	0.01447	0.0110	0.0120	0.0001	0.0121	19.51
60	1.0105	17.7	0.30	0.55	0.01447	0.0080	0.0105	0.0001	0.0106	17.09
240	1.0090	18.3	0.08	0.28	0.01447	0.0041	0.0090	0.0001	0.0091	14.67
1,440	1.0060	19.2	0.01	0.1	0.01447	0.0014	0.0060	0.0001	0.0061	9.84

$d=\sqrt{\frac{30\mu}{980(G_S-G_w)\gamma_w}}\cdot\sqrt{\frac{L}{t}}$ 공식에 대입

가적 잔류율 $=\frac{100}{\frac{W}{V}}\cdot\frac{G_S}{G_S-G_w}\cdot(\gamma'+F)$

여기서, $M=\frac{100}{\frac{W}{V}}\cdot\frac{G_S}{G_S-G_w}$

$=\frac{100}{\frac{100}{1,000}}\cdot\frac{2.63}{2.63-0.999}=1,612.5$

(2)

체 크기(mm)	잔류량(g)	잔류율(%)	가적 잔류율(%)	가적 통과율(%)
No.20(0.85)	0.9	0.9	0.9	99.1
No.40(0.425)	1.2	1.2	2.1	97.9
No.60(0.25)	2.7	2.7	4.8	95.2
No.140(0.106)	17.3	17.3	22.1	77.9
No.200(0.075)	21.3	21.3	43.4	56.6
No.200(0.075) 이하	18.5	18.5	61.9	38.1

① 잔류율 $=\frac{\text{해당 체의 잔류량}}{\text{전체량}}\times 100$

② 가적 잔류율 = 해당 체 이전의 각 체 잔류율의 합

③ 가적 통과율 = 100 − 가적 잔류율

체 크기(mm)	잔류량(g)	잔류율(%)	가적 잔류율(%)	가적 통과율(%)
No.20(0.85)	0.9	$\frac{0.9}{100}\times 100 = 0.9$	0.9	100－0.9＝99.1
No.40(0.425)	1.2	$\frac{1.2}{100}\times 100 = 1.2$	0.9＋1.2＝ 2.1	100－2.1＝97.9
No.60(0.25)	2.7	$\frac{2.7}{100}\times 100 = 2.7$	2.1＋2.7＝ 4.8	100－4.8＝95.2
No.140(0.106)	17.3	$\frac{17.3}{100}\times 100 = 17.3$	4.8＋17.3＝22.1	100－22.1＝77.9
No.200(0.075)	21.3	$\frac{21.3}{100}\times 100 = 21.3$	22.1＋21.3＝43.4	100－43.4＝56.6
No.200(0.075) 이하	23.5	$\frac{18.5}{100}\times 100 = 18.5$	43.4＋18.5＝61.9	100－61.9＝38.1

(3)

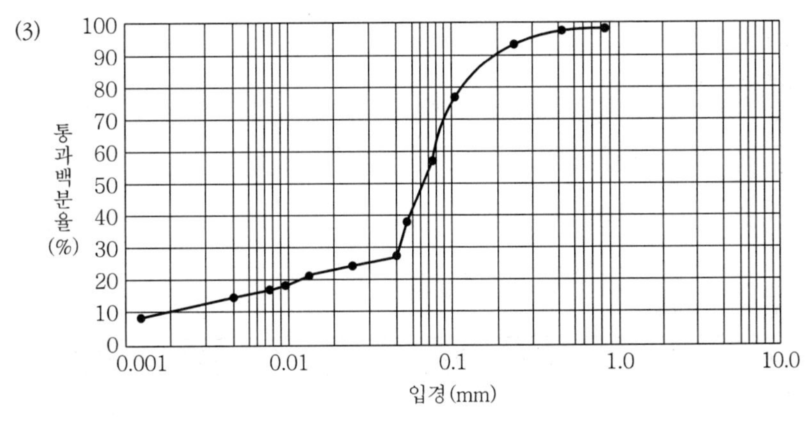

(4) ① $C_u = \dfrac{D_{60}}{D_{10}} = \dfrac{0.078}{0.0019} = 41.05$

② $C_g = \dfrac{(D_{30})^2}{D_{10}\times D_{60}} = \dfrac{(0.042)^2}{0.0019\times 0.078} = 11.9$

13 **함수비가 12.7%인 흙 103.5g을 채취하여 비중계시험한 후 입경 2.0mm에서 0.08mm까지 체분석시험한 결과는 다음과 같다. 물음에 답하시오.(단, 입경 2.0mm에서의 가적 잔류율이 17.5%이다.)**

체 번호(mm)	No.20(0.85)	No.40(0.425)	No.60(0.25)	No.140(0.106)	No.200(0.075)
잔류량(g)	3.86	8.25	17.42	37.85	23.71

(1) 비중계시험용 시료의 노건조 무게를 구하시오.(단, 소수 셋째 자리에서 반올림하시오.)

(2) 각 입경의 잔류율, 가적 잔류율, 가적 통과율, 보정 가적 통과율을 구하시오.(단, 소수 셋째 자리에서 반올림하시오.

체 번호(mm)	잔류량(g)	잔류율(%)	가적 잔류율(%)	가적 통과율(%)	보정 가적 통과율(%)
No.20(0.85)	3.86				
No.40(0.425)	8.25				
No.60(0.25)	17.42				
No.140(0.106)	37.85				
No.200(0.075)	23.71				

Solution

(1) $W_s = \dfrac{W}{1+\dfrac{w}{100}} = \dfrac{103.5}{1+\dfrac{12.7}{100}} = 91.84\text{g}$

(2)

체 번호(mm)	잔류량(g)	잔류율(%)	가적 잔류율(%)	가적 통과율(%)	보정 가적 통과율(%)
No.20(0.85)	3.86	4.20	4.20	95.80	79.04
No.40(0.425)	8.25	8.98	13.18	86.82	71.63
No.60(0.25)	17.42	18.97	32.15	67.85	55.98
No.140(0.106)	37.85	41.21	73.36	26.64	21.98
No.200(0.075)	23.71	25.82	99.18	0.82	0.68

① 잔류율 $= \dfrac{\text{각 체의 잔류량}}{\text{전체 노건조 시료량}} \times 100$

② 가적 잔류율 = 각 체의 잔류율 누계

③ 가적 통과율 = 100 − 각 체의 가적 잔류율

④ 보정 가적 통과율 = 입경 2.0mm체 가적 통과율$(P_{2.0})$ × 각 체의 가적 통과율

여기서, $(P_{2.0}) = 100 - 17.5 = 82.5\%$

[No.40체 계산 예]

- 잔류율 $= \dfrac{8.25}{91.84} \times 100 = 8.98\%$
- 가적 잔류율 = 4.20 + 8.98 = 13.18%
- 가적 통과율 = 100 − 13.18 = 86.82%
- 보정 가적 통과율 = 0.825 × 86.82 = 71.63%

14 다음 표는 다짐시험의 종류별 규격이다. ( ) 안을 완성하시오.

다짐방법	래머무게(kg)	몰드지름(mm)	낙하고(cm)	다짐층수	매 층 다짐횟수	최대입경(mm)
A	2.5	( )	( )	( )	25	( )
B	( )	150	30	3	( )	( )
C	4.5	( )	45	5	25	19
D	( )	150	( )	5	( )	( )
E	4.5	( )	45	( )	( )	37.5

Solution

다짐방법	래머무게(kg)	몰드지름(mm)	낙하고(cm)	다짐층수	매 층 다짐횟수	최대입경(mm)
A	2.5	(100)	(30)	(3)	25	(19)
B	(2.5)	150	30	3	(55)	(37.5)
C	4.5	(100)	45	5	25	19
D	(4.5)	150	(45)	5	(55)	(19)
E	4.5	(150)	45	(3)	(92)	37.5

15 어떤 사질토를 채취하여 다짐시험을 한 결과가 다음과 같았다. 다음 물음에 대해 답하시오. (단, 몰드의 체적 : 1,000cm^3, 시료의 비중 : 2.65)

측정 번호	(습윤시료+몰드) 무게(g)	몰드 무게(g)	습윤시료 무게(g)	습윤밀도 (g/cm^3)	평균함수비 (%)	건조밀도 (g/cm^3)
1	3,816	2,085	( )	( )	4.5	( )
2	3,956	2,085	( )	( )	6.8	( )
3	4,062	2,085	( )	( )	9.2	( )
4	4,140	2,085	( )	( )	14.8	( )
5	4,081	2,085	( )	( )	16.6	( )
6	4,004	2,085	( )	( )	18.6	( )

(1) 다짐시험 성과표의 빈칸을 채우시오.(단, 소수 넷째 자리에서 반올림하시오.)

(2) 다짐곡선을 작도하시오.

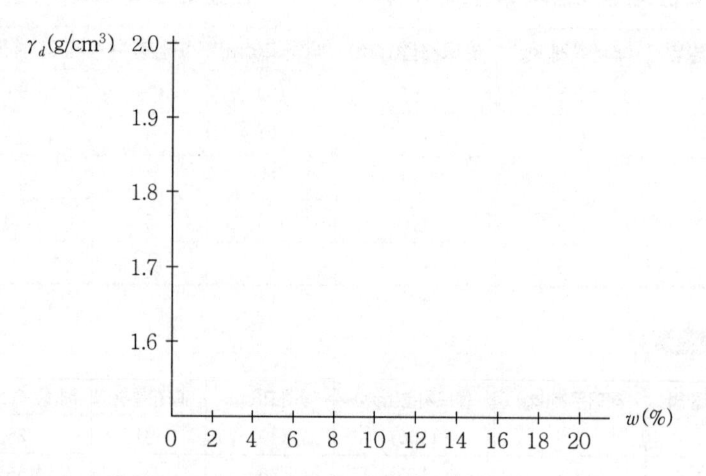

(3) 최대건조밀도($\gamma_{d\max}$)와 최적함수비(OMC)를 구하시오.

(4) 95%의 다짐도를 요구할 때 현장시공 함수비의 범위를 구하시오.

(5) 시험방법은 A다짐으로 다짐에너지를 구하시오.

(6) 최소공극비($e_{\min}$)을 구하시오.(소수 셋째 자리에서 반올림하시오.)

(7) 최소공극률($n_{\min}$)을 구하시오.(소수 셋째 자리에서 반올림하시오.)

(8) 영공기 공극곡선(포화곡선)을 그리시오.

Solution

(1)

측정 번호	(습윤시료+몰드) 무게(g)	몰드 무게(g)	습윤시료 무게(g)	습윤밀도 (g/cm³)	평균함수비 (%)	건조밀도 (g/cm³)
1	3,816	2,085	(1,731)	(1.731)	4.5	(1.656)
2	3,956	2,085	(1,871)	(1.871)	6.8	(1.752)
3	4,062	2,085	(1,977)	(1.977)	9.2	(1.810)
4	4,140	2,085	(2,055)	(2.055)	14.8	(1.790)
5	4,081	2,085	(1,996)	(1.996)	16.6	(1.712)
6	4,004	2,085	(1,919)	(1.919)	18.6	(1.618)

[계산 근거]

① 습윤시료무게=(습윤시료+몰드)무게−몰드 무게

- $W_1 = 3,816 - 2,085 = 1,731$g
- $W_2 = 3,956 - 2,085 = 1,871$g
- $W_3 = 4,062 - 2,085 = 1,977$g
- $W_4 = 4,140 - 2,085 = 2,055$g
- $W_5 = 4,081 - 2,085 = 1,996$g
- $W_6 = 4,004 - 2,085 = 1,919$g

② 습윤밀도$(\gamma_t) = \dfrac{W}{V}$

- $\gamma_{t_1} = \dfrac{1,731}{1,000} = 1.731\text{g/cm}^3$
- $\gamma_{t_2} = \dfrac{1,871}{1,000} = 1.871\text{g/cm}^3$
- $\gamma_{t_3} = \dfrac{1,977}{1,000} = 1.977\text{g/cm}^3$
- $\gamma_{t_4} = \dfrac{2,055}{1,000} = 2.055\text{g/cm}^3$
- $\gamma_{t_5} = \dfrac{1,996}{1,000} = 1.996\text{g/cm}^3$
- $\gamma_{t_6} = \dfrac{1,919}{1,000} = 1.919\text{g/cm}^3$

③ 건조밀도$(\gamma_d) = \dfrac{\gamma_t}{1 + \dfrac{w}{100}}$

- $\gamma_{d_1} = \dfrac{1.731}{1 + \dfrac{4.5}{100}} = 1.656\text{g/cm}^3$
- $\gamma_{d_2} = \dfrac{1.871}{1 + \dfrac{6.8}{100}} = 1.752\text{g/cm}^3$
- $\gamma_{d_3} = \dfrac{1.977}{1 + \dfrac{9.2}{100}} = 1.810\text{g/cm}^3$
- $\gamma_{d_4} = \dfrac{2.055}{1 + \dfrac{14.8}{100}} = 1.790\text{g/cm}^3$
- $\gamma_{d_5} = \dfrac{1.996}{1 + \dfrac{16.6}{100}} = 1.712\text{g/cm}^3$
- $\gamma_{d_6} = \dfrac{1.919}{1 + \dfrac{18.6}{100}} = 1.618\text{g/cm}^3$

(2)

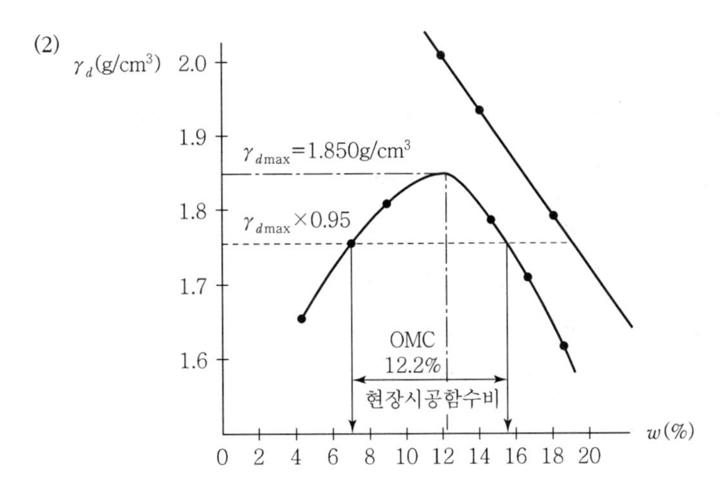

(3) 다짐곡선을 작도하여 구하면

$\gamma_{d\max} = 1.850\text{g/cm}^3$, OMC=12.2%

(4) 현장시공 함수비는 $\gamma_{d\max} \times 0.95$ 값을 구하여 다짐곡선에 교차하는 함수비가 해당된다.

즉, $\gamma_d = 1.850 \times 0.95 = 1.758\text{g/cm}^3$에 해당하는 현장시공 함수비는 7~15.6%이다.

(5) 래머의 무게 : 2.5kg, 다짐층수 : 3층, 매 층 다짐횟수 : 25회, 몰드의 체적 : 1,000cm³

$$\therefore\ E=\frac{W_R\cdot H\cdot N_B\cdot N_L}{V}=\frac{2.5\times30\times25\times3}{1,000}=5.625\text{kg}\cdot\text{cm/cm}^3$$

(6) $e_{\min}=\dfrac{\gamma_w}{\gamma_{d\max}}G_s-1=\dfrac{1}{1.850}\times2.65-1=0.43$

(7) $n_{\min}=\dfrac{e_{\min}}{1+e_{\min}}\times100=\dfrac{0.43}{1+0.43}\times100=30.07\%$

(8) γ_{dsat}와 w 관계 곡선

$$\gamma_d=\frac{G_s}{1+e}\cdot\gamma_w$$

$$S\cdot e=G_s\cdot w$$

$$e=\frac{G_s\cdot w}{S}$$

$$\therefore\gamma_d=\frac{G_s}{1+\dfrac{G_s\cdot w}{S}}\cdot\gamma_w=\frac{1}{\dfrac{1}{G_s}+\dfrac{w}{S}}\cdot\gamma_w$$

$$\therefore\ \gamma_{dsat}=\frac{1}{\dfrac{1}{G_s}+\dfrac{w}{100}}\cdot\gamma_w$$

흙의 비중 $G_s=2.65$는 주어진 상태에서 임의의 함수비 12%, 14%, 18%를 대입하면

- 함수비 12%일 때 $\gamma_{dsat}=\dfrac{1}{\dfrac{1}{2.65}+\dfrac{12}{100}}\times1=2.011\text{g/cm}^3$
- 함수비 14%일 때 $\gamma_{dsat}=\dfrac{1}{\dfrac{1}{2.65}+\dfrac{14}{100}}\times1=1.933\text{g/cm}^3$
- 함수비 18%일 때 $\gamma_{dsat}=\dfrac{1}{\dfrac{1}{2.65}+\dfrac{18}{100}}\times1=1.794\text{g/cm}^3$

16 흙을 채취하여 D 다짐시험 후 최대건조밀도와 최적함수비를 구하고 몰드에 5층 각각 55회, 25회, 10회 다짐한 공시체를 4일간 수침하여 CBR값을 구하는 과정의 다음 시험성과를 보고 물음에 답하시오.

[다짐시험 성과표]

측정 번호 / 시험 결과	1	2	3	4	5	6
건조밀도(g/cm³)	1.680	1.755	1.830	1.818	1.765	1.690
함수비(%)	5.8	7.8	10.1	16.0	18.0	21.1

[흡수팽창 및 수침 후 건조밀도]

공시체 제작 다짐횟수	55회	25회	10회
건조밀도(g/cm³)	1.860	1.658	1.537
수침 전의 함수비(%)	13.2	13.2	13.2
수침 후의 함수비(%)	15.5	16.2	16.9
수침 후 건조밀도(g/cm³)	1.885	1.800	1.646
수침 직후 게이지 초독(mm)	0	0	0
4일 수침 후 게이지 종독(mm)	1.8	1.6	1.4

[관입시험]

관입량(mm)		0	0.5	1.0	1.5	2.0	2.5	5.0	7.5	10.0	12.5
하중 읽음 (kN)	55회	0	1.4	2.4	3.1	5.1	7.4	10.3	12.4	14.3	16.5
	25회	0	0.9	1.7	2.6	3.4	4.5	6.2	10.3	11.3	12.9
	10회	0	0.1	0.8	1.0	1.7	2.0	2.8	5.2	5.9	6.3

(1) 55회, 25회, 10회의 팽창비를 구하시오.

(2) 다짐곡선을 그리고 CBR값을 구하여 건조밀도와 CBR과의 관계도를 그린 후 최대건조밀도의 95%에 해당하는 CBR치를 구하시오.

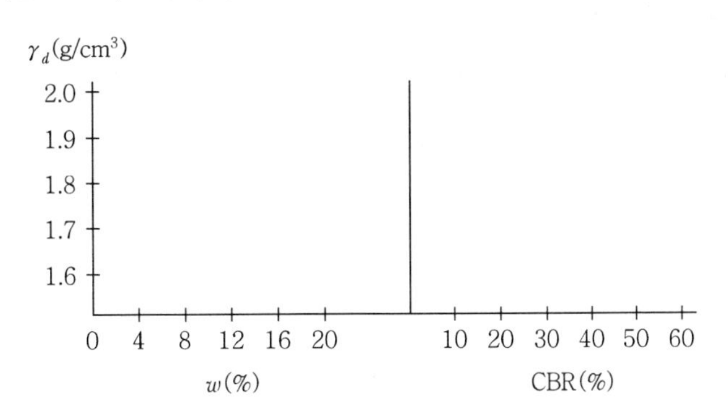

Solution

(1) 팽창비 $\gamma_e = \dfrac{d_2 - d_1}{h_o} \times 100$

① 55회 공시체

$$\gamma_e = \frac{1.8-0}{125} \times 100 = 1.44\%$$

② 25회 공시체

$$\gamma_e = \frac{1.6-0}{125} \times 100 = 1.28\%$$

③ 10회 공시체

$$\gamma_e = \frac{1.4-0}{125} \times 100 = 1.12\%$$

(2) $CBR = \dfrac{\text{시험하중강도(또는 시험하중)}}{\text{표준하중강도(또는 표준하중)}} \times 100$

① 55회 공시체 CBR치

$$CBR_{2.5} = \frac{7.4}{13.4} \times 100 = 55.0\%$$

$$CBR_{5.0} = \frac{10.3}{19.9} \times 100 = 51.7\%$$

$\therefore CBR = 55.0\%$

② 25회 공시체 CBR치

$$CBR_{2.5} = \frac{4.5}{13.4} \times 100 = 33.5\%$$

$$CBR_{5.0} = \frac{6.2}{19.9} \times 100 = 31.1\%$$

$\therefore CBR = 33.5\%$

③ 10회 공시체 CBR치

$$CBR_{2.5} = \frac{2.0}{13.4} \times 100 = 14.9\%$$

$$CBR_{5.0} = \frac{2.8}{19.9} \times 100 = 14.0\%$$

$\therefore CBR = 14.9\%$

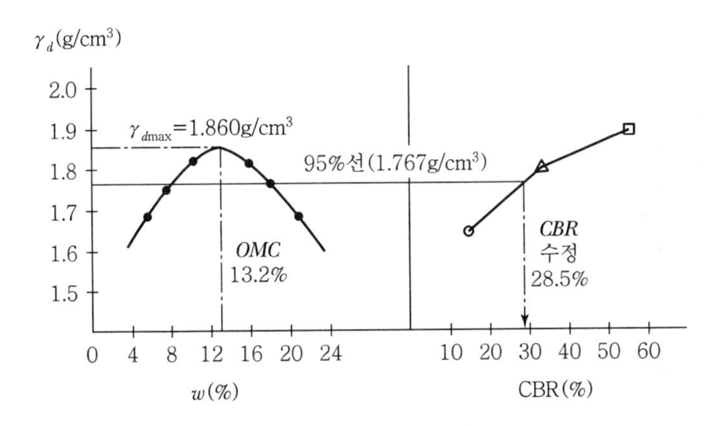

17 도로의 보조기층 재료의 CBR 시험 결과가 다음과 같다. 물음에 답하시오.

- 최적함수비 : 12.7%
- 최대건조밀도 : 1.865g/cm³

[수침 후 성과표]

낙하 횟수	10	25	55
γ_d (g/cm³)	1.586	1.727	1.885
w (%)	16.7	14.3	13.7

관입량(mm)		0	0.5	1.0	1.5	2.0	2.5	5.0	7.5	10.0	12.5
하중 읽음 (kN)	55회	0	1.2	2.3	3.1	3.9	4.9	6.9	8.5	9.5	10.1
	25회	0	0.7	1.4	2.0	2.7	3.4	4.8	5.6	6.2	6.7
	10회	0	0.1	0.3	0.4	0.9	1.3	1.9	2.7	3.4	3.9

(1) 단위하중으로 환산하여 다음 표를 완성하시오.(단, 소수 둘째 자리에서 반올림하시오.)

관입량(mm)		0	0.5	1.0	1.5	2.0	2.5	5.0	7.5	10.0	12.5
하중 읽음 (MN/m²)	55회										
	25회										
	10회										

(2) 관입량 – 단위하중 곡선을 그리시오.

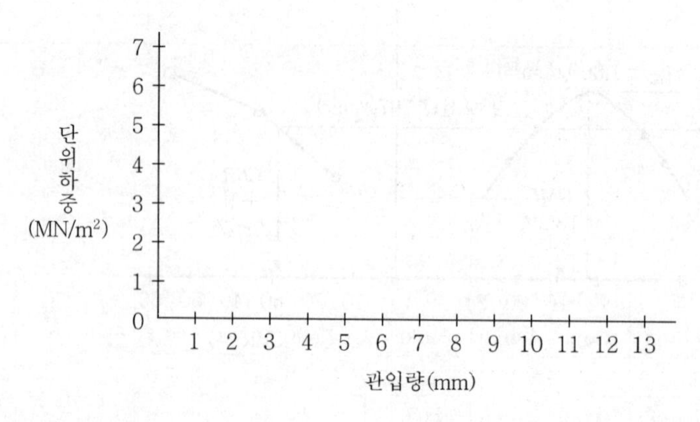

(3) 55회, 25회, 10회의 CBR 값을 구하시오.

(4) 다짐도가 95%일 때 수정 CBR 값을 구하시오.

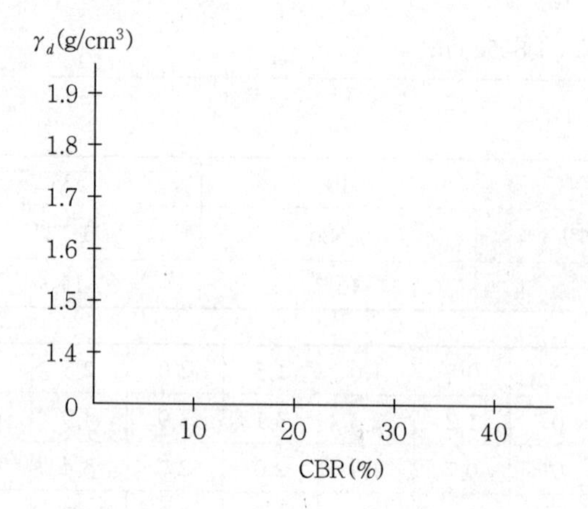

Solution

(1)

관입량(mm)		0	0.5	1.0	1.5	2.0	2.5	5.0	7.5	10.0	12.5
하중 읽음 (MN/m^2)	55회	0	0.6	1.1	1.6	2.0	2.5	3.5	4.3	4.8	5.1
	25회	0	0.4	0.7	1.0	1.4	1.7	2.4	2.8	3.1	3.4
	10회	0	0.06	0.1	0.3	0.5	0.7	1.1	1.4	1.7	2.0

① 강봉의 직경이 5cm이므로 $A=\dfrac{3.14\times0.05^2}{4}=0.0019625\text{m}^2$이다.

② $\sigma=\dfrac{P}{A}$, 즉 하중을 단면적으로 나눈다.

(2)

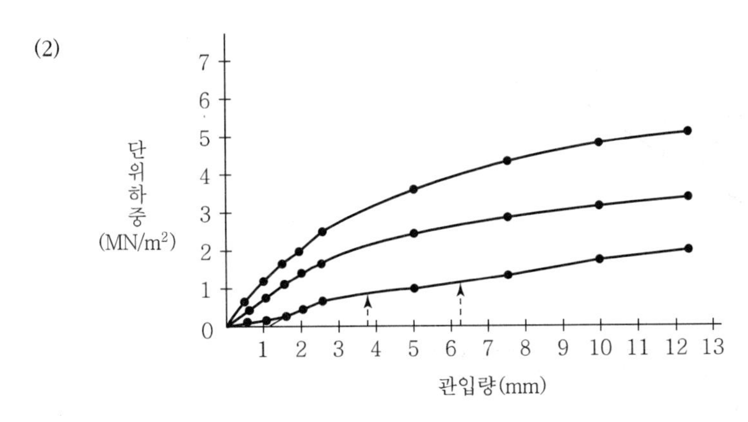

(3) ① 55회 다짐 시

$$CBR_{2.5} = \frac{2.5}{6.9} \times 100 = 36.2\%$$

$$CBR_{5.0} = \frac{3.5}{10.3} \times 100 = 33.9\%$$

$\therefore\ CBR = 36.2\%$

② 25회 다짐 시

$$CBR_{2.5} = \frac{1.7}{6.9} \times 100 = 24.6\%$$

$$CBR_{5.0} = \frac{2.4}{10.3} \times 100 = 23.3\%$$

$\therefore\ CBR = 24.6\%$

③ 10회 다짐 시(곡선에서 원점을 1.2mm 수정 시 단위하중을 적용한다.)

$$CBR_{2.5} = \frac{0.8}{6.9} \times 100 = 11.5\%$$

$$CBR_{5.0} = \frac{1.1}{10.3} \times 100 = 10.6\%$$

$\therefore\ CBR = 11.5\%$

※ 원점수정은 관입량 3.7mm일 때 단위하중 0.8MN/m^2, 관입량 6.2mm일 때 단위하중 1.1MN/m^{2}을 대입

(4)

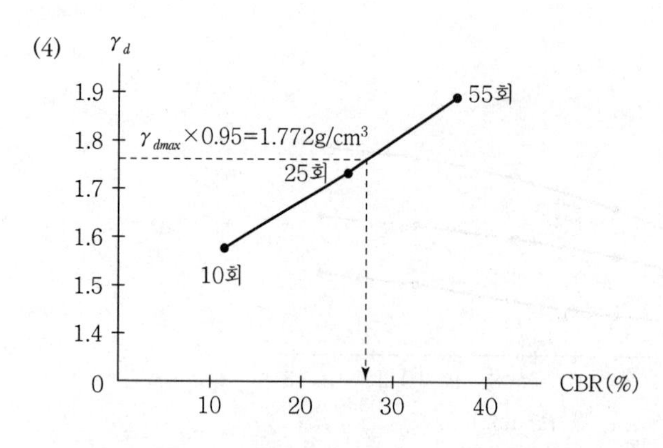

다짐도$= \dfrac{\gamma_d}{\gamma_{dmax}} \times 100$ 공식에서

$\gamma_d = \gamma_{d\max} \times 0.95 = 1.865 \times 0.95 = 1.772 g/cm^3$

$\therefore$ $\gamma_d = 1.772 g/cm^3$에 해당하는 수정 CBR=27%

18 CBR 시험 결과가 다음과 같다. 물음에 답하시오.(단, 소수 셋째 자리에서 반올림하시오.)

다짐횟수	공시체 높이(cm)	몰드 부피 (cm^3)	습윤밀도 (g/cm^3)	건조밀도 (g/cm^3)	초독 읽음 (mm)	종독 읽음 (mm)
35회	12.5	2,209	1.972	1.755	0.2	18

(1) 팽창비(γ_e)를 구하시오.

(2) 흡수 팽창시험 후 이 공시체의 체적(V')을 구하시오.

(3) 흡수 팽창시험 후 건조밀도(γ_d')를 구하시오.(단, 소수 넷째 자리에서 반올림하시오.)

(4) 흡수 팽창시험 후 평균 함수비(w_a')를 구하시오.

Solution

(1) $\gamma_e = \dfrac{d_2 - d_1}{h} \times 100 = \dfrac{18 - 0.2}{125} \times 100 = 14.24\%$

(2) $V' = V\left(1 + \dfrac{\gamma_e}{100}\right) = 2,209\left(1 + \dfrac{14.24}{100}\right) = 2,523.56 cm^3$

(3) $\gamma_d' = \dfrac{100 \cdot \gamma_d}{100 + \gamma_e} = \dfrac{100 \times 1.755}{100 + 14.24} = 1.536 g/cm^3$

(4) $w_a' = \dfrac{\gamma_t' - \gamma_d'}{\gamma_d'} \times 100 = \dfrac{1.972 - 1.536}{1.536} \times 100 = 28.39\%$

19 노상의 깊이 방향으로 토질이 다른 층이 그림과 같이 이루고 있을 때 이 지점의 평균 CBR을 구하시오.(단, 소수 둘째 자리에서 반올림하시오.)

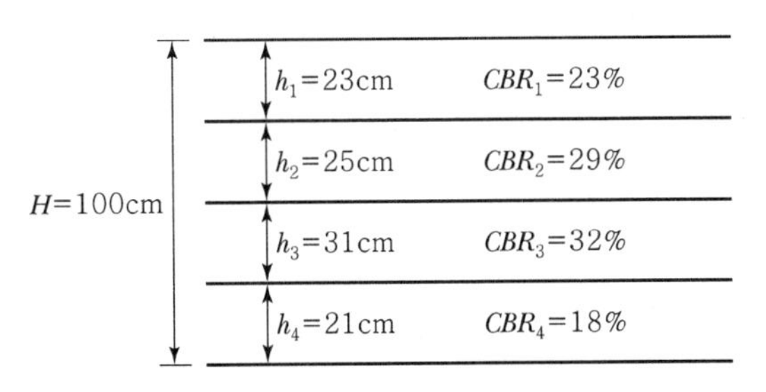

Solution

$$CBR_m=\left(\frac{h_1\cdot CBR_1^{\frac{1}{3}}+h_2\cdot CBR_2^{\frac{1}{3}}+\cdots+h_n\cdot CBR_n^{\frac{1}{3}}}{H}\right)^3$$

여기서, CBR_m : 그 지점의 CBR

CBR_1, CBR_2, ⋯ : 각각 제1층, 제2층, ⋯ 흙의 CBR

h_1, h_2 ⋯ : 각각 제1층, 제2층, ⋯ 의 두께(cm)

$h_1+h_2+\cdots+h_n=100$

$$CBR_m=\left(\frac{23\times23^{\frac{1}{3}}+25\times29^{\frac{1}{3}}+31\times32^{\frac{1}{3}}+21\times18^{\frac{1}{3}}}{100}\right)^3=25.8\%$$

20 어떤 도로의 동일 포장두께로 예정된 구간의 6곳에서 CBR을 측정한 결과 각 지점의 CBR이 다음과 같았다. 이 구간의 포장설계에 이용할 설계 CBR을 구하시오.(단, 계수 $C=2.67$임)

측정개소	1	2	3	4	5	6
CBR 값	6.8	5.6	8.2	4.2	4.8	7.3

Solution

(1) 각 지점 CBR의 평균

$$\frac{6.8+5.6+8.2+4.2+4.8+7.3}{6}=6.2$$

(2) 설계 CBR

$$\text{설계 CBR}=\text{각 지점 CBR의 평균}-\frac{(\text{CBR 최댓값}-\text{CBR 최솟값})}{C}$$

$$\therefore \text{설계 CBR}=6.2-\frac{(8.2-4.2)}{2.67}=4.7\%$$

21 B 교통지역의 실내 CBR 시험 결과와 등치환산계수, 도로설계 단면두께의 가정이 다음과 같을 때 물음에 답하시오.

[조건]

- 실내 CBR 시험값 : 5.0, 5.3, 5.6, 6.0
- 설계 CBR 계산용 계수

n	2	3	4	5	6	7
d_z	1.41	1.91	2.24	2.48	2.67	2.83

- 등치환산계수

  표층 1.0, 기층 0.8, 보조기층 0.25
- 도로설계 단면 두께

  표층 5cm, 기층 15cm, 보조기층 30cm

(1) 설계 CBR 값을 구하시오.(단, 소수 셋째 자리에서 반올림하시오.)

(2) T_A 포장 두께값을 구하시오.(단, 소수 둘째 자리에서 반올림하시오.)

Solution

(1) 설계 CBR＝평균 CBR－$\dfrac{\text{최대 CBR}-\text{최소CBR}}{d_z}$

여기서, 평균 CBR＝$\dfrac{5.0+5.3+5.6+6.0}{4}=5.48$

∴ 설계 CBR＝$5.48-\dfrac{(6.0-5.0)}{2.24}=5.03\%$

(2) $T_A=5\times1.0+15\times0.8+30\times0.25=24.5\text{cm}$

22 다음의 시험 결과표를 보고 물음에 답하시오.(단, 소수 넷째 자리에서 반올림하시오.)

구멍 속의 흙무게(g)	5,320
구멍 속 흙의 함수비(%)	10.7
구멍 속의 모래무게(g)	3,555
표준사 단위중량(g/cm^3)	1.337
실내최대 건조밀도(g/cm^3)	1.875
흙의 비중	2.64

(1) 구멍의 부피를 구하시오.(단, 소수 첫째 자리에서 반올림하시오.)
(2) 습윤밀도(γ_t)를 구하시오.(단, 소수 넷째 자리에서 반올림하시오.)
(3) 건조밀도(γ_d)를 구하시오.(단, 소수 넷째 자리에서 반올림하시오.)
(4) 공극비(e)를 구하시오.(단, 소수 넷째 자리에서 반올림하시오.)
(5) 다짐도(%)를 구하시오.(단, 소수 둘째 자리에서 반올림하시오.)
(6) 95% 이상의 다짐도를 원할 때 이 토공을 판정하시오.

Solution

(1) 표준사의 단위중량 $\gamma = \dfrac{W}{V}$ 공식에서, $1.337 = \dfrac{3,555}{V}$

$\therefore \ V = \dfrac{3,555}{1.337} = 2,659\text{cm}^3$

(2) $\gamma_t = \dfrac{W}{V} = \dfrac{5,320}{2,659} = 2.001\text{g/cm}^3$

(3) $\gamma_d = \dfrac{\gamma_t}{1+\dfrac{w}{100}} = \dfrac{2.001}{1+\dfrac{10.7}{100}} = 1.808\text{g/cm}^3$

(4) $e = \dfrac{\gamma_w}{\gamma_d}G_s - 1 = \dfrac{1}{1.808} \times 2.64 - 1 = 0.460$

(5) 다짐도(%)$= \dfrac{\gamma_d}{\gamma_{d\max}} \times 100 = \dfrac{1.808}{1.875} \times 100 = 96.4\%$

(6) 95% 이상이므로 합격

23 현장에서 모래치환법에 의한 흙의 단위중량(들밀도)시험 성과표가 다음과 같을 때 빈칸을 완성하시오.(단, 소수 넷째 자리에서 반올림하시오.)

번호	측정요소	결과	번호	측정요소	결과
1	시험 전 모래+병 무게(g)	8,095	11	함수용기 무게(g)	30.2
2	시험 후 모래+병 무게(g)	2,373	12	물무게(g)	( )
3	사용된 모래 무게(g)	( )	13	마른 시료 무게(g)	( )
4	깔때기 속의 모래 무게(g)	2,081	14	함수비(%)	( )
5	구멍 속의 모래(g)	( )	15	모래와 흙 무게 비율	( )
6	구멍 속의 흙+용기 무게(g)	5,914	16	모래의 단위중량(g/cm^3)	1.345
7	용기 무게(g)	635	17	습윤밀도(g/cm^3)	( )
8	흙 무게(g)	( )	18	건조밀도(g/cm^3)	( )
9	젖은 흙+함수용기 무게(g)	86.7	19	실내 최대건조밀도(g/cm^3)	1.785
10	마른 흙+함수용기 무게(g)	81.0	20	다짐도(%)	( )

Solution

번호	측정요소	결과	번호	측정요소	결과
1	시험 전 모래+병무게(g)	8,095	11	함수용기 무게(g)	30.2
2	시험 후 모래+병무게(g)	2,373	12	물무게(g)	(5.7)
3	사용된 모래 무게(g)	(5,722)	13	마른 시료 무게(g)	(50.8)
4	깔때기 속의 모래 무게(g)	2,081	14	함수비(%)	(11.22)
5	구멍 속의 모래(g)	(3,641)	15	모래와 흙 무게 비율	(1.45)
6	구멍 속의 흙+용기 무게(g)	5,914	16	모래의 단위중량(g/cm³)	1.345
7	용기무게(g)	635	17	습윤밀도(g/cm³)	(1.95)
8	흙무게(g)	(5,279)	18	건조밀도(g/cm³)	(1.753)
9	젖은 흙+함수용기 무게(g)	86.7	19	실내 최대건조밀도(g/cm³)	1.785
10	마른 흙+함수용기 무게(g)	81.0	20	다짐도(%)	(98.21)

[계산 근거]

- 사용된 모래무게=8,095−2,373=5,722g
- 구멍 속의 모래무게=5,722−2,081=3,641g
- 흙무게=5,914−635=5,279g
- 물무게(W_W)=86.7−81.0=5.7g
- 마른 시료무게(W_s)=81.0−30.2=50.8g
- 함수비(w) $= \dfrac{W_W}{W_s} \times 100 = \dfrac{5.7}{50.8} \times 100 = 11.22\%$
- 모래와 흙무게 비율$= \dfrac{5,279}{3,641} = 1.45$
- 습윤밀도(γ_t) $= 1.45 \times 1.345 = 1.950\text{g/cm}^3$

  또는 모래의 단위중량 $1.345 = \dfrac{W}{V} = \dfrac{3,641}{V}$

  $\therefore\ V = 2,707.06\text{cm}^3$
- 습윤밀도(γ_t) $= \dfrac{W}{V} = \dfrac{5,279}{2,707.06} = 1.950\text{g/cm}^3$
- 건조밀도(γ_d) $= \dfrac{\gamma_t}{1+\dfrac{w}{100}} = \dfrac{1.950}{1+\dfrac{11.22}{100}} = 1.753\text{g/cm}^3$
- 다짐도(%)$= \dfrac{\gamma_d}{\gamma_{d\max}} \times 100 = \dfrac{1.753}{1.785} \times 100 = 98.207\%$

24 어떤 시료에 대한 시험 결과치가 다음과 같을 때 물음에 답하시오.

[시험 결과]

• 습윤토 중량 : 3,425g	• 건조토 중량 : 3,172g
• 공극비 : 0.65	• 흙의 비중 : 2.63

(1) 습윤토의 전체 용적 중 공기가 차지하는 비율을 구하시오.(단, 소수 둘째 자리에서 반올림하시오.)

(2) 이 흙의 함수비를 12.5%로 만들어 다짐을 하려고 할 때 이 흙에 물을 얼마나 살수하는가?(단, 소수 둘째 자리에서 반올림하시오.)

Solution

(1) $v_a = \dfrac{V_a}{V} \times 100 = \dfrac{530.83}{1{,}991.28} \times 100 = 26.7\%$

$V_V = V_a + V_W$ 에서

$\therefore\ V_a = V_V - V_W = 783.95 - 253.12 = 530.83\text{cm}^3$

$e = \dfrac{V_V}{V_s}$ 에서

$\therefore\ V_V = e \cdot V_s = e \cdot \dfrac{W_s}{\gamma_s} = e \cdot \dfrac{W_s}{G_s \cdot \gamma_w} = 0.65 \times \dfrac{3{,}172}{2.63 \times 1} = 783.95\text{cm}^3$

$S = \dfrac{V_W}{V_V} \times 100$

$V_W = \dfrac{S \cdot V_V}{100} = \dfrac{\dfrac{w \cdot G_s}{e} \cdot V_V}{100} = \dfrac{\dfrac{798 \times 2.63}{0.65} \times 783.95}{100} = 253.12\text{cm}^3$

여기서, $w = \dfrac{W_W}{W_s} \times 100 = \dfrac{3{,}425 - 3{,}172}{3{,}172} \times 100 = 7.98\%$

$\gamma_t = \dfrac{W}{V}$ 에서

$V = \dfrac{W}{\gamma_t} = \dfrac{3{,}425}{1.72} = 1{,}991.28\text{cm}^3$

$\gamma_t = \gamma_d \cdot \left(1 + \dfrac{w}{100}\right) = \dfrac{G_s}{1+e} \cdot \gamma_w \cdot \left(16 + \dfrac{w}{100}\right) = \dfrac{2.63}{1+0.65} \times 1 \times \left(1 + \dfrac{7.98}{100}\right) = 1.72\text{g/cm}^3$

(2) 함수비 7.98%일 때 물의 무게는 253g=3,425−3,172이므로 함수비 12.5%가 되게 하려면 4.52%=12.5−7.98의 물을 살수한다.

즉, $7.98\% : 253\text{g} = 4.52\% : x\text{g}$

$\therefore\ x = \dfrac{253 \times 4.52}{7.98} = 143.3\text{g}$

25 **도로공사를 위해 토취장의 흙을 이용하여 다짐하려고 하는데 이 흙의 함수비가 8%이다. 최적함수비 12.5%로 다져야 할 때 1m³당 몇 kg의 물을 살수해야 하는지 답하시오. 이 흙의 습윤밀도는 1.7t/m³이고 공극비는 일정하다.(단, 소수 둘째 자리에서 반올림하시오.)**

Solution

$W_W = \dfrac{w \cdot W}{100+w}$ 공식에서

$W = 1.7\text{t} = 1{,}700\text{kg}$

함수비 8%일 때 물 무게 $W_W = \dfrac{8 \times 1{,}700}{100+8} = 125.9\text{kg}$

최적함수비가 되려면 함수비 4.5%=12.5−8을 증가시킨다.

8% : 125.9kg=4.5% : $x$kg

$\therefore\ x = \dfrac{125.9 \times 4.5}{8} = 70.8\text{kg}$

26 **어떤 흙의 무게가 2,535g일 때, 이 흙의 함수비는 13.5%였다. 다음 물음에 답하시오.**

(1) 흙 속의 토립자 무게를 구하시오.

(2) 흙 속의 물 무게를 구하시오.

Solution

(1) $W_s = \dfrac{100\,W}{100+w} = \dfrac{100 \times 2{,}535}{100+13.5} = 2{,}233.48\text{g}$

(2) $W_W = \dfrac{w \cdot W}{100+w} = \dfrac{13.5 \times 2{,}535}{100+13.5} = 301.52\text{g}$

27 **직경 75mm, 길이 60mm인 샘플러에 가득 찬 흙의 습윤중량이 525.5g이고 노건조시켰을 때의 무게가 473.6g이었다. 흙의 비중이 2.65인 경우 다음을 계산하시오.(단, γ_w = 1g/cm³)**

(1) 습윤밀도(γ_t)(단, 소수 넷째 자리에서 반올림하시오.)

(2) 건조밀도(γ_d)(단, 소수 넷째 자리에서 반올림하시오.)

(3) 함수비(w)(단, 소수 셋째 자리에서 반올림하시오.)

(4) 간극비(e)(단, 소수 셋째 자리에서 반올림하시오.)

(5) 간극률(n)(단, 소수 셋째 자리에서 반올림하시오.)

(6) 포화도(S)(단, 소수 셋째 자리에서 반올림하시오.)

(7) 포화밀도(γ_{sat})(단, 소수 넷째 자리에서 반올림하시오.)

(8) 수중밀도(γ_{sub})(단, 소수 넷째 자리에서 반올림하시오.)

Solution

(1) $\gamma_t = \dfrac{W}{V} = \dfrac{525.5}{264.938} = 1.983\text{g/cm}^3$

$V = \dfrac{3.14 \times 7.5^2}{4} \times 6 = 264.938\text{cm}^3$

(2) $\gamma_d = \dfrac{W_s}{V} = \dfrac{473.6}{264.938} = 1.788\text{g/cm}^3$

(3) $w = \dfrac{W_W}{W_s} \times 100 = \dfrac{525.5 - 473.6}{473.6} \times 100 = 10.96\%$

(4) $e = \dfrac{\gamma_w}{\gamma_d} G_s - 1 = \dfrac{1}{1.788} \times 2.65 - 1 = 0.48$

(5) $n = \dfrac{e}{1+e} \times 100 = \dfrac{0.48}{1+0.48} \times 100 = 32.43\%$

(6) $S \cdot e = G_s \cdot w$

$\therefore S = \dfrac{G_s \cdot w}{e} = \dfrac{2.65 \times 10.96}{0.48} = 60.51\%$

(7) $\gamma_{\text{sat}} = \dfrac{G_s + e}{1+e} \cdot \gamma_w = \dfrac{2.65 + 0.48}{1+0.48} \times 1 = 2.115\text{g/cm}^3$

(8) $\gamma_{\text{sub}} = \dfrac{G_s - 1}{1+e} \cdot \gamma_w = \dfrac{2.65 - 1}{1+0.48} \times 1 = 1.115\text{g/cm}^3$

또는 $\gamma_{\text{sub}} = \gamma_{\text{sat}} - 1 = 2.115 - 1 = 1.115\text{g/cm}^3$

28 어떤 시료의 압밀시험 결과가 다음과 같았다. 다음 물음에 대한 산출 근거와 답을 답안지에 기록하시오.

[시험장치를 하기 전]

- 최초 시료직경 : 6.20cm, 높이 : 2.01cm
- 압밀링+시료 무게 : 292.02g
- 압밀링 무게 : 164.90g
- 시료 무게 : 127.12g
- 최종하중의 최종침하 다이얼게이지 읽음(1/100mm) : 364

[시료장치로부터 푼 후]

- 압밀링+포화된 시료 무게 : 281.35g
- 압밀링+노건조 시료 무게 : 264.60g
- 시료의 고체부분만이 차지하는 높이(H_s) : 1.091cm

하중강도 : 0.2kg/cm^2, 시료의 평균두께 : 1.875cm			
경과시간(분)	다이얼게이지(1/100mm) 읽음	경과시간(분)	다이얼게이지(1/100mm) 읽음
0	98.0	15	127.0
0.1	109.5	30	132.5
0.25	112.0	60	138.0
0.5	113.5	120	143.5
1	116.0	256	148.0
2	117.5	579	151.0
4	120.0	900	152.0
8	123.5	–	–

(1) 시험장치로부터 꺼낸 포화시료의 함수비를 구하시오.(단, 소수 셋째 자리에서 반올림하시오.)

(2) 시험장치 전 시료의 포화도(S)와 공극비(e)를 구하시오.(단, 포화도는 소수 셋째 자리, 공극비는 넷째 자리에서 반올림하시오.)

(3) 시험장치로부터 꺼낸 포화시료의 공극비(e)를 구하시오.(단, 소수 넷째 자리에서 반올림하시오.)

(4) 이 시료의 비중을 구하시오.(단, 소수 넷째 자리에서 반올림하시오.)

(5) 0.2kg/cm^{2}의 하중강도에 대한 압밀시간과 침하량의 결과를 $\log t$ 법에 의해 작도하고 d_o 및 d_{50}을 구하여 압밀계수(C_V)를 구하시오.

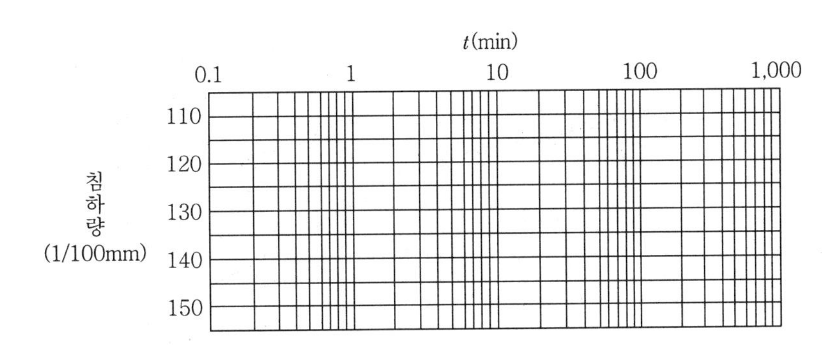

Solution

(1) $w = \dfrac{W_W}{W_s} \times 100 = \dfrac{281.35 - 264.60}{264.60 - 164.90} \times 100 = 16.80\%$

(2) ① $e = \dfrac{V_V}{V_s} = \dfrac{27.732}{32.921} = 0.842$ 또는 $e = \dfrac{H_o}{H_s} - 1 = \dfrac{2.01}{1.091} - 1 = 0.842$

여기서, $V_s = A \cdot H_s = \dfrac{3.14 \times 6.2^2}{4} \times 1.091 = 32.921\text{cm}^3$

$V = A \cdot H = \dfrac{3.14 \times 6.2^2}{4} \times 2.01 = 60.653\text{cm}^3$

$V_V = V - V_s = 60.653 - 32.921 = 27.732\text{cm}^3$

② $S = \dfrac{V_W}{V_v} \times 100 = \dfrac{16.75}{27.732} \times 100 = 60.4\%$

여기서, $\gamma_w = \dfrac{W_W}{V_w}$

$\therefore\ V_W = \dfrac{W_W}{\gamma_W} = \dfrac{16.75}{1} = 16.75\text{cm}^3$

$W = W_s + W_W$

$W = 281.35 - 164.90 = 116.45\text{g}$

$W_s = 264.60 - 164.90 = 99.7\text{g}$

$W_W = W - W_s = 116.45 - 99.7 = 16.75\text{g}$

(3) $e = \dfrac{H - H_s}{H_s} - \dfrac{R}{H_s}$

$= \dfrac{2.01 - 1.091}{1.091} - \dfrac{0.364}{1.091} = 0.842 - 0.334 = 0.508$

(4) $G_s = \dfrac{W_s}{V_s \cdot \gamma_w} = \dfrac{W_s}{H_s \cdot A \cdot \gamma_w} = \dfrac{99.7}{32.921 \times 1} = 3.028$

(5)

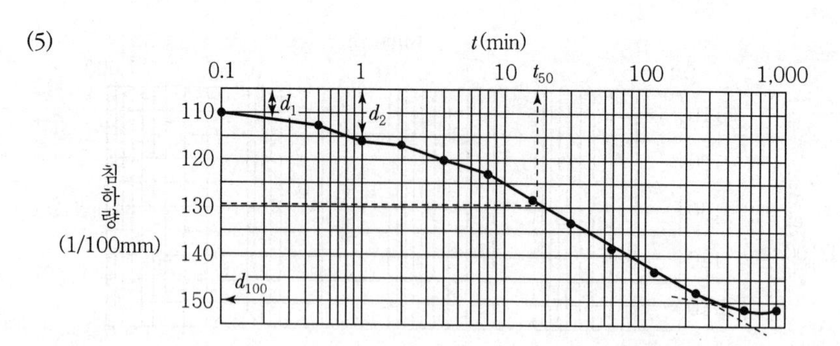

그래프에서 $t_1 : t_2 = 1 : 4$ 기준에서(t_1은 0.1분 부근을 기준) d_1 : 1.12mm, d_2 : 1.16mm

① 초기 보정치 $d_o = 2d_1 - d_2 = 2 \times 1.12 - 1.16 = 1.08\text{mm}$ (또는 d_2위치의 $\frac{1}{2}$ 지점)

$d_{100} = 1.50\text{mm}$(그래프에서 구한다.)

② $d_{50} = \dfrac{(d_0 + d_{100})}{2} = \dfrac{(1.08 + 1.50)}{2} = 1.29\text{mm}$

③ $C_V = \dfrac{0.197H^2}{t_{50}} = \dfrac{0.197 \times \left(\dfrac{1.875}{2}\right)^2}{19} = 0.00911\text{cm}^2/\text{min} = 1.518 \times 10^{-4}\text{cm}^2/\text{sec}$

여기서, $t_{50} = 19$분은 $d_{50} = 1.29\text{mm}$에 해당하는 값

29 현장에서 전단강도를 구하는 방법에는 정적인 방법과 동적인 방법이 있다. 정적인 방법과 동적인 방법에는 어떤 시험이 있는지 각각 2가지씩만 기록하시오.

(1) 정적인 방법

(2) 동적인 방법

Solution

(1) 정적인 방법

① 휴대용 원추관입시험(Portable Static Cone Test)

② 화란식 원추관입시험(Dutch Cone Test)

※ 스웨덴식 관입시험, 베인전단시험, 이스키미터

(2) 동적인 방법

① 표준관입시험(Standard Penetration Test)

② 동적 원추관입시험(Dynamic Cone Test)

30 점착력이 없는 모래는 수직응력 6.0t/m²를 주고, 이때 주응력비 $K_0=0.5$인 상태로 직접전단시험을 행한 결과 파괴 시 전단저항응력이 3.5t/m²이다. 다음 물음에 답하시오.(단, 소수 첫째 자리에서 반올림하시오.)

(1) 초기의 Mohr 원과 파괴 시 Mohr 원 그리고 내부마찰각(ϕ)을 구하시오.

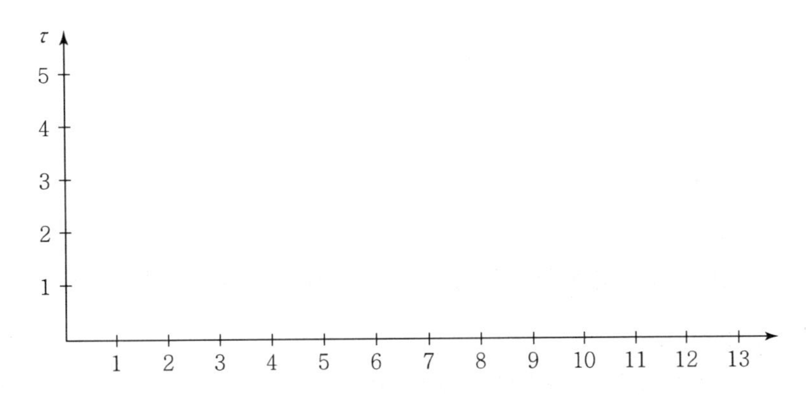

(2) 파괴 시 최대 주응력(σ_1) 및 최소 주응력(σ_3)을 구하시오.

(3) 평면기점(또는 극점 O_p)을 Mohr 원상에 표시하시오.

(4) 파괴 시 최대 전단응력의 방향을 Mohr 원상에 점선으로 표시하시오.

Solution

(1)

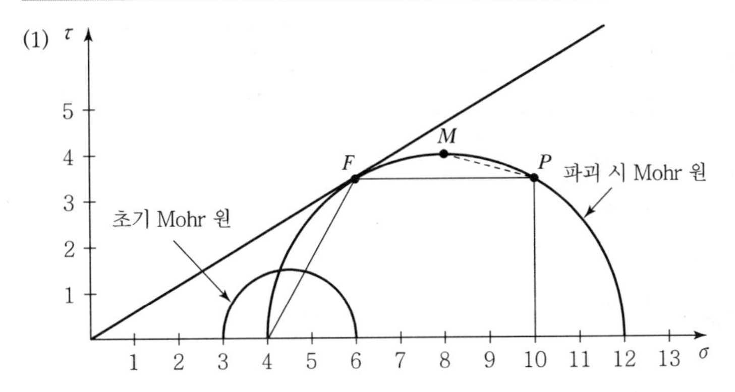

① $\phi=\tan^{-1}\dfrac{\tau}{\sigma}=\tan^{-1}\dfrac{3.5}{6}=30°$

② 초기의 Mohr 원 : $\sigma_3=K_0\cdot\sigma_1=0.5\times6=3.0\text{t/m}^2$

$\sigma_1=6\text{t/m}^2$으로 그린다.

③ 파괴 시 Mohr 원 : $\sigma_1=12\text{t/m}^2$, $\sigma_3=4\text{t/m}^2$으로 그린다.

$\theta=045°+\dfrac{\phi}{2}=45°+\dfrac{30°}{2}=60°$

$\sigma=\dfrac{(\sigma_1+\sigma_3)}{2}+\dfrac{(\sigma_1-\sigma_3)}{2}\cos2\theta$ 공식에서

$$\sigma = \frac{(\sigma_1 + \sigma_3)}{2} + \frac{(\sigma_1 - \sigma_3)}{2}\cos 2 \times 60° \quad \cdots\cdots ⓐ$$

$$\tau = \frac{(\sigma_1 - \sigma_3)}{2}\sin 2\theta$$ 공식에서

$$\tau = \frac{(\sigma_1 - \sigma_3)}{2}\sin 2 \times 60° \quad \cdots\cdots ⓑ$$

ⓐ, ⓑ 식을 연립하면 $\sigma_1 = 12\text{t/m}^2$, $\sigma_3 = 4\text{t/m}^2$

(2) $\sigma_1 = 12\text{t/m}^2$

$\sigma_3 = 4\text{t/m}^2$

(3) 그림 참조(P점)

Mohr 원의 접점 F(파괴점)에서 수평선이 Mohr 원과 만나는 점이 극점 P이다.

(4) 그림 참조(PM)

τ_{max}는 Mohr 원의 반경(정점)으로 점 M이다.

극점 P와 M을 이은 선 $\overline{PM}$의 방향이 τ_{max}가 작용하는 면이다.

31 어떤 사질토를 직접전단시험하여 얻은 값이 다음과 같았다. 물음에 답하시오.(단, 공시체의 직경은 6cm이다.)

수직하중 P(kg)	10	20	30	40
전단력 S(kg)	20	25	30	35

(1) Coulomb의 파괴선을 작도하시오.

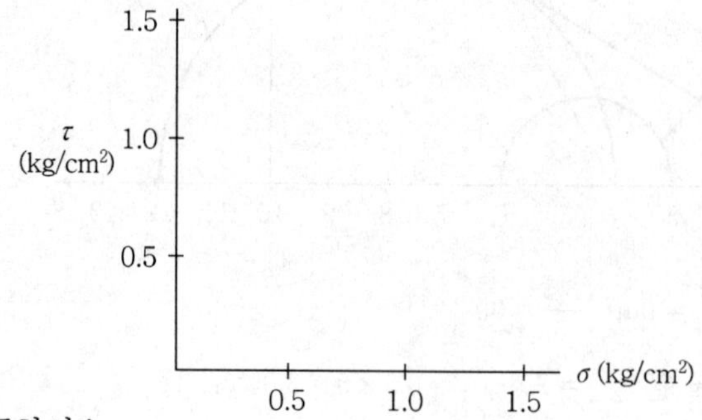

(2) 점착력 C 값을 구하시오.

(3) 내부마찰각 ϕ 값을 구하시오

Solution

(1)

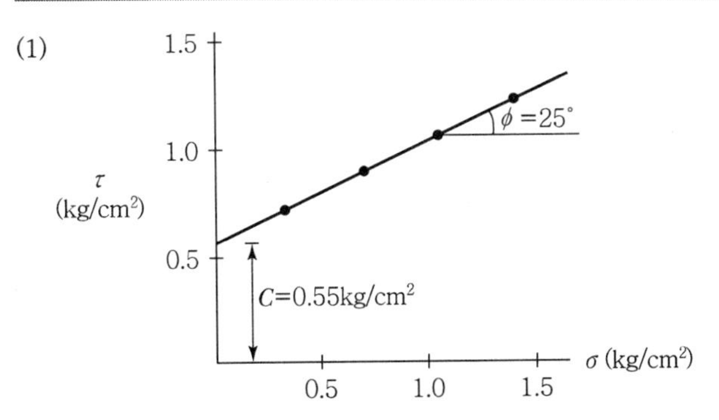

$\tau = \frac{S}{A}$, $\sigma = \frac{P}{A}$, $A = \frac{3.14 \times 6^2}{4} = 28.26\text{cm}^2$

- $\sigma_1 = \frac{10}{28.26} = 0.35\text{kg/cm}^2$
- $\tau_1 = \frac{20}{28.26} = 0.71\text{kg/cm}^2$
- $\sigma_2 = \frac{20}{28.26} = 0.71\text{kg/cm}^2$
- $\tau_2 = \frac{25}{28.26} = 0.88\text{kg/cm}^2$
- $\sigma_3 = \frac{30}{28.26} = 1.06\text{kg/cm}^2$
- $\tau_3 = \frac{35}{28.26} = 1.06\text{kg/cm}^2$
- $\sigma_4 = \frac{40}{28.26} = 1.42\text{kg/cm}^2$
- $\tau_4 = \frac{35}{28.26} = 1.24\text{kg/cm}^2$

(2) 점착력

$C = 0.55\text{kg/cm}^2$

(3) 내부마찰각

$\phi = 25°$

32 점착력 $C = 5\text{kN/m}^2$, 내부마찰각 $\phi = 20°$의 흙으로 구성된 사면이 있다. 이 사면의 어떤 면에 수직응력 $\sigma = 20\text{kN/m}^2$와 전단응력 $\tau = 6.5\text{kN/m}^2$가 작용한다. 다음 물음에 답하시오.

(1) 전단강도(S)를 구하시오.(단, 소수 둘째 자리에서 반올림하시오.)

(2) 활동파괴가 일어나는지 판단하시오.

Solution

(1) $S = C + \sigma \tan\phi = 5 + 20 \times \tan 20° = 12.3\text{kN/m}^2$

(2) 안전하다.

$\tau = 6.5\text{kN/m}^2 < S = 12.3\text{kN/m}^2$이므로 활동파괴가 일어나지 않는다.

33 실트질 점토의 급속전단시험 결과가 다음과 같을 때 물음에 대한 산출근거와 답을 답안지에 기록하시오.

A. 시험 결과

시료상태 \ 공시체 No.		1	2	3	4
시료의 초기상태	시료 무게(g)	99.99	99.69	99.62	100.27
	함수비(%)	34.83	34.83	34.83	34.83
	습윤밀도(g/cm³)	1.769	1.764	1.763	1.774
	건조밀도(g/cm³)	( )	( )	( )	( )
	공극비	( )	( )	( )	( )
	포화도(%)	( )	( )	( )	( )
전단 시 수직하중(g/cm²)		0.1	0.2	0.3	0.4
전단 시 Dial Gauge 읽음(1/100mm)		24.7	26.8	29.3	31.0
최대 전단응력(g/cm²)		( )	( )	( )	( )

※ 이 흙의 비중은 2.678

B. Proving Ring의 환산계수 : $0.01289(\text{kg/cm}^2/\frac{1}{100}\text{mm})$

C. 시료의 조건 및 크기 : UD Sample, 높이 2.0cm, 직경 6.0cm

(1) 시험 결과의 건조밀도, 공극비, 포화도, 최대전단응력 ( ) 안을 채우시오.(단, 소수 넷째 자리에서 반올림하시오.)

(2) 수직하중－전단응력 관계 그림을 주어진 그래프용지에 그려 이 흙의 점착력과 내부마찰각을 구하시오.

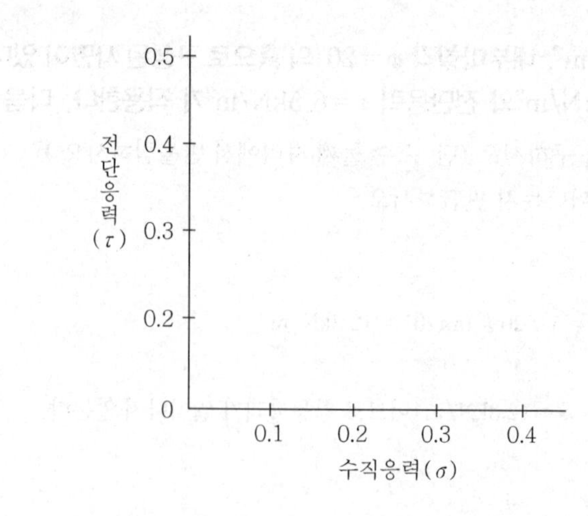

Solution

(1)

시료상태 \ 공시체 No.		1	2	3	4
시료의 초기상태	시료 무게(g)	99.99	99.69	99.62	100.27
	함수비(%)	34.83	34.83	34.83	34.83
	습윤밀도(g/cm³)	1.769	1.764	1.763	1.774
	건조밀도(g/cm³)	(1.312)	(1.308)	(1.308)	(1.316)
	공극비	(1.041)	(1.047)	(1.047)	(1.035)
	포화도(%)	(89.601)	(89.088)	(89.088)	(90.121)
전단 시 수직하중(g/cm²)		0.1	0.2	0.3	0.4
전단 시 Dial Gauge 읽음(1/100mm)		24.7	26.8	29.3	31.0
최대 전단응력(g/cm²)		(0.318)	(0.345)	(0.378)	(0.400)

① $\gamma_d = \dfrac{\gamma_t}{1+\dfrac{w}{100}}$ 에서

- $\gamma_{d_1} = \dfrac{1.769}{1+\dfrac{34.83}{100}} = 1.312$
- $\gamma_{d_2} = \dfrac{1.764}{1+\dfrac{34.83}{100}} = 1.308$
- $\gamma_{d_3} = \dfrac{1.763}{1+\dfrac{34.83}{100}} = 1.308$
- $\gamma_{d_4} = \dfrac{1.774}{1+\dfrac{34.83}{100}} = 1.316$

② $e = \dfrac{\gamma_w}{\gamma_d} G_s - 1$ 에서

- $e_1 = \dfrac{1}{1.312} \times 2.678 - 1 = 1.041$
- $e_2 = \dfrac{1}{1.308} \times 2.678 - 1 = 1.047$
- $e_3 = \dfrac{1}{1.308} \times 2.678 - 1 = 1.047$
- $e_4 = \dfrac{1}{1.316} \times 2.678 - 1 = 1.035$

③ $S=\dfrac{w \cdot G_s}{e}$ 에서

- $S_1=\dfrac{34.83\times 2.678}{1.041}=89.601$
- $S_2=\dfrac{34.83\times 2.678}{1.047}=89.088$
- $S_3=\dfrac{34.83\times 2.678}{1.047}=89.088$
- $S_4=\dfrac{34.83\times 2.678}{1.035}=90.121$

④ $\tau=\dfrac{S}{A}$

S = 전단 시 다이얼 게이지 읽음×Proving Ring의 환산계수

$A=\dfrac{3.14\times 6.0^2}{4}=28.26\text{cm}^2$

혹은 τ = 전단 시 Dial Gauge 읽음×Proving Ring의 환산계수

Tip Plus Proving Ring의 환산계수

$0.0128928.26=0.36427(\text{kg}/\dfrac{1}{100}\text{mm})$

- $\tau_1=\dfrac{24.7\times 0.36427}{28.26}=0.318$
- $\tau_2=\dfrac{26.8\times 0.36427}{28.26}=0.345$
- $\tau_3=\dfrac{29.3\times 0.36427}{28.26}=0.378$
- $\tau_4=\dfrac{31.0\times 0.36427}{28.26}=0.400$

(2) 그래프에서 $C=0.28\text{kg/cm}^2$, $\phi=15°$

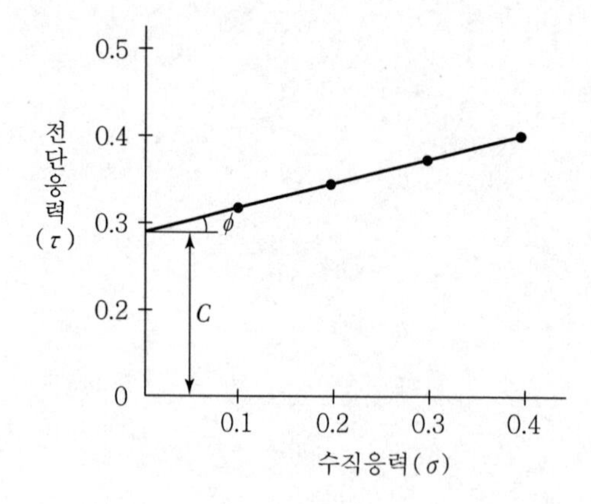

34 **건조모래에 대해서 직접전단시험을 하여 수직응력이 $4.2kN/m^2$일 때 $3.5kN/m^2$의 전단저항을 얻었다. 다음 물음에 답하시오.(단, 소수 첫째 자리에서 반올림하시오.)**

(1) 내부마찰각을 구하시오.

(2) 수직응력이 $6kN/m^2$일 때 전단강도를 구하시오.

Solution

(1) $\tau = C + \sigma \tan\phi$

$C = 0$이므로 $\tau = \sigma \tan\phi$

$\therefore \phi = \tan^{-1}\dfrac{\tau}{\sigma} = \tan^{-1}\dfrac{3.5}{4.2} = 40°$

(2) $\tau = \sigma \cdot \tan\phi = 6\tan 40° = 5.0kN/m^2$

35 **어떤 연약점토 지반의 압밀시험에 관한 사항이다. 주어진 조건을 가지고 물음에 대한 산출근거 및 답을 답안지에 기록하시오.**

[주어진 조건]

① 이 흙의 비중 : 2.686

② 이 흙의 시험 전 무게 : 97.8g

③ 이 흙의 함수비 : 80.86%

④ 시험 전 시료의 두께 : 2.0cm

⑤ 시험 전 시료 단면적 : $28.26cm^2$

⑥ 각 단계별 최종 침하량

하중강도(kg/cm^2)(P)	최종침하량(cm)(R)	$\dfrac{R}{H_s}$	e
0.1	0.056	( )	( )
0.2	0.089	( )	( )
0.4	0.168	( )	( )
0.8	0.272	( )	( )
1.6	0.400	( )	( )
3.2	0.526	( )	( )
6.4	0.633	( )	( )

⑦ 어떤 하중단계에서 시간에 따른 침하량

경과시간(분)	침하량(1/100mm)	경과시간(분)	침하량(1/100mm)
0	105.9	12′ 15″	132.1
15″	107.1	16′	136.1
30″	108.9	25′	143.0
1′	111.1	36′	148.6
2′15″	115.2	49′	153.1
4′	119.4	64′	156.8
6′15″	123.9	81′	159.8
9′	128.1	1,440′	185.0

※ 단, 문제 (1)~(4)는 소수 다섯째 자리에서 반올림하시오.

(1) 토립자만의 두께 H_s는?

(2) 초기의 공극비 e_0는?

(3) ⑥번 조건에서 답안지의 $\frac{R}{H_s}$과 공극비란을 채우시오.

(4) $e-\log P$ 곡선을 그려서 선행압밀하중 P_0와 압축지수 C_c를 구하시오.

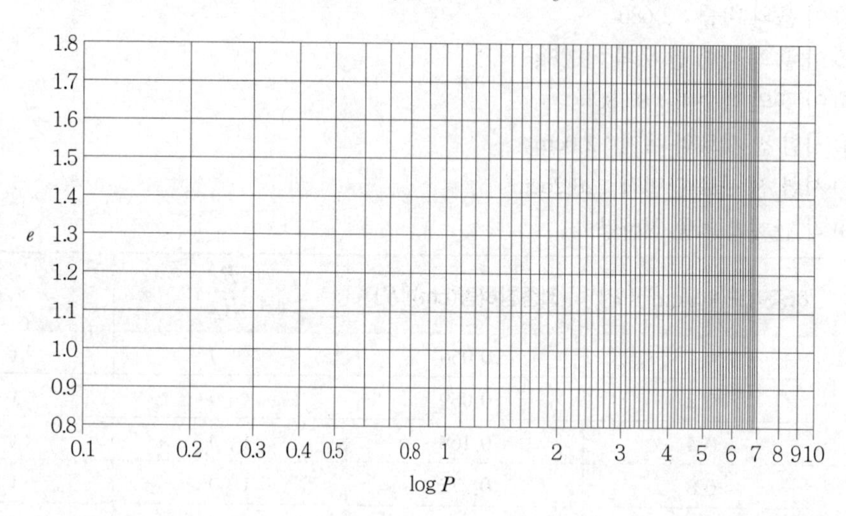

(5) 유효상재하중이 0.32kg/cm²인 경우 과압밀비 OCR을 구하여 이 흙의 이력상태를 파악하시오.(조건 ⑥에서)

(6) 조건 ⑦의 시간－침하곡선을 그려서 t_{90}을 구하고 시료두께가 1.89cm인 경우 C_V는?(단, $\sqrt{t}$ 법으로 구하시오.)

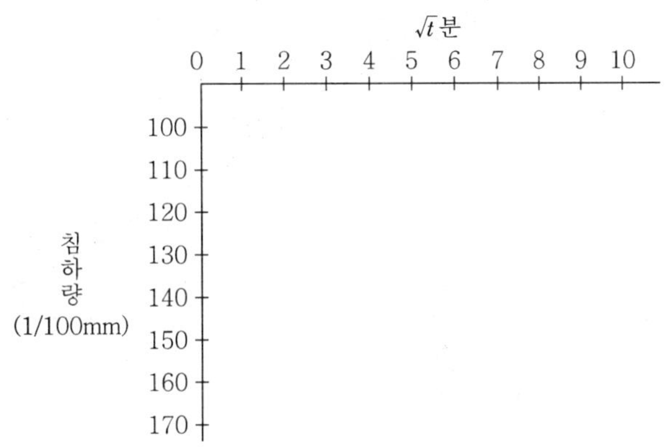

(7) 조건 ⑦에서 일차 압밀비 γ_P는?

Solution

(1) $H_s = \dfrac{W_s}{G_s \cdot A \cdot \gamma_w} = \dfrac{54.075}{2.686 \times 28.26 \times 1} = 0.7124\text{cm}$

여기서, $W_s = \dfrac{W}{1+\dfrac{w}{100}} = \dfrac{97.8}{1+\dfrac{80.86}{100}} = 54.075\text{g}$

(2) $e_0 = \dfrac{H - H_s}{H_s} = \dfrac{2.0 - 0.7124}{0.7124} = 1.8074$

(3)

하중강도(kg/cm²)(P)	최종침하량(cm)(R)	$\dfrac{R}{H_s}$	e
0.1	0.056	(0.0786)	(1.7288)
0.2	0.089	(0.1249)	(1.6825)
0.4	0.168	(0.2358)	(1.5716)
0.8	0.272	(0.3818)	(1.4256)
1.6	0.400	(0.5615)	(1.2459)
3.2	0.526	(0.7383)	(1.0691)
6.4	0.633	(0.8885)	(0.9189)

$e = \dfrac{H - H_s}{H_s} - \dfrac{R}{H_s}$ 공식에 의해 계산하면

$e = 1.8074 - \dfrac{R}{0.7124}$

(4)

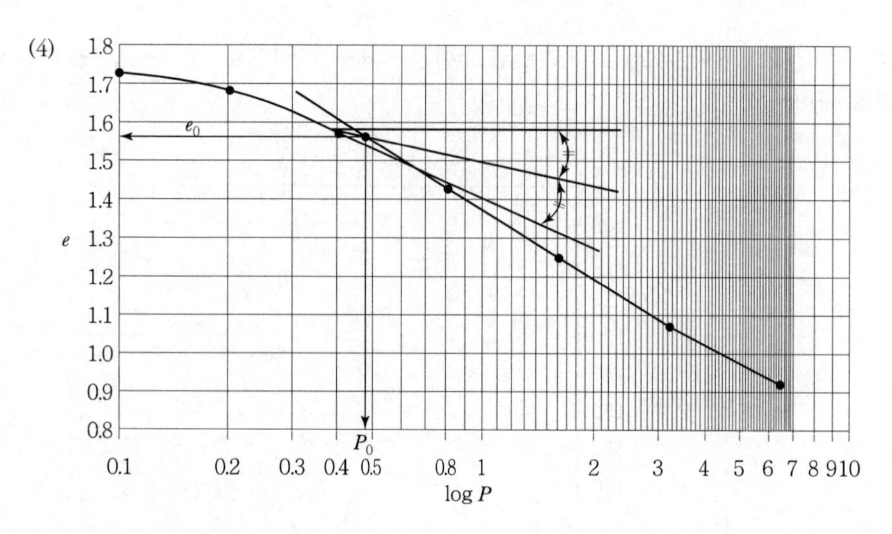

① $P_0 = 0.48\text{kg/cm}^2$, $e_0 = 1.56$

② $C_c = \dfrac{e_1 - e_2}{\log\dfrac{P_2}{P_1}} = \dfrac{1.56 - 0.9189}{\log\dfrac{6.4}{0.48}} = 0.5699$

[참고]

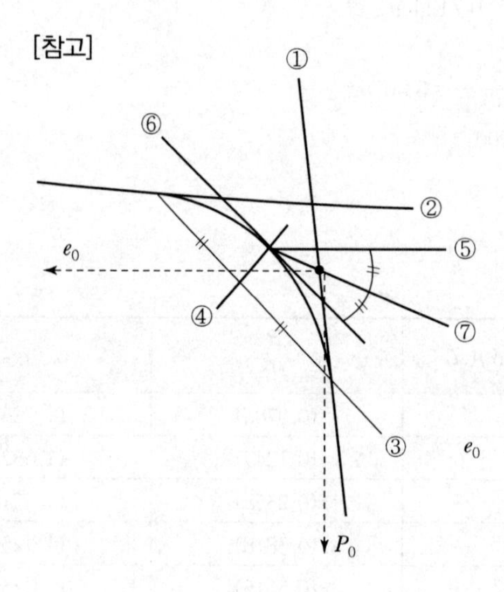

(5) ① 과압밀비(OCR)$= \dfrac{\text{선행압밀하중}}{\text{유효상재하중}} = \dfrac{0.48}{0.32} = 1.5$

② OCR > 1이므로 과압밀상태

(6)

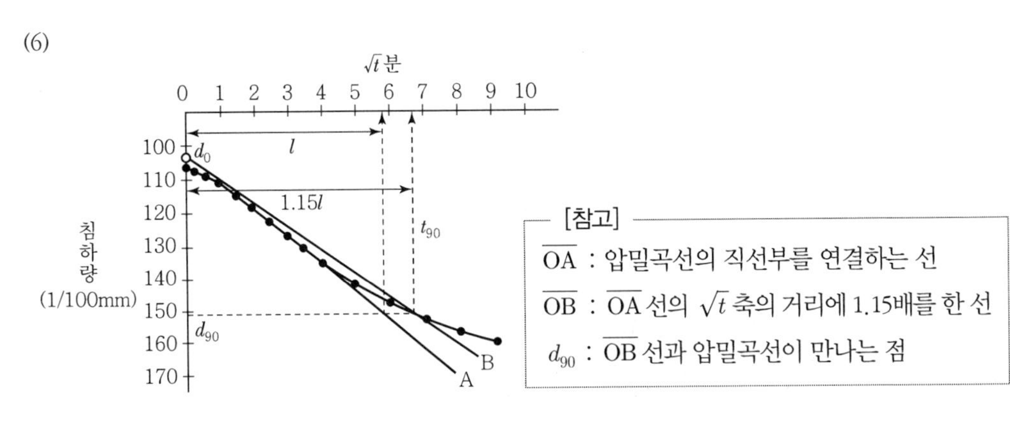

① $t_{90} = 6.7^2 = 44.89$분 $= 2{,}693.4$초

② $C_V = \dfrac{0.848\left(\dfrac{H}{2}\right)^2}{t_{90}} = \dfrac{0.848\left(\dfrac{1.89}{2}\right)^2}{2693.4} = 2.8116 \times 10^{-4}\text{cm/sec}$

(7) $\gamma_p = \dfrac{\dfrac{10}{9}(d_0 - d_{90})}{(d_s - d_f)} = \dfrac{\dfrac{10}{9}(103 - 151)}{(105.9 - 185)} = 0.674$

36 비중이 2.63인 점토시료에 대해 압밀시험을 실시하였다. 하중이 72kN/m²에서 145kN/m²로 변화하는 동안 공극비가 1.15에서 0.96으로 감소하였다. 평균시료 높이 1.45cm, $t_{50}=83$초, $t_{90}=327$초일 때 다음 물음에 답하시오.(단, $\gamma_w = 9.81\text{kN/m}^3$)

(1) 압밀계수(C_V) 값을 구하시오.

① $\sqrt{t}$ 법

② $\log t$ 법

(2) 압축계수(a_V) 값을 구하시오.(단, 소수 넷째 자리에서 반올림하시오.)

(3) 체적의 변화계수(m_V) 값을 구하시오.(단, 소수 넷째 자리에서 반올림하시오.)

(4) 압축지수(C_c) 값을 구하시오.(단, 소수 넷째 자리에서 반올림하시오.)

(5) 투수계수(k) 값을 구하시오.

① $\sqrt{t}$ 법

② $\log t$ 법

Solution

(1) ① $\sqrt{t}$ 법

$$C_V = \frac{0.848H^2}{t_{90}} = \frac{0.848\left(\frac{1.45}{2}\right)^2}{327} = 1.3631 \times 10^{-3}\text{cm}^2/\text{sec}$$

② $\log t$ 법

$$C_V = \frac{0.197H^2}{t_{50}} = \frac{0.197\left(\frac{1.45}{2}\right)^2}{83} = 1.2476 \times 10^{-3}\text{cm}^2/\text{sec}$$

(2) $a_V = \dfrac{e_1 - e_2}{P_2 - P_1} = \dfrac{1.15 - 0.96}{145 - 72} = 0.003\text{m}^2/\text{kN}$

(3) $m_V = \dfrac{a_V}{1+e} = \dfrac{0.003}{1+1.15} = 0.001\text{m}^2/\text{kN}$

(4) $C_c = \dfrac{e_1 - e_2}{\log\dfrac{P_2}{P_1}} = \dfrac{1.15 - 0.96}{\log\dfrac{145}{72}} = 0.625$

(5) ① $\sqrt{t}$ 법

$k = C_V \cdot m_V \cdot \gamma_w$

$= 1.3631 \times 10^{-7} \times 0.001 \times 9.81 = 1.3372 \times 10^{-9}\text{m/sec} = 1.3372 \times 10^{-7}\text{cm/sec}$

② $\log t$ 법

$k = C_V \cdot m_V \cdot \gamma_w$

$= 1.2476 \times 10^{-7} \times 0.001 \times 9.81 = 1.2239 \times 10^{-9}\text{m/sec} = 1.2239 \times 10^{-7}\text{cm/sec}$

37 **포화점토층의 두께가 5m이며, 점토층의 위는 모래층이고 아래는 암반층이다. 이 점토층에 하중이 일정하게 작용하여 최종 압밀침하량이 50cm였다. 다음 물음에 답하시오.**

(1) 침하량이 10cm일 때, 이 점토층의 평균 압밀도를 구하시오.

(2) 같은 하중에 대한 압밀계수 C_V값이 $3\times10^{-3}\text{cm}^2/\text{sec}$라 할 때 50% 침하가 일어나는 데 걸리는 시간을 구하시오.(단, 단위는 일(day)로 표시한다.)

(3) 만일 이 점토층이 양면 배수의 경우 50% 압밀이 되는 데 걸리는 시간을 구하시오.(단, 단위는 일(day)로 표시한다.)

Solution

(1) $U=\dfrac{\Delta H_t}{\Delta H}\times100=\dfrac{10}{50}\times100=20\%$

(2) 일면 배수이므로 $H=500\text{cm}$를 대입

$$t_{50}=\frac{T_V\cdot H^2}{C_V}=\frac{0.197\times500^2}{3\times10^{-3}}=16{,}416{,}666\text{초}\quad\therefore\ \frac{16{,}416{,}666\text{초}}{60\times60\times24}=190\text{일}$$

(3) 양면 배수이므로 $H=\dfrac{500}{2}=250\text{cm}$를 대입

$$t_{50}=\frac{T_V\cdot H^2}{C_V}=\frac{0.197\times250^2}{3\times10^{-3}}=4{,}104{,}166\text{초}\quad\therefore\ \frac{4{,}104{,}166\text{초}}{60\times60\times24}=47.5\text{일}$$

38 **모래층 사이에 낀 점토지반 위에 그림과 같이 $P=200\text{kN/m}^2$인 하중이 작용할 경우 다음 물음에 답하시오.(단, $\gamma_w=9.81\text{kN/m}^3$, 점토의 액성한계는 60%임)**

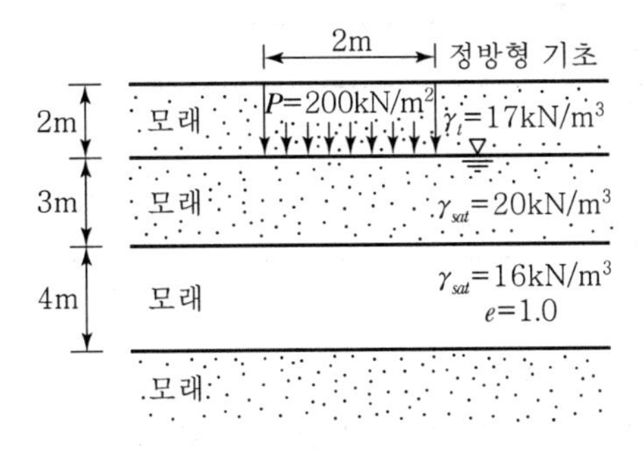

(1) 점토층의 중앙단면에 작용하는 유효응력을 구하시오.

(2) 점토층의 중앙단면에 작용하는 응력 증가분을 2 : 1 분포법으로 구하시오.

(3) Skempton 공식에 의한 점토지반의 압축지수를 구하시오.

(4) 점토지반의 최종 압밀침하량을 구하시오.

Solution

(1) $P_1 = 17\times2+(20-9.81)\times3+(16-9.81)\times2 = 76.95\text{kN/m}^2$

(2) $\Delta P = \dfrac{P\cdot B^2}{(B+Z)^2} = \dfrac{(200-17\times2)\times2^2}{(2+5)^2} = 13.55\text{kN/m}^2$

여기서, 구조물은 2m 깊이에 설치하므로 $P = 200\text{kN/m}^2$에서 1.7×2값을 빼준다.

(3) $C_c = 0.009(w_L-10) = 0.009(60-10) = 0.45$

(4) $\Delta H = \dfrac{C_c}{1+e}\log\dfrac{P_2}{P_1}\cdot H$

$= \dfrac{0.45}{1+1.0}\log\dfrac{90.5}{76.95}\times400$

$= 6.34\text{cm}$

여기서, $P_2 = P_1+\Delta P = 76.95+13.55 = 90.5\text{kN/m}^2$

39 **다음 그림과 같은 지반조건에서 지하수를 양수하여 지하수위를 3m에서 5m로 저하시켰을 경우 물음에 답하시오.(단, $\gamma_w = 9.81\text{kN/m}^3$, 지하수위가 저하된 부분 2m에서의 모래층은 $\gamma = 19.5\text{kN/m}^3$이다.)**

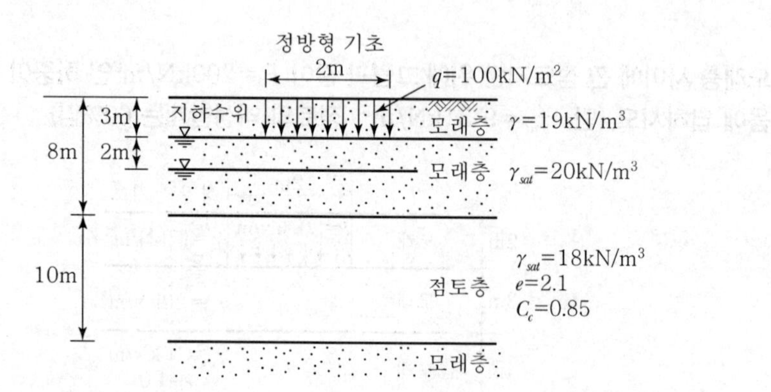

(1) 점토층의 중심면에서의 연직응력을 구하시오.

(2) 지하수위의 저하로 인한 연직응력의 증가 압력을 구하시오.

(3) 점토층의 압밀침하량을 구하시오.

Solution

(1) $P_1 = 19\times3+(20-9.81)\times5+(18-9.81)\times\dfrac{10}{2} = 148.9\text{kN/m}^2$

(2) $\Delta P_1 = \left\{19\times3+19.5\times2+(20-9.81)\times3+(18-9.81)\times\dfrac{10}{2}\right\} - 148.9 = 18.62\text{kN/m}^2$

(3) $\Delta H = \dfrac{C_c}{1+e}\log\dfrac{P_2}{P_1}\cdot H = \dfrac{0.85}{1+2.1}\log\dfrac{148.9+29.4}{148.9}\times10 = 0.22\text{m} = 22\text{cm}$

$\Delta P_2 = \dfrac{(100-19\times3)\times10^2}{(10+10)^2} = 10.75\text{kN/m}^2$

$\therefore \Delta P = \Delta P_1 + \Delta P_2 = 18.62+10.75 ≒ 29.4\text{kN/m}^2$

40 그림과 같은 토층 단면이 있다. 물음에 답하시오.(단, $\gamma_w = 9.81\text{kN/m}^3$)

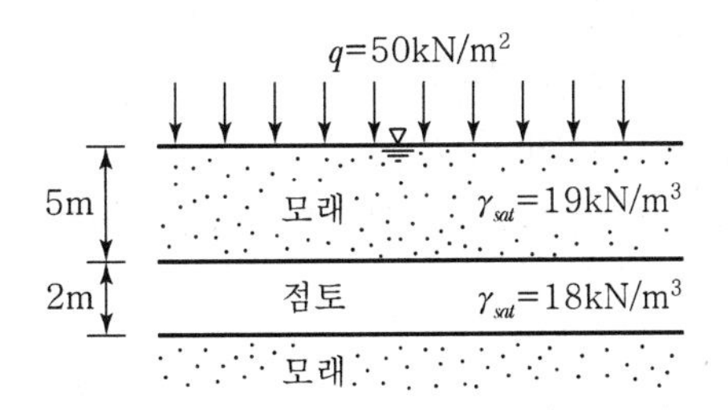

(1) 등분포하중이 50kN/m² 작용할 때 5개월 후 점토층 중심부의 공극수압을 구하시오.(단, 압밀도 U=0.7로 한다.)

(2) 점토층 중심부의 연직 유효응력을 구하시오.

Solution

(1) $U = 1-\dfrac{u}{P}$

$0.7 = 1-\dfrac{u}{50}$

$\therefore\ u = (1-0.7)\times50 = 1.5\text{kN/m}^2$

(2) $P = \overline{P}+u$ 공식에서

$50+19\times5+18\times\dfrac{2}{2} = \overline{P}+73.86$

$\therefore \overline{P} = 50+19\times5+18\times\dfrac{2}{2}-73.86 = 89.14\text{kN/m}^2$

여기서, 점토층 중심부의 공극수압

$u = 9.81\times6+15 = 73.86\text{kN/m}^2$

[별해] $\overline{P} = (19-9.81)\times5+(18-9.81)\times\dfrac{2}{2}+0.7\times50 = 89.14\text{kN/m}^2$

41 5m×5m 크기의 구조물을 설치하려고 시추조사를 행한 결과가 다음 그림과 같고 압밀현상으로 인한 침하량을 구하고자 각종 시험을 행하였다. 다음 물음에 답하시오.(단, γ_w = 9.81kN/m³)

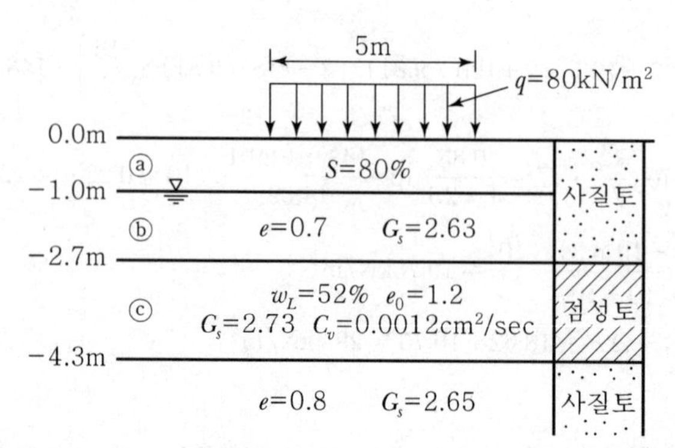

(1) 압밀침하 산정을 위한 점성토 중앙 단면에서의 초기 유효응력을 구하시오.
(2) 최종 압밀응력을 구하시오.
(3) 최종 점토층의 압밀침하량을 구하시오.
(4) 압밀 완료 후 점토층의 간극비를 구하시오.
(5) 90% 압밀 시 소요되는 압밀시간을 구하시오.(단, 단위는 일(day)로 표시한다.)

Solution

(1) $P_1 = 18.41 \times 1 + (19.22 - 9.81) \times 1.7 + (17.52 - 9.81) \times \dfrac{1.6}{2} = 40.58\text{kN/m}^2$

여기서, ⓐ층 : $\gamma_t = \dfrac{G_s + \dfrac{S \cdot e}{100}}{1+e} \cdot \gamma_w = \dfrac{2.63 + \dfrac{80 \times 0.7}{100}}{1+0.7} \times 9.81 = 18.41\text{kN/m}^3$

ⓑ층 : $\gamma_{\text{sat}} = \dfrac{G_s + e}{1+e} \cdot \gamma_w = \dfrac{2.63+0.7}{1+0.7} \times 9.81 = 19.22\text{kN/m}^3$

ⓒ층 : $\gamma_{\text{sat}} = \dfrac{G_s + e}{1+e} \cdot \gamma_w = \dfrac{2.73+1.2}{1+1.2} \times 9.81 = 17.52\text{kN/m}^3$

(2) 정방형 구조물이므로

$$\Delta P = \frac{q \cdot (B \times B)}{(B+Z)(B+Z)} = \frac{80 \times (5 \times 5)}{(5+3.5)(5+3.5)} = 27.68\text{kN/m}^2$$

(3) $\Delta H = \dfrac{C_c}{1+e} \cdot \log \dfrac{P_2}{P_1} \cdot H$

$= \dfrac{0.378}{1+1.2} \times \log \dfrac{40.58 + 27.68}{40.58} \times 1.6 = 0.062\text{m} = 6.2\text{cm}$

여기서, $C_c = 0.009(w_L - 10) = 0.009(52-10) = 0.378$

(4) $\Delta H = \dfrac{e_1 - e_2}{1+e} \cdot H$

여기서, $e = e_1$ 임

$6.2 = \dfrac{1.2 - e_2}{1+1.2} \times 160$

$(1.2 - e_2) = \dfrac{6.2(1+1.2)}{160} = 0.0853$

$\therefore\ e_2 = 1.2 - 0.0853 = 1.11$

(5) $C_V = \dfrac{0.848H^2}{t_{90}}$ 에서

양면 배수이므로 H에 $\dfrac{H}{2}$를 대입

$\therefore\ t_{90} = \dfrac{0.848\left(\dfrac{H}{2}\right)^2}{C_v} = \dfrac{0.848 \times \left(\dfrac{160}{2}\right)^2}{0.0012 \times 60 \times 60 \times 24} = 52.34$일

42 점토지반이 3층으로 되어 있는 점토층의 두께가 다음 그림과 같다. 점토지반 전체를 위층과 같은 압밀계수로 볼 때 점토층의 전두께를 구하시오.(단, 소수 둘째 자리에서 반올림하시오.)

$H_1 = 4\text{cm}$	$C_{V1} = 2.5 \times 10^{-3}\text{cm/sec}$
$H_2 = 3\text{cm}$	$C_{V2} = 3.7 \times 10^{-3}\text{cm/sec}$
$H_3 = 2\text{cm}$	$C_{V3} = 1.9 \times 10^{-3}\text{cm/sec}$

Solution

$$H = H_1\sqrt{\frac{C_{V1}}{C_{V1}}} + H_2\sqrt{\frac{C_{V1}}{C_{V2}}} + H_3\sqrt{\frac{C_{V1}}{C_{V3}}}$$

$$= 4 \times \sqrt{\frac{2.5 \times 10^{-3}}{2.5 \times 10^{-3}}} + 3 \times \sqrt{\frac{2.5 \times 10^{-3}}{3.7 \times 10^{-3}}} + 2 \times \sqrt{\frac{2.5 \times 10^{-3}}{1.9 \times 10^{-3}}}$$

$$= 8.8\text{m}$$

43 **어떤 시료에 대한 일축압축시험 결과 파괴압축강도가 5kN/m²이었고 수평면과 60° 각도로 파괴면이 생겼다. 다음 물음에 답하시오.**

(1) 이 흙의 내부마찰각과 점착력을 구하시오.

(2) Mohr의 응력원과 파괴포락선을 그리시오.

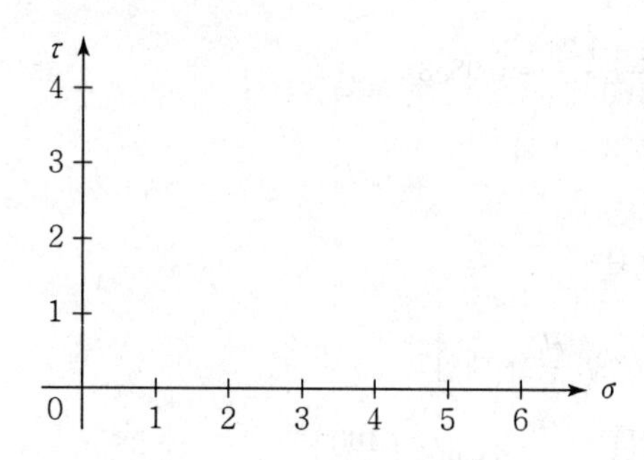

Solution

(1) ① 내부마찰각(ϕ)

$$\theta = 45° + \frac{\phi}{2}$$

$$60° = 45° + \frac{\phi}{2}$$

$$\therefore \ \phi = 30°$$

② 점착력(C)

$$C = \frac{q_u}{2\tan\left(45 + \frac{\phi}{2}\right)} = \frac{5}{2\tan\left(45 + \frac{30}{2}\right)} = 1.44\text{kN/m}^2$$

(2)

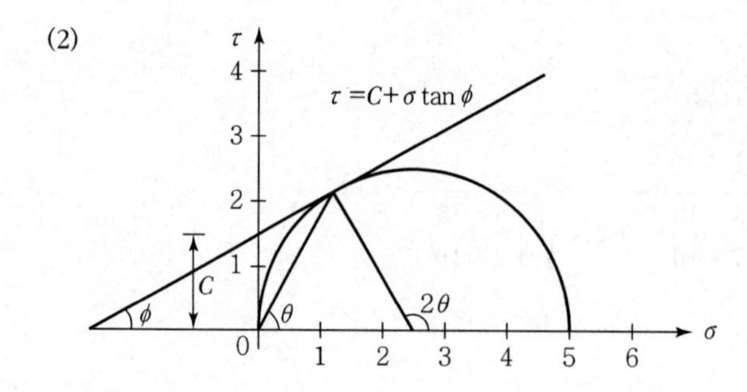

44 **다음은 교란되지 않은 점토시료를 채취하여 일축압축시험을 한 결과 다음과 같은 성과표를 얻었다. 물음에 답하시오.(단, 공시체의 단면적** 9.62cm^2**, 시료의 높이** 8cm**, 하중보정계수** $0.0117\text{kg}/\frac{1}{100}\text{mm}$**)**

압축변위 (1/100mm)	압축변형(ε) (%)	하중계 읽음 (1/100mm)	환산하중 (kg)	보정단면적 (cm^2)	압축응력(σ) (kg/cm^2)
0		0			
40		14.5			
80		30.0			
120		45.0			
160		58.7			
200		70.2			
240		79.8			
280		86.2			
320		91.7			
360		89.9			
400		88.0			
440		85.0			
480		78.5			

(1) 압축변형률, 환산하중, 보정단면적, 압축응력을 구하시오.(단, 소수 넷째 자리에서 반올림하시오.)

(2) 응력－변형도 곡선을 작도하시오.

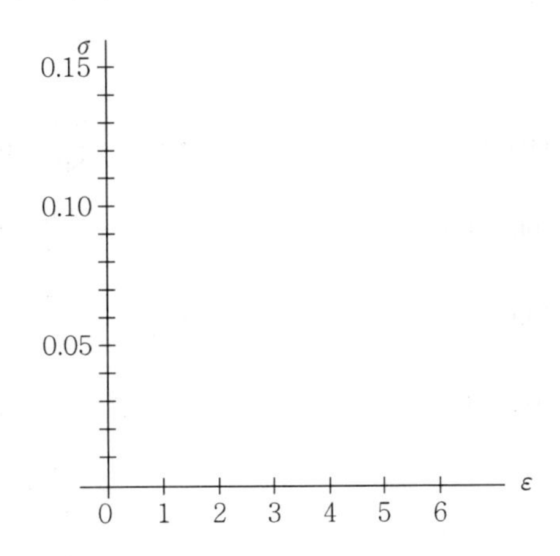

(3) 일축압축강도를 구하시오.(단, 소수 셋째 자리까지 구하시오.)

(4) 이 시료의 내부마찰각을 거의 무시한다면 비배수 상태에서의 점착력은?(단, 소수 셋째 자리까지 구하시오.)

(5) 이 시료의 흐트러진 상태에서의 일축압축강도를 0.025kg/cm²이라고 할 때 이 흙의 예민비를 구하시오.

(6) 파괴응력을 50%에 대한 이 흙의 변경계수 E_{50}를 구하시오.(단, 소수 둘째 자리에서 반올림하시오.)

Solution

(1)

압축변위 (1/100mm)	압축변형(ε) (%)	하중계 읽음 (1/100mm)	환산하중 (kg)	보정단면적 (cm²)	압축응력(σ) (kg/cm²)
0	0	0	0	9.620	0
40	0.5	14.5	0.170	9.668	0.018
80	1.0	30.0	0.351	9.717	0.036
120	1.5	45.0	0.527	9.766	0.054
160	2.0	58.7	0.687	9.816	0.070
200	2.5	70.2	0.821	9.867	0.083
240	3.0	79.8	0.934	9.918	0.094
280	3.5	86.2	1.009	9.969	0.101
320	4.0	91.7	1.073	10.021	0.107
360	4.5	89.9	1.052	10.073	0.104
400	5.0	88.0	1.030	10.126	0.102
440	5.5	85.0	0.995	10.180	0.098
480	6.0	78.5	0.918	10.234	0.090

① 압축변형(ε) 계산

$$\varepsilon = \frac{\Delta l}{l} \times 100$$

- $\varepsilon_{4.0} = \frac{0.4}{80} \times 100 = 0.5$
- $\varepsilon_{8.0} = \frac{0.8}{80} \times 100 = 1.0$
- $\varepsilon_{12.0} = \frac{1.2}{80} \times 100 = 1.5$
- $\varepsilon_{16.0} = \frac{1.6}{80} \times 100 = 2.0$
- $\varepsilon_{20.0} = \frac{2.0}{80} \times 100 = 2.5$
- $\varepsilon_{24.0} = \frac{2.4}{80} \times 100 = 3.0$
- $\varepsilon_{28.0} = \frac{2.8}{80} \times 100 = 3.5$
- $\varepsilon_{32.0} = \frac{3.2}{80} \times 100 = 4.0$
- $\varepsilon_{36.0} = \frac{3.6}{80} \times 100 = 4.5$
- $\varepsilon_{40.0} = \frac{4.0}{80} \times 100 = 5.0$
- $\varepsilon_{44.0} = \frac{4.4}{80} \times 100 = 5.5$
- $\varepsilon_{48.0} = \frac{4.8}{80} \times 100 = 6.0$

② 환산하중(P)

$P = P' \times K =$ 하중계 읽음×하중보정계수

- $P_{4.0} = 14.5 \times 0.0117 = 0.170$
- $P_{8.0} = 30.0 \times 0.0117 = 0.351$
- $P_{12.0} = 45.0 \times 0.0117 = 0.527$
- $P_{16.0} = 58.7 \times 0.0117 = 0.687$
- $P_{20.0} = 70.2 \times 0.0117 = 0.821$
- $P_{24.0} = 79.8 \times 0.0117 = 0.934$
- $P_{28.0} = 86.2 \times 0.0117 = 1.009$
- $P_{32.0} = 91.7 \times 0.0117 = 1.073$
- $P_{36.0} = 89.9 \times 0.0117 = 1.052$
- $P_{40.0} = 88.0 \times 0.0117 = 1.030$
- $P_{44.0} = 85.0 \times 0.0117 = 0.995$
- $P_{48.0} = 78.5 \times 0.0117 = 0.918$

③ 보정단면적(A)

$$A = \frac{A_0}{1-\varepsilon}$$

- $A_{4.0} = \frac{9.620}{1-0.005} = 9.668$
- $A_{8.0} = \frac{9.620}{1-0.01} = 9.717$
- $A_{12.0} = \frac{9.620}{1-0.015} = 9.766$
- $A_{16.0} = \frac{9.620}{1-0.02} = 9.816$
- $A_{20.0} = \frac{9.620}{1-0.025} = 9.867$
- $A_{24.0} = \frac{9.620}{1-0.03} = 9.918$
- $A_{28.0} = \frac{9.620}{1-0.035} = 9.969$
- $A_{32.0} = \frac{9.620}{1-0.04} = 10.021$
- $A_{36.0} = \frac{9.620}{1-0.045} = 10.073$
- $A_{40.0} = \frac{9.620}{1-0.05} = 10.126$
- $A_{44.0} = \frac{9.620}{1-0.055} = 10.180$
- $A_{48.0} = \frac{9.620}{1-0.06} = 10.234$

④ 압축응력(σ)

$$\sigma = \frac{P}{A} = \frac{\text{환산 하중}}{\text{보정단면적}}$$

- $\sigma_{4.0} = \frac{0.170}{9.668} = 0.018$
- $\sigma_{8.0} = \frac{0.351}{9.717} = 0.036$
- $\sigma_{12.0} = \frac{0.527}{9.766} = 0.054$
- $\sigma_{16.0} = \frac{0.687}{9.816} = 0.070$
- $\sigma_{20.0} = \frac{0.821}{9.867} = 0.083$
- $\sigma_{24.0} = \frac{0.934}{9.918} = 0.094$
- $\sigma_{28.0} = \frac{1.009}{9.969} = 0.101$
- $\sigma_{32.0} = \frac{1.073}{10.021} = 0.107$
- $\sigma_{36.0} = \frac{1.052}{10.073} = 0.104$
- $\sigma_{40.0} = \frac{1.030}{10.126} = 0.102$
- $\sigma_{44.0} = \frac{0.995}{10.180} = 0.098$
- $\sigma_{48.0} = \frac{0.918}{10.234} = 0.090$

(2)

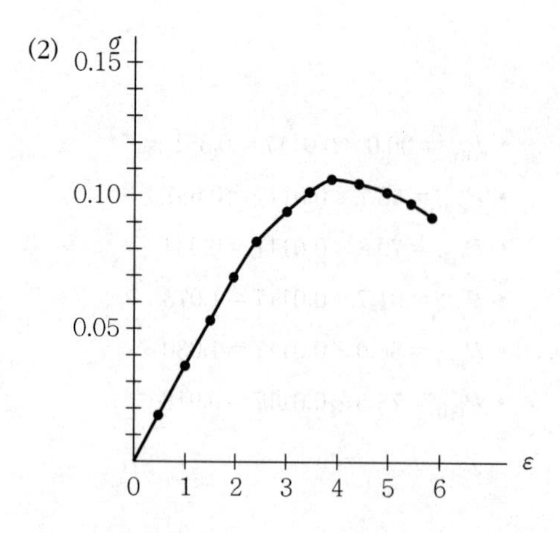

(3) $q_u = 0.107\text{kg/cm}^2$

(4) 일축압축강도 $C = \dfrac{q_u}{2\tan\left(45 + \dfrac{\phi}{2}\right)}$ 에서

$\phi \fallingdotseq 0$이므로 $C = \dfrac{q_u}{2} = \dfrac{0.107}{2} = 0.054\text{kg/cm}^2$

(5) 예민비 $S_t = \dfrac{q_u}{q_{ur}} = \dfrac{0.107}{0.025} = 4.28$

(6) $E_{50} = \dfrac{q_u}{2\varepsilon_{50}} = \dfrac{0.107}{2 \times 0.015} = 3.6\text{kg/cm}^2$

여기서, ε_{50}은 그래프의 응력(q_u) 50%에서 ε값을 %로 환산하여 계산

45 어떤 공시체에 수직응력이 10kN/m^2, 수평응력이 2kN/m^2 작용하고 있다. 다음 물음에 답하시오.

(1) 공시체의 각도 60° 경사면에 작용하는 수직응력(σ) 및 전단응력(τ)을 구하시오.

(2) 경사면의 각도가 몇 도일 때 최대전단응력이 되고 그때의 전단응력은 얼마인가?

Solution

(1) $\sigma = \dfrac{\sigma_1 + \sigma_3}{2} + \dfrac{\sigma_1 - \sigma_3}{2}\cos 2\theta$

$= \dfrac{10+2}{2} + \dfrac{10-2}{2}\cos 120° = 4\text{kN/m}^2$

$\tau = \dfrac{\sigma_1 - \sigma_3}{2}\sin 2\theta = \dfrac{10-2}{2}\sin 120° = 3.46\text{kN/m}^2$

(2) $\theta = 45°$일 때

$\tau_{\max} = \dfrac{\sigma_1 - \sigma_3}{2}\sin 2\theta = \dfrac{10-2}{2}\sin 90° = 4\text{kN/m}^2$

46 어느 시료에 대해 삼축압축시험을 한 결과가 다음 표와 같았다. 물음에 답하시오.

구분 / 공시체	측압(σ_3)(kN/m²)	축차응력($\sigma_1 - \sigma_3$)(kN/m²)
1	1.0	2.2
2	2.0	2.8
3	3.0	3.5

(1) 모어 응력원을 작도하시오.

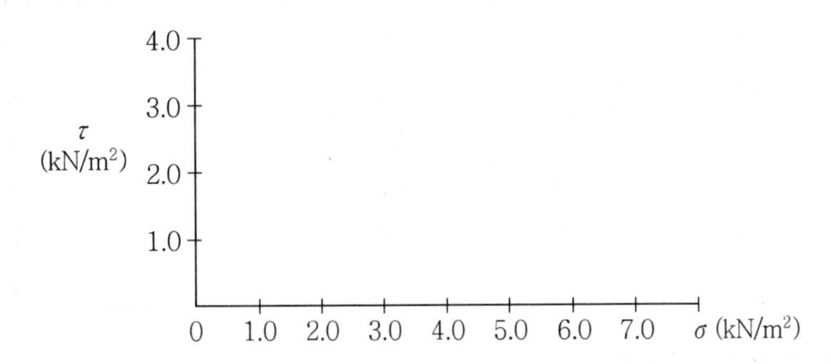

(2) 내부마찰각 ϕ값을 구하시오.

(3) 점착력 C값을 구하시오.

(1)

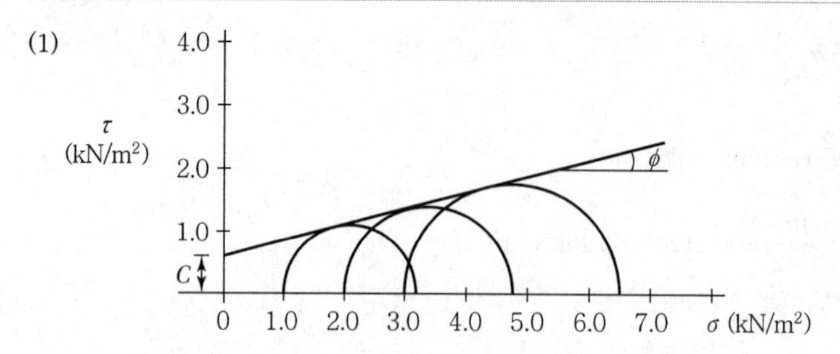

$\sigma_1 = (\sigma_1 - \sigma_3) + \sigma_3$으로 최대 주응력을 구하여 작도한다.

측압(σ_3)	1.0	2.0	3.0
최대 주응력(σ_1)	3.2	4.8	6.5

(2) 내부마찰각 $\phi = 15°$

(3) 점착력 $C = 0.6\text{kN/m}^2$

47 **포화된 점토에 대해 압밀비배수 삼축압축시험(CU)을 한 결과가 다음과 같았다. 구속응력 3kN/m^2이었을 때 다음 물음에 답하시오.**

구분	주응력차($\sigma_1 - \sigma_3$)(kN/m²)	간극수압(u)(kN/m²)
①	0	0
②	1.2	0.55
③	2.0	1.2
④	2.6	1.6
⑤	3.0	2.05
⑥	3.6	2.5

(1) 다음 표를 완성하시오.

구분	①	②	③	④	⑤	⑥
σ_1						
σ_3						
u						
$p = \dfrac{\sigma_1 + \sigma_3}{2}$						
$q = \dfrac{\sigma_1 - \sigma_3}{2}$						

구분	①	②	③	④	⑤	⑥
$\bar{p}$						

(2) 전응력경로(T.S.P)와 유효응력경로(E.S.P)를 그리시오.

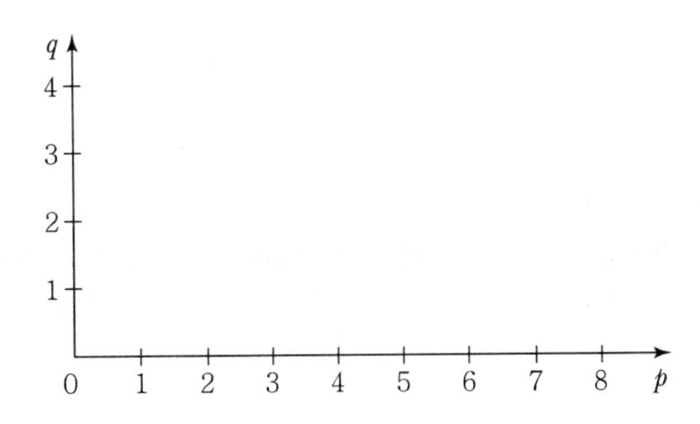

Solution

(1)

구분	①	②	③	④	⑤	⑥
σ_1	3	4.2	5.0	5.6	6.0	6.6
σ_3	3	3	3	3	3	3
u	0	0.55	1.2	1.6	2.05	2.5
$p=\frac{\sigma_1+\sigma_3}{2}$	3	3.6	4	4.3	4.5	4.8
$q=\frac{\sigma_1-\sigma_3}{2}$	0	0.6	1.0	1.3	1.5	1.8
$\bar{p}$	3	3.05	2.8	2.7	2.45	2.3

[참조]

$$\bar{p}=\frac{\{(\sigma_1-u)+(\sigma_3-u)\}}{2} \qquad \bar{p}=p-u$$

$$\bar{q}=\frac{\{(\sigma_1-u)-(\sigma_3-u)\}}{2}$$

(2)

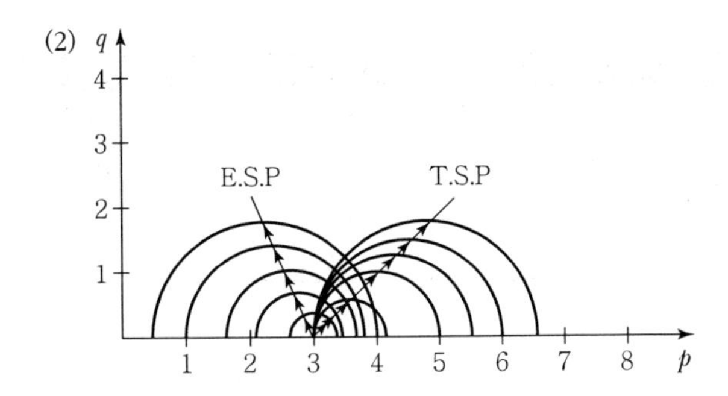

48 포화된 점토시료에 대한 압밀비배수 삼축시험을 통해 다음과 같은 결과를 얻었다. 다음 물음에 답하시오.

공시체 번호	액압(σ)(kN/m²)	최대 주응력차($\sigma_1-\sigma_3$)(kN/m²)	간극수압(u)(kN/m²)
1	275	110	125
2	420	210	170
3	650	350	210

(1) 다음 표를 작성하시오.

공시체 번호	최대 주응력 (σ_1)	최대 유효 주응력 (σ_1')	최소 주응력 (σ_3)	최소 유효 주응력 (σ_3')
1				
2				
3				

(2) 전응력법과 유효응력법에 의한 Mohr 원을 작도하시오.

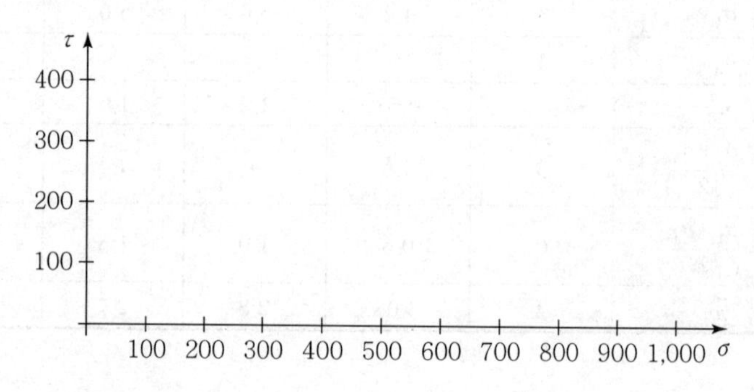

(3) 점착력(C)과 내부마찰각(ϕ)을 구하시오.

① 전응력법

② 유효응력법

Solution

(1)

공시체 번호	최대 주응력 (σ_1)	최대 유효 주응력 (σ_1')	최소 주응력 (σ_3)	최소 유효 주응력 (σ_3')
1	385	260	275	150
2	630	460	420	250
3	1,000	790	650	440

① 최대 주응력 : $\sigma_1 = \sigma_3 + (\sigma_1 - \sigma_3)$

- $275+110=385$
- $420+210=630$
- $650+350=1,000$

② 최대 유효 주응력 : $\sigma_1{}' = \sigma_1 - u$

- $385-125=260$
- $630-170=460$
- $1,000-210=790$

③ 최소 유효 주응력 : $\sigma_3{}' = \sigma_3 - u$

- $275-125=150$
- $420-170=250$
- $650-210=440$

④ 액압(σ) = 최소 주응력(σ_3)

(2)

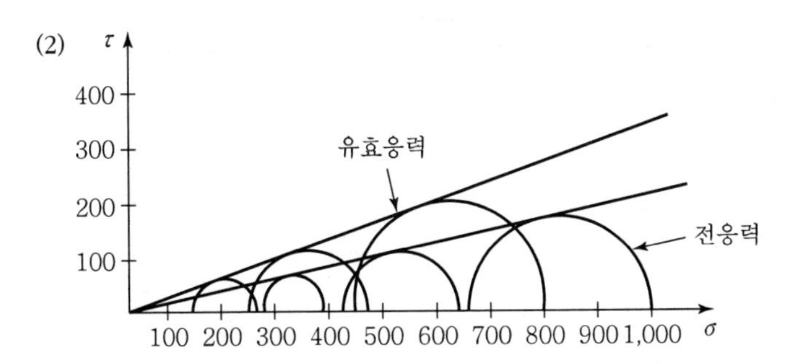

(3) ① 전응력법

- $C=0$
- $\phi = 12°\ 14'\ 48.08''$

$$\sin\phi = \frac{\tau}{\sigma} = \frac{\sigma_1 - \sigma_3}{\sigma_1 + \sigma_3}$$

$$\therefore\ \phi = \sin^{-1}\frac{1,000-650}{1,000+650} = 12°\ 14'\ 48.08''$$

② 유효응력법

- $C=0$
- $\phi = 16°\ 31'\ 55.64''$

$$\sin\phi = \frac{\tau}{\sigma} = \frac{\sigma_1{}' - \sigma_3{}'}{\sigma_1{}' + \sigma_3{}'}$$

$$\therefore\ \phi = \sin^{-1}\frac{790-440}{790+440} = 16°\ 31'\ 55.64''$$

49 직경 50mm, 높이 125mm의 시료로 삼축압축시험을 한 결과가 다음과 같았다. 물음에 답하시오.(단, 축압을 가한 피스톤은 시료에 비해 매우 작다.)

액압(kg/cm²)	수직하중(kg)
0.5	27.5
1.5	35.0
2.5	45.0

(1) Mohr의 응력원을 작도하시오.

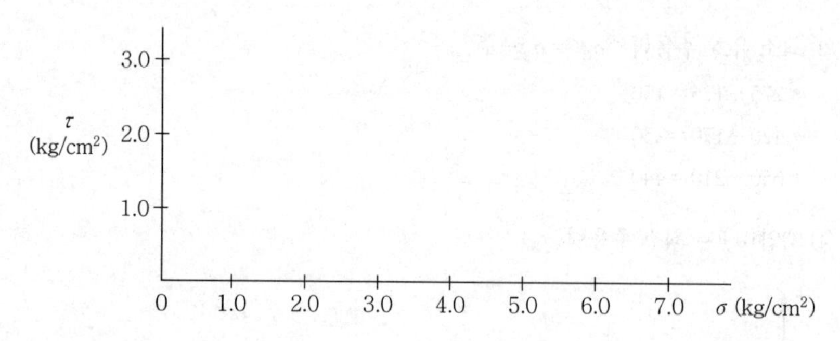

(2) 점착력 C값을 구하시오.

(3) 내부마찰각 ϕ값을 구하시오.

Solution

(1)

$\sigma_1 = \sigma_V + \sigma_3$, $A = \dfrac{3.14 \times 5^2}{4} = 19.625\text{cm}^2$, $\sigma_V = \dfrac{P_V}{A}$

- $\sigma_1 = \dfrac{27.5}{19.625} + 0.5 = 1.90\text{kg/cm}^2$, $\sigma_3 = 0.5\text{kg/cm}^2$
- $\sigma_1{}' = \dfrac{35}{19.625} + 1.5 = 3.28\text{kg/cm}^2$, $\sigma_3{}' = 1.5\text{kg/cm}^2$
- $\sigma_1{}'' = \dfrac{45}{19.625} + 2.5 = 4.79\text{kg/cm}^2$, $\sigma_3{}'' = 2.5\text{kg/cm}^2$

(2) 점착력

$C = 0.45\text{kg/cm}^2$

(3) 내부마찰각

$\phi = 12°$

50 흙의 삼축압축시험 결과가 다음과 같다. 물음에 답하시오.(단, 이 시험은 압밀비배수시험 조건임)

압밀압력(kN/m²)	측압(σ_3)(kN/m²)	최대 응력차 $(\sigma_1-\sigma_3)_{max}$	최대 응력차일 때 공극수압(kN/m²)
1.0	1.0	0.85	0.35
2.0	2.0	1.47	0.80
3.0	3.0	2.45	1.10

(1) Mohr의 응력원을 작도하시오.

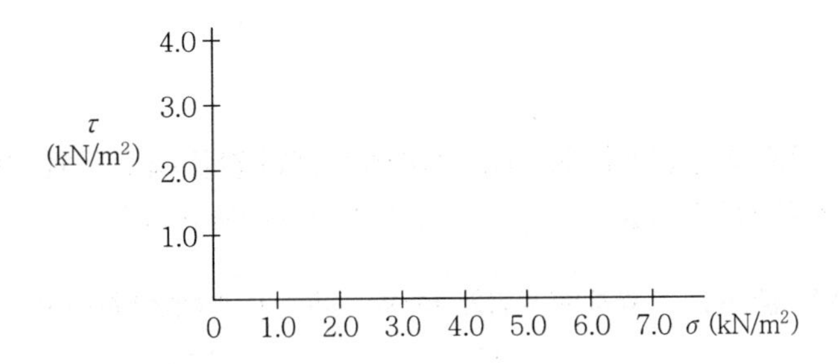

(2) 점착력(C)값을 구하시오.

(3) 내부마찰각(ϕ)값을 구하시오.

Solution

(1)

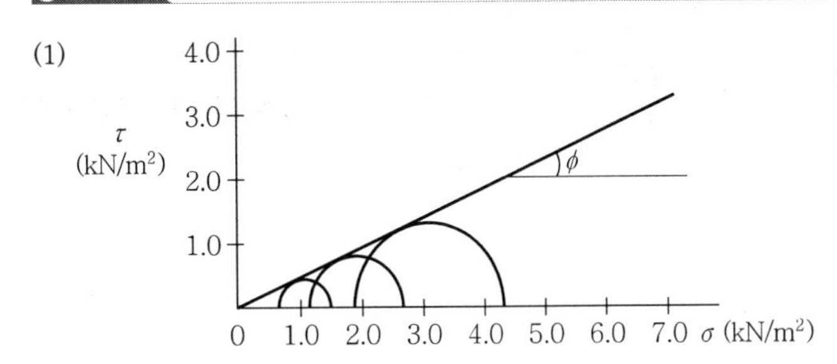

① $\sigma_3 = 1.0\text{kN/m}^2$일 때

- $\sigma_1' = 0.85 + 1.0 - 0.35 = 1.50\text{kN/m}^2$
- $\sigma_3' = 1.0 - 0.35 = 0.65\text{kN/m}^2$

② $\sigma_3 = 2.0\text{kN/m}^2$일 때

- $\sigma_1'' = 1.47 + 2.0 - 0.80 = 2.67\text{kN/m}^2$
- $\sigma_3'' = 2.0 - 0.8 = 1.20\text{kN/m}^2$

③ $\sigma_3 = 3.0\text{kN/m}^2$일 때

- $\sigma_1''' = 2.45 + 3.0 - 1.1 = 4.35\text{kN/m}^2$
- $\sigma_3''' = 3.0 - 1.1 = 1.90\text{kN/m}^2$

(2) 점착력

$C = 0$

(3) 내부마찰각

$\phi = 24°$

51 포화점토시료에 대한 삼축압축시험한 결과가 다음과 같을 때 물음에 답하시오.(단, 압밀배수 시험으로 초기 시료의 길이 $l_0 = 76\text{mm}$, 직경 $d_0 = 38\text{mm}$이다.)

구속응력(kg/cm²)	파괴 시 축방향하중(kg)	파괴 시 축방향변위(mm)	체적변화(cm³)
2	46.7	10.81	6.6
4	84.8	12.26	8.2
6	126.5	14.17	9.5

(1) 다음 표를 완성하시오.(소수 넷째 자리에서 반올림하시오.)

σ_3(kg/cm²)	$\frac{\Delta l}{l_0}$	$\frac{\Delta V}{V_0}$	A(cm²)	$\sigma_1 - \sigma_3$(kg/cm²)	σ_1(kg/cm²)
2					
4					
6					

(2) 모어원과 파괴포락선을 그리고 점착력과 내부마찰각을 구하시오.

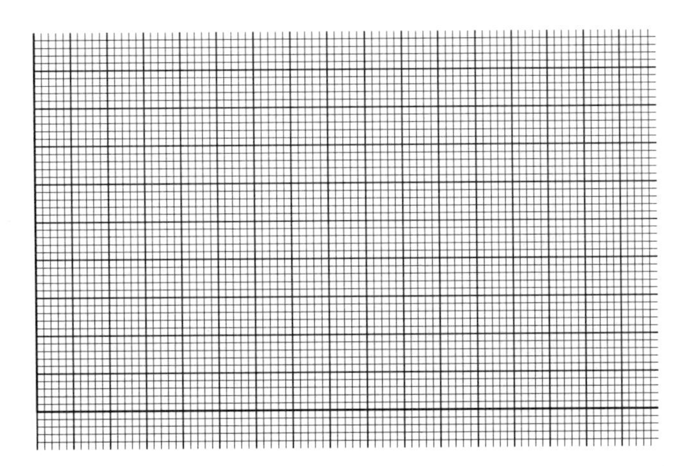

Solution

(1)

σ_3(kg/cm²)	$\dfrac{\Delta l}{l_0}$	$\dfrac{\Delta V}{V_0}$	A(cm²)	$\sigma_1 - \sigma_3$(kg/cm²)	σ_1(kg/cm²)
2	0.142	0.077	12.20	3.828	5.828
4	0.161	0.095	12.233	6.932	10.932
6	0.186	0.110	12.40	10.202	16.202

① $\dfrac{\Delta l}{l_0}$ 계산(길이변화율 ε_a)

- $\dfrac{10.81}{76} = 0.142$
- $\dfrac{12.26}{76} = 0.161$
- $\dfrac{14.17}{76} = 0.186$

② $\dfrac{\Delta V}{V_0}$ 계산(부피변화율 ε_V)

$$V_0 = \frac{\pi \times 3.8^2}{4} \times 7.6 = 86.193\text{cm}^3$$

- $\dfrac{6.6}{86.193} = 0.077$
- $\dfrac{8.2}{86.193} = 0.095$
- $\dfrac{9.5}{86.193} = 0.110$

③ A 계산

$$A = A_0 \frac{1-\varepsilon_V}{1-\varepsilon_a}$$

$$A_0 = \frac{\pi \times 3.8^2}{4} = 11.341\text{cm}^2$$

- $11.341 \times \frac{1-0.077}{1-0.142} = 12.20\text{cm}^2$
- $11.341 \times \frac{1-0.095}{1-0.161} = 12.233\text{cm}^2$
- $11.341 \times \frac{1-0.110}{1-0.186} = 12.40\text{cm}^2$

④ $\sigma_1 - \sigma_3$ 계산

$$\sigma_1 - \sigma_3 = \frac{P}{A}$$

- $\frac{46.7}{12.20} = 3.828\text{kg/cm}^2$
- $\frac{84.8}{12.233} = 6.932\text{kg/cm}^2$
- $\frac{126.5}{12.40} = 10.202\text{kg/cm}^2$

⑤ σ_1 계산

$$\sigma_1 = \sigma_3 + (\sigma_1 - \sigma_3)$$

- $2 + 3.828 = 5.828\text{kg/cm}^2$
- $4 + 6.932 = 10.932\text{kg/cm}^2$
- $6 + 10.202 = 16.202\text{kg/cm}^2$

(2)

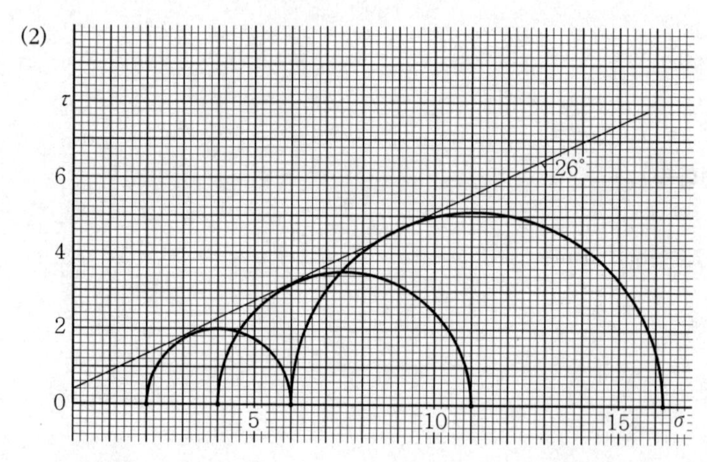

- 점착력 : 0.4kg/cm²
- 내부마찰각 : 26°

52 포화점토 시료에 대한 삼축압축시험한 결과가 다음 표와 같았다. 물음에 답하시오.(단, 비압밀비배수시험으로 최초시료의 직경은 38mm, 길이는 76mm)

구속응력(kg/cm²)	파괴 시 축방향 하중(kg)	파괴 시 축방향 변위(mm)	체적변위(cm³)
2.0	22.2	9.83	0
4.0	21.5	10.06	0
6.0	22.6	10.28	0

(1) 다음 표를 완성하고 Mohr 원과 파괴포락선을 작도하시오.

σ_3(kg/cm²)	$\frac{\Delta l}{l}$	$\frac{\Delta V}{V}$	A(cm²)	$\sigma_1-\sigma_3$(kg/cm²)	σ_1(kg/cm²)
2.0		0			
4.0		0			
6.0		0			

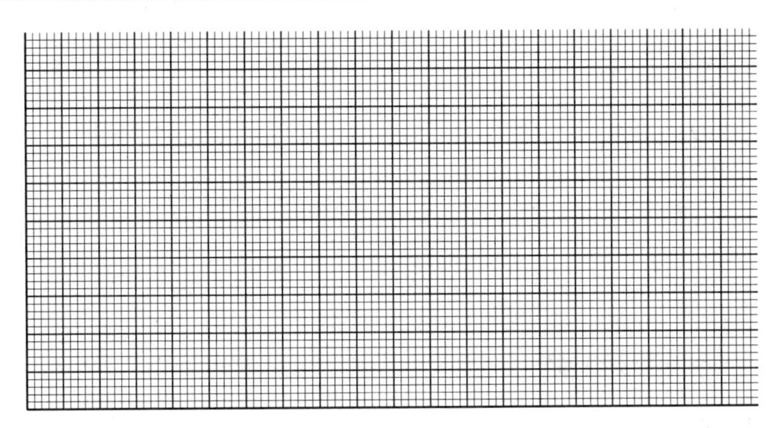

(2) 이 흙의 내부마찰각과 점착력을 구하시오.

Solution

(1)

σ_3(kg/cm²)	$\frac{\Delta l}{l}$	$\frac{\Delta V}{V}$	A(cm²)	$\sigma_1-\sigma_3$(kg/cm²)	σ_1(kg/cm²)
2.0	0.129	0	13.014	1.706	3.706
4.0	0.132	0	13.059	1.646	5.646
6.0	0.135	0	13.104	1.725	7.725

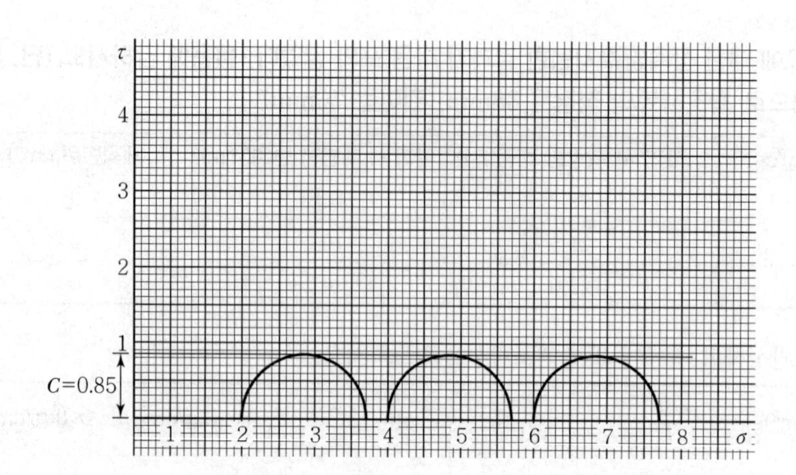

① $\dfrac{\Delta l}{l}$ 계산

- $\dfrac{0.983}{7.6}=0.129$
- $\dfrac{1.006}{7.6}=0.132$
- $\dfrac{1.028}{7.6}=0.135$

② A 계산

$$A=\frac{A_0}{1-\varepsilon}$$

$$A_0=\frac{3.14\times 3.8^2}{4}=11.335\text{cm}^2$$

- $\dfrac{11.335}{1-0.129}=13.014$
- $\dfrac{11.335}{1-0.132}=13.059$
- $\dfrac{11.335}{1-0.135}=13.104$

③ $\sigma_1-\sigma_3$(축차응력) 계산

$$\sigma_1-\sigma_3=\frac{P}{A}$$

- $\dfrac{22.2}{13.014}=1.706$
- $\dfrac{21.5}{13.059}=1.646$
- $\dfrac{22.6}{13.104}=1.725$

④ σ_1 계산

$$\sigma_1=(\sigma_1-\sigma_3)+\sigma_3$$

- $1.706+2.0=3.706$
- $1.646+4.0=5.646$
- $1.725+6.0=7.725$

(2) • 점착력 : $C=0.85\text{kg/cm}^2$

• 내부마찰각 : $\phi=0°$

53 **정규압밀점토의 압밀비배수시험(CU) 결과가 다음과 같았다. 전응력법과 유효응력법에 의한 점착력과 내부마찰각을 구하시오.**

압밀압력(kN/m²)	구속응력(kN/m²)	파괴 시 공극수압(kN/m²)
2.0	1.2	1.0
3.7	2.2	1.8
7.0	4.0	3.5

(1) 전응력법

① $C=$

② $\phi=$

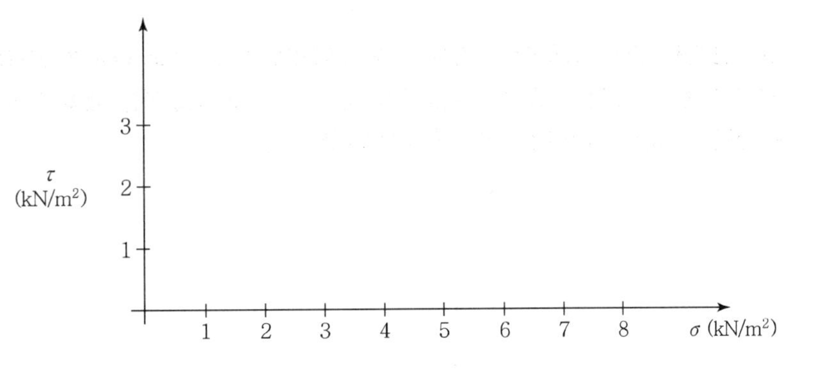

(2) 유효응력법

① $C=$

② $\phi=$

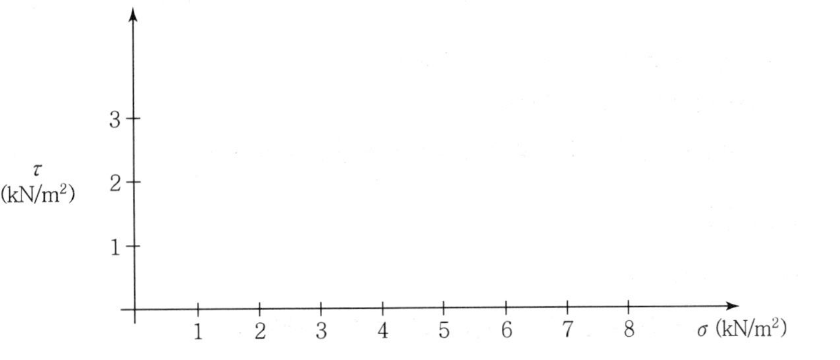

Solution

(1) 전응력법

① $C=0$

② $\phi=\tan^{-1}\dfrac{2.1}{7}=16°\ 42'$

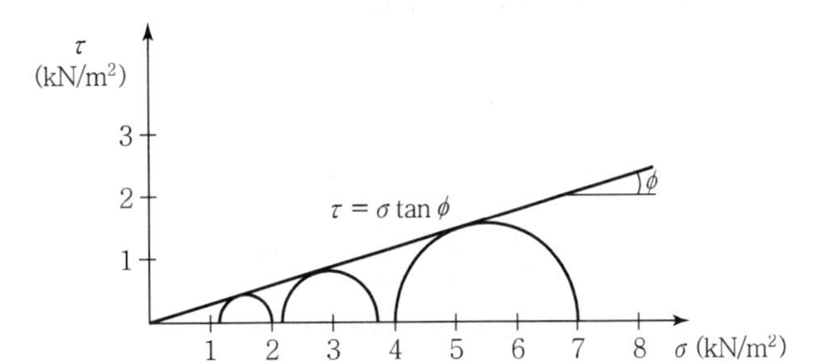

(2) 유효응력법

① $C=0$

② $\phi = \tan^{-1}\dfrac{2.5}{7} = 19°\ 39'$

- $\sigma_1 = 2.0,\ \sigma_3 = 2.0 - 1.0 = 1.0\text{kN/m}^2$
- $\sigma_1 = 3.7,\ \sigma_3 = 3.7 - 1.8 = 1.9\text{kN/m}^2$
- $\sigma_1 = 7.0,\ \sigma_3 = 7.0 - 3.5 = 3.5\text{kN/m}^2$

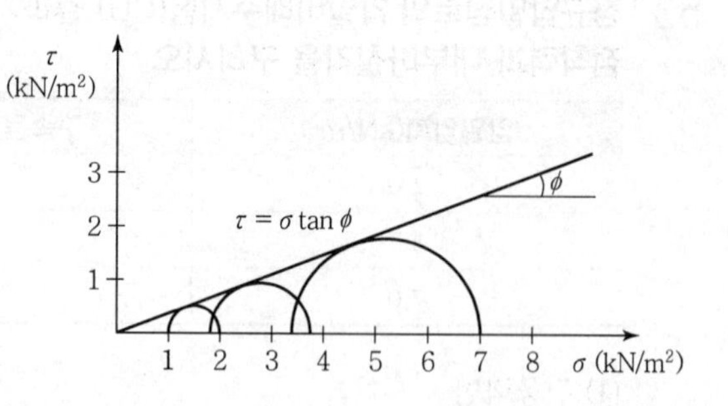

54 **포화모래시료가 구속압력 4.3kN/m²에서 압밀되었다. 그 후 배수를 허용하지 않으면서 축차응력을 증가시켰다. 시료는 축차응력이 3.7kN/m²에 도달했을 때 파괴되었으며 이때의 간극수압은 2.3kg/cm²이다. 다음 물음에 답하시오.**

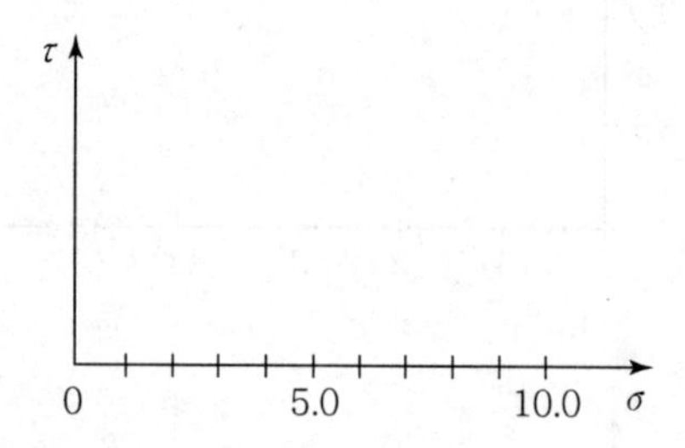

(1) 압밀비배수 전단저항각을 구하시오.

(2) 내부마찰각 ϕ를 구하시오.

(3) 유효응력 파괴포락선 및 전응력 파괴포락선을 작도하시오.

Solution

(1) $\sigma_3 = 4.3\text{kN/m}^2$

$\sigma_1 = \sigma_3 + \Delta\sigma = \sigma_3 + (\sigma_1 - \sigma_3) = 4.3 + 3.7 = 8.0\text{kN/m}^2$

$\sin\phi = \dfrac{\sigma_1 - \sigma_3}{\sigma_1 + \sigma_3} = \dfrac{8.0 - 4.3}{8.0 + 4.3} = 0.301$

$\therefore\ \phi = \sin^{-1} 0.301 = 17.51°$

(2) $\sigma_3{}' = \sigma_3 - \Delta u = 4.3 - 2.3 = 2.0\text{kN/m}^2$

$\sigma_1{}' = \sigma_1 - \Delta u = 8.0 - 2.3 = 5.7\text{kN/m}^2$

$\sin\phi = \dfrac{\sigma_1{}' - \sigma_3{}'}{\sigma_1{}' + \sigma_3{}'} = \dfrac{5.7 - 2.0}{5.7 + 2.0} = 0.481$

$\therefore\ \phi = \sin^{-1} 0.481 = 28.75°$

(3)

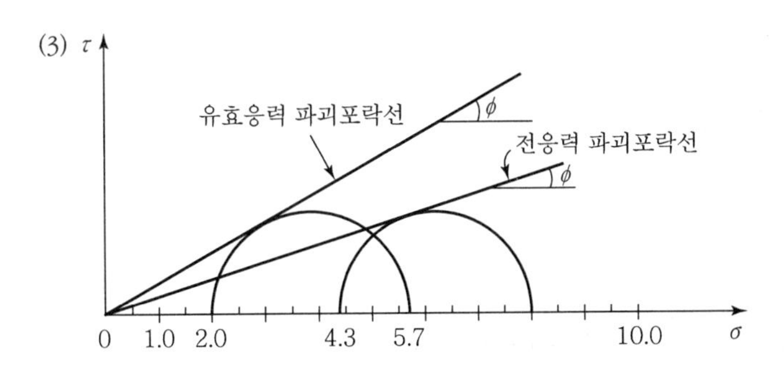

55 압밀배수 삼축압축시험이 정규압밀점토에 대하여 시험한 결과 $\sigma_3 = 25\text{kN/m}^2$, $\Delta\sigma = 25\text{kN/m}^2$이다. 다음 물음에 답하시오.

(1) 마찰각(ϕ)을 구하시오.

(2) 파괴면이 최대 주응력면과 이루는 각(θ)을 구하시오.

(3) 파괴면에서의 수직응력(σ)과 전단력(τ)을 구하시오.

(4) 최대 전단응력면에 작용하는 유효수직응력을 구하시오.

(5) 파괴전단응력과 이 면에 작용하는 전단응력을 구하고 파괴상태를 판별하시오.

Solution

(1) $\sigma_3 = 25\text{kN/m}^2$

$$\sigma_1 = \sigma_3 + \Delta\sigma = \sigma_3 + (\sigma_1 - \sigma_3) = 25 + 25 = 50\text{kN/m}^2$$

$$\sin\phi = \frac{\sigma_1 - \sigma_3}{\sigma_1 + \sigma_3} = \frac{50 - 25}{50 + 25} = 0.333$$

$$\therefore \ \phi = \sin^{-1} 0.333 = 19.45°$$

(2) $\theta = 45° + \dfrac{\phi}{2} = 45° + \dfrac{19.45°}{2} = 54.73°$

(3) ① $\sigma = \dfrac{\sigma_1 + \sigma_3}{2} + \dfrac{\sigma_1 - \sigma_3}{2}\cos 2\theta$

$$= \frac{50 + 25}{2} + \frac{50 - 25}{2}\cos(2 \times 54.73°)$$

$$= 33.34\text{kN/m}^2$$

② $\tau = \dfrac{\sigma_1 - \sigma_3}{2}\sin 2\theta$

$$= \frac{50 - 25}{2}\sin(2 \times 54.73°)$$

$$= 11.79\text{kN/m}^2$$

(4) 최대 전단응력은 $\theta = 45°$인 면에서 발생하므로

$$\sigma = \frac{\sigma_1 + \sigma_3}{2} + \frac{\sigma_1 - \sigma_3}{2}\cos 2\theta$$

$$= \frac{50+25}{2} + \frac{50-25}{2}\cos(2\times 45°)$$

$$= 37.5\text{kN/m}^2$$

(5) 파괴전단응력은 $\tau = \sigma\tan\phi = 37.5\tan 19.45° = 13.24\text{kN/m}^2$

이 면에 작용하는 전단응력

$$\tau = \frac{\sigma_1 - \sigma_3}{2}\sin 2\theta = \frac{50-25}{2}\sin(2\times 45°) = 12.5\text{kN/m}^2$$

$\therefore\ \tau = 12.5\text{kN/m}^2 < 13.24\text{kN/m}^2$이므로 파괴되지 않는다.

56 그림과 같은 2m×2m인 정방형 기초에 50t의 하중이 작용할 경우 다음 물음에 답하시오.(단, 팽창지수$(C_s) = \frac{1}{5}C_c$로 가정하며 선행 압밀하중(P_c)은 12.8t/m^2, 액성한계는 60%이다.)

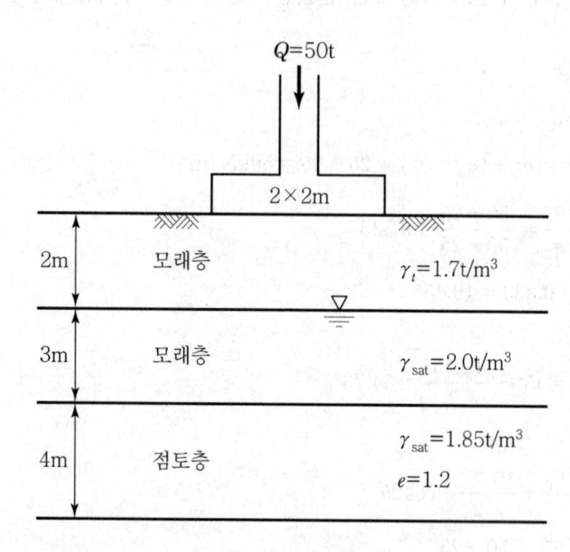

(1) 점토층의 중앙단면에 작용하는 유효응력을 구하시오.

(2) 점토층의 중앙단면에 작용하는 응력증가분을 2 : 1 분포법으로 구하시오.

(3) 점토층의 과압비를 구하시오.

(4) Skempton 공식에 의한 점토층의 압축지수를 구하시오.

(5) 점토층의 최종 압밀침하량을 구하시오.

Solution

(1) $P_o = 1.7 \times 2 + (2.0-1) \times 3 + (1.85-1) \times 2 = 8.1\text{t/m}^2$

(2) $\Delta P = \dfrac{q \cdot B^2}{(B+Z)^2} = \dfrac{12.5 \times 2^2}{(2+7)^2} = 0.617\text{t/m}^2$

여기서, $q = \dfrac{Q}{A} = \dfrac{50}{2 \times 2} = 12.5\text{t/m}^2$

(3) $\text{OCR} = \dfrac{12.8}{8.1} = 1.58$

(4) $C_c = 0.009(w_L - 10) = 0.009(60-10) = 0.45$

(5) • OCR > 1이므로 과압밀점토에 해당하는 관련식을 이용한다.

① $P_o + \Delta P > P_c$의 경우

$$\Delta H = \frac{C_s}{1+e}\log\frac{P_c}{P_o} \cdot H + \frac{C_c}{1+e}\log\frac{P_o+\Delta P}{P_c} \cdot H$$

② $P_o + \Delta P < P_c$의 경우

$$\Delta H = \frac{C_s}{1+e}\log\frac{P_o+\Delta P}{P_o} \cdot H$$

• $P_o + \Delta P = 8.1 + 0.617 = 8.717\text{t/m}^2 < P_c = 12.8\text{t/m}^2$이므로

$$\Delta H = \frac{C_s}{1+e}\log\frac{P_o+\Delta P}{P_o} \cdot H = \frac{0.09}{1+1.2}\log\frac{8.717}{8.1} \times 4 = 0.0052\text{m} = 0.52\text{cm}$$

여기서, $C_s = \dfrac{1}{5}C_c = \dfrac{1}{5} \times 0.45 = 0.09$

57 지층 단면의 8.6kN/m²의 하중이 지표면에 작용하는 다음 그림을 보고 물음에 답하시오.

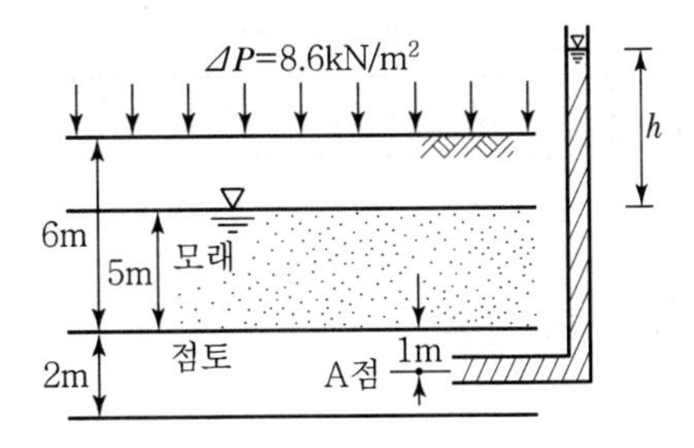

(1) 하중을 가한 직후 피조미터의 물이 얼마나 높이(m) 올라가는가?(단, 소수 둘째 자리에서 반올림하시오.)

(2) $h = 0.5$m일 때 A점에서의 압밀도(%)를 구하시오.(단, 소수 첫째 자리에서 반올림하시오.)

(3) A점에서의 압밀도가 50%일 때 h를 구하시오.(단, 소수 셋째 자리에서 반올림하시오.)

Solution

(1) $u=\gamma_w \cdot h$

여기서, $\gamma_w=9.8\text{kN/m}^3$

$\therefore\ h=\dfrac{u}{\gamma_w}=\dfrac{8.6\text{kN/m}^2}{9.8\text{kN/m}^3}=0.9\text{m}$

(2) $U=1-\dfrac{u}{P}=1-\dfrac{4.9\text{kN/m}^2}{8.6\text{kN/m}^2}=0.43=43\%$

여기서, $u=\gamma_w \cdot h=9.8\text{kN/m}^3\times 0.5\text{m}=4.9\text{kN/m}^2$

(3) $U=1-\dfrac{u}{p}$

$0.5=1-\dfrac{u}{8.6\text{kN/m}^2}$

$\therefore\ u=(1-0.5)\times 8.6=4.3\text{kN/m}^2$

$u=\gamma_w \cdot h$에서

$\therefore\ h=\dfrac{u}{\gamma_w}=\dfrac{4.3\text{kN/m}^2}{9.8\text{kN/m}^3}=0.44\text{m}$

58 **점토층에서 포화단위중량 $\gamma_{sat}=2.1\text{t/m}^3$, 모래의 포화단위중량 $\gamma_{sat}=1.8\text{t/m}^3$이다. 그림과 같이 12.0m 두께의 포화점토층이 있고 점토층 아래 2.0m 두께의 모래층이 깔려 있고 피압상태에 있을 때 흙막이 없이 점토층의 굴착 가능한 최대 깊이를 구하시오.(단, 소수 둘째 자리에서 반올림하시오.)**

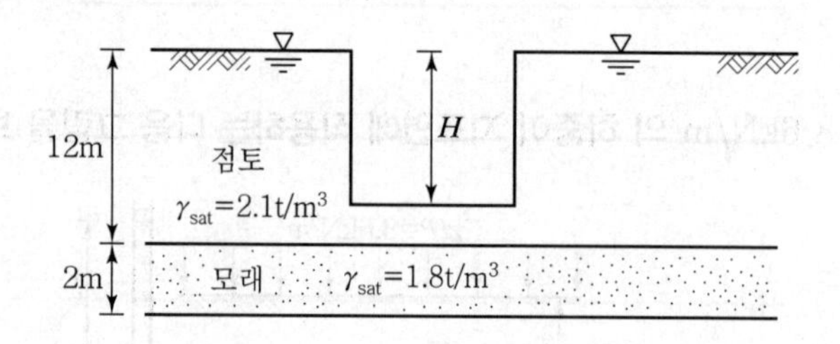

Solution

유효응력($\bar{p}$)이 0인 지점을 구하면 된다.

$P=\bar{p}+u$에서

$P=\gamma_{sat}\times(12-H)=2.1(12-H)=25.2-2.1H$

$u=\gamma_w\times 12=12\text{t/m}^2$

$\bar{p}=P-u$

$0=(25.2-2.1H)-12=13.2-2.1H$

$\therefore \ H = \dfrac{13.2}{2.1} = 6.3\text{m}$

59 그림과 같이 9.8t/m²의 압력이 지표면에 작용할 때 다음 물음에 답하시오.

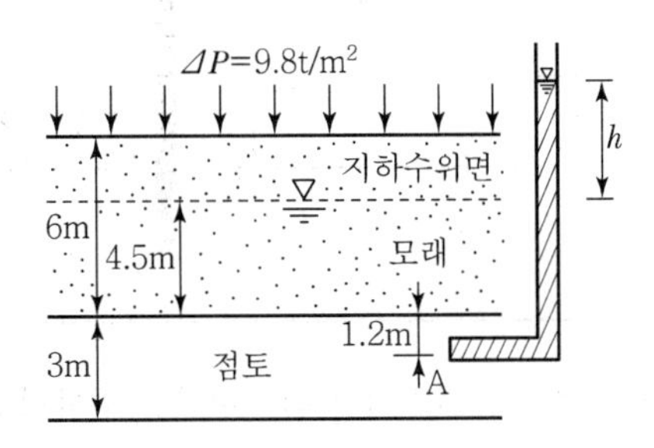

(1) 하중을 가한 직후 피조미터의 물이 얼마나 높이 올라가는가?(단, 3m 깊이의 점토층에 걸쳐 초기 과잉수압이 균등하게 증가되었다고 가정한다.)

(2) h = 6m일 때 A에서의 압밀도를 구하시오.

(3) A에서의 압밀도가 50%일 때 h를 구하시오.

Solution

(1) $u = \gamma_w \cdot h = \Delta p = 9.8\text{t/m}^2$

$\therefore \ h = \dfrac{u}{\gamma_w} = \dfrac{9.8\text{t/m}^2}{1\text{t/m}^3} = 9.8\text{m}$

(2) $U = \left(1 - \dfrac{u}{p}\right) \times 100 = \left(1 - \dfrac{6}{9.8}\right) \times 100 = 38.78\%$

(3) $U = \left(1 - \dfrac{u}{p}\right) \times 100$에서

$0.5 = \left(1 - \dfrac{u}{9.8}\right)$

$u = (1 - 0.5)9.8 = 4.9\text{t/m}^2$

$\therefore \ h = \dfrac{u}{\gamma_w} = \dfrac{4.9}{1} = 4.9\text{m}$

60 **그림에서 $h=3\text{m}$일 경우 물음에 답하시오.(단, 시료의 비중 2.62, 공극비 $e=0.63$, 투수계수 $k=1.51\times10^{-3}\text{cm/sec}$)**

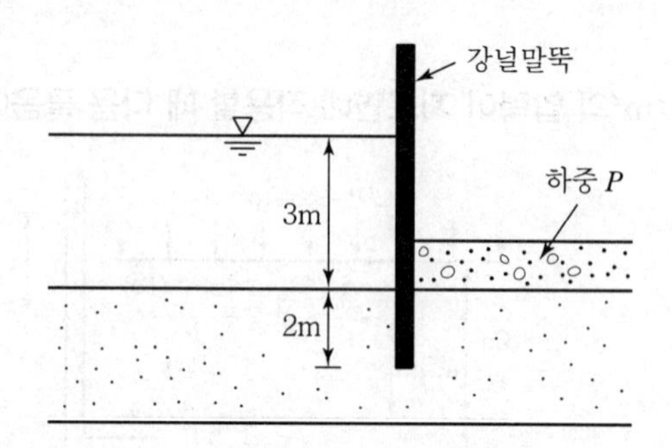

(1) 강널말뚝 아래 2m 지점에서 단위면적당 침투수압을 구하시오.

(2) 강널말뚝 아래 2m 지점에서 단위면적당 토압을 구하시오.

(3) 한계동수경사(i_c)를 구하시오.

(4) 분사현상이 발생하는지 판별하시오.

(5) 분사현상이 발생할 경우 얼마의 하중을 가하여야 하는가?

Solution

(1) $u=i\cdot\gamma_w\cdot Z$

$$=\frac{3}{2}\times1\times2=3\text{t/m}^2$$

(2) $p=\gamma_{\text{sub}}\cdot Z=\dfrac{G_s-1}{1+e}\cdot\gamma_w\cdot Z$

$$=\frac{2.62-1}{1+0.63}\times1\times2=1.99\text{t/m}^2$$

(3) $i_c=\dfrac{G_s-1}{1+e}=\dfrac{2.62-1}{1+0.63}=0.99$

(4) $i>i_c$의 경우 분사현상이 일어난다.

$$i=\frac{h}{L}=\frac{3}{2}=1.5$$

∴ $1.5>0.99$이므로 분사현상이 일어난다.

(5) 하중$=u-p$

$=3-1.99=1.01\text{t/m}^2$ 이상

61 다음 그림과 같은 옹벽에 정수압이 작용할 경우 물음에 답하시오.(단, $\gamma_w = 9.81\text{kN/m}^3$)

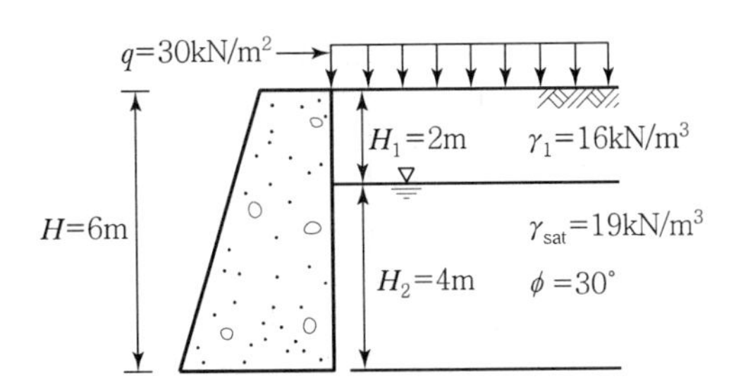

(1) 옹벽에 작용하는 주동토압(P_a)을 구하시오.(단, 소수 둘째 자리에서 반올림하시오.)

(2) 지표면에서 4m 깊이 지점의 수평 토압응력을 구하시오.(단, 소수 둘째 자리에서 반올림하시오.)

Solution

(1) $P_a = q \cdot H \cdot K_{a1} + \frac{1}{2}\gamma_t \cdot {H_1}^2 \cdot K_{a1} + \gamma_t \cdot H_1 \cdot H_2 \cdot K_{a1} + \frac{1}{2}\gamma_{\text{sub}} \cdot {H_2}^2 \cdot K_{a2} + \frac{1}{2}\gamma_w \cdot {H_2}^2$

$= 30 \times 6 \times \frac{1}{3} + \frac{1}{2} \times 16 \times 2^2 \times \frac{1}{3} + 16 \times 2 \times 4 \times \frac{1}{3} + \frac{1}{2} \times (19 - 9.81) \times 4^2 \times \frac{1}{3} + \frac{1}{2} \times 9.81 \times 4^2$

$= 216.3\text{kN/m}$

여기서, $K_{a1} = K_{a2} = \tan^2\left(45 - \frac{\phi}{2}\right) = \tan^2\left(45 - \frac{30}{2}\right) = \frac{1}{3}$

(2) $\sigma_h = q \cdot K_{a1} + \gamma_t \cdot H_1 \cdot K_{a1} + \gamma_{\text{sub}} \cdot H_3 \cdot K_{a2} + \gamma_2 \cdot H_3$

$= 30 \times \frac{1}{3} + 1.6 \times 2 \times \frac{1}{3} + (19 - 9.81) \times 2 \times \frac{1}{3} + 9.81 \times 2 = 46.4\text{kN/m}^2$

[참고]

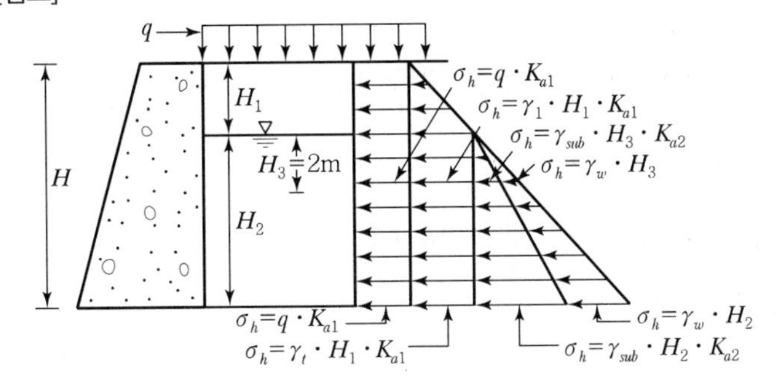

62 그림과 같은 중력식 옹벽에 대하여 랭킨토압이론을 이용하여 물음에 답하시오.

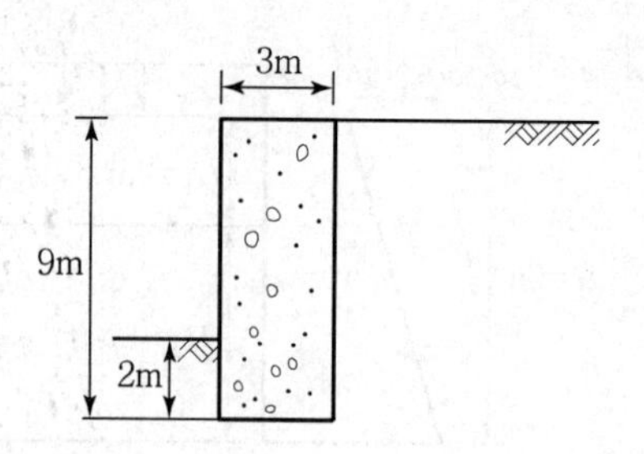

- $\gamma = 1.7\text{t/m}^3$
- $\phi = 30°$
- 지반의 허용지지력 : 30t/m^2
- 콘크리트 단위무게 : 2.3t/m^3
- 옹벽 밑면과 흙의 마찰각 : $\delta = 21°$

(1) 활동에 대한 안전율을 구하고 안정을 판정하시오.
(2) 전도에 대한 안전율을 구하고 안정을 판정하시오.
(3) 기초지반의 지지력을 구하고 안정을 판정하시오.

Solution

(1) ① $F = \dfrac{R_V \cdot \tan\delta + P_p}{P_a} = \dfrac{62.1 \times \tan21° + 10.2}{22.95} = 1.48$

$R_V = 3 \times 9 \times 2.3 = 62.1\text{t/m}$

$$P_a = \frac{1}{2} \cdot \gamma \cdot H^2 \cdot \tan^2\left(45° - \frac{\phi}{2}\right)$$
$$= \frac{1}{2} \times 1.7 \times 9^2 \tan^2\left(45° - \frac{30°}{2}\right) = 22.95\text{t/m}$$

$$P_p = \frac{1}{2} \cdot \gamma \cdot H^2 \cdot \tan^2\left(45° + \frac{\phi}{2}\right)$$
$$= \frac{1}{2} \times 1.7 \times 2^2 \tan^2\left(45° + \frac{30°}{2}\right) = 10.2\text{t/m}$$

② $F < 1.5$이므로 불안정하다.

(2) ① $F = \dfrac{M_r}{M_d} = \dfrac{99.95}{68.85} = 1.45$

$M_r = 3 \times 9 \times 2.3 \times \dfrac{3}{2} + 10.2 \times \dfrac{2}{3} = 99.95\text{t} \cdot \text{m}$

$M_d = 22.95 \times \dfrac{9}{3} = 68.85\text{t} \cdot \text{m}$

② $F < 2.0$이므로 불안정하다.

(3) ① $\sigma_{\max} = \dfrac{R_V}{l}\left(1+\dfrac{6 \cdot e}{l}\right) = \dfrac{62.1}{3}\left(1+\dfrac{6\times 1.0}{3}\right) = 62.1\text{t/m}^2$

$$e = \frac{l}{2} - x = \frac{3}{2} - 0.5 = 1.0\text{m}$$

$$x = \frac{M}{\sum V} = \frac{M_r - M_d}{R_V} = \frac{99.95 - 68.85}{62.1} = 0.5$$

② $\sigma_{\max} > \sigma_a$이므로 불안정하다.

63 그림과 같은 높이 5m의 옹벽이 있다. 랭킨의 토압이론을 이용하여 다음 물음에 답하시오.

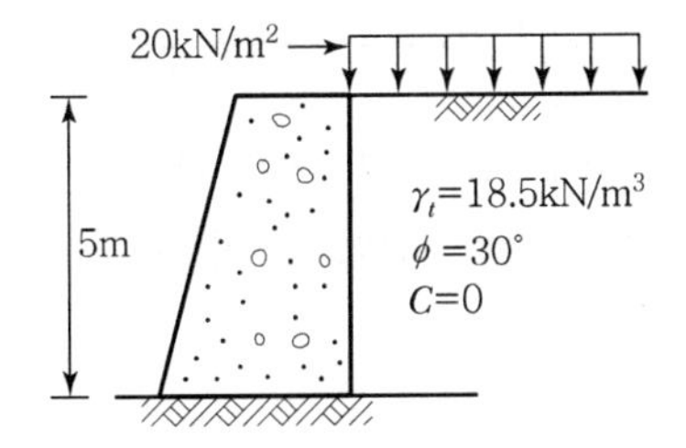

(1) 주동토압계수(K_A)를 구하시오.

(2) 수동토압계수(K_p)를 구하시오.

(3) 옹벽 최하단부의 수평토압(σ_h)을 구하시오.

(4) 전 주동토압(P_A)을 구하시오.

(5) 전 수동토압(P_p)을 구하시오.

(6) 전 주동토압의 작용점 위치를 구하시오.

Solution

(1) $K_A = \tan^2\left(45° - \dfrac{\phi}{2}\right) = \tan^2\left(45° - \dfrac{30°}{2}\right) = \dfrac{1}{3}$

(2) $K_p = \tan^2\left(45° + \dfrac{\phi}{2}\right) = \tan^2\left(45° + \dfrac{30°}{2}\right) = 3$

(3) $\sigma_h = \gamma_t \cdot H \cdot K_A + q \cdot K_A = 18.5\times 5\times\dfrac{1}{3} + 20\times\dfrac{1}{3} = 37.5\text{kN/m}^2$

(4) $P_A = \dfrac{1}{2}\gamma_t \cdot H^2 \cdot K_A + q\cdot H\cdot K_A = \dfrac{1}{2}\times 18.5\times 5^2\times\dfrac{1}{3} + 20\times 5\times\dfrac{1}{3} = 110.4\text{kN/m}^2$

(5) $P_p = \dfrac{1}{2}\gamma_t \cdot H^2 \cdot K_p + q\cdot H\cdot K_p = \dfrac{1}{2}\times 18.5\times 5^2\times 3 + 20\times 5\times 3 = 993.75\text{kN/m}^2$

(6) $P_A \cdot y = P_{A1}\times\dfrac{H}{2} + P_{A2}\times\dfrac{H}{3}$

$$\therefore\ y = \frac{P_{A1}\times\dfrac{H}{2} + P_{A2}\times\dfrac{H}{3}}{P_A} = \frac{20\times 5\times\dfrac{1}{3}\times\dfrac{5}{2} + \dfrac{1}{2}\times 18.5\times 5^2\times\dfrac{1}{3}\times\dfrac{5}{3}}{110.4} = 1.92\text{m}$$

64 흙의 습윤단위중량 17.5kN/m^3, 포화단위중량 $\gamma_{sat}=19.75\text{kN/m}^3$, 내부마찰각 $\phi=30°$를 얻었다. 그림과 같이 옹벽에 정수압이 작용할 때 다음 물음에 답하시오.(단, 소수 둘째 자리에서 반올림하시오.)

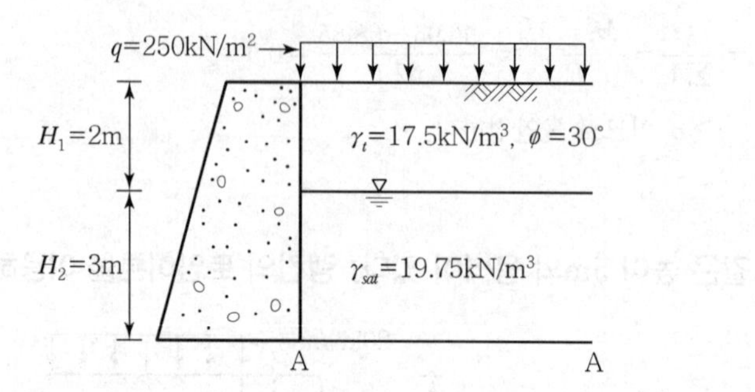

(1) A－A 면에서의 전응력, 공극수압, 유효응력을 구하시오.

(2) 옹벽에 작용하는 토압 및 토압 작용점의 거리를 구하시오.

Solution

(1) ① 전응력

$$P=\gamma_t\cdot H_1+\gamma_{sat}\cdot H_2+q=17.5\times2+19.75\times3+250=344.3\text{kN/m}^2$$

② 공극수압

$$u=\gamma_w\cdot H_2=9.81\times3=29.4\text{kN/m}^2$$

③ 유효응력

$$\bar{p}=P-u=344.3-29.4=314.9\text{kN/m}^2$$

(2)

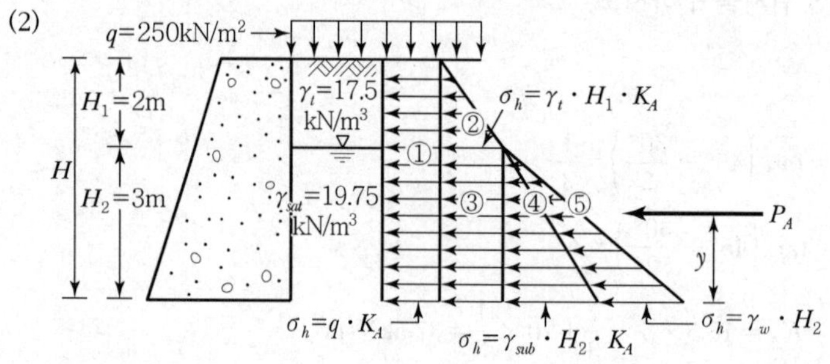

① 주동토압(P_A)

$$P_A=q\cdot K_A\cdot H+\frac{1}{2}\gamma_t\cdot {H_1}^2\cdot K_A+\gamma_t\cdot H_1\cdot H_2\cdot K_A+\frac{1}{2}\gamma_{sub}\cdot {H_2}^2\cdot K_A+\frac{1}{2}\gamma_w\cdot {H_2}^2$$

$$=250\times\frac{1}{3}\times5+\frac{1}{2}\times17.5\times2^2\times\frac{1}{3}+17.5\times2\times3\times\frac{1}{3}+\frac{1}{2}\times(19.75-9.81)\times3^2\times\frac{1}{3}+\frac{1}{2}\times9.81\times3^2$$

$$=416.7+11.7+35+14.9+44.1=522.4\text{kN/m}$$

여기서, $K_A = \tan^2\left(45 - \frac{\phi}{2}\right) = \tan^2\left(45 - \frac{30}{2}\right) = \frac{1}{3}$

② 작용점(y)

$$P_A \times y = P_1 \times \frac{H}{2} + P_2 \times \left(H_2 + \frac{H_1}{3}\right) + P_3 \times \frac{H}{2} + P_4 \times \frac{H_2}{3} + P_5 \times \frac{H_2}{3}$$

$$522.4 \times y = 416.7 \times \frac{5}{2} + 11.7 \times \left(3 + \frac{2}{3}\right) + 35 \times \frac{3}{2} + 14.9 \times \frac{3}{3} + 44.1 \times \frac{3}{3}$$

$$\therefore\ y = \frac{1{,}153.25}{522.4} = 2.2\text{m}$$

65 그림과 같은 유선망에서 다음 물음에 답하시오.

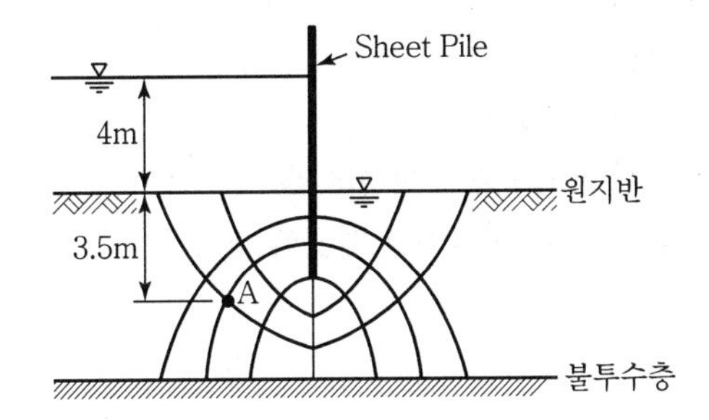

(1) 단위폭당 일일침투유량(m³/day)을 구하시오.(단, $K = 3.7 \times 10^{-3}\text{cm/sec}$)

(2) A점의 압력수두를 구하시오.

Solution

(1) $Q = K \cdot H \cdot \frac{N_f}{N_d}$

$$= 3.7 \times 10^{-3} \times \frac{1}{100} \times 60 \times 60 \times 24 \times 4 \times \frac{3}{8} \times 1 = 4.8\text{m}^3/\text{day}$$

(2) 전수두 $h_t = \frac{N_d{}'}{N_d} \times H = \frac{6}{8} \times 4 = 3\text{m}$

위치수두 $h_e = -3.5\text{m}$

$h_t = h_e + h_p$ 공식에서

$\therefore$ 압력수두 $h_p = h_t - h_e = 3 - (-3.5) = 6.5\text{m}$

66 그림과 같이 물막이 널말뚝으로 유선망을 그렸다. 투수층의 투수계수가 1.47×10^{-3}cm/sec 이고 모래의 포화단위무게가 1.82t/m^{3}일 때 다음 물음에 답하시오.

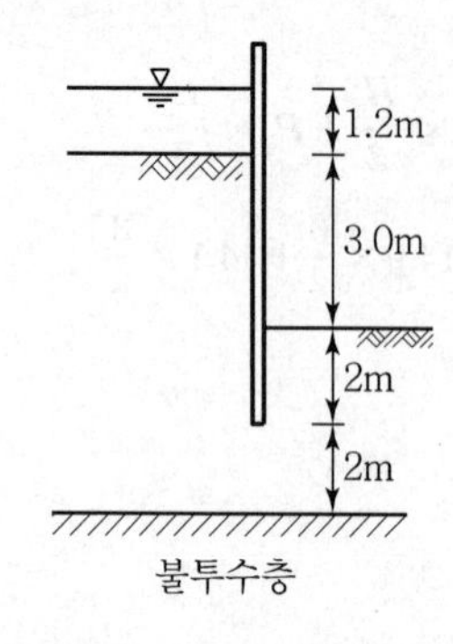

불투수층

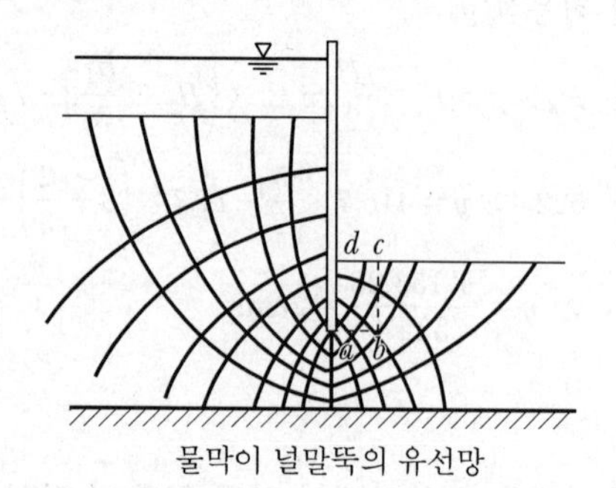

물막이 널말뚝의 유선망

(1) 1m당 침투수량(m^3/일)을 구하시오.

(2) $abcd$의 침투력(t/m)을 구하시오.

(3) $abcd$의 수중무게를 구하시오.

(4) 파이핑(Piping)에 대한 안전율을 구하시오.

(5) 파이핑(Piping)에 대한 안전, 불안전을 판별하시오.

Solution

(1) $Q=k\cdot H\cdot \dfrac{N_f}{N_d}$

$$=1.47\times10^{-3}\times\frac{1}{100}\times60\times60\times24\times4.2\times\frac{6}{13}\times1=2.46\text{m}^3/\text{일}$$

(2) $U=\dfrac{1}{2}D^2\,i\,\gamma_w=\dfrac{1}{2}\times2^2\times0.48\times1=0.96\text{t/m}$

분출은 널말뚝 깊이(D)의 $\dfrac{D}{2}$ 지역에서 발생한다.

$U=$ 면적 $\times$ 침투력 $=\dfrac{D}{2}\times D\times i\times\gamma_w=\dfrac{1}{2}D^2\,i\,\gamma_w$

$i=\dfrac{H_m}{L}=\dfrac{H_m}{D}=\dfrac{0.969}{2}=0.48$

- a에서의 침투수두

$$H_a=\frac{N_d'}{N_d}\times H=\frac{4}{13}\times4.2=1.292\text{m}$$

- b에서의 침투수두

$$H_b=\frac{N_d'}{N_d}\times H=\frac{2}{13}\times4.2=0.646\text{m}$$

• 평균 침투수두

$$H_m = \frac{H_a + H_b}{2} = \frac{1.292 + 0.646}{2} = 0.969\text{m}$$

(3) $W = \frac{1}{2} D^2 \gamma_{\text{sub}} = \frac{1}{2} \times 2^2 \times 0.82 = 1.64\text{t/m}$

$W =$ 면적 $\times$ 모래의 수중 단위무게 $= \frac{D}{2} \times D \times \gamma_{\text{sub}}$

(4) $F = \frac{W}{U} = \frac{1.64}{0.96} = 1.7$

(5) $1 < F$이므로 안전하다.

67 투수층에서 널말뚝 주위의 흐름에 대한 유선망 그림을 보고 다음 물음에 답하시오. (단, $k = 4.2 \times 10^{-3}$cm/sec)

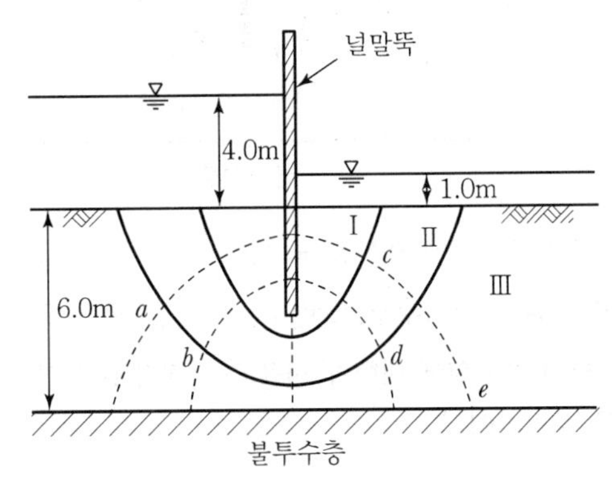

(1) 점 a, b, c, d에 피조미터를 꽂는다면 지표면 위로 올라오는 물의 높이를 구하시오.

(2) 단위폭 1m당 유로 II 의 침투유량(m³/day)을 구하시오.

(3) 단위폭 1m당 침투유량(m³/day)을 구하시오.

Solution

(1) $N_f = 3$, $N_d = 6$이며

상류 측과 하류 측 사이의 수두차는 3m이다.

그러므로 각 수두낙차는 $\frac{H}{N_d} = \frac{3}{6} = 0.5\text{m}$

① $a = 3\text{m} - 1 \times 0.5\text{m} = 2.5\text{m}$ (등수두선의 위치를 기준하여 계산)

② $b = 3\text{m} - 2 \times 0.5\text{m} = 2.0\text{m}$

③ $c = 3\text{m} - 5 \times 0.5\text{m} = 0.5\text{m}$

④ $d = 3\text{m} - 4 \times 0.5\text{m} = 1.0\text{m}$

⑤ $e = 3\text{m} - 5 \times 0.5\text{m} = 0.5\text{m}$

(2) $\Delta Q = k \cdot \dfrac{H}{N_d} = 4.2 \times 10^{-3} \times \dfrac{1}{100} \times 60 \times 60 \times 24 \times \dfrac{3}{6} \times 1 = 1.814\text{m}^3/\text{day}$

(3) $Q = k \cdot H \cdot \dfrac{N_f}{N_d} = 4.2 \times 10^{-3} \times \dfrac{1}{100} \times 60 \times 60 \times 24 \times 3 \times \dfrac{3}{6} \times 1 = 5.443\text{m}^3/\text{day}$

68 다음 그림을 보고 물음에 답하시오.

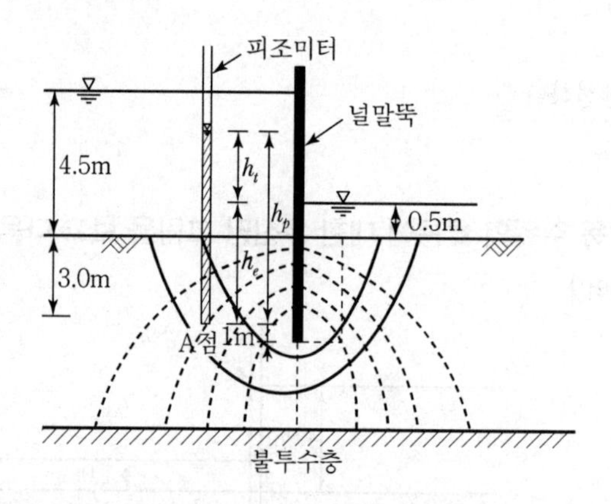

(1) 단위폭당 침투유량을 구하시오.(단, $k_v = 5.0 \times 10^{-3}\text{m/sec}$, $k_h = 7.5 \times 10^{-3}\text{m/sec}$)

(2) A점($N_d{}' = 8$)의 전수두, 위치수두, 압력수두, 간극수압을 구하시오.

(3) 널말뚝의 외측에서의 파이핑에 대한 안전율과 안전유무를 판단하시오.
(단, $e = 0.6$, $G_s = 2.6$이다.)

Solution

(1) $Q = k \cdot h \cdot \dfrac{N_f}{N_d} = \sqrt{k_v \cdot k_h} \cdot h \cdot \dfrac{N_f}{N_d}$

$= \sqrt{5.0 \times 10^{-3} \times 7.5 \times 10^{-3}} \times (4.5 - 0.5) \times \dfrac{3}{10} \times 1 = 7.35 \times 10^{-3}\text{m}^3/\text{sec}$

(2) 전수두 = 위치수두 + 압력수두

$h_t = h_e + h_p$

① 전수두(h_t) $= \dfrac{N_d{}'}{N_d} \times h = \dfrac{8}{10} \times 4 = 3.2\text{m}$

② 위치수두(h_e) $= -(3.0 + 0.5) = -3.5\text{m}$

③ 압력수두(h_p) $= h_t - h_e = 3.2 - (-3.5) = 6.7\text{m}$

④ 간극수압(u) $= \gamma_w \times h_p = 1 \times 6.7 = 6.7\text{t/m}^2$

(3) 안전율

$$F = \frac{\text{흙의 수중중량(저항)}}{\text{침투압력(활동)}} = \frac{\gamma_{\text{sub}} \cdot H}{\gamma_w \cdot h} = \frac{1\times 4}{1.8} = 2.22$$

$$\gamma_{\text{sub}} = \frac{G_s - 1}{1+e} \cdot \gamma_w = \frac{2.6-1}{1+0.6} \times 1 = 1\text{t/m}^3$$

$$\text{평균 침투압력} = \gamma_w\left(\frac{5}{10}\times 4 + \frac{4}{10}\times 4\right) \div 2 = 1.8\text{t/m}^2$$

$\therefore\ F = 2.22 > 1$이므로 안전하다.

69 그림과 같은 지층단면에서 건조한 모래의 단위무게가 17.2kN/m^3이고, 포화된 점토의 단위무게가 19kN/m^3일 때, A, B, C, D점에 관한 다음 물음에 답하시오.(단, $\gamma_w = 9.81\text{kN/m}^3$)

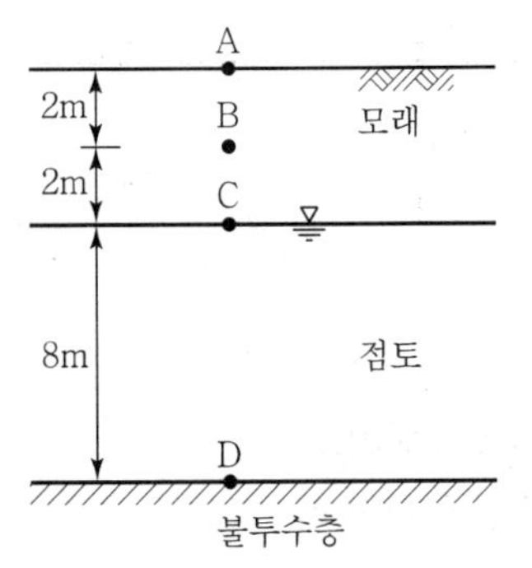

(1) A, B, C, D점의 전응력을 구하시오.

(2) A, B, C, D점의 간극수압을 구하시오.

(3) A, B, C, D점의 유효응력을 구하시오.

Solution

(1) $\sigma_A = 0$

$\sigma_B = \gamma_d \times Z = 17.2\times 2 = 34.4\text{kN/m}^2$

$\sigma_C = \gamma_d \times Z = 17.2\times 4 = 68.8\text{kN/m}^2$

$\sigma_D = \gamma_d \times 4 + \gamma_{sat}\times 8 = 17.2\times 4 + 19\times 8 = 220.8\text{kN/m}^2$

(2) $u_A = 0$

$u_B = 0$

$u_C = 0$

$u_D = \gamma_w \times Z = 9.81\times 8 = 78.48\text{kN/m}^2$

(3) $\overline{\sigma_A}=0$

$\overline{\sigma_B}=\sigma_B-u_B=34.4-0=34.4\text{kN/m}^2$

$\overline{\sigma_C}=\sigma_C-u_C=68.8-0=68.8\text{kN/m}^2$

$\overline{\sigma_D}=\sigma_D-u_D=220.8-78.48=142.32\text{kN/m}^2$

70 **그림과 같은 지층의 흙입자 비중이 2.62이고 공극비가 0.6인 조립토층이 있다. 다음 물음에 답하시오.(단, γ_w = 9.81kN/m³)**

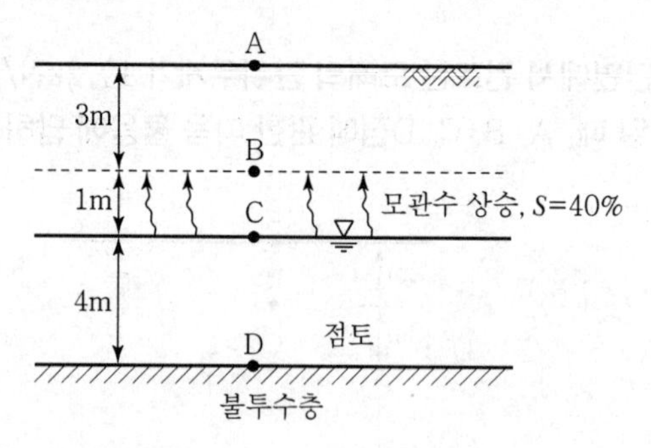

(1) A, B, C, D점의 전응력을 구하시오.

(2) A, B, C, D점의 간극수압을 구하시오.

(3) A, B, C, D점의 유효응력을 구하시오.

Solution

(1) $\sigma_A=0$

$\sigma_B=\gamma_d\times Z=16.064\times3=48.192\text{kN/m}^2$

여기서, $\gamma_d=\dfrac{G_s}{1+e}\cdot\gamma_w=\dfrac{2.62}{1+0.6}\times9.81=16.064\text{kN/m}^3$

$\sigma_C=\gamma_d\times3+\gamma_t\times1=16.064\times3+17.535\times1=65.727\text{kN/m}^2$

여기서, $\gamma_t=\dfrac{G_s+\dfrac{S\cdot e}{100}}{1+e}\cdot\gamma_w=\dfrac{2.62+\dfrac{40\times0.6}{100}}{1+0.6}\times9.81=17.535\text{kN/m}^3$

$\sigma_D=\gamma_d\times3+\gamma_t\times1+\gamma_{sat}\times4=16.064\times3+17.535\times1+19.743\times4=144.70\text{kN/m}^2$

여기서, $\gamma_{sat}=\dfrac{G_s+e}{1+e}\cdot\gamma_w=\dfrac{2.62+0.6}{1+0.6}\times9.81=19.743\text{kN/m}^3$

(2) $u_A = 0$

$u_B = 0$(B점의 바로 위)

$u_B = -\gamma_w \cdot h \dfrac{S}{100}$(B점의 바로 아래)

$= -9.81 \times 1 \times 0.4 = -3.924\text{kN/m}^2$

$u_C = 0$

$u_D = \gamma_w \cdot h = 9.81 \times 4 = 39.24\text{kN/m}^2$

(3) $\overline{\sigma_A} = 0$

$\overline{\sigma_B} = \sigma_B - u_B = 48.192 - 0 = 48.192\text{kN/m}^2$(B점 바로 위)

$\overline{\sigma_B} = \sigma_B - u_B = 48.192 - (-3.924) = 52.116\text{kN/m}^2$(B점 바로 아래)

$\overline{\sigma_C} = \sigma_C - u_C = 65.727 - 0 = 65.727\text{kN/m}^2$

$\overline{\sigma_D} = \sigma_D - u_D = 144.70 - 39.24 = 105.46\text{kN/m}^2$

71 그림과 같이 20cm×20cm의 단면을 통하여 수두차 50cm를 유지하도록 물이 공급되고 있다. 각 시료의 투수계수가 아래 표와 같을 때 다음 물음에 답하시오.

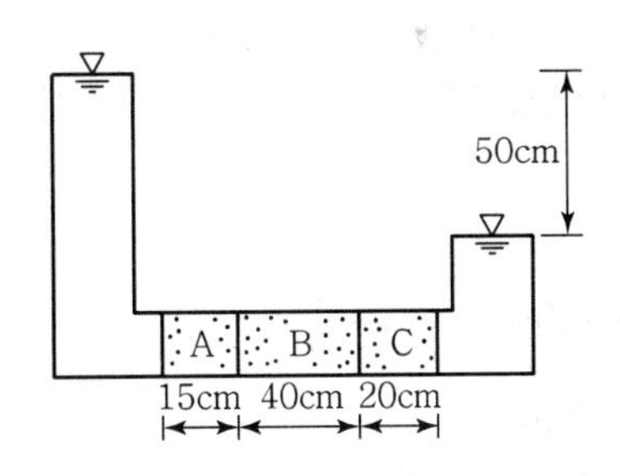

[각 시료의 투수계수]

시료	투수계수 k (cm/sec)
A	2.2×10^{-2}
B	3.3×10^{-3}
C	4.4×10^{-4}

(1) 시료의 평균 투수계수를 구하시오.

(2) 공급되는 물의 양(cm^3/sec)을 구하시오.

Solution

(1) 투수가 수직방향으로 일어나므로 k_V를 구한다.

$$k_V = \frac{H}{\frac{H_1}{k_1}+\frac{H_2}{k_2}+\frac{H_3}{k_3}} = \frac{75}{\frac{15}{2.2\times10^{-2}}+\frac{40}{3.3\times10^{-3}}+\frac{20}{4.4\times10^{-4}}}$$

$$= 1.28\times10^{-3}\text{cm/sec}$$

(2) $Q = A\cdot V = A\cdot k\cdot i$

$$= 20\times20\times1.28\times10^{-3}\times\frac{50}{75} = 0.341\text{cm}^3/\text{sec}$$

72 정수위 투수시험 결과 시료의 길이 $L=25$cm, 수두차 $h=45$cm, 시료의 단면적 $A=700\text{cm}^2$, 투수시간 $t=30$초, 투수량 $Q=3{,}500\text{cm}^3$, 시험 시의 온도 13℃, 온도에 따른 점성계수 $\mu_{15}=1.0\text{g}\cdot\text{sec/cm}^2$, $\mu_{13}=1.053\text{g}\cdot\text{sec/cm}^2$이다. 다음 물음에 답하시오.(단, 소수 넷째 자리에서 반올림하시오.)

(1) 13℃에서의 투수계수(cm/sec)를 구하시오.

(2) 표준온도(15℃)에서의 유속(cm/sec)을 구하시오.

(3) 표준온도(15℃)에서의 실제 침투유속(cm/sec)을 구하시오.(단, 공극비 $e=0.35$)

Solution

(1) $Q_t = A\cdot V\cdot t = A\cdot k\cdot i\cdot t = A\cdot k\cdot\frac{h}{L}t$

$$\therefore\ k_{13} = \frac{Q_t\cdot L}{A\cdot h\cdot t} = \frac{3{,}500\times25}{700\times45\times30} = 0.093\text{cm/sec}$$

(2) $V = k_{15}\cdot i = 0.098\times\frac{45}{25} = 0.176\text{cm/sec}$

$k_{15} : \frac{1}{\mu_{15}} = k_{13} : \frac{1}{\mu_{13}}$ 에서

$$\therefore\ k_{15} = \frac{\frac{1}{\mu_{15}}\times k_{13}}{\frac{1}{\mu_{13}}} = \frac{\mu_{13}\times k_{13}}{\mu_{15}} = \frac{1.053\times0.093}{1} = 0.098\text{cm/sec}$$

(3) $V_s = \frac{V}{n} = \frac{0.176}{0.2593} = 0.679\text{cm/sec}$

$$n = \frac{e}{1+e}\times100 = \frac{0.35}{1+0.35}\times100 = 25.926\%$$

73 **단면적 20cm², 길이 10cm의 시료를 15cm의 수두차로 정수위 투수시험을 한 결과 1분 동안에 120cm³의 물이 유출되었다. 흙 입자의 비중이 2.67이고 시료의 건조 무게가 270g일 때 다음 물음에 답하시오.**

(1) 이 시료의 투수계수(cm/sec)를 구하시오.

(2) 이 시료의 유속(cm/sec)을 구하시오.

(3) 공극을 통하여 침투하는 실제의 침투속도(V_s)를 구하시오.

Solution

(1) $Q_t = A \cdot V \cdot t = A \cdot k \cdot i \cdot t = A \cdot k \cdot \dfrac{h}{L} \cdot t$

$\therefore\ k = \dfrac{Q_t \cdot L}{A \cdot h \cdot t} = \dfrac{120 \times 10}{20 \times 15 \times 60} = 0.067\text{cm/sec}$

(2) $V = k \cdot i = k \cdot \dfrac{h}{L} = 0.067 \times \dfrac{15}{10} = 0.101\text{cm/sec}$

(3) $V_s = \dfrac{V}{n} = \dfrac{0.101}{0.4944} = 0.204\text{cm/sec}$

$n = \dfrac{e}{1+e} \times 100 = \dfrac{0.978}{1+0.978} \times 100 = 49.44\%$

$e = \dfrac{\gamma_w}{\gamma_d} G_s - 1 = \dfrac{1}{1.35} \times 2.67 - 1 = 0.978$

$\gamma_d = \dfrac{W_s}{V} = \dfrac{270}{20 \times 10} = 1.35\text{g/cm}^3$

74 **현장모래의 습윤밀도가 18.25kN/m³였고, 이것을 시험실에서 최대, 최소 습윤밀도를 측정했더니 19.72kN/m³, 16.67kN/m³였다. 다음 물음에 답하시오.(단, 함수비는 17.2%이다.)**

(1) 상대밀도를 구하시오.

(2) 지반상태를 판정하시오.

Solution

(1) $D_r = \dfrac{\gamma_d - \gamma_{d\min}}{\gamma_{d\max} - \gamma_{d\min}} \times \dfrac{\gamma_{d\max}}{\gamma_d} \times 100$

$= \dfrac{15.57-14.22}{16.83-14.22} \times \dfrac{16.83}{15.57} \times 100 = 5.91\%$

$\gamma_d = \dfrac{\gamma_t}{1+\dfrac{w}{100}} = \dfrac{18.25}{1+\dfrac{17.2}{100}} = 15.57\text{kN/m}^3$

$\gamma_{d\max} = \dfrac{19.72}{1+\dfrac{17.2}{100}} = 16.83\text{kN/m}^3$

$\gamma_{d\min} = \dfrac{16.67}{1+\dfrac{17.2}{100}} = 14.22\text{kN/m}^3$

(2) 상대밀도 $D_r = 0.5591$ 이므로 보통 상태이다.

- $D_r < \dfrac{1}{3}$: 느슨한 상태
- $\dfrac{1}{3} < D_r < \dfrac{2}{3}$: 보통 상태
- $\dfrac{2}{3} < D_r$: 조밀한 상태

75 다음 그림에서 A, B, C, D점의 위치별 수두변화에 대한 다음 물음에 답하시오.

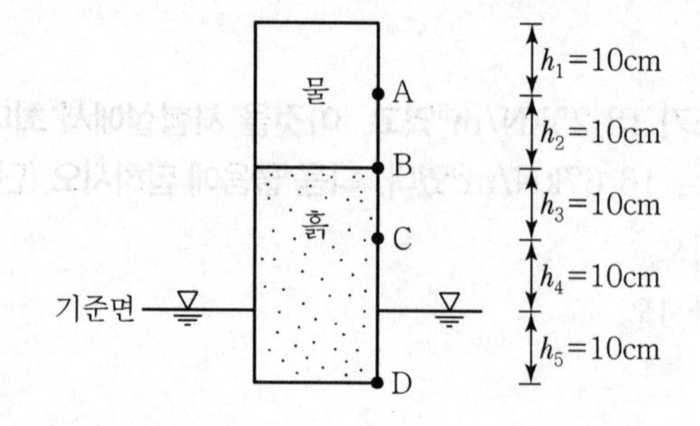

(1) 다음 표를 완성하시오.

위치	압력수두(cm)	위치수두(cm)	전수두(cm)	손실수두(cm)
A				
B				
C				
C				

(2) 압력수두, 위치수두, 전수두를 그리시오.

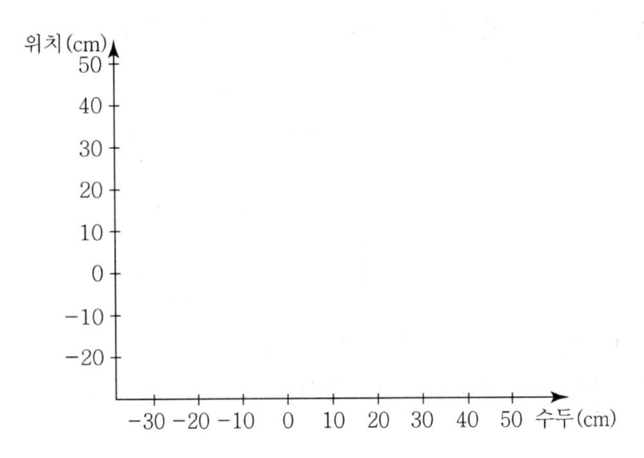

Solution

(1)

위치	압력수두(cm)	위치수두(cm)	전수두(cm)	손실수두(cm)
A	10	30	40	40
B	20	20	40	40
C	30	10	40	40
D	10	-10	0	0

[참조]

- 압력수두 : 임의점에서 물의 연직높이
- 위치수두 : 임의의 기준면에서 그 위치까지의 연직거리
- 전수두 : 압력수두 + 위치수두

(2)

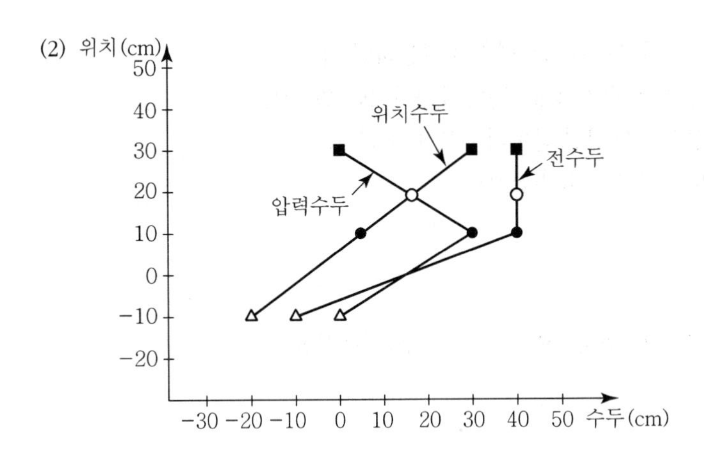

76 그림과 같이 물이 위로 흐를 때 다음 물음에 답하시오.(단, $Q=0.032\text{cm}^3/\text{sec}$, 포화된 흙의 단위중량은 1.76t/m^3, 용기의 단면적은 34cm^2, 투수계수 $k=3.08\times10^{-2}\text{cm/sec}$이다.)

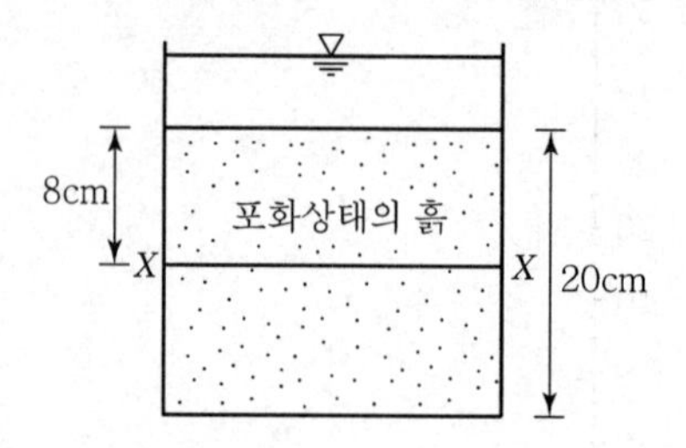

(1) X－X 단면에 작용하는 유효응력을 구하시오.

(2) 한계동수구배일 때 상향의 유량을 구하시오.

Solution

(1) $Q=A\cdot V=A\cdot k\cdot i$

$$\therefore\ i=\frac{Q}{k\cdot A}=\frac{0.032}{3.08\times10^{-2}\times34}=0.03$$

$u=i\cdot Z\cdot\gamma_w=0.03\times8\times1=0.24\text{g/cm}^2$

$\bar{p}=\gamma_{\text{sub}}\cdot Z-u=0.76\times8-0.24=5.84\text{g/cm}^2$

(2) $i_c=\dfrac{\gamma_{\text{sub}}}{\gamma_w}=\dfrac{1.76-1.0}{1}=0.76$

$Q=A\cdot V=A\cdot k\cdot i=34\times3.08\times10^{-2}\times0.76=0.796\text{cm}^3/\text{sec}$

77 다음 물음에 답하시오.

(1) 흙의 입도분석시험은 ( )시험과 ( )시험으로 구분하여 실시한다.

(2) 흙의 전단강도를 구하는 대표적인 실내 시험법을 3가지만 쓰시오.

(3) 예민비란 무엇이며 소성지수가 어떤 점토의 예민비가 큰가?

(4) 표준관입시험은 어느 토질에서 더 유리한가?

Solution

(1) 체분석, 비중계 분석

(2) ① 직접전단시험 ② 일축압축시험 ③ 삼축압축시험

(3) ① $S_t=\dfrac{q_u}{q_{ur}}$

② 소성지수가 클수록 예민비가 크다.

(4) 사질토

78 통일분류법에 의한 흙의 분류기호를 보고 그 뜻을 쓰시오.

(1) GW　　(2) SM　　(3) MH　　(4) OL

Solution

(1) GW : 입도분포가 양호한 자갈
(2) SM : 실트질의 모래
(3) MH : 압축성이 높은 실트
(4) OL : 압축성이 낮은 유기질토

79 공내재하시험(Pressure Meter Test)에 대한 다음 물음에 답하시오.

(1) 적용 가능한 지반을 쓰시오.
(2) 측정 가능한 사항 2가지를 쓰시오.

Solution

(1) 연약점토에서 경암지반까지 적용
(2) ① 지반의 강도　　② 지반 변형률

80 지름 30mm, 길이 1m인 강봉을 20kN의 힘으로 잡아당겼을 때 길이는 0.93mm 늘어났고 지름은 0.004mm만큼 줄어들었다. 다음 물음에 답하시오.

(1) 이 강봉의 탄성계수를 구하시오.(단, 소수 첫째 자리에서 반올림하시오.)
(2) 이 강봉의 푸아송비를 구하시오.(단, 소수 셋째 자리에서 반올림하시오.)

Solution

(1) $E=\dfrac{\sigma}{\varepsilon}=\dfrac{\dfrac{P}{A}}{\dfrac{\Delta l}{l}}=\dfrac{P\cdot l}{A\cdot\Delta l}=\dfrac{P\cdot l}{\dfrac{\pi d^2}{4}\cdot\Delta l}$

$\therefore\ E=\dfrac{20{,}000\times1{,}000}{\dfrac{3.14\times30^2}{4}\times0.93}=30{,}439.32\text{N/mm}^2=30{,}439.32\text{MPa}$

(2) $v=\dfrac{\beta}{\varepsilon}=\dfrac{\dfrac{\Delta d}{d}}{\dfrac{\Delta l}{l}}=\dfrac{\dfrac{0.004}{30}}{\dfrac{0.93}{1{,}000}}=0.14$

81 다음 그림과 같은 두 지반 위에 300ton을 받는 정방형 독립기초를 설치하려 한다. 30×30 cm 크기의 평판을 이용하여 재하시험한 결과는 아래 표와 같다. 다음 물음에 답하시오.(단, 기초는 지표면에 설치한다.)

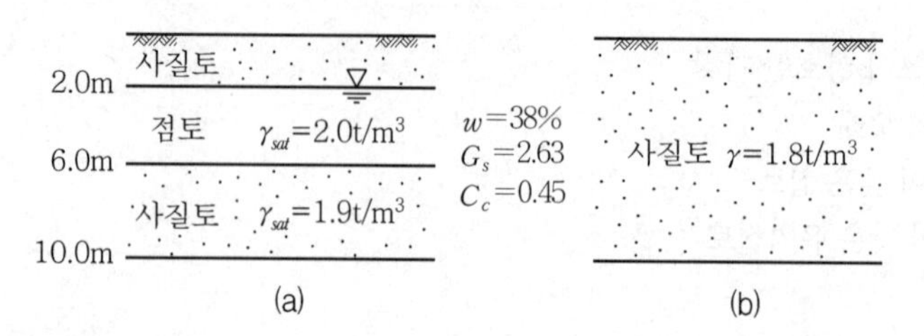

[평판재하시험 성과표]

하중(t)	1.08	3.24	4.86	6.66	7.74	7.92	6.84
침하량(mm)	0.2	0.7	1.4	2.4	3.6	5.6	6.4

(1) 평판재하시험 성과표를 완성하고 하중강도와 침하곡선을 구하시오.

하중(t)	침하량(mm)	하중강도(kg/cm²)
1.08	0.2	
3.24	0.7	
4.86	1.4	
6.66	2.4	
7.74	3.6	
7.92	5.6	
6.84	6.4	

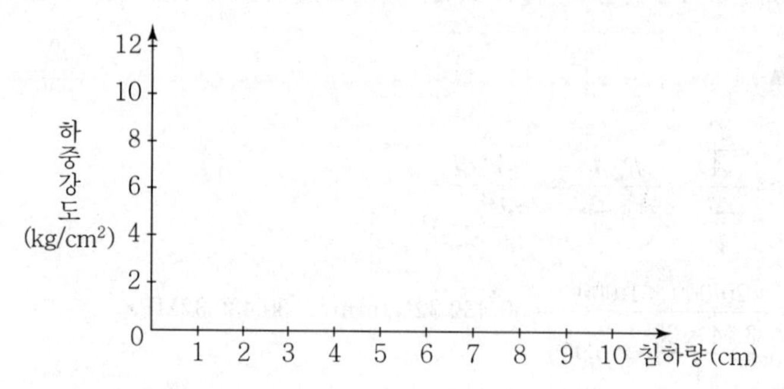

(2) 지지력계수 K_{30} 값을 구하시오.

(3) 극한지지력(극한 하중강도)을 구하시오.

(4) 평판재하시험 결과 기초판의 크기를 구하시오.(단, 안전율은 3.0이다.)

(5) 그림(b)의 지반에 설치될 경우 극한지지력을 구하시오.

(6) 평판재하시험의 결과를 설계에 사용하기 전에 검토할 사항 2가지를 쓰시오.

(7) 그림(a) 지반에 기초를 설치할 때 예상되는 압밀침하량을 구하시오.(단, 하중분포는 2 : 1법을 사용한다.)

Solution

(1)

하중(t)	침하량(mm)	하중강도(kg/cm²)
1.08	0.2	1.2
3.24	0.7	3.6
4.86	1.4	5.4
6.66	2.4	7.4
7.74	3.6	8.6
7.92	5.6	8.8
6.84	6.4	7.6

[계산 근거]

$$하중강도=\frac{하중}{단면적}$$

- $\frac{1,080}{30\times30}=1.2\text{kg/cm}^2$
- $\frac{3,240}{30\times30}=3.6\text{kg/cm}^2$
- $\frac{4,860}{30\times30}=5.4\text{kg/cm}^2$
- $\frac{6,660}{30\times30}=7.4\text{kg/cm}^2$
- $\frac{7,740}{30\times30}=8.6\text{kg/cm}^2$
- $\frac{7,920}{30\times30}=8.8\text{kg/cm}^2$
- $\frac{6,840}{30\times30}=7.6\text{kg/cm}^2$

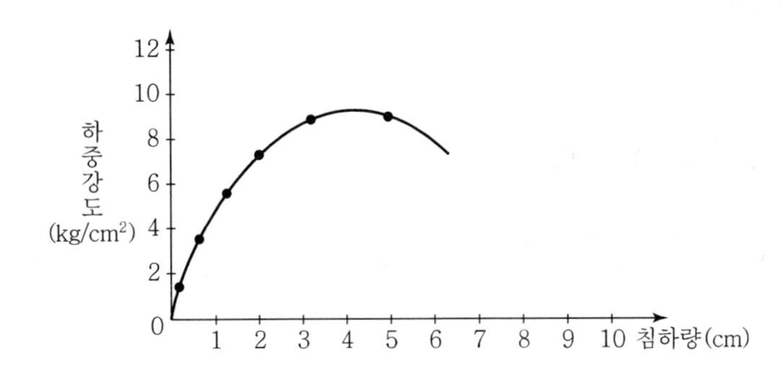

(2) $K=\frac{q}{y}=\frac{5}{0.125}=40\text{kg/cm}^3$

침하량 $y=0.125\text{cm}$일 때 $q=5\text{kg/cm}^2$이다.

(3) 하중강도와 침하곡선의 그림에서 최대 하중강도를 찾으면 $q=9\text{kg/cm}^2=90\text{t/m}^2$

(4) $\frac{300}{B^2}=\frac{90}{3}$

$$\therefore\ B = \sqrt{\frac{300\times 3}{90}} = 3.16\text{m}$$

(5) 사질지반에서 지지력은 재하면의 폭에 비례하므로 $q_d\ :\ B = q : b$

$$\therefore\ q_d = \frac{B\cdot q}{b} = \frac{3.16\times 90}{0.3} = 948\text{t/m}^2$$

(6) ① 토질 종단을 조사하여 연약지반 여부를 조사한다.

② 지하수위의 변동을 알아야 한다.

(7)

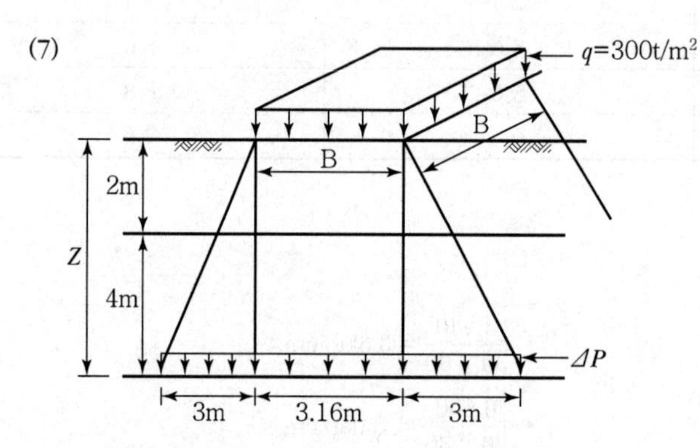

$$(B\times B)\times q = \Delta P(B+Z)(B+Z)$$

$$(3.16\times 3.16)\times 300 = \Delta P(3.16+4)(3.16+4)$$

$$\therefore\ \Delta P = 58.4\text{t/m}^2$$

$$P_1 = 1.8\times 2 + 1\times 2 = 5.6\text{t/m}^2$$

$$\Delta H = \frac{C_c}{1+e}\log\frac{P_2}{P_1}\cdot H$$

$$= \frac{0.45}{1+1.0}\log\frac{(5.6+58.4)}{5.6}\times 4 = 0.952\text{m}$$

여기서, $e = \dfrac{w\cdot G_s}{S} = \dfrac{38\times 2.63}{100} = 1.0$

82 평판재하시험에 대한 물음에 답하시오.

(1) 허용지지력은 어떻게 결정하는가?

(2) 평판재하시험을 끝내는 조건은?

(3) 평판재하시험의 결과를 이용할 때 고려할 사항은?

(4) 시험할 경우 지지대의 중심위치는 재하판의 중심에서 재하판 지름의 몇 배 이상 떨어지게 배치하는가?

Solution

(1) 항복하중의 $\frac{1}{2}$, 극한하중의 $\frac{1}{3}$ 중 작은 값

(2) ① 침하량이 15mm에 달할 때
② 하중강도가 현장에서 예상되는 최대 접지압력을 초과할 때
③ 하중강도가 그 지반의 항복점을 넘을 때

(3) ① 재하판 침하영향을 고려한다.
② 지하수위면의 변동을 알아야 한다.
③ 토질의 종단을 알아야 한다.

(4) 재하판 지름의 3.5배 이상

83 어떤 기초지반의 표준관입시험 결과 $N=30$이었고 그때 채취한 교란시료로서 토질시험을 한 결과 $C_u=3$, $C_g=1.5$이었으며 입자는 둥글다. 다음 물음에 답하시오.

(1) Dunham 공식에 의한 내부마찰각(ϕ)을 구하시오.

(2) 일축압축강도(q_u)를 구하시오.

(3) $\phi=0$일 경우 점착력(C) 값을 구하시오.

(4) 기초지반을 $B=3$m, 근입깊이 2m의 독립기초를 세울 때 Meyerhof에 의한 극한지지력을 구하시오.

Solution

(1) 입자가 둥글고 입도분포가 불량하므로
$\phi=\sqrt{12N}+15=\sqrt{12\times30}+15=34°$

(2) $q_u=\frac{N}{8}=\frac{30}{8}=3.75\text{kg/cm}^2$

(3) $C=\frac{N}{16}=\frac{30}{16}=1.875\text{kg/cm}^2$

(4) $q_d=3NB\left(1+\frac{D_f}{B}\right)=3\times30\times3\left(1+\frac{2}{3}\right)=450\text{ton/m}^2$

84 구조물 안전을 위한 기초 형식을 선정할 경우 기초의 구비조건 4가지를 쓰시오.

Solution

(1) 최소 근입깊이를 확보할 것
(2) 침하가 허용범위 이내일 것
(3) 안전하게 하중을 지지할 것
(4) 기초시공이 가능하며 경제적일 것

85 사질토와 점성토의 공학적 특성을 3가지씩 쓰시오.

(1) 사질토
(2) 점성토

Solution

(1) 사질토
① 지지력이 크고 침하량이 적다.
② 전단강도가 크고 성토재료로 양호하다.
③ 배수가 양호하고 다짐이 용이하다.

(2) 점성토
① 수축, 팽창이 커 압축성이 크다.
② 배수가 불량하고 다짐이 곤란하다.
③ 전단강도가 작고 소성변형이 생긴다.

86 다음 그림과 같은 지반에서 점토질 위에 연속 푸팅기초를 설치할 경우 물음에 답하시오.(단, $N_c=6.5$, $N_r=1.2$, $N_q=4.7$이다.)

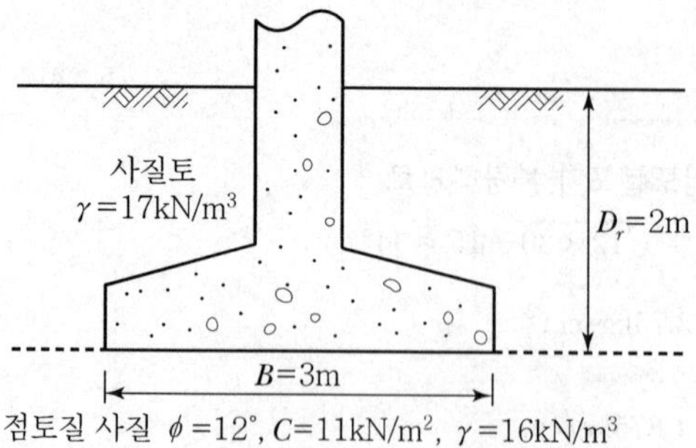

(1) 극한지지력(q_d)을 구하시오.(단, 소수 둘째 자리에서 반올림하시오.)
(2) 허용지지력(q_a)을 구하시오.(단, 소수 둘째 자리에서 반올림하시오.)

Solution

(1) $q_d = \alpha \cdot C \cdot N_c + \beta \cdot \gamma_1 \cdot B \cdot N_r + \gamma_2 \cdot D_f \cdot N_q$

$= 1.0 \times 11 \times 6.5 + 0.5 \times 16 \times 3 \times 1.2 + 17 \times 2 \times 4.7 = 260.1\text{kN/m}^2$

(2) $q_a = \frac{1}{3}(\alpha \cdot C \cdot N_c + \beta \cdot \gamma_1 \cdot B \cdot N_r + \gamma_2 \cdot D_f \cdot N_q)$

$= \frac{1}{3}(1.0 \times 11 \times 6.5 + 0.5 \times 16 \times 3 \times 1.2 + 17 \times 2 \times 4.7) = 86.7\text{kN/m}^2$

87 그림과 같은 느슨한 사질토 지반에 있어서 푸팅 기초의 저면 위치에서 재하시험을 실시하여 $q_t = 200\text{kN/m}^2$ 값을 얻었다. 다음 물음에 답하시오.(단, $N_q = 3$, $\gamma_w = 9.81\text{kN/m}^3$)

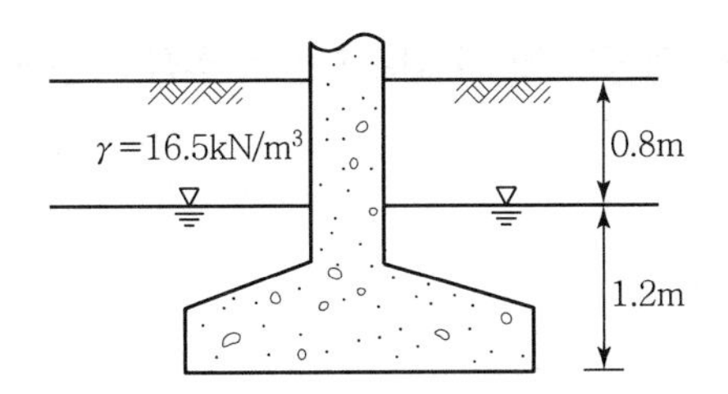

(1) 장기허용지지력(q_a)을 구하시오.

(2) 단기허용지지력(q_a)을 구하시오.

Solution

(1) $q_a = q_t + \frac{1}{3} \cdot \gamma \cdot D_f \cdot N_q = 200 + \frac{1}{3}[16.5 \times 0.8 + (16.5 - 9.81) \times 1.2] \times 3 = 551.23\text{kN/m}^2$

(2) $q_a = 2q_t + \frac{1}{3} \cdot \gamma \cdot D_f \cdot N_q = 2 \times 200 + \frac{1}{3}[16.5 \times 0.8 + (16.5 - 9.81) \times 1.2] \times 3 = 421.23\text{kN/m}^2$

88 **직경 30cm 재하판으로 PBT 실측결과의 침하량이 점성토 지반에서 15mm, 사질토 지반에서 22mm이다. 이 지반에 20m×35m인 Mat 기초 위에 놓인 구조물의 침하량을 구하시오. (단, 소수 둘째 자리에서 반올림하시오.)**

(1) 점성토 지반의 침하량(cm)은?

(2) 사질토 지반의 침하량(cm)은?

Solution

(1) $S = S_{30}\left(\dfrac{B}{b}\right) = 1.5 \times \left(\dfrac{2,000}{30}\right) = 100\text{cm}$

(2) $S = S_{30}\left(\dfrac{2B}{B+30}\right)^2 = 2.2 \times \left(\dfrac{2 \times 2,000}{2,000+30}\right)^2 = 8.5\text{cm}$

89 **표준관입시험 N치로 점성토 및 사질토 지반의 추정 가능한 조사항목을 4가지씩 쓰시오.**

(1) 점성토

(2) 사질토

Solution

(1) 점성토
① 컨시스턴시
② 점착력
③ 파괴에 대한 극한지지력
④ 파괴에 대한 허용지지력

(2) 사질토
① 상대밀도
② 내부마찰각
③ 지지력계수
④ 침하에 대한 허용지지력

90 **KSF 2310의 규정에 따라 지름 30cm의 재하판을 사용하여 도로의 평판재하시험을 한 결과 재하판이 1.25mm 침하될 때 하중강도 320kN/m²를 얻었다. 다음 물음에 답하시오.**

(1) 지지력계수 K_{30}을 구하시오.

(2) 지지력계수 K_{75}를 구하시오.

(3) 지지력계수 K_{40}을 구하시오.

Solution

(1) $K_{30}=\dfrac{q}{y}=\dfrac{320}{0.00125}=256{,}000\text{kN/m}^3$

(2) $K_{75}=\dfrac{1}{2.2}K_{30}=\dfrac{1}{2.2}\times 256{,}000=116{,}363\text{kN/m}^3$

(3) $K_{40}=\dfrac{1}{1.3}K_{30}=\dfrac{1}{1.3}\times 256{,}000=196{,}923\text{kN/m}^3$

91 다음 그림에서 투수층을 흐르는 단위폭당 물의 유량을 구하시오.

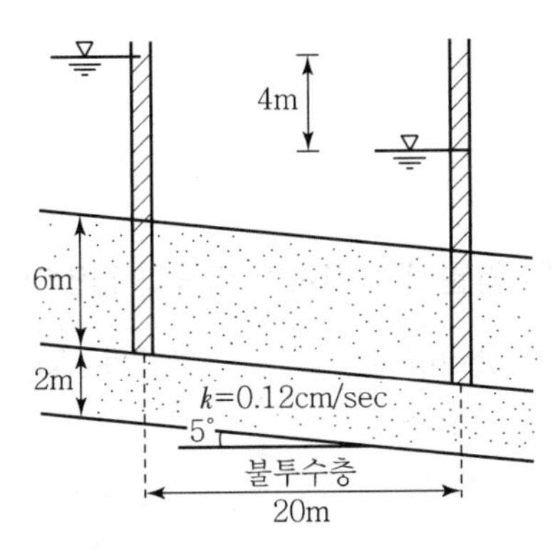

Solution

$i=\dfrac{h}{L}=\dfrac{4}{20.08}=0.1992$

$L\cos 5°=20$

$\therefore\ L=\dfrac{20}{\cos 5°}=20.08\text{m}$

$Q=A\cdot V=A\cdot k\cdot i=(2\cos 5°\times 1)\times 0.12\times 10^{-2}\times 0.1992=4.76\times 10^{-4}\text{m}^3/\text{sec}$

92 다음 그림과 같이 두께 12m의 포화점토층 밑에 모래층이 있다. 모래는 피압 상태에 있다. 점토에서 굴착할 수 있는 최대 깊이 H를 구하시오. (단, $\gamma_w=9.81\text{kN/m}^3$)

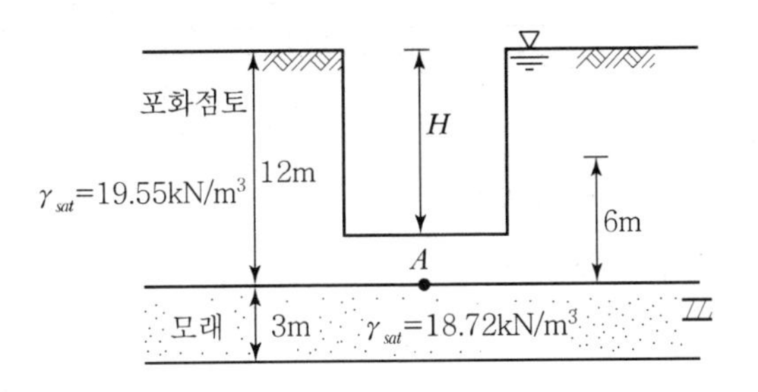

Solution

점 A를 기준하여 안정성

$P=(12-H)\cdot\gamma_{sat}$

$u=\gamma_w\cdot 6$

$P=\bar{p}+u$에서 p(유효응력)=0인 경우 바닥이 솟아오르므로

$\bar{p}=P-u$

$=(12-H)\times 19.55-9.81\times 6$

$=234.6-19.55H-58.86$

$19.55H=175.74$

$\therefore\ H=\dfrac{175.74}{19.55}=8.99\text{m}$

93 점토시료에 대한 실험에서의 압밀시험 결과가 다음과 같았다. 물음에 답하시오.

압력(kg/cm²)	간극비(e)	압력(kg/cm²)	간극비(e)
0.1	0.888	1.6	0.809
0.2	0.880	3.2	0.730
0.4	0.867	6.4	0.550
0.8	0.846	12.8	0.312

(1) $e-\log P$ 관계곡선을 그리시오.

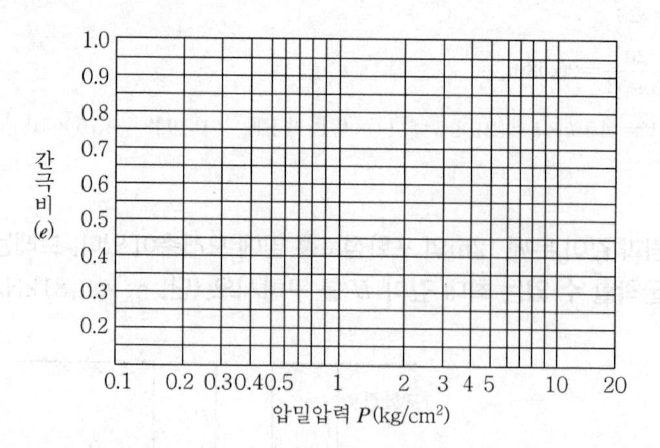

(2) 선행압밀압력(P_c)을 결정하시오.

(3) 압축지수(C_c)를 구하시오.

Solution

(1)

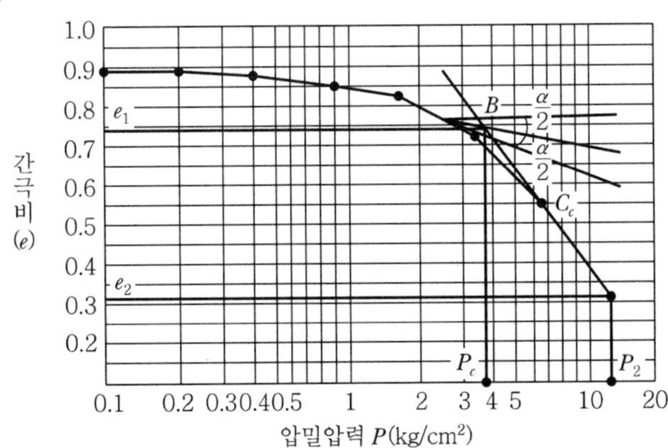

(2) 그래프에서 찾으면 $P_c \fallingdotseq 3.8$

(3) 압력 P와 간극비 e는 그래프에서

$P_1 = 3.8,\ e_1 = 0.74$

$P_2 = 12.8,\ e_2 = 0.312$

$$\therefore\ C_c = \frac{e_1 - e_2}{\log\dfrac{P_2}{P_1}} = \frac{0.74 - 0.312}{\log\dfrac{12.8}{3.8}} = 0.81$$

94 다음 그림과 같은 토층단면이 있다. 물음에 답하시오.(단, $\gamma_w = 9.81\text{kN/m}^3$)

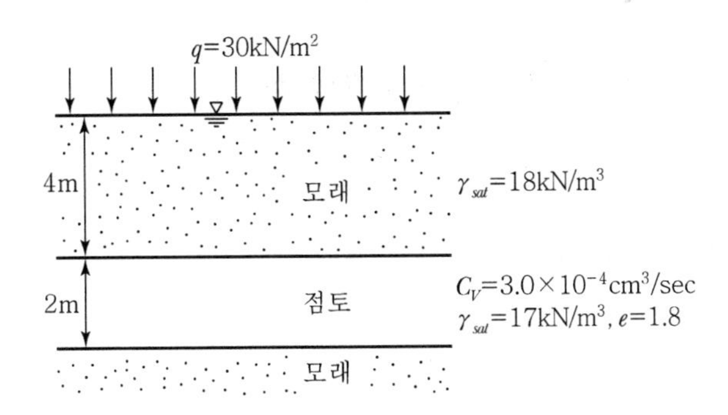

(1) 등분포하중이 30kN/m² 작용한다고 할 때 5개월 후 점토층 중심부의 간극수압은 얼마인가? (단, 압밀도 $U=0.8$로 한다.)

(2) 위의 그림에서 점토층 중심부의 연직 유효응력($\overline{p}$)은 얼마인가?

Solution

(1) $U=1-\dfrac{u}{P}$

$0.8=1-\dfrac{u}{30}$

$\therefore\ u=0.2\times30=6\text{kN/m}^2$

(2) $\bar{p}=q+\gamma_{\text{sub}}\times4+\gamma_{\text{sub}}\times1$

$=(30-6)+(18-9.81)\times4+(17-9.81)\times\dfrac{2}{2}$

$=63.95\text{kN/m}^2$

[별해]

$\bar{p}=p-u$

$=30+18\times4+17\times1-9.81\times5-6$

$=63.95\text{kN/m}^2$

95 포화된 흙의 함수비는 23%, 건조밀도 $\gamma_d=16.47\text{kN/m}^3$일 때 다음 물음에 답하시오.(단, $\gamma_w=9.81\text{kN/m}^3$)

(1) 습윤밀도(γ_t)를 구하시오.

(2) 비중(G_s)을 구하시오.

(3) 공극비(e)를 구하시오.

Solution

(1) $\gamma_t=\gamma_d\left(1+\dfrac{w}{100}\right)=16.47\left(1+\dfrac{23}{100}\right)=20.26\text{kN/m}^3$

(2) $\gamma_d=\dfrac{G_s}{1+e}\cdot\gamma_w$

포화된 흙에서 $e=w\cdot G_s$

$\gamma_d=\dfrac{G_s}{1+w\cdot G_s}\cdot\gamma_w$

$16.47=\dfrac{G_s}{1+0.23G_s}\times9.81$

$9.81G_s=16.47(1+0.23G_s)=16.47+3.7881G_s$

$9.81G_s-3.7881G_s=16.47$

$\therefore\ G_s=2.74$

(3) $S \cdot e = w \cdot G_s$

$$\therefore\ e = \frac{w \cdot G_s}{S} = \frac{23 \times 2.74}{100} = 0.63$$

96 **어느 포화점토($G_s = 2.70$)의 애터버그한계시험 결과 액성한계가 54%이고, 소성지수는 18%였다. 다음 물음에 답하시오.**

(1) 이 점토의 함수비가 42%일 때의 연경도는 무슨 상태인가?

(2) 이 점토의 소성한계는?

(3) 이 점토의 공극비 $e = 0.85$일 때 수축한계 상태에 도달하였다면 이 점토의 수축한계는?

Solution

(1) 자연함수비(w_n)가 42%로 $w_p < w_n < w_L$이므로 소성상태이다.

(2) $I_p = w_L - w_p$

$18 = 54 - w_p \qquad \therefore\ w_p = 36\%$

(3) $S \cdot e = G_s \cdot w_s \qquad \therefore\ w_s = \frac{S \cdot e}{G_s} = \frac{100 \times 0.85}{2.70} = 31.48\%$

97 **노반재료에 대한 지지력비(CBR)시험을 하였다. 관입시험에 앞서 공시체 제작은 5층 다짐으로 각 층 다짐횟수를 55회로 하여 4일간 수침을 하였으며, 수침이 끝난 후 관입시험을 수행한 결과가 다음 표와 같다. 물음에 답하시오.(단, 공시체의 높이 = 12.5cm, 흙의 비중 = 2.62, 공극비 = 0.78)**

공시체의 건조밀도(g/cm^3)	1.82
수침 전 함수비(%)	14.2
4일간 수침 후의 함수비(%)	20.3
수침 직후의 변형 읽음치(mm)	0.1
4일간 수침 후의 변형 읽음치(mm)	0.35
2.5mm 관입량 때의 하중강도(MN/m^2)	2.55

(1) 팽창비를 구하시오.

(2) 수침 전의 포화도를 구하시오.

(3) 수침 후의 포화도를 구하시오.

(4) CBR 값을 구하시오.

Solution

(1) $\gamma_e = \dfrac{d_2 - d_1}{h_0} \times 100 = \dfrac{0.35 - 0.1}{125} \times 100 = 0.2\%$

(2) $S = \dfrac{G_s \cdot w}{e} = \dfrac{2.62 \times 14.2}{0.78} = 47.70\%$

(3) $S' = \dfrac{G_s \cdot w'}{e} = \dfrac{2.62 \times 20.3}{0.78} = 68.19\%$

(4) $CBR = \dfrac{\text{하중강도}}{\text{표준하중강도}} \times 100 = \dfrac{2.55}{6.9} \times 100 = 36.96\%$

98 어떤 점토시료에 대한 전단파괴시험 결과가 다음 그림과 같다. 이 점토의 내부마찰각(ϕ)과 점착력(C)을 각각 계산하시오.(단, $a = 30\text{kN/m}^2$, $\alpha = 30°$)

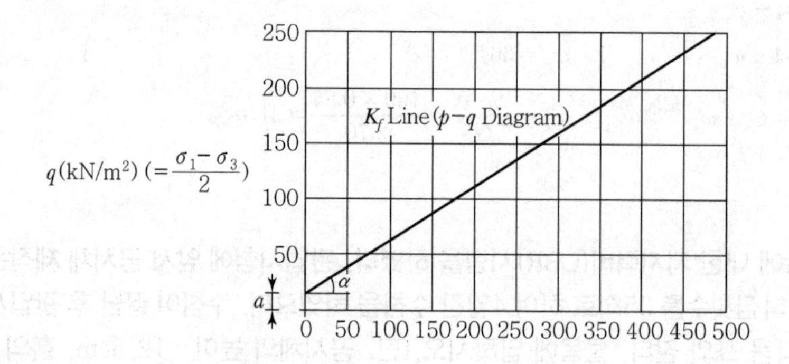

Solution

$\sin\phi = \tan\alpha$

$\therefore\ \phi = \sin^{-1}(\tan 30°) = 35° 15' 51.81''$

$C = \dfrac{a}{\cos\phi} = \dfrac{30}{\cos 35° 15' 51.81''} = 36.74\text{kN/m}^2$

99 사질토($C=0$)시료로 수직응력 5t/m^2을 주고 이때 정지토압계수 $K_0 = 0.4$인 상태로 직접전단시험을 행한 결과 파괴 시 전단응력이 3.0t/m^2이었다. 다음 물음에 답하시오.

(1) 초기 시 Mohr 원과 파괴 시 Mohr 원을 작도하고 내부마찰각을 구하시오.

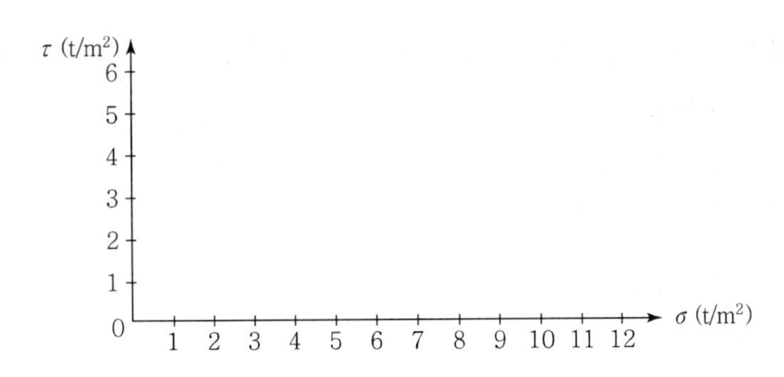

(2) 파괴 시 최대 및 최소 주응력을 구하시오.

(3) 평면기점(또는 극점 O_p)을 Mohr 원상에 표시하시오.(단, (1)의 Mohr 원 선상에 표시하시오.)

Solution

(1)

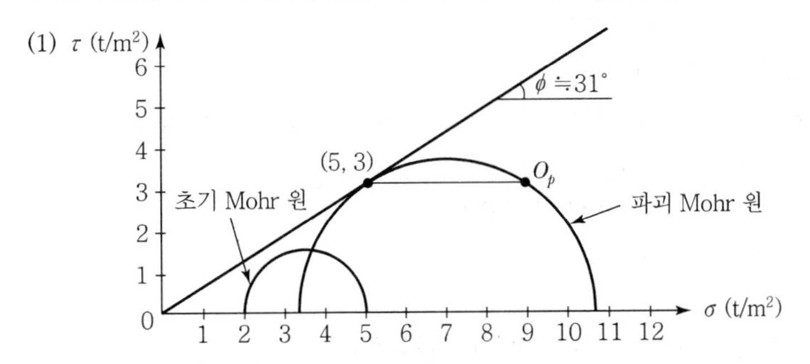

① 초기시 Mohr 원 작도

$\sigma_V = 5\text{t/m}^2$, $\sigma_h = K_0 \cdot \sigma_V = 0.4 \times 5 = 2\text{t/m}^2$

② 파괴 시 Mohr 원 작도

좌표($\sigma = 5\text{t/m}^2$, $\tau = 3.0\text{t/m}^2$)를 이용하여 그린다.

③ 내부마찰각(ϕ)

파괴 시 Mohr 원에서 $\tan\phi = \dfrac{3.6}{6}$

$\therefore\ \phi = \tan^{-1}\dfrac{3.6}{6} \fallingdotseq 31°$

(2) 파괴 시 Mohr 원에서 $\sigma_{\min} = 3.3\text{t/m}^2$, $\sigma_{\max} = 10.6\text{t/m}^2$

(3) 파괴 시 Mohr 원의 좌표는 극점에서 파괴각도와 Mohr 원상에 만나는 점이므로 직접 전단시험의 경우 파괴면은 수평이므로 그림과 같이 좌표에서 수평으로 선을 그은 점이 극점(O_p)이다.

100 어떤 시료에 대하여 1면 전단시험을 하여 다음과 같은 결과를 얻었다. 다음 물음에 답하시오.

시험 횟수	1	2	3	4
수직응력 σ(kN/m²)	70.8	106.2	141.5	176.9
전단응력 S(kN/m²)	82.8	97.7	112.9	124.6

(1) 내부마찰각을 구하시오.

(2) 점착력을 구하시오.

Solution

(1) • 시험 횟수 $n=4$

• $[\sigma]=70.8+106.2+141.5+176.9=495.4\,\text{kN/m}^2$

• $[S]=82.8+97.7+112.9+124.6=418\,\text{kN/m}^2$

• $[\sigma^2]=70.8^2+106.2^2+141.5^2+176.9^2=67{,}606.9\,\text{kN/m}^2$

• $[\sigma S]=70.8\times82.8+106.2\times97.7+141.5\times112.9+176.9\times124.6=54{,}255.1\,\text{kN/m}^2$

• $\tan\phi=\dfrac{n[\sigma S]-[\sigma][S]}{n[\sigma^2]-[\sigma]^2}=\dfrac{4\times54255.1-495.4\times418}{4\times67{,}606.9-495.4^2}=0.398$

$\therefore\ \phi=21.7°$

(2) $c=\dfrac{[\sigma^2][S]-[\sigma][\sigma S]}{n[\sigma^2]-[\sigma]^2}=\dfrac{67{,}606.9\times418-495.4\times54{,}255.1}{4\times67{,}606.9-495.4^2}=55.25\,\text{kN/m}^2$

101 어느 흙에 있어서 직접 전단시험을 하였다. 각 수직하중(P_V)에 대응하는 파괴 수평하중(P_H)은 아래 표와 같으며 공극비에 수압 영향을 고려하지 않을 때 점착력(c)과 내부마찰력(ϕ)을 구하시오.(단, 단면적(A)은 25cm²이다.)

$P_V(N)$	$P_H(N)$
50	78.2
100	85.2
150	92.0

Solution

• $\tau=c+\sigma\tan\phi$

$\therefore\ \tan\phi=\dfrac{92.0-78.2}{150-50}=0.138\quad\therefore\ \phi=7°\ 51'$

• $P_H=\tau A=cA+\sigma A\tan\phi=cA+P_V\tan\phi$

$78.2=cA+50\tan 7°51'$

$c\,A = 78.2 - 50\tan 7°\,51' = 71.3\text{N}$

$\therefore\; c = \dfrac{71.3}{A} = \dfrac{71.3}{0.0025} = 28{,}520\text{N/m}^2 = 28.52\text{kN/m}^2$

102 어느 흙에 대해서 일축압축시험을 한 결과 일축압축강도가 80kN/m^2이었고, 이 시료의 파괴면이 수평면에 대하여 $50°$의 경사각을 이루었다. 다음 물음에 답하시오.

(1) 이 흙의 점착력과 내부마찰각을 구하시오.

(2) 이때의 최대전단응력을 구하시오.

(3) 최대전단응력에 대응하여 수직응력 및 이 면 위에 작용하는 합력의 크기와 작용면에 대한 경사각을 구하시오.

Solution

(1) ① 점착력

$$c = \frac{q_u}{2\tan\left(45° + \dfrac{\phi}{2}\right)} = \frac{80}{2\tan 50°} = 33.56\,\text{kN/m}^2$$

② 내부마찰각

$$\theta = 45° + \frac{\phi}{2}$$

$$50° = 45° + \frac{\phi}{2}$$

$$\therefore\; \phi = 10°$$

(2) 최대전단응력

$$\tau_{\max} = \frac{q_u}{2} = \frac{80}{2} = 40\,\text{kN/m}^2$$

(3) ① 수직응력 및 이 면 위에 작용하는 합력의 크기

합력의 크기 $= \sqrt{40^2 + 40^2} = 56.57\text{kN/m}^2$

여기서, $\tau_{\max}$에 대응하는 수직응력 $\sigma = 40\text{kN/m}^2$

② 작용면에 대한 경사각

$\theta = 45°$

103 그림과 같은 토층 단면을 가진 지표면에 20kN/m²의 등분포하중이 작용한다고 할 때 재하 후 6개월 후에 표고 －3m 지점에 대해 다음 물음에 답하시오.(단, γ_w = 9.81kN/m³, 지하수위면은 지표면과 일치한다. 그리고 T_v = 0.63일 때 U = 0.74, T_v = 0.5일 때 U = 0.63이다.)

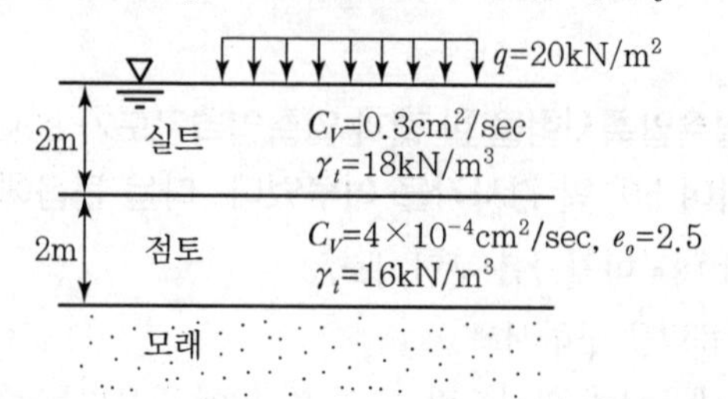

(1) 과잉공급수압을 구하시오.

(2) 공극수압을 구하시오.

(3) 연직유효응력을 구하시오.

Solution

(1) 과잉공급수압

- 점토층이 실트층과 모래층 사이에 놓여 있어 양면배수이므로 배수거리 $H=\dfrac{2}{2}=1\text{m}$ 이다.

- $T_v=\dfrac{C_v\,t}{H^2}=\dfrac{4\times10^{-4}\times60\times60\times24\times365\times\dfrac{6}{12}}{100^2}=0.63$

$\therefore\ u_e=q(1-U)=20\times(1-0.74)=5.2\text{kN/m}^2$

(2) 공극수압

$u=9.81\times3+5.2=34.63\text{kN/m}^2$

(3) 연직유효응력

$p=(18-9.81)\times2+(16-9.81)\times1=22.57\text{kN/m}^2$

104 그림과 같은 지층 단면에서 지표면에 가해진 50kN/m²의 상재하중으로 인한 점토층(정규압밀점토)에 대한 다음 물음에 답하시오.(단, γ_w = 9.81kN/m³이다.)

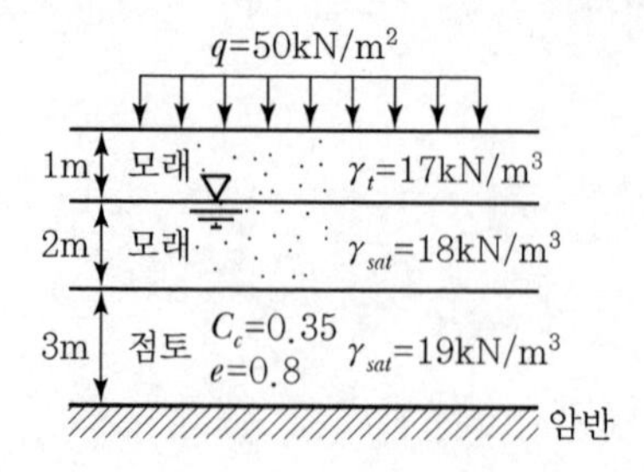

(1) 1차 압밀 최종침하량을 구하시오.

(2) 침하량이 5cm일 때 평균 압밀도를 구하시오.

Solution

(1) ① 점토층 중앙단면의 유효응력

$$P_1 = 17\times 1 + (18-9.81)\times 2 + (19-9.81)\times \frac{3}{2} = 47.17\text{kN/m}^2$$

② 압밀 최종 침하량

$$\Delta H = \frac{C_c}{1+e}\log\frac{P_2}{P_1}H = \frac{0.35}{1+0.8}\log\frac{97.17}{47.17}\times 300 = 18.31\text{cm}$$

여기서, $P_2 = P_1 + \Delta P = 47.17 + 50 = 97.17\text{kN/m}^2$

(2) 평균 압밀도 $U = \dfrac{5}{18.31}\times 100 = 27.31\%$

105 그림과 같은 지층 단면에서 지표면에 $\Delta P = 73\text{kN/m}^2$의 등분포하중이 작용할 때 다음 물음에 답하시오. (단, 점토층이 과거에 압력을 받았던 과압밀점토이며 $\gamma_w = 9.81\text{kN/m}^3$이다.)

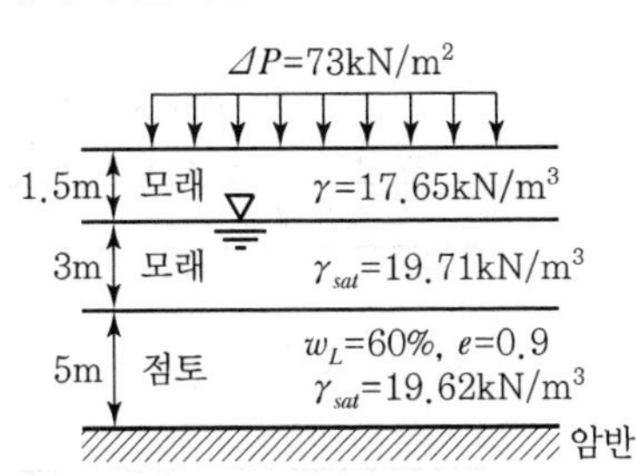

(1) 과거에 받았던 선행압밀압력 $P_c = 200\text{kN/m}^2$일 때 1차 압밀침하량을 구하시오.

(2) 과거에 받았던 선행압밀압력 $P_c = 100\text{kN/m}^2$일 때 1차 압밀침하량을 구하시오.

Solution

(1) • 점토층 중앙단면의 유효응력

$$P_0 = 17.65\times 1.5 + (19.71-9.81)\times 3 + (19.62-9.81)\times \frac{5}{2} = 80.7\text{kN/m}^2$$

• 점토층에 추가되는 응력

$\Delta P = 73\text{kN/m}^2$

• $C_c = 0.009(w_L - 10) = 0.009(60-10) = 0.45$

• $P_0 + \Delta P < P_c$이므로

$$\therefore \Delta H = \frac{C_s}{1+e}\log\frac{P_0+\Delta P}{P_0}H = \frac{0.09}{1+0.9}\log\frac{80.7+73}{80.7}\times 500 = 6.6\text{cm}$$

여기서, $C_s = \dfrac{1}{5}C_c = \dfrac{1}{5}\times 0.45 = 0.09$

(2) • 점토층 중앙단면의 유효응력

$$P_0 = 17.65 \times 1.5 + (19.71 - 9.81) \times 3 + (19.62 - 9.81) \times \frac{5}{2} = 80.7\text{kN/m}^2$$

• 점토층에 추가되는 응력

$\Delta P = 73\text{kN/m}^2$

• $C_c = 0.009(w_L - 10) = 0.009(60 - 10) = 0.45$

• $P_0 + \Delta P > P_c$ 이므로

$$\therefore \ \Delta H = \frac{C_s}{1+e}\log\frac{P_c}{P_0}H + \frac{C_c}{1+e}\log\frac{P_0 + \Delta P}{P_c}H$$

$$= \frac{0.09}{1+0.9}\log\frac{100}{80.7} \times 500 + \frac{0.45}{1+0.9}\log\frac{80.7+73}{100} \times 500 = 24.3\text{cm}$$

여기서, $C_s = \frac{1}{5}C_c = \frac{1}{5} \times 0.45 = 0.09$

106 **그림과 같은 하중을 받는 과압밀 점토의 1차 압밀침하량을 구하시오.(단, 점토층 중앙단면의 유효응력 60kN/m^2, 선행압밀하중 100kN/m^2, 압축지수(C_c) 0.1, 팽창지수(C_s) 0.01, 초기 간극비 1.15이다.)**

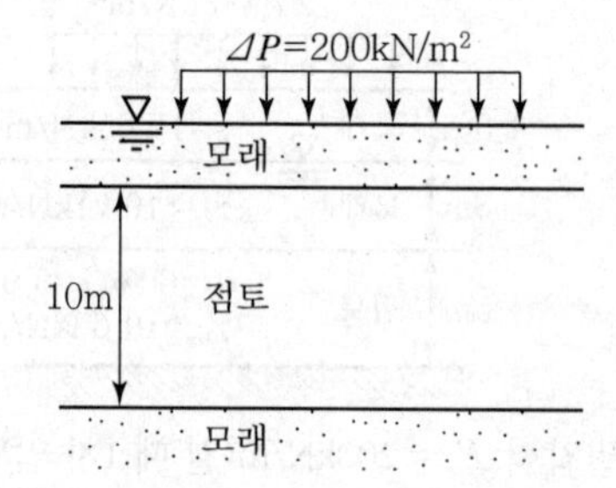

Solution

$$\Delta H = \frac{C_s}{1+e}\log\frac{P_c}{P_0}H + \frac{C_c}{1+e}\log\frac{P_0 + \Delta P}{P_c}H$$

$$= \frac{0.01}{1+1.15}\log\frac{100}{60} \times 1{,}000 + \frac{0.1}{1+1.15}\log\frac{60+200}{100} \times 1{,}000 = 20.33\text{cm}$$

107 **모래층 사이에 5m의 점토층이 끼어 있는데, 단위면적당 30kN/m^2의 하중이 작용하여 압밀침하량이 10cm가 되었다. 이 흙의 압밀시험 결과 $C_v = 5 \times 10^{-3}\text{cm}^2/\text{sec}$이었다. 다음 물음에 답하시오.(단, $T_v = 0.2074$일 때 압밀도 $U = 0.51$이다.)**

(1) 압밀도가 50%일 때 압밀 소요시간을 구하시오.

(2) 압밀도가 90%일 때 압밀 소요시간을 구하시오.

(3) 재하시작 30일 후에 점토층의 압밀침하량을 구하시오.

Solution

(1) $C_v = \dfrac{T_v H^2}{t_{50}}$ 에서 양면배수이므로

$$\therefore t_{50} = \frac{T_v\left(\frac{H}{2}\right)^2}{C_v} = \frac{0.197\left(\frac{500}{2}\right)^2}{5\times10^{-3}} = 2,462,500\text{초} = 28.5\text{일}$$

(2) (1) $C_v = \dfrac{T_v H^2}{t_{90}}$ 에서 양면배수이므로

$$\therefore t_{90} = \frac{T_v\left(\frac{H}{2}\right)^2}{C_v} = \frac{0.848\left(\frac{500}{2}\right)^2}{5\times10^{-3}} = 10,600,000\text{초} = 122.7\text{일}$$

(3) $C_v = \dfrac{T_v H^2}{t}$ 에서 양면배수이므로

$$T_v = \frac{C_v t}{\left(\frac{H}{2}\right)^2} = \frac{5\times10^{-3}\times60\times60\times24\times30}{\left(\frac{500}{2}\right)^2} = 0.2074$$

여기서, $T_v=0.2074$일 때 압밀도 $U=0.51$이므로

$\therefore \Delta H_t = U\times\Delta H = 0.51\times10 = 5.1\text{cm}$

108 점토 시료에 대하여 하중을 200kN/m²에서 400kN/m²로 증가시켰을 때 압밀시험의 결과를 보고 다음 물음에 답하시오.(단, $\log t$ 방법이다.)

- 1,440분 후의 시료의 최종 두께 : 13.6mm
- 최초 다이얼 게이지 눈금 d_0 : 5.0mm
- 최종 다이얼 게이지 눈금 d_f : 2.61mm
- t_{50} : 12.5분
- 압밀도가 0인 점 d_s : 4.79mm
- 1차 압밀 100% 시 압축량 d_{100} : 2.98mm

(1) 압밀계수를 구하시오.
(2) 초기 압축비를 구하시오.
(3) 1차 압밀비를 구하시오.
(4) 2차 압밀비를 구하시오.

Solution

(1) 압밀계수

$$C_v = \frac{T_v H^2}{t_{50}} = \frac{0.197 \times 7.4^2}{12.5 \times 60} = 0.0144\,\text{mm}^2/\text{sec}$$

여기서, 압력 증가 동안의 시료 두께의 변화 = 5.0 − 2.61 = 2.39mm

압력 증가 동안의 시료의 평균 두께 = $13.6 - \frac{2.39}{2} = 14.8\,\text{mm}$

배수거리(양면배수) = $\frac{14.8}{2} = 7.4\,\text{mm}$

(2) 초기 압축비

$$\gamma_o = \frac{d_0 - d_s}{d_0 - d_f} = \frac{5.0 - 4.79}{5.0 - 2.61} = 0.088$$

(3) 1차 압밀비

$$\gamma_p = \frac{d_s - d_{100}}{d_0 - d_f} = \frac{4.79 - 2.98}{5.0 - 2.61} = 0.757$$

(4) 2차 압밀비

$$\gamma_s = 1 - (\gamma_0 + \gamma_p) = 1 - (0.088 + 0.757) = 0.155$$

109 점토 시료에 대하여 하중을 200kN/m^{2}에서 400kN/m^{2}로 증가시켰을 때 압밀시험의 결과를 보고 다음 물음에 답하시오. (단, $\sqrt{t}$ 방법이다.)

- 1,440분 후의 시료의 최종 두께 : 13.6mm
- 최초 다이얼 게이지 눈금 d_0 : 5.0mm
- 최종 다이얼 게이지 눈금 d_f : 2.61mm
- t_{50} : 53.3분
- 압밀도가 0인 점 d_s : 4.81mm
- 1차 압밀 90% 시 압축량 d_{90} : 3.12mm

(1) 압밀계수를 구하시오.
(2) 초기 압축비를 구하시오.
(3) 1차 압밀비를 구하시오.
(4) 2차 압밀비를 구하시오.

Solution

(1) 압밀계수

$$C_v = \frac{T_v H^2}{t_{90}} = \frac{0.848 \times 7.4^2}{53.3 \times 60} = 0.0145\,\text{mm}^2/\text{sec}$$

여기서, 압력 증가 동안의 시료 두께의 변화 $= 5.0 - 2.61 = 2.39\,\text{mm}$

압력 증가 동안의 시료의 평균 두께 $= 13.6 - \frac{2.39}{2} = 14.8\,\text{mm}$

배수거리(양면배수) $= \frac{14.8}{2} = 7.4\,\text{mm}$

(2) 초기 압축비

$$\gamma_o = \frac{d_0 - d_s}{d_0 - d_f} = \frac{5.0 - 4.81}{5.0 - 2.61} = 0.080$$

(3) 1차 압밀비

$$\gamma_p = \frac{10}{9}\frac{d_s - d_{90}}{d_0 - d_f} = \frac{10}{9}\frac{4.81 - 3.12}{5.0 - 2.61} = 0.785$$

(4) 2차 압밀비

$$\gamma_s = 1 - (\gamma_0 + \gamma_p) = 1 - (0.080 + 0.785) = 0.135$$

CHAPTER 03 : 아스팔트 및 기타

제1절 아스팔트 배합설계

1. 골재별 평균 입도시험 성과

(1) 석분(휠라)

체 크기	No. 50	No. 100	No. 200
통과율(%)	100.0	96.6	72.9

(2) 모래

체 크기	No. 4	No. 8	No. 30	No. 50	No. 100	No. 200
통과율(%)	100	94.1	45.2	20.0	4.3	1.4

(3) 중간골재

체 크기	10mm	No. 4	No. 8	No. 30	No. 50	No. 100	No. 200
통과율(%)	78.4	44.9	28.2	15.2	11.0	7.4	4.6

(4) 표층 조골재

체 크기	19mm	13mm	10mm	No. 4
통과율(%)	100	18.2	5.6	1.7

(5) 기층 조골재

체 크기	25mm	19mm	10mm	No. 4
통과율(%)	100	73.5	6.5	0.5

2. 로스앤젤레스시험기에 의한 굵은골재의 마모시험 성과

시험 횟수	1	2
시험 급수	E급	E급
시료량(g)	10,000	10,000
남은 양(g)	6,550	6,608
손실량(g)	3,450	3,392
마모율(%)	34.50	33.92
평균마모율(%)	34.2%	

3. 기층, 표층 골재의 밀도 및 흡수율시험 성과

구분		횟수	A	B	C	표건밀도(1)	진밀도(2)	$\frac{(1)+(2)}{2}$	평균밀도	흡수율	평균흡수율
조골재(기층)		1	5,590	5,718	3,534	2.618	2.719	2.668	2.669	2.290	2.268
		2	5,740	5,869	3,630	2.621	2.720	2.670		2.247	
조골재(표층)		1	5,784.5	5,917.5	3,652	2.612	2.713	2.662	2.658	2.299	2.302
		2	5,465	5,591	3,445	2.605	2.705	2.655		2.306	
중간골재	No. 4 이상	1	3,902	3,996	2,463	2.607	2.712	2.659	2.663	2.409	2.329
		2	3,245	3,318	2,051	2.619	2.718	2.668		2.250	
	No. 4 이하	1	489.2	500	309.4	2.623	2.721	2.672	2.668	2.208	2.218
		2	489.1	500	308.8	2.615	2.713	2.664		2.229	
모래		1	490.8	500	303.5	2.545	2.620	2.582	2.582	1.874	1.864
		2	490.9	500	303.5	2.545	2.620	2.582		1.854	
석분		1	94.4	4,106	351.2	–	2.697	–	2.702	–	
		2	106.4	408.8	341.7	–	2.707	–		–	

4. 표층배합

(1) 아스팔트 가열골재 합성성과(Faury 방법에 의한 합성도)

① 조골재 : 15%(표층)

② 중간 골재 : 50%

③ 모래 : 24%

④ 석분 : 11%

(2) 가열 아스팔트 포장설계 골재입도 계산

구분 \ 체 크기	19mm	13mm	10mm	No. 4	No. 8	No. 30	No. 50	No. 100	No. 200
조골재	100	18.2	5.6	1.7					
중간 골재		100	78.4	44.9	28.2	15.2	11.0	7.4	4.6
모래				100	94.1	45.2	20.0	4.3	1.4
석분							100	96.6	72.9
소망입도	100	80～100	70～90	50～70	35～50	18～29	13～23	8～16	4～10

① 제1수정

구분 \ 체 크기	사용 백분율	19mm	13mm	10mm	No. 4	No. 8	No. 30	No. 50	No. 100	No. 200
조골재	13	13	2.4	0.7	0.2					
중간골재	59	59	59	46.3	26.5	16.6	9.0	6.5	4.4	2.7
모래	24	24	24	24	24	22.6	10.8	4.8	1.0	0.3
석분	4	4	4	4	4	4	4	4	3.9	2.9
소망입도	–	100	89.4	75.0	54.7	43.2	23.8	15.3	9.3	5.9

② 제2수정

구분 \ 체 크기	사용 백분율	19mm	13mm	10mm	No. 4	No. 8	No. 30	No. 50	No. 100	No. 200
조골재	13	13	2.4	0.7	0.2					
중간골재	57	57	57	44.7	25.6	16.1	8.7	6.3	4.2	2.6
모래	26	26	26	26	26	24.5	11.8	5.2	1.1	0.4
석분	4	4	4	4	4	4	4	4	3.9	2.9
소망입도	–	100	89.7	75.4	55.8	44.6	24.5	15.5	9.2	5.9

(3) 골재별 배치 무게 환산표

① 제1수정

체 번호	골재	비율(%)
13mm	CA	13.0−2.4=10.6
10mm	CA FA	2.4 −0.7=1.7 59.0−46.3=12.7
No. 4	CA FA	0.7−0.2=0.5 46.3−26.5=19.8
No. 8	CA FA S	0.2−0=0.2 26.5−16.6=9.9 24.0−22.6=1.4
No. 30	FA S	16.6−9.0=7.6 22.6−10.8=11.8
No. 50	FA S	9.0−6.5=2.5 10.8−4.8=6.0
No. 100	FA S F_1	6.5−4.4=2.1 4.8−1.0=3.8 4.0−3.9=0.1
No. 200	FA S F_1	4.4−2.7=1.7 1.0−0.3=0.7 3.9−2.9=1.0
Pan	FA S F_1	2.7−0=2.7 0.3−0=0.3 2.9−0=2.9

[아스팔트 함량 : 5.5%] AP : 132g, 골재 : 2,268g

체 번호	골재	환산 무게	누계 중량
13mm	CA	2,268×0.106=240.4	240.4
10mm	CA FA	2,268×0.017=38.6 2,268×0.127=288.0	279 567
No. 4	CA FA	2,268×0.005=11.3 2,268×0.198=449.1	578.3 1,027.4
No. 8	CA FA S	2,268×0.002=4.5 2,268×0.099=224.5 2,268×0.014=31.8	1,031.9 1,256.4 1,288.2
No. 30	FA S	2,268×0.076=172.4 2,268×0.118=267.6	1,460.6 1,728.2

체 번호	골재	환산 무게	누계 중량
No. 50	FA	2,268×0.025=56.7	1,784.9
	S	2,268×0.06=136.1	1,921
No. 100	FA	2,268×0.021=47.6	1,968.6
	S	2,268×0.038=86.2	2,054.8
	F_1	2,268×0.001=2.3	2,057.1
No. 200	FA	2,268×0.017=38.6	2,095.7
	S	2,268×0.007=15.9	2,111.6
	F_1	2,268×0.010=22.7	2,134.3
Pan	FA	2,268×0.027= 61.2	2,195.5
	S	2,268×0.003= 6.8	2,202.3
	F_1	2,268×0.029=65.8	2,268

[아스팔트 함량 : 6.0%] AP : 144g, 골재 : 2,256g

체 번호	골재	환산 무게	누계 중량
13mm	CA	2,256×0.106=239.1	239.1
10mm	CA	2,256×0.017=38.4	277.5
	FA	2,256×0.127=286.5	564
No. 4	CA	2,256×0.005=11.3	575.3
	FA	2,256×0.198=446.7	1,022
No. 8	CA	2,256×0.002=4.5	1,026.5
	FA	2,256×0.099=223.3	1,249.8
	S	2,256×0.014=31.6	1,281.4
No. 30	FA	2,256×0.076=171.5	1,452.9
	S	2,256×0.118=266.2	1,719.1
No. 50	FA	2,256×0.025=56.4	1,775.5
	S	2,256×0.060=135.4	1,910.9
No. 100	FA	2,256×0.021=47.4	1,958.3
	S	2,256×0.038=85.7	2,044
	F_1	2,256×0.001=2.3	2,046.3
No. 200	FA	2,256×0.017=38.4	2,084.7
	S	2,256×0.007=15.8	2,100.5
	F_1	2,256×0.010=22.6	2,123.1
Pan	FA	2,256×0.027=60.9	2,184
	S	2,256×0.003=6.8	2,190.8
	F_1	2,256×0.029=65.4	2,256

[아스팔트 함량 : 6.5%] AP : 156g, 골재 : 2,244g

체 번호	골재	환산 무게	누계 중량
13mm	CA	2,244×0.106=237.9	237.9
10mm	CA FA	2,244×0.017=38.1 2,244×0.127=285	276 561
No. 4	CA FA	2,244×0.005=11.2 2,244×0.198=444.3	572.2 1,016.5
No. 8	CA FA S	2,244×0.002=4.5 2,244×0.099= 222.2 2,244×0.014 =31.4	1,021 1,243.2 1,274.6
No. 30	FA S	2,244×0.076=170.5 2,244×0.118=264.8	1,445.1 1,709.9
No. 50	FA S	2,244×0.025=56.1 2,244×0.060=134.6	1,766 1,900.6
No. 100	FA S F_1	2,244×0.021=47.1 2,244×0.038=85.3 2,244×0.001=2.2	1,947.7 2,033 2,035.2
No. 200	FA S F_1	2,244×0.017=38.1 2,244×0.007=15.7 2,244×0.010=22.4	2,073.3 2,089 2,111.4
Pan	FA S F_1	2,244×0.027=60.6 2,244×0.003=6.7 2,244×0.029=65.1	2,172 2,178.7 2,244

[아스팔트 함량 : 7.0%] AP : 168g, 골재 : 2,232g

체 번호	골재	환산 무게	누계 중량
13mm	CA	2,232×0.106=236.6	236.6
10mm	CA FA	2,232×0.017=37.9 2,232×0.127=283.5	274.5 558
No. 4	CA FA	2,232×0.005=11.2 2,232×0.198=441.9	569.2 1,011.1
No. 8	CA FA S	2,232×0.002=4.5 2,232×0.099=221 2,232×0.014=31.2	1,015.6 1,236.6 1,267.8
No. 30	FA S	2,232×0.076=169.6 2,232×0.118=263.4	1,437.4 1,700.8
No. 50	FA S	2,232×0.025=55.8 2,232×0.060=133.9	1,756.6 1,890.5

체 번호	골재	환산 무게	누계 중량
No. 100	FA	2,232×0.021=46.9	1,937.4
	S	2,232×0.038=84.8	2,022.2
	F_1	2,232×0.001=2.2	2,024.4
No. 200	FA	2,232×0.017=37.9	2,062.3
	S	2,232×0.007=15.6	2,077.9
	F_1	2232×0.010=22.3	2,100.2
Pan	FA	2,232×0.027=60.3	2,160.5
	S	2,232×0.003=6.7	2,167.2
	F_1	2,232×0.029=64.7	2,232

② 제2수정

체 번호	골재	비율(%)
13mm	CA	13.0−2.4=10.6
10mm	CA	2.4−0.7=1.7
	FA	57.0−44.7=12.3
No. 4	CA	0.7−0.2=0.5
	FA	44.7−25.6=19.1
No. 8	CA	0.2−0=0.2
	FA	25.6−16.1=9.5
	S	26.0−24.5=1.5
No. 30	FA	16.1−8.7=7.4
	S	24.5−11.8=12.7
No. 50	FA	8.7−6.3=2.4
	S	11.8−5.2=6.6
No. 100	FA	6.3−4.2=2.1
	S	5.2−1.1=4.1
	F_1	4.0−3.9=0.1
No. 200	FA	4.2−2.6=1.6
	S	1.1−0.4=0.7
	F_1	3.9−2.9=1.0
Pan	FA	2.6−0=2.6
	S	0.4−0=0.4
	F_1	2.9−0=2.9

[아스팔트 함량 : 5.5%] *AP* : 132g, 골재 : 2,268g

체 번호	골재	환산 무게	누계 중량
13mm	*CA*	2,268×0.106=240.4	240.4
10mm	*CA*	2,268×0.017=38.6	279
	FA	2,268×0.123=279	558
No. 4	*CA*	2,268×0.005=11.3	569.3
	FA	2,268×0.191=433.2	1,002.5
No. 8	*CA*	2,268×0.002=4.5	1,007
	FA	2,268×0.095=215.5	1,222.5
	S	2,268×0.015=34.0	1,256.5
No. 30	*FA*	2,268×0.074=167.8	1,424.3
	S	2,268×0.127=288.0	1,712.3
No. 50	*FA*	2,268×0.024=54.4	1,766.7
	S	2,268×0.066=149.7	1,916.4
No. 100	*FA*	2,268×0.021=47.6	1,964
	S	2,268×0.041=93.0	2,057
	F_1	2,268×0.001=2.3	2,059.3
No. 200	*FA*	2,268×0.016=36.3	2,095.6
	S	2,268×0.007=15.9	2,111.5
	F_1	2,268×0.010=22.7	2,134.2
Pan	*FA*	2,268×0.026=59.0	2,193.2
	S	2,268×0.004=9.1	2,202.3
	F_1	2,268×0.029=65.8	2,268

[아스팔트 함량 : 6.0%] *AP* : 144g, 골재 : 2,256g

체 번호	골재	환산 무게	누계 중량
13mm	*CA*	2,256×0.106=239.1	239.1
10mm	*CA*	2,256×0.017=38.4	277.5
	FA	2,256×0.123=277.5	555
No. 4	*CA*	2,256×0.005=11.3	566.3
	FA	2,256×0.191=430.9	997.2
No. 8	*CA*	2,256×0.002=4.5	1,001.7
	FA	2,256×0.095=214.3	1,216
	S	2,256×0.015=33.8	1,249.8
No. 30	*FA*	2,256×0.074=166.9	1,416.7
	S	2,256×0.127=286.5	1,703.2

체 번호	골재	환산 무게	누계 중량
No. 50	FA	2,256×0.024=54.1	1,757.3
	S	2,256×0.066=148.9	1,906.2
No. 100	FA	2,256×0.021=47.4	1,953.6
	S	2,256×0.041=92.5	2,046.1
	F_1	2,256×0.001=2.3	2,048.4
No. 200	FA	2,256×0.016=36.1	2,084.5
	S	2,256×0.007=15.8	2,100.3
	F_1	2,256×0.010=22.6	2,122.9
Pan	FA	2,256×0.026=58.7	2,181.6
	S	2,256×0.004=9.0	2,190.6
	F_1	2,256×0.029=65.4	2,256

[아스팔트 함량 : 6.5%]

AP : 156g, 골재 : 2,244g

체 번호	골재	환산 무게	누계 중량
13mm	CA	2,244×0.106=237.9	237.9
10mm	CA	2,244×0.017=38.1	276
	FA	2,244×0.123=276.0	552
No. 4	CA	2,244×0.005=11.2	563.2
	FA	2,244×0.191=428.6	991.8
No. 8	CA	2,244×0.002=4.5	996.3
	FA	2,244×0.095=213.2	1,209.5
	S	2,244×0.015=33.7	1,243.2
No. 30	FA	2,244×0.074=166.1	1,409.3
	S	2,244×0.127=285.0	1,694.3
No. 50	FA	2,244×0.024=53.9	1,748.2
	S	2,244×0.066=148.1	1,896.3
No. 100	FA	2,244×0.021=47.1	1,943.4
	S	2,244×0.041=92.0	2,035.4
	F_1	2,244×0.001=2.2	2,037.6
No. 200	FA	2,244×0.016=35.9	2,073.5
	S	2,244×0.007=15.7	2,089.2
	F_1	2,244×0.010=22.4	2,111.6
Pan	FA	2,244×0.026=58.3	2,169.9
	S	2,244×0.004=9.0	2,178.9
	F_1	2,244×0.029=65.1	2,244

[아스팔트 함량 : 7.0%]　　　　　　　　AP : 168g, 골재 : 2,232g

체 번호	골재	환산 무게	누계 중량
13mm	CA	2,232×0.106=236.6	236.6
10mm	CA FA	2,232×0.017=37.9 2,232×0.123=274.5	274.5 549
No. 4	CA FA	2,232×0.005=11.2 2,232×0.191=426.3	560.2 986.5
No. 8	CA FA S	2,232×0.002=4.5 2,232×0.095=212.0 2,232×0.015=33.5	991 1,203 1,236.5
No. 30	FA S	2,232×0.074=165.2 2,232×0.127=283.5	1,401.7 1,685.2
No. 50	FA S	2,232×0.024=53.6 2,232×0.066=147.3	1,738.8 1,886.1
No. 100	FA S F_1	2,232×0.021=46.9 2,232×0.041=91.5 2,232×0.001=2.2	1,933 2,024.5 2,026.7
No. 200	FA S F_1	2,232×0.016=35.7 2,232×0.007=15.6 2,232×0.010=22.3	2,062.4 2,078.0 2,100.3
Pan	FA S F_1	2,232×0.026=58.0 2,232×0.004=8.9 2,232×0.029=64.7	2,158.3 2,167.2 2,232

(4) 아스팔트 공시체의 이론 최대밀도

① 제1수정

골재의 종류	배합비(%)	각 골재의 밀도	계수
A	B	C	$D=\frac{B}{C}$
조골재	13	2.658	4.890
중간골재	59	2.665	22.138
모래	24	2.582	9.295
석분	4	2.702	1.480

- 계수의 합$(K)=37.803$
- 건조골재의 밀도$=\dfrac{100}{37.803}=2.644\text{g/cm}^3$

아스팔트 혼합률(%)	아스팔트 밀도	$\frac{E}{F}$	$\frac{K(100-E)}{100}$	$G+H$	이론최대밀도 $\left(\frac{100}{I}\right)$
E	F	G	H	I	J
5.5	1.0307	5.336	35.739	41.075	2.434
6.0	1.0307	5.821	35.550	41.371	2.417
6.5	1.0307	6.306	35.361	41.667	2.399
7.0	1.0307	6.791	35.172	41.963	2.383

② 제2수정

골재의 종류	배합비(%)	각 골재의 밀도	계수
A	B	C	$D=\frac{B}{C}$
조골재	13	2.658	4.890
중간골재	57	2.663	21.404
모래	26	2.582	10.069
석분	4	2.702	1.480

• 계수의 합$(K)=37.843$

• 건조골재의 밀도$=\frac{100}{37.843}=2.642\text{g/cm}^3$

아스팔트 혼합률(%)	아스팔트 밀도	$\frac{E}{F}$	$\frac{K(100-E)}{100}$	$G+H$	이론최대밀도 $\left(\frac{100}{I}\right)$
E	F	G	H	I	J
5.5	1.0307	5.336	35.761	41.097	2.433
6.0	1.0307	5.821	35.572	41.393	2.415
6.5	1.0307	6.306	35.383	41.689	2.398
7.0	1.0307	6.791	35.193	41.984	2.381

(5) 마샬안정도시험

① 제1수정

공시체 No	아스팔트 함량(%)	두께 (cm)	공기 중 중량		파라핀 용적	수중 중량 (g)	용적 (cm³)	밀도(g/cm³)	
			피복 전	피복 후				실측	이론
A	B		C	C'	C''	D	E	F	G
							$C'-C''-D$	$\frac{C}{E}$	
1	5.5	5.30	989.5	1,000.6	11.6	559.5	429.5	2.304	
2		5.61	1,027.1	1,039.6	13.1	581.7	444.8	2.309	
3		5.60	1,048.5	1,059.7	11.7	594.5	453.5	2.312	
평균								2.308	2.434
1	6.0	5.70	1,076.2	1,085.4	9.6	611.7	464.1	2.319	
2		5.80	1,093.1	1,102.9	10.3	621.2	471.4	2.319	
3		5.69	1,067.9	1,077.5	10.1	607.1	460.3	2.320	
평균								2.319	2.417
1	6.5	5.60	1,069.4	1,076.4	7.6	608.8	460.0	2.325	
2		6.00	1,134.7	1,143.4	8.9	647.5	487.0	2.330	
3		5.51	1,048	1,055.6	8.0	595.9	451.7	2.320	
평균								2.325	2.399
1	7.0	6.02	1,171.4	1,177.9	6.8	668.2	502.9	2.329	
2		5.80	1,127.2	1,133.9	7.0	641.3	485.6	2.321	
3		5.62	1,091.9	1,098.7	7.1	622.2	469.4	2.326	
평균								2.325	2.383

공시체 No	아스팔트 용적(%)	공극률 (%)	포화도 (%)	안정도(kg)			플로우 (1/100cm)
				실측	보정계수	수정치	
A	H	I	J	K	L	M	N
	$\frac{B\times F}{\text{아스팔트 비중}}$	$100-100\times\frac{F}{G}$	$\frac{H}{H+I}$			$K\times L$	
1				26	1.39	777	2.7
2				28	1.25	752	2.6
3				28	1.25	752	2.5
평균	12.316	5.176	70.4			760	2.6
1				34	1.19	870	2.9
2				34	1.19	870	3.2
3				32	1.19	819	3.0
평균	13.500	4.054	76.9			853	3.0
1				35	1.25	941	3.4
2				40	1.09	937	3.5
3				35	1.25	941	3.4
평균	14.662	3.084	82.6			940	3.4
1				42	1.09	984	3.7
2				38	1.19	972	3.8
3				37	1.25	994	3.8
평균	15.790	2.392	86.8			983	3.8

※ 링계수 21.5(kg/0.01mm)

(6) 아스팔트 함량 결정

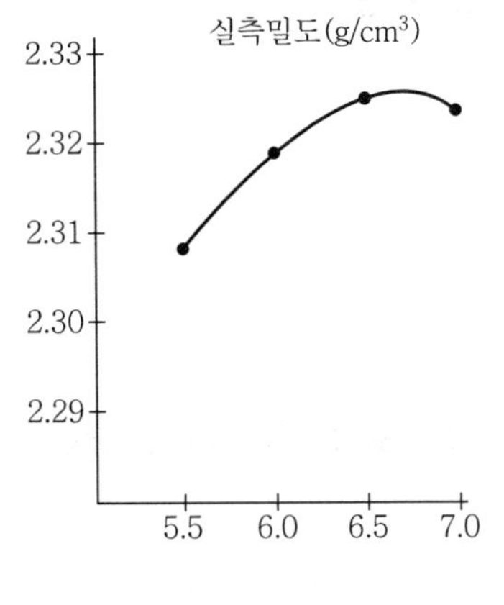
실측밀도(g/cm³)
2.33
2.32
2.31
2.30
2.29
5.5
6.0
6.5
7.0

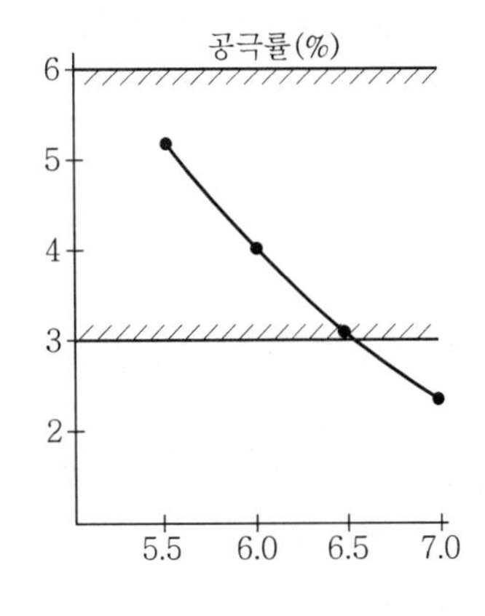
공극률(%)
6
5
4
3
2
5.5
6.0
6.5
7.0

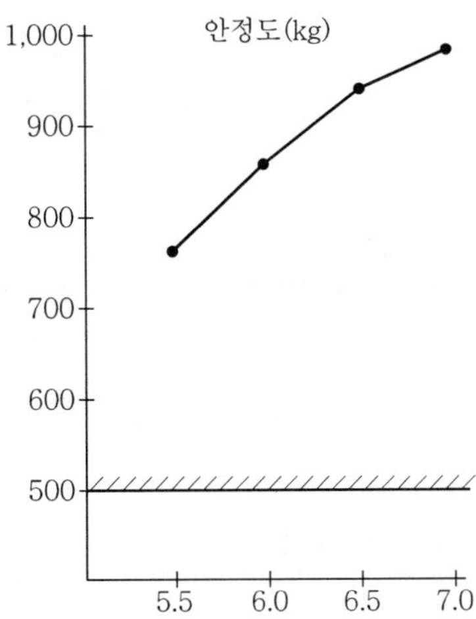
안정도(kg)
1,000
900
800
700
600
500
5.5
6.0
6.5
7.0

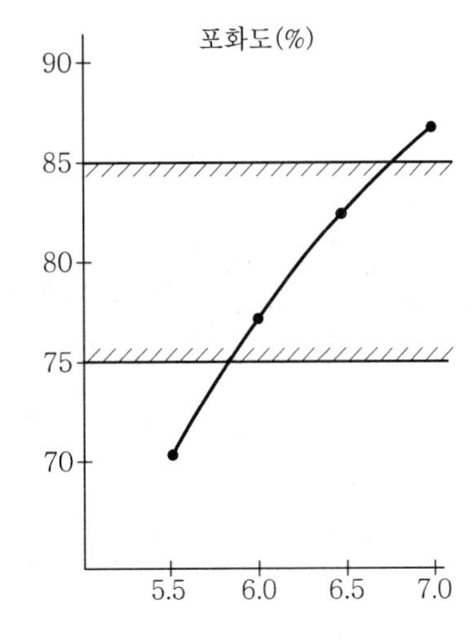
포화도(%)
90
85
80
75
70
5.5
6.0
6.5
7.0

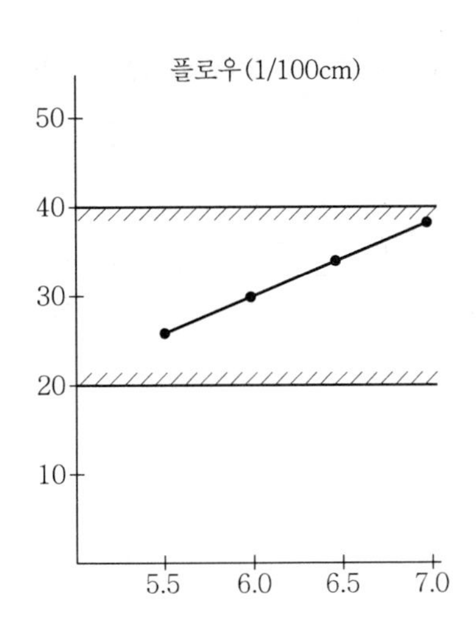
플로우(1/100cm)
50
40
30
20
10
5.5
6.0
6.5
7.0

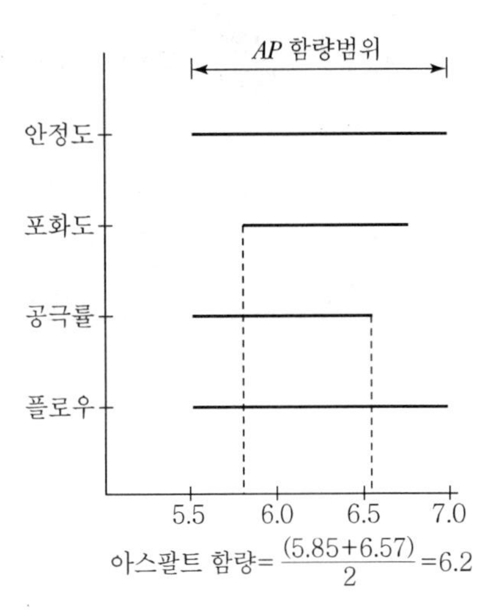
AP 함량범위
안정도
포화도
공극률
플로우
5.5
6.0
6.5
7.0
아스팔트 함량= (5.85+6.57) / 2 =6.2

5. 기층배합

(1) 아스팔트 가열골재 합성 성과(Faury 방법에 의한 합성도)

① 조골재 : 38%

② 중간 골재 : 40%

③ 모래 : 22%

(2) 가열아스팔트 포장설계 골재입도 계산

구분 \ 체 크기	25mm	19mm	10mm	No. 4	No. 8	No. 30	No. 50	No. 100	No. 200
조골재	100	73.5	6.5	0.5					
중간골재		100	78.4	44.9	28.2	15.2	11.0	7.4	4.6
모래				100	94.1	45.2	20.0	4.3	1.4
소망입도	100	75~100	45~70	30~50	20~35	5~20	3~12	2~8	0~4

① 제1수정

구분 \ 체 크기	사용 백분율	25mm	19mm	10mm	No. 4	No. 8	No. 30	No. 50	No.100	No.200
조골재	43	43	31.6	2.8	0.2					
중간골재	37	37	37	29.0	16.6	10.4	5.6	4.1	2.7	1.7
모래	20	20	20	20	20	18.8	9.0	4.0	0.9	0.3
소망입도	–	100	88.6	51.8	36.8	29.2	14.6	8.1	3.6	2.0

② 제2수정

구분 \ 체 크기	사용 백분율	25mm	19mm	10mm	No. 4	No. 8	No. 30	No. 50	No. 100	No. 200
조골재	43	43	31.6	2.8	0.2					
중간골재	40	40	40	31.4	18.0	11.3	6.1	4.4	3.0	1.8
모래	17	17	17	17	17	16.0	7.7	3.4	0.7	0.2
혼합입도	–	100	88.6	51.2	35.2	27.3	13.8	7.8	3.7	2.0

(3) 골재별 배치무게 환산표

① 제2수정

체 번호	골재	비율(%)
19mm	CA	43−31.6=11.4
10mm	CA FA	31.6−2.8=28.8 40.0−31.4=8.6
No. 4	CA FA	2.8−0.2=2.6 31.4−18.0=13.4
No. 8	CA FA S	0.2−0=0.2 18.0−11.3=6.7 17.0−16.0=1.0
No. 30	FA S	11.3−6.1=5.2 16.0−7.7=8.3
No. 50	FA S	6.1−4.4=1.7 7.7−3.4=4.3
No. 100	FA S	4.4−3.0=1.4 3.4−0.7=2.7
No. 200	FA S	3.0−1.8=1.2 0.7−0.2=0.5
Pan	FA S	1.8−0=1.8 0.2−0=0.2

[아스팔트 함량 : 3.5%] AP : 126g, 골재 : 3,474g

체 번호	골재	환산 무게	누계 중량
19mm	CA	3,474×0.114=396.0	396.0
10mm	CA FA	3,474×0.288=1,000.5 3,474×0.086=298.8	1,396.5 1,695.3
No. 4	CA FA	3,474×0.026=90.3 3,474×0.134=465.5	1,785.6 2,251.1
No. 8	CA FA S	3,474×0.002=6.9 3,474×0.067=232.8 3,474×0.010=34.7	2,258 2,490.8 2,525.5
No. 30	FA S	3,474×0.052=180.6 3,474×0.083=288.3	2,706.1 2,994.4
No. 50	FA S	3,474×0.017=59.1 3,474×0.043= 149.4	3,053.5 3,202.9
No. 100	FA S	3,474×0.014= 48.6 3,474×0.027= 93.8	3,251.5 3,345.3

체 번호	골재	환산 무게	누계 중량
No. 200	*FA* *S*	3,474×0.012= 41.7 3,474×0.005= 17.4	3,387 3,404.4
Pan	*FA* *S*	3,474×0.018= 62.5 3,474×0.002=6.9	3,466.9 3,474

[아스팔트 함량 : 4.0%] ***AP*** **: 144g, 골재 : 3,456g**

체 번호	골재	환산 무게	누계 중량
19mm	*CA*	3,456×0.114= 394.0	394.0
10mm	*CA* *FA*	3,456×0.288=995.3 3,456×0.086=297.2	1,389.3 1,686.5
No. 4	*CA* *FA*	3,456×0.026=89.9 3,456×0.134=463.1	1,776.4 2,239.5
No. 8	*CA* *FA* *S*	3,456×0.002=6.9 3,456×0.067=231.6 3,456×0.010=34.6	2,246.4 2,478 2,512.6
No. 30	*FA* *S*	3,456×0.052=179.7 3,456×0.083=286.8	2,692.3 2,979.1
No. 50	*FA* *S*	3,456×0.017=58.8 3,456×0.043= 148.6	3,037.9 3,186.5
No. 100	*FA* *S*	3,456×0.014=48.4 3,456×0.027=93.3	3,234.9 3,328.2
No. 200	*FA* *S*	3,456×0.012=41.5 3,456×0.005=17.3	3,369.7 3,387
Pan	*FA* *S*	3,456×0.018=62.2 3,456×0.002=6.9	3,449.2 3,456

[아스팔트 함량 : 4.5%] ***AP*** **: 162g, 골재 : 3,438g**

체 번호	골재	환산 무게	누계 중량
19mm	*CA*	3,438×0.114=391.9	391.9
10mm	*CA* *FA*	3,438×0.288=990.1 3,438×0.086=295.7	1,382 1,677.7
No. 4	*CA* *FA*	3,438×0.026=89.4 3,438×0.134=460.7	1,767.1 2,227.8
No. 8	*CA* *FA* *S*	3,438×0.002=6.9 3,438×0.067=230.3 3,438×0.010=34.4	2,234.7 2,465 2,499.4

체 번호	골재	환산 무게	누계 중량
No. 30	*FA* *S*	3,438×0.052=178.8 3,438×0.083=285.4	2,678.2 2,963.6
No. 50	*FA* *S*	3,438×0.017=58.4 3,438×0.043=147.8	3,022 3,169.8
No. 100	*FA* *S*	3,438×0.014=48.1 3,438×0.027=92.8	3,217.9 3,310.7
No. 200	*FA* *S*	3,438×0.012=41.3 3,438×0.005=17.2	3,352 3,369.2
Pan	*FA* *S*	3,438×0.018=61.9 3,438×0.002=6.9	3,431.1 3,438

[아스팔트 함량 : 5.0%] *AP* : 180g, 골재 : 3,420g

체 번호	골재	환산 무게	누계 중량
19mm	*CA*	3,420×0.114=389.9	389.9
10mm	*CA* *FA*	3,420×0.288=985.0 3,420×0.086=294.1	1,374.9 1,669
No. 4	*CA* *FA*	3,420×0.026=88.9 3,420×0.134=458.3	1,757.9 2,216.2
No. 8	*CA* *FA* *S*	3,420×0.002=6.8 3,420×0.067=229.1 3,420×0.010=34.2	2,223 2,452.1 2,486.3
No. 30	*FA* *S*	3,420×0.052=177.8 3,420×0.083=283.9	2,664.1 2,948
No. 50	*FA* *S*	3,420×0.017=58.1 3,420×0.043=147.1	3,006.1 3,153.2
No. 100	*FA* *S*	3,420×0.014=47.9 3,420×0.027=92.3	3,201.1 3,293.4
No. 200	*FA* *S*	3,420×0.012=41.0 3,420×0.005=17.1	3,334.4 3,351.5
Pan	*FA* *S*	3,420×0.018=61.6 3,420×0.002=6.8	3,413.1 3,420

[아스팔트 함량 : 5.5%] AP : 198g, 골재 : 3,402g

체 번호	골재	환산 무게	누계 중량
19mm	CA	3,402×0.114=387.8	387.8
10mm	CA FA	3,402×0.288=979.8 3,402×0.086=292.6	1,367.6 1,660.2
No. 4	CA FA	3,402×0.026=88.4 3,402×0.134=455.9	1,748.6 2,204.5
No. 8	CA FA S	3,402×0.002=6.8 3,402×0.067=227.9 3,402×0.010=34.0	2,211.3 2,439.2 2,473.2
No. 30	FA S	3,402×0.052=176.9 3,402×0.083=282.4	2,650.1 2,932.5
No. 50	FA S	3,402×0.017=57.8 3,402×0.043=146.3	2,990.3 3,136.6
No. 100	FA S	3,402×0.014=47.6 3,402×0.027=91.9	3,184.2 3,276.1
No. 200	FA S	3,402×0.012=40.8 3,402×0.005=17.0	3,316.9 3,333.9
Pan	FA S	3,402×0.018=61.2 3,402×0.002=6.8	3,395.1 3,402

(4) 아스팔트 공시체의 이론 최대밀도

① 제2수정

골재의 종류	배합비(%)	각 골재의 밀도	계수
A	B	C	$D=\frac{B}{C}$
조골재	43	2.669	16.111
중간골재	40	2.665	15.009
모래	17	2.582	6.584

- 계수의 합$(K)=37.704$
- 건조골재의 밀도 $=\dfrac{100}{37.704}=2.652\text{g/cm}^3$

아스팔트 혼합률(%)	아스팔트 밀도	$\frac{E}{F}$	$\frac{K(100-E)}{100}$	$G+H$	이론최대밀도 $\left(\frac{100}{I}\right)$
E	F	G	H	I	J
3.5	1.0307	3.396	36.384	39.780	2.514
4.0	1.0307	3.881	36.196	40.077	2.495
4.5	1.0307	4.366	36.007	40.373	2.477
5.0	1.0307	4.851	35.819	40.670	2.459
5.5	1.0307	5.336	35.630	40.966	2.441

(5) 마샬안정도시험

① 제2수정

공시체 No	아스팔트 함량(%)	두께 (cm)	공기 중 중량		파라핀 용적	수중중량 (g)	용적 (cm^3)	밀도(g/cm^3)	
			피복 전	피복 후				실측	이론
A	B		C	C'	C''	D	E	F	G
							$C'-C''-D$	$\frac{C}{E}$	
1	3.5	6.36	1,129.9	1,145.8	16.7	636.6	492.5	2.294	
2		6.45	1,124.7	1,143.9	20.2	632.4	491.3	2.289	
3		6.30	1,098.1	1,116.3	19.2	621.3	475.8	2.308	
평균								2.297	2.514
1	4.0	6.12	1,100.8	1,115.8	15.8	624.5	475.5	2.315	
2		6.29	1,105.1	1,126.0	21.5	627.7	476.8	2.319	
3		6.41	1,134.9	1,153.7	19.8	641.7	492.2	2.306	
평균								2.313	2.495
1	4.5	6.12	1,100.6	1,114.7	14.8	625.3	474.6	2.319	
2		6.18	1,104	1,121.1	18.0	628.1	475.0	2.324	
3		6.34	1,145.8	1,163.4	18.5	652.3	492.6	2.326	
평균								2.323	2.477
1	5.0	5.93	1,081.7	1,093.8	12.8	614.6	466.5	2.319	
2		6.26	1,141.1	1,153.5	15.2	646.9	491.4	2.322	
3		5.82	1,058.4	1,072.2	14.5	601.5	456.2	2.320	
평균								2.320	2.459

공시체 No	아스팔트 함량(%)	두께 (cm)	공기 중 중량		파라핀 용적	수중중량 (g)	용적 (cm³)	밀도(g/cm³)	
			피복 전	피복 후				실측	이론
1	5.5	6.10	1,119.2	1,130.4	11.8	636.4	482.2	2.321	
2		6.14	1,129.0	1,139.0	10.5	641.9	486.6	2.320	
3		5.40	985.0	995.2	10.7	559.4	425.1	2.317	
평균								2.319	2.441

공시체 No	아스팔트 용적(%)	공극률 (%)	포화도 (%)	안정도(kg)			플로우 (1/100cm)
				실측	보정계수	수정치	
A	H	I	J	K	L	M	N
	$\frac{B\times F}{\text{아스팔트 비중}}$	$100-100\times\frac{F}{G}$	$\frac{H}{H+I}$			$K\times L$	
1				18	1.00	387	2.8
2				24	0.96	495	2.7
3				18	1.00	387	2.4
평균	7.800	8.632	47.5			423	2.6
1				23	1.04	514	2.9
2				24	1.00	516	2.9
3				25	1.00	537	3.2
평균	8.976	7.295	55.2			522	3.0
1				28	1.04	626	3.4
2				27	1.04	604	3.4
3				28	1.00	602	3.5
평균	10.142	6.217	62.0			611	3.4
1				25	1.14	613	3.5
2				27	1.04	604	3.8
3				24	1.14	588	3.5
평균	11.254	5.653	66.6			602	3.6
1				24	1.09	562	4.3
2				25	1.04	559	4.4
3				21	1.32	596	4.2
평균	12.375	4.998	71.2			572	4.3

※ 링계수 21.5(kg/0.01mm)

(6) 아스팔트 함량 결정

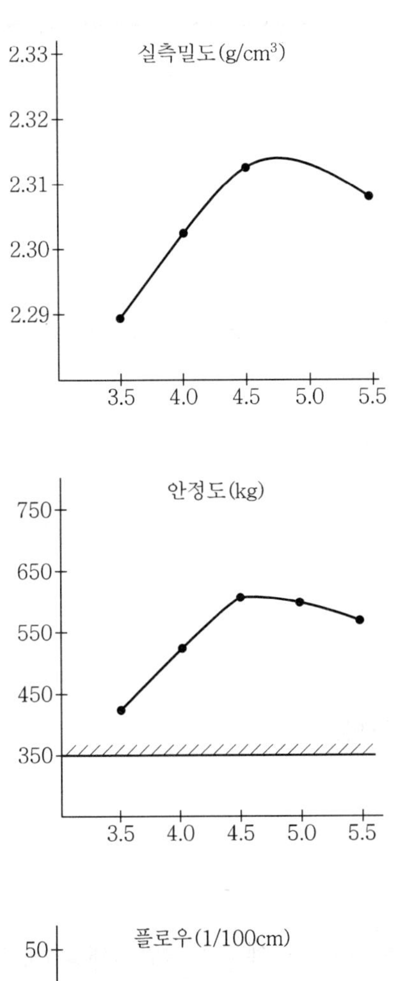
실측밀도(g/cm³)
2.33
2.32
2.31
2.30
2.29
3.5 4.0 4.5 5.0 5.5
안정도(kg)
750
650
550
450
350
3.5 4.0 4.5 5.0 5.5

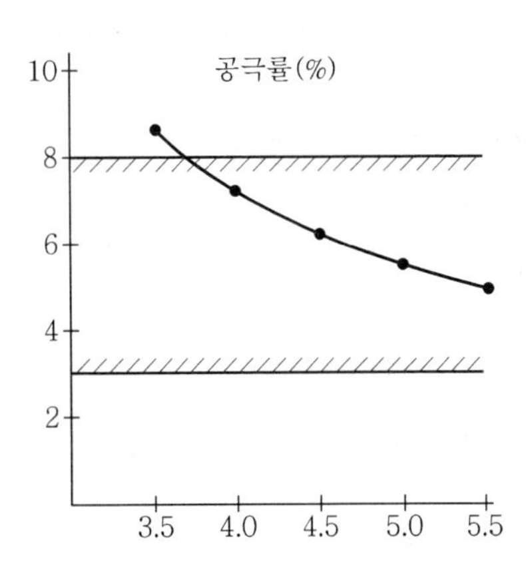
공극률(%)
10
8
6
4
2
3.5 4.0 4.5 5.0 5.5

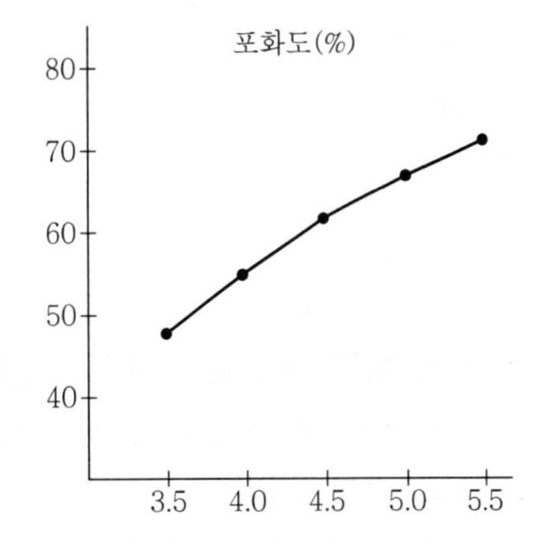
포화도(%)
80
70
60
50
40
3.5 4.0 4.5 5.0 5.5

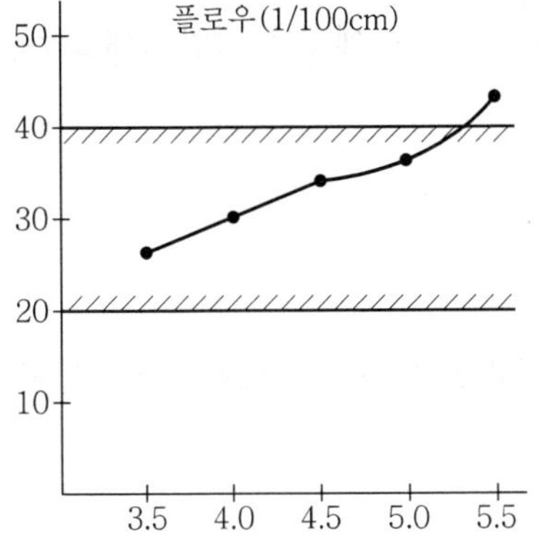
플로우(1/100cm)
50
40
30
20
10
3.5 4.0 4.5 5.0 5.5

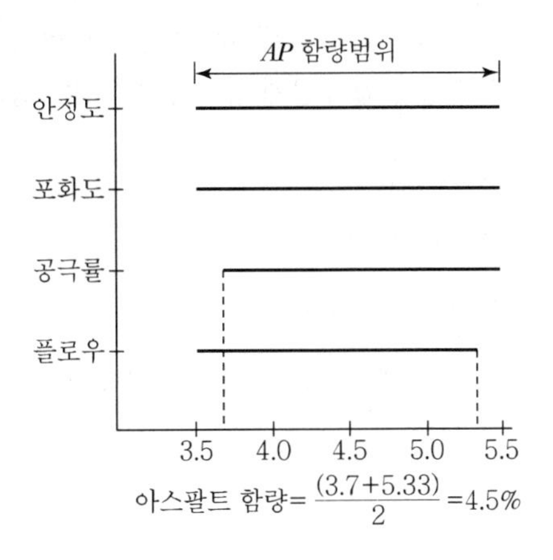
AP 함량범위
안정도
포화도
공극률
플로우
3.5 4.0 4.5 5.0 5.5
아스팔트 함량= (3.7+5.33) / 2 =4.5%

CHAPTER 03 : 기출 및 예상문제

01 아스팔트 신도시험에 대한 다음 물음에 답하시오.

(1) 신도란?

(2) 시험할 때 규정온도는?

(3) 분당 시험기를 당기는 속도는?

(4) 신도 측정단위는?

(5) 시료가 든 몰드와 금속판을 25±0.1℃로 유지되는 항온수조 속에 몇 분 동안 넣어두는가?

Solution

(1) 신도는 늘어나는 능력을 나타내며 아스팔트 연성을 측정

(2) 25±0.5℃

(3) 5±0.25cm

(4) cm

(5) 30분

02 아스팔트 침입도시험에 대한 다음 물음에 답하시오.

(1) 침입도시험 시 규정된 온도, 하중, 시간은?

(2) 침입도 측정단위는?

(3) 침입도시험을 하는 목적은?

(4) 침입도 측정은 몇 mm 떨어져서 하는가?

(5) 이동용 접시 안에 시료 용기를 넣어 항온수조(25±0.1℃) 속에 몇 분 동안 그대로 두는가?

Solution

(1) 25℃, 100g, 5초

(2) $\frac{1}{10}$mm (0.1mm)

(3) 아스팔트 굳기를 측정하여 사용목적이나 기상조건에 알맞은 아스팔트를 선정하기 위하여

(4) 10mm

(5) 60~90분

03 아스팔트 시험의 종류를 쓰시오.

Solution

(1) 비중시험
(2) 침입도시험
(3) 신도시험
(4) 연화점시험
(5) 인화점시험
(6) 점도시험

04 아스팔트 시험에 대한 다음 물음에 답하시오.

(1) 침을 100g의 중량으로 25°의 온도, 5초간 관입깊이를 측정하는 시험은?
(2) 아스팔트 연화점은 아스팔트가 강구와 함께 몇 mm 처질 때 값을 말하는가?
(3) 신도시험의 온도와 신장속도는?
(4) 마샬안정도시험 시 혼합물의 최대 골재치수는?

Solution

(1) 침입도시험
(2) 25mm
(3) 25℃, 5±0.25cm/분
(4) 25mm

05 아스팔트의 박막가열시험에 대한 다음 물음에 답하시오.

(1) 목적은?
(2) 저온에서 녹인 시료의 무게는 몇 g이 필요한가?
(3) 회전반을 매분 몇 회 속도로 회전시키는가?
(4) 시료를 몇 ℃ 조건에서 몇 시간 두는가?

Solution

(1) 아스팔트가 열이나 공기 등의 작용으로 변질되는 경향을 알기 위해 시험한다.(무게 변화율 측정)
(2) 50g
(3) 5~6회
(4) 163℃±1℃, 5시간

06 포장용 혼합물의 아스팔트 함유량시험에 대한 다음 물음에 답하시오.

(1) 시험 결과 측정 가능한 것 2가지를 쓰시오.

(2) 원심분리기의 속도는 1분간 몇 회전인가?

(3) 추출액이 어떤 색이 될 때까지 원심분리기를 회전시키는가?

(4) 작열접시 1개에 몇 ml 를 넣고 가열하고 태워 재를 만드는가?

Solution

(1) ① 아스팔트의 양

② 골재의 입도분포

(2) 3,600회

(3) 엷은 황색

(4) 100ml

07 강재의 굽힘시험에 대한 다음 물음에 답하시오.

(1) 목적은?

(2) 밀착이란?

(3) 일반적인 시험온도는?

(4) 온도에 민감한 재료의 시험온도는?

(5) 시험편을 굽히는 방법 3가지를 쓰시오.

Solution

(1) 강재의 가공성을 알기 위해 실시한다.

(2) 안쪽 반지름이 0이고 굽힘각도가 180°인 때를 말한다.

(3) 5~35℃

(4) 20±2℃

(5) ① 눌러 굽히는 방법

② 감아 굽히는 방법

③ V블록법

08 아스팔트 혼합물의 안정도시험에 대한 다음 물음에 답하시오.

(1) 목적은?
(2) 혼합물 골재의 최대치수는 얼마인가?
(3) 공시체 제작 시 타격횟수는 양면 몇 회씩 다지는가?
(4) 공시체를 항온수조에 몇 분간 담그며 그때의 온도는 얼마인가?

Solution

(1) 하중을 받을 때 변형에 대한 저항하는 정도를 알기 위해 실시한다.
(2) 25mm
(3) 50회
(4) 30분, 60±1℃

09 강재시험에 관한 다음 물음에 답하시오.

(1) 강의 경도시험 방법의 종류 4가지를 쓰시오.
(2) 강재 충격시험의 목적을 간단히 쓰고 종류 2가지를 쓰시오.

Solution

(1) 경도시험 방법
① 브리넬(Brinell) 시험
② 록웰(Rockwell) 시험
③ 쇼어(Shore) 시험
④ 비커스(Vickers) 시험

(2) ① 목적 : 강재의 인성(충격)을 알기 위해 실시한다.
② 종류 : 샤르피(Charpy), 아이조드(Izod)

10 마샬안정도시험 결과가 다음과 같았다. 물음에 답하시오.(단, 아스팔트의 밀도 : 1.03g/cm³)

공시체 번호	아스팔트 함량(%)	밀도(g/cm³)		안정도(kg)	Flow값 (1/100cm)
		실측	이론		
1	5.5	2.275	2.427	760	22
2	6.0	2.319	2.419	853	28
3	6.5	2.325	2.402	940	34

(1) 아스팔트 용적률, 공극률, 포화도를 구하시오.(단, 소수 둘째 자리까지 구하시오.)

공시체 번호	용적률(%)	공극률(%)	포화도(%)
1			
2			
3			

(2) 아스팔트 함량과 포화도, Flow값, 마샬안정도, 공극률의 관계를 작도하시오.

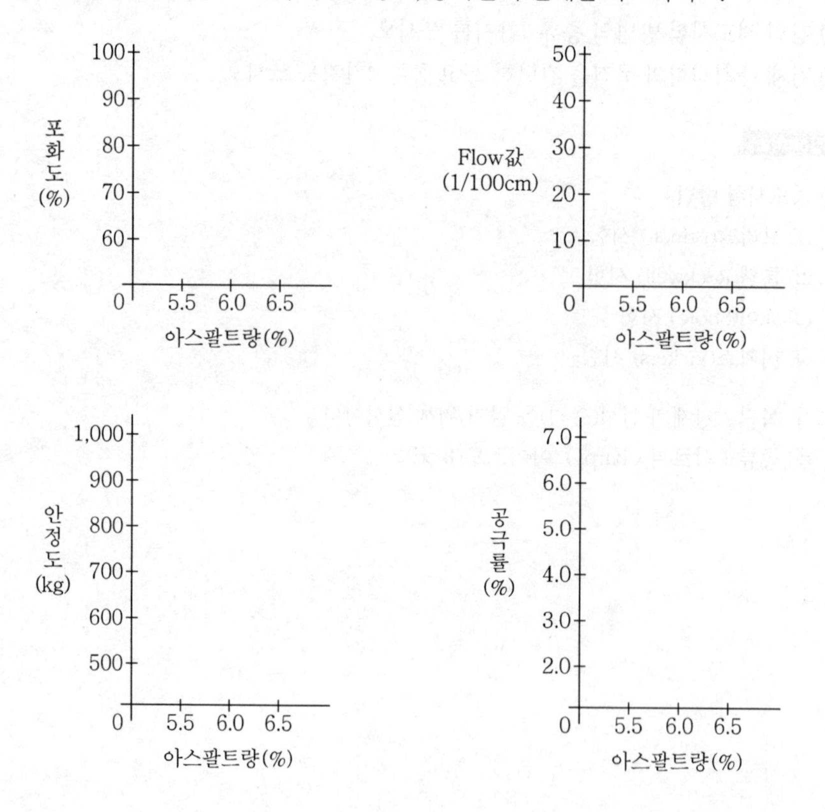

(3) 시방 범위를 보고 아스팔트 범위 및 설계 아스팔트량을 구하시오.(단, 설계 아스팔트는 아스팔트 범위 중앙값을 구하시오.)

시험항목	시방 범위	아스팔트 범위(%)
안정도(kg)	500 이상	
Flow값(1/100cm)	20∼40	
공극률(%)	3∼6	
포화도	70∼85	
설계 아스팔트(%)		

Solution

(1)

공시체 번호	용적률(%)	공극률(%)	포화도(%)
1	12.14	6.26	65.97
2	13.50	4.13	76.57
3	14.67	3.20	82.09

① 용적률

$$\frac{\text{아스팔트 함량} \times \text{실측밀도}}{\text{아스팔트 밀도}}$$

- $\frac{5.5 \times 2.275}{1.03} = 12.14\%$
- $\frac{6.0 \times 2.319}{1.03} = 13.50\%$
- $\frac{6.5 \times 2.325}{1.03} = 14.67\%$

② 공극률

$$\left(1 - \frac{\text{실측밀도}}{\text{이론밀도}}\right) \times 100$$

- $\left(1 - \frac{2.275}{2.427}\right) \times 100 = 6.26\%$
- $\left(1 - \frac{2.319}{2.419}\right) \times 100 = 4.13\%$
- $\left(1 - \frac{2.325}{2.402}\right) \times 100 = 3.20\%$

③ 포화도

$$\frac{\text{아스팔트 용적률}}{\text{아스팔트 용적률} + \text{공극률}} \times 100$$

- $\frac{12.14}{12.14 + 6.26} \times 100 = 65.98\%$
- $\frac{13.50}{13.50 + 4.13} \times 100 = 76.57\%$
- $\frac{14.67}{14.67 + 3.20} \times 100 = 82.09\%$

(2)

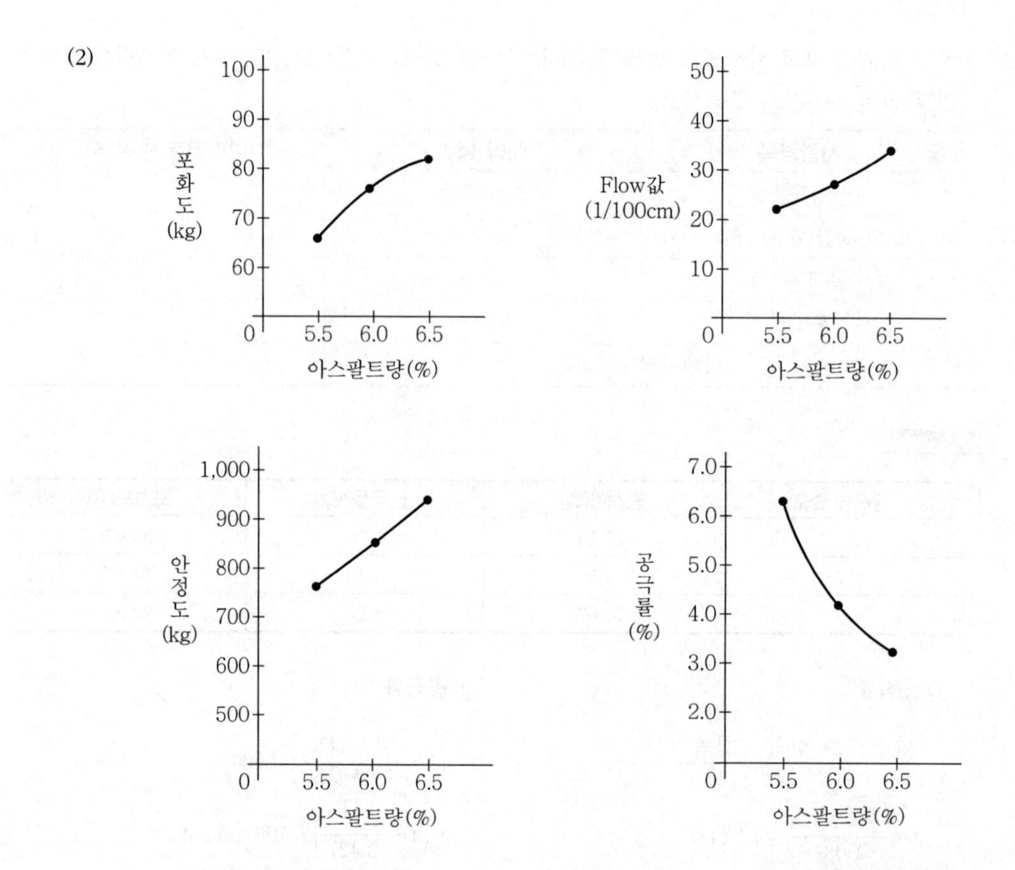

(3)

시험항목	시방 범위	아스팔트 범위(%)
안정도(kg)	500 이상	5.5～6.5
Flow값(1/100cm)	20～40	5.5～6.5
공극률(%)	3～6	5.5～6.5
포화도	70～85	5.5～6.5
설계 아스팔트(%)		6.0

① 해당 시험항목의 시방 범위를 기준으로 그림을 참조하여 아스팔트 범위를 결정한다.

② 설계 아스팔트 $= \dfrac{6.0+6.0+6.025+6.075}{4} = 6.025 ≒ 6.0\%$

11 가열 아스팔트 포장설계에서 다음과 같은 골재 배합비와 체가름 성과를 보고 물음에 답하시오.

체 크기 \ 배합비	골재의 종류			
	조골재	중간골재	모래	석분
	13%	57%	26%	4%
20mm	100			
13mm	18.2	100		
10mm	5.6	78.4		
5mm	1.7	44.9	100	
2.5mm	–	28.2	94.1	
0.6mm	–	15.2	45.2	
0.3mm	–	11.0	20.0	100
0.15mm	–	7.4	4.3	96.6
0.08mm	–	4.6	1.4	72.9

(1) 각 체별 통과 백분율 및 합성입도를 구하시오.(단, 소수 둘째 자리에서 반올림하시오.)

골재의 종류	사용 백분율	각 체별 통과백분율								
		20mm	13mm	10mm	5mm	2.5mm	0.6mm	0.3mm	0.15mm	0.08mm
조골재	13%									
중간골재	57%									
모래	26%									
석분	4%									
합성입도										

(2) 합성밀도를 구하시오.(단, 조골재 밀도 2.66g/cm³, 중간골재 밀도 2.65g/cm³, 모래 밀도 2.58g/cm³, 석분 밀도 2.70g/cm³이다.)

Solution

(1)

골재의 종류	사용 백분율	각 체별 통과 백분율								
		20mm	13mm	10mm	5mm	2.5mm	0.6mm	0.3mm	0.15mm	0.08mm
조골재	13%	13	2.4	0.7	0.2					
중간골재	57%	57	57	44.7	25.6	16.1	8.7	6.3	4.2	2.6
모래	26%	26	26	26	26	24.5	11.8	5.2	1.1	0.4
석분	4%	4	4	4	4	4	4	4	3.9	2.9
합성입도		100	89.4	75.4	55.8	44.6	24.5	15.5	9.2	5.9

① 각 체별 통과 백분율 : 골재별 체가름 성과(통과율)에 사용 백분율을 곱하여 계산

㉠ 조골재

- $0.13 \times 100 = 13$
- $0.13 \times 18.2 = 2.4$
- $0.13 \times 5.6 = 0.7$
- $0.13 \times 1.7 = 0.2$

㉡ 중간골재

- $0.57 \times 100 = 57$(19mm~13mm : 100% 통과율)
- $0.57 \times 78.4 = 44.7$
- $0.57 \times 44.9 = 25.6$
- $0.57 \times 28.2 = 16.1$
- $0.57 \times 15.2 = 8.7$
- $0.57 \times 11.0 = 6.3$
- $0.57 \times 7.4 = 4.2$
- $0.57 \times 4.6 = 2.6$

㉢ 모래

- $0.26 \times 100 = 26$(19mm~5mm : 100% 통과율)
- $0.26 \times 94.1 = 24.5$
- $0.26 \times 45.2 = 11.8$
- $0.26 \times 20.0 = 5.2$
- $0.26 \times 4.3 = 1.1$
- $0.26 \times 1.4 = 0.4$

㉣ 석분

- $0.04 \times 100 = 4$(20mm~0.3mm : 100% 통과율)
- $0.04 \times 96.6 = 3.9$
- $0.04 \times 72.9 = 2.9$

② 합성입도 : 각 체별 통과 백분율을 구해 골재별 합계

(2) 합성밀도

$$\frac{100}{\frac{13}{2.66}+\frac{57}{2.62}+\frac{26}{2.58}+\frac{4}{2.70}} = 2.62\text{g/cm}^3$$

12 3개의 공시체를 가지고 마샬안정도시험을 실시한 결과가 다음과 같다. 물음에 답하시오.(단, 아스팔트의 밀도 : 1.03g/cm³, 혼합되는 골재의 밀도 : 2.66g/cm³)

공시체 번호	아스팔트 함량(%)	두께(cm)	질량(g)	
			공기 중	수중
1	4.5	6.23	1,118.3	634.6
2	4.5	6.01	1,084.2	615.4
3	4.5	6.17	1,095.5	622.7

(1) 아스팔트 혼합물의 용적 및 실측밀도를 구하시오.(단, 소수 넷째 자리에서 반올림하시오.)

공시체 번호	아스팔트 함량(%)	두께(cm)	질량(g)		용적(cm³)	실측밀도 (g/cm³)
			공기 중	수중		
1	4.5	6.23	1,118.3	634.6		
2	4.5	6.01	1,084.2	615.4		
3	4.5	6.17	1,095.5	622.7		

(2) 평균실측밀도 및 이론밀도를 구하시오.(단, 소수 넷째 자리에서 반올림하시오.)

① 평균실측밀도

② 이론밀도

(3) 용적률, 공극률, 포화도를 구하시오.(단, 소수 둘째 자리에서 반올림하시오.)

① 용적률

② 공극률

③ 포화도

Solution

(1)

공시체 번호	아스팔트 함량(%)	두께(cm)	질량(g)		용적(cm³)	실측밀도 (g/cm³)
			공기 중	수중		
1	4.5	6.23	1,118.3	634.6	483.7	2.312
2	4.5	6.01	1,084.2	615.4	468.8	2.313
3	4.5	6.17	1,095.5	622.7	472.8	2.317

① 공시체 번호 1

- 용적 $= 1{,}118.3 - 634.6 = 483.7\text{cm}^3$
- 실측밀도 $= \dfrac{1{,}118.3}{483.7} = 2.312\text{g/cm}^3$

② 공시체 번호 2

- 용적 $=1{,}084.2-615.4=468.8\text{cm}^3$
- 실측밀도$=\dfrac{1{,}084.2}{468.8}=2.313\text{g/cm}^3$

③ 공시체 번호 3

- 용적 $=1{,}095.5-622.7=472.8\text{cm}^3$
- 실측밀도$=\dfrac{1{,}095.5}{472.8}=2.317\text{g/cm}^3$

(2) ① 평균 실측밀도

$$\frac{2.312+2.313+2.317}{3}=2.314\text{g/cm}^3$$

② 이론밀도

- 골재의 배합비(B) : 100%
- 골재의 밀도(C) : 2.66g/cm^3
- 계수$(K)=\dfrac{B}{C}=\dfrac{100}{2.66}=37.594\text{cm}^3/\text{g}$
- 아스팔트 함량$(E)=4.5\%$
- 아스팔트 밀도$(F)=1.03\text{g/cm}^3$
- $G=\dfrac{E}{F}=\dfrac{4.5}{1.03}=4.369$
- $H=\dfrac{K(100-E)}{100}=\dfrac{37.594(100-4.5)}{100}=35.902$
- $I=G+H=4.369+35.902=40.271$

∴ 이론최대밀도$=\dfrac{100}{I}=\dfrac{100}{40.271}=2.483\text{g/cm}^3$

(3) ① 용적률

$$\frac{\text{아스팔트 함량}\times\text{실측밀도}}{\text{아스팔트 밀도}}=\frac{4.5\times 2.314}{1.03}=10.1\%$$

② 공극률

$$100\left(1-\frac{\text{실측밀도}}{\text{이론밀도}}\right)=100\left(1-\frac{2.314}{2.483}\right)=6.8\%$$

③ 포화도

$$\frac{\text{용적률}}{\text{용적률}+\text{공극률}}\times 100=\frac{10.1}{10.1+6.8}\times 100=59.8\%$$

13 마샬안정도시험에서 포장용 아스팔트 혼합물의 소성 유동에 대한 저항성을 측정하여 설계 아스팔트량의 결정에 적용되는 시험 결과 항목을 쓰시오.

Solution

(1) 안정도
(2) Flow값(흐름값)
(3) 공극률
(4) 포화도

14 Proof Rolling 시험에 대한 물음에 답하시오.

(1) 목적
(2) 주행속도(km/hr)
(3) 주행장비

Solution

(1) 노상, 보조기층의 다짐이 적당한지, 부적당한 곳은 없는지 조사
(2) 4km/hr 정도(3회의 주행속도)
(3) 타이어롤러나 트럭

15 Benkelmen Beam에 대해 간단히 쓰시오.

Solution

차의 윤하중에 의해서 노상 및 포장 각 층 표면의 침하량을 측정하기 위한 기구

16 아스팔트 혼합물의 마샬안정도 및 흐름값 시험방법(KSF 2337)에 대한 내용이다. 다음 빈칸을 채우시오.

(1) 이 시험방법은 아스팔트와 최대치수 ( )mm의 골재를 혼합한 가열 혼합물에 적용한다.
(2) 흐름 측정기의 눈금은 ( )mm 단위로 새겨져 있어야 한다.
(3) 다져진 공시체의 높이가 약 ( )mm가 될 수 있도록 각각의 팬 속에 소요량을 준비한다.
(4) 공시체의 다짐은 다짐 해머로 ( )mm 높이에서 자유 낙하시켜 ( )회 또는 ( )회 타격한다. 뒤집어서 동일한 횟수로 타격한 후에 공시체를 실온에서 ( )시간 둔다.
(5) 공시체를 ( )분 동안 수조 속에 침수시켜 가열 아스팔트 공시체 온도가 ( )℃ 로 유지되도록 한다.
(6) 수조에서 공시체를 꺼내어 최대 하중을 측정할 때까지 시험에 소요된 시간은 ( )초 이내이어야 한다.

Solution

(1) 25mm
(2) 0.01mm
(3) 63.5mm
(4) 450mm, 50회, 75회, 12시간
(5) 30분, (60±1)
(6) 30초

17 아스팔트 포장용 혼합물의 아스팔트 함유량 시험방법(KS F 2354)에 대한 내용이다. 다음 물음에 답하시오.

(1) 사용하는 시약 2종류를 쓰시오.
(2) 추출 시험을 할 때 골재의 최대 치수가 25mm인 경우 3,000g 이상의 시료를 달아 한 번에 몇 g씩 나누어 시험을 하는가?

Solution

(1) ① 탄산암모늄용액, ② 삼염화에틸렌(삼염화에탄)
(2) 1,000g

18 아스팔트 포장용 혼합물의 아스팔트 함유량 시험방법(KS F 2354)으로 시험한 결과를 보고 다음 물음에 답하시오.

- 시료의 질량 : 1,169.7g
- 시료 중 수분의 질량 : 45g
- 추출된 골재의 질량 : 983.5g
- 시험한 액체 중 회분의 질량 : 0.9g
- 총(추출액) 부피 : 2,000mL
- 시험한 액체를 뺀 부피 : 100mL
- 필터링의 질량 증가분 : 2.5g

(1) 추출액 중에 있는 회분 전체의 질량을 구하시오.

(2) 아스팔트 함유율을 구하시오.

Solution

(1) $W_4 = G\left(\dfrac{V_1}{V_1 - V_2}\right)$

$= 0.9 \times \left(\dfrac{2{,}000}{2{,}000 - 100}\right) = 90\text{g}$

여기서, G : 시험한 액체 중 회분의 질량

V_1 : 총(추출액) 부피

V_2 : 시험한 액체를 뺀 부피

(2) 아스팔트 함유량$= \dfrac{(W_1 - W_2) - (W_3 + W_4 + W_5)}{W_1 - W_2}$

$= \dfrac{(1{,}169.7 - 45) - (983.5 + 90 + 2.5)}{1{,}169.7 - 45} \times 100 = 4.33\%$

여기서, W_1 : 시료의 질량

W_2 : 시료 중 수분의 질량

W_3 : 추출된 골재의 질량

W_4 : 추출액 중 세립 골재분의 질량

W_5 : 필터링의 질량 증가분

19 다음과 같은 재료시험 결과를 사용하여 아스팔트량(질량비) 6%를 가지는 도로 포장용 아스팔트 콘크리트(1m^3)의 배합설계에 필요한 단위량을 구하시오.

[재료시험 결과]

- 아스팔트 비중 : 1.0
- 굵은골재의 밀도 : 2.6g/cm^3
- 잔골재의 비율 : 60%
- 잔골재의 밀도 : 2.65g/cm^3
- 겉보기 밀도(ρ) : 2.15g/cm^3
- 굵은골재의 비율 : 40%

(1) 골재의 평균밀도

(2) 공극률

(3) 공극과 아스팔트의 체적비

(4) 골재의 체적비

(5) 아스팔트의 중량

(6) 잔골재의 중량

(7) 굵은골재의 중량

(8) 공극의 체적

Solution

(1) 골재의 평균밀도

$$G_{ag} = \frac{2.6 \times 60 + 2.65 \times 40}{100} = 2.62\,\text{g/cm}^3$$

(2) 공극률

- 이론최대밀도

$$D = \frac{100}{\dfrac{A}{G_b} + \dfrac{(100-A)}{G_{ag}}}$$

$$= \frac{100}{\dfrac{6}{1.0} + \dfrac{(100-6)}{2.62}} = 2.39\,\text{g/cm}^3$$

$\therefore$ 공극률$(\nu) = \left(1 - \dfrac{\rho}{D}\right) \times 100 = \left(1 - \dfrac{2.15}{2.39}\right) \times 100 = 10.04\%$

(3) 공극과 아스팔트의 체적비

$C_v = \nu + \rho \cdot A = 10.04 + 2.15 \times 6 = 22.94\%$

(4) 골재의 체적비

$A_v = 100 - C_v = 100 - 22.94 = 77.06\%$

(5) 아스팔트의 중량

- 아스팔트의 비율

  $(B_v) = C_v - \nu = 22.94 - 10.04 = 12.9\%$

- 아스팔트의 체적

  $(V_b) = 1{,}000 \times B_v = 1{,}000 \times 0.129 = 129\text{L}$

$\therefore$ 아스팔트의 중량$(W_b) = V_b \cdot G_b = 129 \times 1.0 = 129\text{kg}$

(6) 잔골재의 중량

- 잔골재의 비율

  $(S_v) = A_v \cdot S = 77.06 \times 0.4 = 30.82\%$

- 잔골재의 체적

  $(V_s) = 1{,}000 \times S_v = 1{,}000 \times 0.3082 = 308.2\text{L}$

$\therefore$ 잔골재의 중량$(W_s) = V_s \cdot G_s = 3.8.2 \times 2.65 = 816.73\text{kg}$

(7) 굵은골재의 중량

- 굵은골재의 비율

  $(G_v) = A_v \cdot G = 77.06 \times 0.6 = 46.24\%$

- 굵은골재의 체적
  $(V_G) = 1{,}000 \times G_v = 1{,}000 \times 0.4624 = 462.4\text{L}$

∴ 굵은골재의 중량$(W_G) = V_G \cdot G_G = 462.4 \times 2.6 = 1{,}202.24\text{kg}$

(8) 공극의 체적

$V - (V_b + V_s + V_G) = 1{,}000 - (129 + 308.2 + 462.4) = 100.4\text{L}$

20 콘크리트 비파괴시험 방법 5가지를 쓰시오.

(1) (2) (3)

(4) (5)

Solution

(1) 표면경도법 (2) 초음파법 (3) 공진법

(4) 방사선법 (5) 인발법

21 다음 $p-q$ 다이어그램에서 $\tan\beta = \frac{1}{3}$일 때 K_o는 얼마인가?

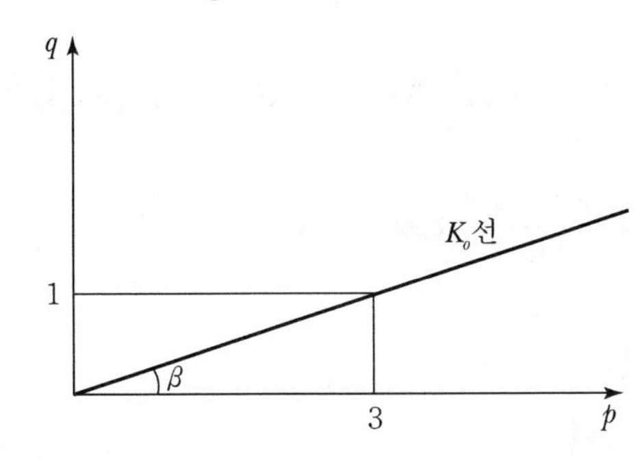

Solution

$\tan\beta = \frac{1}{3}$이므로 $p = 3$일 때 $q = 1$

$$\frac{\overline{\sigma_v} + \overline{\sigma_h}}{2} = 3 \qquad \therefore \overline{\sigma_v} + \overline{\sigma_h} = 6 \quad \cdots\cdots \text{ⓐ}$$

$$\frac{\overline{\sigma_v} - \overline{\sigma_h}}{2} = 1 \qquad \therefore \overline{\sigma_v} - \overline{\sigma_h} = 2 \quad \cdots\cdots \text{ⓑ}$$

ⓐ, ⓑ 식을 연립하면 $\overline{\sigma_v} = 4$, $\overline{\sigma_h} = 2$

$$\therefore K_o = \frac{\overline{\sigma_h}}{\overline{\sigma_v}} = \frac{2}{4} = 0.5$$

22 다음 그림과 같이 강널말뚝을 박은 지반에 $k=1.34\times10^3$cm/sec, $G_s=2.65$, $e=0.52$일 때 물음에 답하시오.(단, $\gamma_w=9.81$kN/m^3)

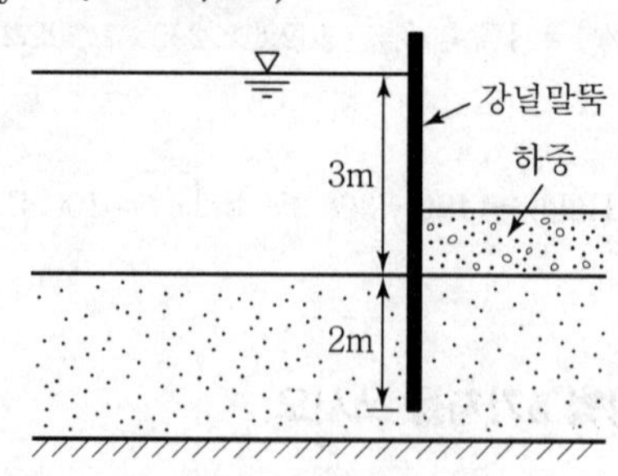

(1) 강널말뚝 아래 2m 지점에서 단위면적당 침투수압을 구하시오.
(2) 강널말뚝 아래 2m 지점에서 단위면적당 토압을 구하시오.(소수 셋째 자리에서 반올림하시오.)
(3) 한계동수경사를 구하시오.(소수 셋째 자리에서 반올림하시오.)
(4) 분사현상이 일어나는지 판정하시오.
(5) 분사현상이 일어날 경우 얼마의 하중 이상으로 눌러야 안전한가?

Solution

(1) $u=\gamma_w\cdot h\cdot i=1\times2\times\dfrac{3}{2}=9.81\times2\times\dfrac{3}{2}=29.43\text{kN/m}^2$

(2) $p=\gamma_{\text{sub}}\cdot h=\dfrac{G_s-1}{1+e}\gamma_w\times h=\dfrac{2.65-1}{1+0.52}\times9.81\times2=21.3\text{kN/m}^2$

(3) $i_c=\dfrac{\gamma_{\text{sub}}}{\gamma_w}=\dfrac{G_s-1}{1+e}=\dfrac{2.65-1}{1+0.52}=1.09$

(4) $i_c=1.09,\ i=\dfrac{3}{2}=1.5$

∴ 분사현상이 일어난다.

$i>i_c$이므로 분사현상이 일어난다.

(5) 하중=수압−토압=29.43−21.3=8.13kN/m^2

23 다음 그림의 $p-q$ Diagram에서 K_o선이 정지상태를 나타낼 때 A점에 대해 물음에 답하시오.

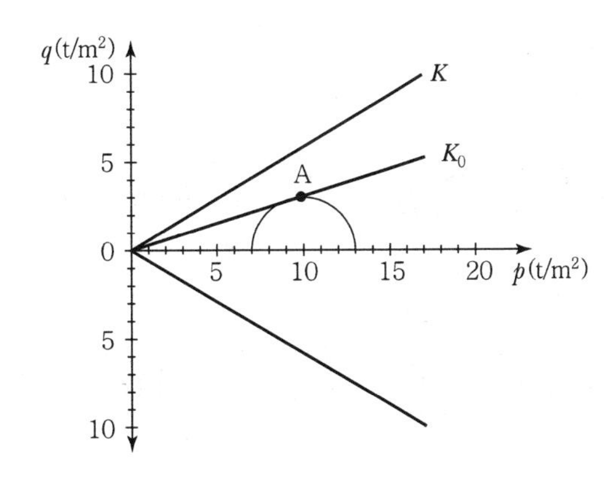

(1) 최대 유효주응력($\overline{\sigma_v}$)을 구하시오.

(2) 최소 유효주응력($\overline{\sigma_h}$)을 구하시오.

(3) 주동토압계수(K_a)를 구하시오.(소수 셋째 자리에서 반올림하시오.)

(4) 수동토압계수(K_p)를 구하시오.(소수 셋째 자리에서 반올림하시오.)

(5) 내부마찰각(ϕ)을 구하시오.

Solution

(1) $\overline{\sigma_v} = 13\text{t/m}^2 = 9.81 \times 2 \times \dfrac{3}{2} = 29.43\text{kN/m}^2$

(2) $\overline{\sigma_h} = 7\text{t/m}^2 \times 9.81 \times 2 = 21.3\text{kN/m}^2$

(3) $K_a = \dfrac{1-\sin\phi}{1+\sin\phi} = \dfrac{1-\sin 27.52°}{1+\sin 27.52°} = 0.37$

(4) $K_p = \dfrac{1+\sin\phi}{1-\sin\phi} = \dfrac{1+\sin 27.52°}{1-\sin 27.52°} = 2.72$

(5) $K_o = \dfrac{\overline{\sigma_h}}{\overline{\sigma_v}} = \dfrac{7}{13} = 0.538$, $K_o = 1 - \sin\phi = 29.43 - 21.3 = 8.13\text{kN/m}^2$

$\therefore \phi = \sin^{-1}(1-K_o) = \sin^{-1}(1-0.538) = 27.52°$

24 지름 20mm, 길이 1m인 강봉을 50kN의 힘으로 잡아당겼을 때 길이는 0.85mm 신장했고 지름은 0.005mm 줄어들었다. 다음 물음에 답하시오.(단, 유효숫자 셋째 자리까지 계산하시오.)

(1) 이 강봉의 탄성계수를 구하시오.

(2) 이 강봉의 푸아송비를 구하시오.

Solution

(1) $A=\dfrac{\pi D^2}{4}=\dfrac{3.14\times 20^2}{4}=314\text{mm}^2$

$$E=\frac{\sigma}{\varepsilon}=\frac{\frac{P}{A}}{\frac{\Delta l}{l}}=\frac{P\cdot l}{A\cdot \Delta l}=\frac{50{,}000\times 1{,}000}{3.14\times 0.85}=187{,}336.08\text{N/mm}^2=187{,}336.08\text{MPa}$$

(2) $v=\dfrac{\text{가로 방향의 변형률}}{\text{세로 방향의 변형률}}=\dfrac{\frac{\Delta d}{d}}{\frac{\Delta l}{l}}=\dfrac{\Delta d\cdot l}{d\cdot \Delta l}=\dfrac{0.005\times 1{,}000}{20\times 0.85}=0.294$

25 **어느 공사의 유효 상재하중을 올리는 시공기간이 8개월이다. 이 공사를 점증하중으로 생각할 때 12개월의 실제 침하량은 순간하중으로 구한 침하량의 몇 개월에 해당되는 침하량인가?**

Solution

8개월(점증하중) → $\dfrac{8}{2}$ =4개월(순간하중)

12개월－8개월＝4개월

∴ 4＋4＝8개월

26 **어떤 지반의 평판재하시험 결과 재하판의 크기를 30cm×30cm를 사용했을 때의 극한지지력이 210kN/m², 침하량이 10mm이었다. 실제 3m×3m의 기초를 설치할 때 다음 물음에 답하시오.**

(1) 사질지반일 때 극한지지력 및 침하량은?

(2) 점성토지반일 때 극한지지력 및 침하량은?

Solution

(1) ① $q_d=q_t\cdot\dfrac{B}{b}=210\times\dfrac{3}{0.3}=2{,}100\text{kN/m}^2$

② $S=S_{30}\left(\dfrac{2B}{B+30}\right)^2=1.0\times\left(\dfrac{2\times 300}{300+30}\right)^2=3.3\text{cm}$

(2) ① $q_d=q_t=2{,}100\text{kN/m}^2$

② $S:S_{30}=B:b$

$\therefore\ S=\dfrac{B}{b}\times S_{30}=\dfrac{3}{0.3}\times 1=10\text{cm}$

27 노상토 지지력비 시험(CBR)에 대한 물음에 답하시오.

(1) CBR시험을 재시험한 결과 관입량이 2.5mm일 때 시험하중이 2.0kN, 관입량 5.0mm일 때 시험하중이 3.2kN이다. CBR 값은?

(2) 팽창량을 다이얼 게이지로 측정한 결과 처음 눈금이 3.0mm였고, 종료 후 눈금이 4.75mm일 때 팽창비는?

Solution

(1) $CBR_{2.5} = \frac{\text{시험하중}}{\text{표준하중}} \times 100 = \frac{2.0}{13.4} \times 100 = 14.9\%$

$CBR_{5.0} = \frac{\text{시험하중}}{\text{표준하중}} \times 100 = \frac{3.2}{19.9} \times 100 = 16.1\%$

∴ 이 중 큰 값인 16.1%이다.

(2) 팽창비 $= \frac{d_2 - d_1}{h} \times 100 = \frac{4.75 - 3.0}{125} \times 100 = 1.4\%$

28 다음 용어의 정의를 간단히 설명하시오.

(1) 유동화제 (2) 고성능 감수제 (3) AE제 (4) 베이스 콘크리트

Solution

(1) 콘크리트 배합 완료 후 유동성을 위해 사용
(2) 콘크리트 배합 초기부터 감수 및 유동성을 위해 사용
(3) 콘크리트 속에 많은 미소한 기포를 일정하게 분포시키기 위해 사용하는 혼화제
(4) 유동화 콘크리트를 제조할 때 첨가하기 전의 기본 배합의 콘크리트

29 다음 용어의 정의를 간단히 설명하시오.

(1) 갇힌공기 (2) 순환골재 (3) 콜드 조인트(Cold Joint)

Solution

(1) 공기연행제를 사용하지 않는 경우에도 콘크리트 속에 자연적으로 포함되는 공기
(2) 콘크리트를 크러셔로 분쇄하여 인공적으로 만든 골재로서 입도에 따라 순환잔골재와 순환굵은골재로 분류한다.
(3) 시공하기 전에 계획하지 않은 곳에서 생긴 이음으로서, 먼저 타설된 콘크리트와 나중에 타설되는 콘크리트 사이에 완전히 일체화가 되지 않은 이음부위

30 다음 용어의 정의를 간단히 설명하시오.

(1) 매스 콘크리트 (2) 되비비기 (3) 생산자 위험률

Solution

(1) 부재 혹은 구조물의 치수가 커서 시멘트의 수화열에 의한 온도 상승 및 강하를 고려하여 설계 · 시공해야 하는 콘크리트
(2) 콘크리트 또는 모르타르가 엉기기 시작하였을 경우에 다시 비비는 작업
(3) 품질관리에서 합격하여야 할 품질의 로트가 불합격이 되는 확률

31 고유동 콘크리트에 대해 아래 물음에 답하시오.

(1) 고유동 콘크리트의 정의를 간단히 쓰시오.
(2) 굳지 않은 콘크리트의 재료 분리 저항성 규정 2가지를 쓰시오.

Solution

(1) 굳지 않은 상태에서 재료 분리 없이 높은 유동성을 가지면서 다짐작업 없이 자기 충전성이 가능한 콘크리트
(2) ① 슬럼프 플로 시험 후 콘크리트의 중앙부에는 굵은골재가 모여 있지 않고, 주변부에는 페이스트가 분리되지 않아야 한다.
② 슬럼프 플로 500mm, 도달 시간 3~20초 범위를 만족하여야 한다.

32 종합적 품질관리(TQC) 도구를 3가지만 쓰시오.

Solution

① 히스토그램 ② 파레토도 ③ 특성요인도 ④ 체크 시트
⑤ 산점도 ⑥ 층별 ⑦ 각종 그래프

33 콘크리트 구조물의 내구성 평가 시 내구성 성능을 저하시키는 요인을 3가지만 쓰시오.

Solution

① 알칼리골재반응 ② 탄산화 ③ 염해 ④ 동해

34 콘크리트의 알칼리 골재 반응에 대한 물음에 답하시오.

(1) 알칼리 골재 반응의 종류 3가지를 쓰시오.
(2) 알칼리 골재 반응의 방지 대책을 3가지만 쓰시오.(재료의 기준에 대해서)

Solution

(1) ① 알칼리-실리카반응
② 알칼리-탄산염반응
③ 알칼리-실리케이트반응
(2) ① 반응성 골재를 사용하지 않는다.
② 콘크리트의 수밀성을 증대시킨다.
③ 콘크리트 시공시 초기 결함이 발생하지 않도록 한다.

35 공장제품에 사용하는 증기양생의 양생온도에 대한 시험 및 검사방법을 3가지만 쓰시오.

Solution

① 온도 상승률　② 온도 강하율　③ 최고 온도와 지속 시간

36 콘크리트를 거푸집에 타설한 후부터 응결이 종료할 때까지 발생하는 균열을 일반적으로 초기 균열이라고 한다. 발생원인에 따라 콘크리트의 경화 전 초기 균열의 종류를 4가지만 쓰시오.

Solution

① 침하균열　② 초기 건조균열(플라스틱 수축균열)
③ 거푸집의 변형에 의한 균열　④ 진동 재하에 의한 균열

[참고] 압밀시험 성과 $\log t$ 법 그래프 작도(예)

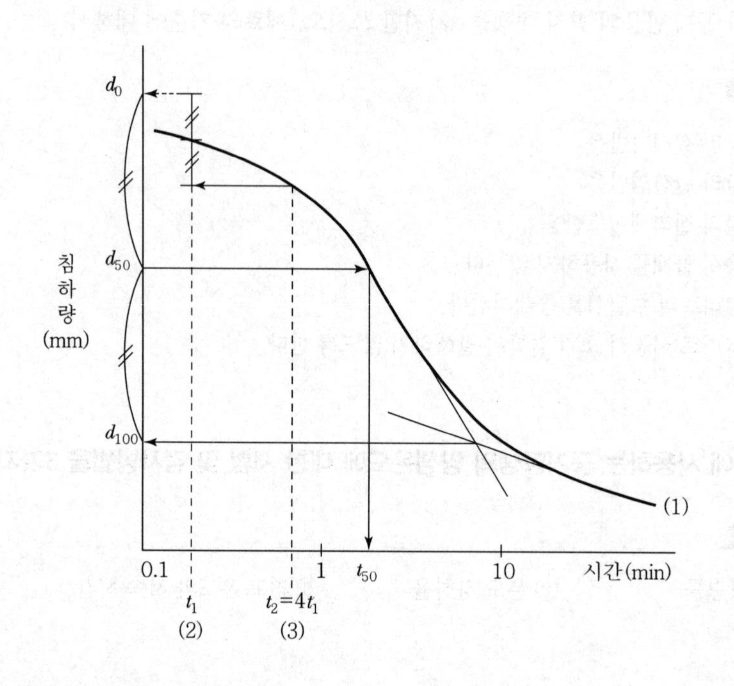

(1) 주어진 자료로 압밀곡선을 작도한다.

(2) 임의 위치(0.1 근처)에서 t_1을 정한다.

(3) t_1의 4배 위치에서 t_2을 정한다.

(4) t_2 위치에서 좌측으로 선을 긋고 위로 t_1과 만나는 간격만큼 위로 선을 긋고 이 위치에 해당하는 침하량 d_o을 정한다.

(5) 압밀곡선의 직선부분 두 곳을 긋고 만나는 위치의 침하량 d_{100}을 정한다.

(6) d_o과 d_{100} 중간 위치 d_{50}을 정한다.

(7) d_{50}에 해당하는 t_{50}을 정한다.

[참고] 다짐시험 성과 다짐곡선 작도(예)

횟수	1	2	3	4	5	6
γ_d	1.592	1.694	1.779	1.769	1.714	1.636
ω	9.7	11.3	12.5	14.7	15.9	17.7

(1) 성과표를 보고 위치에 점을 표시한다.

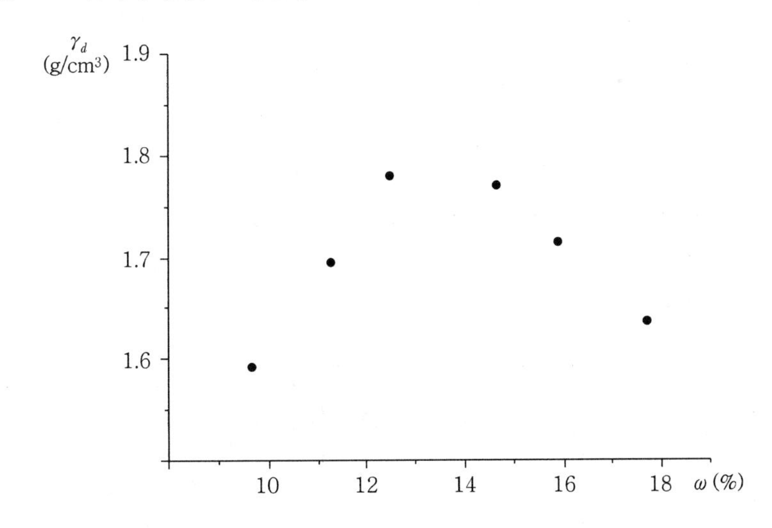

(2) 연필로 선을 긋는다.(일직선이 아닌 경우는 점과 점 사이를 원활하게 스쳐 지나간다.)

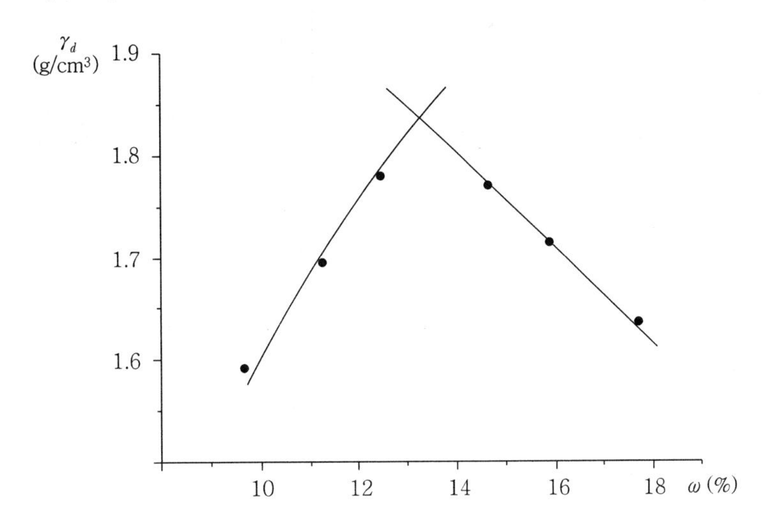

(3) 만나는 점(꼭짓점) 및 부분에 곡선자의 둥근 부분을 대고 긋는다.

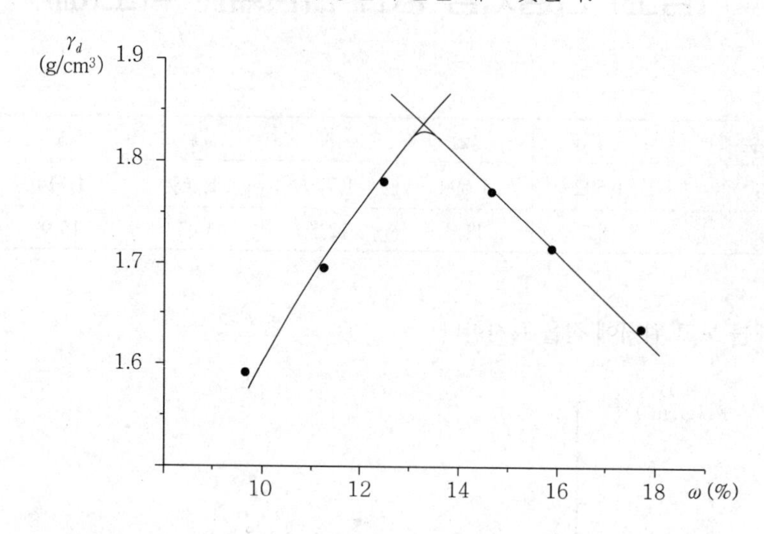

(4) 연필로 그린 자국을 지우고 볼펜으로 점과 선을 그어 완성한다.

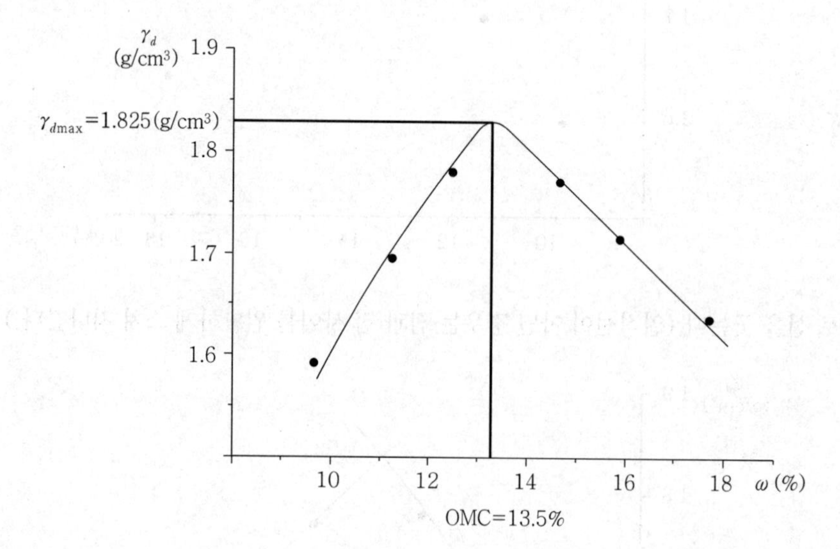

한국산업인력공단(자주하는 질문 1)

주관식 필기시험(필답형)의 수험자 유의사항에 대해 알려주세요!

1. 시험 문제지를 받는 즉시 응시하고자 하는 종목의 문제지가 맞는지 여부를 확인하여야 합니다.
2. 시험 문제지 총면수/문제번호 순서/인쇄상태 등을 확인하고, 수험번호 및 성명은 답안지 앞장에 기재합니다.
3. 부정행위 방지를 위하여 답안작성(계산식 포함)은 흑색 또는 청색 필기구만 사용하되, 동일한 한 가지 색의 필기구만 사용하여야 하며 흑색, 청색을 제외한 유색 필기구 또는 연필류를 사용하거나 2가지 이상의 색을 혼합 사용하였을 경우 그 문항은 0점 처리됩니다.
4. 답란에는 문제와 관련 없는 불필요한 낙서나 특이한 기록사항 등을 기재하여서는 안 되며 부정의 목적으로 특이한 표식을 하였다고 판단될 경우에는 모든 득점이 0점 처리됩니다.
5. 답안을 정정할 때에는 반드시 정정부분을 두 줄로 그어 표시하여야 하며, 두 줄로 긋지 않은 답안은 정정하지 않은 것으로 간주합니다.
6. 계산문제는 반드시 「계산과정」과 「답」란에 계산과정과 답을 정확히 기재하여야 하며 계산과정이 틀리거나 없는 경우 0점 처리됩니다.(단, 계산연습이 필요한 경우는 연습란을 이용하여야 하며, 연습란은 채점대상이 아닙니다.)
7. 계산문제는 최종 결과 값(답)에서 소수 셋째 자리에서 반올림하여 둘째 자리까지 구하여야 하나 개별문제에서 소수처리에 대한 요구사항이 있을 경우 그 요구사항에 따라야 합니다.(단, 문제의 특수한 성격에 따라 정수로 표기하는 문제도 있으며, 반올림한 값이 0이 되는 경우는 첫 유효숫자까지 기재하되 반올림하여 기재하여야 합니다.)
8. 답에 단위가 없으면 오답으로 처리됩니다.(단, 문제의 요구사항에 단위가 주어졌을 경우는 생략되어도 무방합니다.)
9. 문제에서 요구한 가지수(항수) 이상을 답란에 표기한 경우에는 답란기재 순으로 요구한 가지수(항수)만 채점하여 한 항에 여러 가지를 기재하더라도 한 가지로 보며 그 중 정답과 오답이 함께 기재되어 있을 경우 오답으로 처리됩니다.
10. 한 문제에서 소문제로 파생되는 문제나, 가지수를 요구하는 문제는 대부분의 경우 부분 배점을 적용합니다.

11. 부정 또는 불공정한 방법으로 시험을 치른 자는 부정행위자로 처리되어 당해 검정을 중지 또는 무효로 하고 3년간 국가기술 자격검정의 응시자격이 정지됩니다.
12. 복합형 시험의 경우 시험의 전 과정(필답형, 작업형)을 응시하지 않은 경우 채점대상에서 제외합니다.
13. 저장용량이 큰 전자계산기 및 유사전자제품 사용 시에는 반드시 저장된 메모리를 초기화한 후 사용하여야 하며 시험위원이 초기화 여부를 확인할 시 협조하여야 합니다. 초기화되지 않은 전자계산기 및 유사 전자제품을 사용하여 적발 시에는 부정행위로 간주합니다.
14. 시험위원이 시험 중 신분확인을 위하여 신분증과 수험표를 요구할 경우 반드시 제시하여야 합니다.
15. 문제 및 답안(지), 채점기준은 일체 공개하지 않습니다.

한국산업인력공단(자주하는 질문 2)

주관식 필기시험(필답형)의 계산문제 채점방법은 어떻게 되나요?

1. 기본적으로 계산문제는 계산식과 답이 모두 맞아야 정답으로 인정하며, 계산과정이 없는 답은 0점 처리됩니다.
2. 계산식 문제는 문제 답안에 계산식과 답을 구분하여 요구하고 있으므로 반드시 해당란에 기재하여야 합니다.
3. 계산과정에서 발생하는 소수점 처리 부분 및 단위도 언급되어 있으므로 반드시 요구사항대로 준수하여야 합니다.
4. 상기 내용은 문제지 첫 페이지 상단의 "수험자 유의사항"에 자세히 안내되어 있으므로 반드시 숙지한 후 문제를 풀어야 합니다.

Memo

Memo

Memo

PART

02

실기분야 (작업형)

CHAPTER 01 : 시멘트의 밀도시험

1. 시멘트의 밀도시험

❶ 르샤틀리에 병(274cc)
❷ 철사
❸ 깔때기(유리)
❹ 헝겊
❺ 비커
❻ 저울(용량 200g)
❼ 스푼
❽ 시료 팬(작은 용기)
❾ 시멘트(64g)
❿ 광유

2. 시험순서

(1) 병의 눈금 0～1cc 사이에 광유를 채운다.

(2) 병 목 부분에 묻은 광유를 마른걸레로 닦아 낸다.

※ 철사 끝에 헝겊을 감아서 잘 닦아내야 시멘트를 넣을 경우 병 내부에 묻지 않고 잘 넣을 수 있으므로 충분히 닦는다.

(3) 광유의 표면눈금을 읽어 기록한다.

※ 눈금을 읽을 경우 광유의 밑부분을 정확히 읽는다.

(4) 시멘트 64g을 정확하게 계량한다.

※ 작은 용기에 시멘트를 담고 측정한다.

(5) 시멘트를 병에 유실이 없도록 넣는다.

※ 병 윗부분에 유리 깔때기를 올려놓고 반 스푼보다 적게 내려가는 것을 보고 막히지 않게 천천히 넣는다.

(6) 시멘트를 넣은 후 내부의 공기를 없애고 광유 표면의 눈금을 읽고 기록한다.

※ 병을 조금 기울여 굴리거나 천천히 수평으로 돌려 시멘트 속의 공기방울이 올라오지 않을 때까지 공기를 완전히 없앤다.

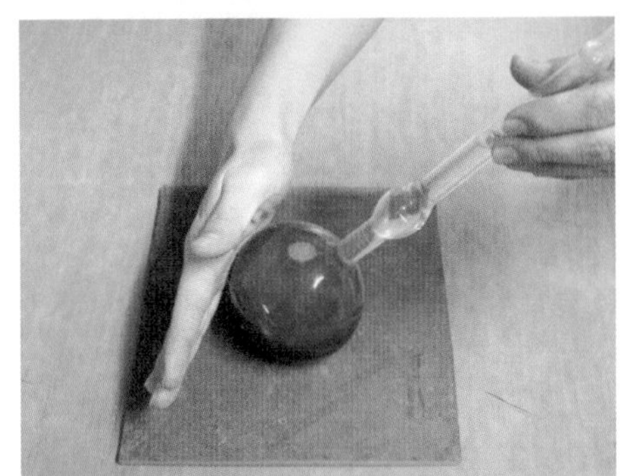

(7) 성과표에 밀도값 계산 근거를 기록한다.

$$\text{시멘트 밀도} = \frac{\text{시멘트 질량}(64\text{g})}{\text{병의 눈금차}}$$

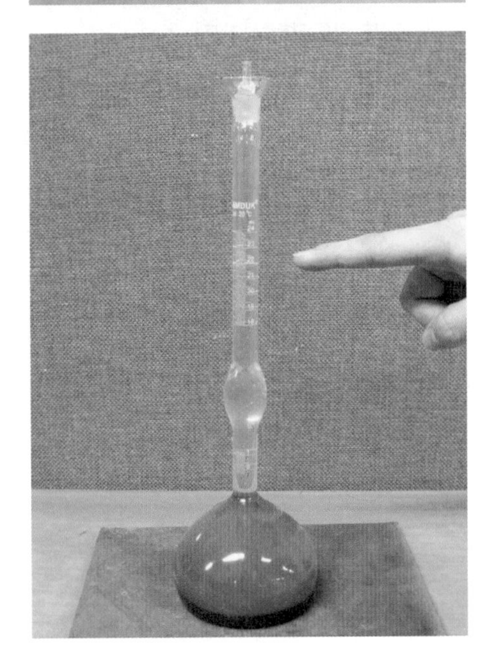

(8) 병 목부분과 밑부분을 잡고 충분히 흔든 후에 거꾸로 세워 깨끗하게 비우고 주변을 정리한다.

3. 시험 성과표 작성

[시멘트 밀도시험 성과표]

측정 항목	1	2
병의 번호		
처음의 광유 눈금(cc)		
시료의 질량(g)		
시료 넣은 후 광유의 눈금(cc)		
밀도		

시멘트 밀도시험(예)

측정 항목	1	2	3
병의 번호	5번		
처음의 광유 눈금(cc)	0.4ml		
시료의 질량(g)	64g		
시료 넣은 후 광유의 눈금(cc)	21.2ml		
밀도	3.08		

[계산란]

$$\text{밀도} = \frac{\text{시료의 질량}}{\text{눈금의 차}} = \frac{64}{21.2 - 0.4} = 3.08$$

시멘트 밀도시험

주요항목	세부항목	항목번호	항목별 채점방법	배점
시멘트 밀도시험 (10점)	시험 순서 및 방법	1	병의 눈금 0~1cc 사이에 광유를 채운 후 병의 목 부분에 묻은 광유를 마른걸레로 닦아낸다.	2
		2	(1)항의 상태에서 광유의 표면 눈금을 읽어 기록한다.	2
		3	시멘트 약 64g 정도를 0.1g 단위까지 정확하게 칭량한다.	2
		4	시멘트를 병에 넣을 때 목 부분에 넣어 유실되지 않도록 조심하면서 넣는다.	1
		5	시멘트를 전부 넣은 다음 내부의 공기를 없앤다. 이때 광유가 휘발되지 않도록 주의하여야 하며 광유의 표면이 가리키는 눈금을 읽는다.	2
		6	시험한 결과치를 가지고 밀도값을 계산할 줄 알면 1점, 아니면 0점	1

CHAPTER 02 : 잔골재 밀도시험

1. 시험기구 및 재료

❶ 저울(용량 2kg)
❷ 원뿔형 몰드 및 다짐대
❸ 플라스크(용량 500ml)
❹ 분무기
❺ 시료 팬
❻ 피펫
❼ 탈지면
❽ 비커
❾ 모래 또는 표준사(표건상태 500g)
❿ 스패튤러

2. 시험순서

(1) 시험할 시료를 1kg 정도 채취한다.

(2) 분무기로 물을 약간 뿌린다.

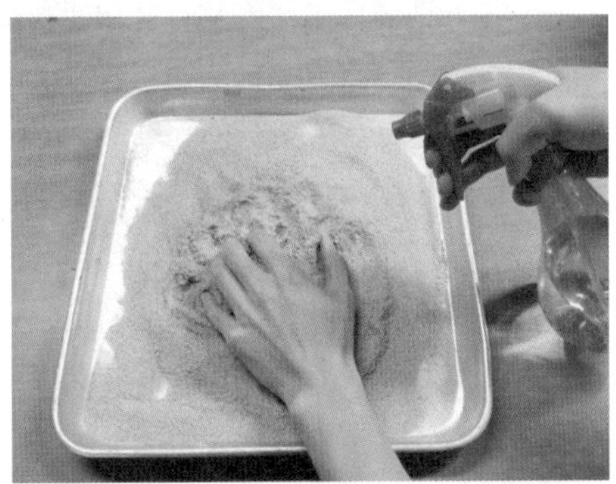

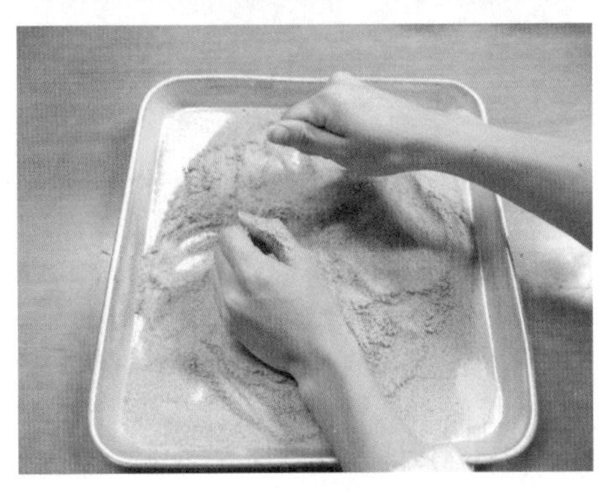

(3) 시료를 원뿔형 몰드에 가득 채워, 다짐대로 25회 낙하시킨다.

(4) 남은 공간을 채우지 않고 몰드를 들어올린다.

(5) 원뿔형 몰드를 빼올렸을 때 시료가 조금씩 흘러내리는 상태가 되도록 반복하여 표면건조포화상태의 시료를 만든다.

※ 처음에 물을 너무 많이 넣으면 습윤상태가 되므로 약간 뿌린다.

(6) 표면건조포화상태의 시료를 500g 이상 계량한다. ·· m

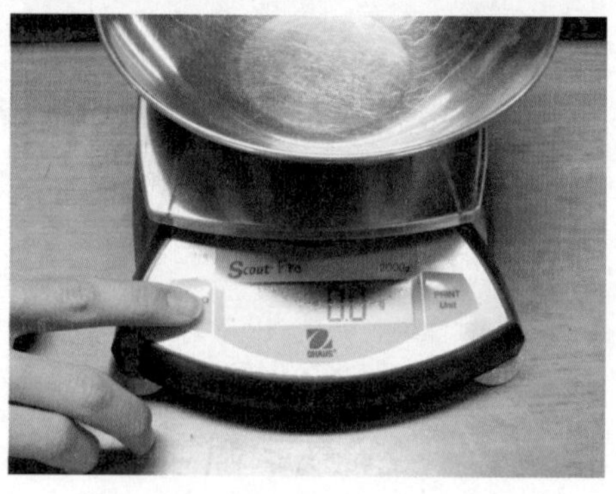

(7) 플라스크에 약간의 물을 담는다.

(8) 플라스크에 시료를 500g 이상 넣는다.

(9) 무게를 측정하기 전에 기포를 없앤다.

※ 플라스크를 경사지게 하여 굴리면 기포가 서서히 상승한다. 이때 피펫 또는 탈지면을 이용하여 기포를 제거한다. 그리고 주의할 점은 밀도값의 차이는 이 과정에서 나타나므로 기포를 확실하게 제거시킨다.

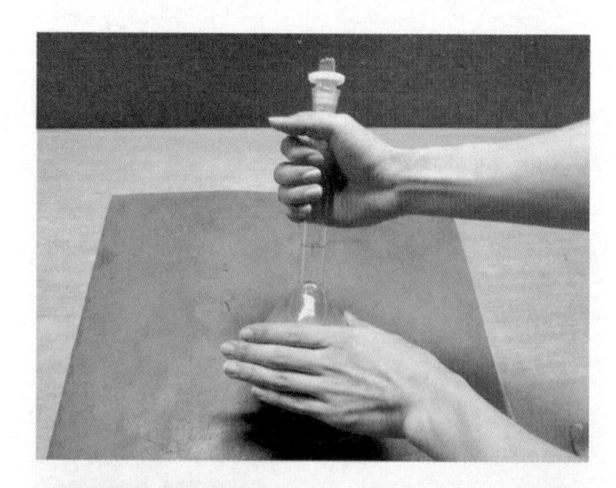

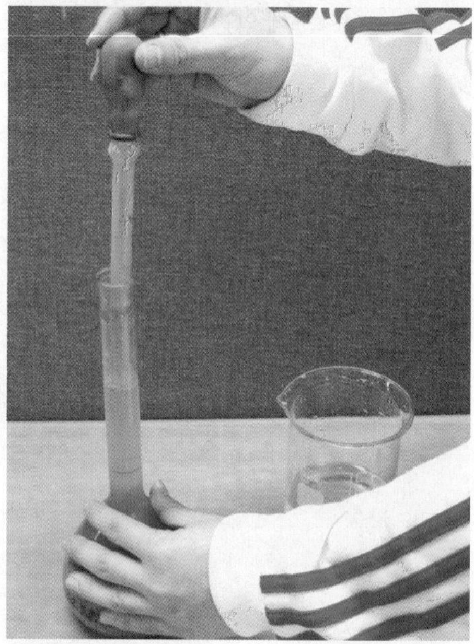

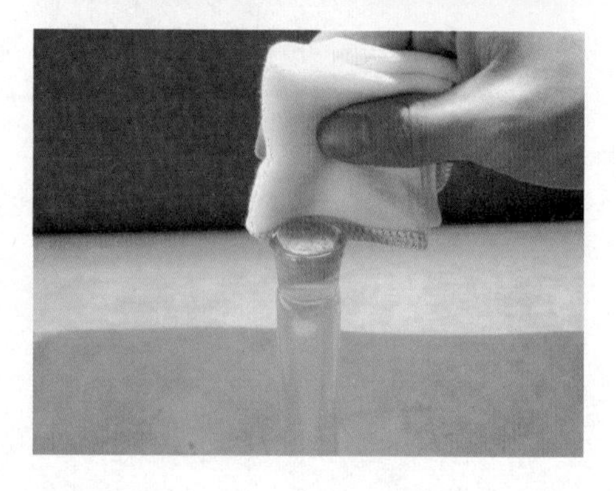

(10) 무게를 측정한다. ·························· C

(11) 물을 플라스크에 넣는다.

(12) 이때 플라스크 주위에 물이 묻지 않도록 한다.

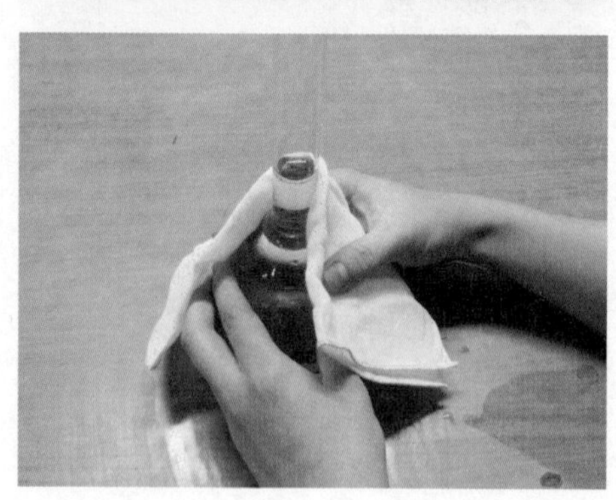

(13) 플라스크에 물을 500ml의 눈금에 일치하게 하고 질량을 측정한다. ………………… B

※ (8)~(10)과 (11)~(13)의 순서를 서로 바꾸어서 해도 감독관에 따라 문제가 없다고 본다.

(14) 성과표에 밀도값 계산 근거를 기록한다.

$$\text{표면건조포화 상태의 밀도} = \frac{m}{B+m-C} \times \rho_w$$

3. 시험 성과표 작성

[잔골재 밀도시험 성과표]

측정 항목	1	2
플라스크의 번호		
(플라스크+물)의 질량(g)		
시료의 질량(g)		
(플라스크+물+시료)의 질량(g)		
표면건조포화상태의 밀도		

CHAPTER 03 : 콘크리트 슬럼프시험

1. 시험기구 및 재료

❶ 슬럼프 콘 세트(다짐대, 밑판, 측정자)
❷ 핸드 스콘
❸ 삽
❹ 저울(용량 20kg)
❺ 시료 팬
❻ 비커 또는 메스실린더
❼ 모래, 물, 자갈, 시멘트
❽ 흙손

2. 시험순서

(1) 시험위원의 지시에 따라 아래 시방배합표를 보고 재료량을 산출하여 제출하고 실제 비빔을 할 때는 시멘트 질량에 대해 1 : 2 : 4 배합비로 하라고 할 경우 재료를 계량한다.

예 시멘트 3.2kg, 모래 6.4kg, 자갈 12.8kg

콘크리트 배치량 계산 예상

시험위원이 콘크리트 1배치량을 10L로 계산하라고 지정할 경우(재료량은 소수 셋째 자리에서 반올림하시오.)

※ 시험장소에 따라 11L, 9L 등 다를 수 있다.

[시방배합표]

굵은 골재 최대 치수 (mm)	슬럼프 (mm)	공기량 (%)	물－결합재비 (%)	잔골재율 (%)	단위량(kg/m³)			
					물	시멘트	잔골재	굵은골재
25	120	4.5	51	44	180	360	750	975

$$물 = 180 \times \frac{(10)}{1,000} = 1.8\text{kg}(l)$$

$$시멘트 = 360 \times \frac{(10)}{1,000} = 3.6\text{kg}$$

$$잔골재 = 750 \times \frac{(10)}{1,000} = 7.5\text{kg}$$

$$굵은골재 = 975 \times \frac{(10)}{1,000} = 9.75\text{kg}$$

(2) 시료 팬에 계량한 잔골재와 시멘트를 삽을 이용하여 혼합한다. 그리고 중앙 부위에 움푹한 공간을 만들고 골재를 계량하여 넣고 물을 비커로 계량하여 조금씩 넣으면서 골고루 혼합한다.

※ 밑판 표면과 슬럼프콘 내부를 젖은 헝겊으로 닦는다.

(3) 슬럼프 콘에 콘크리트를 넣을 때 콘을 단단히 고정시키고 시료를 3층으로 나누어 넣으며 각 층마다 25회씩 다진다.

※ 혼합된 시료 옆에 밑판을 놓고 슬럼프 콘을 양쪽 발로 밟고 핸드 스콘을 이용하여 1/3 넣고 다짐대로 25회 다지고, 2/3 넣고 다짐대로 25회 다지고, 나머지 가득 채우고 25회 다지는데, 여기서 마지막 다질 때 윗부분이 차지 않을 경우는 25회 다질 때 잘 관찰하면서 다소 모자라면 콘크리트를 채우면서 최종 25회가 되도록 다진다.

(4) 시료를 슬럼프 콘에 다 넣은 후 시료의 표면을 흙손을 사용하여 반듯하게 한다.

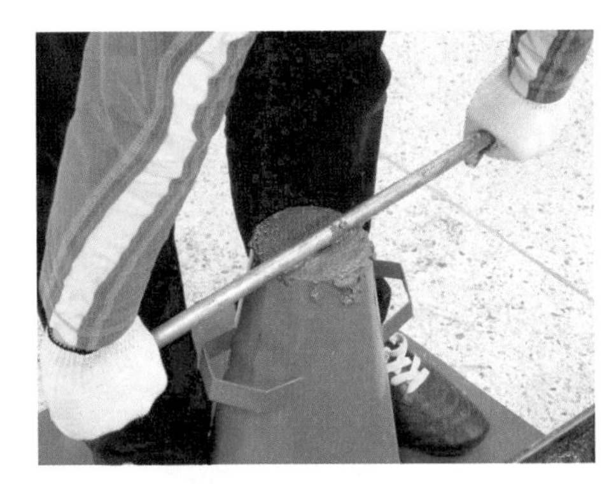

(5) 양발을 움직이지 않은 상태에서 슬럼프 콘 옆에 떨어진 콘크리트를 손을 이용하여 없앤다.

(6) 슬럼프 콘을 천천히(2~3초) 들어올린다.

(7) 시료가 주저앉은 후 주저앉은 중심 부위를 기준으로 슬럼프 값을 측정한다.

※ 측정자를 이용하여 밑판 위에 놓고 내려앉은 거리를 측정한다.

(8) 성과표에 슬럼프값을 기록한다. 이때, 측정값은 5mm 단위로 측정한다.(80mm, 85mm, 90mm, 95mm…)

※ 슬럼프 측정 시 시험 전에 자를 슬럼프 콘 높이에 맞추어서 30cm 높이 읽는 값이 위인지 아래인지를 파악하고 시험 후 측정 시 그 위치의 값을 읽는다.(보통 아랫부분의 눈금을 읽음)

3. 시험 성과표 작성

[슬럼프시험 성과표]

측정 항목	1
물의 양(kg)	
시멘트의 질량(kg)	
잔골재의 질량(kg)	
굵은골재의 질량(kg)	
슬럼프 값(mm)	

계산 근거 :

4. 참고 및 주의사항

(1) 시험하기 전에 슬럼프 콘을 밑판에 놓고 콘 상단에 측정자를 대고 눈금 표시 상단이 0인 측정자는 시험 후 상단의 눈금을 읽는다.

(2) 하단이 0인 측정자는 시험 후 하단의 눈금을 읽는다(보통 하단이 0인 측정자가 일반적이다).

(3) 슬럼프를 측정할 때는 슬럼프 콘을 벗기면 콘크리트가 경사지게 주저앉는데, 주저앉은 부위의 위 또는 아래에 측정자를 대지 말고 중앙부에 대고 측정자 나사를 잠근 후 측정자를 들어 눈금을 읽는다.

(4) 기록하는 방법은 읽은 값 그대로 기재하지 말고 98mm이면 100mm로, 82mm이면 80mm로, 즉 5mm 단위로 기록한다.

CHAPTER 04 : 콘크리트 공기량시험

1. 시험기구 및 재료

❶ 공기량 측정기(워싱턴형)

❷ 철제 자

❸ 다짐대(지름 16mm, 길이 약 60cm의 둥근 강)

❹ 고무망치

❺ 핸드 스쿱

❻ 삽

❼ 시료 팬

2. 시험순서

(1) 비비기가 끝난(슬럼프 시험을 끝낸) 콘크리트에서 바로 시료를 채취한다.

(2) 대표적인 시료를 용기에 3층으로 나누어 넣는다.

(3) 각 층을 다짐대로 25번씩 고르게 다진다.

(4) 용기의 옆면을 골고루 고무망치로 가볍게 두들겨(10~15회) 빈틈을 없앤다.

(5) 용기 윗부분의 남는 콘크리트를 철제 자로 깎아 내고, 주변 테두리에 흘러내린 콘크리트를 깨끗한 천으로 제거한 후 뚜껑을 얹어 공기가 새지 않도록 잘 잠근다. 그 다음 왼쪽 공기조절 밸브와 오른쪽 공기실 주 밸브는 잠그고, 중앙의 배기구 밸브와 주 수구 밸브를 열어 놓는다.

(6) 물을 넣을 경우에는 배기구에서 물이 나올 때까지 주수구에 물을 넣고, 배기구에서 기포가 나오지 않을 때까지 손으로 두들긴 다음, 배기구와 주수구를 잠근다.

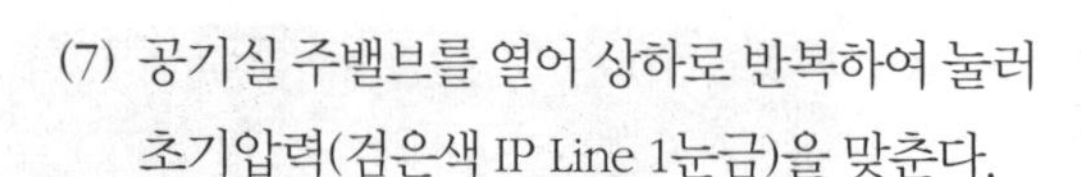

(7) 공기실 주밸브를 열어 상하로 반복하여 눌러 초기압력(검은색 IP Line 1눈금)을 맞춘다.

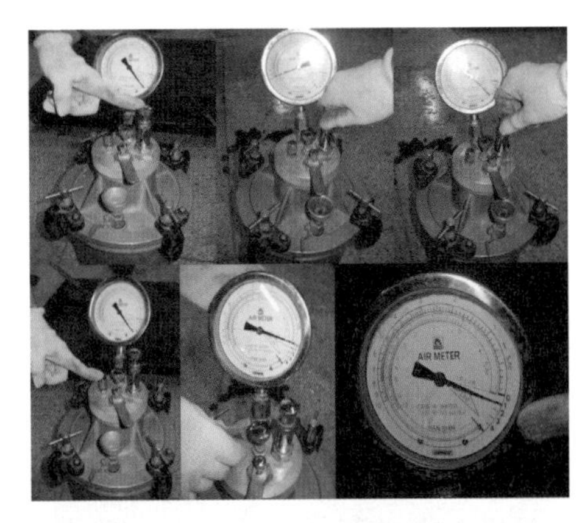

(8) 약 5초 후에 주밸브를 충분히 연다(누름 손잡이를 손바닥으로 지그시 누른 후 손을 뗀다).

(9) 콘크리트의 각 부분에 압력이 잘 전달되도록 용기의 옆면을 고무망치로 두들긴다.

(10) 다시 누름 손잡이를 눌러 지침이 안정되었을 때 압력계를 읽어 겉보기 공기량(A_1)을 구한다.

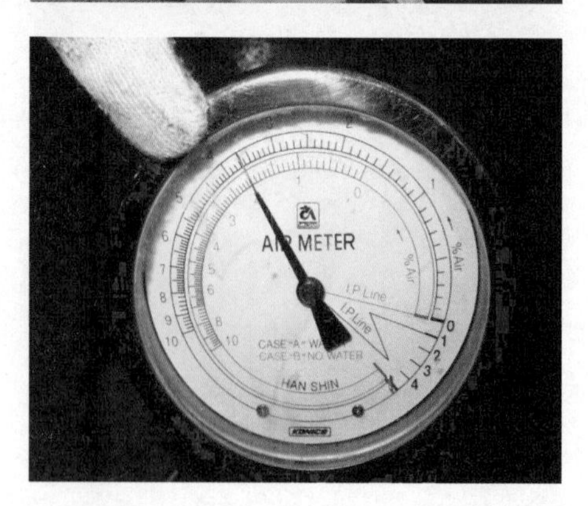

3. 시험 성과표 작성

[공기량시험 성과표]

측정 항목	1
겉보기 공기량(%) A_1	
골재의 수정계수(%) G	0.8
공기량(%) A	

※ 콘크리트의 공기량은 다음 식에 따라 계산한다.

$$A(\%) = A_1 - G$$

여기서, A : 콘크리트의 공기량(%)

A_1 : 겉보기 공기량(%)

G : 골재의 수정 계수(보통 0.8 정도이며 시험장에서는 제시된다.)

4. 참고 및 주의사항

(1) 압력계 눈금에서 검정표시는 물을 넣고 시험하는 주수법에 적용하고 적색표시는 물을 넣지 않는 무수법에 적용한다. 보통 시험은 주수법을 이용하므로 검정표시를 읽는다.

(2) 나란히 있는 3개의 밸브 명칭은 왼쪽부터 공기조절 밸브, 배기구 밸브, 공기실 주밸브라 한다.

① 왼쪽 공기조절 밸브는 가볍게 왼쪽으로 돌리며 열면서 오른손은 압력계 외부 둘레를 가볍게 두드려 초기압력 1에 도달하면 즉시 잠근다.

② 중앙 배기구 밸브는 공기를 빼는 구멍으로 주수구에 물을 넣기 전에 왼쪽으로 두 바퀴 정도 돌려 열어 둔다. 주수구에 물을 넣으면 거품이 나오면서 물이 나오는데, 이때 잠근다. 보통 장비 관리 상태에 따라 거품이나 물이 나오지 않을 때가 있으므로 주수구에 물이 더 안 들어가면 잠근다.

③ 오른쪽 공기실 주밸브는 왼쪽으로 두 바퀴 정도 돌리면서 위로 뽑아서 상하로 반복하여 압력계 지침이 1 표시가 넘을 때까지 눌렀다가 즉시 누르면서 잠근다.

(3) 기다란 누름 손잡이와 앞에 주수구가 있다.

① 누름 손잡이 작동은 손바닥으로 지그시 눌렀다 뗀다.

② 주수구는 깔때기 형태 또는 구멍 형태로 되어 있는데, 밸브의 빨간 손잡이를 세워 열고 구멍에 고무 주수기를 이용하여 물을 넣는다(깔때기 형태의 경우는 작은 컵에 물을 담아 붓는다).

(4) 내부 뚜껑에 고무 패킹 부위를 젖은 천으로 이물질이 없도록 닦는다.
뚜껑을 조립할 때 고무 패킹이 밀착되지 않으면 공기가 새는 경우가 있다.

(5) 뚜껑을 조립할 때 네 귀퉁이 조임 나사를 수평으로 돌려 밀착되게 하고 마주 보는 나사 두 곳을 양손으로 각각 약간씩 잠근 후 다시 반복하여 단단하게 잠근다.

(6) 슬럼프 시험에서 비빈 콘크리트를 이용하여 공기량 시험을 한다.

CHAPTER 05 : 흙의 체가름시험

1. 시험기구 및 재료

❶ 저울(용량 2kg)
❷ 표준체 세트
❸ 체진동기
❹ 시료 팬
❺ 흙

2. 시험순서

(1) 시료를 잘 혼합하여 시료분취기를 사용하여 채취한다.

※ 주로 4분법에 의해 필요한 양을 채취한다.

(2) 체의 눈이 작은 것은 아래쪽에, 큰 것은 위쪽에 둔다.

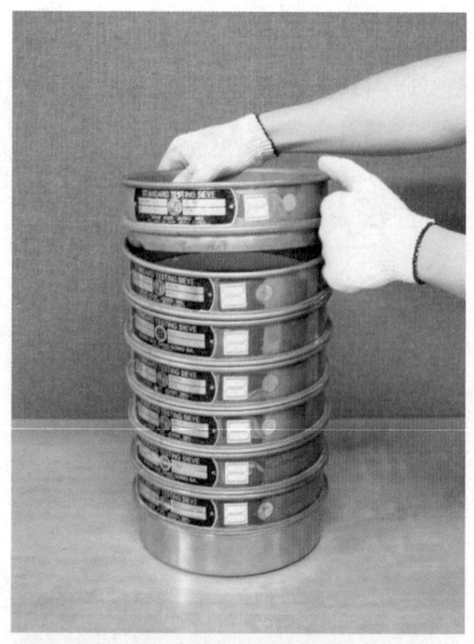

(3) 채취한 시료를 체에 담는다.

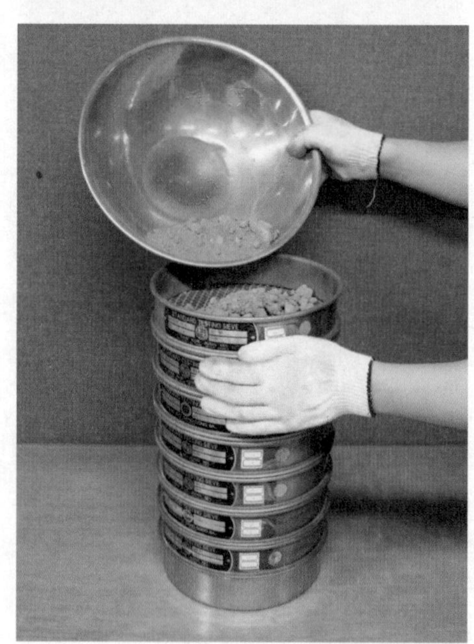

(4) 체가름한다.

※ 체 진동기에 일치가 되도록 위에 나사를 잘 죄어 진동으로 이탈하지 않게 한다.

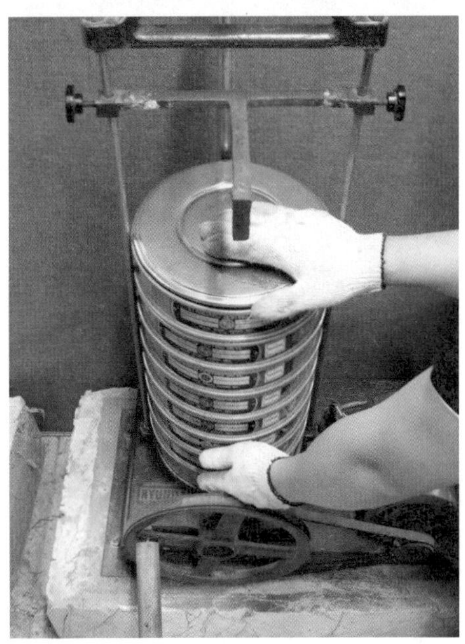

(5) 1분간에 각 체의 잔류량이 1% 이상 그 체를 통과하지 않을 때까지 계속한다. 단, 체가름 할 때 잔류한 시편을 손으로 눌러 통과시키면 안 된다.

※ 시간을 정확히 측정하며 진동기를 사용할 때는 보조요원의 협조를 받는다.

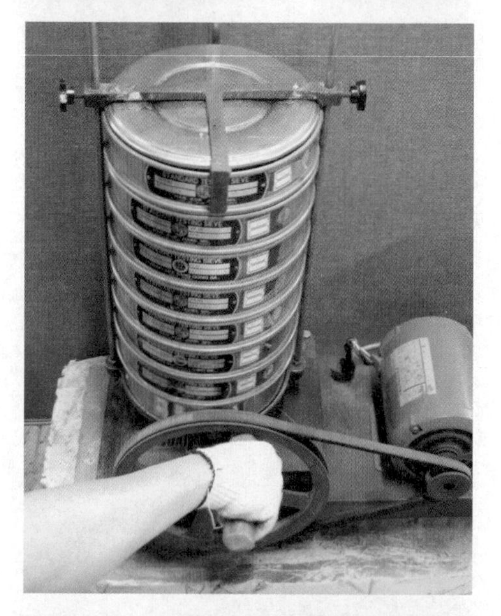

(6) 체를 위에서부터 하나씩 분리한다.

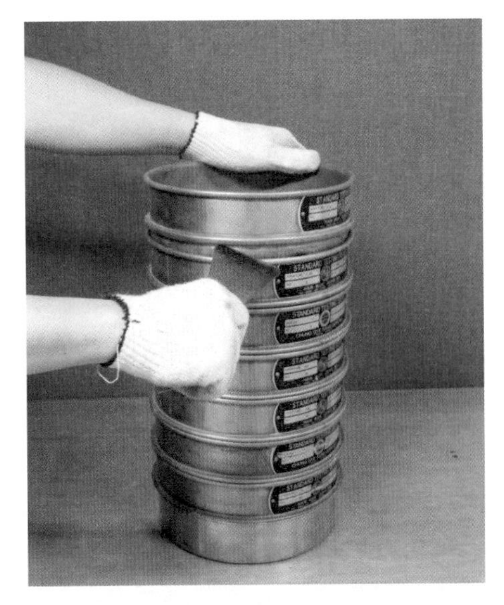

(7) 각 체에 남는 시료의 질량을 정확하게 측정한다.

※ 각 체에 남는 시료를 시료 팬에 담아 무게를 계량한다.

(8) 시험한 결과치를 성과표에 정확하게 기록하고, 잔류율, 가적 잔류율, 가적 통과율을 계산한다.

① $잔류율 = \frac{남는\ 양}{전체량} \times 100$

② $가적\ 잔류율 = \frac{누계\ 남는\ 양}{전체량} \times 100$

$= 각\ 체\ 잔류율의\ 누계$

③ $가적\ 통과율 = 100 - 가적\ 잔류율$

3. 시험 성과표 작성

[흙의 체가름시험 성과표]

체의 번호	잔류량(g)	잔류율(%)	가적 잔류율(%)	가적 통과율(%)
No. 4				
No. 10				
No. 20				
No. 40				
No. 60				
No. 140				
No. 200				
Pan				
합계				

※ 각 체의 잔류량을 기록하고 표의 칸을 전부 계산하여 기록하고 일정한 체(예 : No. 40)에 해당하는 부분만 계산근거란에 산출근거를 기재하고 제출하게 한다.

※ 각 체의 남는 시료를 시료 팬에 담아 질량을 계량할 때에는 한 개의 시료 팬을 이용하여 남은 시료를 매회 추가로 담아 전자저울의 눈금이 0이 되게 용기 버튼을 선택하면서 계량하면 편리하다.

체가름시험(예)

체의 크기(mm) 번호(#)	잔류량(g)	잔류율(%)	가적 잔류율(%)	가적 통과율(%)
4.76(#4)	0	0	0	100
2.00(#10)	25	14.7	14.7	85.3
0.84(#20)	35.4	20.8	35.5	64.5
0.42(#40)	20.7	12.2	47.7	52.3
0.25(#60)	43.2	25.4	73.1	26.9
0.105(#140)	30.5	17.9	91.0	9.0
0.074(#200)	12.5	7.4	98.4	1.6
Pan	2.7	1.6	100	0
합계	170	100		

[계산란]

- 잔류율 $= \dfrac{\text{각 체 잔류량}}{\text{전체질량}} \times 100$
- 가적 잔류율 = 각 체 잔류율의 누계
- 가적 통과율 = 100 − 각 체 가적 잔류율

체가름시험

주요항목	세부항목	항목번호	항목별 채점방법	배점
체가름시험 (11점)	시험 순서 및 방법	1	시료를 잘 혼합하여 4분법으로 채취한다.	8
		2	체눈이 작은 것은 아래쪽에, 큰 것은 위쪽에 두고 체가름한다.	2
		3	1분간에 각 체의 잔류량이 1% 이상 그 체를 통과하지 않을 때까지 계속한다. 단, 체가름을 할 때 잔류한 시편을 손으로 눌러 통과시키면 그 항은 0점 처리	2
		4	계량 시 각 체에 남은 시료의 질량을 1g의 단위까지 정확하게 측정한다. 위 항목에 결격이 없으면 항목당 2점씩 배점, 아니면 0점(2점×4항=8점)	1
		5	시험한 결과치를 가지고 성과표 작성방법이 옳으면 3점, 아니면 0점	3

CHAPTER 06 액성한계시험

1. 시험기구 및 재료

❶ 액성한계 측정기 및 함수량 캔
❷ 홈파기 날
❸ 헝겊
❹ 증발접시
❺ 스패튤러
❻ 저울(용량 2kg)
❼ 분무기
❽ 흙
❾ 전열기

2. 시험순서

(1) No. 40체로 체가름한다.

(2) 시료를 약 200g 정도 채취한다.

※ 시험장에 시료가 준비되어 있을 경우는 체를 칠 필요 없이 필요한 양을 시료삽으로 채취한다.

(3) 시료를 증발접시에 넣고 분무기로 증류수를 가하여 스패튤러로 잘 혼합한다.

※ 물을 조금씩 분무기로 뿌리면서 스패튤러로 혼합하며 시험자가 반죽상태를 판단하여 너무 질거나 너무 되지 않을 정도로 반죽한다. 그렇게 하려면 사전에 충분한 연습이 필요하다. 시간관계상 1회에 시험을 하므로 시험자가 반죽상태를 25회 타격부근에 맞는 함수비가 되게 살수한다.

(4) 헝겊에 물을 조금 뿌려 습한 상태로 증발접시를 덮어 놓는다.

※ 시험장에서 헝겊을 주면 덮는 과정을 반드시 잊지 말아야 한다.

(5) 황동접시의 높이가 1cm 되도록 나사를 풀어 조절한다.

※ 나사가 위와 뒤에 있는데 처음부터 풀지 말고 일단 손잡이를 회전시켜 황동접시가 1cm 높이가 되는지 확인 후 조정한다.

(6) 사용할 함수량 캔의 질량을 측정하고 성과표에 기록한다.

※ 측정질량은 소수 첫째 자리까지 측정한다.

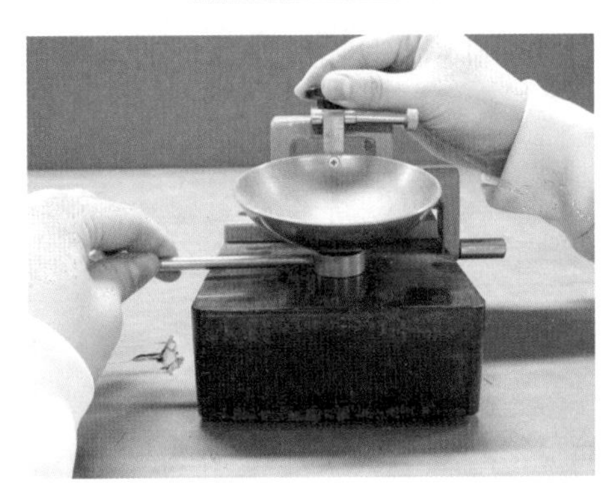

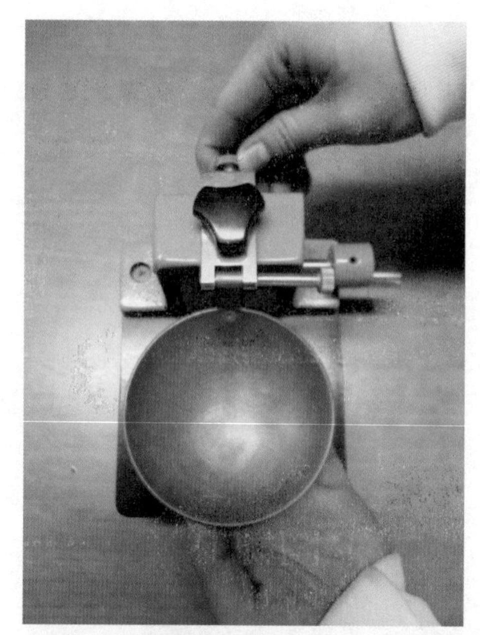

(7) 증발접시의 시료를 스패튤러를 이용하여 황동접시에 1cm 높이가 되도록 조금씩 넣는다.

(8) 황동접시에 담긴 시료를 반듯하게 고른다.

(9) 홈파기 날로 황동접시의 시료를 2등분하여 가른다.

※ 2등분할 때 홈파기날로 위에서 아래로, 또는 아래서 위로 해도 무방하나 깨끗하게 2등분하도록 2, 3회 정도 반복해도 된다.

(10) 1초당 2회 속도로 회전시켜 갈라놓은 바닥 부위 시료의 붙는 길이가 13mm 접할 때 타격횟수를 측정하고 접한 부분의 시료를 채취하여 함수비를 측정한다.

※ 타격횟수가 25회 부근이 되도록 잘 반죽된 상태에서 시험하였다면 그 부근의 타격횟수가 나오므로 성과표에 기록과 함께 13mm 접한 부위의 시료를 스패튤러로 떠 채취하여 함수량 캔에 넣고 질량을 측정한 후 건조기나 전열기에 놓고 일정한 시간이 경과하거나 건조된 상태의 질량을 계량하여 함수비를 구한다.

※ 전열기가 없이 생략할 경우 감독관이 시료의 일정량을 덜어 낸 상태를 건조된 상태의 질량으로 하기도 한다.

(11) 성과표에 함수비 계산 근거를 기록한다.

$$w = \frac{W_W}{W_s} \times 100$$

3. 시험 성과표 작성

[액성한계시험 성과표]

측정 항목	1	2
용기 번호		
(습윤토+용기)의 질량(g)		
(건조토+용기)의 질량(g)		
물의 질량(g)		
용기의 질량(g)		
건조토의 질량(g)		
타격횟수		
함수비		

CHAPTER 07 소성한계시험

1. 시험기구 및 재료

❶ 불투명 유리판(두꺼운 불투명 판유리)
❷ 저울(용량 2kg)
❸ 둥근 봉(약 3mm)
❹ 함수량 캔
❺ 스패튤러
❻ 시료 팬
❼ 분무기
❽ 건조기 또는 전열기
❾ 표준체(0.425mm)
❿ 시료 삽

2. 시험순서

(1) No. 40(0.425mm)체를 통과한 시료 약 30g을 준비한다.

(2) 증발접시에 시료를 넣고 분무기로 물을 분사하여 스패튤러로 혼합한다.

(3) 반죽한 시료 덩어리를 손바닥과 불투명 유리판 사이에서 굴리면서 지름 3mm의 실 모양으로 만든다. 다시 덩어리로 만들고 이 과정을 반복한다.

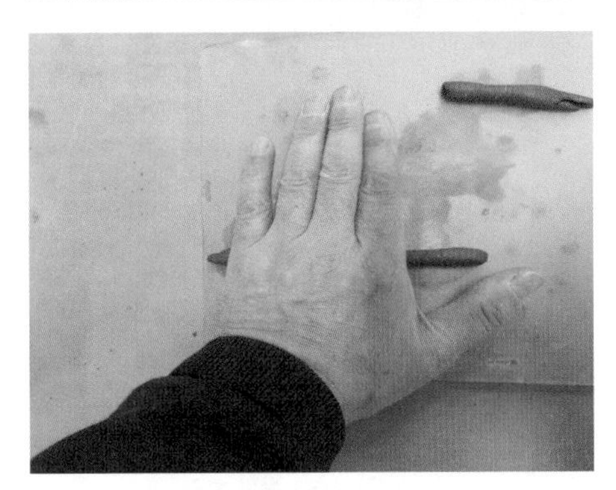

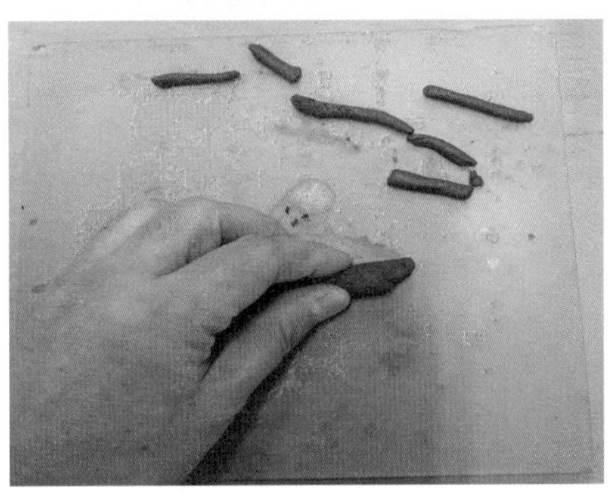

(4) 반복 과정에서 시료가 3mm의 굵기에서 끊어질 때 그 조각조각 난 부분의 시료를 모아서 함수량 캔(용기)에 넣어 함수비를 구한다.

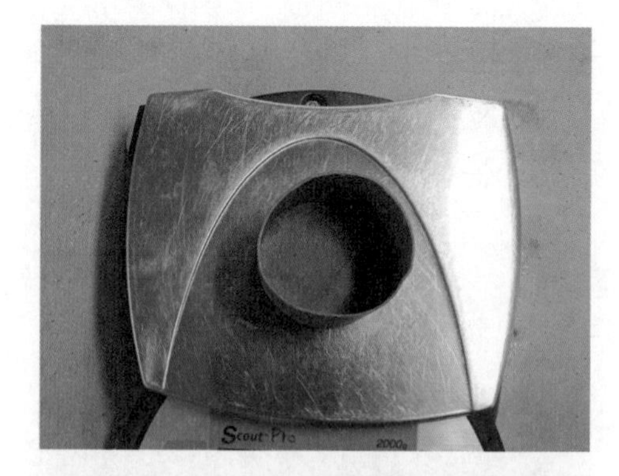

3. 시험 성과표 작성

[소성한계시험 성과표]

측정 항목	1	2
(습윤토+용기)의 질량(g)		
(건조토+용기)의 질량(g)		
물의 질량(g)		
용기의 질량(g)		
건조토의 질량(g)		
함수비		

산출 근거 :

4. 참고 및 주의사항

(1) 반죽된 덩어리에 손바닥을 대고 가볍게 민다. 밀다가 어느 정도 둥글게 말리면 말린 것을 이등분하여 손가락 긴 마디 밑(또는 엄지 바닥 두툼한 부위)에 놓고 1분당 70~90회 속도로 밀다가 3mm가 되면서 부슬부슬 끊어지면 멈추고 시료를 채취하여 질량을 측정한 후 함수비를 구한다.

(2) 처음에는 증발접시나 둥근 용기에 시료를 넣고 분무기로 물을 약간씩 살수하면서 스패튤러로 잘 섞고 반죽이 어느 정도 되면 유리판에 일정량의 덩어리를 놓고 손가락으로 누르면서 주물러 사용한다.

CHAPTER 08 : 흙의 다짐시험(A다짐)

1. 시험기구 및 재료

① 저울(용량 20kg)
② 시료 팬
③ 추출기
④ 다짐몰드 및 다짐 래머
⑤ 분무기 또는 메스실린더
⑥ 삼각 곧은날
⑦ 함수량 캔
⑧ 시료 삽
⑨ 흙

2. 시험순서

(1) 19mm 통과 시료를 4kg 정도 채취한다.

※ 정확한 질량으로 계량하지 말고 시료 팬에 반 정도면 가능할 것으로 판단된다.

(2) 시료에 최적함수비가 되도록 물을 가하여 충분히 혼합한다.

※ 시간관계상 1회에 시험을 측정하므로 최적함수비가 되도록 물을 첨가하는데, 혼합한 상태에서 손으로 흙을 쥐어 봐서 모양이 형성되면서 단단한 느낌이 들면 최적함수비 상태에 도달했다고 생각할 수 있다.

(3) 밑판과 몰드를 결합하여 질량을 측정하고 기록한다.

※ 칼라는 조립하지 말고 질량을 측정하며 절대 밑판과 몰드를 분리하지 않는다.

(4) 밑판과 몰드에 칼라를 결합시킨다.

(5) 2.5kg 래머로 각 층 25회씩 3층으로 다진다.

※ 칼라 윗부분까지 고려하여 1/3씩 채워 각각 25회 다짐을 실시하는데, 2/3를 채워 다짐을 할 때는 시료를 몰드 윗부분까지 채우고 다짐하면 칼라를 해체할 경우 흙이 떨어지는 것을 방지하는 데 도움이 된다.(다짐 시 자유낙하한다.)

(6) 칼라를 시료가 파괴되지 않게 벗기고 삼각 곧은날로 몰드 윗부분을 깎은 후 무게를 측정한다.

※ 칼라를 몰드에서 해체할 때 사전에 꽂삽을 이용하여 칼라 밑부위와 몰드 윗부위의 흙을 조심스럽게 긁어내어 칼라를 좌우로 회전시키면서 해체하면 칼라에 시료가 따라 올라오지 않는다. 만약 파괴가 발생하여 몰드에 흙이 파인 경우는 즉시 일부 흙을 손으로 채우고 삼각 곧은날로 눌러 매끈하게 한다.

(7) 시료 추출기를 이용하여 시료를 추출시킨다.

※ 밑판을 떼어내고 추출기 사이에 놓고 잭을 상하로 반복 작업하여 시료를 위로 나오게 한 다음 시료를 옆으로 내려놓고 잭 봉을 이용하여 유압나사를 왼쪽으로 약간 돌린 후 추출판을 봉으로 눌러 원위치로 내려오도록 하고 유압나사를 봉을 이용하여 오른쪽으로 돌려놓는다.

※ 시료 추출기를 이용할 수 없는 경우는 밑판을 해체한 흙이 담긴 몰드를 바닥에 있는 칼라 위에 놓고 다짐 해머로 내려 찍어 일정한 흙을 채취한다.

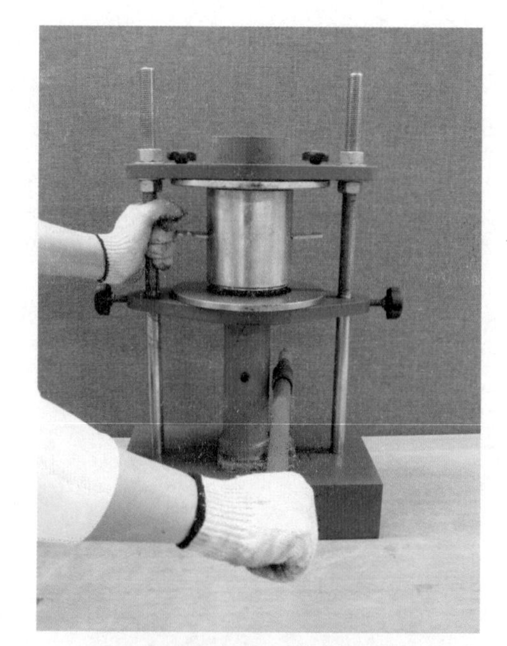

(8) 추출된 시료를 삼각 곧은날로 중앙 수직으로 절단하여 함수비 측정 시료를 채취한다.

※ 함수량 캔을 1개로 측정할 경우는 시료를 눕혀 놓고 세로로 절단하여 중앙부위에서 흙을 채취하여 손으로 부수면서 함수량 캔에 담아 전열기에 놓고 일정한 시간이 경과하거나 마른 후 질량을 측정하여 함수비를 측정한다. 시간 관계상 함수량 캔에 시료를 담고 제출한다.

(9) 성과표에 습윤 단위용적질량의 계산 근거를 기록한다.

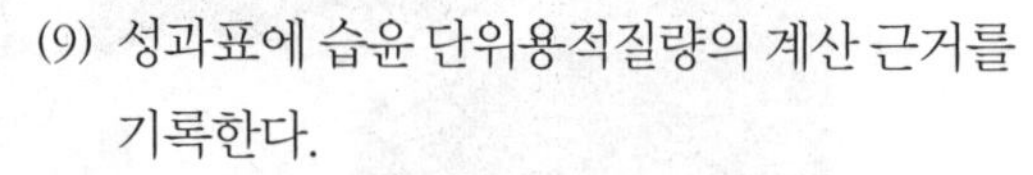

① 습윤단위용적질량 $\gamma_t = \dfrac{W}{V}$

여기서, A다짐의 체적 $V = 1{,}000\text{cm}^3$이다.

$W =$ ⑤ − ③

② 건조단위용적질량 $\gamma_d = \dfrac{\gamma_t}{1 + \dfrac{w}{100}}$

여기서, 함수비(w)는 시험위원이 제시한 값을 이용한다.

3. 시험 성과표 작성

[흙의 다짐시험 성과표]

측정 항목	1	2
(몰드+밑판+습윤시료)의 질량(g)		
(몰드+밑판)의 질량(g)		
습윤시료의 질량(g)		
습윤밀도(γ_t)		
건조밀도(γ_d)		

CHAPTER 09 : 실내 CBR 시험

1. 시험기구 및 재료

❶ CBR 몰드 및 다짐봉
❷ 저울(용량 20kg)
❸ 유공판
❹ 스페이서 디스크
❺ 하중판(2개)
❻ 여과지(2장)
❼ 삼각대
❽ 다이얼 게이지
❾ 수침 수조(침수 물통)
❿ 흙

2. 시험순서

(1) 밑판에 몰드를 조립한 후 질량을 측정한다.
(기록은 생략)

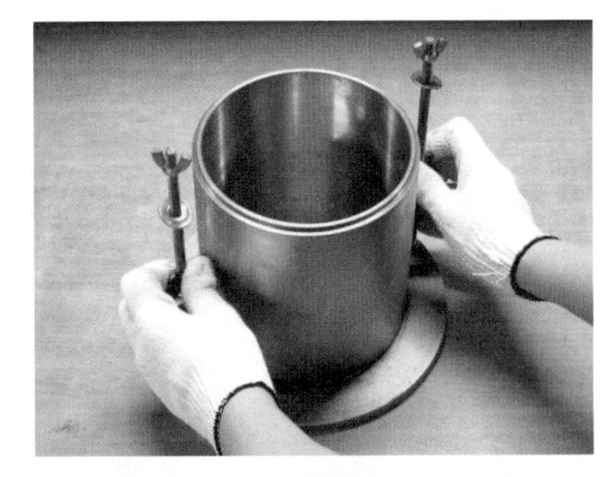

(2) 칼라를 조립한다.

(3) 스페이서 디스크를 놓는다.

(4) 스페이서 디스크 위에 여과지를 놓는다.

(5) 5층으로 나누어 각 층마다 10회, 25회, 55회 중 선정된 하나의 방법에 따른 횟수로 다진다.(시험장의 지시에 따름)

※ 보통 10회 다짐을 선정한다.

(6) 칼라를 벗겨낸다.

(7) 몰드 윗부분을 삼각 곧은날로 깎아낸다.

(8) 몰드를 들어올려 스페이서 디스크를 제거한다.

(9) 밑판 위에 여과지를 놓는다.

(10) 몰드를 뒤집어서(윗부분이 아래로 가게 거꾸로) 밑판 위에 다시 몰드를 조립하고 질량을 측정한다.(기록은 생략)

(11) 조립된 윗부분에 칼라를 조립한다.

(12) 시료에 유공판과 하중판을 올려놓은 후 수조에 바르게 넣는다.(수조 생략)

(13) 삼각대와 다이얼 게이지를 오른쪽 사진처럼 끼워 조립하고 몰드 위에 놓는다.

(14) 다이얼 게이지 테두리를 돌려 0점을 맞춘다.

3. 시험 성과표 작성

CBR 시험 성과표 작성은 생략한다.

※ 시료는 5kg 정도 준비하고 최적함수비가 되도록 고르게 물을 살수하여 손으로 혼합하거나 주어진 시료 상태로 한다.

CBR 시험

주요항목	세부항목	항목번호	항목별 채점방법	배점
CBR 시험 (9점)	시료의 제조	1	시료를 5kg정도 준비한다.(최적함수비가 되도록 고르게 물을 살수하여 손으로 혼합하거나 주어진 시료 상태로 한다.)	
	시험 순서 및 방법	2	유공밑판에 몰드와 칼라를 결합하고 스페이서 디스크를 놓고 여과지 1장을 깐다.	
		3	시료를 5층으로 나누어 다지되 각 층마다 다짐두께가 25mm 정도 되도록 10회 다진다.	
		4	다진 시료 상면을 곧은 날로 잘 깎는다.	
		5	나사를 풀어 칼라와 몰드를 벗기고 들어내어 스페이서 디스크를 빼낸다.	
		6	유공밑판에 여과지를 깐 후 몰드를 뒤집어서 장치한다.	
		7	칼라를 씌워 죔쇠로 단단히 죄어 고정시킨다.	
		8	공시체 위에 축이 붙은 유공판과 하중판을 5kg 이상 되도록 설치한다.	
		9	삼각지지대(또는 원형지대)와 다이얼게이지를 0에 맞추어 장치한다.	
	※ 배점은 3종목의 선택에 따라 달라짐		위 항목에 결격이 없으면 항목당 1점씩 배점 (1점×9항=9점)	

CHAPTER 10 : 들밀도시험(모래치환법에 의한 흙의 밀도시험)

1. 시험기구 및 재료

❶ 들밀도 측정기 세트(밑판)
❷ 표준말
❸ 저울(용량 20kg, 용량 2kg)
❹ 솔(붓)
❺ 못(밑판 고정용, 4개)
❻ 시료 팬
❼ 스푼
❽ 함수량 캔
❾ 표준사

2. 시험순서

(1) 모래(표준사)의 단위용적질량 측정

① 들밀도 샌드 콘(용기)의 질량을 측정한 후 샌드 콘(용기)에 모래를 가득 채우고 질량을 측정한다.

※ 채울 때 샌드 콘을 흔들거나 충격을 주지 않는다.

② 샌드 콘 속의 모래량만을 계산한다.

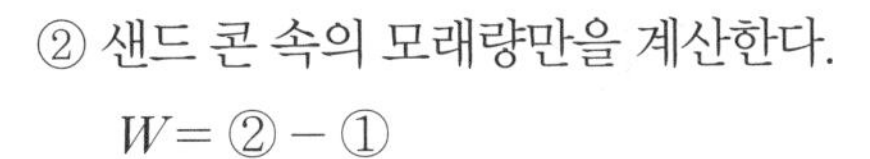

$W=$ ② $-$ ①

③ 모래의 단위용적질량을 계산한다.

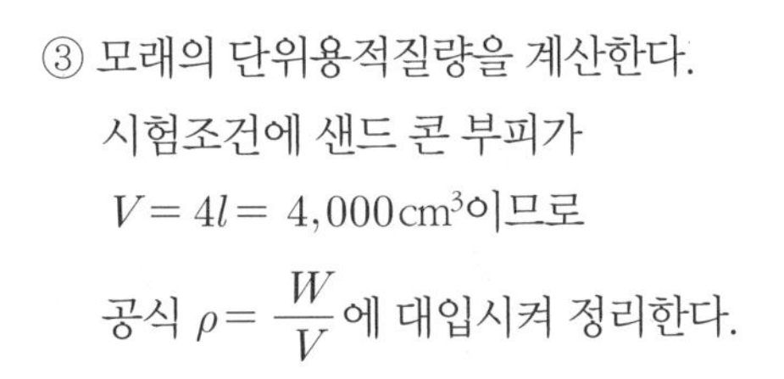

시험조건에 샌드 콘 부피가

$V=4l=4,000\,\text{cm}^3$이므로

공식 $\rho=\dfrac{W}{V}$에 대입시켜 정리한다.

(2) 깔때기 속의 모래질량 측정

① 모래를 가득 채운 샌드 콘을 반듯한 지면에 밑판을 놓고 거꾸로 세우고 밸브를 내린다.

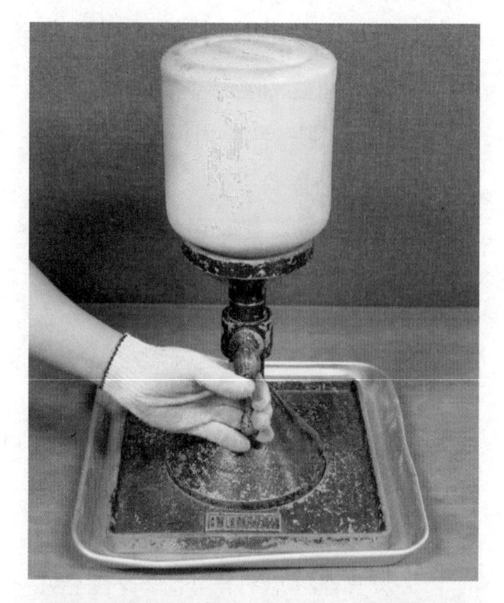

② 일정한 시간이 지나면 샌드 콘의 모래가 흘러내려 멈추면 밸브를 잠그고 위로 들어올려 질량을 측정한다.

※ 별도로 시험 성과표에 질량을 기재하는 칸은 없다.

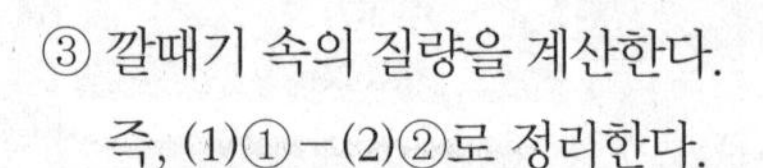

③ 깔때기 속의 질량을 계산한다.
즉, (1)①－(2)②로 정리한다.

(3) 지반의 다짐도 측정

① 깔때기 속의 모래 질량을 측정한 후 다시 모래를 채우고 질량을 측정한다.

② 밑판을 이용하여 지면을 고르고 못을 이용하여 지면에 고정시킨 후 밑판 직경의 1/3 정도 깊이로 파고 구멍 안에서 판 흙의 질량을 측정한다. ························ W

※ 측정할 바닥에 밑판을 공간 없이 밀착시키고 사각면에 못을 한 개씩 박아 밑판이 움직이지 않도록 한 다음 정이나 끌과 망치를 이용하여 밑판 구멍을 판 후 붓과 숟가락을 이용하여 손실되지 않도록 판 흙을 시료 팬에 담아 흙의 질량을 측정한다.

③ 구멍 속 흙의 질량을 측정한 후 일부를 채취하여 함수량 캔에 담아 질량을 측정한다.

④ 샌드 콘을 거꾸로 밑판 구멍에 정확히 맞춰 세우고 밸브를 세운 다음 표준사가 흘러내리지 않을 때 밸브를 잠그고 질량을 측정한다.

※ 밸브를 세운 상태에서 표준사를 깔때기를 통해 가득 채우고 밸브를 옆으로 잠그고 무게를 측정한 후 성과표에 기록하고 깔때기가 지면에 닿게 거꾸로 구멍에 맞춰 세운 후 밸브만 세운다. 어느 정도 시간이 흐르면 더 이상 표준사가 흘러내려가지 않게 된다. 이때 밸브를 조심스럽게 옆으로 잠근다.

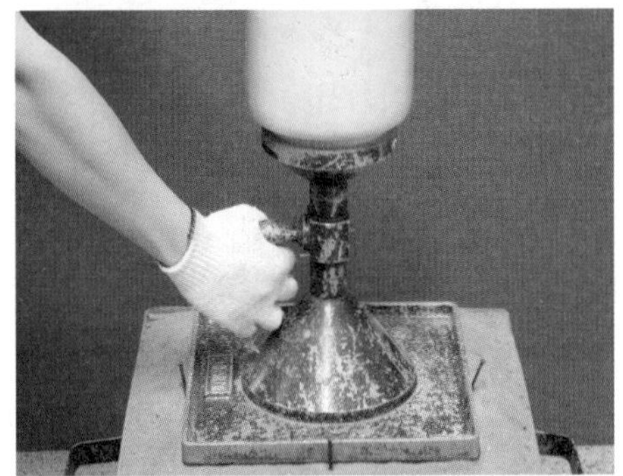

⑤ 구멍 속에 들어간 표준사의 질량을 계산한다. ································ W

※ 들밀도 콘에 일부 모래가 남아 있는 상태의 질량을 측정하여 들밀도 콘에 가득 채운 질량에서 뺀 후 다시 깔때기 속의 표준사의 질량을 빼면 구멍 속에 들어간 표준사의 질량이 된다.

⑥ 성과표에 흙의 단위용적질량을 구하고 건조밀도를 계산한다.

- 흙의 단위용적질량

$$\rho_t = \frac{W}{V} = \frac{①}{V}$$

여기서, $V = \frac{W}{\rho} = \frac{④}{\text{표준사 단위용적질량}}$

- 흙의 건조밀도

$$\rho_d = \frac{\rho_t}{1 + \frac{w}{100}}$$

⑦ 제시된 조건의 최대건조밀도 값을 적용하여 다짐도를 계산한다.

$$\text{다짐도} = \frac{\rho_d}{\rho_{d\max}} \times 100$$

3. 시험 성과표 작성

[모래치환법에 의한 흙의 밀도 시험 성과표]

샌드 콘 질량(g)		모래의 단위질량 (계산 과정)
(샌드 콘+모래) 질량(g)		
모래(병 속) 질량(g)		
깔때기 속의 모래 질량(g)		습윤시료 밀도 (계산 과정)
(시험 전 모래+병) 질량(g)		
(시험 후 모래+병) 질량(g)		
구멍 속의 모래 질량(g)		건조시료 밀도 (계산 과정)
시료 팬(용기)의 질량(g)		
[시료 팬(용기)+채취시료] 질량(g)		
채취시료(흙) 질량(g)		현장 다짐도 (계산 과정)
건조시료(흙) 질량(g)		
[함수비용 캔+채취시료(젖은 시료)] 질량(g)		

4. 시험과정의 유의사항

모래 단위용적질량을 구하기 위한 (용기 + 모래) 질량과 건조밀도 측정을 위한 (시험 전 모래 + 병) 질량은 서로 다르다.

※ 샌드 콘은 아래 플라스틱 부분과 위 깔때기 부분이 분리가 가능한데 일체로 끼운 상태에서 밸브를 세우고 모래를 채운다. 채우다 보면 깔때기 위로 조금 올라오는데 이때 깔때기 안의 모래가 더 이상 안 내려가면 밸브를 잠근다. 그리고 거꾸로 하여 샌드 콘 위에 채우다 남은 모래를 비운다.

※ 구멍 속의 흙을 파기 전에 판 흙을 담을 시료팬(용기)의 질량을 먼저 측정한다.

※ 밸브를 내리고 모래가 내려가는 사이에 [시료팬(용기) + 채취시료] 질량과 [함수량 캔 + 채취시료] 질량을 측정한다.

※ 시험 후 정리할 때는 모래를 위에서부터 솔(붓)과 숟가락(꽃삽)을 이용하여 흙이 섞이지 않도록 떠내고 빈 구멍에 파낸 흙을 넣고 발로 밟아 뒷정리한다.

CHAPTER 11 흙 입자의 밀도시험

1. 시험기구 및 재료

❶ 병 ① 마개가 있는 피크노미터(용량 50mL 또는 100mL)

② 용량 플라스크(용량 200mL 또는 300mL)

❷ 저울(용량 200g, 감량 0.001g)

❸ 온도계

❹ 전열기 또는 알코올 램프, 석면망, 증발접시

❺ 증류수(물)

❻ 표준체(9.5mm)

❼ 시료 삽

❽ 시료 팬

❾ 깔때기

❿ 노건조시료

⓫ 마른 헝겊

2. 시험순서

(1) 표준체(9.5mm)를 통과한 시료를 준비한다.

① 100mL 이하 병을 사용할 경우는 노건조 시료 질량 10g 이상을 준비한다.

② 100mL를 초과하는 병을 사용할 경우는 노건조시료 질량 25g 이상을 준비한다.

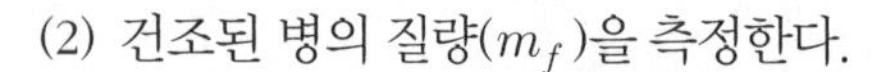

(2) 건조된 병의 질량(m_f)을 측정한다.

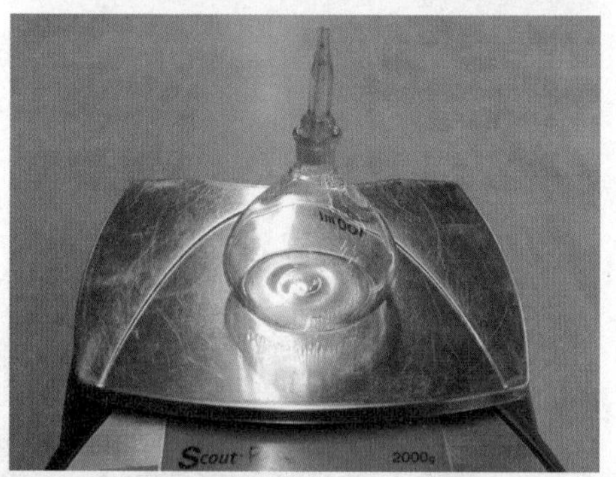

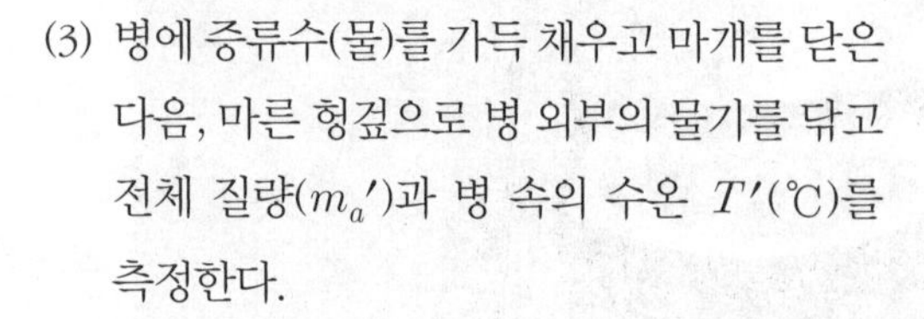

(3) 병에 증류수(물)를 가득 채우고 마개를 닫은 다음, 마른 헝겊으로 병 외부의 물기를 닦고 전체 질량(m_a')과 병 속의 수온 T'(℃)를 측정한다.

(4) 병 안의 증류수(물)를 비운 후 병을 건조시킨다.

① 전열기에 병을 기울여 내부 물기를 제거한다.

② 시험장 여건상 생략할 경우에는 병 상단부와 안쪽의 물기를 헝겊으로 제거한다.

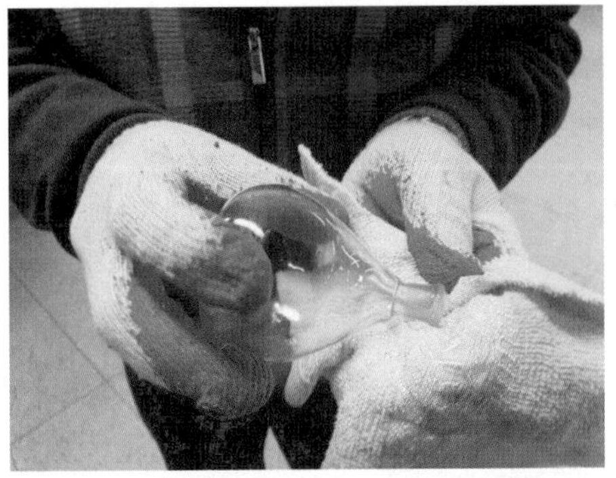

(5) 노건조시료를 깔때기를 이용하여 건조된 병에 넣는다.

(6) 질량을 측정하고 병 질량을 뺀 노건조시료의 질량(m_s)을 계산한다.

(7) 병에 증류수(물)를 병 용량의 2/3 정도 채우고 전열기에 10분 이상 충분히 끓여 기포를 제거한 후 실온이 될 때까지 식힌다.

※ 끓이는 과정에서 시료가 흘러넘치지 않도록 주의한다. 식히는 과정에서 식는 시간이 많이 소요되므로 시험위원의 지시에 따른다.

(8) 병에 증류수(물)를 가득 채우고 마개를 닫은 다음, 마른 헝겊으로 병 외부의 물기를 닦고 전체 질량(m_b)과 비중병 속의 수온 T(℃)를 측정한다.

3. 시험 성과표 작성

측정 항목	질량(g)
병의 질량(m_f)	
(병+물) 질량(m_a')	
온도(T')	
(병+건조시료+물) 질량(m_b)	
온도(T)	
(병+건조시료) 질량(m)	
건조시료 질량(m_s)	
흙의 밀도(ρ_T)	

- 병에 넣은 건조시료 질량

  $m_s = m - m_f$

- 온도 T(℃)에서 증류수(물)를 채운 병의 질량

  $$m_a = \frac{\rho_w(T)}{\rho_w(T')}(m_a' - m_f) + m_f$$

- 온도 T(℃)에서 흙 입자 밀도

  $$\rho_T = \frac{m_s}{m_s + (m_a - m_b)} \times \rho_w(T)$$

- 증류수(물)의 밀도 ρ_w(g/cm³)

온도(℃)	물의 밀도	온도(℃)	물의 밀도	온도(℃)	물의 밀도
4	1.000000	13	0.999406	22	0.997800
5	0.999992	14	0.999273	23	0.997568
6	0.999968	15	0.999129	24	0.997327
7	0.999930	16	0.998972	25	0.997075
8	0.999877	17	0.998804	26	0.996814
9	0.999809	18	0.998625	27	0.996544
10	0.999728	19	0.998435	28	0.996264
11	0.999634	20	0.998234	29	0.995976
12	0.999526	21	0.998022	30	0.995678

4. 참고 및 주의사항

(1) 시료를 넣고 전열기에 끓일 때는 바로 가열하지 말고 증발접시에 물을 약간 넣은 후 시료에 물이 담긴 병을 넣고 약불 또는 중불에서 끓이도록 한다.

(2) 끓이는 과정에서 물이 넘치는 경우가 있으므로 병에 물을 너무 많이 넣고 끓이면 안 되고 시료가 잠길 정도보다 더 넣으면 좋다.

(3) 처음에 병 질량을 측정하고 물을 넣은 후 질량과 온도를 측정한 다음 병을 말려서 시료를 넣어야 하는데, 이때 병이 젖은 상태라 시료를 넣을 때 정확한 시료량을 측정하기 곤란하므로 전열기에 병을 기울여 내부를 말리고 사용하여야 한다(시험장의 여건상 병을 건조시키기 곤란할 경우에는 마른 헝겊으로 병 외부 및 내부 목 부위를 꼼꼼히 닦아 흙을 넣을 때 깔때기에 흙이 묻지 않도록 주의한다).

(4) 저울은 정밀도(감도)가 0.001g까지 측정 가능한 것을 사용하여야 정확도가 높다.

(5) 병은 될 수 있는 한 큰 용기를 사용하는 것이 좋고 흙의 입자가 크면 플라스크를 사용한다.

(6) 병에 시료와 물을 넣고 끓일 때는 플라스크의 경우 3/4, 피크노미터의 경우 1/2 정도 물을 넣고 끓인다.

(7) 시료는 플라스크를 사용할 경우 노건조 질량으로 25g 이상, 피크노미터의 경우 10g 이상을 준비한다.

(8) 피크노미터 병에 물을 가득 넣고 마개를 닫는다. 이때 흘러나오는 물기는 닦아내고 질량을 측정한다.

(9) 병에 시료를 넣고 가열한 후에 식히는 과정에서 시간이 많이 소요되므로 시험위원의 지시에 따라 가열 방법이나 온도의 제시 값을 적용한다.

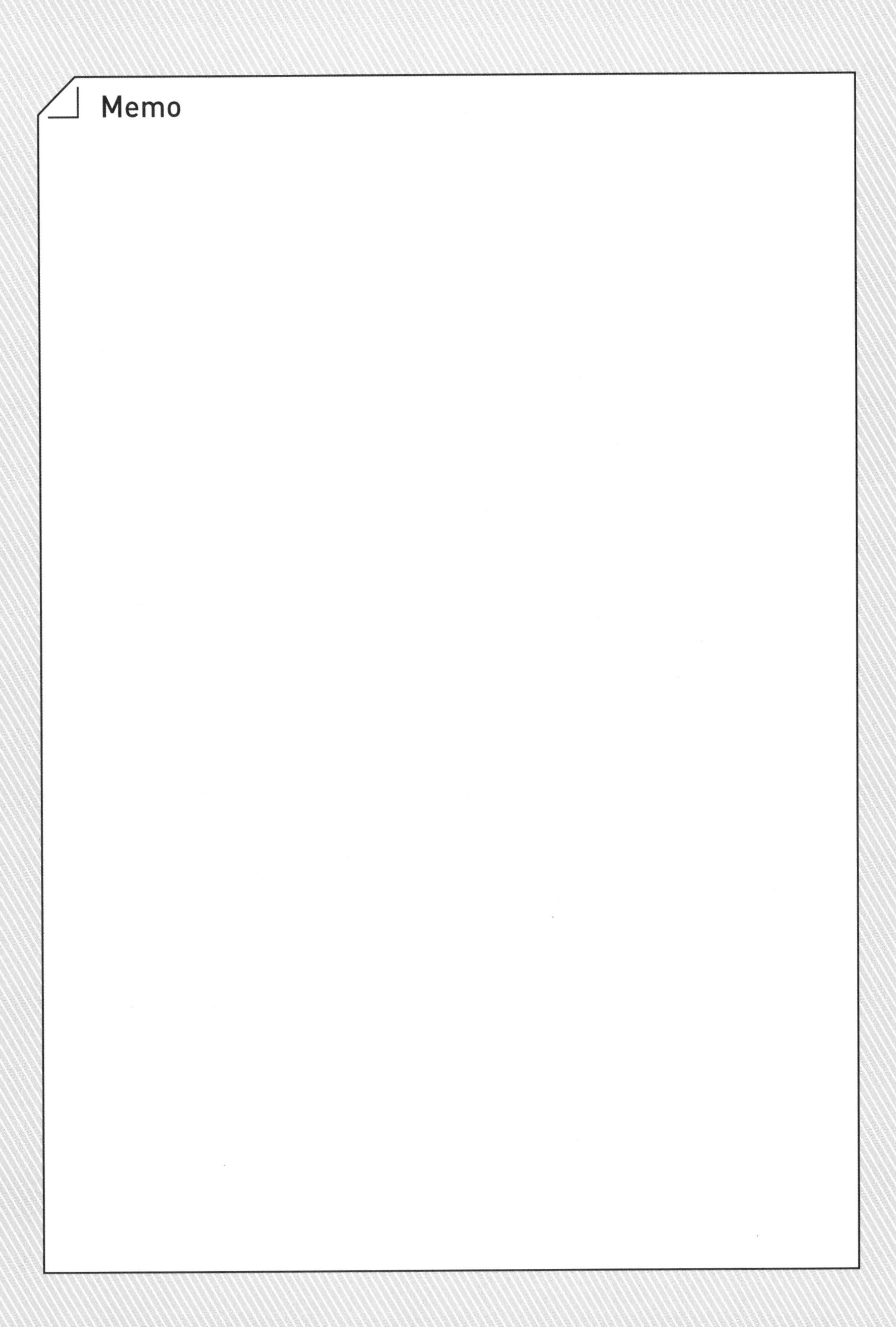
Memo

Memo

Engineer Construction Material Testing
Industrial Engineer Construction Material Testing

PART

03

과년도 기출문제

- 2012 기사/산업기사
- 2013 기사/산업기사
- 2014 기사/산업기사
- 2015 기사/산업기사
- 2016 기사/산업기사
- 2017 기사/산업기사
- 2018 기사/산업기사
- 2019 기사/산업기사
- 2020 기사/산업기사
- 2021 기사/산업기사
- 2022 기사/산업기사

건설재료시험기사(작업형)	시험시간 : 3시간 (3종목 출제 : 종목별 1시간)

1. 요구 사항

◈ 지급된 재료 및 시설을 사용하여 아래 시험들을 실시하고 성과를 주어진 양식에 작성하여 제출한다.

(1) 콘크리트의 슬럼프 및 공기량 시험(15점)

① 콘크리트는 수검자가 직접 만들어 실시한다.
② 콘크리트 배합은 중량배합으로 한다.
③ 「공개 문제」의 시방배합표를 참고하여 시멘트, 모래, 자갈, 물의 양을 계산한다.
④ 시험순서는 슬럼프 시험을 한 콘크리트를 사용하여 공기량 시험을 한다.

(2) 흙의 액성한계 및 소성한계 시험(10점)

① 주어진 시료를 가지고 실시한다.
② 함수비를 측정할 경우 시험위원의 지시에 따라 전기오븐, 또는 전열기를 사용하거나 기타 방법에 따른다.
③ 시험순서는 액성한계 시험을 한 후 새로운 시료를 사용하여 소성한계 시험을 한다.

(3) 모래치환법에 의한 흙의 밀도시험(들밀도 시험)(15점)

① 주어진 시료를 가지고 실시한다.
② 다음 조건을 참고하여 성과표를 완성한다.

[조건]

- 사용 샌드콘의 부피 : $V = 4l$
- 실내 시험에서 구한 최대건조밀도 : $\rho_{d\,\max} = 1.9\,\mathrm{g/cm^3}$
- 시험 구멍에서 구한 흙의 함수비 : $w = 18\%$

③ [조건]은 시험위원이 지시하는 값을 이용한다.

2. 수검자 유의사항

(1) 답안 작성은 흑색 필기구만 사용해야 한다.
(2) 계산과정과 답은 정확히 작성하여야 한다.

(3) 계산과정에서 결과 값의 소수자리는 시험위원의 지시에 따른다.
(4) 시험방법은 한국산업표준(KSF)에 따라 실시한다.
(5) 사용하는 기구는 조심히 다루고 시험 중에는 일체의 잡담을 금하며 옆 수검자의 행동을 보지 않는다.
(6) 각 시험은 1회를 원칙으로 하나 시험시간 내에서 2회 이상 실시할 수 있다.
(7) 작업복장 상태, 정리정돈 상태, 안전사항 등은 채점대상이 된다.
(8) 다음 사항의 경우 채점대상에서 제외한다.
- 전과정(필답형 + 작업형)에 응시하지 않는 경우
- 시험 도중에 포기 의사를 표현하는 경우
- 시험의 전 과제(1～3과제) 중 하나라도 수행하지 않는 경우

콘크리트 슬럼프시험(예)

재료명	물	시멘트	잔골재	굵은골재	슬럼프 값
질량(kg)	1.98	3.96	8.25	10.73	95mm

[계산란]

- 물 $= 180 \times \dfrac{(11)}{1,000} = 1.98\text{kg}(l)$
- 시멘트 $= 360 \times \dfrac{(11)}{1,000} = 3.96\text{kg}$
- 잔골재 $= 750 \times \dfrac{(11)}{1,000} = 8.25\text{kg}$
- 굵은골재 $= 975 \times \dfrac{(11)}{1,000} = 10.73\text{kg}$
- 시험위원이 콘크리트 1배치량을 11L로 계산하라고 지정할 경우, 위와 같다.(재료량은 소수 셋째 자리에서 반올림)
- 시험장소에 따라 10L, 9L 등 다를 수 있다.

[시방배합표]

굵은골재 최대치수 (mm)	슬럼프 (mm)	공기량 (%)	물－결합재비 (%)	잔골재율 (%)	단위량(kg/m^3)			
					물	시멘트	잔골재	굵은골재
25	120	4.5	51	44	180	360	750	975

콘크리트 슬럼프시험

주요항목	세부항목	항목번호	항목별 채점방법	배점
콘크리트 슬럼프 시험	시료 준비 및 혼합	1	(1) 시방배합표의 재료 질량이 타당하다. (2) 물－시멘트비에 의한 물의 양이 적당하다. (3) 재료의 분리가 일어나지 않도록 충분히 혼합한다. • 위의 항목 중 결격이 없으면 만점	4
	콘크리트 주입 및 다짐	2	(1) 슬럼프 콘에 콘크리트를 넣을 때 콘을 단단히 고정시킨다. (2) 시료를 3층으로 나누어 넣으며 각 층마다 골고루 25회씩 다진다. (3) 2층과 3층의 콘크리트를 다질 때 각각의 아래층에 충격이 가해지지 않도록 주의하여 다진다. (4) 시료를 슬럼프 콘에 다 넣은 후 시료의 표면을 흙손으로 평평하게 한다. • 위 항목 중 결격이 없으면 만점	5
	슬럼프 콘 제거 및 슬럼프 값 측정	3	(1) 슬럼프 콘을 수직으로 천천히 조심스럽게 들어올린다. (2) 시료가 충분히 주저앉은 다음 시료의 중심 부분을 향하여 슬럼프 값을 측정한다. • 위 항목 중 결격이 없으면 만점	2
	콘크리트의 재료량 산출	4	맞으면 배점, 틀리면 0점	1

굳지 않은 콘크리트의 압력법에 의한 공기함유량 시험(워싱턴형)(예)

측정 항목	1
겉보기 공기량(%)	2.8%
골재의 수정계수(%)	0.8%
공기량(%)	2.0%

[계산란]

공기량 $A = A_1 - G = 2.8 - 0.8 = 2.0\%$

여기서, 골재의 수정계수는 일정한 값이 제시된다.

굳지 않은 콘크리트의 압력법에 의한 공기 함유량시험(워싱턴형)

주요항목	세부항목	항목번호	항목별 채점방법	배점
공기 함유량 시험	시험 순서 및 방법	1	용기에 콘크리트 혼합물을 1/3, 2/3, 가득 채워 각각 25회씩 다진 후 각 층마다 고무망치로 용기의 옆면을 10~15회 가볍게 두들긴다.	
		2	용기 윗부분의 남는 콘크리트를 철제 자로 반듯하게 깎아 내고 뚜껑과 접하는 부분을 깨끗하게 한다.	
		3	뚜껑을 덮고 대각선 위치부터 나사를 잠근 후 공기조절밸브와 공기실 주밸브를 잠그고 배기구와 주수구 밸브를 연다.	
		4	배기구에서 물이 나올 때까지 주수구에 물을 넣고 배기구와 주수구 밸브를 잠근다.	
		5	공기실 주밸브를 열고 상하로 계속 반복하여 초압력보다 약간 크게 하고 잠근다.	
		6	공기조절밸브를 열고 압력계 옆을 손으로 가볍게 두드려 압력계 지침을 초압력에 일치시킨다.	
		7	약 5초 후 누름 손잡이를 누르고 용기 측면을 고무망치로 두드리고 다시 누름 손잡이를 손바닥으로 눌러 겉보기 공기량을 읽고 기록한다.	
		• 위 항목 중 결격이 없으면 항목당 점수를 배점하고 아니면 0점		
	공기량 계산	8	공기량을 계산할 줄 알면 점수를 배점하고 아니면 0점	

액성한계시험(예)

측정 항목	1	2	3
용기 번호	7번		
(습윤토+용기)질량(g)	25.8g		
(건조토+용기)질량(g)	24.3g		
물의 질량(g)	1.5g		
용기질량(g)	17.9g		
건조토질량(g)	6.4g		
타격횟수	27회		
함수비(%)	23.4%		

[계산란 : 함수비]

$$w = \frac{W_W}{W_s} \times 100(\%) = \frac{1.5}{6.4} \times 100 = 23.4\%$$

액성한계시험

주요항목	세부항목	항목번호	항목별 채점방법	배점
액성한계시험	시료의 조제	1	0.42mm체로 체가름한다.	
		2	시료를 약 200g 정도 채취한다.	
	시험 순서 및 방법	3	시료를 증발접시에 넣고 분무기로 증류수를 가하여 스패튤러로 잘 혼합한다.	
		4	여기에 습한포를 덮고 방치해 둔다.	
			위 항목에 결격이 없으면 항목당 1점씩 배점(1점×4항=4점)	
		5	측정기의 조절판나사를 풀어서 접시의 밑판에서 정확히 1cm의 높이가 되도록 조절하여 고정시킨다.	
		6	홈파기날을 황동접시의 밑에 직각으로 놓고 칼끝의 중심선을 통하는 황동접시의 지름에 따라 시료를 둘로 나눈다.	
		7	황동접시를 대에 설치하여 크랭크를 회전시켜 1초 동안에 2회의 비율로 대 위에 떨어뜨린다.	
		8	홈의 밑부분에 흙이 13mm가 되도록 이 조작을 계속한다. 위 항목당 결격이 없으면 항목당 2점씩 배점, 아니면 0점(2점×4항=8점)	
		9	시험 결과치를 주어진 양식에 기재하고 계산과정이 옳으면 1점, 아니면 0점	
	※ 배점은 종목의 선택에 따라 달라짐			

소성한계시험(예)

측정 항목	1
용기 번호	10번
(습윤토+용기) 질량(g)	26.3g
(건조토+용기) 질량(g)	24.8g
물의 질량(g)	1.5g
용기 질량(g)	15.5g
건조토 질량(g)	9.3g
함수비(%)	16.1%

[계산란]

$$w = \frac{W_\omega}{W_s} \times 100 = \frac{1.5}{9.3} \times 100 = 16.1\%$$

소성한계시험

주요항목	세부항목	항목번호	항목별 채점방법	배점
소성한계시험	시료의 조제	1	0.425mm체로 체가름 한다.	
		2	시료를 약 30g 정도 채취한다.	
	시험 순서 및 방법	3	시료를 증발접시에 넣고 분무기로 물을 분사하여 스패튤러로 잘 혼합한다.	
		4	시료를 유리판 위에 놓고 손으로 덩어리가 될 때까지 충분하게 반죽한다.	
		5	손바닥으로 밀어 균일하게 지름이 약 3mm가 되도록 다시 반죽하여 섞어서 조작을 반복한다.	
		6	쉽게 부스러지는 흙을 모아 함수량 캔에 채취한다.	
		• 위 항목 중 결격이 없으면 항목당 점수를 배점하고 아니면 0점		
	함수비 계산	7	함수비를 계산할 줄 알면 점수를 배점하고 아니면 0점	

모래치환법에 의한 흙의 밀도시험(예)

(감독위원의 지정에 따릅니다.)

- 사용 샌드 콘의 부피 : 4L (4,000cm^{3}로 계산합니다.)
- 실내시험에서 구한 최대건조밀도 : $\rho_{d\,max}$: 1.9g/cm^3
- 시험 구멍에서 구한 흙의 함수비 : 18%

샌드 콘 질량(g)	1,720g	• 모래의 단위질량 (계산 과정) $\therefore\ \rho = \frac{W}{V} = \frac{5,380}{4,000} = 1.35\text{g/cm}^3$
(샌드 콘+모래) 질량(g)	7,100g	
모래(병 속) 질량(g)	7,100－1,720＝5,380g	
깔때기 속의 모래 질량(g)	7,100－6,025＝1,075g	• 습윤시료 밀도 (계산 과정) －구멍 속의 부피 $V = \frac{W}{\rho} = \frac{1,350}{1.35} = 1,000\text{cm}^3$ $\therefore\ \rho_t = \frac{W}{V} = \frac{1,832}{1,000} = 1.83\text{g/cm}^3$
(시험 전 모래+병) 질량(g)	7,325g	
(시험 후 모래+병) 질량(g)	4,900g	
구멍 속의 모래 질량(g)	7,325－4,900－1,075＝1,350g	• 건조시료 밀도 (계산 과정) $\rho_d = \frac{\rho_t}{1+\frac{\omega}{100}} = \frac{1.83}{1+\frac{18}{100}}$ $= 1.55\text{g/cm}^3$ • 현장 다짐도 (계산 과정) $\frac{\rho_d}{\rho_{d\,max}} \times 100 = \frac{1.55}{1.9} \times 100$ $= 81.58\%$
시료 팬(용기)의 질량(g)	468g	
[시료 팬(용기)+채취시료] 질량(g)	2,300g	
채취시료(흙) 질량(g)	2,300－468＝1,832g	
건조시료(흙) 질량(g)	$W_s = \frac{W}{1+\frac{w}{100}}$ $= \frac{1,832}{1+\frac{18}{100}} = 1,552.54\text{g}$	
[함수 비용 캔+채취시료(젖은 시료)] 질량(g)	72.6g	

※ 깔때기 속의 모래질량 계산은 (샌드 콘＋모래) 질량 7,100g에서 바닥에 밸브를 내린 후 질량 6,025g을 뺀 값이다.

모래치환법에 의한 흙의 밀도시험

주요항목	세부항목	항목번호	항목별 채점방법	배점
현장밀도시험	시험용 모래의 단위 용적질량	1	샌드 콘(측정기)의 질량을 정확히 측정한다.	
		2	샌드 콘에 충격이나 진동을 주지 않고 주의하면서 모래를 병 속에 채운 후 깔때기에 남은 모래를 깨끗이 제거한 뒤 질량을 측정한다.	
	깔때기 속의 모래 질량 검정	3	편평한 바닥에 밑판을 놓고 샌드 콘의 깔때기를 밑판구멍에 맞춘 후 밸브를 열어 모래가 흘러내리도록 한다.	
		4	병 속에서 모래의 흐름이 멈추면 밸브를 잠근 후 샌드콘을 들어올린다.	
		5	병 속에 남은 모래를 샌드 콘과 함께 질량을 측정하여 깔때기 속의 모래질량을 정확히 계산한다.	
	현장흙의 단위 용적질량 측정	6	지면을 곧은날로 편평히 고르고 수평이 되도록 한 후 밑판을 지면에 밀착시킨다.	
		7	밑판 구멍 안의 흙을 작은삽, 큰숟가락, 끌, 솔, 망치 등의 기구를 사용하여 조심스럽게 파내서 시료팬(용기)에 담아 질량을 측정한다.(손실이 조금이라도 되지 않도록)	
		8	함수비 측정용 시료를 약 100g 정도 함수캔에 담아 놓는다.	
		9	모래를 구멍에 채우기 전에 샌드 콘에 추가로 모래를 채운 후 질량을 측정한다.(시험 전 모래+병)질량	
		10	샌드 콘을 거꾸로 세워 밑판 구멍에 깔때기를 정확히 맞춘 후 밸브를 연다.(충격이나 진동이 없어야 함)	
		11	모래의 흐름이 멈추면 밸브를 잠그고 샌드 콘의 남은 모래량을 측정한다.(시험 후 모래+병)질량	
	성과표 작성	12	모래의 단위용적질량 산출근거가 맞고 답이 맞으면 배점하고, 아니면 0점	
		13	밀도(흙의) 산출근거가 옳고 답이 맞으면 배점하고, 아니면 0점	
		14	건조밀도(흙의) 산출근거가 옳고 답이 맞으면 배점하고, 아니면 0점	
		15	현장흙의 다짐도 산출근거가 옳고 답이 맞으면 배점하고, 아니면 0점	

건설재료시험산업기사(작업형)

시험시간 : 3시간
(3종목 출제 : 종목별 1시간)

1. 요구 사항

◈ 지급된 재료 및 시설을 사용하여 아래 시험들을 실시하고 성과를 주어진 양식에 작성하여 제출한다.

(1) 흙의 다짐시험

① 주어진 시료를 가지고 시험위원의 지시에 따라 최적함수비가 되게 제조하여 실시한다.

② A다짐시험을 하여 공시체로부터 함수비 측정용 시료를 채취하여 건조기에 넣는 것까지만 실시하며, 몰드는 한 개만 실시하고 함수비는 임의로 하여 정확한 순서에 의해 시험한다.

(2) 잔골재의 밀도시험

① 주어진 시료를 가지고 표면건조포화상태를 제조하여 실시한다.

② 잔골재의 밀도는 표면건조포화상태일 때의 밀도를 계산하여 제출한다.(물의 밀도는 제시한 값을 사용한다.)

③ 시험 중에 플라스크(Flask)가 깨어지지 않도록 주의한다.

(3) 흙 입자의 밀도시험

① 주어진 시료를 가지고 실시한다.

② 시험위원의 지시에 따라 흙의 끓이는 과정과 온도의 제시에 따른다.

③ 시험 중에 피크노미터(Pycnometer) 또는 플라스크(Flask)가 깨어지지 않도록 주의한다.

2. 수검자 유의사항

(1) 답안 작성은 흑색 필기구만 사용해야 한다.
(2) 계산과정과 답은 정확히 작성하여야 한다.
(3) 계산과정에서 결과 값의 소수자리는 시험위원의 지시에 따른다.
(4) 시험방법은 한국산업표준(KSF)에 따라 실시한다.
(5) 사용하는 기구는 조심히 다루고 시험 중에는 일체의 잡담을 금하며 옆 수검자의 행동을 보지 않는다.
(6) 각 시험은 1회를 원칙으로 하나 시험시간 내에서 2회 이상 실시할 수 있다.
(7) 작업복장 상태, 정리정돈 상태, 안전사항 등은 채점대상이 된다.
(8) 다음 사항의 경우 채점대상에서 제외한다.

- 전과정(필답형+작업형)에 응시하지 않는 경우
- 시험 도중에 포기 의사를 표현하는 경우
- 시험의 전 과제(1～3과제) 중 하나라도 수행하지 않는 경우

흙의 다짐시험성과표(예)

측정 항목	1	2	3
(몰드+밑판+습윤시료)의 질량(g)	5,537g		
(몰드+밑판)의 질량(g)	3,647g		
습윤시료의 질량(g)	1,890g		
습윤밀도(γ_t)	1.89g/cm^3		
건조밀도(γ_d)	1.63g/cm^3		

[계산란]

$$\gamma_t = \frac{W}{V} = \frac{1,890}{1,000} = 1.89\text{g/cm}^3$$

$(W = 5,537 - 3,647 = 1,890\text{g})$

함수비(w)가 16%라고 제시되었다면

$$\gamma_d = \frac{\gamma_t}{1 + \frac{w}{100}} = \frac{1.89}{1 + \frac{16}{100}} = 1.63\,\text{g/cm}^3$$

다짐시험

주요항목	세부항목	항목번호	항목별 채점방법	배점
다짐시험	시료의 채취	1	흙덩이를 부수고 4분법에 의해 채취한다.	2
		2	체가름하여 19mm체를 통과한 시료를 사용한다.	
	시험 순서 및 방법	3	시료에 적당량의 물을 가하여 충분히 혼합한다.	2
		4	혼합한 시료를 칼라를 붙인 몰드에 채우고 무게 2.5kg짜리 래머를 사용하여 매 층당 25회씩 다진다.	2
		5	몰드는 ϕ 100mm를 사용하고 3층으로 나누어 다진다.	2
		6	다짐을 하기 전에 빈 몰드 및 밑판의 무게를 측정하고 다짐을 한 후 몰드 및 밑판 주위를 깨끗이 하여(몰드 및 밑판+시료)의 무게를 측정한다.	2
		7	래머를 스톱퍼까지 확실하게 들어올려 낙하시킨다.	2
		8	칼라를 떼어낼 때 파괴 없이 제거한다.	2
		9	함수비 측정용 시료를 채취할 때 추출시킨 몰드를 중앙수직으로 절단하여 중심부에서 골라 채취한다.	2
		10	성과표 작성에서 그 결과치로 작성이 옳다.	2
		• 위 항목 중 결격이 없으면 항당 배점, 아니면 0점		

잔골재 밀도시험(예)

측정 항목	1	2
플라스크의 번호	12번	
(플라스크+물)의 질량(g)	664.2g	
시료의 질량	500g	
(플라스크+물+시료)의 질량(g)	973.5g	
표면건조 포화상태의 밀도	2.62g/cm^3	

[계산란]

- 산출근거 : $\text{밀도}=\dfrac{500}{664.2+500-973.5}\times 1 = 2.62\text{g/cm}^3$
- 물의 밀도(ρ_W)는 1g/cm^3일 경우
- 표면건조 포화상태 시료 500g 이상을 사용한다.

잔골재 밀도시험

주요항목	세부항목	항목번호	항목별 채점방법	배점
잔골재 밀도시험	시험 순서 및 방법	1	습윤상태의 잔골재를 건조기에 골고루 펴서 건조시킨다.(건조시료는 물을 가한다.)	
		2	시료를 원추형 몰드에 넣을 때 다지지 않고 천천히 넣는다.	
		3	원추형 몰드에 시료를 가득 채운 후 맨 위의 표면을 다짐대로 가볍게 25회 다진다.	
		4	원추형 몰드를 빼올렸을 때 시료가 조금씩 흘러내리는 상태가 되도록 반복한다.	
		5	표건시료 500g 이상을 측정한다.	
		6	플라스크에 물을 약간 넣는다.	
		7	시료 500g 이상을 넣은 플라스크를 반듯한 면에 굴려서 플라스크 내부에 있는 기포를 없앤 후 그리고 질량을 측정한다.	
		8	플라스크 속의 물과 시료를 버리고 플라스크에 검정선까지 물을 채우고 질량을 측정한다.	
		9	플라스크와 천칭을 사용할 때 조심스럽게 시험을 한다.	
		• 위 항목 중 결격이 없으면 항당 배점, 아니면 0점		
	※ 배점은 종목의 선택에 따라 달라짐	10	밀도값을 계산할 줄 알고 그 값이 상식적인 값이면 배점, 아니면 0점	

흙 입자 밀도시험(예)

측정 항목	질량(g)
병의 질량(m_f)	32.453
(병+물) 질량($m_a{}'$)	131.307
온도(T')	16℃
(병+건조시료+물) 질량(m_b)	140.451
온도(T)	21℃
(병+건조시료) 질량(m)	47.710
건조시료 질량(m_s)	15.257
흙의 밀도(ρ_T)	2.530g/cm³

[계산란]

- 병에 넣은 건조시료 질량

  $m_s = m - m_f = 47.710 - 32.453 = 15.257\text{g}$

- 온도 T(℃)에서 증류수(물)를 채운 병의 질량

  $m_a = \dfrac{\rho_w(T)}{\rho_w(T')}(m_a{}' - m_f) + m_f = \dfrac{0.998022}{0.998972}(131.307 - 32.453) + 32.453 = 131.212\text{g}$

- 온도 T(℃)에서 흙 입자 밀도

  $\rho_T = \dfrac{m_s}{m_s + (m_a - m_b)} \times \rho_w(T) = \dfrac{15.257}{15.257 + (131.212 - 140.451)} \times 0.998022 = 2.530\text{g/cm}^3$

- 증류수(물)의 밀도 ρ_w(g/cm³)

온도(℃)	물의 밀도	온도(℃)	물의 밀도	온도(℃)	물의 밀도
4	1.000000	13	0.999406	22	0.997800
5	0.999992	14	0.999273	23	0.997568
6	0.999968	15	0.999129	24	0.997327
7	0.999930	16	0.998972	25	0.997075
8	0.999877	17	0.998804	26	0.996814
9	0.999809	18	0.998625	27	0.996544
10	0.999728	19	0.998435	28	0.996264
11	0.999634	20	0.998234	29	0.995976
12	0.999526	21	0.998022	30	0.995678

흙 입자 밀도시험

주요항목	세부항목	항목번호	항목별 채점방법	배점
흙 입자 밀도 시험	시료의 조제	1	9.5mm체로 체가름한다.	
		2	적정한 시료를 채취한다.	
	시험 순서 및 방법	3	병의 질량을 측정한다.	
		4	병에 물을 가득 채우고 마개를 닫은 다음 마른 헝겊으로 병 외부의 물기를 닦는다.	
		5	물을 채운 병의 질량을 측정한다.	
		6	병 속의 물 온도를 측정한다.	
		7	물을 비운 병을 건조하게 하고 깔때기를 이용하여 노건조시료를 넣고 질량을 측정한다.	
		8	병에 물을 병 용량의 2/3가 되도록 채운다.	
		9	전열기에서 10분 이상 충분히 끓인 후 실온이 될 때까지 식히고 병에 물을 가득 채우고 마개를 닫은 다음 마른 헝겊으로 외부의 물기를 잘 닦는다.	
		10	병에 시료와 물을 가득 채운 전체의 질량을 측정한다.	
		11	마개를 열고 그 내용물의 온도를 측정한다.	
		12	시험 결과치를 주어진 양식에 기재하고 계산과정이 옳으면 배점, 아니면 0점	

기사 2012년 4월 22일 시행

• NOTICE •

이 문제는 수험자의 기억을 토대로 작성하였으므로 실제문제와 일부 다를 수도 있습니다. 문제해설과 해답은 오류가 없도록 최선을 다하였으나 혹 미비한 부분은 계속 수정 보완하겠습니다.

01 현장에서 모래치환법에 의한 다음의 밀도시험결과표를 보고 물음에 답하시오.

- 구멍 속 흙의 무게 : 4,150g
- 구멍 속 흙의 함수비 : 20%
- 구멍 속 모래 무게 : 2,882g
- 모래 단위 중량 : 1.35g/cm³
- 실내 최대건조밀도 : 1.68g/cm³
- 물의 단위 중량 : 1g/cm³
- 흙의 비중 : 2.72

(1) 건조밀도(γ_d)를 구하시오.

(2) 공극비(e)와 공극률(n)을 구하시오.

(3) 다짐도를 구하시오.

Solution

(1) • $\gamma_{모래} = \dfrac{W}{V}$

$1.35 = \dfrac{2,882}{V}$

$\therefore V = 2,135\text{cm}^3$

• $\gamma_t = \dfrac{W}{V} = \dfrac{4,150}{2,135} = 1.944\text{g/cm}^3$

• $\gamma_d = \dfrac{\gamma_t}{1+\dfrac{w}{100}} = \dfrac{1.944}{1+\dfrac{20}{100}} = 1.62\text{g/cm}^3$

(2) • $e = \dfrac{\gamma_w}{\gamma_d}G_s - 1 = \dfrac{1}{1.62} \times 2.72 - 1 = 0.68$

• $n = \dfrac{e}{1+e} \times 100 = \dfrac{0.68}{1+0.68} \times 100 = 40.48\%$

(3) 다짐도 $= \dfrac{\gamma_d}{\gamma_{d\max}} \times 100 = \dfrac{1.62}{1.68} \times 100 = 96.43\%$

02 콘크리트 배합설계 시 품질기준강도(f_{cq})는 24MPa, 표준편차 3.4MPa이다. 배합강도를 구하시오.

Solution

- $f_{cr} = f_{cq} + 1.34s = 24 + 1.34 \times 3.4 = 28.56\text{MPa}$
- $f_{cr} = (f_{cq} - 3.5) + 2.33s = (24 - 3.5) + 2.33 \times 3.4 = 28.42\text{MPa}$

∴ 큰 값인 28.56MPa이다.

03 굵은골재의 물리적 성질에 관한 것이다. 빈칸을 채우시오.

절대건조밀도(g/cm³)	(　) 이상
흡수율(%)	(　) 이하
안정성(%)	(　) 이하

굵은골재 유해물 함유량 한도	
점토 덩어리(%)	(　) 이하
연한 석편(%)	(　) 이하
0.08mm체 통과량(%)	(　) 이하

Solution

절대건조밀도(g/cm³)	(2.5) 이상
흡수율(%)	(3) 이하
안정성(%)	(12) 이하

굵은골재 유해물 함유량 한도	
점토 덩어리(%)	(0.25) 이하
연한 석편(%)	(5) 이하
0.08mm체 통과량(%)	(1) 이하

04 다음은 골재의 체가름 시험결과표이다.

(1) 잔류율과 누적 잔류율을 구하시오.(단, 소수 첫째 자리에서 반올림하시오.)

체의 크기(mm)	잔류량(g)	잔류율(%)	누적 잔류율(%)
75	0		
50	0		
40	270		
30	1,755		
25	2,455		
20	2,270		
15	4,230		
10	2,370		
5	1,650		
2.5	0		

(2) 조립률을 구하시오.(단, 소수 셋째 자리에서 반올림하시오.)

(3) 굵은골재 최대치수를 구하시오.

Solution

(1)

체의 크기(mm)	잔류량(g)	잔류율(%)	누적 잔류율(%)
75	0	0	0
50	0	0	0
40	270	2	2
30	1,755	12	14
25	2,455	16	30
20	2,270	15	45
15	4,230	28	73
10	2,370	16	89
5	1,650	11	100
2.5	0	0	100

• 잔류율 $= \dfrac{\text{잔류량}}{\text{전체질량}} \times 100$

• 누적 잔류율 = 각 체의 잔류율 누계

(2) $FM = \dfrac{2+45+89+100+100+100+100+100+100}{100} = 7.36$

(3) 40mm

05 시방배합으로 단위 수량 150kg, 시멘트량 320kg, 잔골재량 600kg, 굵은골재량 1,200kg이 산출된 콘크리트 배합을 현장입도를 고려하여 현장배합으로 수정하여 단위 잔골재량, 단위 굵은골재량, 단위 수량을 구하시오.(단, 잔골재가 5mm체에 남는 질량 : 4%, 굵은골재가 5mm체에 통과하는 질량 : 5%, 잔골재의 표면수 : 3%, 굵은골재 표면수 : 0.5%)

(1) 단위 잔골재량

(2) 단위 굵은골재량

(3) 단위 수량

Solution

(1) ① 입도보정

$$x = \frac{100S - b(S+G)}{100-(a+b)} = \frac{100 \times 600 - 5(600+1,200)}{100-(4+5)} = 560.44\text{kg}$$

② 표면수 보정

$560.44 \times 0.03 = 16.81\text{kg}$

③ 단위 잔골재량

$560.44 + 16.81 = 577.25\text{kg}$

(2) ① 입도보정

$$y=\frac{100G-a(S+G)}{100-(a+b)}=\frac{100\times 1{,}200-4(600+1{,}200)}{100-(4+5)}=1{,}239.56\text{kg}$$

② 표면수 보정

$1{,}239.56\times 0.005=6.20\text{kg}$

③ 단위 굵은골재량

$1{,}239.56+6.20=1{,}245.76\text{kg}$

(3) 단위 수량 $=150-16.81-6.2=126.99\text{kg}$

06 다음과 같은 흙 시료의 C_u, C_g를 구하고 통일분류법으로 분류하시오.

- No.4체 통과율 : 92%
- No.200체 통과율 : 4%
- $D_{10}=0.15\text{mm}$
- $D_{30}=0.25\text{mm}$
- $D_{60}=0.35\text{mm}$

Solution

$$C_u=\frac{0.35}{0.15}=2.33$$

$$C_g=\frac{0.25^2}{0.15\times 0.35}=1.19$$

C_g가 1~3 범위에 들었으나 $C_u<6$이므로 입도 불량이다.

4번체를 50% 이상 통과하므로 모래, 200번체를 50% 이하 통과하므로 조립토이다.

∴ SP(입도가 불량한 모래)

07 다음 그림과 조건을 이용하여 물음에 답하시오.

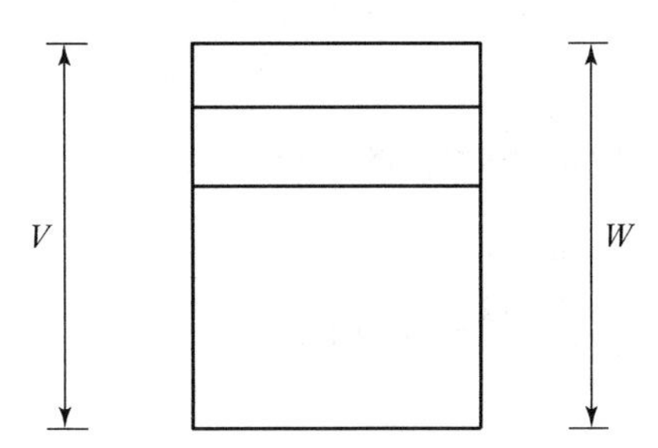

[조건]

- 비중=2.69
- 습윤밀도=1.85g/cm³
- 체적(V)=100cm³
- 물의 밀도=1g/cm³
- 함수비(w)=12%

(1) 흙과 물의 무게를 구하시오.
(2) 흙과 물의 체적을 구하시오.

Solution

(1) $\gamma_t = \dfrac{W}{V} = 1.85\text{g/cm}^3$

$\dfrac{W}{100} = 1.85$

$W = 185\text{g}$

$\therefore\ W_s = \dfrac{100\,W}{100+w} = \dfrac{100 \times 185}{100+12} = 165.18\text{g}$

$\therefore\ W_w = \dfrac{w\,W}{100+w} = \dfrac{12 \times 185}{100+12} = 19.82\text{g}$

(2) ① $e = \dfrac{\gamma_w}{\gamma_d} G_s - 1 = \dfrac{1}{1.65} \times 2.69 - 1 = 0.63$

여기서, $\gamma_d = \dfrac{\gamma_t}{1+\dfrac{w}{100}} = \dfrac{1.85}{1+\dfrac{12}{100}} = 1.65\text{g/cm}^3$

② $G_s = \dfrac{\gamma_s}{\gamma_w} = \dfrac{W_s}{V_s \cdot \gamma_w}$

$\therefore\ V_s = \dfrac{W_s}{G_s \cdot \gamma_w} = \dfrac{165.18}{2.69 \times 1} = 61.41\text{cm}^3$

③ $e = \dfrac{V_V}{V_s}$

$\therefore\ V_V = e \cdot V_s = 0.63 \times 61.41 = 38.69\text{cm}^3$

④ $S \cdot e = G_s \cdot w$

$\therefore\ S = \dfrac{G_s \times w}{e} = \dfrac{2.69 \times 12}{0.63} = 51.24\%$

⑤ $S = \dfrac{V_w}{V_v} \times 100$

$\therefore\ V_w = \dfrac{S \cdot V_v}{100} = \dfrac{51.24 \times 38.69}{100} = 19.82\text{cm}^3$

08 **다음 그림과 같은 지반에 넓은 면적에 걸쳐서 20kN/m²의 성토를 하려고 한다. 모래층 중의 지하수위가 정수압분포로 일정하게 유지되는 경우 다음 물음에 답하시오.(단, $\gamma_w = 9.81\text{kN/m}^3$이며 지표면으로부터 2.0m 깊이까지의 모래의 포화도는 50%로 가정한다.)**

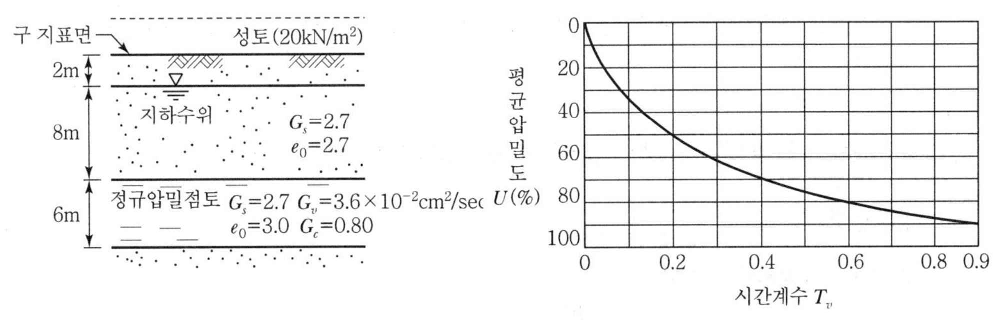

(1) 점토층의 최종 압밀침하량을 구하시오.

(2) 시간계수 T_v와 압밀도 U의 관계가 다음과 같을 때 6개월 후 점토층의 압밀침하량을 산정하시오.(단, 시간계수 T_v =0.2일 때)

Solution

(1) ① 2m까지의 습윤밀도

$$\gamma_t = \frac{G_s + \frac{S \cdot e}{100}}{1+e}\gamma_w = \frac{2.7 + \frac{50 \times 0.7}{100}}{1+0.7} \times 9.81 = 17.6\text{kN/m}^3$$

② 모래층의 수중밀도

$$\gamma_{\text{sub}} = \frac{G_s - 1}{1+e}\gamma_w = \frac{2.7-1}{1+0.7} \times 9.81 = 9.81\text{kN/m}^3$$

③ 점토층의 수중밀도

$$\gamma_{\text{sub}} = \frac{G_s - 1}{1+e}\gamma_w = \frac{2.7-1}{1+3} \times 9.81 = 4.169\text{kN/m}^3$$

④ 점토층 중앙 유효응력(P_1)

$$P_1 = 17.6 \times 2 + 9.81 \times 8 + 4.169 \times 3 = 126.187\text{kN/m}^2$$

⑤ 최종 압밀침하량(ΔH)

$$\Delta H = \frac{C_c}{1+e}\log\frac{P_2}{P_1} \cdot H = \frac{C_c}{1+e}\log\frac{(P_1 + \Delta P)}{P_1} \cdot H$$

$$= \frac{0.8}{1+3}\log\frac{(126.187+20)}{126.187} \times 600 = 7.67\text{cm}$$

(2) $U = \dfrac{\Delta H_t}{\Delta H} = \dfrac{\text{임의 시간에서의 침하량}}{\text{최종 침하량}}$

$\therefore\ \Delta H_t = U \cdot \Delta H$

$= 0.5 \times 7.67$

$= 3.84\text{cm}$

09 시멘트 모르타르의 압축강도 및 휨강도의 시험방법은 KSL ISO 679에서 규정한다. 다음 물음에 답하시오.

(1) 압축강도 및 휨강도의 공시체 규격을 쓰시오.

(2) 공시체를 제작할 때 사용되는 시멘트량을 1이라고 할 때 다음 재료량의 비율을 쓰시오.

① 물

② 잔골재

(3) 공시체를 틀에 넣은 후 강도시험을 할 때까지의 양생방법을 쓰시오.

Solution

(1) 40mm×40mm×160mm

(2) ① 물 : 시멘트비가 0.5이므로 $\left(\frac{W}{C}=0.5\right)$

$$W=C\times 0.5=1\times 0.5=0.5$$

② 잔골재 : 3

(3) 틀에 다진 공시체는 24시간 습윤양생한다. 그 후 탈형하여 강도시험을 할 때까지 수중양생한다.

10 어느 시료에 대해 삼축압축시험을 한 결과가 다음 표와 같았다. 물음에 답하시오.

구분 / 시료	σ_3(kN/m²)	$\sigma_1-\sigma_3$(kN/m²)
1	7	21
2	10	25

(1) 내부마찰각(ϕ)을 구하시오.

(2) 점착력(C)을 구하시오.

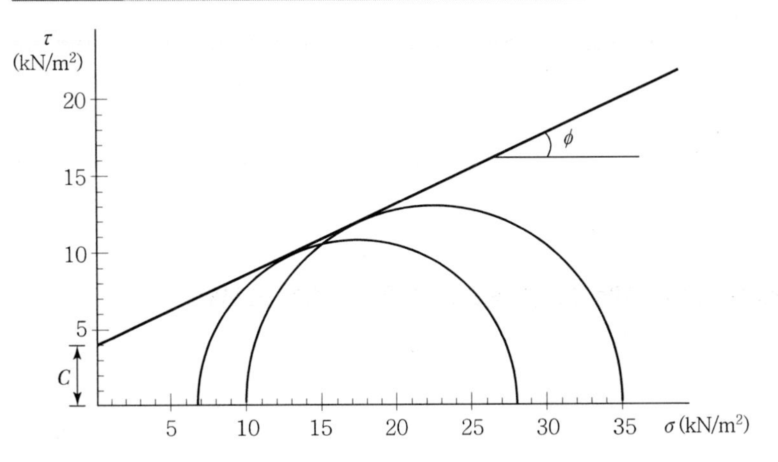

$\sigma_1 = \sigma_3 + (\sigma_1 - \sigma_3)$로 최대 주응력을 구하여 작도한다.

측압(σ_3)	7	10
최대 주응력(σ_1)	28	35

(1) 내부마찰각 $\phi = 22°$

(2) 점착력 $C = 4\text{kN/m}^2$

건설재료시험 기사 실기 작업형 출제시험 항목

- 잔골재 밀도시험
- 액성한계시험
- 흙의 다짐시험(A)

산업기사 2012년 4월 22일 시행

• NOTICE •

이 문제는 수험자의 기억을 토대로 작성하였으므로 실제문제와 일부 다를 수도 있습니다. 문제해설과 해답은 오류가 없도록 최선을 다하였으나 혹 미비한 부분은 계속 수정 보완하겠습니다.

01 콘크리트 배합설계 시 물－시멘트비를 정하는 기준 3가지를 쓰시오.

(1)

(2)

(3)

Solution

(1) 콘크리트 압축강도

(2) 콘크리트 내동해성(내구성)

(3) 콘크리트 수밀성

02 다음은 굵은골재 체가름 시험 성과표이다. 물음에 답하시오.

(1) 다음 표의 빈칸을 채우시오.(단, 소수 둘째 자리에서 반올림하시오.)

체의 크기(mm)	잔류량(g)	잔류율(%)	가적 잔류율(%)	가적 통과율(%)
40	0			
20	20			
10	40			
5	70			
2.5	150			
1.2	250			
0.6	320			
0.3	90			
0.15	20			
계	960			

(2) 조립률을 구하시오.

Solution

(1)

체의 크기(mm)	잔류량(g)	잔류율(%)	가적 잔류율(%)	가적 통과율(%)
40	0	0	0	100
20	20	2.1	2.1	97.9
10	40	4.2	6.3	93.7
5	70	7.3	13.6	86.4
2.5	150	15.6	29.2	70.8
1.2	250	26.0	55.2	44.8
0.6	320	33.3	88.5	11.5
0.3	90	9.4	97.9	2.1
0.15	20	2.1	100	0
계	960			

- 잔류율 $= \dfrac{\text{해당체의 잔류량}}{\text{전체무게}} \times 100$
- 가적 잔류율 = 각 체의 잔류율을 누계한 값
- 가적 통과율 = 100 − 가적 잔류율

(2) $FM = \dfrac{2.1+6.3+13.6+29.2+55.2+88.5+97.9+100}{100} = 3.93$

03 시방배합으로 각 재료의 단위량과 현장 골재의 상태가 다음과 같을 때 물음에 답하시오.

- 단위 수량 : 150kg/m³
- 단위 시멘트량 : 306kg/m³
- 잔골재량 : 660kg/m³
- 굵은골재량 : 1,300kg/m³
- 잔골재 표면수율 : 3%
- 5mm체 잔류 잔골재율 : 3%
- 굵은골재 표면수율 : 1%
- 5mm체 통과 굵은골재율 : 9%

(1) 단위 수량

(2) 잔골재량

(3) 굵은골재량

Solution

- 입도에 의한 조정

① 잔골재 : $x = \dfrac{100S - b(S+G)}{100-(a+b)} = \dfrac{100\times 660 - 9(660+1,300)}{100-(3+9)} = 549.55\text{kg}$

② 굵은골재 : $y = \dfrac{100G - a(S+G)}{100-(a+b)} = \dfrac{100\times 1,300 - 3(660+1,300)}{100-(3+9)} = 1,410.45\text{kg}$

- 표면수율에 의한 조정
  ① 잔골재 : $549.55 \times 0.03 = 16.49$kg
  ② 굵은골재 : $1{,}410.45 \times 0.01 = 14.10$kg

(1) 단위 수량 : $150 - 16.49 - 14.10 = 119.41\text{kg/m}^3$
(2) 잔골재량 : $549.55 + 16.49 = 566.04\text{kg/m}^3$
(3) 굵은골재량 : $1{,}410.45 + 14.10 = 1{,}424.55\text{kg/m}^3$

04 콘크리트 호칭강도(f_{cn})가 24MPa이고 내구성 기준 압축강도(f_{cd})가 21MPa이다. 30회 이상의 실험에 의한 압축강도의 표준편차가 3.2MPa일 때 콘크리트의 배합강도를 구하시오.

Solution

- $f_{cn} \le 35$MPa이므로
  ① $f_{cr} = f_{cn} + 1.34s = 24 + 1.34 \times 3.2 = 28.29$MPa
  ② $f_{cr} = (f_{cn} - 3.5) + 2.33s = (24 - 3.5) + 2.33 \times 3.2 = 27.96$MPa
  ∴ ①, ② 중 큰 값인 28.29MPa이다.

05 현장에서 흙의 단위 중량을 알기 위해 모래치환법을 실시하였다. 구멍에서 파낸 습윤 흙의 무게가 2,000g이고 구멍의 부피를 알기 위해 구멍에 모래를 넣은 무게를 쟀더니 1,350g이다. 이 모래의 단위 중량 $\gamma = 1.35\text{g/cm}^3$, 흙의 함수비 $\omega = 20\%$일 때, 이 흙의 건조밀도를 구하시오.

Solution

- $\gamma_{모래} = \dfrac{W}{V}$

  $1.35 = \dfrac{1{,}350}{V}$

  $\therefore V = \dfrac{1{,}350}{1.35} = 1{,}000\text{cm}^3$

- $\gamma_t = \dfrac{W}{V} = \dfrac{2{,}000}{1{,}000} = 2.0\text{g/cm}^3$

- $\gamma_d = \dfrac{\gamma_t}{1 + \dfrac{\omega}{100}} = \dfrac{2.0}{1 + \dfrac{20}{100}} = 1.667\text{g/cm}^3$

06 **교란되지 않은 시료에 대한 일축압축시험 결과가 아래와 같으며, 파괴면과 수평면이 이루는 각도는 60°이다. 물음에 답하시오.(단, 시험체의 크기는 평균직경 3.5cm, 단면적 962mm², 길이 80mm이다.)**

압축량 ΔH(1/100mm)	압축력 P(N)	압축량 ΔH(1/100mm)	압축력 P(N)
0	0	220	164.7
20	9	260	172
60	44	300	174
100	90.8	340	173.4
140	126.7	400	169.2
180	150.3	480	159.6

(1) 압축응력과 변형률의 관계도를 그리고 일축압축강도를 구하시오.

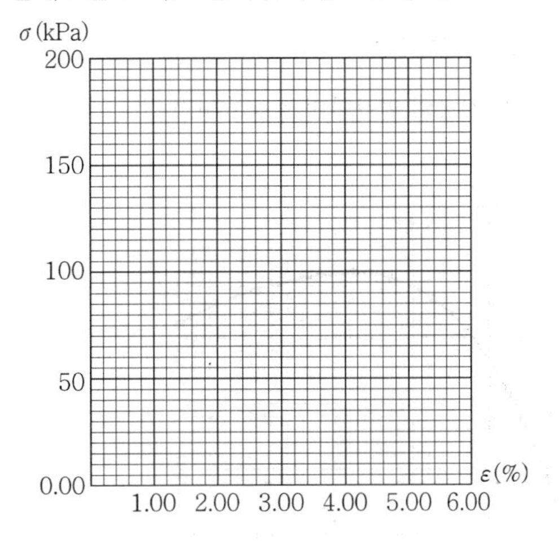

(2) 점착력을 구하시오.

(3) 이 시료를 되비빔하여 시험한 결과 파괴압축응력은 14kPa이었다. 예민비를 구하고 흙의 공학적인 판단을 하시오.

Solution

(1)

압축량 ΔH(1/100mm)	압축력 P(N)	ε(%)	$\left(1-\frac{\varepsilon}{100}\right)$	σ(kPa)
0	0	0	0	
20	9	0.25	0.9975	9.33
60	44	0.75	0.9925	45.39
100	90.8	1.25	0.9875	93.20
140	126.7	1.75	0.9825	129.40
180	150.3	2.25	0.9775	152.72

압축량 ΔH(1/100mm)	압축력 P(N)	ε(%)	$\left(1-\frac{\varepsilon}{100}\right)$	σ(kPa)
220	164.7	2.75	0.9725	166.50
260	172	3.25	0.9675	172.98
300	174	3.75	0.9625	174.09
340	173.4	4.25	0.9575	172.59
400	169.2	5.0	0.95	167.09
480	159.6	6.0	0.94	155.95

변형률 $\varepsilon(\%) = \dfrac{\Delta l}{l} \times 100$

여기서, l : 시료길이(80mm)

Δl : 압축량

$$\sigma = \frac{P}{A_o} \times \left(1 - \frac{\varepsilon}{100}\right) \times 1{,}000(\text{kPa})$$

여기서, A_o : 처음 시료의 평균단면적(962mm^2)

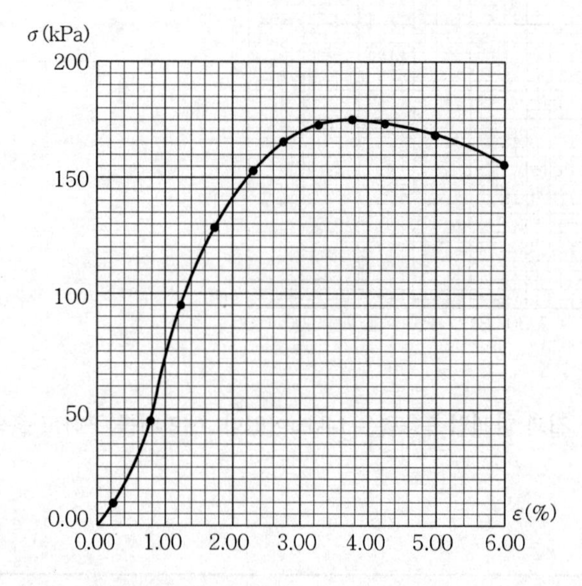

$q_u = 174.09\text{kPa}$

(2) $C = \dfrac{q_u}{2\tan\left(45 + \dfrac{\phi}{2}\right)} = \dfrac{174.09}{2\tan\left(45 + \dfrac{\phi}{2}\right)} = 50.26\text{kPa}$

$\theta = 45° + \dfrac{\phi}{2}$

$60° = 45° + \dfrac{\phi}{2}$

$\therefore\ \phi = 30°$

(3) $S_t = \dfrac{q_u}{q_{ur}} = \dfrac{174.09}{14} = 12.44$

∴ 예민비가 8 이상으로 초예민한 점토이다.

07 어느 시료에 대하여 액성한계시험을 한 결과 액성한계가 68%, 소성한계는 30.8%였다. 이 흙의 자연함수비를 39.4%로 보고 다음을 계산하시오.(단, 유동지수는 5.7%)

(1) 소성지수를 구하시오.

(2) 컨시스턴시 지수를 구하시오.

(3) 액성지수를 구하시오.

(4) 터프니스 지수를 구하시오.

Solution

(1) 소성지수

액성한계 − 소성한계 = 68 − 30.8 = 37.2%

(2) 컨시스턴시 지수

$\dfrac{\text{액성한계} - \text{자연함수비}}{\text{소성지수}} = \dfrac{68 - 39.4}{37.2} = 0.77$

(3) 액성지수

$\dfrac{\text{자연함수비} - \text{소성한계}}{\text{소성지수}} = \dfrac{39.4 - 30.8}{37.2} = 0.23$

(4) 터프니스 지수

$\dfrac{\text{소성지수}}{\text{유동지수}} = \dfrac{37.2}{5.7} = 6.53$

08 도로의 평판재하시험에서 침하량 1.25mm에 해당하는 하중강도가 270kN/m^{2}일 때 다음 물음에 답하시오.(단, KSF 2310 규정에 의한다.)

(1) 직경 30cm의 재하판을 사용한 경우 지지력계수 K_{30}를 구하시오.

(2) 직경 40cm의 재하판을 사용한 경우 지지력계수 K_{40}를 구하시오.

(3) 직경 75cm의 재하판을 사용한 경우 지지력계수 K_{75}를 구하시오.

Solution

(1) $K_{30}=\dfrac{q}{y}=\dfrac{270}{0.00125}=216{,}000\text{kN/m}^3=216\text{MN/m}^3$

(2) $K_{40}=\dfrac{K_{30}}{1.3}=\dfrac{216}{1.3}=166.15\text{MN/m}^3$

(3) $K_{75}=\dfrac{K_{30}}{2.2}=\dfrac{216}{2.2}=98.18\text{MN/m}^3$

09 굳은 콘크리트 시험에 대한 물음에 답하시오.

(1) 콘크리트 압축강도 시험에서 공시체에 하중을 가하는 속도를 쓰시오.

(2) 콘크리트 휨 강도 시험에서 공시체에 하중을 가하는 속도를 쓰시오.

(3) 지름이 d, 길이가 L인 원주형 공시체에 할렬인장강도 시험을 하여 최대하중 P를 얻었다. 이때 인장강도를 구하는 공식은?

Solution

(1) 0.6±0.4MPa/초

(2) 0.06±0.04MPa/초

(3) 인장강도$=\dfrac{2P}{\pi dL}$

건설재료시험 산업기사 실기 작업형 출제시험 항목

- 시멘트 밀도시험
- 액성한계시험
- 흙의 체가름시험

기사 2012년 7월 8일 시행

• NOTICE •

이 문제는 수험자의 기억을 토대로 작성하였으므로 실제문제와 일부 다를 수도 있습니다. 문제해설과 해답은 오류가 없도록 최선을 다하였으나 혹 미비한 부분은 계속 수정 보완하겠습니다.

01 **그림과 같은 지반의 점토를 대상으로 압밀시험을 실시하여 다음과 같은 결과를 얻었다. 물음에 답하시오.(단, $\gamma_w = 9.81\text{kN/m}^3$이다.)**

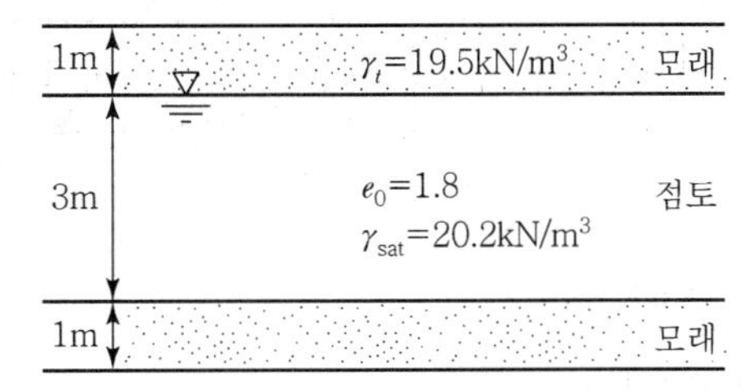

압력(kN/m²)	10	20	40	80	160	320	640	80	20
간극비	1.71	1.67	1.58	1.45	1.3	1.03	0.81	0.9	1.1

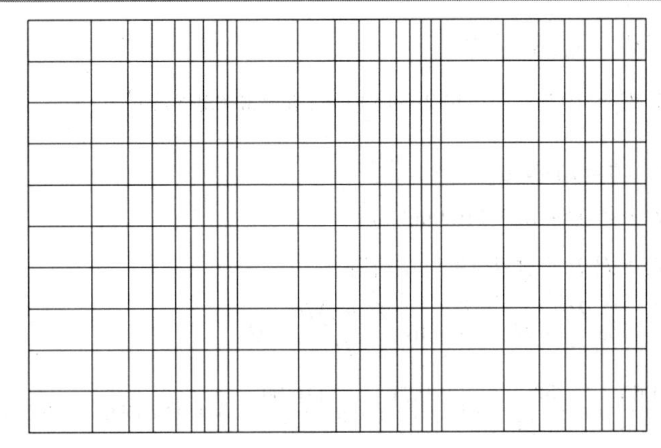

(1) $e-\log P$ 곡선을 그리고 선행압밀하중(P_c)과 과압밀비(OCR)를 구하시오.(단, P_c는 100kN/m² 보다 작다.)

(2) 넓은 지역에 걸쳐 $\gamma_t = 25\text{kN/m}^3$인 흙이 3m 두께로 성토되었을 때 점토층의 압밀침하량을 구하시오.

Solution

(1)

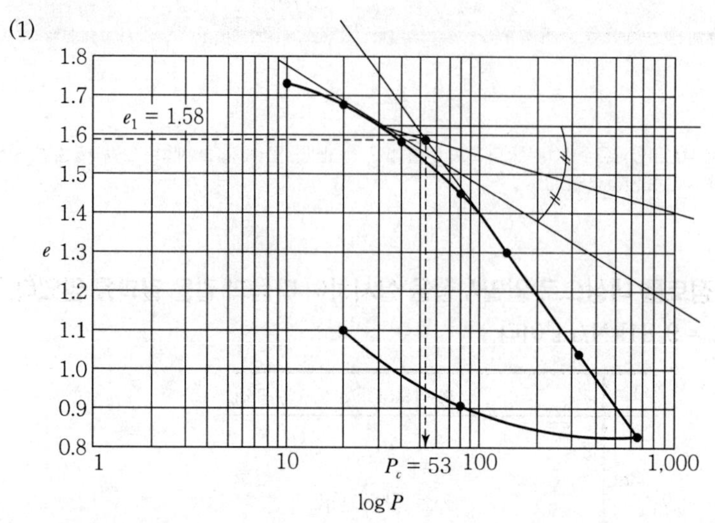

- 선행압밀하중 $P_c = 53\text{kN/m}^2$

- $C_c = \dfrac{e_1 - e_2}{\log\dfrac{P_2}{P_1}} = \dfrac{1.58 - 0.81}{\log\dfrac{640}{53}} = 0.71$

- $OCR = \dfrac{P_c}{P_0} = \dfrac{53}{35.09} = 1.51$

  여기서, $P_0 = 19.5 \times 1 + (20.2 - 9.81) \times 1.5 = 35.09\text{kN/m}^2$

(2)
- $\Delta P = 25 \times 3 = 75\text{kN/m}^2$
- $P_0 + \Delta P = 35.09 + 75 = 110.09\text{kN/m}^2$
- $P_0 + \Delta P > P_c$인 과압밀점토의 침하량

  $S = \dfrac{C_s}{1+e}\log\dfrac{P_c}{P_o} \cdot H + \dfrac{C_c}{1+e}\log\dfrac{P_o + \Delta P}{P_c} \cdot H$

  $= \dfrac{0.1065}{1+1.8}\log\dfrac{53}{35.09} \times 3 + \dfrac{0.71}{1+1.8}\log\dfrac{110.09}{53} \times 3 = 0.2619\text{m} = 26.19\text{cm}$

  여기서, C_s(팽창지수)는 대략 압축지수(C_c)의 1/5 ~ 1/10 정도이므로 중간값을 적용하면 $C_s = 0.15 \times C_c = 0.15 \times 0.71 = 0.1065$이다.

02 테르자기 1차 압밀 가정 4가지를 쓰시오.

(1)

(2)

(3)

(4)

Solution

(1) 흙은 균질하고 완전히 포화되어 있다.
(2) 흙입자와 물은 비압축성이다.
(3) 흙의 변형은 1차원으로 연직방향으로만 압축된다.
(4) 흙 속의 물의 이동은 Darcy 법칙을 따르며 투수계수는 일정하다.
(5) 유효응력이 증가하면 압축토층의 간극비는 유효응력의 증가에 반비례해서 감소한다.
(6) 점토층의 체적 압축계수는 압밀층의 모든 점에서 일정하다.
(7) 압밀 시의 2차 압밀은 무시한다.

03 다음 물음에 답하시오.

(1) 골재 알의 크기가 1.2mm 체에 5%(질량비) 이상 남는 것으로 잔골재 체가름 시험을 할 경우 시료의 최소질량은?
(2) 골재의 최대치수가 25mm 정도인 것으로 체가름 시험을 할 경우 시료의 최소질량은?
(3) 표를 완성하고 굵은골재 최대치수를 구하시오.

체(mm)	굵은골재			
	잔류량(g)	잔류율(%)	누적잔류량(g)	누적잔류율(%)
75	0			
60	0			
50	100			
40	400			
30	2,200			
25	1,300			
20	2,000			
15	1,300			
13	1,200			
10	1,000			
5	500			
2.5	0			

Solution

(1) 500g

(2) 5,000g

(3)

체(mm)	굵은골재			
	잔류량(g)	잔류율(%)	누적잔류량(g)	누적잔류율(%)
75	0	0	0	0
60	0	0	0	0
50	100	1.0	100	1.0
40	400	4.0	500	5.0
30	2,200	22.0	2,700	27.0
25	1,300	13.0	4,000	40.0
20	2,000	20.0	6,000	60.0
15	1,300	13.0	7,300	73.0
13	1,200	12.0	8,500	85.0
10	1,000	10.0	9,500	950
5	500	5.0	10,000	100
2.5	0	0	10,000	100

- 잔류율 $= \frac{\text{그 체의 잔류량}}{\text{전체 질량}} \times 100$
- 누적잔류량=각체의 잔류량 누계
- 누적잔류율=각체의 잔유율의 누계

40mm(질량으로 통과율이 90% 이상 통과시킨 체 중에 가장 작은 치수의 체눈을 나타낸다.)

04 골재의 안정성 시험의 목적과 사용되는 용액 2가지를 쓰시오.

(1) 목적

(2) 사용하는 시약 2가지

Solution

(1) 골재의 내구성을 알기 위해서 시험하는 것이다.

(2) ① 황산나트륨

② 염화바륨

05 콘크리트 배합에 관련된 사항이다. 물음에 답하시오.

(1) 압축강도의 시험 횟수가 14회 이하이거나 기록이 없는 경우의 배합강도를 쓰시오.

호칭강도(MPa)	배합강도(MPa)
21 미만	$f_{cn}+7$
21 이상 35 이하	( )
35 초과	( )

(2) 압축강도의 시험 횟수가 29회 이하일 때 빈칸에 표준편차의 보정계수를 쓰시오.

시험 횟수	표준편차의 보정계수
15	( )
20	( )
25	( )
30 이상	1.0

(3) 콘크리트 시방배합설계에서 콘크리트의 호칭강도(f_{cn})가 40MPa이고, 30회 이상의 시험실적으로부터 구한 압축강도의 표준편차(s)가 4.5MPa인 경우 현행 콘크리트 표준시방서에 따른 배합강도를 구하시오.

Solution

(1)

호칭강도(MPa)	배합강도(MPa)
21 미만	$f_{cn}+7$
21 이상 35 이하	($f_{cn}+8.5$)
35 초과	($1.1f_{cn}+5.0$)

(2)

시험 횟수	표준편차의 보정계수
15	(1.16)
20	(1.08)
25	(1.03)
30 이상	1.0

(3) $f_{cn} > 35\text{MPa}$인 경우

- $f_{cr} = f_{cn} + 1.34s = 40 + 1.34 \times 4.5 = 46.03\text{MPa}$
- $f_{cr} = 0.9f_{cn} + 2.33s = 0.9 \times 40 + 2.33 \times 4.5 = 46.49\text{MPa}$

∴ 큰 값인 46.49MPa

※ $f_{cn} \leq 35\text{MPa}$인 경우

- $f_{cr} = f_{cn} + 1.34s$
- $f_{cr} = (f_{cn} - 3.5) + 2.33s$

위 두 식에 의한 값 중 큰 값으로 정한다.

06 사질토 지반의 강도정수 ϕ를 Dunham의 공식으로 추정하여 구하시오.(단, 사질토는 둥근 입자로 불량한 입도분포이다.)

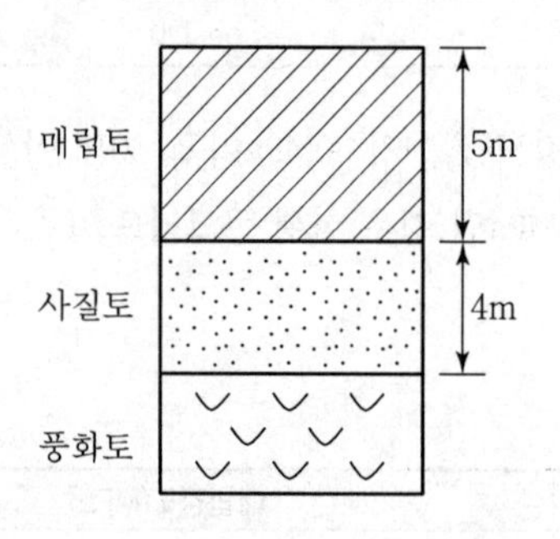

깊이(m)	N치
2	4
3.5	8
5	11
6.5	7
8	14
10	26

Solution

- 평균 N치

$$\overline{N} = \frac{(2\times4)+(3.5\times8)+(5\times11)+(6.5\times7)+(8\times14)+(10\times26)}{2+3.5+5+6.5+8+10} = 15$$

- $\phi = \sqrt{12N} + 15 = \sqrt{12 \times 15} + 15 = 28.42°$

07 역청 포장용 혼합물로부터 역청의 정량추출시험을 하여 아래와 같은 결과를 얻었다. 역청함유율(%)을 계산하시오.(단, 소수 셋째 자리에서 반올림하시오.)

- 시료의 무게=2,230g
- 시료 중 물의 무게=110g
- 추출된 광물질의 무게=1,857.4g
- 추출 물질 속의 회분의 무게=93g
- 필터의 증가분 무게=5.4g

Solution

$$역청\ 함유율=\frac{(W_1-W_2)-(W_3+W_4+W_5)}{W_1-W_2}\times 100$$

$$=\frac{(2,230-110)-(1,857.4+93+5.4)}{2,230-110}\times 100=7.75\%$$

여기서, W_1 : 시료의 무게

W_2 : 시료 중 물의 무게

W_3 : 추출된 광물질의 무게

W_4 : 추출 물질 속의 회분의 무게

W_5 : 필터의 증가분 무게

08 다음을 통일분류법에 의한 흙의 기호로 표시하시오.

(1) 이토(Silt) 섞인 모래 – ( )

(2) 무기질 실트(액성한계 50% 이하) – ( )

(3) 입도분포 나쁜 모래 – ( )

(4) 점토 섞인 모래 – ( )

(5) 입도분포 좋은 자갈 – ( )

Solution

(1) SM

(2) ML

(3) SP

(4) SC

(5) GW

09 콘크리트 모래에 포함되어 있는 유기불순물시험에서 식별용 표준색 용액을 만드는 제조방법을 쓰시오.

Solution

(1) 10% 알코올 용액으로 2% 타닌산 용액을 만든다.

(2) 3% 수산화나트륨 용액을 만든다.

(3) 2% 타닌산 용액 2.5mL를 3%의 수산화나트륨 용액 97.5mL에 타서 만든다.

10 **현장도로 토공에서 모래치환법에 의한 현장 밀도시험을 하였다. 파낸 구멍의 체적이 V = 1,500cm^3, 흙의 무게가 3,500g이고 흙의 다짐도가 95%, 시험실에서 구한 최대건조밀도 $\gamma_{d\max}$ = 2.2g/cm^{3}일 때 이 흙의 함수비는?**

Solution

- $\gamma_t = \dfrac{W}{V} = \dfrac{3,500}{1,500} = 2.33\text{g/cm}^3$
- 다짐도 $= \dfrac{\gamma_d}{\gamma_{d\max}} \times 100$

  $\therefore \gamma_d = \dfrac{95 \times 2.2}{100} = 2.09\text{g/cm}^3$
- 함수비 $\omega = \dfrac{W_W}{W_S} \times 100 = \dfrac{\gamma_t - \gamma_d}{\gamma_d} \times 100 = \dfrac{2.33 - 2.09}{2.09} \times 100 = 11.48\%$

건설재료시험 기사 실기 작업형 출제시험 항목

- 잔골재 밀도시험
- 액성한계시험
- 흙의 다짐시험(A)

산업기사 2012년 7월 8일 시행

• NOTICE •

이 문제는 수험자의 기억을 토대로 작성하였으므로 실제문제와 일부 다를 수도 있습니다. 문제해설과 해답은 오류가 없도록 최선을 다하였으나 혹 미비한 부분은 계속 수정 보완하겠습니다.

01 어떤 흙에 정수위투수시험을 하였다. 직경 및 길이는 각각 10cm, 31.4cm였고, 수두차를 20cm로 유지하면서 15℃의 물을 투과시킨 결과 10분간 480cm^{3}의 물이 시료를 통하여 흘러나왔다. 투수계수를 구하시오.

Solution

$$k_{15} = \frac{Q \cdot L}{A \cdot h \cdot t} = \frac{480 \times 31.4}{\frac{\pi \cdot 10^2}{4} \times 20 \times (10 \times 60)} = 0.016\text{cm/sec}$$

02 어떤 흙에 대해 삼축압축시험을 한 결과가 다음 표와 같았다. 물음에 답하시오.

공시체 \ 구분	구속응력(kN/m^2)	축차응력(kN/m^2)
1회	3	5.7
2회	6	7.9
3회	9	10

(1) 최대 주응력(kN/m^2)을 구하시오.

(2) Mohr 원을 그리고 점착력과 내부마찰력각을 구하시오.

(3) 3회 시험에서의 수직응력과 전단응력을 구하고 파괴면과 최대 주응력이 이루는 각(θ)을 구하시오.

Solution

(1) ① 1회 : 8.7(3+5.7=8.7kN/m^2)

② 2회 : 13.9(6+7.9=13.9kN/m^2)

③ 3회 : 19.0(9+10=19.0kN/m^2)

여기서, 구속응력 : σ_3

축차응력 : $\sigma_1 - \sigma_3$

최대 주응력 : σ_1

(2) ①

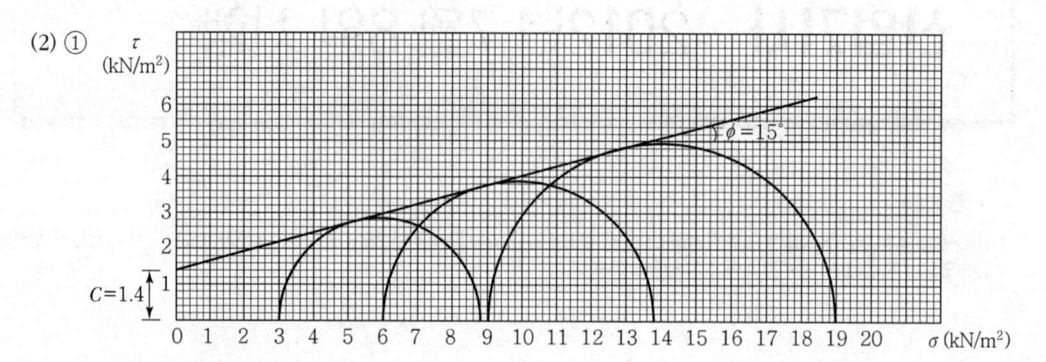

② 점착력(C) $= 1.4\text{kN/m}^2$

③ 내부마찰각(ϕ) $= 15°$

(3) ① 수직응력

$$\sigma = \frac{\sigma_1 + \sigma_3}{2} + \frac{\sigma_1 - \sigma_3}{2}\cos 2\theta = \frac{19+9}{2} + \frac{19-9}{2}\cos(2\times 52.5) = 12.71\text{kN/m}^2$$

② 전단응력

$$\tau = \frac{\sigma_1 - \sigma_3}{2}\sin 2\theta = \frac{19-9}{2}\sin(2\times 52.5) = 4.8\text{kN/m}^2$$

③ 파괴면과 최대 주응력이 이루는 각

$$\theta = 45° + \frac{\phi}{2} = 45° + \frac{15°}{2} = 52.5°$$

03 현장 다짐 흙의 밀도를 조사하기 위하여 모래치환법으로 시험을 실시한 결과 다음과 같은 값을 얻었다. 물음에 대한 산출근거와 답을 쓰시오.(단, $\gamma_w = 1\text{g/cm}^3$이다.)

- 시험 구멍에서 흙의 무게 : 1,670g
- 시험 구멍 흙의 함수비 : 15%
- 시험 구멍에 채워진 표준모래무게 및 단위 중량 : 1,480g, 1.65g/cm³
- 실내 시험에서 구한 최대 건조밀도 및 비중 : 1.73g/cm³, 2.65

(1) 시험 구멍의 부피

(2) 습윤밀도

(3) 건조밀도

(4) 공극비

(5) 포화도

(6) 다짐도

Solution

(1) 시험 구멍의 부피 : $V=\dfrac{W}{\gamma_{모래}}=\dfrac{1,480}{1.65}=896.97\text{cm}^3$

(2) 습윤밀도 : $\gamma_t=\dfrac{W}{V}=\dfrac{1,670}{896.97}=1.86\text{g/cm}^3$

(3) 건조밀도 : $\gamma_d=\dfrac{\gamma_t}{1+\dfrac{w}{100}}=\dfrac{1.86}{1+\dfrac{15}{100}}=1.62\text{g/cm}^3$

(4) 공극비 : $e=\dfrac{\gamma_w}{\gamma_d}G_s-1=\dfrac{1}{1.62}\times 2.65-1=0.64$

(5) 포화도 : $S=\dfrac{G_s\cdot w}{e}=\dfrac{2.65\times 15}{0.64}=62.11\%$

(6) 다짐도 : $R=\dfrac{\gamma_d}{\gamma_{d\max}}\times 100=\dfrac{1.62}{1.73}\times 100=93.64\%$

04 굵은골재 최대치수 19mm, 단위 수량 150kg, 물－시멘트(W/C) 55%, 슬럼프값 75mm, 잔골재율 37%, 잔골재의 밀도 2.6g/cm^3, 굵은골재의 밀도 2.65g/cm^3, 시멘트 비중 3.16, 갇힌 공기량 1%이며, 골재는 표면건조포화상태일 때 보통 콘크리트 1m^{3}에 필요한 다음 값을 구하시오.

(1) 단위 시멘트량
(2) 단위 골재량의 절대부피
(3) 단위 잔골재량의 절대부피
(4) 단위 잔골재량
(5) 단위 굵은골재량

Solution

(1) $\dfrac{W}{C}=55\%\qquad \dfrac{150}{C}=0.55$

$\therefore\ C=\dfrac{150}{0.55}=272.73\text{kg}$

(2) $1-\left(\dfrac{150}{1\times 1,000}+\dfrac{272.73}{1,000\times 3.16}+\dfrac{1}{100}\right)=0.75\text{m}^3$

(3) $0.75\times 0.37=0.28\text{m}^3$

(4) $0.28\times 2.6\times 1,000=728\text{kg}$

(5) $(0.75-0.28)\times 2.65\times 1,000=1,245.5\text{kg}$

05 잔골재의 표면건조포화상태의 밀도와 흡수율을 구하시오.(소수 셋째 자리에서 반올림하시오.)

표면건조포화상태의 질량(g)	500	노건조 질량(g)	495
(플라스크+물)질량(g)	689	(플라스크+물+시료)질량(g)	990
물의 단위질량(g/cm^3)	1		

(1) 표면건조포화상태의 밀도

(2) 흡수율

Solution

(1) $\frac{500}{689+500-990}\times 1 = 2.51g/cm^3$

(2) $\frac{500-495}{495}\times 100 = 1.01\%$

06 다음은 골재의 체가름 시험 성과표이다. 물음에 답하시오.

(1) 빈칸을 채우시오.(소수 첫째자리에서 반올림하시오.)

체 크기(mm)	잔골재			굵은골재		
	잔류량(kg)	잔류율(%)	가적잔류율(%)	잔류량(kg)	잔류율(%)	가적잔류율(%)
75	–			–		
40	–			0.30		
20	–			2.04		
10	–			2.16		
5	0.12			1.20		
2.5	0.36			0.18		
1.2	0.60			–		
0.6	1.16			–		
0.3	1.40			–		
0.15	0.32			–		
합계	3.96	–		5.88	–	

(2) 잔골재의 조립률을 구하시오.

(3) 굵은골재의 조립률을 구하시오.

(4) 굵은골재의 최대치수를 구하시오.

Solution

(1)

체 크기(mm)	잔골재			굵은골재		
	잔류량(kg)	잔류율(%)	가적잔류율(%)	잔류량(kg)	잔류율(%)	가적잔류율(%)
75	–	0	0	–		
40	–	0	0	0.30	5	5
20	–	0	0	2.04	35	40
10	–	0	0	2.16	37	77
5	0.12	3	3	1.20	20	97
2.5	0.36	9	12	0.18	3	100
1.2	0.60	15	27	–	0	100
0.6	1.16	29	56	–	0	100
0.3	1.40	35	91	–	0	100
0.15	0.32	8	99	–	0	100
합계	3.96	–	288	5.88	–	719

• $잔류율 = \frac{어떤\ 체에\ 잔류량}{전체\ 질량(합계)} \times 100$

• 가적 잔류율=잔류율의 누계

(2) $FM = \frac{3+12+27+56+91+99}{100} = 2.9$

(3) $FM = \frac{5+40+77+97+500}{100} = 7.2$

(4) 40mm

07 점토층 두께가 10m인 지반의 흙을 압밀시험하였다. 공극비는 1.8에서 1.2로 감소하였고 하중강도가 240kN/m²에서 360kN/m²로 증가하였을 때 다음을 구하시오.(소수 셋째 자리에서 반올림하시오.)

(1) 압축계수

(2) 체적변화계수

(3) 최종 침하량

Solution

(1) $a_v = \dfrac{e_1 - e_2}{P_2 - P_1} = \dfrac{1.8 - 1.2}{360 - 240} = 0.005\text{m}^2/\text{kN}$

(2) $m_v = \dfrac{a_v}{1 + e_1} = \dfrac{0.005}{1 + 1.8} = 0.0018\text{m}^2/\text{kN}$

(3) $\Delta H = \dfrac{e_1 - e_2}{1 + e_1} \cdot H = \dfrac{1.8 - 1.2}{1 + 1.8} \times 10 = 2.14\text{m}$

또는 $\Delta H = m_v \cdot \Delta P \cdot H = 0.0018 \times (360 - 240) \times 10 = 2.16\text{m}$

(체적변화계수 값의 소수자리 관계로 다소 차이가 있음)

08 아스팔트 신도시험에 대한 사항이다. 다음 물음에 답하시오.

(1) 신도시험의 목적은?

(2) 고온에서의 표준온도는?

(3) 저온에서의 표준온도는?

Solution

(1) 아스팔트의 연성을 알기 위해서

(2) 25℃

(3) 4℃

건설재료시험 산업기사 실기 작업형 출제시험 항목

- 시멘트 밀도시험
- 액성한계시험
- 흙의 체가름시험

기사 2012년 11월 3일 시행

• NOTICE •

이 문제는 수험자의 기억을 토대로 작성하였으므로 실제문제와 일부 다를 수도 있습니다. 문제해설과 해답은 오류가 없도록 최선을 다하였으나 혹 미비한 부분은 계속 수정 보완하겠습니다.

01 콘크리트 배합에 관련된 사항이다. 물음에 답하시오.

(1) $f_{cq} \leq 35$MPa일 때 f_{cr} 식 2가지를 쓰시오.

(2) $f_{cq} > 35$MPa일 때 f_{cr} 식 2가지를 쓰시오.

(3) 압축강도의 시험 횟수가 29회 이하일 때 빈칸에 표준편차의 보정계수를 쓰시오.

시험 횟수	표준편차의 보정계수
15	( )
20	( )
25	( )
30 이상	1.0

(4) 압축강도의 시험 횟수가 14회 이하이거나 기록이 없는 경우의 배합강도를 쓰시오.

호칭강도(MPa)	배합강도(MPa)
21 미만	( )
21 이상 35 이하	( )
35 초과	( )

Solution

(1) ① $f_{cr} = f_{cq} + 1.34s$

② $f_{cr} = (f_{cq} - 3.5) + 2.33s$

(2) ① $f_{cr} = f_{cq} + 1.34s$

② $f_{cr} = 0.9f_{cq} + 2.33s$

(3)

시험 횟수	표준편차의 보정계수
15	(1.16)
20	(1.08)
25	(1.03)
30 이상	1.0

(4)

호칭강도(MPa)	배합강도(MPa)
21 미만	$(f_{cn}+7)$
21 이상 35 이하	$(f_{cn}+8.5)$
35 초과	$(1.1f_{cn}+5.0)$

02 No.200체 통과율이 60%이고 액성한계가 50%, 소성한계가 30%인 흙의 AASHTO 분류법에 의한 군지수(GI)를 구하시오.

Solution

$GI=0.2a+0.005ac+0.01bd$

여기서, $a=60-35=25$

$b=60-15=45$(0~40 범위이므로 40 적용)

$c=50-40=10$

$d=20-10=10(I_P=50-30=20)$

$\therefore\ GI=0.2\times25+0.005\times25\times10+0.01\times40\times10=10.25$

※ 군지수는 정수로 표현하는 것이 원칙이지만 유의사항이나 문제에 제시된 소수점 처리조건에 따른다.

03 굵은골재 및 잔골재의 체가름 시험방법(KSF 2502)에 관해 다음 물음에 답하시오.

(1) 굵은골재의 체가름 시 최소 건조질량 기준을 쓰시오.

(2) 잔골재의 체가름 시 최소 건조질량 기준을 쓰시오.

(3) 구조용 경량골재의 체가름 시 최소 건조질량 기준을 쓰시오.

(4) 빈칸을 채우고 조립률을 구하시오.(잔류율과 누적 잔류율은 소수 첫째 자리, 조립률은 소수 셋째 자리에서 반올림하시오.)

체의 크기(mm)	잔류량(g)	잔류율(%)	누적 잔류율(%)
75	0		
50	0		
40	270		
30	1,755		
25	2,455		
20	2,270		
15	4,230		
10	2,370		
5	1,650		
2.5	0		

Solution

(1) 골재 최대치수(mm)의 0.2배를 kg으로 표시한 양으로 한다.

(2) ① 1.2mm 체를 95%(질량비) 이상 통과하는 것에 대한 최소 건조질량은 100g이다.

② 1.2mm 체에 5%(질량비) 이상 남는 것에 대한 최소 건조질량은 500g이다.

(3) 위 굵은골재 및 잔골재의 최소 건조질량의 1/2로 한다.

(4)

체의 크기(mm)	잔류량(g)	잔류율(%)	누적 잔류율(%)
75	0	0	0
50	0	0	0
40	270	2	2
30	1,755	12	14
25	2,455	16	30
20	2,270	15	45
15	4,230	28	73
10	2,370	16	89
5	1,650	11	100
2.5	0	0	100

- 잔류율 $= \dfrac{\text{잔류량}}{\text{전체질량}} \times 100$
- 누적 잔류율 = 각 체의 잔류율 누계
- 조립률 $= \dfrac{2+45+89+100+100+400}{100} = 7.36$

여기서, 400은 1.2, 0.6, 0.3, 0.15mm 체 누적 잔류율에 해당한다.

04 모래치환법에 의해 현장 밀도시험을 하였다. 파낸 구멍의 체적이 1,698cm^3, 파낸 흙의 무게가 3,200g이고 함수비가 20%였다. 시험실에서 구한 최대건조 단위 중량 $\gamma_{d\max} = 1.65\text{g/cm}^3$일 때 다음을 구하시오.(단, $\gamma_w = 1\text{g/cm}^3$, 흙의 비중은 2.7이다.)

(1) 현장건조밀도

(2) 간극비

(3) 간극률

(4) 다짐도

Solution

(1) $\gamma_d = \dfrac{\gamma_t}{1+\dfrac{w}{100}} = \dfrac{1.88}{1+\dfrac{20}{100}} = 1.57\text{g/cm}^3$

여기서, $\gamma_t = \dfrac{W}{V} = \dfrac{3,200}{1,698} = 1.88\text{g/cm}^3$

(2) $e = \dfrac{\gamma_w}{\gamma_d} G_s - 1 = \dfrac{1}{1.57} \times 2.7 - 1 = 0.72$

(3) $n = \dfrac{e}{1+e} \times 100 = \dfrac{0.72}{1+0.72} \times 100 = 41.86\%$

(4) 다짐도$= \dfrac{\gamma_d}{\gamma_{d\max}} \times 100 = \dfrac{1.57}{1.65} \times 100 = 95.15\%$

05 **부순 굵은골재의 최대치수 25mm, 슬럼프 120mm, 물－결합재비 58.8%의 콘크리트 1m^{3}를 만들기 위하여 잔골재율(S/a), 단위 수량(W)을 보정하고 단위 시멘트량(C), 단위 잔골재량(S), 단위 굵은골재량(G)을 구하시오.(단, 갇힌 공기량 1.5%, 시멘트 밀도 0.00317g/mm^3, 잔골재 밀도 0.00257g/mm^3, 잔골재 조립률 2.85, 굵은골재 밀도 0.00275g/mm^3, 공기연행제 및 혼화재는 사용하지 않는다.)**

[표 1] 콘크리트의 단위 굵은골재 용적, 잔골재율 및 단위 수량의 대략값

굵은 골재의 최대 치수 (mm)	단위 굵은 골재 용적 (%)	공기연행제를 사용하지 않은 콘크리트			공기연행 콘크리트				
		갇힌 공기 (%)	잔골재율 $\frac{S}{a}$(%)	단위 수량 W (kg/m^3)	공기량 (%)	양질의 공기연행제를 사용한 경우		양질의 공기연행감수제를 사용한 경우	
						잔골재율 $\frac{S}{a}$(%)	단위 수량 W (kg/m^3)	잔골재율 $\frac{S}{a}$(%)	단위 수량 W (kg/m^3)
15	58	2.5	53	202	7.0	47	180	48	170
20	62	2.0	49	197	6.0	44	175	45	165
25	67	1.5	45	187	5.0	42	170	43	160
40	72	1.2	40	177	4.5	39	165	40	155

1) 이 표의 값은 보통의 입도를 가진 잔골재(조립률 2.8 정도)와 부순 돌을 사용한 물－결합재비 55% 정도 슬럼프 80mm 정도의 콘크리트에 대한 것이다.
2) 사용재료 또는 콘크리트의 품질이 1)의 조건과 다를 경우에는 위의 표의 값을 다음 표에 따라 보정한다.

[표 2] 배합수 및 잔골재율 보정방법

구분	$\frac{S}{a}$의 보정(%)	W의 보정
잔골재의 조립률이 0.1만큼 클(작을) 때마다	0.5만큼 크게(작게) 한다.	보정하지 않는다.
슬럼프 값이 10mm만큼 클(작을) 때마다	보정하지 않는다.	1.2%만큼 크게(작게) 한다.
공기량이 1%만큼 클(작을) 때마다	0.5~1.0만큼 작게(크게) 한다.	3%만큼 작게(크게) 한다.
물－결합재비가 0.05 클(작을) 때마다	1만큼 크게(작게) 한다.	보정하지 않는다.
$\frac{S}{a}$가 1% 클(작을) 때마다	보정하지 않는다.	1.5kg만큼 크게(작게) 한다.
자갈을 사용할 경우	3~5만큼 작게 한다.	9~15kg만큼 작게 한다.
부순 모래를 사용할 경우	2~3만큼 크게 한다.	6~9kg만큼 크게 한다.

단위 굵은골재 용적에 의하는 경우에는 잔골재의 조립률이 0.1만큼 커질(작아질) 때마다 단위 굵은골재 용적을 1%만큼 작게(크게) 한다.

(1) 잔골재율, 단위 수량
(2) 단위 시멘트량
(3) 단위 잔골재량
(4) 단위 굵은골재량

Solution

(1) • 잔골재율 보정

① 잔골재 조립률 보정 : $\frac{2.85-2.8}{0.1}\times 0.5=0.25\%$

② 물－결합재비 보정 : $\frac{0.588-0.55}{0.05}\times 1=0.76\%$

$\therefore\ \frac{S}{a}=45+0.25+0.76=46.01\%$

• 단위 수량 보정

① 슬럼프 값 보정 : $\frac{120-80}{10}\times 1.2=4.8\%$

② $\frac{S}{a}$ 보정 : $\frac{46.01-45}{1}\times 1.5=1.515\text{kg}$

$\therefore\ W=187(1+0.048)+1.515=197.49\text{kg}$

(2) $\frac{W}{B}=58.8\%=0.588$

$\therefore B=\frac{W}{0.588}=\frac{197.49}{0.588}=335.9\text{kg}$

(3) • 단위 골재량의 절대부피

$V=1-\left(\frac{\text{단위 수량}}{\text{물의 밀도}\times 1{,}000}+\frac{\text{단위 시멘트량}}{\text{시멘트 밀도}\times 1{,}000}+\frac{\text{공기량}}{100}\right)$

$=1-\left(\frac{197.49}{1\times 1{,}000}+\frac{335.9}{3.17\times 1{,}000}+\frac{1.5}{100}\right)$

$=0.6815\text{m}^3$

• 단위 잔골재의 절대부피

$V_s=V\times\frac{S}{a}=0.6815\times 0.4601=0.3136\text{m}^3$

• 단위 잔골재량

$S=$단위 잔골재의 절대부피 × 잔골재 밀도 × 1,000

$=0.3136\times 2.57\times 1{,}000=806\text{kg}$

(4) • 단위 굵은골재의 절대부피

$V_G=V-V_s=0.6815-0.3136=0.3679\text{m}^3$

• 단위 굵은골재량

$G=$단위 굵은골재의 절대부피 × 굵은골재 밀도 × 1,000

$=0.3679\times 2.75\times 1{,}000=1{,}012\text{kg}$

여기서, 시멘트 밀도 $0.00317\text{g/mm}^3=3.17\text{g/cm}^3$

잔골재 밀도 $0.00257\text{g/mm}^3=2.57\text{g/cm}^3$

굵은골재 밀도 $0.00275\text{g/mm}^3=2.75\text{g/cm}^3$

06 아스팔트 시험에 대한 다음 물음에 답하시오.

(1) 아스팔트 신도시험의 표준온도와 인장속도를 구하시오.

(2) 엥글러 점도계를 이용한 점도값은 어떻게 규정되는가?

Solution

(1) ① 표준온도 : 25±0.5℃

② 인장속도 : 5±0.25cm/min

(2) 엥글러 점도$=\frac{\text{시료의 유출시간(초)}}{\text{증류수의 유출시간(초)}}$

07 **포화모래시료가 구속압력 40kN/m²에서 압밀되었다. 그 후 배수를 허용하지 않으면서 축차응력을 증가시켰다. 시료는 축차응력이 34kN/m²에 도달했을 때 파괴되었으며 이때의 간극수압은 27kN/m²이다. 다음 물음에 답하시오.**

(1) 전응력에 의한 방법으로 전단저항각(ϕ)을 구하시오.

(2) 유효응력에 의한 방법으로 전단저항각(ϕ)을 구하시오.

Solution

(1) $\sigma_3 = 40\text{kN/m}^2$

$\sigma_1 = \sigma_3 + \Delta\sigma = \sigma_3 + (\sigma_1 - \sigma_3) = 40 + 34 = 74\text{kN/m}^2$

$$\sin\phi = \frac{\sigma_1 - \sigma_3}{\sigma_1 + \sigma_3} = \frac{74-40}{74+40} = 0.298$$

$\therefore\ \phi = \sin^{-1}\ 0.298 = 17.34°$

(2) $\sigma_3{}' = \sigma_3 - \Delta u = 40 - 27 = 13\text{kN/m}^2$

$\sigma_1{}' = \sigma_1 - \Delta u = 74 - 27 = 47\text{kN/m}^2$

$$\sin\phi = \frac{\sigma_1{}' - \sigma_3{}'}{\sigma_1{}' + \sigma_3{}'} = \frac{47-13}{47+13} = 0.567$$

$\therefore\ \phi = \sin^{-1} 0.567 = 34.54°$

08 **교란되지 않은 시료에 대한 일축압축시험 결과가 아래와 같으며, 파괴면과 수평면이 이루는 각도는 60°이다.(단, 시험체의 크기는 평균직경 3.5cm, 단면적 962mm², 길이 80mm 이다.)**

압축량 ΔH(1/100mm)	압축력 P(N)	압축량 ΔH(1/100mm)	압축력 P(N)
0	0	220	164.7
20	9	260	172
60	44	300	174
100	90.8	340	173.4
140	126.7	400	169.2
180	150.3	480	159.6

(1) 압축응력과 변형률의 관계도를 그리고 일축압축강도를 구하시오.

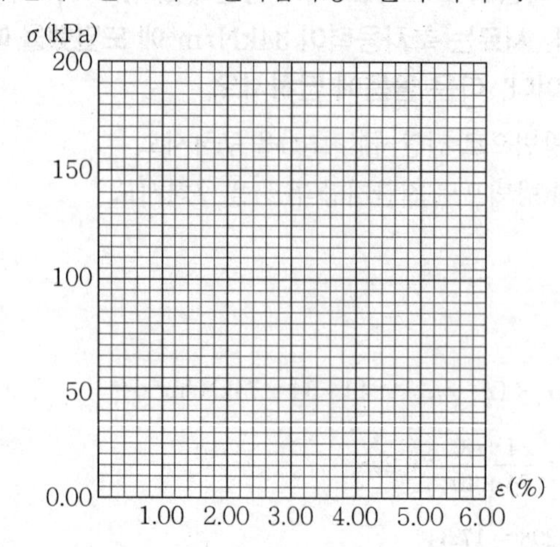

(2) 점착력을 구하시오.

(3) 이 시료를 되비빔하여 시험한 결과 파괴 압축응력은 14kPa이었다. 예민비를 구하고 흙의 공학적인 판단을 하시오.

Solution

(1)

압축량 ΔH(1/100mm)	압축력 P(N)	ε(%)	$\left(1-\frac{\varepsilon}{100}\right)$	σ(kPa)
0	0	0	0	
20	9	0.25	0.9975	9.33
60	44	0.75	0.9925	45.39
100	90.8	1.25	0.9875	93.20
140	126.7	1.75	0.9825	129.40
180	150.3	2.25	0.9775	152.72
220	164.7	2.75	0.9725	166.50
260	172	3.25	0.9675	172.98
300	174	3.75	0.9625	174.09
340	173.4	4.25	0.9575	172.59
400	169.2	5.0	0.95	167.09
480	159.6	6.0	0.94	155.95

변형률 $\varepsilon(\%) = \dfrac{\Delta l}{l} \times 100$

여기서, l : 시료길이(80mm)

Δl : 압축량

$$\sigma = \frac{P}{A_o} \times \left(1 - \frac{\varepsilon}{100}\right) \times 1{,}000(\text{kPa})$$

여기서, A_o : 처음 시료의 평균단면적(962mm²)

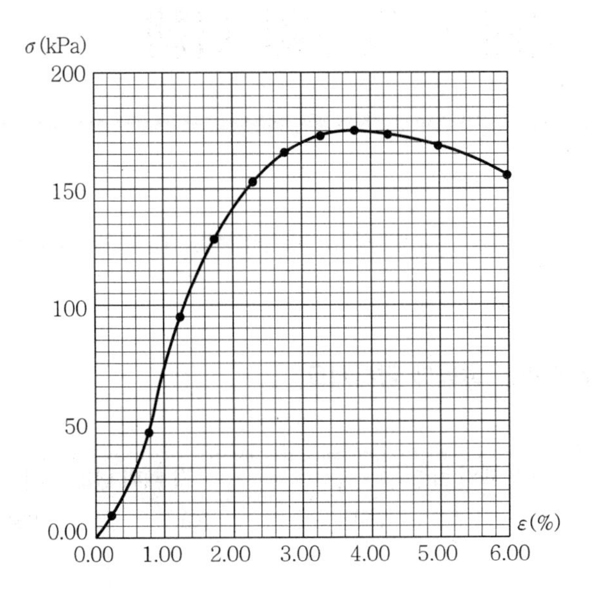

$q_u = 174.09\text{kPa}$

(2) $C = \dfrac{q_u}{2\tan\left(45 + \dfrac{\phi}{2}\right)} = \dfrac{174.09}{2\tan\left(45 + \dfrac{\phi}{2}\right)} = 50.26\text{kPa}$

$\theta = 45° + \dfrac{\phi}{2}$

$60° = 45° + \dfrac{\phi}{2}$

$\therefore\ \phi = 30°$

(3) $S_t = \dfrac{q_u}{q_{ur}} = \dfrac{174.09}{14} = 12.44$

∴ 예민비가 8 이상으로 초예민한 점토이다.

건설재료시험 기사 실기 작업형 출제시험 항목

- 잔골재 밀도시험
- 액성한계시험
- 흙의 다짐시험(A)

산업기사 2012년 11월 3일 시행

• NOTICE •

이 문제는 수험자의 기억을 토대로 작성하였으므로 실제문제와 일부 다를 수도 있습니다. 문제해설과 해답은 오류가 없도록 최선을 다하였으나 혹 미비한 부분은 계속 수정 보완하겠습니다.

01 다음은 잔골재의 체가름 시험결과이다. 물음에 답하시오.

(1) 빈칸을 채우시오.

체눈금(mm) \ 구분	각 체의 남는 양		각 체의 남는 누계	
	(g)	(%)	(g)	(%)
5	25			
2.5	37			
1.2	68			
0.6	213			
0.3	118			
0.15	35			
Pan	4			

(2) 조립률을 구하시오.

Solution

(1)

체눈금(mm) \ 구분	각 체의 남는 양		각 체의 남는 누계	
	(g)	(%)	(g)	(%)
5	25	5	25	5
2.5	37	7.4	62	12.4
1.2	68	13.6	130	26
0.6	213	42.6	343	68.6
0.3	118	23.6	461	92.2
0.15	35	7	496	99.2
Pan	4	0.8	500	100

• 남는 율$=\dfrac{\text{어떤 체의 남는 양}}{\text{전체질량}}\times 100$

• 누계율=각 체의 남는 율을 누계한 값

(2) 조립률(FM)$=\dfrac{5+12.4+26+68.6+92.2+99.2}{100}=3.03$

02 수축한계시험 결과가 다음과 같다. 물음에 답하시오.(단, γ_w = 1g/cm^{3}이다.)

습윤시료의 체적	20.5cm^3
노건조시료의 중량	25.75g
노건조시료의 체적	16.34cm^3
습윤시료의 함수비	46.31%

(1) 수축한계를 구하시오.

(2) 근사치 비중을 구하시오.

Solution

(1) $w_s=w-\left[\dfrac{V-V_0}{W_s}\times\gamma_w\times 100\right]=46.31-\left[\dfrac{20.5-16.34}{25.75}\times 1\times 100\right]=30.15\%$

(2) $R=\dfrac{W_S}{V_0\cdot\gamma_w}=\dfrac{25.75}{16.34\times 1}=1.58$

$G_s=\dfrac{1}{\dfrac{1}{R}-\dfrac{w_s}{100}}=\dfrac{1}{\dfrac{1}{1.58}-\dfrac{30.15}{100}}=3.02$

03 어떤 지반에서 시료를 채취하여 입도분석을 한 결과 #200체 통과량이 3%, #4체 통과량이 76%였으며 균등계수 값이 11, 곡률계수는 2였다. 이 시료를 통일분류법으로 분류하시오.

Solution

• #4체 통과량 50% 이상 → 모래

• #200체 통과량 50% 이하 → GW, GP, SW, SP

• 곡률계수 1~3 범위 → 양호

• 균등계수 > 6 → 양호

∴ SW

04 콘크리트의 배합 결과 시방배합표와 현장 골재상태가 다음과 같을 경우 현장배합으로 보정하시오.

[시방배합표(kg/m^3)]

물(W)	시멘트(C)	잔골재(S)	굵은골재(G)
170	360	640	1,080

[현장 골재 상태]

- 잔골재의 5mm체 잔류율 : 3%
- 굵은골재의 5mm체 통과율 : 6%
- 잔골재의 표면수 : 5%
- 굵은골재의 표면수 : 1%

(1) 단위 잔골재량을 구하시오.
(2) 단위 굵은골재량을 구하시오.
(3) 단위 수량을 구하시오.

Solution

(1) 잔골재(S)

① 입도 조정

$$x=\frac{100S-b(S+G)}{100-(a+b)}=\frac{100\times 640-6(640+1,080)}{100-(3+6)}=589.89\text{kg}$$

② 표면수 조정

$589.89\times 0.05=29.49\text{kg}$

$\therefore\ S=589.89+29.49=619.38\text{kg}$

(2) 굵은골재(G)

① 입도 조정

$$y=\frac{100G-a(S+G)}{100-(a+b)}=\frac{100\times 1,080-3(640+1,080)}{100-(3+6)}=1,130.11\text{kg}$$

② 표면수 조정

$1,130.11\times 0.01=11.3\text{kg}$

$\therefore\ G=1,130.11+11.3=1,141.41\text{kg}$

(3) 물(W)

170 − (잔골재 표면수 조정량) − (굵은골재 표면수 조정량)

$\therefore\ 170-29.49-11.3=129.21\text{kg}$

05 콘크리트 호칭강도(f_{cn})가 28MPa이고 30회 이상의 실험에 의한 압축강도의 표준편차가 3.0MPa였다면 콘크리트의 배합강도는?

Solution

- $f_{cr} = f_{cn} + 1.34S = 28 + 1.34 \times 3 = 32.02\text{MPa}$
- $f_{cr} = (f_{cn} - 3.5) + 2.33S = (28 - 3.5) + 2.33 \times 3 = 31.49\text{MPa}$

∴ 큰 값인 32.02MPa

06 아스팔트 시험의 종류 4가지를 쓰시오.

(1)

(2)

(3)

(4)

Solution

(1) 점도시험
(2) 침입도시험
(3) 신도시험
(4) 연화점시험

07 모래치환법에 의한 현장 흙의 단위무게 시험의 결과를 보고 물음에 답하시오.(단, γ_w = 1g/cm^{3}이다.)

- 시험구멍의 체적=2,020cm^3
- 시험구멍에서 파낸 흙 무게=3,570g
- 함수비=15.3%
- 흙의 비중=2.67
- 최대건조밀도=1.635g/cm^3

(1) 건조밀도(γ_d)

(2) 공극비(e)

(3) 공극률(n)

(4) 다짐도

Solution

(1) $\gamma_t = \frac{W}{V} = \frac{3,570}{2,020} = 1.767\text{g/cm}^3$

$\gamma_d = \frac{\gamma_t}{1+\frac{w}{100}} = \frac{1.767}{1+\frac{15.3}{100}} = 1.533\text{g/cm}^3$

(2) $e = \frac{\gamma_w}{\gamma_d} \times G_s - 1 = \frac{1}{1.533} \times 2.67 - 1 = 0.742$

(3) $n = \frac{e}{1+e} \times 100 = \frac{0.742}{1+0.742} \times 100 = 42.595\%$

(4) 다짐도 $= \frac{\gamma_d}{\gamma_{d\max}} \times 100 = \frac{1.533}{1.635} \times 100 = 93.761\%$

08 정규 압밀점토 압밀배수 삼축압축시험 결과 구속압력 1.0kN/m^2, 주응력차 2.0kN/m^2이다. 다음 물음에 답하시오.(단, $C=0$이다.)

(1) 이 점토의 내부마찰각
(2) 최대 주응력면과 파괴면이 이루는 각(θ)
(3) 파괴면상에 작용하는 수직응력(σ)과 전단응력(τ)
(4) 최대 전단응력면상에 작용하는 수직응력

Solution

(1) $\sigma_3 = 1.0\text{kN/m}^2$

$\sigma_1 = \sigma_3 + (\sigma_1 - \sigma_3) = 1 + 2 = 3.0\text{kN/m}^2$

$\sin\phi = \frac{\sigma_1 - \sigma_3}{\sigma_1 + \sigma_3} = \frac{3-1}{3+1} = 0.5$

$\therefore \phi = \sin^{-1}0.5 = 30°$

(2) $\theta = 45° + \frac{\phi}{2} = 45° + \frac{30°}{2} = 60°$

(3) $\sigma = \frac{\sigma_1 + \sigma_3}{2} + \frac{\sigma_1 - \sigma_3}{2}\cos 2\theta = \frac{3+1}{2} + \frac{3-1}{2}\cos(2 \times 60°) = 1.5\text{kN/m}^2$

$\tau = \frac{\sigma_1 - \sigma_3}{2}\sin 2\theta = \frac{3-1}{2}\sin(2 \times 60°) = 0.87\text{kN/m}^2$

(4) $\sigma = \frac{\sigma_1 + \sigma_3}{2} + \frac{\sigma_1 - \sigma_3}{2}\cos 2\theta = \frac{3+1}{2} + \frac{3-1}{2}\cos(2 \times 45°) = 2.0\text{kN/m}^2$

09 시멘트 모르타르의 압축강도 및 휨강도의 시험방법은 KSL ISO 679에서 규정한다. 다음 물음에 답하시오.

(1) 압축강도 및 휨강도의 공시체 규격을 쓰시오.

(2) 공시체를 제작할 때 사용되는 시멘트 : 표준사의 재료량 비율을 쓰시오.

(3) 물－시멘트비를 쓰시오.

Solution

(1) 40mm×40mm×160mm

(2) 1 : 3

(3) 0.5

10 골재의 단위용적질량 및 실적률시험방법(KSF 2505)에서 시료를 채우는 방법 2가지를 쓰시오.

(1)

(2)

Solution

(1) 봉 다지기에 의한 방법

(2) 충격에 의한 방법

건설재료시험 산업기사 실기 작업형 출제시험 항목

- 시멘트 밀도시험
- 액성한계시험
- 흙의 체가름시험

기사 2013년 4월 21일 시행

• NOTICE •

이 문제는 수험자의 기억을 토대로 작성하였으므로 실제문제와 일부 다를 수도 있습니다. 문제해설과 해답은 오류가 없도록 최선을 다하였으나 혹 미비한 부분은 계속 수정 보완하겠습니다.

01 다음은 잔골재 체가름 시험 결과이다. 물음에 답하시오.

(1) 다음 표를 완성하시오.(단, 소수 첫째 자리에서 반올림하시오.)

체눈금(mm) \ 구분	남는 양(g)	잔류율(%)	가적 잔류율(%)	통과율(%)
5.0	0	–	–	100
2.5	43			
1.2	132			
0.6	252			
0.3	108			
0.15	58			
Pan	7			–

(2) 조립률을 구하시오.(단, 소수 셋째 자리에서 반올림하시오.)

Solution

(1)

체눈금(mm) \ 구분	남는 양(g)	잔류율(%)	가적 잔류율(%)	통과율(%)
5.0	0	–	–	100
2.5	43	7	7	93
1.2	132	22	29	71
0.6	252	42	71	29
0.3	108	18	89	11
0.15	58	10	99	1
Pan	7	1	100	–

- 잔류율 $= \dfrac{\text{각 체에 남는 양}}{\text{전체 질량}} \times 100$
- 가적 잔류율 = 각 체의 잔류율의 누계
- 통과율 = 100 − 가적 잔류율

(2) 조립률

$$FM = \frac{7+29+71+89+99}{100} = 2.95$$

02 굵은골재 밀도 및 흡수율 시험 결과가 다음과 같다. 물음에 산출근거와 답을 쓰시오.(단, 소수 셋째 자리에서 반올림하시오.)

- 표면건조 포화상태의 공기 중 시료의 질량 : 2,231g
- 물속의 철망태와 시료의 질량 : 3,192g
- 물속의 철망태 질량 : 1,855g
- 건조기 건조 후 시료의 질량 : 2,102g
- 물의 밀도 : 0.9970g/cm³

(1) 표면건조 포화상태의 밀도를 구하시오.
(2) 겉보기 밀도를 구하시오.
(3) 흡수율을 구하시오.

Solution

(1) $\dfrac{B}{B-C} \times \rho_w = \dfrac{2,231}{2,231-1,337} \times 0.9970 = 2.49\text{g/cm}^3$

(2) $\dfrac{A}{A-C} \times \rho_w = \dfrac{2,102}{2,102-1,337} \times 0.9970 = 2.74\text{g/cm}^3$

(3) $\dfrac{B-A}{A} \times 100 = \dfrac{2,231-2,102}{2,102} \times 100 = 6.14\%$

여기서, A : 건조기 건조 후 시료의 질량
B : 표면건조 표화상태의 공기 중 시료의 질량
C : 수중의 시료의 질량 = 3,192 − 1,855 = 1,337g
ρ_w : 물의 밀도

03 **교란되지 않은 시료에 대한 일축압축시험 결과가 아래와 같으며, 파괴면과 수평면이 이루는 각도는 60°이다. 물음에 답하시오.(단, 시험체의 크기는 평균직경 3.5cm, 단면적 962 mm^2, 길이 80mm이다.)**

압축량 ΔH(1/100mm)	압축력 P(N)	압축량 ΔH(1/100mm)	압축력 P(N)
0	0	220	164.7
20	9	260	172
60	44	300	174
100	90.8	340	173.4
140	126.7	400	169.2
180	150.3	480	159.6

(1) 압축응력과 변형률의 관계도를 그리고 일축압축강도를 구하시오.

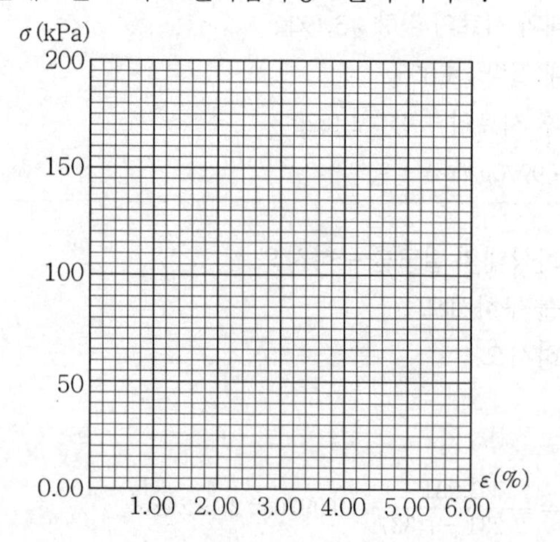

(2) 점착력을 구하시오.

(3) 이 시료를 되비빔하여 시험한 결과 파괴압축응력은 14kPa이었다. 예민비를 구하고 흙의 공학적인 판단을 하시오.

Solution

(1)

압축량 ΔH(1/100mm)	압축력 P(N)	ε(%)	$\left(1-\frac{\varepsilon}{100}\right)$	σ(kPa)
0	0	0	0	
20	9	0.25	0.9975	9.33
60	44	0.75	0.9925	45.39
100	90.8	1.25	0.9875	93.20
140	126.7	1.75	0.9825	129.40
180	150.3	2.25	0.9775	152.72

압축량 ΔH(1/100mm)	압축력 P(N)	ε(%)	$\left(1-\frac{\varepsilon}{100}\right)$	σ(kPa)
220	164.7	2.75	0.9725	166.50
260	172	3.25	0.9675	172.98
300	174	3.75	0.9625	174.09
340	173.4	4.25	0.9575	172.59
400	169.2	5.0	0.95	167.09
480	159.6	6.0	0.94	155.95

변형률 $\varepsilon(\%) = \frac{\Delta l}{l} \times 100$

여기서, l : 시료길이(80mm)

Δl : 압축량

$\sigma = \frac{P}{A_o} \times \left(1 - \frac{\varepsilon}{100}\right) \times 1,000(\text{kPa})$

여기서, A_o : 처음 시료의 평균단면적(962mm²)

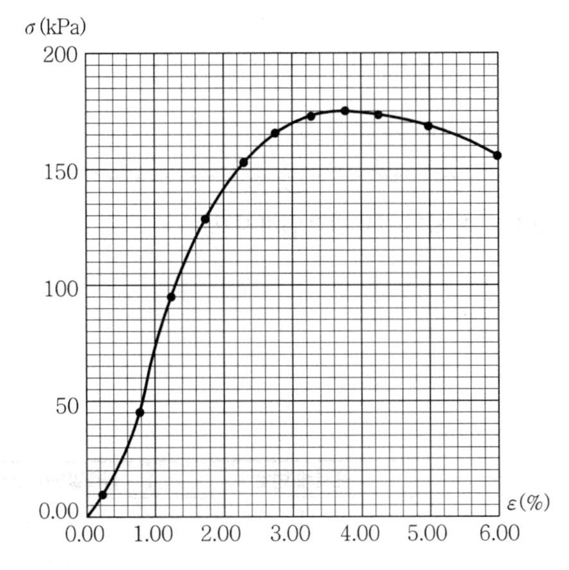

$q_u = 174.09\text{kPa}$

(2) $C = \frac{q_u}{2\tan\left(45 + \frac{\phi}{2}\right)} = \frac{174.09}{2\tan\left(45 + \frac{\phi}{2}\right)} = 50.26\text{kPa}$

$\theta = 45° + \frac{\phi}{2}$

$60° = 45° + \frac{\phi}{2}$

$\therefore \ \phi = 30°$

(3) $S_t = \frac{q_u}{q_{ur}} = \frac{174.09}{14} = 12.44$

∴ 예민비가 8 이상으로 초예민한 점토이다.

04 마샬 안정도 시험을 실시한 결과가 다음과 같다. 물음에 답하시오.(단, 아스팔트의 밀도 : 1.02g/cm³, 혼합되는 건조골재의 밀도 : 2.712g/cm³이다.)

공시체 번호	아스팔트 혼합률	두께(cm)	중량(g)		용적(cm³)
			공기중	수중	
1	4.5	6.29	1,151	668	486
2	4.5	6.30	1,159	674	485
3	4.5	6.31	1,162	675	487

(1) 아스팔트의 실측밀도를 구하시오.(단, 소수 넷째 자리에서 반올림하시오.)

공시체 번호	실측밀도(g/cm³)
1	
2	
3	
평균	

(2) 이론 최대밀도를 구하시오.(단, 소수 넷째 자리에서 반올림하시오.)

(3) 아스팔트의 용적률을 구하시오.

(4) 아스팔트의 공극률을 구하시오.

(5) 아스팔트의 포화도를 구하시오.

Solution

(1) 실측밀도

$\frac{\text{공기 중 중량(g)}}{\text{용적(cm}^3\text{)}}$

① $\frac{1,151}{486} = 2.368\text{g/cm}^3$

② $\frac{1,159}{485} = 2.390\text{g/cm}^3$

③ $\frac{1,162}{487} = 2.386\text{g/cm}^3$

평균 $= \frac{(2.368 + 2.390 + 2.386)}{3} = 2.381\text{g/cm}^3$

공시체 번호	실측밀도(g/cm³)
1	2.368
2	2.390
3	2.386
평균	2.381

(2) 이론 최대밀도

$$\frac{100}{\dfrac{A}{G_b}+\dfrac{100-A}{G_{ag}}}$$

$$=\frac{100}{\dfrac{4.5}{1.02}+\dfrac{100-4.5}{2.712}}=2.524\text{g/cm}^3$$

여기서, A : 아스팔트 혼합률

G_b : 아스팔트 밀도

G_{ag} : 혼합된 골재의 평균밀도

(3) 용적률

$$\frac{\text{아스팔트 함량}\times\text{실측밀도}}{\text{아스팔트 밀도}}=\frac{4.5\times2.381}{1.02}=10.504\%$$

(4) 공극률

$$\left(1-\frac{\text{실측밀도}}{\text{이론밀도}}\right)\times100=\left(1-\frac{2.381}{2.524}\right)\times100=5.665\%$$

(5) 포화도

$$\frac{\text{용적률}}{\text{용적률}+\text{공극률}}\times100=\frac{10.50}{10.50+5.67}\times100=64.935\%$$

05 **콘크리트의 호칭강도(f_{cn})가 40MPa이다. 압축강도 시험 횟수가 24회, 콘크리트 압축강도의 표준편차가 4.5MPa라고 한다. 이 콘크리트의 배합강도를 구하시오.(단, 표준편차의 보정계수가 사용표에 없을 경우 직선보간하여 사용한다.)**

[시험 횟수가 29회 이하일 때 표준편차의 보정계수]

시험 횟수	표준편차의 보정계수
15	1.16
20	1.08
25	1.03
30 이상	1.0

Solution

- 표준편차의 보정

  $s = 4.5 \times 1.04 = 4.68\text{MPa}$

  여기서, 20회(1.08), 21회(1.07), 22회(1.06), 23회(1.05), 24회(1.04), 25회(1.03)

- 콘크리트 배합강도(f_{cn} >35MPa인 경우)

  $f_{cr} = f_{cn} + 1.34s = 40 + 1.34 \times 4.68 = 46.27\text{MPa}$

  $f_{cr} = 0.9f_{cn} + 2.33s = 0.9 \times 40 + 2.33 \times 4.68 = 46.90\text{MPa}$

  ∴ 두 값 중 큰 값인 46.90MPa이다.

06 다음은 압밀에 관한 사항이다. 물음에 답하시오.

(1) 과압밀비를 설명하고 과압밀과 정규압밀을 구분하시오.

(2) 압축지수를 구하기 위해 $e - \log P$ 압밀곡선을 그리고 관련 식을 쓰시오.

(3) 액성한계를 이용한 압축지수 관련식을 쓰시오.(단, Terzaghi와 Deek의 공식을 이용한다.)

Solution

(1) ① 과압밀비(OCR)

흙이 현재 받고 있는 유효연직응력에 대한 선행압밀압력의 비

② OCR > 1 : 과압밀점토

OCR = 1 : 정규압밀점토

(2)

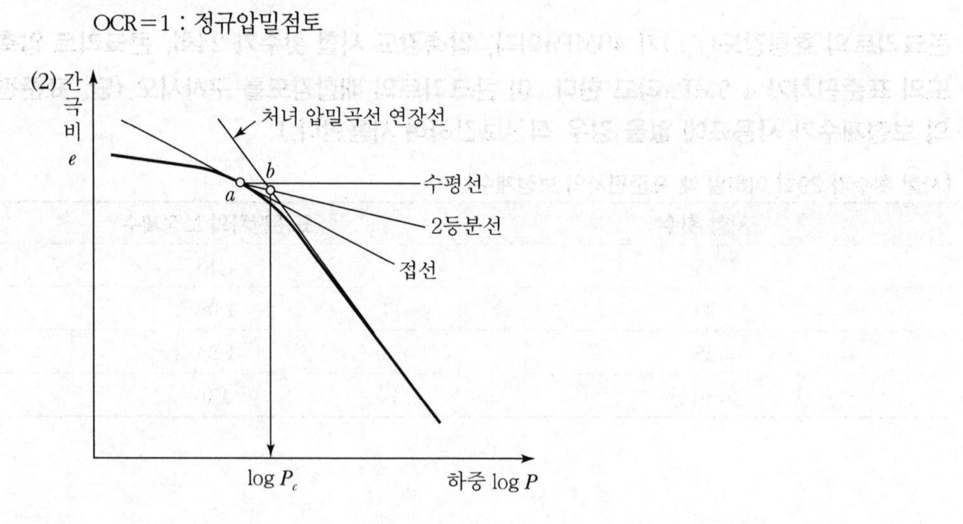

• 선행압밀하중 결정순서

① 압밀곡선에서 가장 곡률이 큰(곡률 반경 최소) 점 a를 선택하고 수평선을 긋는다.

② a점의 접선을 긋는다.

③ 처녀 압밀곡선 연장선을 긋는다.

④ 접선과 수평선의 각을 2등분하여 긋는다.

⑤ 처녀 압밀곡선의 연장선과 교점 b에 대응하는 $\log P_c$ 값이 선행압밀하중이 된다.

• $C_c = \dfrac{e_1 - e_2}{\log \dfrac{P_2}{P_1}}$

여기서, P_1 : 선행압밀하중

e_1 : 선행압밀하중에 해당하는 공극비

(3) • 불교란 시료의 경우

$C_c = 0.009(w_L - 10)$

• 교란 시료의 경우

$C_c = 0.007(w_L - 10)$

07 콘크리트의 배합결과 시방배합을 현장배합으로 보정하시오.(단, 물의 보정은 제외한다.)

• 단위 잔골재량 $S = 700\text{kg/m}^3$
• 잔골재의 5mm 체 잔류율 = 2%
• 단위 굵은골재량 $G = 1{,}200\text{kg/m}^3$
• 굵은골재의 5mm 체 통과율 = 5%

(1) 단위 잔골재량
(2) 단위 굵은골재량

Solution

(1) 단위 잔골재량

$$x = \frac{100S - b(S+G)}{100-(a+b)} = \frac{100 \times 700 - 5(700+1{,}200)}{100-(2+5)} = 650.5\text{kg/m}^3$$

(2) 단위 굵은골재량

$$y = \frac{100G - a(S+G)}{100-(a+b)} = \frac{100 \times 1{,}200 - 2(700+1{,}200)}{100-(2+5)} = 1{,}249.5\text{kg/m}^3$$

08 **건조밀도 γ_d = 15.8kN/m³, 흙의 비중 G_s = 2.50일 때 다음 물음에 답하시오.(단, γ_w = 9.81kN/m³이다.)**

(1) 공극비를 구하시오.

(2) 공극률을 구하시오.

(3) 포화도가 60%일 때 습윤밀도를 구하시오.

Solution

(1) $e=\dfrac{\gamma_w}{\gamma_d}G_s-1=\dfrac{9.81}{15.8}\times 2.50-1=0.55$

(2) $n=\dfrac{e}{1+e}\times 100=\dfrac{0.55}{1+0.55}\times 100=35.48\%$

(3) $\gamma_t=\dfrac{G_s+\dfrac{S\cdot e}{100}}{1+e}\gamma_w=\dfrac{2.50+\dfrac{60\times 0.55}{100}}{1+0.55}\times 9.81=17.9\text{kN/m}^3$

건설재료시험 기사 실기 작업형 출제시험 항목

- 액성한계시험
- 들밀도 시험
- 실내 CBR 시험

산업기사 2013년 4월 21일 시행

• NOTICE •

이 문제는 수험자의 기억을 토대로 작성하였으므로 실제문제와 일부 다를 수도 있습니다. 문제해설과 해답은 오류가 없도록 최선을 다하였으나 혹 미비한 부분은 계속 수정 보완하겠습니다.

01 도로의 평판재하시험에서 시험을 끝마치는 조건에 대해 2가지만 쓰시오.

(1)

(2)

Solution

(1) 침하량이 15mm에 달할 때

(2) 하중강도가 현장에서 예상되는 최대 접지압력을 초과할 때

(3) 하중강도가 그 지반의 항복점을 넘을 때

02 콘크리트 시험에 대한 내용이다. 다음 물음에 대한 강도를 계산하시오.(단, 소수 셋째 자리에서 반올림하시오.)

(1) 콘크리트 인장강도 시험

최대 파괴하중 : 210kN, 공시체 직경 : 150mm, 공시체 길이 : 300mm

(2) 콘크리트 휨강도 시험(공시체가 지간의 가운데 부분에서 파괴된 경우)

최대 파괴하중 : 30kN, 지간의 길이 : 450mm, 폭 : 150mm, 높이 : 150mm

Solution

(1) $\dfrac{2P}{\pi Dl} = \dfrac{2 \times 210{,}000}{\pi \times 150 \times 300} = 2.97\text{N/mm}^2 = 2.97\text{MPa}$

(2) $\dfrac{Pl}{bd^2} = \dfrac{30{,}000 \times 450}{150 \times 150^2} = 4\text{N/mm}^2 = 4\text{MPa}$

03 굳지 않은 콘크리트의 워커빌리티 및 컨시스턴시 측정방법 5가지를 쓰시오.

(1) (2)

(3) (4)

(5)

Solution

(1) 슬럼프 시험
(2) 리몰딩 시험
(3) 흐름 시험
(4) 비비 시험
(5) 케리볼 관입 시험(구관입 시험)
(6) 다짐계수 시험
(7) 이리바렌 시험

04 No.200체 통과율이 75%, 액성한계가 60%, 소성한계가 30%일 때 군지수를 구하시오.

Solution

- $a = 75 - 35 = 40$
- $b = 75 - 15 = 60$(0～40 범위이므로 40 적용)
- $c = 60 - 40 = 20$
- $d = I_P - 10 = (60 - 30) - 10 = 20$

$\therefore GI = 0.2a + 0.005ac + 0.01bd$

$= 0.2 \times 40 + 0.005 \times 40 \times 20 + 0.01 \times 40 \times 20 = 20$

05 현장 다짐 흙의 밀도를 조사하기 위하여 모래치환법으로 시험을 실시하여 다음과 같은 결과를 얻었다. 물음에 답하시오.

- 현장 구멍에 채워진 건조모래의 총 중량 : 3,420g
- 현장 구멍에서 파낸 흙의 습윤중량 : 3,850g
- 현장 구멍에서 파낸 흙의 건조중량 : 3,510g
- 표준 모래단위 중량 : 1.354g/cm³

(1) 함수비

(2) 건조단위 중량

Solution

(1) $\omega = \dfrac{W_\omega}{W_s} \times 100 = \dfrac{3{,}850 - 3{,}510}{3{,}510} \times 100 = 9.69\%$

(2) • $\gamma_{모래} = \frac{W}{V}$

$1.354 = \frac{3,420}{V}$

$\therefore V = \frac{3,420}{1.354} = 2,525\text{cm}^3$

• $\gamma_t = \frac{W}{V} = \frac{3,850}{2,525} = 1.525\text{g/cm}^3$

• $\gamma_d = \frac{\gamma_t}{1+\frac{\omega}{100}} = \frac{1.525}{1+\frac{9.69}{100}} = 1.39\text{g/cm}^3$

06 아스팔트 신도시험에 대한 다음 물음에 답하시오.

(1) 최소 시료 단면적은?

(2) 표준온도는?

(3) 인장속도는?

(4) 최소 시험 횟수 및 측정값의 단위는?

Solution

(1) 1cm^2

(2) 25±0.5℃

(3) 5±0.25cm/min

(4) 3회, cm

07 콘크리트의 호칭강도(f_{cn})가 28MPa이다. 압축강도의 시험 횟수가 20회, 콘크리트 표준편차 S가 3.5MPa라고 한다. 이 콘크리트의 배합강도를 구하시오.

Solution

(1) 표준편차의 보정

$3.5 \times 1.08 = 3.78\text{MPa}$

(2) 콘크리트 배합강도($f_{cn} \leq 35\text{MPa}$)

• $f_{cr} = f_{cn} + 1.34S = 28 + 1.34 \times 3.78 = 33.07\text{MPa}$

• $f_{cr} = (f_{cn} - 3.5) + 2.33S = (28 - 3.5) + 2.33 \times 3.78 = 33.31\text{MPa}$

∴ 큰 값인 $f_{cr} = 33.31\text{MPa}$

[보충] 압축강도 시험 횟수가 29회 이하이고 15회 이상인 경우 표준편차의 보정계수

시험 횟수	표준편차의 보정계수
15	1.16
20	1.08
25	1.03
30 이상	1.00

08 다음의 시멘트 밀도시험 성과표를 보고 적합, 부적합 여부를 판정한 후 그 이유를 쓰시오.

시멘트 밀도시험		
측정 횟수	1회	2회
처음 광유 눈금 읽음(mL)	0.3	0.4
시료 무게(g)	64.05	64.14
시료와 광유의 눈금 읽음(mL)	20.7	21.1
밀도(g/cm^3)	3.14	3.10

Solution

- 부적합
- 동일 시험자가 동일 재료에 대하여 2회 측정한 결과 그 차가 $\pm 0.03g/cm^3$ 이내이어야 한다.

09 시방배합으로 단위 수량 150kg, 시멘트양 320kg, 잔골재량 600kg, 굵은골재량 1,200kg이 산출된 콘크리트 배합을 현장입도를 고려하여 현장배합으로 수정한 후 단위 잔골재량, 단위 굵은골재량, 단위 수량을 구하시오.(단, 잔골재가 5mm체에 남는 질량 : 4%, 굵은골재가 5mm체를 통과하는 질량 : 5%, 잔골재의 표면수 : 3%, 굵은골재 표면수 : 0.5%)

(1) 단위 잔골재량

(2) 단위 굵은골재량

(3) 단위 수량

Solution

(1) ① 입도보정

$$x = \frac{100S - b(S+G)}{100-(a+b)} = \frac{100\times 600 - 5(600+1,200)}{100-(4+5)} = 560.44\text{kg}$$

② 표면수 보정

$560.44 \times 0.03 = 16.81\text{kg}$

③ 단위 잔골재량

$560.44 + 16.81 = 577.25\text{kg}$

(2) ① 입도보정

$$y=\frac{100G-a(S+G)}{100-(a+b)}=\frac{100\times1,200-4(600+1,200)}{100-(4+5)}=1,239.56\text{kg}$$

② 표면수 보정

$1,239.56\times0.005=6.20\text{kg}$

③ 단위 굵은골재량

$1,239.56+6.20=1,245.76\text{kg}$

(3) 단위 수량$=150-16.81-6.2=126.99\text{kg}$

10 흙을 압밀 비배수 조건으로 삼축압축시험을 하여 다음과 같은 결과를 얻었다. 물음에 답하시오.

구분	1회	2회
σ_3(kN/m^2)	1.2	4.6
σ_1(kN/m^2)	4.25	11.5
u(kN/m^2)	0.25	1.32

(1) 전응력과 유효응력에 의한 Mohr원을 그리고 전응력에 의한 C, ϕ 값과 유효응력에 의한 C_{cu}, ϕ_{cu} 값을 구하시오.

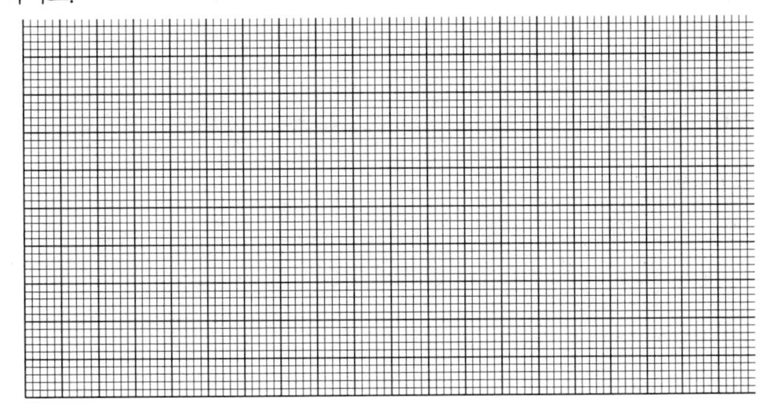

① 전응력

- C
- ϕ

② 유효응력

- C_{cu}
- ϕ_{cu}

(2) 이 흙이 완전히 포화되었다고 가정하고 간극수압계수 A를 구하시오.

① 1회 시료의 A값

② 2회 시료의 A값

Solution

(1)

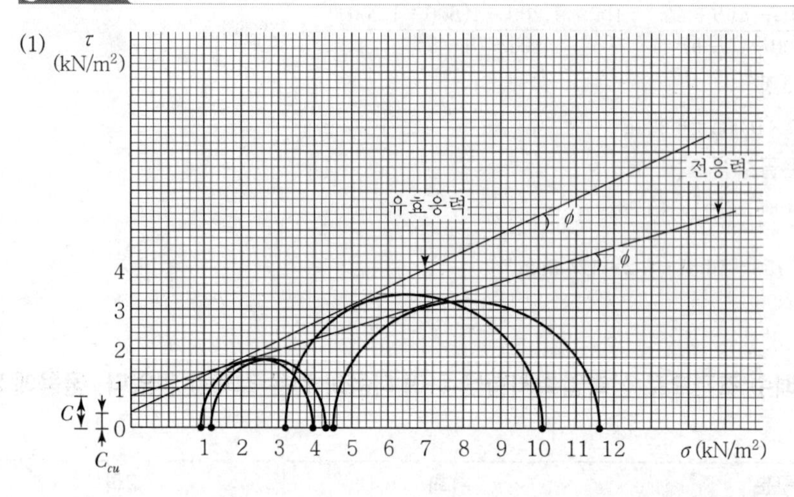

여기서, • 전응력 작도 시

구분	최소 주응력 (σ_3)	최대 주응력 (σ_1)
1회	1.2	4.25
2회	4.6	11.5

• 유효응력 작도 시

구분	최소 유효 주응력 ($\sigma_3{}'=\sigma_3-u$)	최대 유효 주응력 ($\sigma_1{}'=\sigma_1-u$)
1회	0.95=1.2−0.25	4=4.25−0.25
2회	3.28=4.6−1.32	10.18=11.5−1.32

① 전응력

- C : 0.8kN/m²
- ϕ : 20.3°

② 유효응력

- C_{cu} : 0.4kN/m²
- ϕ_{cu} : 29.5°

(2) ① 1회 시료의 A값

$$\Delta u = A \cdot \Delta\sigma_1$$

$$\therefore A = \frac{\Delta u}{\Delta\sigma_1} = \frac{0.25}{4.25-1.2} = 0.08$$

② 2회 시료의 A값

$$\Delta u = A \cdot \Delta\sigma_1$$

$$\therefore A = \frac{\Delta u}{\Delta\sigma_1} = \frac{1.32}{11.5-4.6} = 0.19$$

건설재료시험 산업기사 실기 작업형 출제시험 항목

- 시멘트 밀도시험
- 슬럼프시험
- 흙의 다짐시험(A)

기사 2013년 6월 14일 시행

• NOTICE •

한국산업인력공단의 저작권법 저촉에 대한 언급(2013년 2회 시험부터)이 있어 과거에 수험자의 기억을 토대로 작성한 동일한 문제나 그 유형의 문제로 재구성하였으며, 혹 미비한 부분은 계속 수정 보완하겠습니다.

01 물 – 결합재비 50%, 잔골재율 35%, 슬럼프 120mm, 단위 수량 165kg, 공기량 1.6%, 시멘트 밀도 3.14g/cm³, 잔골재 밀도 2.5g/cm³, 굵은골재 밀도 2.6g/cm³일 때 콘크리트 1m³당 사용되는 단위 시멘트양, 단위 잔골재량, 단위 굵은골재량을 구하시오.

Solution

• 시멘트양 : $\frac{W}{C}=0.5$

$\therefore\ C=\frac{165}{0.5}=330\text{kg}$

• 골재의 전체 용적(체적) : $V=1-\left(\frac{330}{3.14\times1,000}+\frac{165}{1\times1,000}+\frac{1.6}{100}\right)=0.7139\text{m}^3$

• 잔골재량 : $0.7139\times0.35\times2.5\times1,000=624.66\text{kg}$

• 굵은골재량 : $0.7139\times0.65\times2.6\times1,000=1,206.49\text{kg}$

02 어떤 점토층의 압밀시험 결과가 다음과 같다. 다음 물음에 답하시오.(단, 배수조건은 양면 배수이며 $\gamma_w=9.81\text{kN/m}^3$이다.)

압밀응력(kN/m²)	공극비(e)	시료평균두께(cm)	t_{50}(초)	t_{90}(초)
6.4	1.148	1.384	79	342
12.8	0.951			

(1) 압밀계수(C_v)를 구하시오.(단, 소수 일곱째 자리에서 반올림하시오.)

① $\log t$ 법

② $\sqrt{t}$ 법

(2) 압축계수(a_v)를 구하시오.(단, 소수 넷째 자리에서 반올림하시오.)

(3) 체적변화계수(m_v)를 구하시오.(단, 소수 넷째 자리에서 반올림하시오.)

(4) 압축지수(C_c)를 구하시오.(단, 소수 넷째 자리에서 반올림하시오.)

(5) $\sqrt{t}$ 법에서 구한 압밀계수로 투수계수를 구하시오.(단, 소수 아홉째 자리까지 쓰시오.)

Solution

(1) ① $C_v = \dfrac{0.197H^2}{t_{50}} = \dfrac{0.197 \times \left(\dfrac{1.384}{2}\right)^2}{79} = 0.001194\text{cm}^2/\text{sec}$

② $C_v = \dfrac{0.848H^2}{t_{90}} = \dfrac{0.848 \times \left(\dfrac{1.384}{2}\right)^2}{342} = 0.001187\text{cm}^2/\text{sec}$

(2) $a_v = \dfrac{e_1 - e_2}{P_2 - P_1} = \dfrac{1.148 - 0.951}{12.8 - 6.4} = 0.031\text{m}^2/\text{kN}$

(3) $m_v = \dfrac{a_v}{1+e} = \dfrac{0.031}{1+1.148} = 0.014\text{m}^2/\text{kN}$

(4) $C_c = \dfrac{e_1 - e_2}{\log\dfrac{P_2}{P_1}} = \dfrac{1.148 - 0.951}{\log\dfrac{12.8}{6.4}} = 0.654$

(5) $k = C_v \cdot m_v \cdot \gamma_w$

$= 1.187 \times 10^{-7} \times 0.014 \times 9.81 = 1.6 \times 10^{-8}\,\text{m/sec}$

03 애터버그 시험결과 액성한계 ω_L = 38%, 소성한계 19%를 얻었다. 자연함수비가 32%이고 유동지수 I_f = 9.8%일 때 다음을 구하시오.(단, 2μ 이하의 점토 함유율 12%)

(1) 소성지수
(2) 액성지수
(3) 터프니스 지수
(4) 컨시스턴스 지수
(5) Skempton 공식에 의한 압축지수(교란시료)
(6) 활성도

Solution

(1) $I_p = \omega_L - \omega_P = 38 - 19 = 19\%$

(2) $I_L = \dfrac{\omega_n - \omega_p}{I_p} = \dfrac{32-19}{19} = 0.68$

(3) $I_t = \dfrac{I_p}{I_f} = \dfrac{19}{9.8} = 1.94$

(4) $I_c = \dfrac{\omega_L - \omega_n}{I_p} = \dfrac{38-32}{19} = 0.32$

(5) $C_c = 0.007(\omega_L - 10) = 0.007(38-10) = 0.2$

(6) $A = \dfrac{I_p}{2\mu \text{ 이하의 점토 함유율}} = \dfrac{19}{12} = 1.58$

04 어느 시료를 체분석 시험한 결과가 다음과 같다. 물음에 답하시오.

체눈금(mm)	25	19	10	5	2.0	0.84	0.42	0.25	0.11	0.08
잔류량(g)	0	15.5	12.3	9.8	13.0	124.2	67.6	89.6	70.5	57.5

(1) 다음 표의 잔류율, 가적 잔류율, 통과율을 구하시오.(단, 소수 둘째 자리에서 반올림하시오.)

체눈금(mm)	잔류량(g)	잔류율(%)	가적 잔류율(%)	통과율(%)
25	0			
19	15.5			
10	12.3			
5	9.8			
2.0	13.0			
0.84	124.2			
0.42	67.6			
0.25	89.6			
0.11	70.5			
0.08	57.5			

(2) 입경가적곡선을 그리시오.

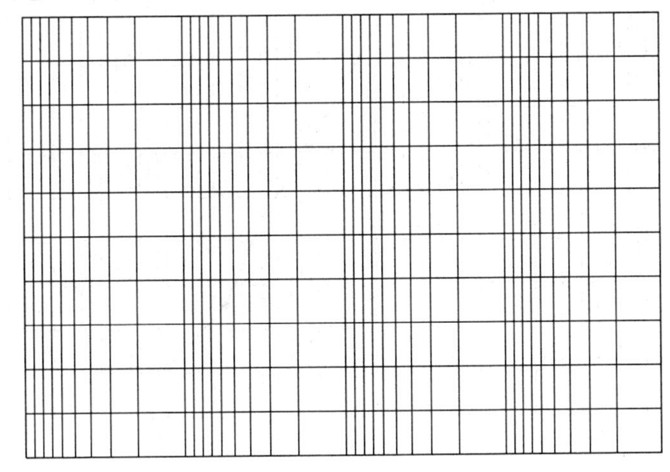

(3) 균등계수, 곡률계수를 구하고 입도분포를 양호, 불량으로 판정하시오.

Solution

(1)

체눈금(mm)	잔류량(g)	잔류율(%)	가적 잔류율(%)	통과율(%)
25	0	0	0	100
19	15.5	3.4	3.4	96.6
10	12.3	2.7	6.1	94.0
5	9.8	2.1	8.2	91.8
2.0	13.0	2.8	11.0	89.0
0.84	124.2	27.0	38.0	62.0
0.42	67.6	14.7	52.7	47.3
0.25	89.6	19.5	72.2	27.8
0.11	70.5	15.3	87.5	12.5
0.08	57.5	12.5	100	0

- 잔류율 $= \dfrac{\text{각 체의 잔류량}}{\text{잔류량 전체 합계}} \times 100$
- 가적 잔류율 = 각 체의 잔류율 누계
- 통과율 = 100 − 가적 잔류율

(2)

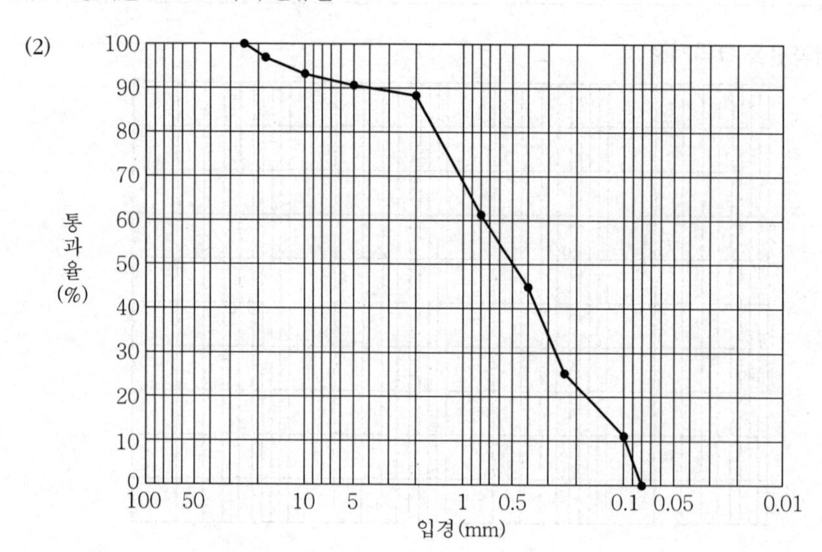

(3) • $D_{10} = 0.1\text{mm}$, $D_{30} = 0.27\text{mm}$, $D_{60} = 0.8\text{mm}$

- $C_u = \dfrac{D_{60}}{D_{10}} = \dfrac{0.8}{0.1} = 8$
- $C_g = \dfrac{(D_{30})^2}{D_{10} \times D_{60}} = \dfrac{(0.27)^2}{0.1 \times 0.8} = 0.9$

∴ 균등계수는 양호하지만 곡률계수가 불량하여 입도분포가 불량하다.

05 굳지 않은 콘크리트 속에 함유된 염화물 함유량 측정시험방법 4가지를 쓰시오.

(1) (2) (3) (4)

Solution

(1) 질산은 적정법 (2) 전위차 적정법 (3) 이온 전극법 (4) 흡광 광도법

06 아스팔트 신도시험에 대한 사항이다. 다음 물음에 답하시오.

(1) 신도시험의 목적은?
(2) 고온에서의 표준온도 및 인장속도는?
(3) 저온에서의 표준온도 및 인장속도는?

Solution

(1) 아스팔트의 연성을 알기 위해서
(2) 25±0.5℃, 5±0.25cm/min
(3) 4℃, 1cm/min

07 굵은골재 및 잔골재의 체가름 시험방법(KSF 2502)에 관해 다음 물음에 답하시오.

(1) 굵은골재의 체가름 시 최소 건조질량 기준을 쓰시오.
(2) 잔골재의 체가름 시 최소 건조질량 기준을 쓰시오.
(3) 구조용 경량골재의 체가름 시 최소 건조질량 기준을 쓰시오.
(4) 빈칸을 채우고 조립률을 구하시오.(단, 잔류율과 누적 잔류율은 소수 첫째 자리, 조립률은 소수 셋째 자리에서 반올림하시오.)

체의 크기(mm)	잔류량(g)	잔류율(%)	누적 잔류율(%)
75	0		
50	0		
40	270		
30	1,755		
25	2,455		
20	2,270		
15	4,230		
10	2,370		
5	1,650		
2.5	0		

Solution

(1) 골재 최대치수(mm)의 0.2배를 kg으로 표시한 양으로 한다.

(2) ① 1.2mm 체를 95%(질량비) 이상 통과하는 것에 대한 최소 건조질량은 100g이다.

② 1.2mm 체에 5%(질량비) 이상 남는 것에 대한 최소 건조질량은 500g이다.

(3) 위 굵은골재 및 잔골재의 최소 건조질량의 1/2로 한다.

(4)

체의 크기(mm)	잔류량(g)	잔류율(%)	누적 잔류율(%)
75	0	0	0
50	0	0	0
40	270	2	2
30	1,755	12	14
25	2,455	16	30
20	2,270	15	45
15	4,230	28	73
10	2,370	16	89
5	1,650	11	100
2.5	0	0	100

- 잔류율 $= \dfrac{\text{잔류량}}{\text{전체질량}} \times 100$
- 누적 잔류율 = 각 체의 잔류율 누계
- 조립률 $= \dfrac{2+45+89+100+100+400}{100} = 7.36$

여기서, 400은 1.2, 0.6, 0.3, 0.15mm 체 누적 잔류율에 해당한다.

08 **콘크리트의 호칭강도(f_{cd})가 40MPa이다. 30회 이상의 시험실적으로부터 구한 압축강도의 표준편차(s)가 4.5MPa인 경우 현행 콘크리트 표준시방서에 따른 배합강도를 구하시오.**

Solution

- $f_{cn} > 35$MPa인 경우

  $f_{cr} = f_{cn} + 1.34s = 40 + 1.34 \times 4.5 = 46.03$MPa

  $f_{cr} = 0.9f_{cn} + 2.33s = 0.9 \times 40 + 2.33 \times 4.5 = 46.49$MPa

  ∴ 큰 값인 46.49MPa

- $f_{cn} \leq 35$MPa인 경우

  $f_{cr} = f_{cn} + 1.34s$

  $f_{cr} = (f_{cn} - 3.5) + 2.33s$

  위 두 식에 의한 값 중 큰 값으로 정한다.

건설재료시험 기사 실기 작업형 출제시험 항목

- 액성한계시험
- 들밀도 시험
- 실내 CBR 시험

산업기사 2013년 6월 14일 시행

• NOTICE •

한국산업인력공단의 저작권법 저촉에 대한 언급(2013년 2회 시험부터)이 있어 과거에 수험자의 기억을 토대로 작성한 동일한 문제나 그 유형의 문제로 재구성하였으며, 혹 미비한 부분은 계속 수정 보완하겠습니다.

01 아래 표는 흙의 수축정수를 구하기 위한 시험결과이다. 물음에 답하시오.

그리스 바른 수축접시 무게	14.36g
(습윤 흙+그리스를 바른 수축접시)의 무게	50.36g
(노건조 흙+그리스를 바른 수축접시)의 무게	39.36g
수축접시에 넣은 습윤상태 흙의 부피	19.65cm^3
수축한 후 노건조 흙 공시체의 부피	13.5cm^3

(1) 흙의 수축하기 전 수축접시에 넣은 습윤 흙 공시체의 함수비를 구하시오.

(2) 수축한계를 구하시오.(단, $\gamma_w = 1\text{g/cm}^3$이다.)

(3) 수축비를 구하시오.

(4) 근사치의 비중을 구하시오.

(5) 수축정수시험에서 습윤 흙과 노건조 흙의 공시체 체적을 알기 위해 사용되는 것은?

Solution

(1) $w = \dfrac{50.36 - 39.36}{39.36 - 14.36} \times 100 = 44\%$

(2) $w_s = w - \left(\dfrac{V - V_o}{W_s} \cdot \gamma_w\right) \times 100 = 44 - \left(\dfrac{19.65 - 13.50}{39.36 - 14.36} \times 1\right) \times 100 = 19.40\%$

(3) $R = \dfrac{W_s}{V_o \cdot \gamma_w} = \dfrac{25}{13.5 \times 1} = 1.85$

(4) $G_s = \dfrac{1}{\dfrac{1}{R} - \dfrac{w_s}{100}} = \dfrac{1}{\dfrac{1}{1.85} - \dfrac{19.4}{100}} = 2.89$

(5) 수은

02 어떤 흙 시료를 직접전단시험을 하여 얻은 값이다. 물음에 답하시오.(단, 시료의 직경 60mm, 두께 20mm이다. 소수 셋째 자리에서 반올림하시오.)

수직하중(N)	2,000	3,000	4,000	5,000
전단력(N)	2,430	2,870	3,240	3,630

(1) 빈칸을 채우시오.

σ(MPa)				
τ(MPa)				

(2) 파괴선을 작도하시오.

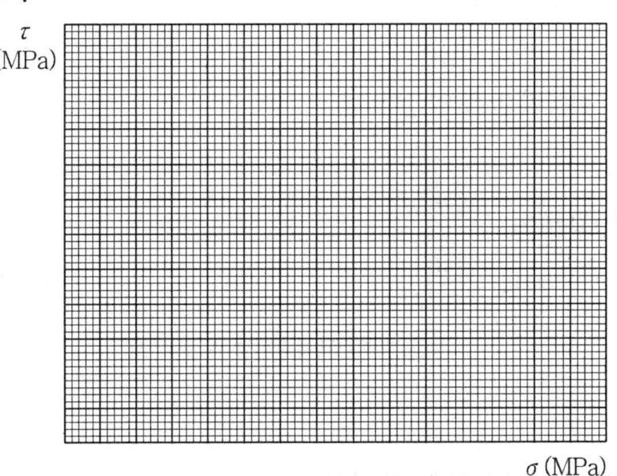

(3) 점착력(C)을 구하시오.

(4) 내부마찰각(ϕ)을 구하시오.

Solution

(1) $\sigma = \dfrac{P}{A}$　　　　$\tau = \dfrac{S}{A}$

여기서, $A = \dfrac{\pi \times 60^2}{4} = 2{,}827\text{mm}^2$

σ(MPa)	0.71	1.06	1.41	1.77
τ(MPa)	0.86	1.02	1.15	1.28

- $\sigma_1 = \dfrac{2{,}000}{2{,}827} = 0.71\text{MPa}$
- $\sigma_2 = \dfrac{3{,}000}{2{,}827} = 1.06\text{MPa}$
- $\sigma_3 = \dfrac{4{,}000}{2{,}827} = 1.41\text{MPa}$
- $\sigma_4 = \dfrac{5{,}000}{2{,}827} = 1.77\text{MPa}$
- $\tau_1 = \dfrac{2{,}430}{2{,}827} = 0.86\text{MPa}$
- $\tau_2 = \dfrac{2{,}870}{2{,}827} = 1.02\text{MPa}$
- $\tau_3 = \dfrac{3{,}240}{2{,}827} = 1.15\text{MPa}$
- $\tau_4 = \dfrac{3{,}630}{2{,}827} = 1.28\text{MPa}$

(2)

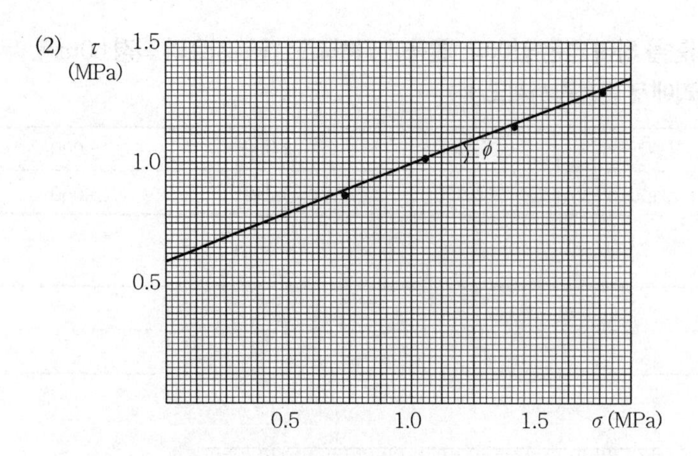

(3) $C=0.6\text{MPa}$

※ 그래프에서 점착력 값을 읽는다.

(4) $\tau = C + \sigma \tan\phi$

$1.28 = 0.6 + 1.77\tan\phi$

$\tan\phi = \dfrac{0.68}{1.77}, \quad \phi = \tan^{-1}\dfrac{0.68}{1.77}$

$\therefore \ \phi = 21.02°$ ※ 각도기를 이용할 경우 $\phi = 21°$

03 아스팔트 시험의 종류 4가지를 쓰시오.

(1) (2) (3) (4)

Solution

(1) 신도시험 (2) 침입도시험 (3) 연화점시험 (4) 점도시험

04 콘크리트 강도시험에 대한 다음 물음에 답하시오.

(1) 콘크리트 압축강도 시험체의 지름은 굵은골재 최대치수의 몇 배 이상이어야 하는가?

(2) 콘크리트 휨강도 시험체를 만들 때 다짐 시 각 층마다 몇 mm^2에 대하여 1회 비율로 다지는가?

(3) 쪼갬 인장강도 하중이 198kN, 공시체 크기가 $\phi150\times300\text{mm}$일 때 인장강도를 구하시오.

Solution

(1) 3배

(2) $1,000\text{mm}^2$

(3) 인장강도 $= \dfrac{2P}{\pi dl} = \dfrac{2\times198,000}{3.14\times150\times300} = 2.8\text{N/mm}^2 = 2.8\text{MPa}$

05 현장 다짐 흙의 밀도를 모래치환법으로 시험한 결과가 다음과 같다. 물음에 대한 산출근거와 답을 쓰시오.

- 시험구멍 흙의 함수비 : 27.3%
- 시험구멍에서 파낸 흙의 무게 : 2,520g
- 시험 구멍에 채워 넣은 표준 모래의 단위 중량 : 1.59g/cm³
- 시험 구멍에 채워진 표준모래의 무게 : 2,410g
- 시험실에서 구한 최대건조밀도 $\gamma_{d\max}$: 1.52g/cm³

(1) 현장 흙의 건조밀도(γ_d)를 구하시오.

(2) 현장 흙의 다짐도를 구하시오.

Solution

(1) • 시험 구멍의 부피 $V=\dfrac{W}{\gamma_{모래}}=\dfrac{2,410}{1.59}=1,515.72\text{cm}^3$

• 습윤밀도 $\gamma_t=\dfrac{W}{V}=\dfrac{2,520}{1,515.72}=1.66\text{g/cm}^3$

$\therefore$ 건조밀도 $\gamma_d=\dfrac{\gamma_t}{1+\dfrac{w}{100}}=\dfrac{1.66}{1+\dfrac{27.3}{100}}=1.30\text{g/cm}^3$

(2) 다짐도$=\dfrac{\gamma_d}{\gamma_{d\max}}\times 100=\dfrac{1.30}{1.52}\times 100=85.53\%$

06 도로 현장에서 점성토의 시료를 채취하여 실내토질시험을 하였다. 그 결과 습윤단위밀도가 17.1kN/m³, 비중 2.73, 함수비 43%였다. 다음을 구하시오.(단, γ_w = 9.81kN/m³이다.)

(1) 건조단위밀도

(2) 간극비

(3) 포화도

(4) 포화단위밀도

(5) 수중단위밀도

Solution

(1) $\gamma_d = \dfrac{\gamma_t}{1+\dfrac{w}{100}} = \dfrac{17.1}{1+\dfrac{43}{100}} = 11.958\text{kN/m}^3$

(2) $e = \dfrac{\gamma_w}{\gamma_d} \times G_s - 1 = \dfrac{9.81}{11.958} \times 2.73 - 1 = 1.240$

(3) $S \cdot e = G_s \cdot w$

$\therefore S = \dfrac{G_s \cdot w}{e} = \dfrac{2.73 \times 43}{1.240} = 94.670\%$

(4) $\gamma_{\text{sat}} = \dfrac{G_s + e}{1+e}\gamma_w = \dfrac{2.73+1.240}{1+1.240} \times 9.81 = 17.386\text{kN/m}^3$

(5) $\gamma_{\text{sub}} = \gamma_{\text{sat}} - \gamma_w = 17.386 - 9.81 = 7.576\text{kN/m}^3$

07 다음의 콘크리트 배합 결과를 보고 다음을 구하시오.(단, 소수 넷째 자리에서 반올림하시오.)

- 단위 시멘트양 : 280kg/m^3
- 물－시멘트비 : 48%
- 시멘트의 밀도 : 3.15g/cm^3
- 잔골재의 표면건조 포화상태의 밀도 : 2.5g/cm^3
- 굵은골재의 표면건조 포화상태의 밀도 : 2.62g/cm^3
- 공기량 : 5%
- 잔골재율$\left(\dfrac{S}{a}\right)$: 40%

(1) 단위 수량

(2) 단위 잔골재량

(3) 단위 굵은골재량

Solution

(1) $\dfrac{W}{C}=48\%$

$\therefore\ W=C\times 0.48=280\times 0.48=134.4\text{kg}$

(2) • 골재의 체적

$V=1-\left(\dfrac{134.4}{1\times 1{,}000}+\dfrac{280}{3.15\times 1{,}000}+\dfrac{5}{100}\right)=0.727\text{m}^3$

• 잔골재의 체적

$V_s=0.727\times 0.4=0.291\text{m}^3$

• 단위 잔골재량

$S=2.5\times 0.291\times 1{,}000=727.5\text{kg}$

(3) $G=2.62\times(0.727-0.291)\times 1{,}000=1{,}142.32\text{kg}$

08 굵은골재의 유해물 함유량의 종류 3가지를 쓰시오.

(1)

(2)

(3)

Solution

(1) 점토덩어리

(2) 연한 석편

(3) 0.08mm 체 통과량

(4) 석탄, 갈탄 등으로 밀도 2.0g/cm^{3}의 액체에 뜨는 것

건설재료시험 산업기사 실기 작업형 출제시험 항목

• 시멘트 밀도시험

• 슬럼프시험

• 흙의 다짐시험(A)

기사 2013년 11월 9일 시행

• NOTICE •

한국산업인력공단의 저작권법 저촉에 대한 언급(2013년 2회 시험부터)이 있어 과거에 수험자의 기억을 토대로 작성한 동일한 문제나 그 유형의 문제로 재구성하였으며, 혹 미비한 부분은 계속 수정 보완하겠습니다.

01 굳지 않은 콘크리트의 반죽질기 측정방법 5가지를 쓰시오.

(1) (2) (3)

(4) (5)

Solution

(1) 슬럼프 시험 (2) 리몰딩 시험 (3) 흐름 시험

(4) 비비 시험 (5) 케리볼 시험

02 다음은 골재의 체가름표이다. 물음에 답하시오.

체 크기(mm)	75	40	20	10	5	2.5	1.2
잔류율(%)	0	5	24	48	19	4	0

(1) 굵은골재의 최대치수에 대하여 서술하고, 굵은골재의 최대치수를 구하시오.

①

②

(2) 조립률을 구하시오.

Solution

(1) ① 굵은골재의 최대치수란 질량비로 90% 이상을 통과시키는 체 중에서 최소치수의 체눈의 호칭치수로 나타낸다.

② 40mm

(2) $FM = \dfrac{5+29+77+96+100+100+100+100+100}{100} = 7.07$

※ 골재의 조립률이란 75mm, 40mm, 20mm, 10mm, 5mm, 2.5mm, 1.2mm, 0.6mm, 0.3mm, 0.15mm 등 10개의 체를 1조로 하여 체가름 시험을 하였을 때 각 체에 남는 누계량의 전체 시료에 대한 질량 백분율의 합을 100으로 나눈 값이다.

03 어떤 점토층의 압밀시험 결과가 다음과 같다. 물음에 답하시오.(단, γ_w = 9.81kN/m³이다.)

하중 증가량(kN/m²)	변화된 시료두께(mm)	압밀된 변화량(mm)	t_{50}(초)	t_{90}(초)
1	15.3	1.8	80	679

(1) $\sqrt{t}$ 법으로 압밀계수(C_v)를 구하시오.(단, 소수 일곱째 자리에서 반올림하시오.)

(2) 체적변화계수(m_v) 값을 구하시오.(단, 소수 넷째 자리에서 반올림하시오.)

(3) 투수계수(k) 값을 구하시오.

Solution

(1) $C_v = \dfrac{0.848H^2}{t_{90}} = \dfrac{0.848 \times \left(\dfrac{1.71}{2}\right)^2}{679} = 9.13 \times 10^{-4}\text{cm}^2/\text{sec}$

여기서, H=변화된 시료두께+압밀된 변화량=15.3+1.8=17.1mm=1.71cm

(2) $m_v = \dfrac{\Delta H}{\Delta P \cdot H} = \dfrac{0.0018}{1 \times 0.0171} = 0.0018\text{m}^2/\text{kN}$

(3) $k = C_v \cdot m_v \cdot \gamma_w = (9.13 \times 10^{-8}) \times 0.0018 \times 9.81 = 1.61 \times 10^{-9}\text{m/sec}$

04 정규압밀점토에 대하여 압밀배수삼축압축시험을 실시하였다. 시험결과 구속압력을 28kN/m²로 하고 축차응력 28kN/m²를 가하였을 때 파괴가 일어났다. 다음 물음에 답하시오.(단, 점착력 C = 0)

(1) 내부마찰각을 구하시오.

(2) 파괴면이 최대 주응력 면과 이루는 각을 구하시오.

(3) 파괴면에서의 수직응력을 구하시오.

(4) 파괴면에서의 전단응력을 구하시오.

Solution

(1) $\sigma_1 = \sigma_3 + (\sigma_1 - \sigma_3) = 28 + 28 = 56\text{kN/m}^2$

$\sigma_3 = 28\text{kN/m}^2$

$\sin\phi = \dfrac{\sigma_1 - \sigma_3}{\sigma_1 + \sigma_3}$

$\phi = \sin^{-1}\dfrac{\sigma_1 - \sigma_3}{\sigma_1 + \sigma_3} = \sin^{-1}\dfrac{56-28}{56+28} = 19.47°$

(2) $\theta = 45° + \dfrac{\phi}{2} = 45° + \dfrac{19.47°}{2} = 54.74°$

(3) $\sigma = \dfrac{\sigma_1 + \sigma_3}{2} + \dfrac{\sigma_1 - \sigma_3}{2}\cos 2\theta$

$= \dfrac{56+28}{2} + \dfrac{56-28}{2}\cos(2\times 54.74°)$

$= 37.33\text{kN/m}^2$

(4) $\tau = \dfrac{\sigma_1 - \sigma_3}{2}\sin 2\theta$

$= \dfrac{56-28}{2}\sin(2\times 54.74°)$

$= 13.20\text{kN/m}^2$

05 콘크리트 1m^3을 만드는 데 필요한 잔골재 및 굵은골재량을 구하시오.

- 단위 시멘트양=220kg
- 물-시멘트비=55%
- 잔골재율(S/a)=34%
- 시멘트 밀도=3.15g/cm^3
- 잔골재 밀도=2.65g/cm^3
- 굵은골재 밀도=2.70g/cm^3
- 공기량=2%

(1) 단위 잔골재량

(2) 단위 굵은골재량

Solution

- 단위 수량

$\dfrac{W}{C} = 0.55$

$\therefore\ W = C \times 0.55 = 220 \times 0.55 = 121\text{kg}$

- 단위 골재량의 절대부피

$V = 1 - \left(\dfrac{121}{1\times 1{,}000} + \dfrac{220}{3.15\times 1{,}000} + \dfrac{2}{100}\right) = 0.789\text{m}^3$

(1) 단위 잔골재량

$S = 0.789 \times 0.34 \times 2.65 \times 1{,}000 = 710.89\text{kg}$

(2) 단위 굵은골재량

$G = 0.789 \times (1 - 0.34) \times 2.7 \times 1{,}000 = 1{,}406\text{kg}$

06 다짐시험을 실시한 결과가 다음과 같다. 물음에 답하시오.

- 몰드의 체적 : 1,000cm³
- γ_w : 1g/cm³
- 시료의 비중 : 2.67

측정 번호	1	2	3	4	5
시료무게(g)	2,010	2,092	2,114	2,100	2,055
함수비(%)	12.8	14.5	15.6	16.8	19.2

(1) 다음 성과표의 빈칸을 계산해서 채우시오.

측정 번호	1	2	3	4	5
시료무게(g)	2,010	2,092	2,114	2,100	2,055
함수비(%)	12.8	14.5	15.6	16.8	19.2
건조밀도(g/cm³)					

(2) 다짐곡선을 작도하고 최대건조밀도($\gamma_{d\max}$)와 최적함수비(OMC)를 구하시오.

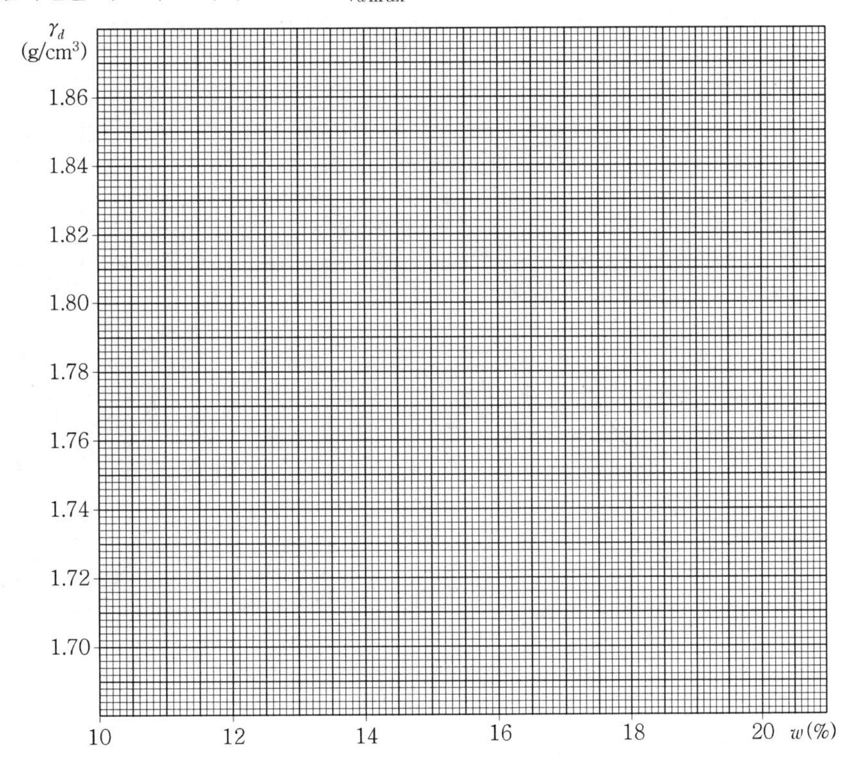

(3) 다짐도가 95%일 때 현장시공 함수비 범위를 구하시오.

(4) 영공기 공극곡선을 작도하시오.

(5) 현장 재료 조건이 다음과 같을 때 다짐정도가 적합한지 판단하시오.

- 흙의 무게 : 2,050g
- 체적 : 980cm³
- 함수비 : 16%

Solution

(1)

측정 번호	1	2	3	4	5
시료무게(g)	2,010	2,092	2,114	2,100	2,055
함수비(%)	12.8	14.5	15.6	16.8	19.2
건조밀도(g/cm³)	1.782	1.827	1.829	1.800	1.724

[계산 예]

- $\gamma_t = \dfrac{W}{V} = \dfrac{2,010}{1,000} = 2.010\text{g/cm}^3$
- $\gamma_d = \dfrac{\gamma_t}{1+\dfrac{w}{100}} = \dfrac{2.010}{1+\dfrac{12.8}{100}} = 1.782\text{g/cm}^3$

(2)

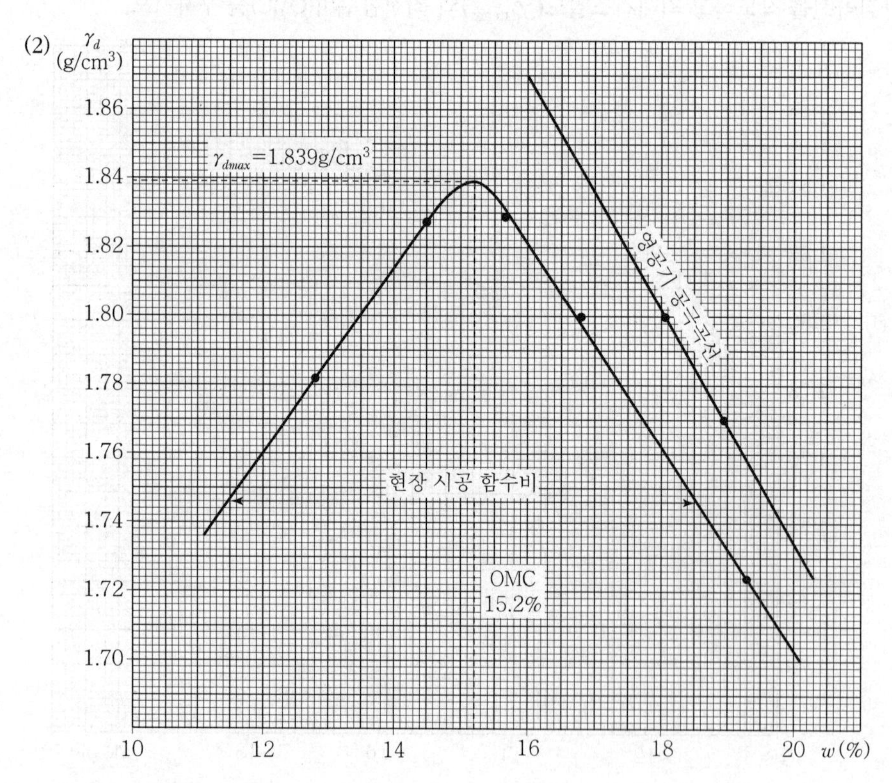

- 최대건조밀도($\gamma_{d\max}$) : 1.839g/cm³
- 최적함수비(OMC) : 15.2%

(3) • 현장시공 다짐값

$1.839 \times 0.95 = 1.747\,\text{g/cm}^3$

• 현장시공 함수비

11.5～18.5%

(4) $\gamma_{dsat} = \dfrac{1}{\dfrac{1}{G_s} + \dfrac{\omega}{100}} \cdot \gamma_w$

여기서, $\omega = 16\%$일 때 $\gamma_{dsat} = \dfrac{1}{\dfrac{1}{2.67} + \dfrac{16}{100}} \times 1 = 1.871\,\text{g/cm}^3$

$\omega = 17\%$일 때 $\gamma_{dsat} = \dfrac{1}{\dfrac{1}{2.67} + \dfrac{17}{100}} \times 1 = 1.836\,\text{g/cm}^3$

$\omega = 18\%$일 때 $\gamma_{dsat} = \dfrac{1}{\dfrac{1}{2.67} + \dfrac{18}{100}} \times 1 = 1.803\,\text{g/cm}^3$

$\omega = 19\%$일 때 $\gamma_{dsat} = \dfrac{1}{\dfrac{1}{2.67} + \dfrac{19}{100}} \times 1 = 1.771\,\text{g/cm}^3$

(5) • $\gamma_t = \dfrac{W}{V} = \dfrac{2{,}050}{980} = 2.092\,\text{g/cm}^3$

• $\gamma_d = \dfrac{\gamma_t}{1 + \dfrac{\omega}{100}} = \dfrac{2{,}092}{1 + \dfrac{16}{100}} = 1.803\,\text{g/cm}^3$

• 다짐도 $= \dfrac{\gamma_d}{\gamma_{d\max}} \times 100 = \dfrac{1.803}{1.839} \times 100 = 98.04\%$

∴ 다짐도가 95% 이상이므로 적합하다.

07 **토질시험 결과 흙의 습윤단위 중량 γ_t = 17.5kN/m^3, 포화단위 중량 γ_{sat} = 21kN/m^3, 내부 마찰각 ϕ = 40°를 얻었다. 그림과 같이 옹벽에 정수압이 작용할 때 다음을 구하시오.(단, γ_w = 9.81kN/m^{3}이다.)**

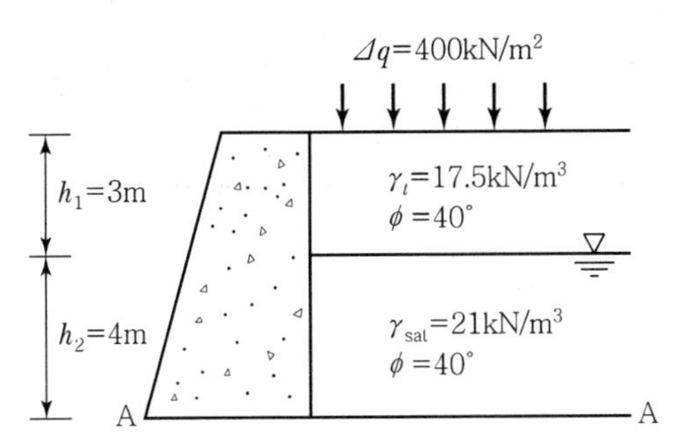

(1) A－A 면에서의 전응력, 간극수압, 유효응력을 구하시오.

(2) 옹벽에 작용하는 전체토압 및 A－A 면으로부터 토압 작용점의 거리를 구하시오.

Solution

(1) ① 전응력

$$P=\gamma_t \cdot h+\gamma_{sat} \cdot h_2+\Delta q=17.5\times 3+21\times 4+400=536.5\text{kN/m}^2$$

② 간극수압

$$u=9.81\times 4=39.24\text{kN/m}^2$$

③ 유효응력

$$\overline{P}=P-u=536.5-39.24=497.26\text{kN/m}^2$$

(2) 옹벽면에 작용하는 토압의 분포

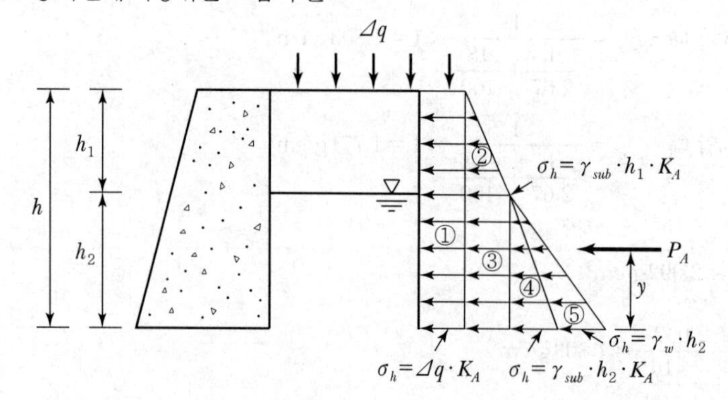

① 주동토압

$$P_A=\Delta q\cdot K_A\cdot h+\frac{1}{2}\gamma_t\cdot {h_1}^2\cdot K_A+\gamma_t\cdot h_1\cdot h_2\cdot K_A+\frac{1}{2}\gamma_{\text{sub}}\cdot {h_2}^2\cdot K_A+\frac{1}{2}\gamma_w\cdot {h_2}^2$$

$$=400\times\tan^2\left(45-\frac{40}{2}\right)\times 7+\frac{1}{2}\times 17.5\times 3^2\times\tan^2\left(45-\frac{40}{2}\right)+17.5\times 3\times 4$$

$$\times\tan^2\left(45-\frac{40}{2}\right)+\frac{1}{2}\times(21-9.81)\times 4^2\times\tan^2\left(45-\frac{40}{2}\right)+\frac{1}{2}\times 9.81\times 4^2$$

$$=769.57\text{kN/m}$$

② 작용점(y)

$$P_A\times y=P_1\times\frac{h}{2}+P_2\times\left(h_2+\frac{h_1}{3}\right)+P_3\times\frac{h_2}{2}+P_4\times\frac{h_2}{3}+P_5\times\frac{h_2}{3}$$

$$769.57\times y=608.84\times\frac{7}{2}+17.12\times\left(4+\frac{3}{3}\right)+45.66\times\frac{4}{2}+19.47\times\frac{4}{3}+78.48\times\frac{4}{3}$$

$$\therefore\ y=\frac{2{,}438.46}{769.57}=3.17\text{m}$$

08 **정수위 투수시험 결과 시료의 길이 25cm, 시료의 단면적 750cm^2, 수두차 45cm, 투수시간 20초, 투수량 3,200cm^3, 시험 시 수온은 12℃일 때 다음 물음에 답하시오.**

[투수계수에 대한 T℃의 보정계수 μ_T/μ_{15}]

T℃	0	1	2	3	4	5	6	7	8	9
0	1.567	1.513	1.460	1.414	1.369	1.327	1.286	1.248	1.211	1.177
10	1.144	1.113	1.082	1.053	1.026	1.000	0.975	0.950	0.926	0.903
20	0.881	0.859	0.839	0.819	0.800	0.782	0.764	0.747	0.730	0.714
30	0.699	0.684	0.670	0.656	0.643	0.630	0.617	0.604	0.593	0.582
40	0.571	0.561	0.550	0.540	0.531	0.521	0.513	0.504	0.496	0.487

(1) 12℃ 수온에서의 투수계수를 구하시오.

(2) 15℃ 수온에서의 투수속도를 구하시오.

(3) $e=0.42$일 때 15℃ 수온에서의 실제 침투속도를 구하시오.

Solution

(1) $k_{12}=\dfrac{Q\cdot L}{A\cdot h\cdot t}=\dfrac{3{,}200\times 25}{750\times 45\times 20}=0.119\text{cm/sec}$

(2) • 15℃ 수온에서의 투수계수

$$k_{15}=k_T\cdot\frac{\mu_T}{\mu_{15}}=k_{12}\cdot\frac{\mu_{12}}{\mu_{15}}=0.119\times\frac{1.082}{1}=0.129\text{cm/sec}$$

• 15℃ 수온에서의 투수속도

$$V=k\cdot i=k_{15}\cdot\frac{h}{L}=0.129\times\frac{45}{25}=0.232\text{cm/sec}$$

(3) • 공극률

$$n=\frac{e}{1+e}\times 100=\frac{0.42}{1+0.42}\times 100=29.58\%$$

• 실제 침투속도

$$V_s=\frac{V}{n}=\frac{0.232}{0.2958}=0.784\text{cm/sec}$$

09 콘크리트 시방서에 명시된 굵은골재 유해물 함유량의 종류 4가지를 쓰시오.

(1)

(2)

(3)

(4)

Solution

(1) 점토덩어리

(2) 연한 석편

(3) 0.08mm 체 통과량

(4) 석탄, 갈탄 등으로 밀도 2.0g/cm^{3}의 액체에 뜨는 것

건설재료시험 기사 실기 작업형 출제시험 항목

- 액성한계시험
- 들밀도 시험
- 실내 CBR 시험

산업기사 2013년 11월 9일 시행

• NOTICE •

한국산업인력공단의 저작권법 저촉에 대한 언급(2013년 2회 시험부터)이 있어 과거에 수험자의 기억을 토대로 작성한 동일한 문제나 그 유형의 문제로 재구성하였으며, 혹 미비한 부분은 계속 수정 보완하겠습니다.

01 현장 도로 토공에서 모래치환법에 의한 현장 건조 단위 중량 시험을 했다. $V=1{,}900\text{cm}^3$이었고, 구멍에서 파낸 흙 3,280g, 함수비 12%, $G_s=2.70$, 최대 건조밀도 $\gamma_{d\max}=1.65\text{g/cm}^3$이었다. 물음에 답하시오.(단, $\gamma_w=1\text{g/cm}^3$이다.)

(1) 현장 건조밀도를 구하시오.

(2) 공극비 및 공극률을 구하시오.

(3) 다짐도를 구하시오.

(4) 이 현장이 95% 이상의 다짐도를 원할 때 이 토공은 합격권에 들어가는지 여부를 판단하시오.

Solution

(1) $\gamma_d=\dfrac{\gamma_t}{1+\dfrac{\omega}{100}}$

$\gamma_t=\dfrac{W}{V}=\dfrac{3{,}280}{1{,}900}=1.73\text{g/cm}^3$

$\therefore\ \gamma_d=\dfrac{1.73}{1+\dfrac{12}{100}}=1.54\text{g/cm}^3$

(2) ① $e=\dfrac{\gamma_\omega}{\gamma_d}\cdot G_s-1=\dfrac{1}{1.54}\times 2.7-1=0.75$

② $n=\dfrac{e}{1+e}\times 100=\dfrac{0.75}{1+0.75}\times 100=42.86\%$

(3) 다짐도$=\dfrac{\gamma_d}{\gamma_{d\max}}\times 100=\dfrac{1.54}{1.65}\times 100=93.33\%$

(4) 이 흙의 다짐도가 95% 이하이므로 불합격이다.

02 콘크리트의 배합결과 시방배합을 현장배합으로 보정하시오.(단, 물의 보정은 제외한다.)

- 단위 잔골재량 $S=725\text{kg/m}^3$
- 잔골재의 5mm 체 잔류율 2%
- 단위 굵은골재량 $G=1{,}255\text{kg/m}^3$
- 굵은골재의 5mm 체 통과율 5%

(1) 단위 잔골재량

(2) 단위 굵은골재량

Solution

(1) 단위 잔골재량

$$x=\frac{100S-b(S+G)}{100-(a+b)}=\frac{100\times725-5(725+1{,}255)}{100-(2+5)}=673\text{kg/m}^3$$

(2) 단위 굵은골재량

$$y=\frac{100G-a(S+G)}{100-(a+b)}=\frac{100\times1{,}255-2(725+1{,}255)}{100-(2+5)}=1{,}306\text{kg/m}^3$$

03 어느 시료를 채취하여 액성한계와 소성한계시험을 한 성과표를 완성하고 유동곡선을 작도, 액성한계, 소성한계, 소성지수를 구하시오.(단, 소수 둘째 자리에서 반올림하시오.)

[액성한계]

측정 항목 \ 용기 번호	1	2	3	4	5
(습윤시료+용기) 질량(g)	70	75	72	70	76
(건조시료+용기) 질량(g)	60	62	57	53	55
용기 질량(g)	10	10	10	10	10
건조시료 질량(g)					
물 질량(g)					
함수비(%)					
타격횟수	58	43	31	18	12

[소성한계]

측정 항목 \ 용기 번호	1	2	3	4
(습윤시료+용기) 질량(g)	26	29.5	28.5	27.7
(건조시료+용기) 질량(g)	23	26	24.5	24.1
용기 질량(g)	10	10	10	10
건조시료 질량(g)				
물 질량(g)				
함수비(%)				

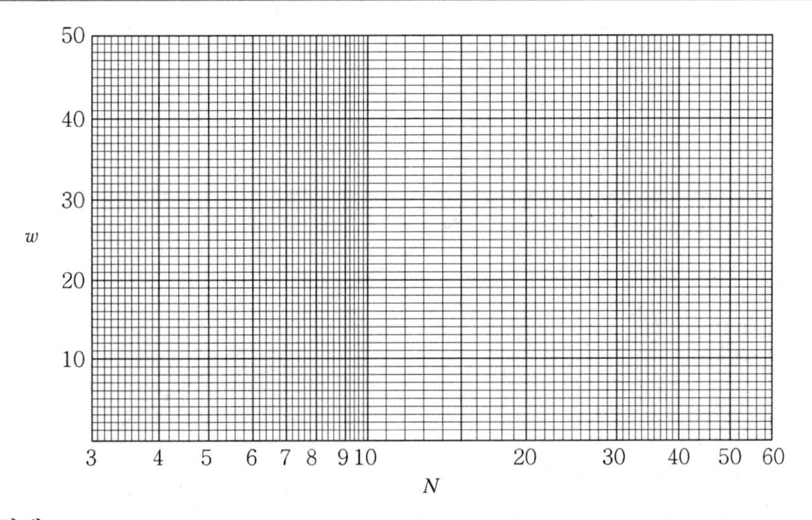

(1) 액성한계

(2) 소성한계

(3) 소성지수

Solution

[액성한계]

측정 항목 \ 용기 번호	1	2	3	4	5
(습윤시료+용기) 질량(g)	70	75	72	70	76
(건조시료+용기) 질량(g)	60	62	57	53	55
용기 질량(g)	10	10	10	10	10
건조시료 질량(g)	50	52	47	43	45
물 질량(g)	10	13	15	17	21
함수비(%)	20	25	31.9	39.5	46.7
타격횟수	58	43	31	18	12

- 건조시료 질량=(건조시료+용기) 질량-용기 질량
- 물 질량=(습윤시료+용기) 질량-(건조시료+용기) 질량
- 함수비$=\dfrac{\text{물 질량}}{\text{건조시료질량}}\times 100$

[소성한계]

측정 항목 \ 용기 번호	1	2	3	4
(습윤시료+용기) 질량(g)	26	29.5	28.5	27.7
(건조시료+용기) 질량(g)	23	26	24.5	24.1
용기 질량(g)	10	10	10	10
건조시료 질량(g)	13	16	14.5	14.1
물 질량(g)	3	3.5	4	3.6
함수비(%)	23.1	21.9	27.6	25.5

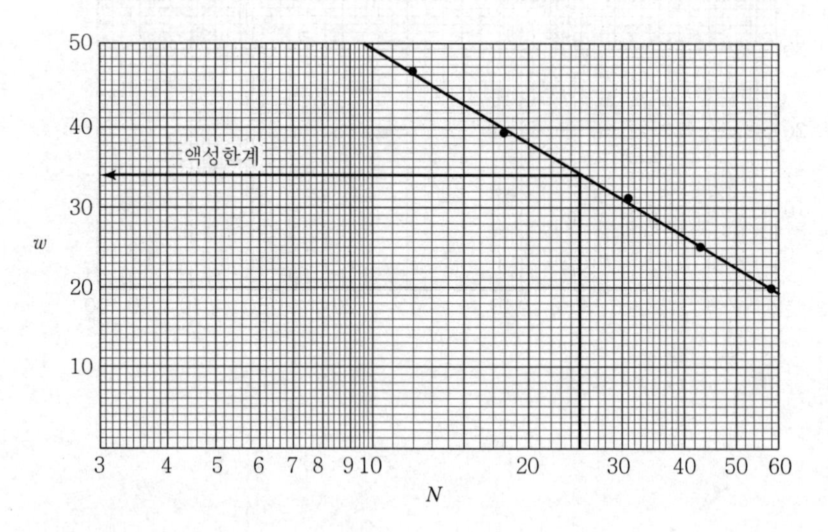

(1) 액성한계

타격횟수(N) 25회 때 함수비 34.3%

(2) 소성한계

$$\frac{23.1+21.9+27.6+25.5}{4}=24.5\%$$

(3) 소성지수

34.3-24.5=9.8%

04 **어떤 흙의 일축압축시험을 하여 압축강도 $q_u = 3.8\text{kN/m}^2$, 파괴면의 수평각과 이루는 각 70°를 얻었을 때 다음 물음에 답하시오.**

(1) 내부마찰각(ϕ)을 구하시오.

(2) 점착력(C)을 구하시오.(단, 소수 셋째 자리에서 반올림하시오.)

Solution

(1) $\theta = 45° + \dfrac{\phi}{2}$

$70° = 45° + \dfrac{\phi}{2}$

$\therefore\ \phi = 50°$

(2) $C = \dfrac{q_u}{2\tan\left(45° + \dfrac{\phi}{2}\right)} = \dfrac{3.8}{2\tan\left(45° + \dfrac{50°}{2}\right)} = 0.69\text{kN/m}^2$

05 **어떤 점토층의 압밀시험 결과가 점토층이 90% 압밀되는 데 10분이 걸리고 시료의 평균 두께가 20mm, 양면배수상태였다. 다음을 답하시오.(단, $\gamma_w = 9.81\text{kN/m}^3$이다.)**

압밀응력(kN/m²)	공극비(e)
0.4	0.95
0.8	0.85

(1) 압밀계수(cm²/sec)를 구하시오.

(2) 체적변화계수(m²/kN)를 구하시오.

(3) 투수계수(m/sec)를 구하시오.

Solution

(1) $C_v = \dfrac{0.848\left(\dfrac{H}{2}\right)^2}{t_{90}} = \dfrac{0.848 \times \left(\dfrac{2}{2}\right)^2}{10 \times 60} = 0.00141\text{cm}^2/\text{sec}$

(2) $a_v = \dfrac{e_1 - e_2}{P_2 - P_1} = \dfrac{0.95 - 0.85}{0.8 - 0.4} = 0.25\text{m}^2/\text{kN}$

$\therefore\ m_v = \dfrac{a_v}{1 + e_1} = \dfrac{0.25}{1 + 0.95} = 0.1282\text{m}^2/\text{kN}$

(3) $k = C_v \cdot m_v \cdot \gamma_w = 0.000000141 \times 0.1282 \times 9.81 = 1.8 \times 10^{-7}\text{m/sec}$

06 콘크리트 시방서에 명시된 굵은골재 유해물 함유량의 종류 4가지를 쓰시오.

(1)

(2)

(3)

(4)

Solution

(1) 점토덩어리

(2) 연한 석편

(3) 0.08mm 체 통과량

(4) 석탄, 갈탄 등으로 밀도 2.0g/cm³의 액체에 뜨는 것

07 20℃에서 굵은골재의 밀도 및 흡수율 시험 결과 아래와 같았다. 물음에 답하시오.

- 절건상태의 시료 질량(A) : 989.5g
- 표건상태의 시료 질량(B) : 1,000g
- 시료의 수중 질량(C) : 615.4g
- 20℃에서의 물의 밀도(ρ_w) : 0.9970g/cm³

(1) 표건밀도

(2) 절건밀도

(3) 겉보기 밀도

(4) 흡수율

Solution

(1) 표건밀도$= \dfrac{B}{B-C} \times \rho_w = \dfrac{1{,}000}{1{,}000-615.4} \times 0.9970 = 2.59\text{g/cm}^3$

(2) 절건밀도$= \dfrac{A}{B-C} \times \rho_w = \dfrac{989.5}{1{,}000-615.4} \times 0.9970 = 2.57\text{g/cm}^3$

(3) 겉보기 밀도$= \dfrac{A}{A-C} \times \rho_w = \dfrac{989.5}{989.5-615.4} \times 0.9970 = 2.64\text{g/cm}^3$

(4) 흡수율$= \dfrac{B-A}{A} \times 100 = \dfrac{1{,}000-989.5}{989.5} \times 100 = 1.06\%$

08 도로 현장에서 점성토의 시료를 채취하여 실내토질시험을 하였다. 그 결과 습윤단위밀도가 17.1kN/m^3, 비중 2.73, 함수비 43%였다. 다음 물음에 답하시오.(단, $\gamma_w = 9.81\text{kN/m}^3$이다. 소수 넷째 자리에서 반올림하시오.)

(1) 건조단위밀도

(2) 간극비

(3) 포화도

(4) 포화단위밀도

(5) 수중단위밀도

Solution

(1) $\gamma_d = \dfrac{\gamma_t}{1+\dfrac{w}{100}} = \dfrac{17.1}{1+\dfrac{43}{100}} = 11.958\text{kN/m}^3$

(2) $e = \dfrac{\gamma_w}{\gamma_d} \times G_s - 1 = \dfrac{9.81}{11.958} \times 2.73 - 1 = 1.240$

(3) $S \cdot e = G_s \cdot w$

$\therefore S = \dfrac{G_s \cdot w}{e} = \dfrac{2.73 \times 43}{1.240} = 94.670\%$

(4) $\gamma_{\text{sat}} = \dfrac{G_s + e}{1+e}\gamma_w = \dfrac{2.73+1.240}{1+1.240} \times 9.81 = 17.386\text{kN/m}^3$

(5) $\gamma_{\text{sub}} = \gamma_{\text{sat}} - \gamma_w = 17.386 - 9.81 = 7.576\text{kN/m}^3$

09 흐트러지지 않은 연약한 점토 시료를 채취하여 일축압축시험을 행하였다. 공시체의 직경이 38mm, 높이가 76mm이고, 파괴 시의 하중계를 읽은 값이 127N, 축방향의 변형량이 0.8mm일 때 이 시료의 일축압축강도는 얼마인가?

Solution

- $A = \dfrac{\pi \cdot d^2}{4} = \dfrac{3.14 \times 0.038^2}{4} = 1.13 \times 10^{-3}\text{m}^2$
- $A_o = \dfrac{A}{1-\varepsilon} = \dfrac{A}{1-\dfrac{\Delta h}{h}} = \dfrac{1.13 \times 10^{-3}}{1-\dfrac{0.8}{76}} = 1.14 \times 10^{-3}\text{m}^2$

$\therefore q_u(\sigma_1) = \dfrac{P}{A_o} = \dfrac{127 \times 10^{-3}}{1.14 \times 10^{-3}} = 111.2\text{kN/m}^2 = 111.2\text{kPa}$

10 **수직방향의 투수계수가 4.5×10^{-8}m/sec이고, 수평방향의 투수계수가 1.6×10^{-8}m/sec인 균질하고 비등방(非等方)인 흙댐의 유선망을 그린 결과 유로(流路) 수가 4개이고 등수두선의 간격 수가 18개였다. 단위길이(m)당 침투수량은?(단, 댐 상하류의 수면의 차는 18m이다.)**

Solution

비등방인 경우 투수계수

$$k=\sqrt{k_v\times k_h}=\sqrt{4.5\times10^{-8}\times1.6\times10^{-8}}=2.68\times10^{-8}\text{m/sec}$$

$$\therefore\ Q=k\cdot h\cdot\frac{N_f}{N_d}=2.68\times10^{-8}\times18\times\frac{4}{18}=1.1\times10^{-7}\text{m}^3/\text{sec}$$

건설재료시험 산업기사 실기 작업형 출제시험 항목

- 시멘트 밀도시험
- 슬럼프시험
- 흙의 다짐시험(A)

기사 2014년 4월 20일 시행

• NOTICE •

한국산업인력공단의 저작권법 저촉에 대한 언급(2013년 2회 시험부터)이 있어 과거에 수험자의 기억을 토대로 작성한 동일한 문제나 그 유형의 문제로 재구성하였으며, 혹 미비한 부분은 계속 수정 보완하겠습니다.

01 부순 굵은골재의 최대치수 40mm, 슬럼프 120mm, 물－결합재비 50%의 콘크리트를 만들기 위해 잔골재율(S/a), 단위 수량(W)을 보정하고, 단위 시멘트양(C), 단위 잔골재량(S), 단위 굵은골재량(G), 단위 공기연행제량을 구하시오.(단, 잔골재의 조립률 2.85, 잔골재의 밀도 0.0026g/mm^3, 굵은골재 밀도 0.0027g/mm^3, 시멘트 밀도 0.00315g/mm^3, 공기량 4.0%, 양질의 공기연행제를 사용하며 공기연행제의 사용량은 시멘트 질량의 0.03%이다.)

[표 1] 콘크리트의 단위 굵은골재 용적, 잔골재율 및 단위 수량의 대략값

굵은 골재의 최대 치수 (mm)	단위 굵은 골재 용적 (%)	공기연행제를 사용하지 않은 콘크리트			공기연행 콘크리트				
						양질의 공기연행제를 사용한 경우		양질의 공기연행감수제를 사용한 경우	
		갇힌 공기 (%)	잔골 재율 $\frac{S}{a}$(%)	단위 수량 W (kg/m^3)	공기량 (%)	잔골 재율 $\frac{S}{a}$(%)	단위 수량 W (kg/m^3)	잔골 재율 $\frac{S}{a}$(%)	단위 수량 W (kg/m^3)
15	58	2.5	53	202	7.0	47	180	48	170
20	62	2.0	49	197	6.0	44	175	45	165
25	67	1.5	45	187	5.0	42	170	43	160
40	72	1.2	40	177	4.5	39	165	40	155

1) 이 표의 값은 보통의 입도를 가진 잔골재(조립률 2.8 정도)와 부순 돌을 사용한 물－결합재비 55% 정도, 슬럼프 80mm 정도의 콘크리트에 대한 것이다.

2) 사용재료 또는 콘크리트의 품질이 1)의 조건과 다를 경우에는 위의 표의 값을 다음 표에 따라 보정한다.

[표 2] 배합수 및 잔골재율 보정방법

구분	$\frac{S}{a}$의 보정(%)	W의 보정
잔골재의 조립률이 0.1만큼 클(작을) 때마다	0.5만큼 크게(작게) 한다.	보정하지 않는다.
슬럼프 값이 10mm만큼 클(작을) 때마다	보정하지 않는다.	1.2%만큼 크게(작게) 한다.
공기량이 1%만큼 클(작을) 때마다	0.5~1.0만큼 작게(크게) 한다.	3%만큼 작게(크게) 한다.
물-결합재비가 0.05 클(작을) 때마다	1만큼 크게(작게) 한다.	보정하지 않는다.
$\frac{S}{a}$가 1% 클(작을) 때마다	보정하지 않는다.	1.5kg만큼 크게(작게) 한다.
자갈을 사용할 경우	3~5만큼 작게 한다.	9~15kg만큼 작게 한다.
부순 모래를 사용할 경우	2~3만큼 크게 한다.	6~9kg만큼 크게 한다.

단위 굵은골재 용적에 의하는 경우에는 잔골재의 조립률이 0.1만큼 커질(작아질) 때마다 단위 굵은골재 용적을 1%만큼 작게(크게) 한다.

Solution

(1) • 잔골재율 보정

① 잔골재 조립률 보정 : $\frac{2.85-2.8}{0.1}\times 0.5=0.25\%$

② 공기량 보정 : $-\frac{4.0-4.5}{1}\times 0.75=0.375\%$

③ 물-결합재비 보정 : $\frac{0.5-0.55}{0.05}\times 1=-1\%$

$\therefore\ \frac{S}{a}=39+0.25+0.375-1=38.63\%$

• 단위 수량 보정

① 슬럼프 값 보정 : $\frac{120-80}{10}\times 1.2=4.8\%$

② 공기량 보정 : $-\frac{4.0-4.5}{1}\times 3=1.5\%$

③ $\frac{S}{a}$ 보정 : $\frac{38.63-39}{1}\times 1.5=-0.555\text{kg}$

$\therefore\ W=165(1+0.048+0.015)-0.555=174.84\fallingdotseq 175\text{kg}$

(2) 단위 시멘트양

$$\frac{W}{C} = 50\%$$

$$\therefore\ C = \frac{175}{0.5} = 350\text{kg}$$

(3) • 단위 골재량의 절대부피

$$V = 1 - \left(\frac{175}{1 \times 1{,}000} + \frac{350}{3.15 \times 1{,}000} + \frac{4.0}{100}\right) = 0.6739\text{m}^3$$

• 단위 잔골재의 절대부피

$$V_s = V \times \frac{S}{a} = 0.6739 \times 0.3863 = 0.260\text{m}^3$$

• 단위 잔골재량

$$0.260 \times 2.6 \times 1{,}000 = 676\text{kg}$$

• 단위 굵은골재량

$$(0.6739 - 0.260) \times 2.7 \times 1{,}000 = 1{,}117.5\text{kg}$$

• 단위 공기연행제량

$$350 \times \frac{0.03}{100} = 0.105\text{kg} = 105\text{g}$$

02 아스팔트 침입도 시험에서 표준침이 1.2cm 관입되었을 때 침입도를 구하시오.

Solution

0.1mm 관입하였을 때 침입도가 1이므로 0.1 : 1 = 12 : x 관계가 되어 침입도는 120이다.

03 어떤 점토시료의 압밀시험에 있어서 압밀시간과 압밀량을 측정한 결과 다음과 같은 값을 얻었다. 물음에 답하시오.

경과시간(min)	압밀량(mm)	경과시간(min)	압밀량(mm)
0	–	12.25	2.07
0.25	1.50	16.0	2.15
1.0	1.60	20.25	2.20
2.25	1.70	36.0	2.30
4.0	1.80	64.0	2.35
6.25	1.88	121.0	2.40
9.0	1.97		

(1) $\sqrt{t}$ 법을 이용하여 작도하시오.

(2) 초기 보정치(d_0)와 압밀도 90%에 도달하는 t_{90} 및 압밀침하량 d_{90}을 구하시오.

(3) 1차 압밀량을 구하시오.

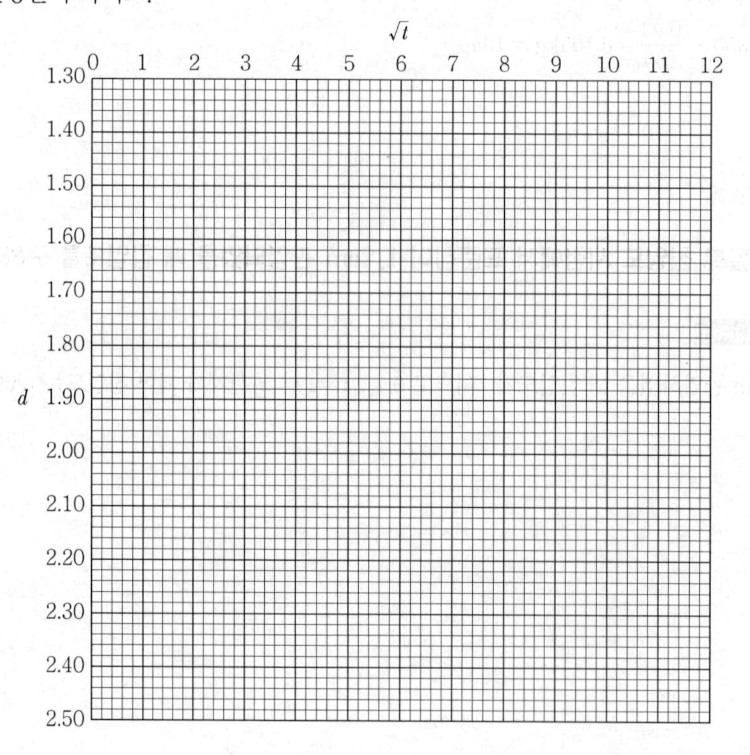

Solution

(1) $\sqrt{t}$ 작도

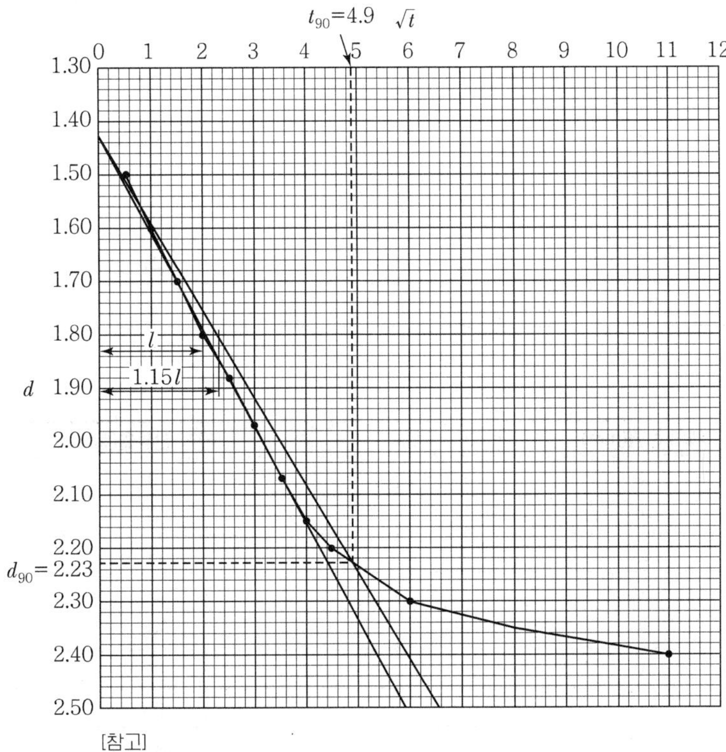

[참고]
l = 1을 정할 때는 임의 위치에서 정하고 그 값에 1.15배 하여 직선을 긋는다.

(2) 그림상태에서

- $d_0 = 1.42\text{mm}$
- $d_{90} = 2.23\text{mm}$
- $t_{90} = 4.9^2 = 24.01$분 $= 1{,}440.6$초

(3) 1차 압밀량 $= \dfrac{10}{9}(d_{90} - d_0) = \dfrac{10}{9}(2.23 - 1.42) = 0.9\text{mm}$

04 다음 골재의 체가름 시험한 결과 값으로 조립률을 구하시오.

체의 눈금(mm)	체에 남은 양(%)
75	0
40	0
25	3
20	26
15	24
10	24
5	21
2.5	2

Solution

체의 눈금(mm)	가적 잔류율(%)
75	0
40	0
25	3
20	29
15	53
10	77
5	98
2.5	100

$$\therefore\ FM = \frac{29+77+98+500}{100} = 7.04$$

05 다음 시료의 상대밀도를 구하시오.(단, 소수 셋째 자리에서 반올림하시오.)

$$\gamma_d = 15\text{kN/m}^3,\ \gamma_{d\max} = 15.5\text{kN/m}^3,\ \gamma_{d\min} = 14\text{kN/m}^3$$

Solution

$$D_r = \frac{\gamma_d - \gamma_{d\min}}{\gamma_{d\max} - \gamma_{d\min}} \times \frac{\gamma_{d\max}}{\gamma_d} \times 100 = \frac{15-14}{15.5-14} \times \frac{15.5}{15} \times 100 = 68.89\%$$

06 굳은 콘크리트 시험에 관한 다음 물음에 답하시오.

(1) 압축강도 시험 시 공시체에 하중을 가하는 속도를 쓰시오.

(2) 휨강도 시험 시 공시체에 하중을 가하는 속도를 쓰시오.

(3) 강도 시험용 공시체 제작방법에서 공시체 몰드를 떼어내는 시기 및 공시체의 수중 양생온도의 범위를 쓰시오.

Solution

(1) 매초 0.6±0.4MPa

(2) 매초 0.06±0.04MPa

(3) 16시간 이상 3일 이내, 20±2℃

07 그림과 같이 P=40kN/m^{2}의 등분포하중이 작용할 때 다음 물음에 답하시오.(단, γ_w = 9.81kN/m^{3}이다. 소수 넷째 자리에서 반올림하시오.)

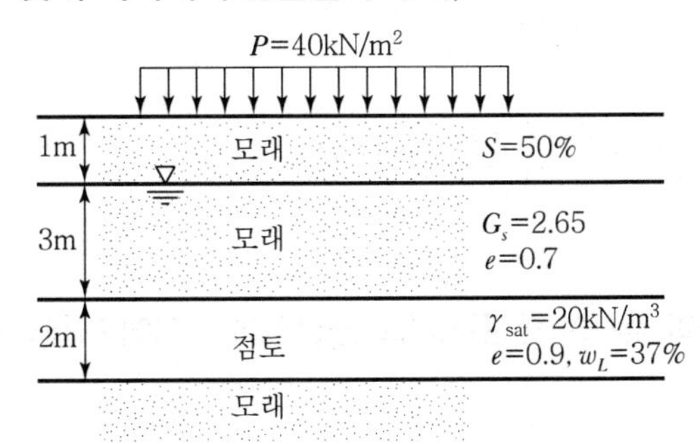

(1) 지하수면 아래 모래지반의 수중밀도를 구하시오.

(2) Skempton 공식에 의한 점토지반의 압축지수를 구하시오.(단, 시료는 불교란 상태이다.)

(3) 점토지반의 최종 압밀침하량을 구하시오.

Solution

(1) $\gamma_{sub} = \frac{G_s - 1}{1+e}\gamma_\omega = \frac{2.65-1}{1+0.7} \times 9.81 = 9.521\text{kN/m}^3$

(2) $C_c = 0.009(\omega_L - 10) = 0.009(37-10) = 0.243$

(3) • 지하수면 위 모래지반의 습윤밀도

$$\gamma_t = \frac{G_s + \frac{S \cdot e}{100}}{1+e} \cdot \gamma_\omega = \frac{2.65 + \frac{50 \times 0.7}{100}}{1+0.7} \times 9.81 = 17.312\text{kN/m}^3$$

• 점토지반의 수중밀도

$\gamma_{sub} = \gamma_{sat} - \gamma_\omega = 20 - 9.81 = 10.19\text{kN/m}^3$

• 점토층 중앙 유효응력

$P_1 = 17.312 \times 1 + 9.521 \times 3 + 10.19 \times 1 = 56.065\text{kN/m}^2$

∴ 최종 압밀침하량

$$\Delta H = \frac{C_c}{1+e}\log\frac{P_2}{P_1} \cdot H = \frac{C_c}{1+e}\log\frac{(P_1 + \Delta P)}{P_1} \cdot H = \frac{0.243}{1+0.9}\log\frac{(56.065+40)}{56.065} \times 200 = 5.98\text{cm}$$

08 초음파 전달 비파괴 검사법 중 콘크리트 균열깊이 측정에 이용되는 3가지 방법을 쓰시오.

(1)

(2)

(3)

Solution

(1) T법
(2) $T_c - T_o$법
(3) BS-4408 규정방법
(4) 레슬리법(Leslie법)
(5) 위상 변화를 이용하는 방법
(6) SH파를 이용하는 방법

09 공내 재하시험에 대하여 간단히 서술하시오.

Solution

지반변형계수와 탄성계수를 알기 위한 원위치 시험이다.

10 현장 도로 토공에서 모래치환법에 의한 현장밀도시험을 한 결과 습윤밀도 19.7kN/m³, 함수비 23%, 실내 최대건조밀도가 17.1kN/m³, 흙의 비중 2.69, 최적함수비 24%이었다. 다음 물음에 답하시오.(단, γ_w = 9.81kN/m³이다.)

(1) 현장 건조단위 중량(γ_d)을 구하시오.

(2) 상대 다짐도를 구하시오.

(3) 현장 흙의 다짐 후 공기함률($A = \dfrac{V_a}{V}$)을 구하시오.

Solution

(1) $\gamma_d = \dfrac{\gamma_t}{1+\dfrac{w}{100}} = \dfrac{19.7}{1+\dfrac{23}{100}} = 16\text{kN/m}^3$

(2) 다짐도 $= \dfrac{\gamma_d}{\gamma_{d\max}} \times 100 = \dfrac{16}{17.1} \times 100 = 93.57\%$

(3) • $e = \dfrac{\gamma_w}{\gamma_d} G_s - 1 = \dfrac{9.81}{16} \times 2.69 - 1 = 0.65$

• $S = \dfrac{G_s \cdot w}{e} = \dfrac{2.69 \times 24}{0.65} = 99.32\%$

$$\therefore \frac{V_a}{V} = \frac{V_v - V_w}{V_s + V_v} = \frac{\left(1-\dfrac{V_w}{V_v}\right)}{\left(\dfrac{V_s}{V_v}+1\right)} = \frac{\left(1-\dfrac{S}{100}\right)}{\left(\dfrac{1}{e}+1\right)} = \frac{\left(1-\dfrac{99.32}{100}\right)}{\left(\dfrac{1}{0.65}+1\right)} = 0.0027$$

건설재료시험 기사 실기 작업형 출제시험 항목

• 잔골재 밀도시험
• 액성한계시험
• 흙의 다짐시험(A)

산업기사 2014년 4월 20일 시행

• NOTICE •

한국산업인력공단의 저작권법 저촉에 대한 언급(2013년 2회 시험부터)이 있어 과거에 수험자의 기억을 토대로 작성한 동일한 문제나 그 유형의 문제로 재구성하였으며, 혹 미비한 부분은 계속 수정 보완하겠습니다.

01 KSF 2310의 규정에 의하여 직경 30cm 재하판으로 도로의 평판재하시험을 실시하였다. 다음 물음에 답하시오.

하중강도(kN/m^2)	0	35	70	105	140	175	210	245	280	315	350
침하량(cm)	0	0.016	0.024	0.036	0.048	0.062	0.084	0.108	0.136	0.168	0.206

(1) 하중강도 – 침하량 곡선을 그리고 K_{30} 값을 구하시오.

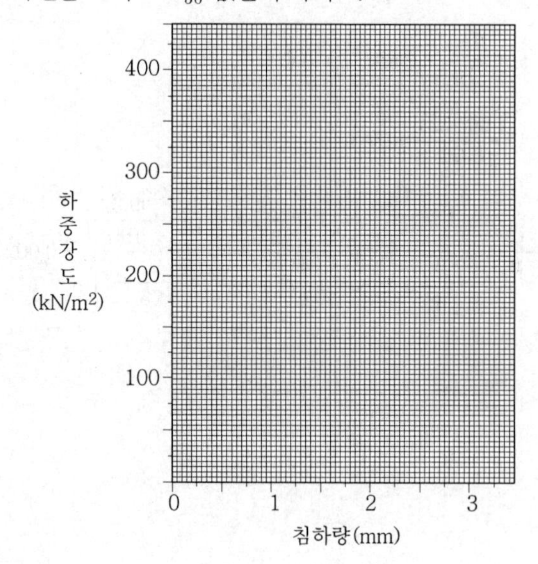

(2) K_{40}과 K_{75}값을 구하시오.

Solution

(1) $K_{30} = \dfrac{265}{0.00125} = 212{,}000\text{kN/m}^3 = 212\text{MN/m}^3$

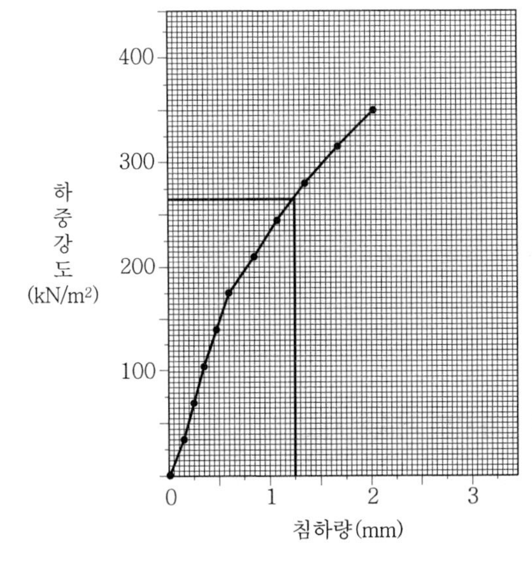

여기서, 침하량 1.25mm에 해당하는 하중강도 값 265kN/m²를 적용한다.

(2) $K_{40} = \dfrac{1}{1.3}K_{30} = \dfrac{1}{1.3} \times 212 = 163.08\text{MN/m}^3$

$K_{75} = \dfrac{1}{2.2}K_{30} = \dfrac{1}{2.2} \times 212 = 96.36\text{MN/m}^3$

02 어떤 점토에 대하여 수축한계 시험을 실시하였다. 다음 물음에 답하시오.

- $V = 21.0\text{cm}^3$
- $W_s = 26.36\text{g}$
- $V_o = 16.34\text{cm}^3$
- 자연함수비 $\omega = 41.28\%$
- 소성한계 $= 33.4\%$
- 액성한계 $= 46.2\%$
- $\gamma_w = 1\text{g/cm}^3$

(1) 수축한계를 구하시오.

(2) 수축지수를 구하시오.

(3) 수축비를 구하시오.

(4) 체적 수축률을 구하시오.

(5) 흙 입자 비중을 구하시오.

Solution

(1) $\omega_s = \omega - \left(\dfrac{V-V_o}{W_s} \times \gamma_\omega \times 100\right) = 41.28 - \left(\dfrac{21-16.34}{26.36} \times 1 \times 100\right) = 23.60\%$

(2) $I_s = \omega_p - \omega_s = 33.4 - 23.60 = 9.8\%$

(3) $R = \dfrac{W_s}{V_o \times \gamma_w} = \dfrac{26.36}{16.34 \times 1} = 1.61$

(4) $C = \dfrac{V-V_o}{V_o} \times 100 = \dfrac{21-16.34}{16.34} \times 100 = 28.52\%$

(5) $G_s = \dfrac{1}{\dfrac{1}{R} - \dfrac{\omega_s}{100}} = \dfrac{1}{\dfrac{1}{1.61} - \dfrac{23.6}{100}} = 2.60$

03 골재의 안정성 시험에 사용되는 용액 2가지를 서술하시오.

(1)

(2)

Solution

(1) 황산나트륨

(2) 염화바륨

04 점토층 두께가 10m인 지반의 흙을 압밀시험하였다. 공극비는 1.8에서 1.2로 감소하였고 하중강도가 240kN/m²에서 360kN/m²로 증가하였을 때 다음을 구하시오.

(1) 압축계수

(2) 체적변화계수

(3) 최종 침하량

Solution

(1) $a_v = \dfrac{e_1 - e_2}{P_2 - P_1} = \dfrac{1.8-1.2}{360-240} = 0.005\text{m}^2/\text{kN}$

(2) $m_v = \dfrac{a_v}{1+e_1} = \dfrac{0.005}{1+1.8} = 0.0018\text{m}^2/\text{kN}$

(3) $\Delta H = \dfrac{e_1 - e_2}{1+e_1} \cdot H = \dfrac{1.8-1.2}{1+1.8} \times 10 = 2.14\text{m}$

또는 $\Delta H = m_v \cdot \Delta P \cdot H = 0.0018 \times (360-240) \times 10 = 2.16\text{m}$

(체적변화계수 값의 소수자리 관계로 다소 차이가 있음)

05 도로의 평판재하시험에서 시험을 끝마치는 조건에 대해 2가지만 쓰시오.

(1)

(2)

Solution

(1) 침하량이 15mm에 달할 때
(2) 하중강도가 현장에서 예상되는 최대 접지압력을 초과할 때
(3) 하중강도가 그 지반의 항복점을 넘을 때

06 콘크리트의 시방배합 결과와 현장 골재 상태가 다음과 같을 때 시방배합을 현장배합으로 고치시오.(단, 소수 첫째 자리에서 반올림하시오.)

[현장 골재의 상태]

- 잔골재가 5mm 체에 남은 율 : 2%
- 굵은골재가 5mm 체에 통과한 율 : 5%
- 잔골재 표면수율 : 3%
- 굵은골재 표면수율 : 1%

[시방배합표(kg/m³)]

굵은골재 최대치수 (mm)	잔골재율 (%)	슬럼프 (mm)	단위 수량	단위시멘트	단위 잔골재량	단위 굵은골재량
25	40	80	200	400	700	1,200

(1) 단위 잔골재량
(2) 단위 굵은골재량
(3) 단위 수량

Solution

(1) 단위 잔골재량(S)

① 입도 보정

$$\frac{100S-b(S+G)}{100-(a+b)}=\frac{100\times700-5(700+1,200)}{100-(2+5)}=650.54\text{kg}$$

② 표면수 보정

$650.54\times0.03=19.52\text{kg}$

$\therefore\ S=650.54+19.52=670\text{kg}$

(2) 단위 굵은골재량(G)

① 입도 보정

$$\frac{100G-a(S+G)}{100-(a+b)}=\frac{100\times 1,200-2(700+1,200)}{100-(2+5)}=1,249.46\text{kg}$$

② 표면수 보정

$1,249.46\times 0.01=12.49\text{kg}$

$\therefore\ G=1,249.46+12.49=1,262\text{kg}$

(3) 단위 수량(W)

$W=200-(19.52+12.49)=168\text{kg}$

07 통일분류법과 AASHTO 분류법의 차이점을 쓰시오.

(1)

(2)

(3)

(4)

Solution

(1) 조립토와 세립토의 분류를 통일분류법에서는 No.200체 통과량의 50%를 기준으로 하지만 AASHTO 분류법에서는 35%를 기준으로 한다.

(2) 자갈과 모래의 분류를 통일분류법에서는 No.4체를 기준으로 하지만 AASHTO 분류법에서는 No.10 체를 기준으로 한다.

(3) 통일분류법에서는 자갈질 흙과 모래질 흙의 구분이 명확하나 AASHTO 분류법에서는 명확하지 않다.

(4) 유기질 흙은 통일분류법에서는 있으나 AASHTO 분류법에서는 없다.

08 초음파 전달 비파괴 검사법 중 콘크리트 균열깊이 측정에 이용되는 방법 3가지를 쓰시오.

(1)

(2)

(3)

Solution

(1) T법
(2) Tc－To법
(3) BS법
(4) 레슬리법
(5) 위상 변화를 이용하는 방법
(6) SH파를 이용하는 방법

09 콘크리트 호칭강도(f_{cd})가 24MPa이다. 시험 횟수가 30회 이상인 콘크리트의 표준편차가 3.0MPa일 때 다음 물음에 답하시오.

(1) 시험 횟수가 30회 이상일 때 배합강도는?

(2) 시험 횟수가 14회 미만 또는 기록이 없는 경우 배합강도는?(단, 호칭강도는 24MPa이다.)

(3) 시험 횟수가 17회일 때 표준편차가 3.5MPa일 경우 표준편차를 보정하시오.(단, 소수 첫째 자리에서 반올림하시오.)

Solution

(1) $f_{cn} \leq 35$MPa이므로

$f_{cr} = f_{cn} + 1.34S = 24 + 1.34 \times 3.0 = 28.02$MPa

$f_{cr} = (f_{cn} - 3.5) + 2.33S = (24 + 3.5) + 2.33 \times 3.0 = 27.49$MPa

∴ 두 값 중 큰 값인 28.02MPa이다.

(2) 호칭강도가 21~35MPa의 경우이므로

$f_{cr} = f_{cn} + 8.5 = 24 + 8.5 = 32.5$MPa

(3) 시험 횟수 15~20회 사이의 직선보간한 보정계수 값은 16회 때 1.144, 17회 때 1.128, 18회 때 1.112, 19회 때 1.096이 된다.

∴ 표준편차 보정 $= 3.5 \times 1.128 = 3.95$MPa

10 콘크리트 타설 시 다음과 같은 조건일 때 1배치 10L에 대한 재료량은?

콘크리트 용적 1m³ 소요량	
단위 잔골재량	920kg
단위 굵은골재량	1,150kg

(1) 잔골재량

(2) 굵은골재량

Solution

(1) 잔골재량 $= \dfrac{920 \times 10}{1,000} = 9.2$kg

(2) 굵은골재량 $= \dfrac{1,150 \times 10}{1,000} = 11.5$kg

건설재료시험 산업기사 실기 작업형 출제시험 항목

- 시멘트 비중시험
- 액성한계시험
- 흙의 체가름시험

기사 2014년 7월 6일 시행

• NOTICE •

한국산업인력공단의 저작권법 저촉에 대한 언급(2013년 2회 시험부터)이 있어 과거에 수험자의 기억을 토대로 작성한 동일한 문제나 그 유형의 문제로 재구성하였으며, 혹 미비한 부분은 계속 수정 보완하겠습니다.

01 어느 시료를 체분석 시험한 결과가 다음과 같다. 물음에 답하시오.

체눈금(mm)	25	19	10	5	2.0	0.84	0.42	0.25	0.11	0.08	Pan
잔류량(g)	0	15.5	12.3	9.8	13.0	124.2	45.6	111.6	70.5	57.5	30

(1) 다음 표의 잔류율, 가적 잔류율, 통과율을 구하시오.(단, 소수 둘째 자리에서 반올림하시오.)

체눈금(mm)	잔류량(g)	잔류율(%)	가적 잔류율(%)	통과율(%)
25	0			
19	15.5			
10	12.3			
5	9.8			
2.0	13.0			
0.84	124.2			
0.42	45.6			
0.25	111.6			
0.11	70.5			
0.08	57.5			
Pan	30.0			

(2) 입경가적곡선을 그리시오.

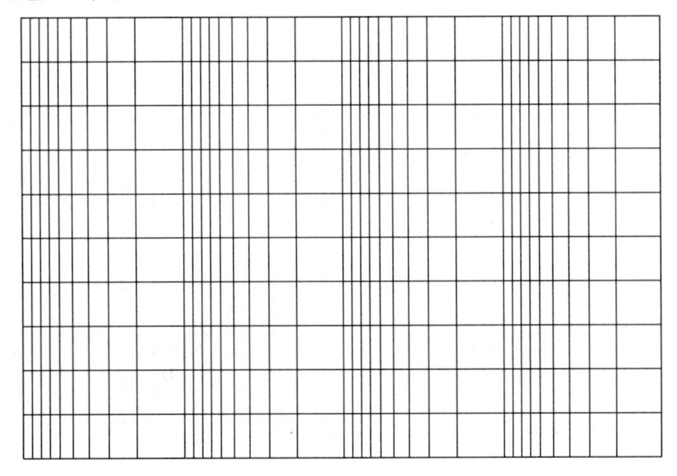

(3) 균등계수와 곡률계수를 구하시오.

Solution

(1)

체눈금(mm)	잔류량(g)	잔류율(%)	가적 잔류율(%)	통과율(%)
25	0	0	0	100
19	15.5	3.2	3.2	96.8
10	12.3	2.5	5.7	94.3
5	9.8	2.0	7.7	92.3
2.0	13.0	2.7	10.4	89.6
0.84	124.2	25.3	35.7	64.3
0.42	45.6	9.3	45.0	55.0
0.25	111.6	22.8	67.8	33.2
0.11	70.5	14.4	82.2	17.8
0.08	57.5	11.7	93.9	6.1
Pan	30.0	6.1	100	0

- 잔류율 $= \dfrac{\text{각 체의 잔류량}}{\text{잔류량 전체 합계}} \times 100$
- 가적 잔류율 = 각 체의 잔류율 누계
- 통과율 = 100 − 가적 잔류율

(2)

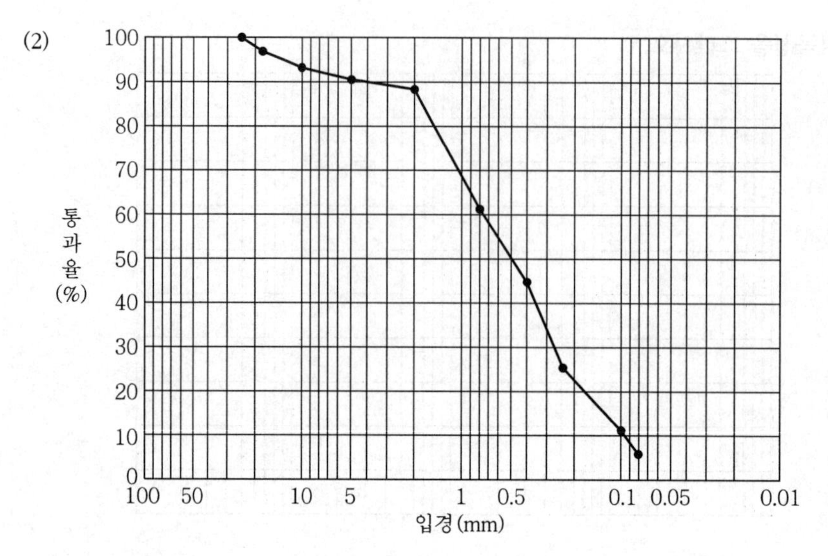

(3) • $D_{10} = 0.094\text{mm}$, $D_{30} = 0.20\text{mm}$, $D_{60} = 0.66\text{mm}$

• $C_u = \dfrac{D_{60}}{D_{10}} = \dfrac{0.66}{0.094} = 7.02$

• $C_g = \dfrac{(D_{30})^2}{D_{10} \times D_{60}} = \dfrac{(0.20)^2}{0.094 \times 0.66} = 0.64$

02 정수위 투수시험 결과 시료길이 25cm, 직경 12.5cm, 시험 시 75cm 수두차 유지, 3분 동안 유출량 650cm^{3}일 때 투수계수를 구하시오.(단, 소수 다섯째 자리에서 반올림하시오.)

Solution

$$Q = A \cdot V = A \cdot k \cdot i \cdot t = A \cdot k \cdot \frac{h}{L} \cdot t$$

$$\therefore\ k = \frac{Q \cdot L}{A \cdot h \cdot t} = \frac{650 \times 25}{\dfrac{\pi \times 12.5^2}{4} \times 75 \times (3 \times 60)} = 9.8 \times 10^{-3}\text{cm/sec}$$

03 시멘트 모르타르의 압축강도 및 휨강도의 시험방법은 KSL ISO 679에서 규정한다. 다음 물음에 답하시오.

(1) 압축강도 및 휨강도의 공시체 규격을 쓰시오.

(2) 공시체를 제작할 때 사용되는 시멘트양을 1이라고 할 때 다음 재료량의 비율을 쓰시오.

① 물

② 잔골재

(3) 공시체를 틀에 넣은 후 강도시험을 할 때까지의 양생방법을 쓰시오.

Solution

(1) 40mm × 40mm × 160mm

(2) ① 물 : 시멘트비가 0.5이므로 $\left(\dfrac{W}{C}=0.5\right)$

$W=C\times 0.5=1\times 0.5=0.5$

② 잔골재 : 3

(3) 틀에 다진 공시체는 24시간 습윤양생한다. 그 후 탈형하여 강도시험을 할 때까지 수중양생한다.

04 통일분류법과 AASHTO 분류법의 차이점을 쓰시오.

(1)

(2)

(3)

(4)

Solution

(1) 조립토와 세립토의 분류를 통일분류법에서는 No.200체 통과량의 50%를 기준으로 하지만 AASHTO 분류법에서는 35%를 기준으로 한다.

(2) 자갈과 모래의 분류를 통일분류법에서는 No.4체를 기준으로 하지만 AASHTO 분류법에서는 No.10 체를 기준으로 한다.

(3) 통일분류법에서는 자갈질 흙과 모래질 흙의 구분이 명확하나 AASHTO 분류법에서는 명확하지 않다.

(4) 유기질 흙은 통일분류법에서는 있으나 AASHTO 분류법에서는 없다.

05 $e-\log P$ 압밀곡선을 그리고 선행압밀하중 결정방법을 설명하시오.

Solution

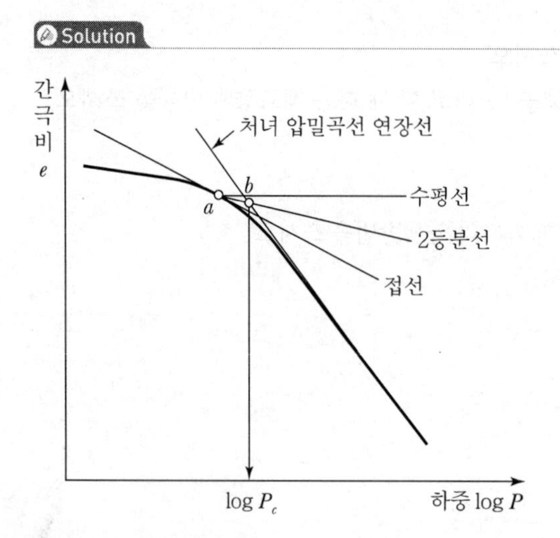

선행압밀하중 결정순서

① 압밀곡선에서 가장 곡률이 큰(곡률 반경 최소) 점 a를 선택하고 수평선을 긋는다.

② a점의 접선을 긋는다.

③ 처녀 압밀곡선 연장선을 긋는다.

④ 접선과 수평선의 각을 2등분하여 긋는다.

⑤ 처녀 압밀곡선의 연장선과 교점 b에 대응하는 $\log P_c$ 값이 선행압밀하중이 된다.

06 마샬 안정도 시험을 실시한 결과가 다음과 같다. 물음에 답하시오.(단, 아스팔트의 밀도 : 1.02g/cm³, 혼합되는 건조골재의 밀도 : 2.712g/cm³이다.)

공시체 번호	아스팔트 혼합률	두께(cm)	중량(g)		용적 (cm³)
			공기중	수중	
1	4.5	6.29	1,151	668	486
2	4.5	6.30	1,159	674	485
3	4.5	6.31	1,162	675	487

(1) 아스팔트의 실측밀도를 구하시오.(단, 소수 넷째 자리에서 반올림하시오.)

공시체 번호	실측밀도(g/cm³)
1	
2	
3	
평균	

(2) 이론 최대밀도를 구하시오.(단, 소수 넷째 자리에서 반올림하시오.)

(3) 아스팔트의 용적률을 구하시오.

(4) 아스팔트의 공극률을 구하시오.

(5) 아스팔트의 포화도를 구하시오.

Solution

(1) 실측밀도

$$\frac{\text{공기 중 중량(g)}}{\text{용적(cm}^3\text{)}}$$

① $\frac{1,151}{486} = 2.368\text{g/cm}^3$

② $\frac{1,159}{485} = 2.390\text{g/cm}^3$

③ $\frac{1,162}{487} = 2.386\text{g/cm}^3$

$$\text{평균} = \frac{(2.368 + 2.390 + 2.386)}{3} = 2.381\text{g/cm}^3$$

공시체 번호	실측밀도(g/cm³)
1	2.368
2	2.390
3	2.386
평균	2.381

(2) 이론밀도

$$\frac{100}{\frac{A}{G_b} + \frac{100 - A}{G_{ag}}}$$

$$= \frac{100}{\frac{4.5}{1.02} + \frac{100 - 4.5}{2.712}} = 2.524\text{g/cm}^3$$

여기서, A : 아스팔트 혼합률

G_b : 아스팔트 밀도

G_{ag} : 혼합된 골재의 평균밀도

(3) 용적률

$$\frac{\text{아스팔트 함량} \times \text{실측밀도}}{\text{아스팔트 밀도}} = \frac{4.5 \times 2.381}{1.02} = 10.504\%$$

(4) 공극률

$$\left(1 - \frac{\text{실측밀도}}{\text{이론밀도}}\right) \times 100 = \left(1 - \frac{2.381}{2.524}\right) \times 100 = 5.665\%$$

(5) 포화도

$$\frac{\text{용적률}}{\text{용적률} + \text{공극률}} \times 100 = \frac{10.50}{10.50 + 5.67} \times 100 = 64.935\%$$

07 굵은골재 및 잔골재의 체가름시험방법(KS F 2502)에 관해 다음 물음에 답하시오.

(1) 1.2mm 체를 95%(질량비) 이상 통과하는 것에 대한 최소 건조질량은?

(2) 굵은골재 최대치수가 13mm인 경우 최소 건조질량은?

(3) 콘크리트용 굵은골재 10,000g으로 체가름시험을 하였다. 표를 완성하고 조립률과 굵은골재 최대치수를 구하시오.

체(mm)	굵은골재			
	잔류량(g)	잔류율(%)	누적잔류량(g)	누적잔류율(%)
75	0			
60	0			
50	100			
40	400			
30	2,200			
25	1,300			
20	2,000			
15	1,300			
13	1,200			
10	1,000			
5	500			
2.5	0			

① 조립률을 구하시오.

② 굵은골재 최대치수를 구하시오.

Solution

(1) 100g

(2) 2.6kg[∵ 골재의 최대치수(mm)의 0.2배를 kg으로 표시한 양]

(3)

체(mm)	굵은골재			
	잔류량(g)	잔류율(%)	누적잔류량(g)	누적잔류율(%)
75	0	0	0	0
60	0	0	0	0
50	100	1.0	100	1.0
40	400	4.0	500	5.0
30	2,200	22.0	2,700	27.0
25	1,300	13.0	4,000	40.0
20	2,000	20.0	6,000	60.0
15	1,300	13.0	7,300	73.0

체(mm)	굵은골재			
	잔류량(g)	잔류율(%)	누적잔류량(g)	누적잔류율(%)
13	1,200	12.0	8,500	85.0
10	1,000	10.0	9,500	95.0
5	500	5.0	10,000	100
2.5	0	0	10,000	100

① • 잔류율 $= \dfrac{\text{그 체의 잔류량}}{\text{전체질량}} \times 100$

- 누적잔류량 = 각 체의 잔류량 누계
- 누적잔류율 = 각 체의 잔류율의 누계
- $FM = \dfrac{5+60+95+600}{100} = 7.6$
- 정해진 체에 값만 적용한다.(75, 40, 20, 10, 5, 2.5, 1.2, 0.6, 0.3, 0.15mm 10개의 가적 잔류율을 100으로 나누어 계산한다.)

② 굵은골재의 최대치수

- 40mm(질량으로 통과율이 90% 이상인 체 중 가장 작은 치수의 체눈을 나타낸다.)

08 기존 철근 콘크리트 구조물의 비파괴 검사에 대한 다음 물음에 답하시오.

(1) 철근의 배치 상태를 측정하는 방법 2가지를 쓰시오.

(2) 철근의 부식 정도를 측정하는 방법 2가지를 쓰시오.

Solution

(1) ① 전자파 레이더법
② 전자기장 유도법

(2) ① 자연 전위법
② 표면 전위차법
③ 분극 저항법
④ 전기 저항법

09 **현장에서 다짐한 흙의 밀도를 모래치환법으로 시험한 결과가 다음과 같았다. 물음에 답하시오.**

- 시험 구멍에서 파낸 흙의 무게 : 1,436g
- 시험 구멍 속에 채운 모래의 무게 : 1,234g
- 시험구멍에서 파낸 흙의 함수비 : 10%
- 시험용 모래의 단위 중량 : 1.55g/cm³
- 실내 최대건조밀도 : 1.70g/cm³

(1) 건조밀도를 구하시오.

(2) 다짐도를 구하시오.

Solution

(1) • $\gamma_{모래} = \dfrac{W}{V}$

$\therefore\ V = \dfrac{W_{모래}}{\gamma_{모래}} = \dfrac{1,234}{1.55} = 796.13\text{cm}^3$

• $\gamma_t = \dfrac{W}{V} = \dfrac{1,436}{796.13} = 1.804\text{g/cm}^3$

• $\gamma_d = \dfrac{\gamma_t}{1+\dfrac{w}{100}} = \dfrac{1.804}{1+\dfrac{10}{100}} = 1.64\text{g/cm}^3$

(2) 다짐도 $= \dfrac{\gamma_d}{\gamma_{d\max}} \times 100 = \dfrac{1.64}{1.70} \times 100 = 96.47\%$

건설재료시험 기사 실기 작업형 출제시험 항목

- 잔골재 밀도시험
- 액성한계시험
- 흙의 다짐시험(A)

산업기사 2014년 7월 6일 시행

• NOTICE •

한국산업인력공단의 저작권법 저촉에 대한 언급(2013년 2회 시험부터)이 있어 과거에 수험자의 기억을 토대로 작성한 동일한 문제나 그 유형의 문제로 재구성하였으며, 혹 미비한 부분은 계속 수정 보완하겠습니다.

01 다음은 잔골재 체가름 시험 결과이다. 물음에 답하시오.

(1) 다음 표를 완성하시오.(단, 소수 첫째 자리에서 반올림하시오.)

체눈금(mm) \ 구분	남는 양(g)	잔류율(%)	가적 잔류율(%)	통과율(%)
5.0	0	–	–	100
2.5	43			
1.2	132			
0.6	252			
0.3	108			
0.15	58			
Pan	7			–

(2) 조립률을 구하시오.(단, 소수 셋째 자리에서 반올림하시오.)

Solution

(1)

체눈금(mm) \ 구분	남는 양(g)	잔류율(%)	가적 잔류율(%)	통과율(%)
5.0	0	–	–	100
2.5	43	7	7	93
1.2	132	22	29	71
0.6	252	42	71	29
0.3	108	18	89	11
0.15	58	10	99	1
Pan	7	1	100	–

- 잔류율 $= \dfrac{\text{각 체에 남는 양}}{\text{전체 질량}} \times 100$
- 가적 잔류율 = 각 체의 잔류율의 누계
- 통과율 = 100 − 가적 잔류율

(2) 조립률

$$FM = \frac{7+29+71+89+99}{100} = 2.95$$

02 콘크리트 1m³를 만드는 데 필요한 잔골재 및 굵은골재량을 구하시오.

- 단위 시멘트양 = 220kg
- 물 − 시멘트비 = 55%
- 잔골재율(S/a) = 34%
- 시멘트 비중 = 3.15
- 잔골재 밀도 = 2.65g/cm³
- 굵은골재 밀도 = 2.70g/cm³
- 공기량 = 2%

(1) 단위 잔골재량
(2) 단위 굵은골재량

Solution

- 단위 수량

$$\frac{W}{C} = 0.55$$

$$\therefore\ W = C \times 0.55 = 220 \times 0.55 = 121\text{kg}$$

- 단위 골재량의 절대부피

$$V = 1 - \left(\frac{121}{1 \times 1{,}000} + \frac{220}{3.15 \times 1{,}000} + \frac{2}{100}\right) = 0.789\text{m}^3$$

(1) 단위 잔골재량

$$S = 0.789 \times 0.34 \times 2.65 \times 1{,}000 = 710.89\text{kg}$$

(2) 단위 굵은골재량

$$G = 0.789 \times (1 - 0.34) \times 2.7 \times 1{,}000 = 1{,}406\text{kg}$$

03 아스팔트 침입도 시험에 대한 다음 물음에 답하시오.

(1) "침입도 1"이란 표준침이 몇 mm 관입한 것을 말하는가?

(2) ① 침입도 시험의 표준이 되는 중량, ② 시험온도, ③ 관입시간은 각각 얼마인가?

Solution

(1) $\frac{1}{10}$mm

(2) ① 100g ② 25℃ ③ 5초

04 애터버그 한계시험 결과가 다음과 같았을 때, 유동곡선을 그리고 액성한계를 구하시오. (단, 자연함수비 = 39.6%, 소성한계 = 31.2%, 수축한계 = 18.7%)

낙하 횟수	14	19	30	37	40
함수비	48	45	40	38	37

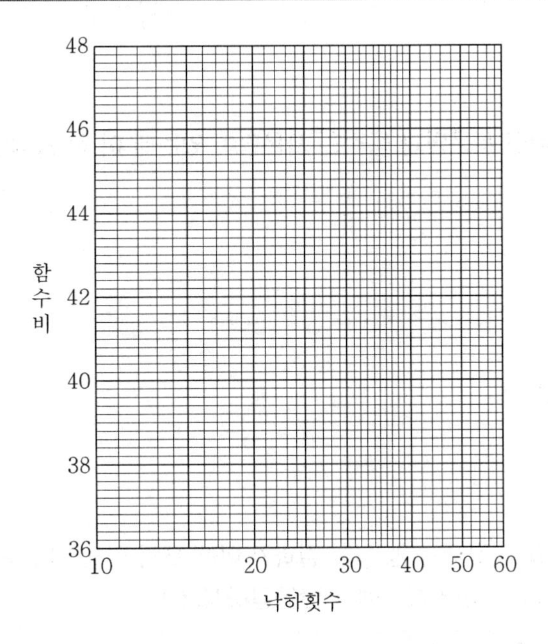

액성한계 : ______

(1) 소성지수

(2) 액성지수

(3) 수축지수

Solution

액성한계 : 42%

(1) 소성지수 = 액성한계 − 소성한계

$= 42 - 31.2 = 10.8\%$

(2) 액성지수 $= \dfrac{\text{자연함수비} - \text{소성한계}}{\text{소성지수}}$

$= \dfrac{39.6 - 31.2}{10.8} = 0.78$

(3) 수축지수 = 소성한계 − 수축한계

$= 31.2 - 18.7 = 12.5\%$

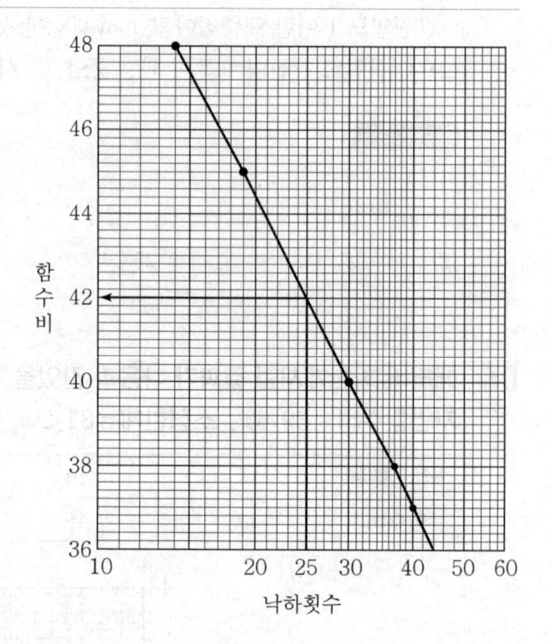

05 사운딩에는 정적인 사운딩과 동적인 사운딩이 있는데 이 중 동적인 사운딩 종류 2가지를 쓰시오.

(1)

(2)

Solution

(1) 동적 원추관입시험

(2) 표준관입시험

06 잔골재에 대한 밀도 및 흡수율 시험 결과가 아래 표와 같을 때 물음에 답하시오.(단, 물의 밀도 1.0g/cm^3, 소수 셋째 자리에서 반올림하시오.)

물+플라스크의 무게(B)	600g
표건시료의 무게(m)	500g
시료+물+플라스크의 무게(C)	911g
노건조시료의 무게(A)	480g

(1) 표건밀도를 구하시오.

(2) 상대 겉보기 밀도를 구하시오.

Solution

(1) 표건밀도 $= \dfrac{m}{B+m-C} \times \rho_w = \dfrac{500}{600+500-911} \times 1 = 2.65\text{g/cm}^3$

(2) 상대 겉보기 밀도 $= \dfrac{A}{B+A-C} \times \rho_w = \dfrac{480}{600+480-911} \times 1 = 2.84\text{g/cm}^3$

07 정수위 투수시험 결과 시료의 길이 25cm, 시료의 단면적 750cm^2, 수두차 45cm, 투수시간 20초, 투수량 3,200cm^3, 시험 시 수온은 12℃일 때 다음 물음에 답하시오.

(1) 12℃ 수온에서의 투수계수를 구하시오.

(2) $e = 0.42$일 때 12℃ 수온에서의 실제 침투속도를 구하시오.

(3) 흙의 투수계수에 영향을 미치는 요소 4가지를 쓰시오.

Solution

(1) $k_{12} = \dfrac{Q \cdot L}{A \cdot h \cdot t} = \dfrac{3{,}200 \times 25}{750 \times 45 \times 20} = 0.119\text{cm/sec}$

(2) • 12℃ 수온에서의 투수 속도

$$V = k \cdot i = k_{12} \cdot \frac{h}{L} = 0.119 \times \frac{45}{25} = 0.2142\text{cm/sec}$$

• 공극률

$$n = \frac{e}{1+e} \times 100 = \frac{0.42}{1+0.42} \times 100 = 29.6\%$$

• 실제 침투속도

$$V_s = \frac{V}{n} = \frac{0.2142}{0.296} = 0.7236\text{cm/sec}$$

(3) ① 토립자의 크기 ② 공극비

③ 점성계수 ④ 포화도

08 굳지 않은 콘크리트 속에 함유된 염화물 함유량 측정시험방법 4가지를 쓰시오.

(1) (2)

(3) (4)

Solution

(1) 질산은 적정법 (2) 전위차 적정법

(3) 이온 전극법 (4) 흡광 광도법

09 어떤 점토층의 압밀시험 결과가 점토층이 50% 압밀되는 데 10분이 걸리고 시료의 평균 두께가 25mm, 양면배수상태였다. 다음 물음에 답하시오. (단, $\gamma_w = 9.81\text{kN/m}^3$이다.)

압밀응력(kN/m^2)	공극비(e)
0.5	0.985
1.2	0.845

(1) 체적 변화계수(m_v)를 구하시오.
(2) 압밀계수(C_v)를 구하시오.
(3) 투수계수(k)를 구하시오.

Solution

(1) • 압축계수

$$a_v = \frac{e_1 - e_2}{P_2 - P_1} = \frac{0.985 - 0.845}{1.2 - 0.5} = 0.2\text{m}^2/\text{kN}$$

• 체적변화계수

$$m_v = \frac{a_v}{1+e} = \frac{0.2}{1+0.985} = 0.10076\text{m}^2/\text{kN}$$

(2) 압밀계수

$$C_v = \frac{0.197\left(\frac{H}{2}\right)^2}{t_{50}} = \frac{0.197\left(\frac{2.5}{2}\right)^2}{10 \times 60} = 0.00051\text{cm}^2/\text{sec} = 5.1 \times 10^{-8}\text{m}^2/\text{sec}$$

(3) 투수계수

$$k = C_v \cdot m_v \cdot \gamma_w$$
$$= 5.1 \times 10^{-8} \times 0.10076 \times 9.81$$
$$= 5.04 \times 10^{-8}\text{m/sec}$$

건설재료시험 산업기사 실기 작업형 출제시험 항목

• 시멘트 밀도시험
• 액성한계시험
• 흙의 체가름시험

기사 2014년 11월 1일 시행

• NOTICE •

한국산업인력공단의 저작권법 저촉에 대한 언급(2013년 2회 시험부터)이 있어 과거에 수험자의 기억을 토대로 작성한 동일한 문제나 그 유형의 문제로 재구성하였으며, 혹 미비한 부분은 계속 수정 보완하겠습니다.

01 골재의 단위용적질량 및 실적률 시험방법(KS F 2050)에 대한 규정이다. 다음 물음에 답하시오.

(1) 굵은골재 최대치수가 10mm 초과, 40mm 이하의 경우 용기의 용적과 1층당 다짐횟수는?

(2) 봉 다지기가 곤란하여 충격에 의해 실시해야 하는 이유 2가지

(3) 충격에 의한 시험방법을 간단히 서술하시오.

(4) 골재의 흡수율이 3%, 표건밀도가 2.65kg/L, 용기의 용적이 30L, 용기 안의 시료의 질량이 45kg인 경우 실적률을 구하시오.

Solution

(1) 10L, 30회

(2) ① 굵은골재의 최대치수가 커서 봉 다지기가 곤란한 경우
② 시료를 손상할 염려가 있는 경우

(3) ① 용기를 콘크리트 바닥과 같은 튼튼하고 수평인 바닥 위에 놓고 시료를 거의 같은 3층으로 나누어 채운다.
② 각 층마다 용기의 한쪽을 약 5cm 들어 올려서 바닥을 두드리듯이 낙하시킨다.
③ 다음으로 반대쪽을 약 5cm 들어 올려 낙하시키고 각각을 교대로 25회, 전체적으로 50회 낙하시켜서 다진다.

(4) ① 골재의 단위용적 질량

$$T=\frac{m}{V}=\frac{45}{30}=1.5\text{kg/L}$$

② 실적률

$$G=\frac{T}{d_s}\times(100+Q)=\frac{1.5}{2.65}\times(100+3)=58.3\%$$

02 역청 포장용 혼합물로부터 역청의 정량추출시험을 하여 다음의 결과를 얻었다. 역청 함유율(%)을 계산하시오.

- 시료의 무게 $W_1 = 2,230$g
- 시료 중 물의 무게 $W_2 = 110$g
- 추출된 광물질의 무게 $W_3 = 1,857.4$g
- 추출 물질 속의 회분의 무게 $W_4 = 93$g

Solution

$$역청\ 함유율 = \frac{(W_1 - W_2) - (W_3 + W_4)}{(W_1 - W_2)} \times 100$$

$$= \frac{(2,230 - 110) - (1,857.4 + 93)}{(2,230 - 110)} \times 100$$

$$= \frac{169.6}{2,120} \times 100 = 8\%$$

03 다음 흙을 통일분류법에 의해 기호로 표시하시오.

(1) No.4체 통과율이 60%, No.200체 통과율 4%인 흙
$D_{10} = 0.08$mm, $D_{30} = 0.36$mm, $D_{60} = 4$mm

(2) 무기질 실트(액성한계 50% 이하)

(3) 유기질이 많이 함유되어 있는 흙

Solution

(1) $C_u = \frac{D_{60}}{D_{10}} = \frac{4}{0.08} = 50$

$$C_g = \frac{(D_{30})^2}{D_{10} \times D_{60}} = \frac{(0.36)^2}{0.08 \times 4} = 0.405$$

C_g가 1~3 범위에 들지 않았으므로 불량하고 $C_u > 6$ 상태로 양호하다.

No.4체 통과율이 50% 이상이므로 모래에 해당된다.

No.200체 통과율이 50% 이하이므로 조립토에 해당된다.

∴ SP(입도가 불량한 모래)

(2) ML

(3) Pt

04 **물 – 시멘트비 55%, 잔골재율(S/a) 41%, 슬럼프 80mm, 단위 시멘트양 360kg, 공기량 1.5%, 시멘트 밀도 3.14g/cm³, 잔골재 밀도 2.50g/cm³, 굵은골재 밀도 2.52g/cm³일 때 콘크리트 1m³당 사용되는 단위 수량, 단위 잔골재량, 단위 굵은골재량을 구하시오.**

(1) 단위 수량을 구하시오.

(2) 단위 잔골재량을 구하시오.

(3) 단위 굵은골재량을 구하시오.

Solution

(1) $\dfrac{W}{C}=55\%$

$W=0.55\times 360=198\text{kg}$

(2) $V_{S+G}=1-\left(\dfrac{360}{3.14\times 1{,}000}+\dfrac{198}{1\times 1{,}000}+\dfrac{1.5}{100}\right)=0.672\text{m}^3$

$S=0.672\times 0.41\times 2.50\times 1{,}000=688.8\text{kg}$

(3) $G=0.672\times 0.59\times 2.52\times 1{,}000=999.13\text{kg}$

05 **현장의 도로 토공에서 들밀도 시험한 결과표를 보고 다짐도를 구하시오.**

구멍 속의 흙 무게(g)	1,697
구멍 속 흙의 함수비(%)	8.7
구멍 속의 모래 무게(g)	1,466
표준사 단위 중량(g/cm³)	1.62
실내 최대 건조 밀도(g/cm³)	1.95

Solution

- $\gamma_{\text{모래}}=\dfrac{W}{V}$

$\therefore\ V=\dfrac{1{,}466}{1.62}=904.94\text{cm}^3$

- $\gamma_t=\dfrac{W}{V}=\dfrac{1{,}697}{904.94}=1.88\text{g/cm}^3$

- $\gamma_d=\dfrac{\gamma_t}{1+\dfrac{\omega}{100}}=\dfrac{1.88}{1+\dfrac{8.7}{100}}=1.73\text{g/cm}^3$

- 다짐도$=\dfrac{\gamma_d}{\gamma_{d\max}}\times 100=\dfrac{1.73}{1.95}\times 100=88.72\%$

06 도로 토공현장에서 현장밀도 측정방법인 모래치환법을 제외한 측정방법 4가지를 쓰시오.

(1) (2)

(3) (4)

Solution

(1) 물 치환법
(2) γ선 산란형 밀도계에 의한 방법(방사선법)
(3) 기름 치환법
(4) 코어 커터(Core Cutter)에 의한 방법(절삭법)

07 그림과 같이 $P=500\text{kN/m}^2$의 등분포하중이 작용할 때 다음 물음에 답하시오.(단, $\gamma_w = 9.81\text{kN/m}^3$이다.)

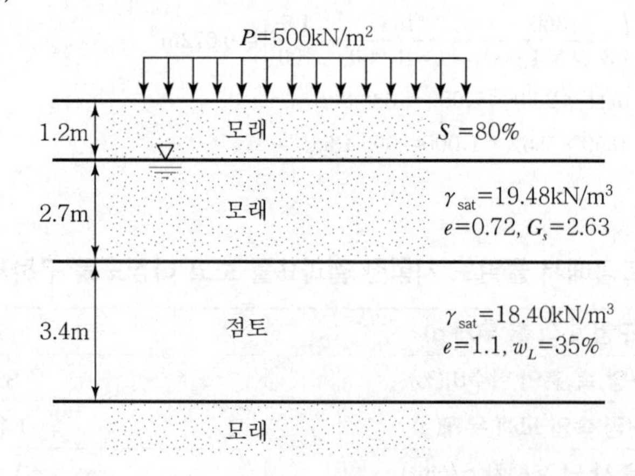

(1) 지하수면 아래 모래지반의 수중밀도를 구하시오.
(2) 점토지반의 중앙단면에서의 초기 유효응력을 구하시오.
(3) Skempton 공식에 의한 점토지반의 압축지수를 구하시오.(단, 시료는 불교란 상태이다.)
(4) 점토지반의 최종 압밀침하량을 구하시오.

Solution

(1) $\gamma_{\text{sub}} = \gamma_{\text{sat}} - \gamma_w = 19.48 - 9.81 = 9.67\text{kN/m}^3$

(2) • 지하수면 위 모래지반의 습윤밀도

$$\gamma_t = \frac{G_s + \frac{S \cdot e}{100}}{1+e} \cdot \gamma_w = \frac{2.63 + \frac{80 \times 0.72}{100}}{1+0.72} \times 9.81 = 18.29\text{kN/m}^3$$

• 점토지반의 수중밀도

$\gamma_{\text{sub}} = \gamma_{\text{sat}} - \gamma_w = 18.40 - 9.81 = 8.59\text{kN/m}^3$

$\therefore\ P_1 = 18.29 \times 1.2 + 9.67 \times 2.7 + 8.59 \times 1.7 = 62.66\text{kN/m}^2$

(3) $C_c = 0.009(w_L - 10) = 0.009(35 - 10) = 0.225$

(4) $\Delta H = \dfrac{C_c}{1+e}\log\dfrac{P_2}{P_1} \cdot H = \dfrac{C_c}{1+e}\log\dfrac{(P_1+\Delta P)}{P_1} \cdot H$

$= \dfrac{0.225}{1+1.1}\log\dfrac{(62.66+500)}{62.66} \times 340 = 34.73\text{cm}$

08 압밀시험의 $\sqrt{t}$ 법 그래프를 그리고 설명하시오.

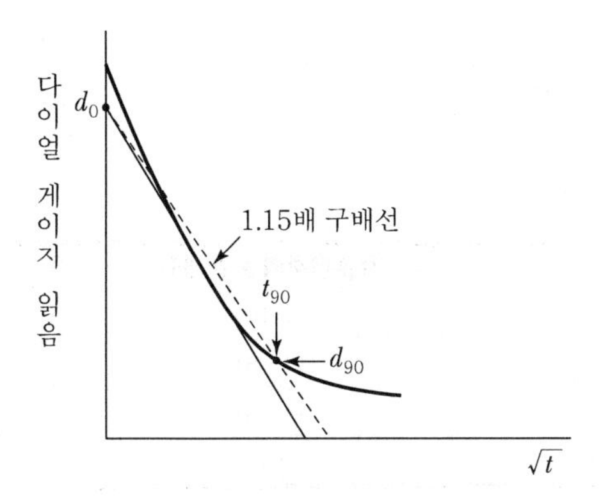

(1) 다이얼 게이지 변형량(압밀량)과 대응하는 시간으로 곡선을 그린다.

(2) 초기의 직선부(접선)를 그리고 d_0 값을 구한다.

(3) 직선부분의 1 : 1.15배 구배로 직선을 긋는다.

(4) 1.15배선과 시험곡선의 교점을 압밀도 90%점으로 d_{90}, t_{90}을 읽는다.

09 콘크리트 배합에 관련된 사항이다. 물음에 답하시오.

(1) $f_{cq} \leq 35$MPa일 때 f_{cr}식 2가지를 쓰시오.

(2) $f_{cq} > 35$MPa일 때 f_{cr}식 2가지를 쓰시오.

(3) 압축강도의 시험 횟수가 29회 이하일 때 빈칸에 표준편차의 보정계수를 쓰시오.

시험 횟수	표준편차의 보정계수
15	( )
20	( )
25	( )
30 이상	1.0

(4) 압축강도의 시험 횟수가 14회 이하이거나 기록이 없는 경우의 배합강도를 쓰시오.

호칭강도(MPa)	배합강도(MPa)
21 미만	( )
21 이상 35 이하	( )
35 초과	( )

Solution

(1) ① $f_{cr} = f_{cq} + 1.34s$

② $f_{cr} = (f_{cq} - 3.5) + 2.33s$

(2) ① $f_{cr} = f_{cq} + 1.34s$

② $f_{cr} = 0.9f_{cq} + 2.33s$

(3)

시험 횟수	표준편차의 보정계수
15	(1.16)
20	(1.08)
25	(1.03)
30 이상	1.0

(4)

호칭강도(MPa)	배합강도(MPa)
21 미만	($f_n + 7$)
21 이상 35 이하	($f_n + 8.5$)
35 초과	($1.1f_n + 5.0$)

건설재료시험 기사 실기 작업형 출제시험 항목

- 잔골재 밀도시험
- 액성한계시험
- 흙의 다짐시험(A)

산업기사 2014년 11월 1일 시행

• NOTICE •

한국산업인력공단의 저작권법 저촉에 대한 언급(2013년 2회 시험부터)이 있어 과거에 수험자의 기억을 토대로 작성한 동일한 문제나 그 유형의 문제로 재구성하였으며, 혹 미비한 부분은 계속 수정 보완하겠습니다.

01 아스팔트 신도시험에 대한 다음 물음에 답하시오.

(1) 신도시험의 목적은?

(2) 저온일 경우의 온도 및 인장속도는?

(3) 표준일 경우의 온도 및 인장속도는?

Solution

(1) 아스팔트의 연성을 알기 위해서

(2) 4℃, 1cm/min

(3) 25℃, 5cm/min

02 콘크리트 압축강도 시험 중 압축응력도 증가율은 매초 얼마 범위인지 설명하시오.

Solution

매초 0.6 ± 0.4MPa

03 도로의 평판재하시험에서 시험을 끝마치는 조건에 대해 2가지만 쓰시오.

(1)

(2)

Solution

(1) 침하량이 15mm에 달할 때

(2) 하중강도가 현장에서 예상되는 최대 접지압력을 초과할 때

(3) 하중강도가 그 지반의 항복점을 넘을 때

04 콘크리트 시방배합설계에서 콘크리트의 호칭강도(f_{cn})가 40MPa이고, 30회 이상의 시험실적으로부터 구한 압축강도의 표준편차(S)가 4.5MPa인 경우 현행 콘크리트 표준시방서에 따른 배합강도를 구하시오.

Solution

f_{cn} > 35MPa인 경우

- $f_{cr} = f_{cn} + 1.34S = 40 + 1.34 \times 4.5 = 46.03\text{MPa}$
- $f_{cr} = 0.9f_{cn} + 2.33S = 0.9 \times 40 + 2.33 \times 4.5 = 46.49\text{MPa}$

∴ 큰 값인 46.49MPa

※ $f_{cn} \leq$ 35MPa인 경우

- $f_{cr} = f_{cn} + 1.34S$
- $f_{cr} = (f_{cn} - 3.5) + 2.33S$

위 두 식에 의한 값 중 큰 값으로 정한다.

05 잔골재 밀도시험의 결과가 다음과 같다. 물음에 답하시오.(단, $\rho_w = 1\text{g/cm}^3$)

물을 채운 플라스크의 질량	600g
표면건조 포화상태의 질량	500g
시료+물+플라스크의 질량	911g
노건조 시료의 질량	480g

(1) 상대 겉보기 밀도를 구하시오.
(2) 표건밀도를 구하시오.
(3) 절건밀도를 구하시오.

Solution

(1) 상대 겉보기 밀도 $= \dfrac{A}{B+A-C} \times \rho_w = \dfrac{480}{600+480-911} \times 1 = 2.84\text{g/cm}^3$

(2) 표건밀도 $= \dfrac{m}{B+m-C} \times \rho_w = \dfrac{500}{600+500-911} \times 1 = 2.65\text{g/cm}^3$

(3) 절건밀도 $= \dfrac{A}{B+m-C} \times \rho_w = \dfrac{480}{600+500-911} \times 1 = 2.54\text{g/cm}^3$

06 어떤 시료에 대한 액성한계시험을 한 결과 다음 표와 같은 값을 얻었다. 아래 물음에 답하시오. (소성한계 = 58.6%)

(1) 유동곡선을 작도하고 액성한계를 구하시오.

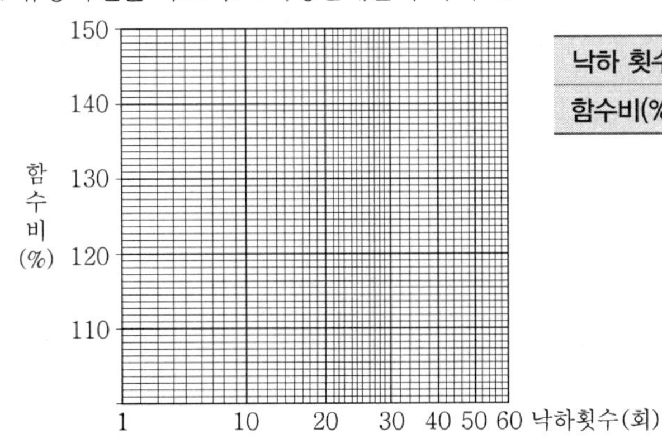

낙하 횟수	11	18	35	51
함수비(%)	137.2	130.2	123.1	119.3

(2) 유동지수를 구하시오.

(3) 소성지수를 구하시오.

(4) 터프니스 지수를 구하시오.

Solution

(1)

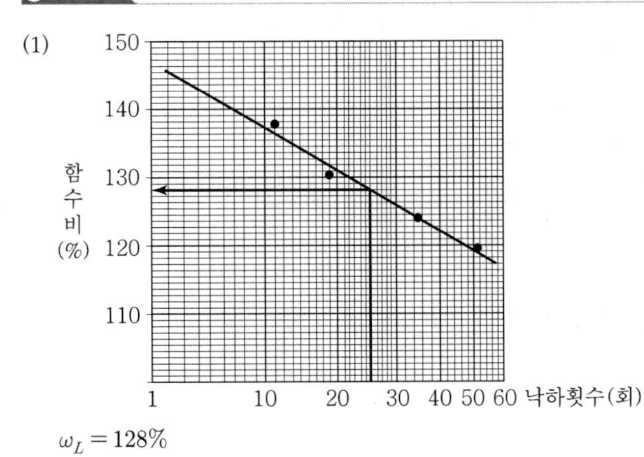

$\omega_L = 128\%$

(2) $I_f = \dfrac{\omega_1 - \omega_2}{\log\dfrac{N_2}{N_1}} = \dfrac{137.2 - 119.3}{\log\dfrac{51}{11}} = 26.9\%$

(3) $I_P = \omega_L - \omega_P = 128 - 58.6 = 69.4\%$

(4) $I_t = \dfrac{I_P}{I_f} = \dfrac{69.4}{26.9} = 2.6$

07 교란되지 않은 시료에 대한 일축압축시험 결과가 아래와 같으며, 파괴면과 수평면이 이루는 각도는 60°이다. 물음에 답하시오.(단, 시험체의 크기는 평균직경 3.5cm, 단면적 962mm², 길이 80mm이다.)

압축량 ΔH(1/100mm)	압축력 P(N)	압축량 ΔH(1/100mm)	압축력 P(N)
0	0	220	164.7
20	9	260	172
60	44	300	174
100	90.8	340	173.4
140	126.7	400	169.2
180	150.3	480	159.6

(1) 압축응력과 변형률의 관계도를 그리고 일축압축강도를 구하시오.

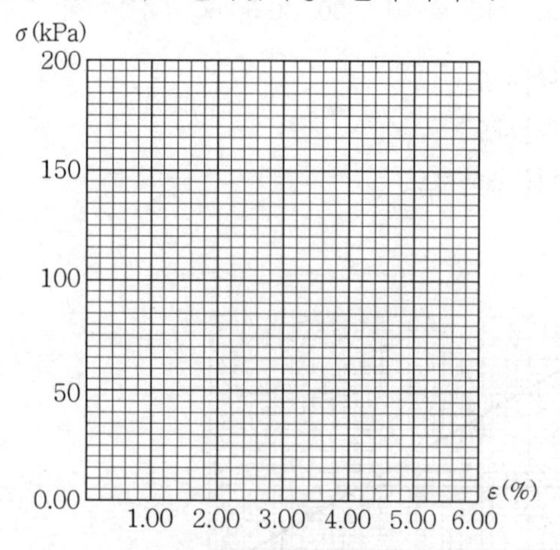

(2) 점착력을 구하시오.

(3) 이 시료를 되비빔하여 시험한 결과 파괴압축응력은 14kPa이었다. 예민비를 구하고 흙의 공학적인 판단을 하시오.

Solution

(1)

압축량 ΔH(1/100mm)	압축력 P(N)	ε(%)	$\left(1-\frac{\varepsilon}{100}\right)$	σ(kPa)
0	0	0	0	
20	9	0.25	0.9975	9.33
60	44	0.75	0.9925	45.39
100	90.8	1.25	0.9875	93.20
140	126.7	1.75	0.9825	129.40
180	150.3	2.25	0.9775	152.72

압축량 ΔH(1/100mm)	압축력 P(N)	ε(%)	$\left(1-\frac{\varepsilon}{100}\right)$	σ(kPa)
220	164.7	2.75	0.9725	166.50
260	172	3.25	0.9675	172.98
300	174	3.75	0.9625	174.09
340	173.4	4.25	0.9575	172.59
400	169.2	5.0	0.95	167.09
480	159.6	6.0	0.94	155.95

변형률 $\varepsilon(\%) = \frac{\Delta l}{l} \times 100$

여기서, l : 시료길이(80mm)

Δl : 압축량

$$\sigma = \frac{P}{A_o} \times \left(1 - \frac{\varepsilon}{100}\right) \times 1,000(\text{kPa})$$

여기서, A_o : 처음 시료의 평균단면적(962mm^2)

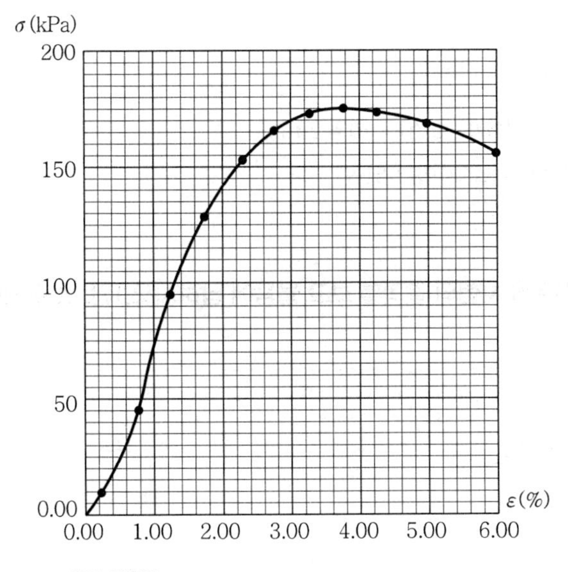

$q_u = 174.09\text{kPa}$

(2) $C = \dfrac{q_u}{2\tan\left(45 + \dfrac{\phi}{2}\right)} = \dfrac{174.09}{2\tan\left(45 + \dfrac{\phi}{2}\right)} = 50.26\text{kPa}$

$\theta = 45° + \dfrac{\phi}{2}$

$60° = 45° + \dfrac{\phi}{2}$

$\therefore \ \phi = 30°$

(3) $S_t = \dfrac{q_u}{q_{ur}} = \dfrac{174.09}{14} = 12.44$

∴ 예민비가 8 이상으로 초예민한 점토이다.

08 점토층 두께가 10m인 지반의 흙을 압밀시험하였다. 공극비는 1.8에서 1.2로 감소하였고 하중강도가 240kN/m²에서 360kN/m²로 증가하였을 때 다음을 구하시오.

(1) 압축계수

(2) 체적변화계수

(3) 최종 침하량

Solution

(1) $a_v = \dfrac{e_1 - e_2}{P_2 - P_1} = \dfrac{1.8-1.2}{360-240} = 0.005\text{m}^2/\text{kN}$

(2) $m_v = \dfrac{a_v}{1+e_1} = \dfrac{0.005}{1+1.8} = 0.0018\text{m}^2/\text{kN}$

(3) $\Delta H = \dfrac{e_1 - e_2}{1+e_1} \cdot H = \dfrac{1.8-1.2}{1+1.8} \times 10 = 2.14\text{m}$

또는 $\Delta H = m_v \cdot \Delta P \cdot H = 0.0018 \times (360-240) \times 10 = 2.16\text{m}$

(체적변화계수 값의 소수자리 관계로 다소 차이가 있음)

09 모래치환법에 의한 현장 흙의 단위무게 시험의 결과를 보고 물음에 답하시오. (단, 소수 넷째 자리에서 반올림하시오.)

- 시험구멍의 체적 = 2,020cm³
- 시험구멍에서 파낸 흙 무게 = 3,570g
- 함수비 = 15.3%
- 흙의 비중 = 2.67
- 최대건조밀도 = 1.635g/cm³
- 물의 밀도 = 1g/cm³

(1) 건조밀도(γ_d)

(2) 공극비(e)

(3) 공극률(n)

(4) 다짐도

Solution

(1) $\gamma_t = \dfrac{W}{V} = \dfrac{3,570}{2,020} = 1.767\text{g/cm}^3$

$\gamma_d = \dfrac{\gamma_t}{1+\dfrac{w}{100}} = \dfrac{1.767}{1+\dfrac{15.3}{100}} = 1.533\text{g/cm}^3$

(2) $e = \dfrac{\gamma_w}{\gamma_d} \times G_s - 1 = \dfrac{1}{1.533} \times 2.67 - 1 = 0.742$

(3) $n = \dfrac{e}{1+e} \times 100 = \dfrac{0.742}{1+0.742} \times 100 = 42.595\%$

(4) 다짐도$= \dfrac{\gamma_d}{\gamma_{d\max}} \times 100 = \dfrac{1.533}{1.635} \times 100 = 93.761\%$

건설재료시험 산업기사 실기 작업형 출제시험 항목

- 시멘트 밀도시험
- 액성한계시험
- 흙의 체가름시험

기사 2015년 4월 19일 시행

• NOTICE •

한국산업인력공단의 저작권법 저촉에 대한 언급(2013년 2회 시험부터)이 있어 과거에 수험자의 기억을 토대로 작성한 동일한 문제나 그 유형의 문제로 재구성하였으며, 혹 미비한 부분은 계속 수정 보완하겠습니다.

01 콘크리트 압축강도 측정치를 보고 다음 물음에 답하시오.

[콘크리트 압축강도 측정치(MPa)]

35	43	40	43	43
42.5	45.5	34	35	38.5
36	41	36.5	41.5	45.5

(1) 시험은 15회 실시하였다. 표준편차를 구하시오.

(2) 콘크리트의 호칭강도(f_{cn})가 40MPa일 때 배합강도를 구하시오.

Solution

(1) 표준편차

- 콘크리트 압축강도 측정치 합계

  $\sum x = 600\text{MPa}$

- 콘크리트 압축강도 평균값

  $\bar{x} = \dfrac{600}{15} = 40\text{MPa}$

- 편차 제곱합

  $$S = (35-40)^2 + (43-40)^2 + (40-40)^2 + (43-40)^2 + (43-40)^2$$
  $$+ (42.5-40)^2 + (45.5-40)^2 + (34-40)^2 + (35-40)^2 + (38.5-40)^2$$
  $$+ (36-40)^2 + (41-40)^2 + (36.5-40)^2 + (41.5-40)^2 + (45.5-40)^2$$
  $$= 213.5\text{MPa}$$

- 표준편차

  $$\sigma = \sqrt{\frac{S}{n-1}} = \sqrt{\frac{213.5}{15-1}} = 3.91\text{MPa}$$

- 직선보간한 표준편차

  $3.91 \times 1.16 = 4.54\text{MPa}$

(2) 배합강도(f_{cn} >35MPa인 경우)

- $f_{cr} = f_{cn} + 1.34s = 40 + 1.34 \times 4.54 = 46.08\text{MPa}$
- $f_{cr} = 0.9f_{cn} + 2.33s = 0.9 \times 40 + 2.33 \times 4.54 = 46.58\text{MPa}$

∴ 두 식 중 큰 값 46.58MPa

02 정규압밀점토의 압밀배수 삼축압축시험한 결과 $\sigma_3 = 31.27\text{kN/m}^2$, $(\Delta\sigma_d)_f = 31.27\text{kN/m}^2$이다. 다음 물음에 답하시오.

(1) 내부마찰각(ϕ)을 구하시오.
(2) 파괴면이 최대 주응력면과 이루는 각(θ)을 구하시오.
(3) 파괴면에서의 수직응력(σ)과 전단응력(τ)을 구하시오.

Solution

(1) $\sigma_1{}' = \sigma_3 + (\Delta\sigma_d)_f = 31.27 + 31.27 = 62.54\text{kN/m}^2$

$\sigma_3{}' = 31.27\text{kN/m}^2$

$$\sin\phi = \frac{\sigma_1{}' - \sigma_3{}'}{\sigma_1{}' + \sigma_3{}'} = \frac{62.54 - 31.27}{62.54 + 31.27} = \frac{31.27}{93.81} = 0.333$$

$\therefore \ \phi = \sin^{-1} 0.333 = 19.47°$

(2) $\theta = 45° + \dfrac{\phi}{2} = 45° + \dfrac{19.47°}{2} = 54.74°$

(3) $$\sigma = \frac{\sigma_1 + \sigma_3}{2} + \frac{\sigma_1 - \sigma_3}{2}\cos 2\theta = \frac{62.54 + 31.27}{2} + \frac{62.54 - 31.27}{2}\cos(2 \times 54.74°)$$

$= 41.69\text{kN/m}^2$

$$\tau = \frac{\sigma_1 - \sigma_3}{2}\sin 2\theta = \frac{62.54 - 31.27}{2}\sin(2 \times 54.74°) = 14.74\text{kN/m}^2$$

03 점토지반에서 베인전단시험을 하였다. 지름 50mm, 높이 100mm, 최대휨모멘트(M_{max}) 98N · m일 때 점착력을 구하시오.

Solution

$$C = \frac{M_{max}}{\pi D^2\left(\frac{H}{2} + \frac{D}{6}\right)} = \frac{98}{3.14 \times 0.05^2\left(\frac{0.1}{2} + \frac{0.05}{6}\right)} = 214{,}012\text{N/m}^2 = 214.01\text{kN/m}^2$$

04 그림과 같은 지반의 점토를 대상으로 압밀시험을 실시하여 다음과 같은 결과를 얻었다. 물음에 답하시오.(단, γ_w = 9.81kN/m³이다.)

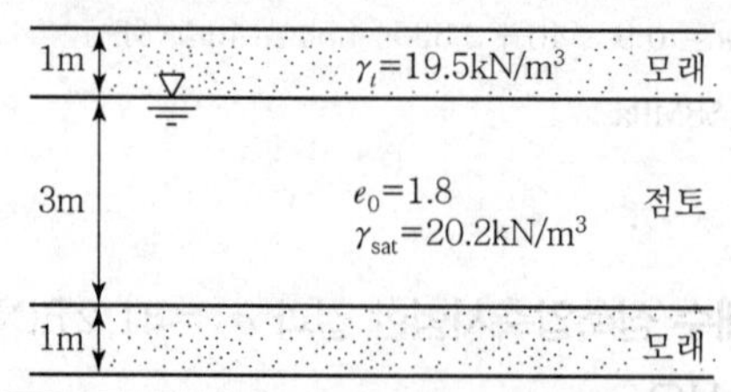

압력(kN/m²)	10	20	40	80	160	320	640	80	20
간극비	1.71	1.67	1.58	1.45	1.3	1.03	0.81	0.9	1.1

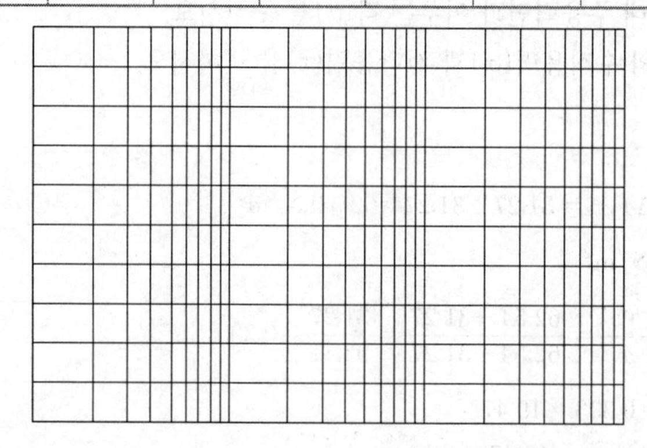

(1) $e-\log P$ 곡선을 그리고 선행압밀하중(P_c)과 과압밀비(OCR)를 구하시오.(단, P_c는 100kN/m² 보다 작다.)

(2) 넓은 지역에 걸쳐 γ_t = 25kN/m³인 흙이 3m 두께로 성토되었을 때 점토층의 압밀침하량을 구하시오.

Solution

(1)

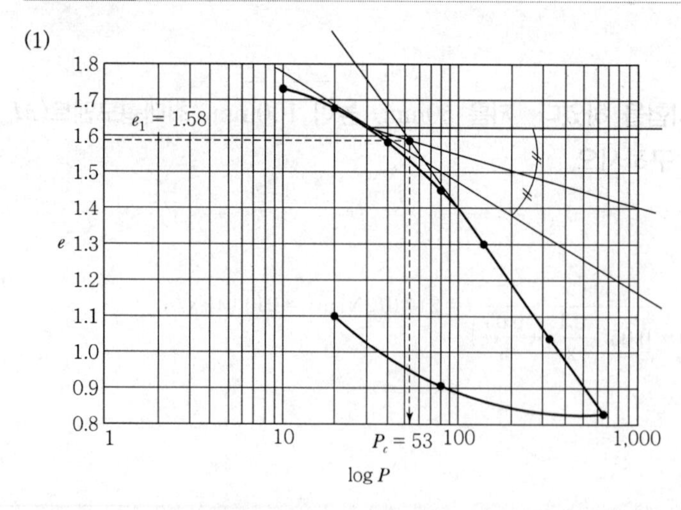

- 선행압밀하중 $P_c = 53\text{kN/m}^2$
- $C_c = \dfrac{e_1 - e_2}{\log\dfrac{P_2}{P_1}} = \dfrac{1.58 - 0.81}{\log\dfrac{640}{53}} = 0.71$
- $OCR = \dfrac{P_c}{P_0} = \dfrac{53}{35.09} = 1.51$

  여기서, $P_0 = 19.5 \times 1 + (20.2 - 9.81) \times 1.5 = 35.09\text{kN/m}^2$

(2) • $\Delta P = 25 \times 3 = 75\text{kN/m}^2$

- $P_0 + \Delta P = 35.09 + 75 = 110.09\text{kN/m}^2$
- $P_0 + \Delta P > P_c$인 과압밀점토의 침하량

$$S = \frac{C_s}{1+e}\log\frac{P_c}{P_o} \cdot H + \frac{C_c}{1+e}\log\frac{P_o + \Delta P}{P_c} \cdot H$$

$$= \frac{0.1065}{1+1.8}\log\frac{53}{35.09} \times 3 + \frac{0.71}{1+1.8}\log\frac{110.09}{53} \times 3 = 0.2619\,\text{m} = 26.19\,\text{cm}$$

여기서, C_s(팽창지수)는 대략 압축지수(C_c)의 1/5 ~ 1/10 정도이므로 중간값을 적용하면 $C_s = 0.15 \times C_c = 0.15 \times 0.71 = 0.1065$이다.

05 아스팔트 시험에 대한 다음 물음에 답하시오.

(1) 아스팔트 신도시험의 표준온도와 인장속도를 구하시오.

(2) 엥글러 점도계를 이용한 점도값은 어떻게 규정되는가?

Solution

(1) ① 표준온도 : 25±0.5℃

② 인장속도 : 5±0.25cm/min

(2) 엥글러 점도 $= \dfrac{\text{시료의 유출시간(초)}}{\text{증류수의 유출시간(초)}}$

06 수축한계시험 결과가 다음과 같다. 물음에 답하시오.(단, $\gamma_w = 1\text{g/cm}^3$이다.)

습윤시료의 체적	20.5cm³
노건조시료의 중량	25.75g
노건조시료의 체적	14.97cm³
습윤시료의 함수비	42.8%

(1) 수축한계를 구하시오.

(2) 수축비를 구하시오.

(3) 근사치 비중을 구하시오.

Solution

(1) $w_s = w - \left[\dfrac{V - V_0}{W_s} \times \gamma_w \times 100\right] = 42.8 - \left[\dfrac{20.5 - 14.97}{25.75} \times 1 \times 100\right] = 21.32\%$

(2) $R = \dfrac{W_S}{V_0 \cdot \gamma_w} = \dfrac{25.75}{14.97 \times 1} = 1.72$

(3) $G_s = \dfrac{1}{\dfrac{1}{R} - \dfrac{w_s}{100}} = \dfrac{1}{\dfrac{1}{1.72} - \dfrac{21.32}{100}} = 2.72$

07 시멘트 밀도시험과 관련된 다음 물음을 답하시오.

(1) 광유의 품질기준을 쓰시오.

(2) 르샤틀리에 병에 64g의 시멘트를 넣고 광유 눈금의 차가 20.3mL이다. 시멘트의 밀도를 구하시오.

(3) 정밀도 및 편차를 쓰시오.

Solution

(1) 온도 (20±1)℃에서 밀도가 0.73g/cm³ 이상인 완전히 탈수된 등유나 나프타를 사용한다.

(2) 밀도$= \dfrac{64}{20.3} = 3.15\,\text{g/cm}^3$

(3) 동일 시험자가 동일 재료에 대하여 2회 측정한 결과가 ±0.03g/cm³ 이내이어야 한다.

08 콘크리트 탄산화(중성화) 깊이를 측정하는 데 사용되는 시약의 종류와 시약을 만드는 방법을 간단히 서술하시오.

Solution

- 페놀프탈레인 1% 용액
- 95% 에탄올 90ml에 페놀프탈레인 분말 1g을 녹이고 물을 첨가하여 100mL로 한 것

09 **부순 굵은골재의 최대치수 20mm, 슬럼프 100mm, 물-결합재비 50%의 콘크리트 $1m^3$를 만들기 위하여 잔골재율(S/a), 단위 수량(W)을 보정하고 단위 시멘트량(C), 단위 잔골재량(S), 단위 굵은골재량(G)을 구하시오.(단, 시멘트 밀도 $3.15g/cm^3$, 잔골재 밀도 $2.57g/cm^3$, 잔골재 조립률 3.0, 굵은골재 밀도 $2.65g/cm^3$, 공기연행제를 사용하지 않으며 갇힌 공기는 2.4%이다.)**

[표 1] 콘크리트의 단위 굵은골재 용적, 잔골재율 및 단위 수량의 대략값

굵은 골재의 최대 치수 (mm)	단위 굵은 골재 용적 (%)	공기연행제를 사용하지 않은 콘크리트			공기연행 콘크리트				
		갇힌 공기 (%)	잔골재율 $\frac{S}{a}$(%)	단위 수량 W (kg/m^3)	공기량 (%)	양질의 공기연행제를 사용한 경우		양질의 공기연행감수제를 사용한 경우	
						잔골재율 $\frac{S}{a}$(%)	단위 수량 W (kg/m^3)	잔골재율 $\frac{S}{a}$(%)	단위 수량 W (kg/m^3)
15	58	2.5	53	202	7.0	47	180	48	170
20	62	2.0	49	197	6.0	44	175	45	165
25	67	1.5	45	187	5.0	42	170	43	160
40	72	1.2	40	177	4.5	39	165	40	155

1) 이 표의 값은 보통의 입도를 가진 잔골재(조립률 2.8 정도)와 부순 돌을 사용한 물-결합재비 55% 정도 슬럼프 80mm 정도의 콘크리트에 대한 것이다.
2) 사용재료 또는 콘크리트의 품질이 1)의 조건과 다를 경우에는 위의 표의 값을 다음 표에 따라 보정한다.

[표 2] 배합수 및 잔골재율 보정방법

구분	$\frac{S}{a}$의 보정(%)	W의 보정
잔골재의 조립률이 0.1만큼 클(작을) 때마다	0.5만큼 크게(작게) 한다.	보정하지 않는다.
슬럼프 값이 10mm만큼 클(작을) 때마다	보정하지 않는다.	1.2%만큼 크게(작게) 한다.
공기량이 1%만큼 클(작을) 때마다	0.5~1.0만큼 작게(크게) 한다.	3%만큼 작게(크게) 한다.
물-결합재비가 0.05 클(작을) 때마다	1만큼 크게(작게) 한다.	보정하지 않는다.
자갈을 사용할 경우	3~5만큼 작게 한다.	9~15kg만큼 작게 한다.
부순 모래를 사용할 경우	2~3만큼 크게 한다.	6~9kg만큼 크게 한다.

※ 단위 굵은골재 용적에 의하는 경우에는 잔골재의 조립률이 0.1만큼 커질(작아질) 때마다 단위 굵은골재 용적을 1%만큼 작게(크게) 한다.

(1) 잔골재율, 단위 수량　　　(2) 단위 시멘트량

(3) 단위 잔골재량　　　(4) 단위 굵은골재량

Solution

(1) ① 잔골재율 보정

- 잔골재 조립률 보정 : $\frac{3.0-2.8}{0.1}\times 0.5=1\%$
- 공기량 보정 : $-\frac{2.4-2.0}{1}\times 0.75=-0.3\%$
- 물－결합재비 보정 : $\frac{0.5-0.55}{0.05}\times 1=-1\%$

$\therefore\ \frac{S}{a}=49+1-0.3-1=48.7\%$

② 단위 수량 보정

- 슬럼프값 보정 : $\frac{100-80}{10}\times 1.2=2.4\%$
- 공기량 보정 : $-\frac{2.4-2.0}{1}\times 3=-1.2\%$

$\therefore\ W=197(1+0.024-0.012)=199.36\text{kg}$

(2) $\frac{W}{C}=0.5 \qquad \therefore\ C=\frac{199.36}{0.5}=398.72\text{kg}$

(3) ① 단위 골재량의 절대 체적

$V=1-\left(\frac{199.36}{1\times 1,000}+\frac{398.72}{3.15\times 1,000}+\frac{2.4}{100}\right)=0.65\text{m}^3$

② 단위 잔골재의 절대부피

$V_s=V\times\frac{S}{a}=0.65\times 0.487=0.3166\text{m}^3$

③ 단위 잔골재량

$S=$ 단위 잔골재의 절대부피 $\times$ 잔골재 밀도 $\times 1,000$

$=0.3166\times 2.57\times 1,000=814\text{kg/m}^3$

(4) ① 단위 굵은골재의 절대부피

$V_G=V-V_s=0.65-0.3166=0.3334\text{m}^3$

② 단위 굵은골재량

$G=$ 단위 굵은골재의 절대부피 $\times$ 굵은골재 밀도 $\times 1,000$

$=0.3334\times 2.65\times 1,000=884\text{kg/m}^3$

건설재료시험 기사 실기 작업형 출제시험 항목

- 액성한계시험
- 들밀도 시험
- 실내 CBR 시험

산업기사 2015년 4월 19일 시행

• NOTICE •

한국산업인력공단의 저작권법 저촉에 대한 언급(2013년 2회 시험부터)이 있어 과거에 수험자의 기억을 토대로 작성한 동일한 문제나 그 유형의 문제로 재구성하였으며, 혹 미비한 부분은 계속 수정 보완하겠습니다.

01 부순 굵은골재에 있어서 요구되는 물리적 성질에 대한 품질기준을 쓰시오.

(1) 절대건조밀도(g/cm^3)

(2) 흡수율(%)

(3) 안정성(%)

(4) 마모율(%)

(5) 0.08mm체 통과량(%)

Solution

(1) 2.5 이상
(2) 3.0 이하
(3) 12 이하
(4) 40 이하
(5) 1.0 이하

02 다짐시험을 실시한 결과가 다음과 같다. 물음에 답하시오.

• 몰드의 체적 : 1,000cm^3

• γ_w = 1g/cm^3

• 시료의 비중 : 2.67

측정 번호	1	2	3	4	5
시료무게(g)	2,010	2,092	2,114	2,100	2,055
함수비(%)	12.8	14.5	15.6	16.8	19.2

(1) 다음 성과표의 빈칸을 계산해서 채우시오.

측정 번호	1	2	3	4	5
시료무게(g)	2,010	2,092	2,114	2,100	2,055
함수비(%)	12.8	14.5	15.6	16.8	19.2
건조밀도(g/cm^3)					

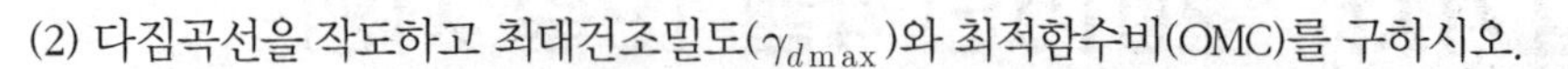

(2) 다짐곡선을 작도하고 최대건조밀도($\gamma_{d\max}$)와 최적함수비(OMC)를 구하시오.

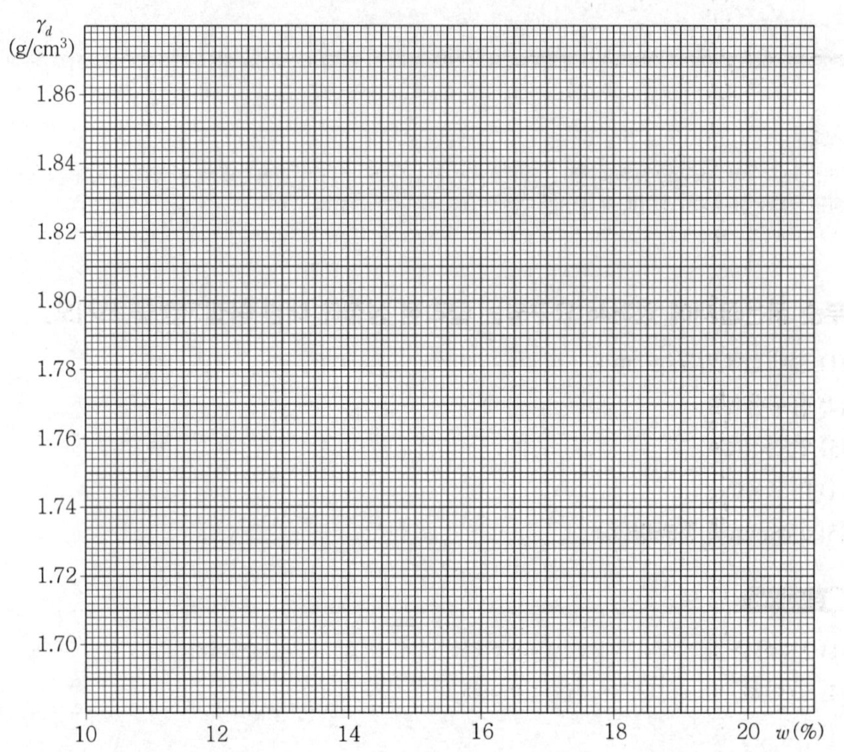

(3) 영공기 공극곡선을 작도하시오.

Solution

(1)

측정 번호	1	2	3	4	5
시료무게(g)	2,010	2,092	2,114	2,100	2,055
함수비(%)	12.8	14.5	15.6	16.8	19.2
건조밀도(g/cm³)	1.782	1.827	1.829	1.800	1.724

[계산 예]

- $\gamma_t = \dfrac{W}{V} = \dfrac{2.010}{1,000} = 2.010\text{g/cm}^3$
- $\gamma_d = \dfrac{\gamma_t}{1+\dfrac{w}{100}} = \dfrac{2.010}{1+\dfrac{12.8}{100}} = 1.782\text{g/cm}^3$

(2)

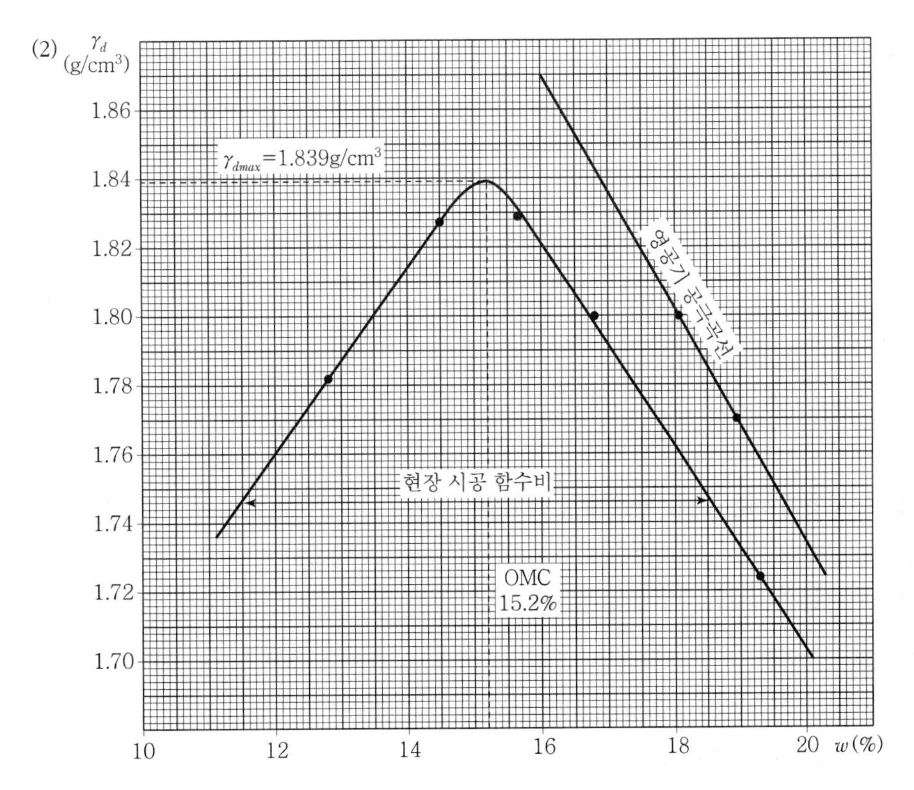

- 최대건조밀도($\gamma_{d\max}$) : 1.839g/cm³
- 최적함수비(OMC) : 15.2%

(3) $\gamma_{dsat} = \dfrac{1}{\dfrac{1}{G_s} + \dfrac{\omega}{100}} \cdot \gamma_w$

여기서, $\omega = 16\%$일 때 $\gamma_{dsat} = \dfrac{1}{\dfrac{1}{2.67} + \dfrac{16}{100}} \times 1 = 1.871\text{g/cm}^3$

$\omega = 17\%$일 때 $\gamma_{dsat} = \dfrac{1}{\dfrac{1}{2.67} + \dfrac{17}{100}} \times 1 = 1.836\text{g/cm}^3$

$\omega = 18\%$일 때 $\gamma_{dsat} = \dfrac{1}{\dfrac{1}{2.67} + \dfrac{18}{100}} \times 1 = 1.803\text{g/cm}^3$

$\omega = 19\%$일 때 $\gamma_{dsat} = \dfrac{1}{\dfrac{1}{2.67} + \dfrac{19}{100}} \times 1 = 1.771\text{g/cm}^3$

※ 영공기 공극곡선은 위의 (2) 그래프에 함께 작도함

03 삼축압축시험의 종류 3가지를 쓰시오.

(1)

(2)

(3)

Solution

(1) 비압밀비배수(UU)
(2) 압밀비배수(CU)
(3) 압밀배수(CD)

04 아스팔트 시험에 대한 다음 물음에 답하시오.

(1) 별도의 규정이 없는 아스팔트 신도시험의 표준온도와 신장속도는?
(2) 역청 점도를 측정하는 방법 3가지를 쓰시오.

Solution

(1) ① 표준온도 : 25±0.5℃
② 신장속도 : 5±0.25cm/분

[보충] 저온의 경우
- 표준온도 : 4℃
- 신장속도 : 1cm/분

(2) ① 세이볼트(Saybolt)
② 엥글러(Engler)
③ 레드우드(Red wood)

05 압밀계수가 $2.4 \times 10^{-3}\text{cm}^2/\text{sec}$인 두께 8m의 점토층이 투수성의 토층 사이에 놓여 있을 때 압밀도 50%의 침하를 일으킬 때까지의 걸리는 일 수는?

Solution

$$t_{50} = \frac{T_v H^2}{C_v} = \frac{0.197 \times \left(\frac{800}{2}\right)^2}{2.4 \times 10^{-3} \times 60 \times 60 \times 24} = 152\text{일}$$

06 굳은 콘크리트 시험에 대한 물음에 답하시오.

(1) 콘크리트 압축강도 시험에서 공시체에 하중을 가하는 속도를 쓰시오.

(2) 콘크리트 휨 강도 시험에서 공시체에 하중을 가하는 속도를 쓰시오.

(3) 콘크리트 인장강도 시험에서 공시체에 하중을 가하는 속도를 쓰시오.

Solution

(1) 0.6±0.4MPa/초

(2) 0.06±0.04MPa/초

(3) 0.06±0.04MPa/초

07 현장 다짐 흙의 밀도를 조사하기 위하여 모래치환법으로 시험을 실시한 결과 다음과 같은 값을 얻었다. 물음에 대한 산출근거와 답을 쓰시오.

- 시험 구멍에서 흙의 무게 : 1,670g
- 시험 구멍 흙의 함수비 : 15%
- 시험 구멍에 채워진 표준모래무게 및 단위 중량 : 1,480g, 1.65g/cm^3
- 실내 시험에서 구한 최대 건조밀도 및 비중 : 1.73g/cm^3, 2.65
- 물의 단위 중량 : 1g/cm^3

(1) 시험 구멍의 부피

(2) 습윤밀도

(3) 건조밀도

(4) 공극비

(5) 포화도

(6) 다짐도

Solution

(1) 시험 구멍의 부피 : $V=\dfrac{W}{\gamma_{\text{모래}}}=\dfrac{1,480}{1.65}=896.97\text{cm}^3$

(2) 습윤밀도 : $\gamma_t=\dfrac{W}{V}=\dfrac{1,670}{896.97}=1.86\text{g/cm}^3$

(3) 건조밀도 : $\gamma_d=\dfrac{\gamma_t}{1+\dfrac{w}{100}}=\dfrac{1.86}{1+\dfrac{15}{100}}=1.62\text{g/cm}^3$

(4) 공극비 : $e=\dfrac{\gamma_w}{\gamma_d}G_s-1=\dfrac{1}{1.62}\times 2.65-1=0.64$

(5) 포화도 : $S=\dfrac{G_s\cdot w}{e}=\dfrac{2.65\times 15}{0.64}=62.11\%$

(6) 다짐도 : $R=\dfrac{\gamma_d}{\gamma_{d\max}}\times 100=\dfrac{1.62}{1.73}\times 100=93.64\%$

08 다음은 골재의 체가름 시험 성과표이다. 물음에 답하시오.

(1) 빈칸을 채우시오.(소수 첫째 자리에서 반올림하시오.)

체 크기(mm)	잔골재			굵은골재		
	잔류량(kg)	잔류율(%)	가적 잔류율(%)	잔류량(kg)	잔류율(%)	가적 잔류율(%)
75	–			–		
40	–			0.30		
20	–			2.04		
10	–			2.16		
5	0.12			1.20		
2.5	0.36			0.18		
1.2	0.60			–		
0.6	1.16			–		
0.3	1.40			–		
0.15	0.32			–		
합계	3.96	–		5.88	–	

(2) 잔골재의 조립률을 구하시오.

(3) 굵은골재의 조립률을 구하시오.

(4) 굵은골재의 최대치수를 구하시오.

Solution

(1)

체 크기(mm)	잔골재			굵은골재		
	잔류량(kg)	잔류율(%)	가적 잔류율(%)	잔류량(kg)	잔류율(%)	가적 잔류율(%)
75	–	0	0	–		
40	–	0	0	0.30	5	5
20	–	0	0	2.04	35	40
10	–	0	0	2.16	37	77
5	0.12	3	3	1.20	20	97
2.5	0.36	9	12	0.18	3	100
1.2	0.60	15	27	–	0	100
0.6	1.16	29	56	–	0	100
0.3	1.40	35	91	–	0	100
0.15	0.32	8	99	–	0	100
합계	3.96	–	288	5.88	–	719

- 잔류율$= \dfrac{\text{어떤 체에 잔류량}}{\text{전체 질량(합계)}} \times 100$
- 가적 잔류율=잔류율의 누계

(2) $FM = \dfrac{3+12+27+56+91+99}{100} = 2.9$

(3) $FM = \dfrac{5+40+77+97+500}{100} = 7.2$

(4) 40mm(∵ 통과율이 90% 이상인 체에 해당하므로)

09 콘크리트의 배합 결과 시방배합표와 현장 골재상태가 다음과 같을 경우 현장배합으로 보정하시오.

[시방배합표(kg/m³)]

물(W)	시멘트(C)	잔골재(S)	굵은골재(G)
170	360	640	1,080

[현장 골재 상태]

- 잔골재의 5mm체 잔류율 : 3%
- 굵은골재의 5mm체 통과율 : 6%
- 잔골재의 표면수 : 5%
- 굵은골재의 표면수 : 1%

(1) 단위 잔골재량을 구하시오.
(2) 단위 굵은골재량을 구하시오.
(3) 단위 수량을 구하시오.

Solution

(1) 잔골재량(S)

① 입도 조정

$$x = \frac{100S - b(S+G)}{100-(a+b)} = \frac{100 \times 640 - 6(640+1,080)}{100-(3+6)} = 589.89\text{kg}$$

② 표면수 조정

$589.89 \times 0.05 = 29.49\text{kg}$

$\therefore\ S = 589.89 + 29.49 = 619.38\text{kg}$

(2) 굵은골재량(G)

① 입도 조정

$$y=\frac{100G-a(S+G)}{100-(a+b)}=\frac{100\times 1{,}080-3(640+1{,}080)}{100-(3+6)}=1{,}130.11\text{kg}$$

② 표면수 조정

$1{,}130.11\times 0.01=11.3\text{kg}$

$\therefore\ G=1{,}130.11+11.3=1{,}141.41\text{kg}$

(3) 단위 수량(W)

170 − (잔골재 표면수 조정량) − (굵은골재 표면수 조정량)

$\therefore\ 170-29.49-11.3=129.21\text{kg}$

건설재료시험 산업기사 실기 작업형 출제시험 항목

- 시멘트 밀도시험
- 슬럼프시험
- 흙의 다짐시험(A)

기사 2015년 7월 12일 시행

• NOTICE •

한국산업인력공단의 저작권법 저촉에 대한 언급(2013년 2회 시험부터)이 있어 과거에 수험자의 기억을 토대로 작성한 동일한 문제나 그 유형의 문제로 재구성하였으며, 혹 미비한 부분은 계속 수정 보완하겠습니다.

01 다음은 자연상태의 함수비가 31%인 점성토 시료를 채취하여 Atterberg 한계시험을 한 성과표이다. 물음에 답하시오.

(1) 다음 시험성과표의 빈칸을 채우시오.

[액성한계시험]

용기 번호	$L-1$	$L-2$	$L-3$	$L-4$
(습윤시료+용기)무게(g)	30.21	28.36	29.72	30.08
(건조시료+용기)무게(g)	25.97	24.60	26.02	26.42
용기무게(g)	15.11	14.02	15.12	15.49
물 무게(g)	( )	( )	( )	( )
건조시료 무게(g)	( )	( )	( )	( )
함수비(%)	( )	( )	( )	( )
타격횟수	9	21	30	34

[소성한계시험]

용기 번호	$S-1$	$S-2$	$S-3$
(습윤시료+용기)무게(g)	10.80	11.40	11.86
(건조시료+용기)무게(g)	9.71	10.24	10.63
용기무게(g)	6.11	6.24	6.53
물 무게(g)	( )	( )	( )
건조시료 무게(g)	( )	( )	( )
함수비(%)	( )	( )	( )

(2) 유동곡선을 그리고 액성한계를 구하시오.

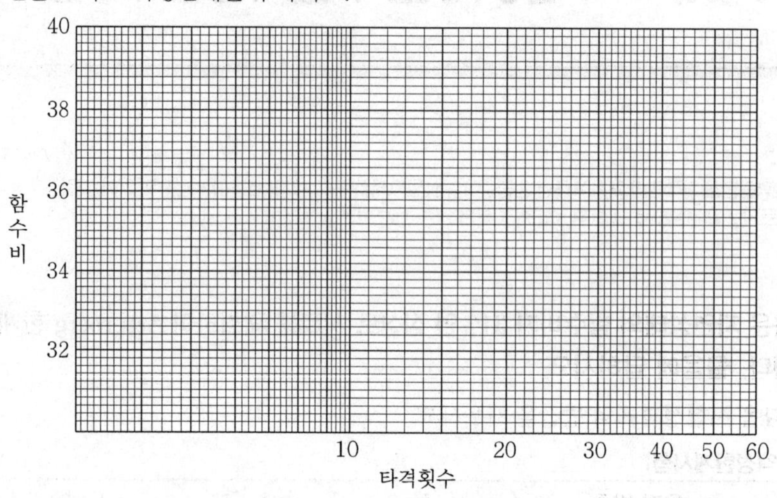

(3) 소성한계를 구하시오.

(4) 소성지수를 구하시오.

(5) 액성지수를 구하시오.

(6) 컨시스턴시 지수를 구하시오.

Solution

(1) **[액성한계시험]**

용기 번호	$L-1$	$L-2$	$L-3$	$L-4$
(습윤시료+용기)무게(g)	30.21	28.36	29.72	30.08
(건조시료+용기)무게(g)	25.97	24.60	26.02	26.42
용기무게(g)	15.11	14.02	15.12	15.49
물 무게(g)	(4.24)	(3.76)	(3.70)	(3.66)
건조시료 무게(g)	(10.86)	(10.58)	(10.90)	(10.93)
함수비(%)	(39.04)	(35.54)	(33.94)	(33.49)
타격횟수	9	21	30	34

[소성한계시험]

용기 번호	$S-1$	$S-2$	$S-3$
(습윤시료+용기)무게(g)	10.80	11.40	11.86
(건조시료+용기)무게(g)	9.71	10.24	10.63
용기무게(g)	6.11	6.24	6.53
물 무게(g)	(1.09)	(1.16)	(1.23)
건조시료 무게(g)	(3.60)	(4.0)	(4.10)
함수비(%)	(30.28)	(29.0)	(30.0)

- 물 무게 = (습윤시료 + 용기)무게 − (건조시료 + 용기)무게
- 건조시료 무게 = (건조시료 + 용기)무게 − 용기무게
- 함수비 $= \dfrac{\text{물 무게}}{\text{건조시료 무게}} \times 100$

(2)

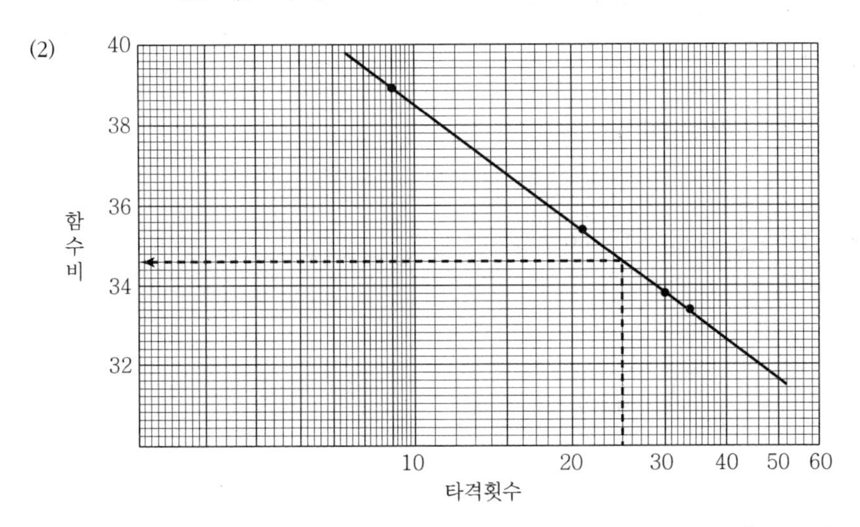

$\omega_L = 34.6\%$

(3) $\omega_P = \dfrac{30.28 + 29.0 + 30.0}{3} = 29.8\%$

(4) $I_P = \omega_L - \omega_P = 34.6 - 29.8 = 4.8\%$

(5) $I_L = \dfrac{\omega_n - \omega_P}{I_P} = \dfrac{31 - 29.8}{4.8} = 0.25$

(6) $I_c = \dfrac{\omega_L - \omega_n}{I_P} = \dfrac{34.6 - 31}{4.8} = 0.75$

02 다음 조건을 보고 포화도(S)를 구하시오.

- 습윤시료의 중량 : 150g
- 건조시료의 중량 : 110g
- 흙의 비중 : 2.7
- 흙의 체적(부피) : 85cm^3
- $\gamma_w = 1\text{g/cm}^3$

Solution

- 함수비

$$\omega = \frac{W_W}{W_S} \times 100 = \frac{150-110}{110} \times 100 = 36.4\%$$

- 건조밀도

$$\gamma_d = \frac{W_s}{V} = \frac{110}{85} = 1.294\,\mathrm{g/cm^3}$$

- 공극비

$$e = \frac{\gamma_w}{\gamma_d} G_s - 1 = \frac{1}{1.294} \times 2.7 - 1 = 1.087$$

- 포화도

$$S \cdot e = G_s \cdot \omega$$

$$\therefore S = \frac{G_s \cdot \omega}{e} = \frac{2.7 \times 36.4}{1.087} = 90.4\%$$

03 **토층의 그림이 다음과 같다. 선행압밀하중(P_c)은 166kN/m²이다. 상재하중 ΔP = 103 kN/m²에서 일어나는 1차 압밀량(S)을 구하시오.(단, C_S(팽창지수) = $\frac{1}{5}C_C$(압축지수)로 가정하고, γ_w = 9.81kN/m³이다. 소수 넷째 자리에서 반올림하시오.)**

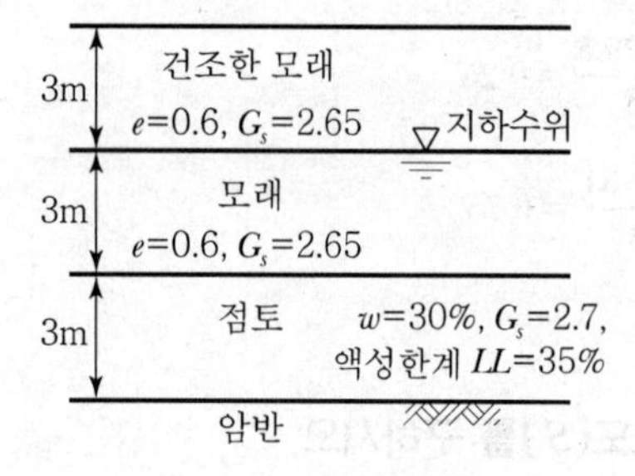

Solution

- 건조한 모래

$$\gamma_d = \frac{G_s}{1+e} \cdot \gamma_w = \frac{2.65}{1+0.6} \times 9.81 = 16.245\,\mathrm{kN/m^3}$$

- 포화된 모래

$$\gamma_{sat} = \frac{G_s + e}{1+e} \cdot \gamma_w = \frac{2.65+0.6}{1+0.6} \times 9.81 = 19.924\,\mathrm{kN/m^3}$$

$$\gamma_{\mathrm{sub}} = \gamma_{\mathrm{sat}} - \gamma_w = 19.924 - 9.81 = 10.114\,\mathrm{kN/m^3}$$

• 포화된 점토

$S \cdot e = G_s \cdot w$

$e = \dfrac{G_s \cdot w}{S} = \dfrac{2.7 \times 30}{100} = 0.81$

$\gamma_{\text{sat}} = \dfrac{G_s + e}{1+e} \cdot \gamma_w = \dfrac{2.7 + 0.81}{1 + 0.81} \times 9.81 = 19.022\text{kN/m}^3$

$\gamma_{\text{sub}} = \gamma_{\text{sat}} - \gamma_w = 19.022 - 9.81 = 9.212\text{kN/m}^3$

점토층 중앙의 초기 유효연직 압력 $P_0 = 16.245 \times 3 + 10.114 \times 3 + 9.212 \times 1.5 = 92.895\text{kN/m}^2$

$P_0 + \Delta P = 92.895 + 103 = 195.895\text{kN/m}^2$

$P_c = 166\text{kN/m}^2$

여기서, $P_0 + \Delta P > P_c$이므로

$S = \dfrac{C_s}{1+e} \log \dfrac{P_c}{P_0} \cdot H + \dfrac{C_c}{1+e} \log \dfrac{P_0 + \Delta P}{P_c} \cdot H$

$= \dfrac{0.045}{1+0.81} \log \dfrac{166}{92.895} \times 300 + \dfrac{0.225}{1+0.81} \log \dfrac{195.895}{166} \times 300 = 4.562\text{cm}$

여기서, $C_c = 0.009(w_L - 10) = 0.009(35 - 10) = 0.225$

$C_s = \dfrac{1}{5} C_c = \dfrac{1}{5} \times 0.225 = 0.045$

04 **초기에 $\sigma_1 = \sigma_3 = 0$에서 시작해서 $K_0 = 0.5$에 따라 일정하게 증가하다가 파괴된 후부터는 σ_1만 증가한 경우 $\bar{p} - q$ 응력의 그래프를 작도하시오.**

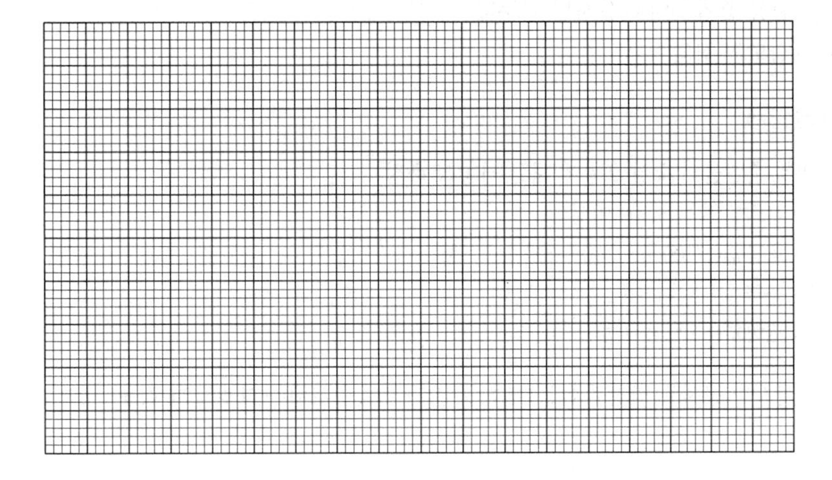

Solution

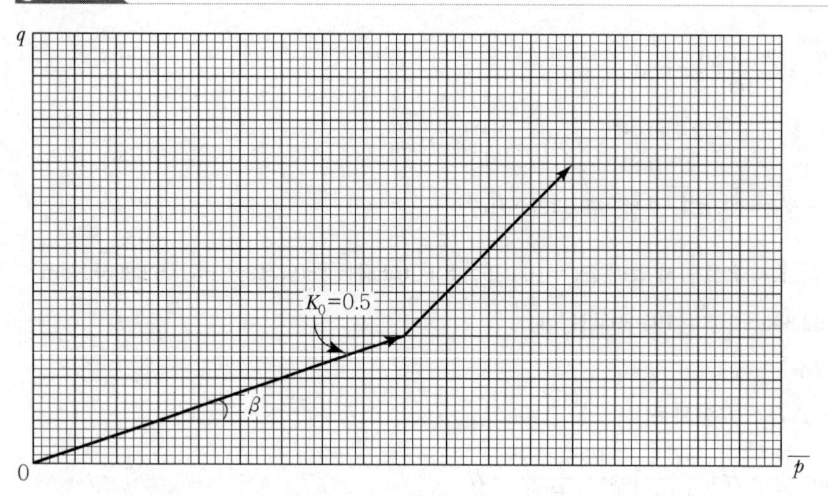

$\bar{p}-q$ 평면상에 나타내면 기울기가 $\tan\beta$이고 원점을 지나는 직선이 된다.

$$\frac{q}{\bar{p}}=\frac{1-K_0}{1+K_0}=\tan\beta$$

$$\frac{1-0.5}{1+0.5}=\frac{1}{3}=\tan\beta$$

05 아스팔트 혼합물의 마샬안정도 시험에 대한 다음 물음에 답하시오.

(1) 시험의 목적

(2) 기층용 혼합물의 마샬시험 기준값

(3) 안정도의 정의

Solution

(1) 역청 혼합물의 소성 흐름에 대한 저항성 측정

(2) ① 안정도(N) : 3,500 이상

② 흐름값(1/100cm) : 10～40

③ 공극률(%) : 4～6

④ 포화도(%) : 60～75

(3) 마샬시험 공시체(역청 혼합물)에 하중을 가하여 공시체가 파괴될 때 하중

06 골재의 단위용적질량 및 실적률 시험방법(KS F 2505)에 대한 규정이다. 다음 물음에 답하시오.

(1) 굵은골재 최대치수가 10mm 초과, 40mm 이하의 경우 용기의 용적과 1층당 다짐횟수는?
(2) 봉 다지기가 곤란하여 충격에 의해 실시해야 하는 이유 2가지
(3) 충격에 의한 시험방법을 간단히 서술하시오.
(4) 골재의 흡수율이 3%, 표건밀도가 2.65kg/L, 용기의 용적이 30L, 용기 안의 시료의 질량이 45kg인 경우 공극률을 구하시오.

Solution

(1) 10L, 30회
(2) ① 굵은골재의 최대치수가 커서 봉 다지기가 곤란한 경우
② 시료를 손상할 염려가 있는 경우

(3) ① 용기를 콘크리트 바닥과 같은 튼튼하고 수평인 바닥 위에 놓고 시료를 거의 같은 3층으로 나누어 채운다.
② 각 층마다 용기의 한쪽을 약 5cm 들어 올려서 바닥을 두드리듯이 낙하시킨다.
③ 다음으로 반대쪽을 약 5cm 들어 올려 낙하시키고 각각을 교대로 25회, 전체적으로 50회 낙하시켜서 다진다.

(4) ① 골재의 단위용적 질량

$$T = \frac{m}{V} = \frac{45}{30} = 1.5\text{kg/L}$$

② 실적률

$$G = \frac{T}{d_s} \times (100 + Q) = \frac{1.5}{2.65} \times (100 + 3) = 58.3\%$$

∴ 공극률 = 100 − 실적률 = 100 − 58.3 = 41.7%

07 시멘트 밀도시험과 관련된 다음 물음을 답하시오.

(1) 광유의 품질기준을 쓰시오.
(2) 르샤틀리에 병에 64g의 시멘트를 넣고 광유 눈금의 차가 20.3mL이다. 시멘트의 밀도를 구하시오.
(3) 정밀도 및 편차를 쓰시오.

Solution

(1) 온도 (20±1)℃에서 밀도가 0.73g/cm^3 이상인 완전히 탈수된 등유나 나프타를 사용한다.
(2) 밀도 $= \frac{64}{20.3} = 3.15\text{g/cm}^3$
(3) 동일 시험자가 동일 재료에 대하여 2회 측정한 결과가 $\pm 0.03\text{g/cm}^3$ 이내이어야 한다.

08 부순 굵은골재의 최대치수 40mm, 슬럼프 120mm, 물－결합재비 50%의 콘크리트를 만들기 위해 잔골재율(S/a), 단위 수량(W)을 보정하고, 단위 시멘트양(C), 단위 잔골재량(S), 단위 굵은골재량(G), 단위 공기연행제량을 구하시오.(단, 잔골재의 조립률 2.9, 잔골재의 밀도 2.6g/cm^3, 굵은골재 밀도 2.7g/cm^3, 시멘트 밀도 3.15g/cm^3, 공기량 5.5%, 양질의 공기연행감수제를 사용하며 공기연행제의 사용량은 시멘트 질량의 0.03%이다.

[표 1] 콘크리트의 단위 굵은골재 용적, 잔골재율 및 단위 수량의 대략값

굵은 골재의 최대 치수 (mm)	단위 굵은 골재 용적 (%)	공기연행제를 사용하지 않은 콘크리트			공기연행 콘크리트				
		갇힌 공기 (%)	잔골 재율 $\frac{S}{a}$(%)	단위 수량 W (kg/m^3)	공기량 (%)	양질의 공기연행제를 사용한 경우		양질의 공기연행감수제를 사용한 경우	
						잔골 재율 $\frac{S}{a}$(%)	단위 수량 W (kg/m^3)	잔골 재율 $\frac{S}{a}$(%)	단위 수량 W (kg/m^3)
15	58	2.5	53	202	7.0	47	180	48	170
20	62	2.0	49	197	6.0	44	175	45	165
25	67	1.5	45	187	5.0	42	170	43	160
40	72	1.2	40	177	4.5	39	165	40	155

1) 이 표의 값은 보통의 입도를 가진 잔골재(조립률 2.8 정도)와 부순 돌을 사용한 물－결합재비 55% 정도, 슬럼프 80mm 정도의 콘크리트에 대한 것이다.
2) 사용재료 또는 콘크리트의 품질이 1)의 조건과 다를 경우에는 위의 표의 값을 다음 표에 따라 보정한다.

[표 2] 배합수 및 잔골재율 보정방법

구분	$\frac{S}{a}$의 보정(%)	W의 보정
잔골재의 조립률이 0.1만큼 클(작을) 때마다	0.5만큼 크게(작게) 한다.	보정하지 않는다.
슬럼프 값이 10mm만큼 클(작을) 때마다	보정하지 않는다.	1.2%만큼 크게(작게) 한다.
공기량이 1%만큼 클(작을) 때마다	0.5～1.0만큼 작게(크게) 한다.	3%만큼 작게(크게) 한다.
물－결합재비가 0.05 클(작을) 때마다	1만큼 크게(작게) 한다.	보정하지 않는다.

※ 단위 굵은골재 용적에 의하는 경우에는 잔골재의 조립률이 0.1만큼 커질(작아질) 때마다 단위 굵은골재 용적을 1%만큼 작게(크게) 한다.

Solution

(1) ① 잔골재율 보정

- 잔골재 조립률 보정 : $\dfrac{2.9-2.8}{0.1}\times 0.5=0.5\%$

- 공기량 보정 : $-\dfrac{5.5-4.5}{1}\times 0.75=-0.75\%$

- 물－결합재비 보정 : $\dfrac{0.5-0.55}{0.05}\times 1=-1\%$

$\therefore\ \dfrac{S}{a}=40+0.5-0.75-1=38.75\%$

② 단위 수량 보정

- 슬럼프값 보정 : $\dfrac{120-80}{10}\times 1.2=4.8\%$

- 공기량 보정 : $-\dfrac{5.5-4.5}{1}\times 3=-3\%$

$\therefore\ W=155(1+0.048-0.03)=157.79\text{kg}$

(2) 단위 시멘트양

$\dfrac{W}{C}=50\%$

$\therefore\ C=\dfrac{157.79}{0.5}=315.58\text{kg}$

(3) ① 단위 골재량의 절대부피

$$V=1-\left(\frac{157.79}{1\times 1{,}000}+\frac{315.58}{3.15\times 1{,}000}+\frac{5.5}{100}\right)=0.687\text{m}^3$$

② 단위 잔골재의 절대부피 : $V_s=V\times\dfrac{S}{a}=0.687\times 0.3875=0.2662\text{m}^3$

③ 단위 잔골재량 : $0.2662\times 2.6\times 1{,}000=692.12\text{kg}$

④ 단위 굵은골재량 : $(0.687-0.2662)\times 2.7\times 1{,}000=1{,}136.16\text{kg}$

⑤ 단위 공기연행제량 : $315.58\times\dfrac{0.03}{100}=0.09467\text{kg}=94.67\text{g}$

건설재료시험 기사 실기 작업형 출제시험 항목

- 액성한계시험
- 들밀도 시험
- 실내 CBR 시험

산업기사 2015년 7월 12일 시행

• NOTICE •

한국산업인력공단의 저작권법 저촉에 대한 언급(2013년 2회 시험부터)이 있어 과거에 수험자의 기억을 토대로 작성한 동일한 문제나 그 유형의 문제로 재구성하였으며, 혹 미비한 부분은 계속 수정 보완하겠습니다.

01 아스팔트 시험의 종류 4가지를 쓰시오.

(1)

(2)

(3)

(4)

Solution

(1) 비중시험 (2) 침입도시험

(3) 신도시험 (4) 연화점시험

(5) 인화점시험 (6) 점도시험

02 다음 시방배합을 현장배합으로 수정하시오.

- 단위 수량 : 150kg
- 잔골재량 : 660kg
- 굵은골재량 : 1,300kg
- 잔골재 표면수량 : 3%
- 굵은골재 표면수량 : 1%
- 잔골재가 5mm체에 남는 양 : 3%
- 굵은골재가 5mm체 통과량 : 9%

(1) 잔골재 및 굵은골재 입도보정값을 구하시오.

(2) 단위 수량을 구하시오.

(3) 단위 잔골재량과 단위 굵은골재량을 구하시오.

Solution

(1) 입도보정값

① 잔골재

$$X=\frac{100\times S-b(S+G)}{100-(a+b)}=\frac{100\times 660-9(660+1{,}300)}{100-(3+9)}=549.55\text{kg}$$

② 굵은골재

$$Y=\frac{100\times G-a(S+G)}{100-(a+b)}=\frac{100\times 1{,}300-3(660+1{,}300)}{100-(3+9)}=1{,}410.45\text{kg}$$

(2) 단위 수량

① 잔골재

$549.55\times 0.03=16.49\text{kg}$

② 굵은골재

$1{,}410.45\times 0.01=14.10\text{kg}$

$\therefore\ 150-(16.49+14.10)=119.41\text{kg}$

(3) ① 단위 잔골재량

$S=549.55+16.49=566.04\text{kg}$

② 단위 굵은골재량

$G=1{,}410.45+14.10=1{,}424.55\text{kg}$

03 현장밀도(들밀도) 시험 성과표를 보고 물음에 답하시오.(단, 소수 셋째 자리에서 반올림하시오.)

- 시험 전 모래+병무게 : 6,167g
- 시험 후 모래+병무게 : 3,570g
- 깔때기 속 모래무게 : 1,363g
- 시험용 모래 단위밀도 : 1.384g/cm^3
- 시험구멍에서 굴토한 흙 무게 : 1,988g
- 건조로에서 건조시킨 흙 무게 : 1,701g
- 시험실 최대건조밀도 : 1.95g/cm^3

(1) 건조밀도를 구하시오.

(2) 함수비를 구하시오.

(3) 상대다짐도를 구하시오.

Solution

(1) ① $\gamma_{모래} = \dfrac{W}{V}$

$$1.384 = \frac{(6,167-3,570-1,363)}{V} = \frac{1,234}{V}$$

$$\therefore \ V = \frac{1,234}{1.384} = 891.62\text{cm}^3$$

② $\gamma_t = \dfrac{W}{V} = \dfrac{1,988}{891.62} = 2.23\text{g/cm}^3$

③ $\gamma_d = \dfrac{\gamma_t}{1+\dfrac{w}{100}} = \dfrac{2.23}{1+\dfrac{16.87}{100}} = 1.91\text{g/cm}^3$

(2) $w = \dfrac{W_w}{W_s} \times 100 = \dfrac{1,988-1,701}{1,701} \times 100 = 16.87\%$

(3) 다짐도 $= \dfrac{\gamma_d}{\gamma_{d\max}} \times 100 = \dfrac{1.91}{1.95} \times 100 = 97.95\%$

04 굳은 콘크리트 시험에 대한 물음에 답하시오.

(1) 콘크리트 압축강도 시험에서 공시체에 하중을 가하는 속도를 쓰시오.

(2) 콘크리트 휨 강도 시험에서 공시체에 하중을 가하는 속도를 쓰시오.

(3) 콘크리트 인장강도 시험에서 공시체에 하중을 가하는 속도를 쓰시오.

Solution

(1) 0.6±0.4MPa/초

(2) 0.06±0.04MPa/초

(3) 0.06±0.04MPa/초

05 20℃에서 굵은골재의 밀도 및 흡수율 시험 결과가 아래와 같다. 물음에 답하시오.

- 절건상태의 시료질량(A) : 989.5g
- 표건상태의 시료질량(B) : 1,000g
- 시료의 수중질량(C) : 615.4g
- 20℃에서의 물의 밀도(ρ_w) : 0.9970g/cm³

(1) 표건밀도

(2) 절건밀도

(3) 겉보기 밀도

(4) 흡수율

Solution

(1) 표건밀도$= \dfrac{B}{B-C} \times \rho_w = \dfrac{1,000}{1,000-615.4} \times 0.9970 = 2.59\text{g/cm}^3$

(2) 절건밀도$= \dfrac{A}{B-C} \times \rho_w = \dfrac{989.5}{1,000-615.4} \times 0.9970 = 2.57\text{g/cm}^3$

(3) 겉보기 밀도$= \dfrac{A}{A-C} \times \rho_w = \dfrac{989.5}{989.5-615.4} \times 0.9970 = 2.64\text{g/cm}^3$

(4) 흡수율$= \dfrac{B-A}{A} \times 100 = \dfrac{1,000-989.5}{989.5} \times 100 = 1.06\%$

06 **지름이 d, 길이가 L인 원주형 공시체에 할렬인장강도 시험을 하여 최대하중 P를 얻었다. 이때 인장강도를 구하는 공식은?**

Solution

인장강도 $= \dfrac{2P}{\pi dL}$

07 **어떤 흙에 정수위투수시험을 하였다. 직경 및 길이는 각각 10cm, 31.4cm였고, 수두차를 20cm로 유지하면서 15℃의 물을 투과시킨 결과 10분간 480cm^{3}의 물이 시료를 통하여 흘러나왔다. 투수계수를 구하시오.**

Solution

$$k_{15} = \frac{Q \cdot L}{A \cdot h \cdot t} = \frac{480 \times 31.4}{\dfrac{\pi \cdot 10^2}{4} \times 20 \times (10 \times 60)} = 0.016\text{cm/sec}$$

08 **현장 다짐 흙의 밀도를 조사하기 위하여 모래치환법으로 시험을 실시한 결과 다음과 같은 값을 얻었다. 물음에 대한 산출근거와 답을 쓰시오.**

- 시험 구멍에서 흙의 무게 : 1,670g
- 시험 구멍 흙의 함수비 : 15%
- 시험 구멍에 채워진 표준모래무게 및 단위 중량 : 1,480g, 1.65g/cm^3
- 실내 시험에서 구한 최대 건조밀도 및 비중 : 1.73g/cm^3, 2.65
- 물의 단위 중량 : 1g/cm^3

(1) 시험 구멍의 부피
(2) 습윤밀도
(3) 건조밀도
(4) 공극비
(5) 포화도
(6) 다짐도

Solution

(1) 시험 구멍의 부피 : $V=\dfrac{W}{\gamma_{모래}}=\dfrac{1{,}480}{1.65}=896.97\text{cm}^3$

(2) 습윤밀도 : $\gamma_t=\dfrac{W}{V}=\dfrac{1{,}670}{896.97}=1.86\text{g/cm}^3$

(3) 건조밀도 : $\gamma_d=\dfrac{\gamma_t}{1+\dfrac{w}{100}}=\dfrac{1.86}{1+\dfrac{15}{100}}=1.62\text{g/cm}^3$

(4) 공극비 : $e=\dfrac{\gamma_w}{\gamma_d}G_s-1=\dfrac{1}{1.62}\times 2.65-1=0.64$

(5) 포화도 : $S=\dfrac{G_s\cdot w}{e}=\dfrac{2.65\times 15}{0.64}=62.11\%$

(6) 다짐도 : $R=\dfrac{\gamma_d}{\gamma_{d\max}}\times 100=\dfrac{1.62}{1.73}\times 100=93.64\%$

09 흙을 압밀 비배수 조건으로 삼축압축시험을 하여 다음과 같은 결과를 얻었다. 물음에 답하시오.

구분	1회	2회
$\sigma_3(\text{kN/m}^2)$	1.2	4.6
$\sigma_1(\text{kN/m}^2)$	4.25	11.5
$u(\text{kN/m}^2)$	0.25	1.32

(1) 전응력과 유효응력에 의한 Mohr원을 그리고 전응력에 의한 C, ϕ 값과 유효응력에 의한 C_{cu}, ϕ_{cu} 값을 구하시오.

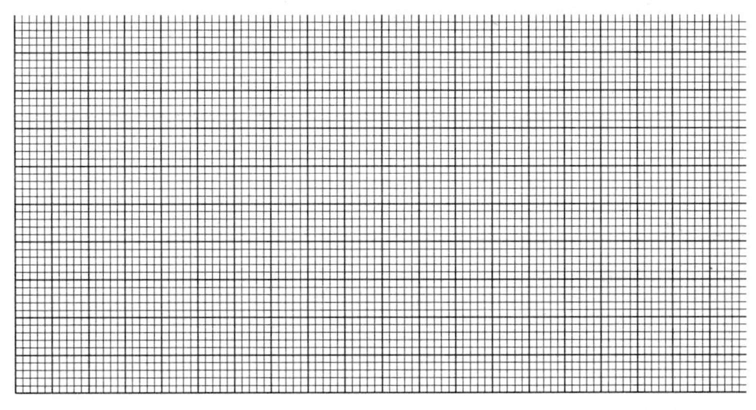

① 전응력

• C • ϕ

② 유효응력

• C_{cu} • ϕ_{cu}

(2) 이 흙이 완전히 포화되었다고 가정하고 간극수압계수 A를 구하시오.

① 1회 시료의 A값

② 2회 시료의 A값

Solution

(1)

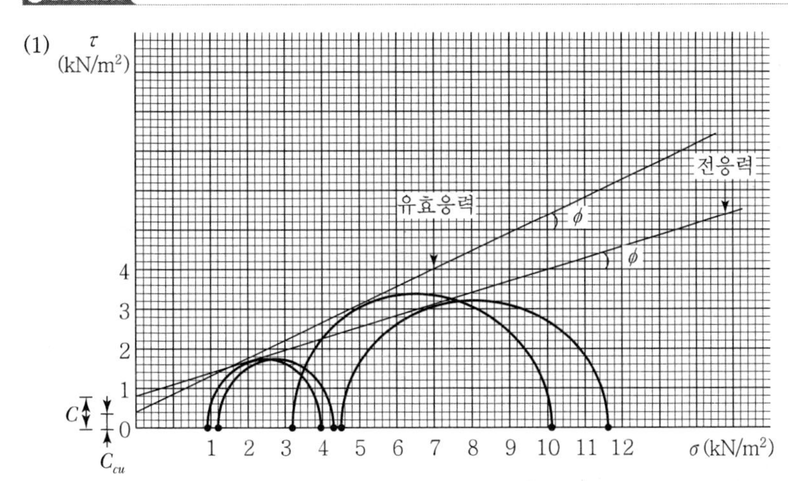

여기서, •전응력 작도 시

구분	최소 주응력 (σ_3)	최대 주응력 (σ_1)
1회	1.2	4.25
2회	4.6	11.5

•유효응력 작도 시

구분	최소 유효 주응력 ($\sigma_3'=\sigma_3-u$)	최대 유효 주응력 ($\sigma_1'=\sigma_1-u$)
1회	0.95=1.2−0.25	4=4.25−0.25
2회	3.28=4.6−1.32	10.18=11.5−1.32

① 전응력

• C : 0.8kN/m²　　• ϕ : 20.3°

② 유효응력

• C_{cu} : 0.4kN/m²　　• ϕ_{cu} : 29.5°

(2) ① 1회 시료의 A값

$\Delta u = A \cdot \Delta\sigma_1$

$$\therefore A = \frac{\Delta u}{\Delta\sigma_1} = \frac{0.25}{4.25-1.2} = 0.08$$

② 2회 시료의 A값

$\Delta u = A \cdot \Delta\sigma_1$

$$\therefore A = \frac{\Delta u}{\Delta\sigma_1} = \frac{1.32}{11.5-4.6} = 0.19$$

10 굳지 않은 콘크리트의 반죽질기 측정방법 5가지를 쓰시오.

(1)　　(2)

(3)　　(4)

Solution

(1) 슬럼프 시험　　(2) 리몰딩 시험

(3) 흐름 시험　　(4) 비비 시험

(5) 케리볼 시험

건설재료시험 산업기사 실기 작업형 출제시험 항목

• 시멘트 밀도시험
• 슬럼프시험
• 흙의 다짐시험(A)

기사 2015년 11월 7일 시행

• NOTICE •

한국산업인력공단의 저작권법 저촉에 대한 언급(2013년 2회 시험부터)이 있어 과거에 수험자의 기억을 토대로 작성한 동일한 문제나 그 유형의 문제로 재구성하였으며, 혹 미비한 부분은 계속 수정 보완하겠습니다.

01 역청 포장용 혼합물로부터 역청의 정량추출시험을 하여 아래와 같은 결과를 얻었다. 역청함유율(%)을 계산하시오.(단, 소수 셋째 자리에서 반올림하시오.)

- 시료의 무게=2,230g
- 시료 중 물의 무게=110g
- 추출된 광물질의 무게=1,857.4g
- 추출 물질 속의 회분의 무게=93g
- 필터의 증가분 무게=5.4g

Solution

$$\text{역청 함유율} = \frac{(W_1 - W_2) - (W_3 + W_4 + W_5)}{W_1 - W_2} \times 100$$

$$= \frac{(2{,}230 - 110) - (1{,}857.4 + 93 + 5.4)}{2{,}230 - 110} \times 100 = 7.75\%$$

여기서, W_1 : 시료의 무게

W_2 : 시료 중 물의 무게

W_3 : 추출된 광물질의 무게

W_4 : 추출 물질 속의 회분의 무게

W_5 : 필터의 증가분 무게

02 현장도로 토공에서 모래치환법에 의한 현장 밀도시험을 하였다. 파낸 구멍의 체적이 $V=1,480\text{cm}^3$, 흙의 무게가 3,200g이고 함수비가 15%였다. 시험실에서 구한 최대 건조밀도가 $\gamma_{d\max}=2.0\text{g/cm}^3$일 때 다짐도는 얼마인가?

Solution

$$\gamma_t=\frac{W}{V}=\frac{3,200}{1,480}=2.162\text{g/cm}^3$$

$$\gamma_d=\frac{\gamma_t}{1+\frac{w}{100}}=\frac{2.162}{1+\frac{15}{100}}=1.88\text{g/cm}^3$$

$$\therefore \text{다짐도}=\frac{\gamma_d}{\gamma_{d\max}}\times 100=\frac{1.88}{2.0}\times 100=94\%$$

03 골재의 안정성 시험의 목적과 사용되는 용액 2가지를 쓰시오.

(1) 목적

(2) 사용하는 시약 2가지

Solution

(1) 골재의 내구성을 알기 위해서 시험하는 것이다.

(2) ① 황산나트륨

② 염화바륨

04 현장 모래의 습윤밀도가 17kN/m^3, 함수비 8.0%였다. 시험실에서 이 모래에 대한 최대, 최소 건조밀도를 측정하였더니 17.1kN/m^3, 15.3kN/m^3이었다. 상대밀도(D_r)에 따른 사질토의 조밀상태를 판별하시오.

Solution

(1) 건조밀도

$$\gamma_d=\frac{\gamma_t}{1+\frac{\omega}{100}}=\frac{17}{1+\frac{8}{100}}=15.74\text{kN/m}^3$$

(2) 상대밀도

$$D_r = \frac{\gamma_d - \gamma_{d\min}}{\gamma_{d\max} - \gamma_{d\min}} \times \frac{\gamma_{d\max}}{\gamma_d} \times 100$$

$$= \frac{15.74 - 15.3}{17.1 - 15.3} \times \frac{17.1}{15.74} \times 100 = 26.6\%$$

$\therefore D_r < \frac{1}{3}$ 이므로 느슨한 상태이다.

※ $D_r < \frac{1}{3}$: 느슨한 상태

$\frac{1}{3} < D_r < \frac{2}{3}$: 보통인 상태

$D_r > \frac{2}{3}$: 조밀한 상태

05 콘크리트 압축강도 측정치를 보고 다음 물음에 답하시오.

[콘크리트 압축강도 측정치(MPa)]

35	43	40	43	43
42.5	45.5	34	35	38.5
36	41	36.5	41.5	45.5

(1) 시험은 15회 실시하였다. 표준편차를 구하시오.

(2) 콘크리트의 호칭강도(f_{cn})가 40MPa일 때 배합강도를 구하시오.

Solution

(1) 표준편차

- 콘크리트 압축강도 측정치 합계

  $\sum x = 600\text{MPa}$

- 콘크리트 압축강도 평균값

  $\bar{x} = \frac{600}{15} = 40\text{MPa}$

- 편차 제곱합

$$S = (35-40)^2 + (43-40)^2 + (40-40)^2 + (43-40)^2 + (43-40)^2$$
$$+ (42.5-40)^2 + (45.5-40)^2 + (34-40)^2 + (35-40)^2 + (38.5-40)^2$$
$$+ (36-40)^2 + (41-40)^2 + (36.5-40)^2 + (41.5-40)^2 + (45.5-40)^2$$
$$= 213.5\text{MPa}$$

• 표준편차

$$\sigma = \sqrt{\frac{S}{n-1}} = \sqrt{\frac{213.5}{15-1}} = 3.91\text{MPa}$$

• 직선보간한 표준편차

$3.91 \times 1.16 = 4.54\text{MPa}$

(2) 배합강도($f_{cn} > 35\text{MPa}$인 경우)

• $f_{cr} = f_{cn} + 1.34s = 40 + 1.34 \times 4.54 = 46.08\text{MPa}$

• $f_{cr} = 0.9f_{cn} + 2.33s = 0.9 \times 40 + 2.33 \times 4.54 = 46.58\text{MPa}$

∴ 두 식 중 큰 값 46.58MPa

06 굳은 콘크리트 시험에 대한 물음에 답하시오.

(1) 콘크리트 압축강도 시험에서 공시체에 하중을 가하는 속도를 쓰시오.

(2) 콘크리트 휨 강도 시험에서 공시체에 하중을 가하는 속도를 쓰시오.

(3) 콘크리트 인장강도 시험에서 공시체에 하중을 가하는 속도를 쓰시오.

Solution

(1) 0.6±0.4MPa/초

(2) 0.06±0.04MPa/초

(3) 0.06±0.04MPa/초

07 다음은 압밀에 관한 사항이다. 물음에 답하시오.

(1) 과압밀비를 설명하고 과압밀과 정규압밀을 구분하시오.

(2) 압축지수를 구하기 위해 $e - \log P$ 압밀곡선을 그리고 관련 식을 쓰시오.

(3) 액성한계를 이용한 압축지수 관련 식을 쓰시오.(단, Terzaghi와 Deek의 공식을 이용한다.)

Solution

(1) ① 과압밀비(OCR)

흙이 현재 받고 있는 유효연직응력에 대한 선행압밀압력의 비

② OCR > 1 : 과압밀점토

OCR = 1 : 정규압밀점토

(2)

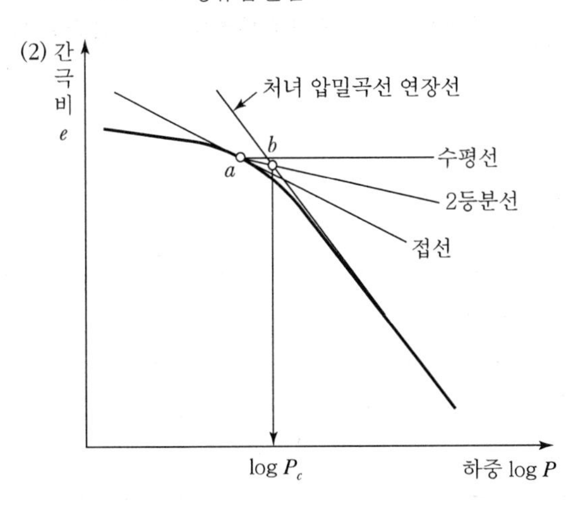

- 선행압밀하중 결정순서

① 압밀곡선에서 가장 곡률이 큰(곡률 반경 최소) 점 a를 선택하고 수평선을 긋는다.

② a점의 접선을 긋는다.

③ 처녀 압밀곡선 연장선을 긋는다.

④ 접선과 수평선의 각을 2등분하여 긋는다.

⑤ 처녀 압밀곡선의 연장선과 교점 b에 대응하는 $\log P_c$ 값이 선행압밀하중이 된다.

- $C_c = \dfrac{e_1 - e_2}{\log \dfrac{P_2}{P_1}}$

여기서, P_1 : 선행압밀하중

e_1 : 선행압밀하중에 해당하는 공극비

(3) • 불교란 시료의 경우

$C_c = 0.009(w_L - 10)$

- 교란 시료의 경우

$C_c = 0.007(w_L - 10)$

08 어느 시료를 체분석 시험한 결과가 다음과 같다. 물음에 답하시오.

체눈금(mm)	25	19	10	5	2.0	0.84	0.42	0.25	0.11	0.08
잔류량(g)	0	15.5	12.3	9.8	13.0	124.2	67.6	89.6	70.5	57.5

(1) 다음 표의 잔류율, 가적 잔류율, 통과율을 구하시오.(단, 소수 둘째 자리에서 반올림하시오.)

체눈금(mm)	잔류량(g)	잔류율(%)	가적 잔류율(%)	통과율(%)
25	0			
19	15.5			
10	12.3			
5	9.8			
2.0	13.0			
0.84	124.2			
0.42	67.6			
0.25	89.6			
0.11	70.5			
0.08	57.5			

(2) 입경가적곡선을 그리시오.

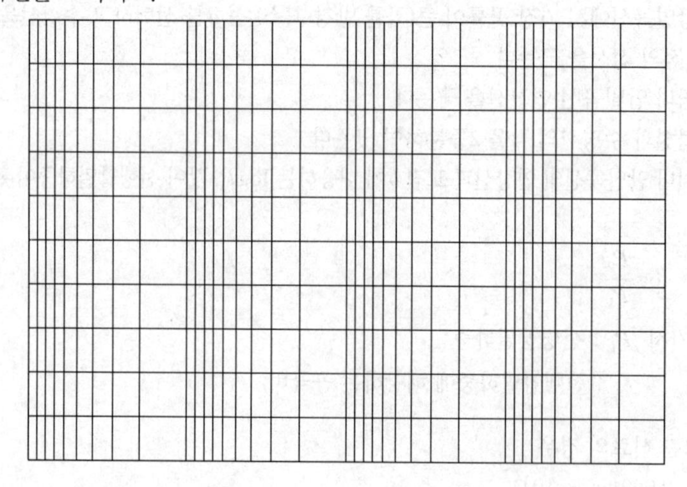

(3) 균등계수, 곡률계수를 구하고 입도분포를 양호, 불량으로 판정하시오.

Solution

(1)

체눈금(mm)	잔류량(g)	잔류율(%)	가적 잔류율(%)	통과율(%)
25	0	0	0	100
19	15.5	3.4	3.4	96.6
10	12.3	2.7	6.1	94.0
5	9.8	2.1	8.2	91.8
2.0	13.0	2.8	11.0	89.0
0.84	124.2	27.0	38.0	62.0
0.42	67.6	14.7	52.7	47.3
0.25	89.6	19.5	72.2	27.8
0.11	70.5	15.3	87.5	12.5
0.08	57.5	12.5	100	0

- 잔류율 $= \dfrac{\text{각 체의 잔류량}}{\text{잔류량 전체 합계}} \times 100$
- 가적 잔류율 = 각 체의 잔류율 누계
- 통과율 = 100 − 가적 잔류율

(2)

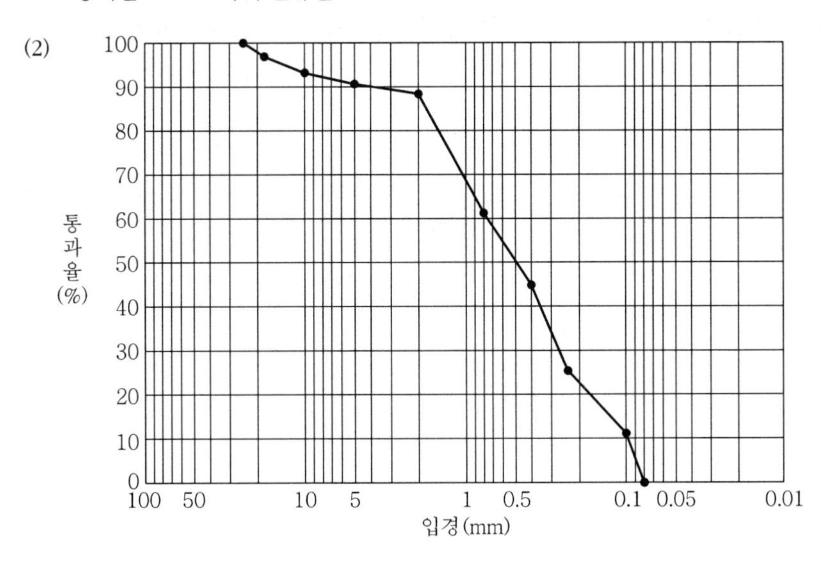

※ 주어진 성과에 따라 원점을 10부터 표시할 수 있으며 점과 점은 곡선으로 나타낼 수 있다.

(3) • $D_{10} = 0.1\text{mm}$, $D_{30} = 0.27\text{mm}$, $D_{60} = 0.8\text{mm}$

• $C_u = \dfrac{D_{60}}{D_{10}} = \dfrac{0.8}{0.1} = 8$

• $C_g = \dfrac{(D_{30})^2}{D_{10} \times D_{60}} = \dfrac{(0.27)^2}{0.1 \times 0.8} = 0.9$

∴ 균등계수는 양호하지만 곡률계수가 불량하여 입도분포가 불량하다.

09 시멘트 밀도시험과 관련된 다음 물음에 답하시오.

(1) 광유의 품질기준을 쓰시오.

(2) 르샤틀리에 병에 64g의 시멘트를 넣고 광유 눈금의 차가 20.3mL이다. 시멘트의 밀도를 구하시오.

(3) 정밀도 및 편차를 쓰시오.

Solution

(1) 온도 (20±1)℃에서 밀도가 약 0.73g/cm^3 이상인 완전히 탈수된 등유나 나프타를 사용한다.

(2) 밀도$= \dfrac{64}{20.3} = 3.15\,\text{g/cm}^3$

(3) 동일 시험자가 동일 재료에 대하여 2회 측정한 결과가 ±0.03g/cm^3 이내이어야 한다.

건설재료시험 기사 실기 작업형 출제시험 항목

- 액성한계시험
- 들밀도 시험
- 실내 CBR 시험

산업기사 2015년 11월 7일 시행

• NOTICE •

한국산업인력공단의 저작권법 저촉에 대한 언급(2013년 2회 시험부터)이 있어 과거에 수험자의 기억을 토대로 작성한 동일한 문제나 그 유형의 문제로 재구성하였으며, 혹 미비한 부분은 계속 수정 보완하겠습니다.

01 흙의 자연함수비가 28%인 점성토 토성시험 결과 아래와 같을 때 다음을 구하시오.(단, 소성한계는 21.2%라 가정하고, 소수 셋째 자리에서 반올림하시오.)

측정 번호	1	2	3	4	5	6
낙하 횟수	11	17	27	35	42	50
함수비	33.4	32.7	32.1	31.7	31.4	31.2

(1) 유동곡선을 그리고 액성한계를 구하시오.

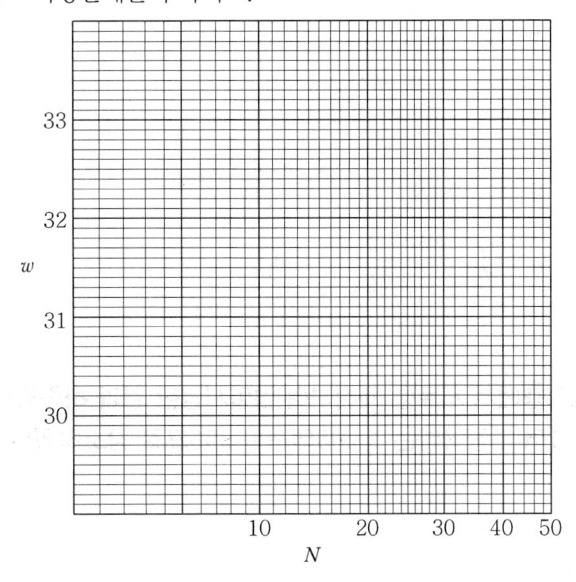

(2) 액성지수(I_L)를 구하시오.

(3) 유동지수(I_f)를 구하시오.

(4) 터프니스 지수(I_t)를 구하시오.

Solution

(1)

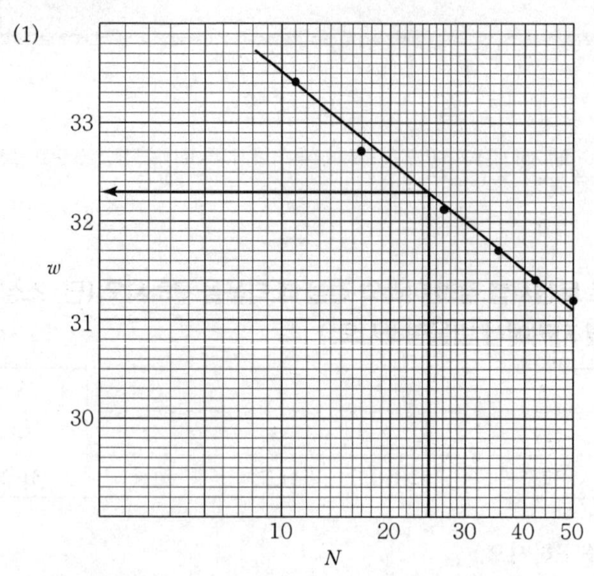

액성한계 (w_L) : 32.3%

(2) 액성지수 $I_L = \dfrac{\omega_n - \omega_P}{I_P} = \dfrac{28-21.2}{32.3-21.2} = 0.61$

(3) 유동지수 $I_f = \dfrac{\omega_1 - \omega_2}{\log N_2 - \log N_1} = \dfrac{33.4-31.2}{\log 50 - \log 11} = 3.35\%$

(4) 터프니스 지수 $I_t = \dfrac{I_P}{I_f} = \dfrac{32.3-21.2}{3.35} = 3.31$

02 **두께 2m의 점토층에서 시료를 채취하여 압밀시험한 결과 하중강도를 620kPa에서 1,240 kPa로 증가시켰더니 공극비는 1.205에서 0.956으로 감소하였다. 다음 물음에 답하시오.**

(1) 압축계수(a_V)

(2) 체적 변화계수(m_V)

(3) 최종 압밀침하량(ΔH)

Solution

(1) $a_V = \dfrac{e_1 - e_2}{P_2 - P_1} = \dfrac{1.205-0.956}{1{,}240-620} = 0.0004\text{m}^2/\text{kN}$

(2) $m_V = \dfrac{a_V}{1+e} = \dfrac{0.0004}{1+1.205} = 0.00018\text{m}^2/\text{kN}$

(3) $\Delta H = m_V \cdot \Delta P \cdot H = 0.00018 \times (1{,}240-620) \times 200 = 22.32\text{cm}$

03 도로의 평판재하시험방법(KS F 2310)에 대한 물음에 답하시오.

(1) 평판재하시험을 끝마치는 조건에 대해 2가지만 쓰시오.

(2) 재하판의 규격은?

Solution

(1) ① 침하량이 15mm에 도달할 경우
② 하중강도가 현장에서 예상되는 최대 접지압의 크기를 넘을 때
③ 하중강도가 그 지반의 항복점을 넘을 때

(2) 두께 25mm 이상의 강제 원판으로 지름이 30cm, 40cm, 75cm의 것으로 한다.

04 굵은골재에 대한 밀도 및 흡수율 시험 결과가 아래 표와 같을 때 물음에 답하시오.(단, 소수 셋째 자리에서 반올림하시오.)

절건상태의 시료 질량(g)	4,205
수중 시료의 질량(g)	2,652
표건 상태의 시료 질량(g)	4,259
물의 밀도(g/cm³)	0.9970

(1) 표건밀도를 구하시오.

(2) 겉보기 밀도를 구하시오.

(3) 흡수율을 구하시오.

Solution

(1) 표건밀도 $= \dfrac{B}{B-C} \times \rho_w = \dfrac{4,259}{4,259-2,652} \times 0.9970 = 2.64\text{g/cm}^3$

(2) 겉보기 밀도 $= \dfrac{A}{A-C} \times \rho_w = \dfrac{4,205}{4,205-2,652} \times 0.9970 = 2.70\text{g/cm}^3$

(3) 흡수율 $= \dfrac{B-A}{A} \times 100 = \dfrac{4,259-4,205}{4,205} \times 100 = 1.28\%$

05 자연시료의 압축파괴시험 시 강도가 1.57kN/m^2, 파괴면 각도 $58°$, 교란된 시료의 압축강도가 0.28kN/m^2일 때 다음 물음에 답하시오.(단, 소수 셋째 자리에서 반올림하시오.)

(1) 내부마찰각(ϕ)을 구하시오.

(2) 점착력(C)을 구하시오.

(3) 예민비를 구하고 판정하시오.

Solution

(1) $\theta = 45° + \frac{\phi}{2}$

$58° = 45° + \frac{\phi}{2}$

$\therefore \ \phi = 26°$

(2) $C = \frac{q_u}{2\tan\left(45° + \frac{\phi}{2}\right)} = \frac{1.57}{2\tan\left(45° + \frac{26°}{2}\right)} = 0.49\text{kN/m}^2$

(3) $S_t = \frac{q_u}{q_{ur}} = \frac{1.57}{0.28} = 5.61$

$\therefore$ $4 < S_t < 8$이므로 예민하다.

여기서, $S_t < 2$: 비예민

$2 < S_t < 4$: 보통

$4 < S_t < 8$: 예민

$8 < S_t$: 초예민

06 굳은 콘크리트 시험에 대한 물음에 답하시오.

(1) 콘크리트 압축강도 시험에서 공시체에 하중을 가하는 속도를 쓰시오.
(2) 콘크리트 휨 강도 시험에서 공시체에 하중을 가하는 속도를 쓰시오.
(3) 콘크리트 인장강도 시험에서 공시체에 하중을 가하는 속도를 쓰시오.

Solution

(1) 0.6±0.4MPa/초
(2) 0.06±0.04MPa/초
(3) 0.06±0.04MPa/초

07 아스팔트 시험에 대한 다음 물음에 답하시오.

(1) 아스팔트 신도시험의 표준온도와 인장속도를 구하시오.
(2) 엥글러 점도계를 이용한 점도값은 어떻게 규정되는가?

Solution

(1) ① 표준온도 : 25±0.5℃ ② 인장속도 : 5±0.25cm/min

(2) 엥글러 점도 $= \frac{\text{시료의 유출시간(초)}}{\text{증류수의 유출시간(초)}}$

08 콘크리트의 시방배합 결과와 현장 골재 상태가 다음과 같을 때 시방배합을 현장배합으로 고치시오.(단, 소수 첫째 자리에서 반올림하시오.)

[현장 골재의 상태]

- 잔골재가 5mm 체에 남은 율 : 2%
- 굵은골재가 5mm 체에 통과한 율 : 5%
- 잔골재 표면수율 : 3%
- 굵은골재 표면수율 : 1%

[시방배합표(kg/m³)]

굵은골재 최대치수 (mm)	잔골재율 (%)	슬럼프 (mm)	단위 수량	단위시멘트	단위 잔골재량	단위 굵은골재량
25	40	80	200	400	700	1,200

(1) 단위 잔골재량
(2) 단위 굵은골재량
(3) 단위 수량

Solution

(1) 단위 잔골재량(S)

① 입도 보정

$$\frac{100S-b(S+G)}{100-(a+b)}=\frac{100\times700-5(700+1,200)}{100-(2+5)}=650.54\text{kg}$$

② 표면수 보정

$650.54\times0.03=19.52\text{kg}$

$\therefore\ S=650.54+19.52=670\text{kg}$

(2) 단위 굵은골재량(G)

① 입도 보정

$$\frac{100G-a(S+G)}{100-(a+b)}=\frac{100\times1,200-2(700+1,200)}{100-(2+5)}=1,249.46\text{kg}$$

② 표면수 보정

$1,249.46\times0.01=12.49\text{kg}$

$\therefore\ G=1,249.46+12.49=1,262\text{kg}$

(3) 단위 수량(W)

$W=200-(19.52+12.49)=168\text{kg}$

09 **포틀랜드 시멘트의 종류 4가지를 쓰시오.**

(1)

(2)

(3)

(4)

Solution

(1) 보통 포틀랜드 시멘트
(2) 중용열 포틀랜드 시멘트
(3) 조강 포틀랜드 시멘트
(4) 저열 포틀랜드 시멘트
(5) 내황산염 포틀랜드 시멘트

건설재료시험 산업기사 실기 작업형 출제시험 항목

- 시멘트 밀도시험
- 슬럼프시험
- 흙의 다짐시험(A)

기사 2016년 4월 17일 시행

• NOTICE •

한국산업인력공단의 저작권법 저촉에 대한 언급(2013년 2회 시험부터)이 있어 과거에 수험자의 기억을 토대로 작성한 동일한 문제나 그 유형의 문제로 재구성하였으며, 혹 미비한 부분은 계속 수정 보완하겠습니다.

01 **흙의 노상 및 보조기층의 노반 지지력과 관련하여 현장에서 판정하는 방법에는 어떤 현장 시험들이 있는지 4가지만 쓰시오.**

(1)

(2)

(3)

(4)

Solution

(1) CBR 시험

(2) 평판재하시험(PBT)

(3) 현장밀도(들밀도) 시험

(4) 프루프롤링(Proof Rolling) 시험

02 **어떤 점토층의 압밀시험 결과가 다음과 같다. 다음 물음에 답하시오.(단, 배수조건은 양면배수이며 γ_w = 9.81kN/m³이다.)**

압밀응력(kN/m²)	공극비(e)	시료평균두께(cm)	t_{50}(초)	t_{90}(초)
6.4	1.148	1.384	79	342
12.8	0.951			

(1) 압밀계수(C_v)를 구하시오.(단, 소수 일곱째 자리에서 반올림하시오.)

① $\log t$ 법

② $\sqrt{t}$ 법

(2) 압축계수(a_v)를 구하시오.(단, 소수 넷째 자리에서 반올림하시오.)

(3) 체적변화계수(m_v)를 구하시오.(단, 소수 넷째 자리에서 반올림하시오.)

(4) 압축지수(C_c)를 구하시오.(단, 소수 넷째 자리에서 반올림하시오.)

(5) $\sqrt{t}$ 법에서 구한 압밀계수로 투수계수를 구하시오.(단, 소수 아홉째 자리까지 쓰시오.)

Solution

(1) ① $C_v = \dfrac{0.197H^2}{t_{50}} = \dfrac{0.197\times\left(\dfrac{1.384}{2}\right)^2}{79} = 0.001194\text{cm}^2/\text{sec}$

② $C_v = \dfrac{0.848H^2}{t_{90}} = \dfrac{0.848\times\left(\dfrac{1.384}{2}\right)^2}{342} = 0.001187\text{cm}^2/\text{sec}$

(2) $a_v = \dfrac{e_1 - e_2}{P_2 - P_1} = \dfrac{1.148 - 0.951}{12.8 - 6.4} = 0.031\text{m}^2/\text{kN}$

(3) $m_v = \dfrac{a_v}{1+e} = \dfrac{0.031}{1+1.148} = 0.014\text{m}^2/\text{kN}$

(4) $C_c = \dfrac{e_1 - e_2}{\log\dfrac{P_2}{P_1}} = \dfrac{1.148 - 0.951}{\log\dfrac{12.8}{6.4}} = 0.654$

(5) $k = C_v \cdot m_v \cdot \gamma_w$

$= 1.187 \times 10^{-7} \times 0.014 \times 9.81 = 1.6 \times 10^{-8}\ \text{m/sec}$

03 콘크리트 압축강도 측정치와 시험 횟수가 29회 이하일 때 표준편차의 보정계수를 보고 다음 물음에 답하시오.

[콘크리트 압축강도 측정치(MPa)]

27.2	24.1	23.4	24.2	28.6	25.7
23.5	30.7	29.7	27.7	29.7	24.4
26.9	29.5	28.5	29.7	25.9	26.6

(1) 시험은 18회 실시하였다. 표준편차를 구하시오.(단, 표준편차의 보정계수가 사용표에 없을 경우 직선보간하여 사용한다.)

(2) 콘크리트의 호칭강도(f_{cn})가 24MPa일 때 배합강도를 구하시오.

Solution

(1) ① 콘크리트 압축강도 측정치 합계

$\sum x = 486$

② 평균값

$\bar{x} = \dfrac{486}{18} = 27\text{MPa}$

③ 편차 제곱합

$$S=(27.2-27)^2+(23.5-27)^2+(26.9-27)^2+(24.1-27)^2+(30.7-27)^2+(29.5-27)^2$$
$$+(23.4-27)^2+(29.7-27)^2+(28.5-27)^2+(24.2-27)^2+(27.7-27)^2+(29.7-27)^2$$
$$+(28.6-27)^2+(29.7-27)^2+(25.9-27)^2+(25.7-27)^2+(24.4-27)^2+(26.6-27)^2$$
$$=98.44\text{MPa}$$

④ 표준편차

$$\sigma=\sqrt{\frac{S}{n-1}}=\sqrt{\frac{98.44}{18-1}}=2.41\text{MPa}$$

⑤ 직선보간한 표준편차(표준편차×보정계수)

$2.41\times1.112=2.68\text{MPa}$

여기서, 직선보간한 보정계수값은 16회 때 1.144, 17회 때 1.128, 18회 때 1.112, 19회 때 1.096 이 된다.

⑥ 시험 횟수가 29회 이하일 때 표준편차의 보정계수

시험 횟수	표준편차의 보정계수
15	1.16
20	1.08
25	1.03
30 이상	1.00

(2) $f_{cn}\le35\text{MPa}$인 경우

① $f_{cr}=f_{cn}+1.34S=24+1.34\times2.68=27.59\text{MPa}$

② $f_{cr}=(f_{cn}-3.5)+2.33S=(24-3.5)+2.33\times2.68=26.74\text{MPa}$

여기서, S : 직선보간한 표준편차값

∴ 두 식 중 큰 값 27.59MPa

04 콘크리트 모래에 포함되어 있는 유기불순물시험에서 식별용 표준색 용액을 만드는 제조방법을 쓰시오.

(1)

(2)

(3)

Solution

(1) 10% 알코올 용액으로 2% 타닌산 용액을 만든다.

(2) 3% 수산화나트륨 용액을 만든다.

(3) 2% 타닌산 용액 2.5mL를 3%의 수산화나트륨 용액 97.5mL에 타서 만든다.

05 다음 그림과 조건을 이용하여 물음에 답하시오.

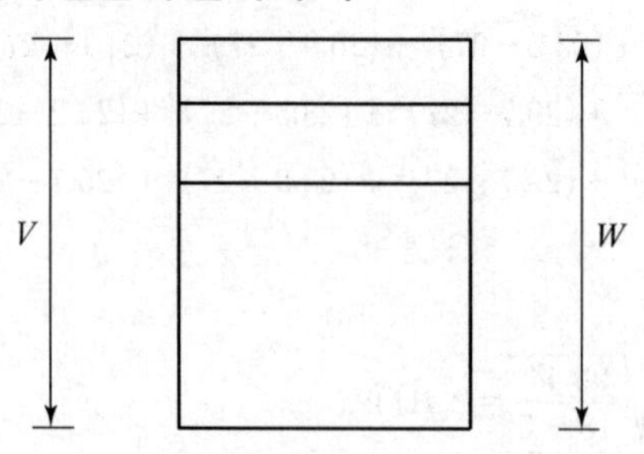

[조건]

• 비중=2.69	• 습윤밀도=1.85g/cm³	• 물의 밀도=1g/cm³
• 체적(V)=100cm³	• 함수비(w)=12%	

(1) 흙과 물의 무게를 구하시오.
(2) 흙과 물의 체적을 구하시오.

Solution

(1) $\gamma_t = \dfrac{W}{V} = 1.85\text{g/cm}^3$

$\dfrac{W}{100} = 1.85$

$W = 185\text{g}$

$\therefore\ W_s = \dfrac{100\,W}{100+w} = \dfrac{100 \times 185}{100+12} = 165.18\text{g}$

$W_w = \dfrac{w\,W}{100+w} = \dfrac{12 \times 185}{100+12} = 19.82\text{g}$

(2) ① $e = \dfrac{\gamma_w}{\gamma_d} G_s - 1 = \dfrac{1}{1.65} \times 2.69 - 1 = 0.63$

여기서, $\gamma_d = \dfrac{\gamma_t}{1+\dfrac{w}{100}} = \dfrac{1.85}{1+\dfrac{12}{100}} = 1.65\text{g/cm}^3$

② $G_s = \dfrac{\gamma_s}{\gamma_w} = \dfrac{W_s}{V_s \cdot \gamma_w}$

$\therefore\ V_s = \dfrac{W_s}{G_s \cdot \gamma_w} = \dfrac{165.18}{2.69 \times 1} = 61.41\text{cm}^3$

③ $e = \dfrac{V_V}{V_s}$

$\therefore\ V_V = e \cdot V_s = 0.63 \times 61.41 = 38.69\text{cm}^3$

④ $S \cdot e = G_s \cdot w$

$$\therefore\ S = \frac{G_s \times w}{e} = \frac{2.69 \times 12}{0.63} = 51.24\%$$

⑤ $S = \dfrac{V_w}{V_v} \times 100$

$$\therefore\ V_w = \frac{S \cdot V_v}{100} = \frac{51.24 \times 38.69}{100} = 19.82\text{cm}^3$$

06 굵은골재 및 잔골재의 체가름 시험방법(KSF 2502)에 관해 다음 물음에 답하시오.

(1) 굵은골재의 체가름 시 최소 건조질량 기준을 쓰시오.

(2) 잔골재의 체가름 시 최소 건조질량 기준을 쓰시오.

(3) 체가름은 언제까지 작업하는가?

(4) 다음은 골재의 체가름표이다. 물음에 답하시오.

체 크기(mm)	75	40	20	10	5	2.5	1.2
잔류율(%)	0	5	24	48	19	4	0

① 굵은골재의 최대치수의 정의는?

② 굵은골재의 최대치수는?

③ 조립률을 구하시오.

Solution

(1) 골재 최대치수(mm)의 0.2배를 kg으로 표시한 양으로 한다.

(2) ① 1.2mm 체를 95%(질량비) 이상 통과하는 것에 대한 최소 건조질량은 100g이다.

② 1.2mm 체에 5%(질량비) 이상 남는 것에 대한 최소 건조질량은 500g이다.

(3) 체를 1분간 진동시켜 각 체를 통과하는 것이 전 시료 질량의 0.1% 이하로 될 때까지 작업을 한다.

(4) ① 굵은골재의 최대치수란 질량비로 90% 이상을 통과시키는 체 중에서 최소치수의 체눈의 호칭치수로 나타낸다.

② 40mm

③ $FM = \dfrac{5+29+77+96+100+100+100+100+100}{100} = 7.07$

※ 골재의 조립률이란 75mm, 40mm, 20mm, 10mm, 5mm, 2.5mm, 1.2mm, 0.6mm, 0.3mm, 0.15mm 등 10개의 체를 1조로 하여 체가름 시험을 하였을 때 각 체에 남는 누계량의 전체 시료에 대한 질량 백분율의 합을 100으로 나눈 값이다.

07 아스팔트 신도시험에 대한 사항이다. 다음 물음에 답하시오.

(1) 신도시험의 목적은?
(2) 고온에서의 표준온도 및 인장속도는?
(3) 저온에서의 표준온도 및 인장속도는?

Solution

(1) 아스팔트의 연성을 알기 위해서
(2) 25±0.5℃, 5±0.25cm/min
(3) 4℃, 1cm/min

08 함수비가 47.5%인 모래질 점토 시료에 대한 수축한계시험으로부터 다음 결과를 얻었다. 물음에 답하시오.(단, $\gamma_w = 1g/cm^3$이다.)

습윤시료의 체적 : $V(cm^3)$	21.2
노건조시료의 체적 : $V_0(cm^3)$	16.6
노건조시료의 중량 : $W_s(g)$	25.8

(1) 수축한계를 구하시오.
(2) 근사치 비중을 구하시오.

Solution

(1) $w_s = w - \left[\dfrac{V-V_0}{W_s} \times \gamma_w \times 100\right]$

$= 47.5 - \left[\dfrac{21.2-16.6}{25.8} \times 1 \times 100\right] = 29.67\%$

(2) $R = \dfrac{W_S}{V_0 \cdot \gamma_w} = \dfrac{25.8}{16.6 \times 1} = 1.55$

$G_s = \dfrac{1}{\dfrac{1}{R} - \dfrac{w_s}{100}} = \dfrac{1}{\dfrac{1}{1.55} - \dfrac{29.67}{100}} = 2.87$

09 골재의 밀도 및 흡수율 시험값은 2회 평균값과 차이의 정밀도 규정에 대한 내용이다. 물음에 답하시오.

[예시] 잔골재 흡수율은 0.05% 이하

(1) 잔골재 밀도

(2) 굵은골재 흡수율

(3) 굵은골재 밀도

Solution

(1) 0.01g/cm³ 이하

(2) 0.03% 이하

(3) 0.01g/cm³ 이하

건설재료시험 기사 실기 작업형 출제시험 항목

- 잔골재 밀도시험
- 액성한계시험
- 흙의 다짐시험(A)

산업기사 2016년 4월 17일 시행

• NOTICE •

한국산업인력공단의 저작권법 저촉에 대한 언급(2013년 2회 시험부터)이 있어 과거에 수험자의 기억을 토대로 작성한 동일한 문제나 그 유형의 문제로 재구성하였으며, 혹 미비한 부분은 계속 수정 보완하겠습니다.

01 현장 다짐 흙의 밀도를 조사하기 위하여 모래치환법으로 시험을 실시하여 다음과 같은 결과를 얻었다. 물음에 답하시오.

- 현장 구멍에 채워진 건조모래의 총 중량 : 3,420g
- 현장 구멍에서 파낸 흙의 습윤중량 : 3,850g
- 현장 구멍에서 파낸 흙의 건조중량 : 3,510g
- 표준 모래단위 중량 : 1.354g/cm^3
- 흙의 비중 : 2.6
- 최대 건조단위 중량 : 1.60g/cm^3
- 물의 단위 중량 : 1g/cm^3

(1) 함수비　(2) 건조단위 중량　(3) 공극률
(4) 다짐도　(5) 포화도

Solution

(1) $\omega = \dfrac{W_\omega}{W_s} \times 100 = \dfrac{3,850 - 3,510}{3,510} \times 100 = 9.69\%$

(2) ① $\gamma_{모래} = \dfrac{W}{V}$

$1.354 = \dfrac{3,420}{V}$

$\therefore\ V = \dfrac{3,420}{1.354} = 2,525\text{cm}^3$

② $\gamma_t = \dfrac{W}{V} = \dfrac{3,850}{2,525} = 1.525\text{g/cm}^3$

③ $\gamma_d = \dfrac{\gamma_t}{1 + \dfrac{\omega}{100}} = \dfrac{1.525}{1 + \dfrac{9.69}{100}} = 1.39\text{g/cm}^3$

(3) ① $e = \frac{\gamma_w}{\gamma_d} G_s - 1 = \frac{1}{1.39} \times 2.6 - 1 = 0.87$

② $n = \frac{e}{1+e} \times 100 = \frac{0.87}{1+0.87} \times 100 = 46.55\%$

(4) 다짐도$= \frac{\gamma_d}{\gamma_{d\max}} \times 100 = \frac{1.39}{1.60} \times 100 = 86.88\%$

(5) $S \cdot e = G_s \cdot w$

$\therefore\ S = \frac{G_s \cdot w}{e} = \frac{2.6 \times 9.69}{0.87} = 28.96\%$

02 굵은골재의 유해물 함유량의 종류 3가지를 쓰시오.

(1)

(2)

(3)

Solution

(1) 점토덩어리

(2) 연한 석편

(3) 0.08mm 체 통과량

(4) 석탄, 갈탄 등으로 밀도 2.0g/cm^{3}의 액체에 뜨는 것

03 어떤 흙의 일축압축시험을 하여 압축강도 q_u = 3.8kN/m^2, 파괴면의 수평각과 이루는 각 70°를 얻었을 때 다음 물음에 답하시오.

(1) 내부마찰각(ϕ)을 구하시오.

(2) 점착력(C)을 구하시오.(단, 소수 셋째 자리에서 반올림하시오.)

Solution

(1) $\theta = 45° + \frac{\phi}{2}$

$70° = 45° + \frac{\phi}{2}$

$\therefore\ \phi = 50°$

(2) $C = \frac{q_u}{2\tan\left(45° + \frac{\phi}{2}\right)} = \frac{3.8}{2\tan\left(45° + \frac{50°}{2}\right)} = 0.69\text{kN/m}^2$

04 어느 시료를 채취하여 액성한계와 소성한계시험을 한 성과표를 완성하고 유동곡선을 작도, 액성한계, 소성한계, 소성지수를 구하시오.(단, 소수 둘째 자리에서 반올림하시오.)

[액성한계]

측정 항목 \ 용기 번호	1	2	3	4	5
(습윤시료+용기) 질량(g)	70	75	72	70	76
(건조시료+용기) 질량(g)	60	62	57	53	55
용기 질량(g)	10	10	10	10	10
건조시료 질량(g)					
물 질량(g)					
함수비(%)					
타격횟수	58	43	31	18	12

[소성한계]

측정 항목 \ 용기 번호	1	2	3	4
(습윤시료+용기) 질량(g)	26	29.5	28.5	27.7
(건조시료+용기) 질량(g)	23	26	24.5	24.1
용기 질량(g)	10	10	10	10
건조시료 질량(g)				
물 질량(g)				
함수비(%)				

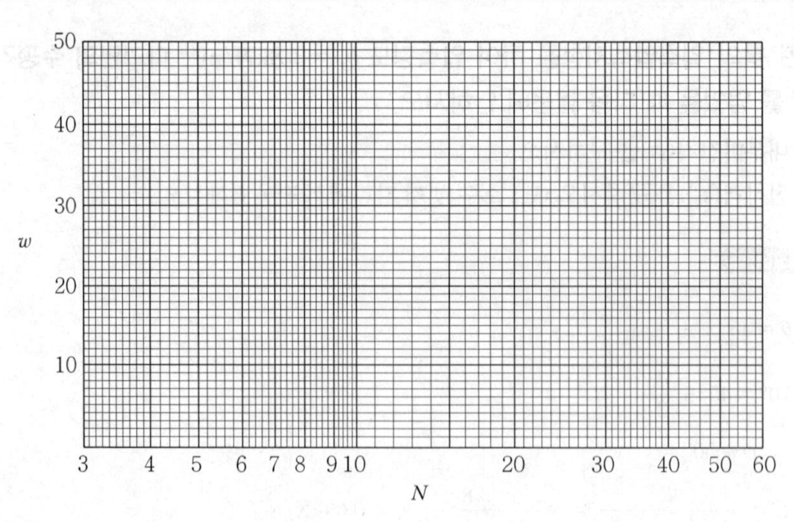

(1) 액성한계

(2) 소성한계

(3) 소성지수

Solution

[액성한계]

측정 항목 \ 용기 번호	1	2	3	4	5
(습윤시료+용기) 질량(g)	70	75	72	70	76
(건조시료+용기) 질량(g)	60	62	57	53	55
용기 질량(g)	10	10	10	10	10
건조시료 질량(g)	50	52	47	43	45
물 질량(g)	10	13	15	17	21
함수비(%)	20	25	31.9	39.5	46.7
타격횟수	58	43	31	18	12

- 건조시료 질량=(건조시료+용기) 질량−용기 질량
- 물 질량=(습윤시료+용기) 질량−(건조시료+용기) 질량
- 함수비= $\dfrac{\text{물 질량}}{\text{건조시료질량}} \times 100$

[소성한계]

측정 항목 \ 용기 번호	1	2	3	4
(습윤시료+용기) 질량(g)	26	29.5	28.5	27.7
(건조시료+용기) 질량(g)	23	26	24.5	24.1
용기 질량(g)	10	10	10	10
건조시료 질량(g)	13	16	14.5	14.1
물 질량(g)	3	3.5	4	3.6
함수비(%)	23.1	21.9	27.6	25.5

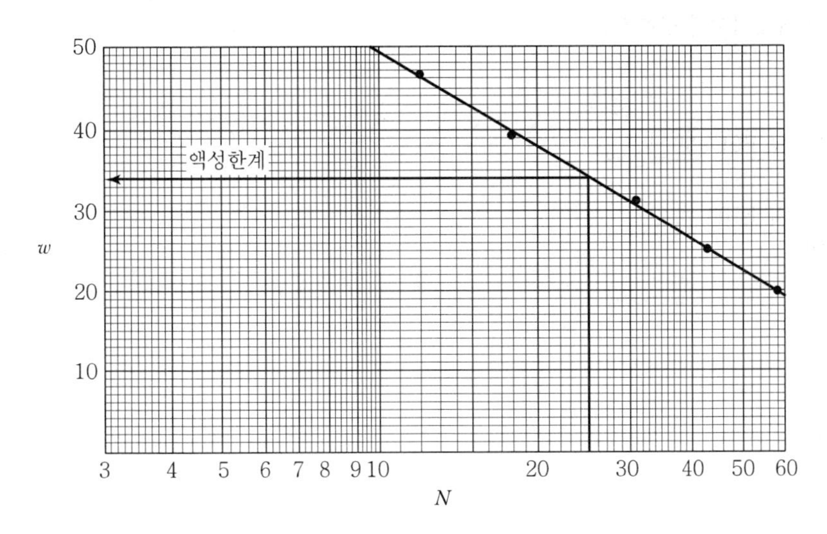

(1) 액성한계 : 타격횟수(N) 25회 때 함수비 34.3%

(2) 소성한계 : $\dfrac{23.1+21.9+27.6+25.5}{4}=24.5\%$

(3) 소성지수 : $34.3-24.5=9.8\%$

05 다음은 골재의 체가름 결과표이다. 물음에 답하시오.(소수 첫째 자리에서 반올림하시오.)

구분	잔골재			굵은골재		
체눈 크기	체에 남은 양의 무게	체에 남는 율(%)	체에 남는 율 누계(%)	체에 남은 양의 무게	체에 남는 율(%)	체에 남는 율 누계(%)
75mm				0	0	0
40mm				600	5	5
20mm				4,080	35	40
10mm				4,320	37	77
5mm	24	3	3	2,400	20	97
2.5mm	72	9	12	360	3	100
1.2mm	120	15	27			
0.6mm	232	29	56			
0.3mm	280	35	91			
0.15mm	64	8	99			
합계	792			11,760		

(1) 잔골재의 조립률(FM)을 구하시오.

(2) 굵은골재의 조립률(FM)을 구하시오.

(3) 굵은골재의 최대치수를 구하시오.

Solution

(1) $\dfrac{3+12+27+56+91+99}{100}=2.88$

(2) $\dfrac{5+40+77+97+500}{100}=7.19$

(3) 40mm

06 콘크리트의 호칭강도(f_{cn})가 24MPa이고 시험 횟수가 30회 이상인 콘크리트의 표준편차가 3.0MPa이다. 다음 물음에 답하시오.

(1) 시험 횟수가 30회 이상일 때 배합강도는?

(2) 시험 횟수가 14회 미만 또는 기록이 없는 경우 배합강도는?(단, 호칭강도는 24MPa이다.)

(3) 시험 횟수가 17회일 때 표준편차가 3.5MPa일 경우 표준편차를 보정하시오.(단, 소수 첫째 자리에서 반올림하시오.)

Solution

(1) $f_{cn} \le 35$MPa이므로

$f_{cr} = f_{cn} + 1.34S = 24 + 1.34 \times 3.0 = 28.02$MPa

$f_{cr} = (f_{cn} - 3.5) + 2.33S = (24 - 3.5) + 2.33 \times 3.0 = 27.49$MPa

∴ 두 값 중 큰 값인 28.02MPa이다.

(2) 호칭강도가 21~35MPa의 경우이므로

$f_{cr} = f_{cn} + 8.5 = 24 + 8.5 = 32.5$MPa

(3) 시험 횟수 15~20회 사이의 직선보간한 보정계수값은 16회 때 1.144, 17회 때 1.128, 18회 때 1.112, 19회 때 1.096이 된다.

∴ 표준편차 보정$= 3.5 \times 1.128 = 3.95$MPa

07 20℃에서 굵은골재의 밀도 및 흡수율 시험 결과 아래와 같다. 물음에 답하시오.

- 절건상태의 시료질량(A) : 989.5g
- 표건상태의 시료질량(B) : 1,000g
- 시료의 수중질량(C) : 615.4g
- 20℃에서의 물의 밀도(ρ_w) : 0.9970g/cm³

(1) 표건밀도

(2) 절건밀도

(3) 겉보기 밀도

(4) 흡수율

Solution

(1) 표건밀도 $= \dfrac{B}{B-C} \times \rho_w = \dfrac{1,000}{1,000 - 615.4} \times 0.9970 = 2.59\text{g/cm}^3$

(2) 절건밀도 $= \dfrac{A}{B-C} \times \rho_w = \dfrac{989.5}{1,000 - 615.4} \times 0.9970 = 2.57\text{g/cm}^3$

(3) 겉보기 밀도 $= \dfrac{A}{A-C} \times \rho_w = \dfrac{989.5}{989.5 - 615.4} \times 0.9970 = 2.64\text{g/cm}^3$

(4) 흡수율 $= \dfrac{B-A}{A} \times 100 = \dfrac{1,000 - 989.5}{989.5} \times 100 = 1.06\%$

08 아스팔트 시험에 대한 다음 물음에 답하시오.

(1) 인화점 및 연소점의 정의는?

(2) 신도시험의 목적은?

Solution

(1) ① 인화점은 시료를 가열하면서 시험 불꽃을 대었을 때 시료의 증기에 불이 붙는 최저 온도이다.

② 연소점은 인화점을 측정한 다음 계속 가열하여 시료가 적어도 5초 동안 연소를 계속한 최저 온도이다.

(2) 신도시험은 아스팔트의 연성을 알기 위해서 실시한다.

09 어떤 제체의 유선망도에서 상하류면의 수두차가 5m, 유로의 수가 4개, 등수두면의 수가 10개일 때 폭 5m당 하루에 흘러나오는 침투수량은?(단, 투수층의 $k_h = 5.0\times10^{-4}$cm/sec, $k_v = 8.0\times10^{-5}$cm/sec이다.)

Solution

$$k = \sqrt{k_h \cdot k_v} = \sqrt{5.0\times10^{-4}\times8.0\times10^{-5}}$$

$$= 2\times10^{-4}\text{cm/sec}$$

$$= 2\times10^{-4}\times\frac{1}{100}\times60\times60\times24$$

$$= 0.1728\text{m/day}$$

$$\therefore\ Q = k\cdot H\cdot\frac{N_f}{N_d}$$

$$= 0.1728\times5\times\frac{4}{10}\times5$$

$$= 1.728\text{m}^3\text{/day}$$

건설재료시험 산업기사 실기 작업형 출제시험 항목

- 시멘트 밀도시험
- 액성한계시험
- 흙의 체가름시험

기사 2016년 6월 26일 시행

• NOTICE •

한국산업인력공단의 저작권법 저촉에 대한 언급(2013년 2회 시험부터)이 있어 과거에 수험자의 기억을 토대로 작성한 동일한 문제나 그 유형의 문제로 재구성하였으며, 혹 미비한 부분은 계속 수정 보완하겠습니다.

01 **점토지반에서 베인전단시험을 하였다. 지름 50mm, 높이 100mm, 최대휨모멘트(M_{max}) 100N · m일 때 점착력을 구하시오.**

Solution

$$C=\frac{M_{max}}{\pi D^2\left(\frac{H}{2}+\frac{D}{6}\right)}=\frac{100}{3.14\times 0.05^2\left(\frac{0.1}{2}+\frac{0.05}{6}\right)}=218,380\text{N/m}^2=218.38\text{kN/m}^2$$

02 **현장에서 흙의 단위 중량을 알기 위해 모래치환법을 실시하였다. 구멍에서 파낸 습윤 흙의 무게가 2,000g이고 구멍의 부피를 알기 위해 구멍에 모래를 넣은 무게를 쟀더니 1,350g이다. 이 모래의 단위 중량 γ = 1.35g/cm^3, 흙의 함수비 ω = 20%일 때, 이 흙의 건조밀도를 구하시오.**

Solution

- $\gamma_{모래}=\frac{W}{V}$

  $1.35=\frac{1,350}{V}$

  $\therefore\ V=\frac{1,350}{1.35}=1,000\text{cm}^3$

- $\gamma_t=\frac{W}{V}=\frac{2,000}{1,000}=2.0\text{g/cm}^3$

- $\gamma_d=\frac{\gamma_t}{1+\frac{\omega}{100}}=\frac{2.0}{1+\frac{20}{100}}=1.667\text{g/cm}^3$

03 테르자기 1차 압밀 가정 5가지를 쓰시오.

(1)

(2)

(3)

(4)

(5)

Solution

(1) 흙은 균질하고 완전히 포화되어 있다.
(2) 흙입자와 물은 비압축성이다.
(3) 흙의 변형은 1차원으로 연직방향으로만 압축된다.
(4) 흙 속의 물의 이동은 Darcy 법칙을 따르며 투수계수는 일정하다.
(5) 유효응력이 증가하면 압축토층의 간극비는 유효응력의 증가에 반비례해서 감소한다.
(6) 점토층의 체적 압축계수는 압밀층의 모든 점에서 일정하다.
(7) 압밀 시의 2차 압밀은 무시한다.

04 No.200체 통과율이 60%이고 액성한계가 50%, 소성한계가 30%인 흙의 AASHTO 분류법에 의한 군지수(GI)를 구하시오.

Solution

$GI = 0.2a + 0.005ac + 0.01bd$

여기서, $a = 60 - 35 = 25$

$b = 60 - 15 = 45$(0~40 범위이므로 40 적용)

$c = 50 - 40 = 10$

$d = 20 - 10 = 10(I_P = 50 - 30 = 20)$

$\therefore \ GI = 0.2 \times 25 + 0.005 \times 25 \times 10 + 0.01 \times 40 \times 10 = 10.25$

※ 군지수는 정수로 표현하는 것이 원칙이지만 유의사항이나 문제에 제시된 소수점 처리조건에 따른다.

05 콘크리트의 호칭강도(f_{cn})가 40MPa이다. 압축강도 시험 횟수가 24회, 콘크리트 압축강도의 표준편차가 4.5MPa일 때 이 콘크리트의 배합강도를 구하시오.(단, 표준편차의 보정계수가 사용표에 없을 경우 직선보간하여 사용한다.)

[시험 횟수가 29회 이하일 때 표준편차의 보정계수]

시험 횟수	표준편차의 보정계수
15	1.16
20	1.08
25	1.03
30 이상	1.0

Solution

(1) 표준편차의 보정

$s = 4.5 \times 1.04 = 4.68\text{MPa}$

여기서, 20회(1.08), 21회(1.07), 22회(1.06), 23회(1.05), 24회(1.04), 25회(1.03)

(2) 콘크리트 배합강도($f_{cn} > 35$MPa인 경우)

- $f_{cr} = f_{cn} + 1.34s = 40 + 1.34 \times 4.68 = 46.27\text{MPa}$
- $f_{cr} = 0.9f_{cn} + 2.33s = 0.9 \times 40 + 2.33 \times 4.68 = 46.90\text{MPa}$

∴ 두 값 중 큰 값인 46.90MPa이다.

06 점토층 두께가 10m인 지반의 흙을 압밀시험하였다. 공극비는 1.8에서 1.2로 감소하였고 하중강도가 240kN/m²에서 360kN/m²로 증가하였을 때 다음을 구하시오.(단, 소수 셋째 자리에서 반올림하시오.)

(1) 압축계수

(2) 체적변화계수

(3) 최종 침하량

Solution

(1) $a_v = \dfrac{e_1 - e_2}{P_2 - P_1} = \dfrac{1.8 - 1.2}{360 - 240} = 0.005\text{m}^2/\text{kN}$

(2) $m_v = \dfrac{a_v}{1 + e_1} = \dfrac{0.005}{1 + 1.8} = 0.0018\text{m}^2/\text{kN}$

(3) $\Delta H = \dfrac{e_1 - e_2}{1 + e_1} \cdot H = \dfrac{1.8 - 1.2}{1 + 1.8} \times 10 = 2.14\text{m}$

또는 $\Delta H = m_v \cdot \Delta P \cdot H = 0.0018 \times (360 - 240) \times 10 = 2.16\text{m}$

(체적변화계수 값의 소수자리 관계로 다소 차이가 있음)

07 부순 굵은골재의 최대치수 20mm, 슬럼프 100mm, 물-결합재비 50%의 콘크리트 $1m^3$를 만들기 위하여 표를 이용하여 보정하고 단위 시멘트량(C), 단위 잔골재량(S), 단위 굵은골재량(G)을 구하시오.(단, 시멘트 밀도 $3.15g/cm^3$, 잔골재 밀도 $2.57g/cm^3$, 잔골재 조립률 3.0, 굵은골재 밀도 $2.65g/cm^3$, 공기연행제를 사용하지 않으며 갇힌 공기는 2.4%이다.)

[표 1] 콘크리트의 단위 굵은골재 용적, 잔골재율 및 단위 수량의 대략값

굵은 골재의 최대 치수 (mm)	단위 굵은 골재 용적 (%)	공기연행제를 사용하지 않은 콘크리트			공기연행 콘크리트				
		갇힌 공기 (%)	잔골 재율 $\frac{S}{a}$(%)	단위 수량 W (kg/m³)	공기량 (%)	양질의 공기연행제를 사용한 경우		양질의 공기연행 감수제를 사용한 경우	
						잔골재율 $\frac{S}{a}$(%)	단위 수량 W(kg/m³)	잔골재율 $\frac{S}{a}$(%)	단위 수량 W(kg/m³)
15	58	2.5	53	202	7.0	47	180	48	170
20	62	2.0	49	197	6.0	44	175	45	165
25	67	1.5	45	187	5.0	42	170	43	160
40	72	1.2	40	177	4.5	39	165	40	155

1) 이 표의 값은 보통의 입도를 가진 잔골재(조립률 2.8 정도)와 부순 돌을 사용한 물-결합재비 55% 정도 슬럼프 80mm 정도의 콘크리트에 대한 것이다.
2) 사용재료 또는 콘크리트의 품질이 1)의 조건과 다를 경우에는 위의 표의 값을 다음 표에 따라 보정한다.

[표 2] 배합수 보정방법

구분	W의 보정
잔골재의 조립률이 0.1만큼 클(작을) 때마다	보정하지 않는다.
슬럼프 값이 10mm만큼 클(작을) 때마다	1.2%만큼 크게(작게) 한다.
공기량이 1%만큼 클(작을) 때마다	3%만큼 작게(크게) 한다.
물-결합재비가 0.05 클(작을) 때마다	보정하지 않는다.

※ 단위 굵은골재 용적에 의하는 경우에는 잔골재의 조립률이 0.1만큼 커질(작아질) 때마다 단위 굵은골재 용적을 1%만큼 작게(크게) 한다.

(1) 단위 수량
(2) 단위 잔골재량
(3) 단위 굵은골재량

Solution

(1) 단위 수량 보정

슬럼프값 보정 : $\frac{100-80}{10}\times 1.2 = 2.4\%$

$\therefore\ W = 197(1+0.024) = 201.73\text{kg}$

공기량 보정 : $-\frac{2.4-2.0}{1}\times 3 = -1.2\%$

$\therefore\ W = 197(1+0.024-0.012) = 199.36\text{kg}$

(2) ① $\frac{W}{C} = 50\% = 0.5$

$\therefore\ C = \frac{199.36}{0.5} = 398.72\text{kg}$

② 단위 골재량의 절대부피

$$V = 1-\left(\frac{\text{단위 수량}}{\text{물의 밀도}\times 1{,}000}+\frac{\text{단위 시멘트량}}{\text{시멘트 비중}\times 1{,}000}+\frac{\text{공기량}}{100}\right)$$

$$= 1-\left(\frac{199.36}{1\times 1{,}000}+\frac{398.72}{3.15\times 1{,}000}+\frac{2.4}{100}\right) = 0.65\text{m}^3$$

③ 단위 잔골재의 절대부피

$$V_s = V\times \frac{S}{a} = 0.65\times 0.49 = 0.3185\text{m}^3$$

④ 단위 잔골재량

S = 단위 잔골재의 절대부피 × 잔골재 밀도 × 1,000

$= 0.3185\times 2.57\times 1{,}000 = 818\text{kg/m}^3$

(3) ① 단위 굵은골재의 절대부피

$$V_G = V - V_s = 0.65-0.3185 = 0.3315\text{m}^3$$

② 단위 굵은골재량

G = 단위 굵은골재의 절대부피 × 굵은골재 밀도 × 1,000

$= 0.3315\times 2.65\times 1{,}000 = 878\text{kg/m}^3$

08 콘크리트용 굵은골재의 유해물 함유량의 한도에 대한 표이다. 빈칸을 채우시오.

종류	최대치

Solution

종류	최대치
점토 덩어리	0.25%
연한 석편	5%
0.08mm체 통과량	1.0%

09 다음은 잔골재의 밀도 및 흡수율 시험에 대한 내용이다. 물음에 답하시오.(단, $\rho_w = 0.997$ g/cm^{3}이다.)

- 표면건조 포화상태의 공기 중 질량 : 500g
- 노건조 시료의 공기 중 질량 : 494.5g
- 물의 검정선까지 채운 플라스크 질량 : 689.6g
- 시료와 물을 검정선까지 채운 플라스크 질량 : 998g

(1) 표면건조 포화상태 밀도를 구하시오.
(2) 절대건조 밀도를 구하시오.
(3) 흡수율을 구하시오.
(4) 시험결과 2회 평균값과 차이의 정밀도를 쓰시오.
① 밀도
② 흡수율

Solution

(1) 표건밀도$= \dfrac{500}{689.6+500-998} \times 0.997 = 2.60\text{g/cm}^3$

(2) 절건밀도$= \dfrac{494.5}{689.6+500-998} \times 0.997 = 2.58\text{g/cm}^3$

(3) 흡수율$= \dfrac{500-494.5}{494.5} \times 100 = 1.11\%$

(4) ① 밀도 : 0.01 g/cm^3 이하
② 흡수율 : 0.05% 이하

10 도로 설계 시 임의 6개 지점에서 채취한 시료의 CBR 값이 8.2, 8.6, 5.1, 7.3, 9.7, 6.1이었다. 다음 물음에 답하시오.(단, 6개 CBR 값의 계수는 2.64이다.)

(1) 각 지점의 CBR 평균을 구하시오.
(2) 설계 CBR을 구하시오.

Solution

(1) 각 지점의 CBR 평균$=\dfrac{8.2+8.6+5.1+7.3+9.7+6.1}{6}=7.5$

(2) 설계 CBR $=$ 각 지점의 CBR 평균 $-\left(\dfrac{\text{CBR 최대치}-\text{CBR 최소치}}{\text{계수}}\right)$

$$=7.5-\left(\frac{9.7-5.1}{2.64}\right)=5.75=5$$

11 다음은 평판재하시험에 대한 내용이다. 물음에 답하시오.

(1) 재하판의 규격 3가지를 쓰시오.

(2) 평판재하시험을 끝마치는 조건에 대해 3가지를 쓰시오.

(3) 평판재하시험 결과로부터 항복하중을 구하는 방법 3가지를 쓰시오.

Solution

(1) ① 지름 : 30cm
② 지름 : 40cm
③ 지름 : 75cm

(2) ① 침하량이 15mm에 도달할 경우
② 하중강도가 현장에서 예상되는 최대 접지압의 크기를 넘을 때
③ 하중강도가 그 지반의 항복점을 넘을 때

(3) ① $P-S$법
② $\log P-\log S$ 법
③ $S-\log t$ 법

건설재료시험 기사 실기 작업형 출제시험 항목

- 잔골재 밀도시험
- 액성한계시험
- 흙의 다짐시험(A)

산업기사 2016년 6월 26일 시행

• NOTICE •

한국산업인력공단의 저작권법 저촉에 대한 언급(2013년 2회 시험부터)이 있어 과거에 수험자의 기억을 토대로 작성한 동일한 문제나 그 유형의 문제로 재구성하였으며, 혹 미비한 부분은 계속 수정 보완하겠습니다.

01 저온에서의 아스팔트 신도시험에 대한 사항이다. 다음 물음에 답하시오.

(1) 표준온도는 얼마인가?

(2) 인장속도는 얼마인가?

Solution

(1) 4℃ (2) 1cm/min

02 시멘트 모르타르의 압축강도 및 휨강도의 시험방법은 KSL ISO 679에서 규정한다. 다음 물음에 답하시오.

(1) 압축강도 및 휨강도의 공시체 규격을 쓰시오.

(2) 공시체를 제작할 때 사용되는 시멘트 : 표준사의 재료량 비율을 쓰시오.

(3) 물－시멘트비를 쓰시오.

Solution

(1) 40mm×40mm×160mm

(2) 1 : 3

(3) 0.5

03 정규압밀점토에 대하여 압밀배수삼축압축시험을 실시하였다. 시험결과 구속압력을 28kN/m^{2}로 하고 축차응력 28kN/m^{2}를 가하였을 때 파괴가 일어났다. 다음 물음에 답하시오.(단, 점착력 $C=0$)

(1) 내부마찰각을 구하시오.

(2) 파괴면이 최대 주응력 면과 이루는 각을 구하시오.

(3) 파괴면에서의 수직응력을 구하시오.

(4) 파괴면에서의 전단응력을 구하시오.

Solution

(1) $\sigma_1 = \sigma_3 + (\sigma_1 - \sigma_3) = 28 + 28 = 56\text{kN/m}^2$

$\sigma_3 = 28\text{kN/m}^2$

$$\sin\phi = \frac{\sigma_1 - \sigma_3}{\sigma_1 + \sigma_3}$$

$$\phi = \sin^{-1}\frac{\sigma_1 - \sigma_3}{\sigma_1 + \sigma_3} = \sin^{-1}\frac{56-28}{56+28} = 19.47°$$

(2) $\theta = 45° + \dfrac{\phi}{2} = 45° + \dfrac{19.47°}{2} = 54.74°$

(3) $\sigma = \dfrac{\sigma_1 + \sigma_3}{2} + \dfrac{\sigma_1 - \sigma_3}{2}\cos 2\theta$

$= \dfrac{56+28}{2} + \dfrac{56-28}{2}\cos(2 \times 54.74°)$

$= 37.33\text{kN/m}^2$

(4) $\tau = \dfrac{\sigma_1 - \sigma_3}{2}\sin 2\theta$

$= \dfrac{56-28}{2}\sin(2 \times 54.74°)$

$= 13.20\text{kN/m}^2$

04 콘크리트 시방서에 명시된 굵은골재 유해물 함유량의 종류 4가지를 쓰시오.

(1) (2) (3) (4)

Solution

(1) 점토덩어리
(2) 연한 석편
(3) 0.08mm 체 통과량
(4) 석탄, 갈탄 등으로 밀도 2.0g/cm^3의 액체에 뜨는 것

05 물-시멘트비 55%, 잔골재율(S/a) 41%, 슬럼프 80mm, 단위 시멘트양 360kg, 공기량 1.5%, 시멘트 밀도 3.14g/cm^3, 잔골재 밀도 2.50g/cm^3, 굵은골재 밀도 2.52g/cm^3일 때 콘크리트 1m^3당 사용되는 단위 수량, 단위 잔골재량, 단위 굵은골재량을 구하시오.

(1) 단위 수량을 구하시오.
(2) 단위 잔골재량을 구하시오.
(3) 단위 굵은골재량을 구하시오.

Solution

(1) $\frac{W}{C} = 55\%$

$W = 0.55 \times 360 = 198\text{kg}$

(2) $V_{S+G} = 1 - \left(\frac{360}{3.14 \times 1,000} + \frac{198}{1 \times 1,000} + \frac{1.5}{100} \right) = 0.672\text{m}^3$

$S = 0.672 \times 0.41 \times 2.50 \times 1,000 = 688.8\text{kg}$

(3) $G = 0.672 \times 0.59 \times 2.52 \times 1,000 = 999.13\text{kg}$

06 현장 다짐 흙의 밀도를 조사하기 위하여 모래치환법으로 시험을 실시한 결과 다음과 같은 값을 얻었다. 물음에 대한 산출근거와 답을 쓰시오.

- 시험 구멍에서 흙의 무게 : 1,670g
- 시험 구멍 흙의 함수비 : 15%
- 시험 구멍에 채워진 표준모래무게 및 단위 중량 : 1,480g, 1.65g/cm^3
- 실내 시험에서 구한 최대 건조밀도 및 비중 : 1.73g/cm^3, 2.65
- 물의 단위 중량 : 1g/cm^3

(1) 시험 구멍의 부피
(2) 습윤밀도
(3) 건조밀도
(4) 공극비
(5) 포화도
(6) 다짐도

Solution

(1) 시험 구멍의 부피 : $V = \frac{W}{\gamma_{모래}} = \frac{1,480}{1.65} = 896.97\text{cm}^3$

(2) 습윤밀도 : $\gamma_t = \frac{W}{V} = \frac{1,670}{896.97} = 1.86\text{g/cm}^3$

(3) 건조밀도 : $\gamma_d = \frac{\gamma_t}{1 + \frac{w}{100}} = \frac{1.86}{1 + \frac{15}{100}} = 1.62\text{g/cm}^3$

(4) 공극비 : $e = \frac{\gamma_w}{\gamma_d} G_s - 1 = \frac{1}{1.62} \times 2.65 - 1 = 0.64$

(5) 포화도 : $S = \frac{G_s \cdot w}{e} = \frac{2.65 \times 15}{0.64} = 62.11\%$

(6) 다짐도 : $R = \frac{\gamma_d}{\gamma_{d\max}} \times 100 = \frac{1.62}{1.73} \times 100 = 93.64\%$

07 두께 2m의 점토층에서 시료를 채취하여 압밀시험한 결과 하중강도를 620kN/m^{2}에서 1,240kN/m^{2}로 증가시켰더니 공극비는 1.205에서 0.956으로 감소하였다. 다음 물음에 답하시오.

(1) 압축계수(a_V)

(2) 체적 변화계수(m_V)

(3) 최종 압밀침하량(ΔH)

Solution

(1) $a_V = \dfrac{e_1 - e_2}{P_2 - P_1} = \dfrac{1.205 - 0.956}{1{,}240 - 620} = 0.0004\text{m}^2/\text{kN}$

(2) $m_V = \dfrac{a_V}{1+e} = \dfrac{0.0004}{1+1.205} = 0.00018\text{m}^2/\text{kN}$

(3) $\Delta H = m_V \cdot \Delta P \cdot H = 0.00018 \times (1{,}240 - 620) \times 200 = 22.32\text{cm}$

08 다음은 표준관입시험에 대한 내용이다. 물음에 답하시오.

(1) 표준관입시험 N값의 정의를 쓰시오.

(2) 표준관입시험에서 관입 불능이 되는 경우를 쓰시오.

(3) 토립자가 둥글고 입도분포가 나쁜 모래지반에서 N값을 측정한 결과 10이었다. 내부마찰각을 구하시오.(단, Dunham 공식을 이용한다.)

Solution

(1) 중공 샘플러를 63.5kg 해머로 75cm 높이에서 자유 낙하시켜 샘플러를 30cm 관입시키는 데 소요되는 타격횟수

(2) 지반이 단단하여 50회 타격하여도 30cm 관입이 안 되는 경우

(3) $\phi = \sqrt{12N} + 15 = \sqrt{12 \times 10} + 15 = 26°$

건설재료시험 산업기사 실기 작업형 출제시험 항목

- 시멘트 밀도시험
- 액성한계시험
- 흙의 체가름시험

기사 2016년 11월 12일 시행

• NOTICE •

한국산업인력공단의 저작권법 저촉에 대한 언급(2013년 2회 시험부터)이 있어 과거에 수험자의 기억을 토대로 작성한 동일한 문제나 그 유형의 문제로 재구성하였으며, 혹 미비한 부분은 계속 수정 보완하겠습니다.

01 다음은 골재의 체가름표이다. 물음에 답하시오.

체 크기(mm)	75	40	20	10	5	2.5	1.2
잔류율(%)	0	5	24	48	19	4	0

(1) 굵은골재의 최대치수에 대하여 서술하고, 굵은골재의 최대치수를 구하시오.

①

②

(2) 조립률을 구하시오.

Solution

(1) ① 굵은골재의 최대치수란 질량비로 90% 이상을 통과시키는 체 중에서 최소치수의 체눈의 호칭치수로 나타낸다.

② 40mm

(2) $FM = \dfrac{5+29+77+96+100+100+100+100+100}{100} = 7.07$

※ 골재의 조립률이란 75mm, 40mm, 20mm, 10mm, 5mm, 2.5mm, 1.2mm, 0.6mm, 0.3mm, 0.15mm 등 10개의 체를 1조로 하여 체가름 시험을 하였을 때 각 체에 남는 누계량의 전체 시료에 대한 질량 백분율의 합을 100으로 나눈 값이다.

02 $e-\log P$ 압밀곡선을 그리고 선행압밀하중 결정방법을 설명하시오.

Solution

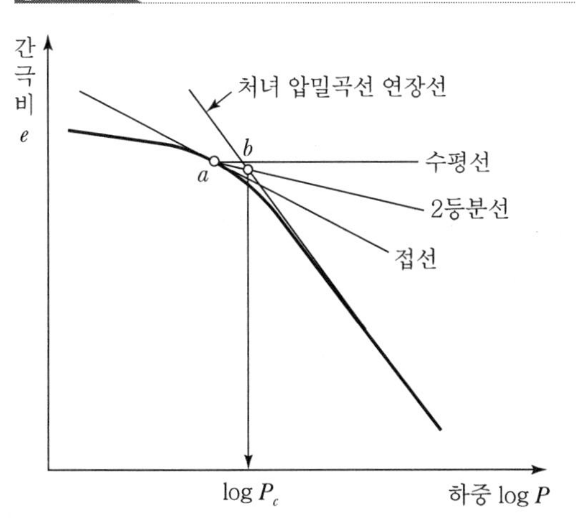

선행압밀하중 결정순서

① 압밀곡선에서 가장 곡률이 큰 (곡률 반경 최소) 점 a를 선택하고 수평선을 긋는다.

② a점의 접선을 긋는다.

③ 처녀 압밀곡선 연장선을 긋는다.

④ 접선과 수평선의 각을 2등분하여 긋는다.

⑤ 처녀 압밀곡선의 연장선과 교점 b에 대응하는 $\log P_c$ 값이 선행압밀하중이 된다.

03 현장 모래의 습윤밀도가 17kN/m^3, 함수비 8.0%였다. 시험실에서 이 모래에 대한 최대, 최소 건조밀도를 측정하였더니 17.1kN/m^3, 15.3kN/m^3이었다. 상대밀도(D_r)에 따른 사질토의 조밀상태를 판별하시오.

Solution

(1) 건조밀도

$$\gamma_d = \frac{\gamma_t}{1+\frac{\omega}{100}} = \frac{17}{1+\frac{8}{100}} = 15.74\text{kN/m}^3$$

(2) 상대밀도

$$D_r = \frac{\gamma_d - \gamma_{d\min}}{\gamma_{d\max} - \gamma_{d\min}} \times \frac{\gamma_{d\max}}{\gamma_d} \times 100$$

$$= \frac{15.74-15.3}{17.1-15.3} \times \frac{17.1}{15.74} \times 100 = 26.6\%$$

$\therefore D_r < \frac{1}{3}$ 이므로 느슨한 상태이다.

※ $D_r < \frac{1}{3}$: 느슨한 상태

$\frac{1}{3} < D_r < \frac{2}{3}$: 보통인 상태

$D_r > \frac{2}{3}$: 조밀한 상태

04 부순 굵은골재의 사용 여부를 결정하기 위한 시험항목 4가지를 쓰시오.

(1)

(2)

(3)

(4)

Solution

(1) 절대 건조밀도
(2) 흡수율
(3) 안정성
(4) 마모율
(5) 0.08mm체 통과량

05 모래치환법에 의해 현장 밀도시험을 하였다. 파낸 구멍의 체적이 1,698cm³, 파낸 흙의 무게가 3,200g이고 함수비가 20%였다. 시험실에서 구한 최대건조 단위 중량 $\gamma_{d\max}$ = 1.65g/cm³일 때 다음을 구하시오. (단, γ_w = 1g/cm³이고, 흙의 비중은 2.7이다.)

(1) 현장건조밀도
(2) 간극비
(3) 간극률
(4) 다짐도

Solution

(1) $\gamma_d = \dfrac{\gamma_t}{1+\dfrac{w}{100}} = \dfrac{1.88}{1+\dfrac{20}{100}} = 1.57\text{g/cm}^3$

여기서, $\gamma_t = \dfrac{W}{V} = \dfrac{3,200}{1,698} = 1.88\text{g/cm}^3$

(2) $e = \frac{\gamma_w}{\gamma_d} G_s - 1 = \frac{1}{1.57} \times 2.7 - 1 = 0.72$

(3) $n = \frac{e}{1+e} \times 100 = \frac{0.72}{1+0.72} \times 100 = 41.86\%$

(4) 다짐도 $= \frac{\gamma_d}{\gamma_{d\max}} \times 100 = \frac{1.57}{1.65} \times 100 = 95.15\%$

06 현장 도로 토공에서 모래치환법에 의한 현장밀도시험을 한 결과 습윤밀도 19.7kN/m^3, 함수비 23%, 실내 최대건조밀도가 17.1kN/m^3, 흙의 비중 2.69, 최적함수비 24%이었다. 다음 물음에 답하시오.(단, γ_w = 9.81kN/m^{3}이다.)

(1) 현장 건조단위 중량(γ_d)을 구하시오.

(2) 상대 다짐도를 구하시오.

(3) 현장 흙의 다짐 후 공기함률$\left(A = \frac{V_a}{V}\right)$을 구하시오.

Solution

(1) $\gamma_d = \frac{\gamma_t}{1+\frac{w}{100}} = \frac{19.7}{1+\frac{23}{100}} = 16\text{kN/m}^3$

(2) 다짐도 $= \frac{\gamma_d}{\gamma_{d\max}} \times 100 = \frac{16}{17.1} \times 100 = 93.57\%$

(3) • $e = \frac{\gamma_w}{\gamma_d} G_s - 1 = \frac{9.81}{16} \times 2.69 - 1 = 0.65$

• $S = \frac{G_s \cdot w}{e} = \frac{2.69 \times 24}{0.65} = 99.32\%$

$$\therefore \frac{V_a}{V} = \frac{V_v - V_w}{V_s + V_v} = \frac{\left(1 - \frac{V_w}{V_v}\right)}{\left(\frac{V_s}{V_v} + 1\right)} = \frac{\left(1 - \frac{S}{100}\right)}{\left(\frac{1}{e} + 1\right)} = \frac{\left(1 - \frac{99.32}{100}\right)}{\left(\frac{1}{0.65} + 1\right)} = 0.0027$$

07 기존 철근 콘크리트 구조물의 비파괴 검사에 대한 다음 물음에 답하시오.

(1) 철근의 배치 상태를 측정하는 방법 2가지를 쓰시오.

(2) 철근의 부식 정도를 측정하는 방법 2가지를 쓰시오.

Solution

(1) ① 전자파 레이더법
② 전자기장 유도법

(2) ① 자연 전위법
② 표면 전위차법
③ 분극 저항법
④ 전기 저항법

08 물－시멘트비 55%, 잔골재율(S/a) 41%, 슬럼프 80mm, 단위 시멘트양 360kg, 공기량 1.5%, 시멘트 밀도 3.14g/cm^3, 잔골재 밀도 2.50g/cm^3, 굵은골재 밀도 2.52g/cm^{3}일 때 콘크리트 1m^{3}당 사용되는 단위 수량, 단위 잔골재량, 단위 굵은골재량을 구하시오.

(1) 단위 수량을 구하시오.

(2) 단위 잔골재량을 구하시오.

(3) 단위 굵은골재량을 구하시오.

Solution

(1) $\dfrac{W}{C}=55\%$

$W=0.55\times360=198\text{kg}$

(2) $V_{S+G}=1-\left(\dfrac{360}{3.14\times1,000}+\dfrac{198}{1\times1,000}+\dfrac{1.5}{100}\right)=0.672\text{m}^3$

$S=0.672\times0.41\times2.50\times1,000=688.8\text{kg}$

(3) $G=0.672\times0.59\times2.52\times1,000=999.13\text{kg}$

09 점토층 두께가 4m인 지반의 흙을 압밀시험하였다. 간극비는 1.5에서 0.9로 감소하였고 하중강도는 300kN/m^{2}에서 600kN/m^{2}로 증가하였을 때 다음을 구하시오.

(1) 압축계수

(2) 체적변화계수

(3) 최종 침하량

Solution

(1) $a_v = \dfrac{e_1 - e_2}{P_2 - P_1} = \dfrac{1.5 - 0.9}{600 - 300} = 0.002\text{m}^2/\text{kN}$

(2) $m_v = \dfrac{a_v}{1+e} = \dfrac{0.002}{1+1.5} = 0.0008\text{m}^2/\text{kN}$

(3) $\Delta H = \dfrac{e_1 - e_2}{1+e_1} H = \dfrac{1.5 - 0.9}{1+1.5} \times 4 = 0.96\text{m}$

10 관입저항침에 의한 콘크리트 응결시험 성과표를 보고 다음 물음에 답하시오.

[관입저항과 경과시간]

관입저항(MPa)	1.0	3.0	5.0	7.0	9.0	12.0	15.0	18.0	21.0	25.0	31.0	32.5
경과시간(분)	216	236	254	266	280	296	308	320	330	342	356	360

(1) 측정값이 일정하게 나오지 않는 이유 2가지를 쓰시오.

(2) 핸드 피트곡선 그래프를 그리고 초결시간과 종결시간을 구하시오.

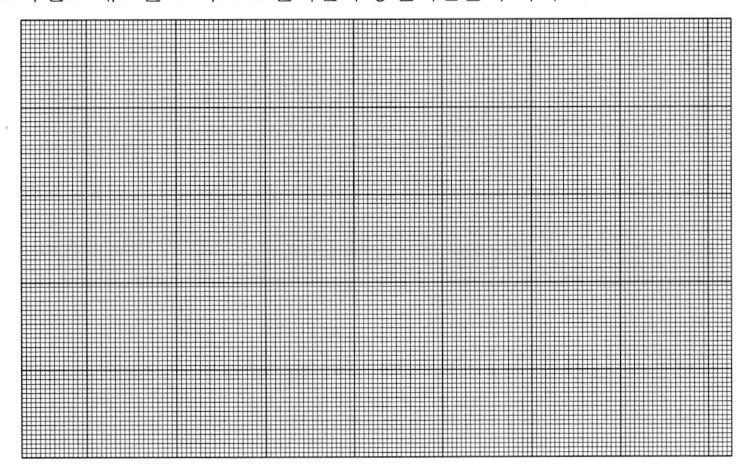

Solution

(1) ① 모르타르에 다소 큰 입자가 포함되어 있는 경우

② 관입 영역에 큰 간극이 있는 경우

③ 너무 인접하여 관입한 경우

④ 관입시험에서 시험기구를 모르타르의 면과 연직하여 유지하지 못한 경우

⑤ 하중 재하 속도의 변화

(2)

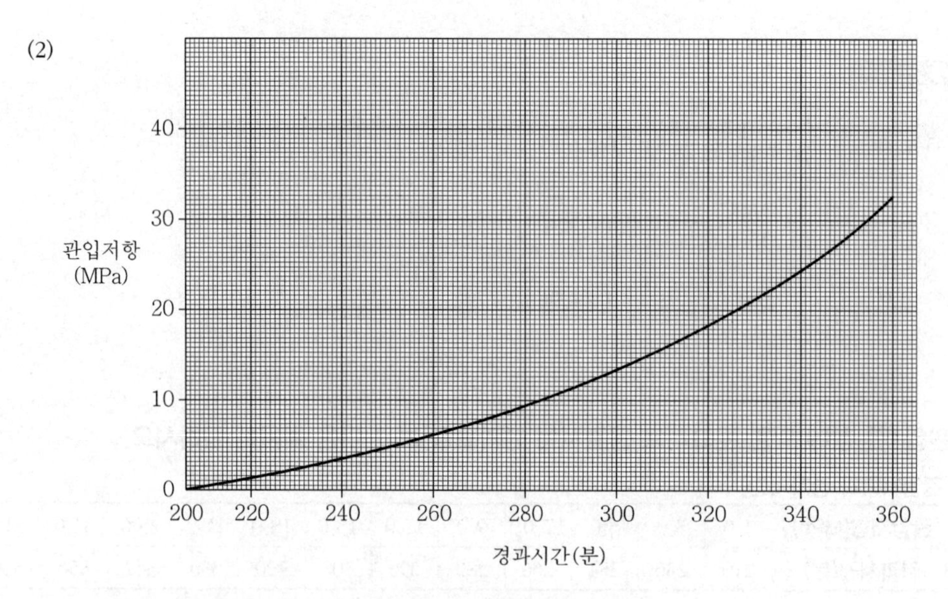

① 초결시간 : 그래프에서 관힙저항 3.5MPa에 해당시간으로 236분

② 종결시간 : 그래프에서 관입저항 28MPa에 해당시간으로 345분

건설재료시험 기사 실기 작업형 출제시험 항목

- 잔골재 밀도시험
- 액성한계시험
- 흙의 다짐시험(A)

산업기사 2016년 11월 12일 시행

• NOTICE •

한국산업인력공단의 저작권법 저촉에 대한 언급(2013년 2회 시험부터)이 있어 과거에 수험자의 기억을 토대로 작성한 동일한 문제나 그 유형의 문제로 재구성하였으며, 혹 미비한 부분은 계속 수정 보완하겠습니다.

01 아스팔트 굳기를 알기 위한 시험에 대한 설명이다. 다음 물음에 답하시오.

(1) 침을 100g의 중량으로 25°C의 온도, 5초간 관입깊이를 측정하는 시험은?

(2) 아스팔트 연화점은 아스팔트가 강구와 함께 몇 mm 처질 때의 값을 말하는가?

(3) 신도시험의 온도와 신장 속도는?

Solution

(1) 아스팔트 침입도 시험

(2) 25mm

(3) 25°C, 5±0.25cm/min

02 현장 다짐 흙의 밀도를 조사하기 위하여 모래치환법으로 시험을 실시한 결과 다음과 같은 값을 얻었다. 물음에 대한 산출근거와 답을 쓰시오.

- 시험 구멍에서 흙의 무게 : 1,670g
- 시험 구멍 흙의 함수비 : 15%
- 시험 구멍에 채워진 표준모래무게 및 단위 중량 : 1,480g, 1.65g/cm^3
- 실내 시험에서 구한 최대 건조밀도 및 비중 : 1.73g/cm^3, 2.65
- 물의 단위 중량 : 1g/cm^3

(1) 시험 구멍의 부피

(2) 습윤밀도

(3) 건조밀도

(4) 공극비

(5) 포화도

(6) 다짐도

Solution

(1) 시험 구멍의 부피 : $V=\frac{W}{\gamma_{모래}}=\frac{1,480}{1.65}=896.97\text{cm}^3$

(2) 습윤밀도 : $\gamma_t=\frac{W}{V}=\frac{1,670}{896.97}=1.86\text{g/cm}^3$

(3) 건조밀도 : $\gamma_d=\frac{\gamma_t}{1+\frac{w}{100}}=\frac{1.86}{1+\frac{15}{100}}=1.62\text{g/cm}^3$

(4) 공극비 : $e=\frac{\gamma_w}{\gamma_d}G_s-1=\frac{1}{1.62}\times 2.65-1=0.64$

(5) 포화도 : $S=\frac{G_s\cdot w}{e}=\frac{2.65\times 15}{0.64}=62.11\%$

(6) 다짐도 : $R=\frac{\gamma_d}{\gamma_{d\max}}\times 100=\frac{1.62}{1.73}\times 100=93.64\%$

03 **굵은골재 최대치수 19mm, 단위 수량 150kg, 물－시멘트(W/C) 55%, 슬럼프값 75mm, 잔골재율 37%, 잔골재의 밀도 2.6g/cm^3, 굵은골재의 밀도 2.65g/cm^3, 시멘트 밀도 3.16g/cm^3, 갇힌 공기량 1%이며, 골재는 표면건조포화상태일 때 보통 콘크리트 1m^{3}에 필요한 다음 값을 구하시오.**

(1) 단위 시멘트량
(2) 단위 골재량의 절대부피
(3) 단위 잔골재량의 절대부피
(4) 단위 잔골재량
(5) 단위 굵은골재량

Solution

(1) $\frac{W}{C}=55\%\qquad \frac{150}{C}=0.55$

$\therefore\ C=\frac{150}{0.55}=272.73\text{kg}$

(2) $1-\left(\frac{150}{1\times 1,000}+\frac{272.73}{3.16\times 1,000}+\frac{1}{100}\right)=0.75\text{m}^3$

(3) $0.75\times 0.37=0.28\text{m}^3$

(4) $0.28\times 2.6\times 1,000=728\text{kg}$

(5) $(0.75-0.28)\times 2.65\times 1,000=1,245.5\text{kg}$

04 골재의 단위용적질량 및 실적률시험방법(KSF 2505)에서 시료를 채우는 방법 2가지를 쓰시오.

(1)

(2)

Solution

(1) 봉 다지기에 의한 방법

(2) 충격에 의한 방법

05 No.200체 통과율이 75%, 액성한계가 60%, 소성한계가 30%일 때 군지수를 구하시오.

Solution

- $a = 75 - 35 = 40$
- $b = 75 - 15 = 60$(0～40 범위이므로 40 적용)
- $c = 60 - 40 = 20$
- $d = I_P - 10 = (60 - 30) - 10 = 20$

$$\therefore\ GI = 0.2a + 0.005ac + 0.01bd$$
$$= 0.2 \times 40 + 0.005 \times 40 \times 20 + 0.01 \times 40 \times 20$$
$$= 20$$

06 콘크리트 타설 시 다음과 같은 조건일 때 1배치 10L에 대한 재료량은?

콘크리트 용적 $1m^3$ 소요량	
단위 잔골재량	920kg
단위 굵은골재량	1,150kg

(1) 잔골재량

(2) 굵은골재량

Solution

(1) 잔골재량 $= \dfrac{920 \times 10}{1,000} = 9.2\text{kg}$

(2) 굵은골재량 $= \dfrac{1,150 \times 10}{1,000} = 11.5\text{kg}$

07 도로의 평판재하시험에서 시험을 끝마치는 조건에 대해 3가지만 쓰시오.

(1)

(2)

(3)

Solution

(1) 침하량이 15mm에 달할 때
(2) 하중강도가 현장에서 예상되는 최대 접지압력을 초과할 때
(3) 하중강도가 그 지반의 항복점을 넘을 때

08 흙의 투수시험 중 실내시험 2가지를 쓰시오.

(1)

(2)

Solution

(1) 정수위 투수시험
(2) 변수위 투수시험

09 굵은골재 및 잔골재의 체가름 시험방법(KS F 2502)에 대한 내용이다. 다음 물음에 답하시오.

(1) 조립률을 구할 때 사용되는 체 종류는?
(2) 기계 이용 시 1분간 각 체를 통과하는 것이 전 시료 질량의 몇 % 이하로 될 때까지 작업을 하는가?
(3) 체에 알갱이가 끼었을 때 어떻게 하는가?

Solution

(1) 75mm, 40mm, 20mm, 10mm, 5mm, 2.5mm, 1.2mm, 0.6mm, 0.3mm, 0.15mm
(2) 0.1
(3) 체눈에 막힌 알갱이는 파쇄되지 않도록 주의하면서 되밀어 체에 남는 시료로 간주한다. 어떤 골재에서나 손으로 밀어서 무리하게 체를 통과시켜서는 안 된다.

건설재료시험 산업기사 실기 작업형 출제시험 항목

- 시멘트 밀도시험
- 액성한계시험
- 흙의 체가름시험

기사 2017년 4월 16일 시행

• NOTICE •

한국산업인력공단의 저작권법 저촉에 대한 언급(2013년 2회 시험부터)이 있어 과거에 수험자의 기억을 토대로 작성한 동일한 문제나 그 유형의 문제로 재구성하였으며, 혹 미비한 부분은 계속 수정 보완하겠습니다.

01 4m × 4m 크기의 구조물을 설치하였을 때 그림과 같은 지반조건에서 다음 물음에 답하시오. (단, $\gamma_w = 9.81\text{kN/m}^3$이다.)

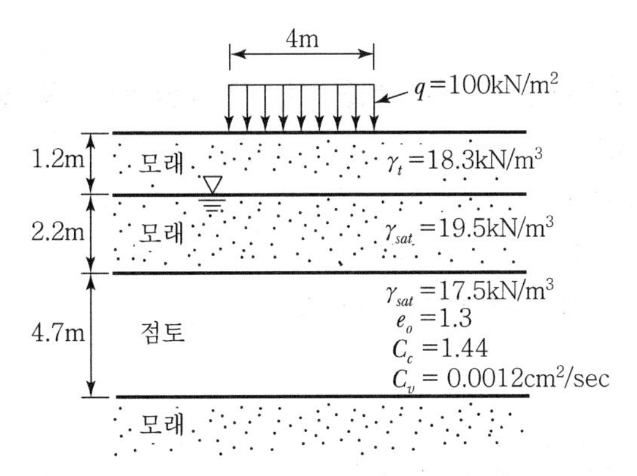

(1) 점토층의 중앙단면에 작용하는 초기 유효응력을 구하시오.

(2) 점토층의 중앙단면에 작용하는 응력증가분을 2 : 1 분포법으로 구하시오.

(3) 점토지반의 최종 압밀침하량을 구하시오.

(4) 90% 압밀 시 소요되는 압밀시간을 구하시오.(단, 단위는 일(day)로 표시한다.)

Solution

(1) $P_1 = 18.3 \times 1.2 + (19.5 - 9.81) \times 2.2 + (17.5 - 9.81) \times \dfrac{4.7}{2} = 61.35\text{kN/m}^2$

(2) $\Delta P = \dfrac{q \cdot B^2}{(B+Z)^2} = \dfrac{100 \times 4^2}{(4+5.75)^2} = 16.83\text{kN/m}^2$

여기서, $Z = 1.2 + 2.2 + \dfrac{4.7}{2} = 5.75\text{m}$

(3) $\Delta H = \dfrac{C_C}{1+e} \log \dfrac{P_2}{P_1} \cdot H = \dfrac{1.44}{1+1.3} \log \dfrac{78.18}{61.35} \times 4.7 = 0.3098\text{m} = 30.98\text{cm}$

여기서, $P_2 = P_1 + \Delta P = 61.35 + 16.83 = 78.18\text{kN/m}^2$

(4) $C_V = \dfrac{0.848H^2}{t_{90}}$ 에서 양면 배수이므로 H에 $\dfrac{H}{2}$를 대입

02 액성한계가 50%이고 소성지수가 14%인 흙이 있다. 다음 물음에 답하시오.

(1) 소성한계를 구하시오.
(2) 현장 시료의 함수비가 40%일 때 이 흙의 상태를 판단하시오.

Solution

(1) 소성지수(I_P) = 액성한계(ω_L) − 소성한계(ω_P)

$14 = 50 - \omega_P$

$\therefore \omega_P = 50 - 14 = 36\%$

(2) 액성한계(50%)와 소성한계(36%) 사이에 있으므로 소성상태

03 건조밀도 γ_d = 15.8kN/m^3, 흙의 비중 G_s = 2.50일 때 다음 물음에 답하시오.(단, γ_w = 9.81kN/m^{3}이다.)

(1) 공극비를 구하시오.
(2) 공극률을 구하시오.
(3) 포화도가 60%일 때 습윤밀도를 구하시오.

Solution

(1) $e = \dfrac{\gamma_w}{\gamma_d} G_s - 1 = \dfrac{9.81}{15.8} \times 2.50 - 1 = 0.55$

(2) $n = \dfrac{e}{1+e} \times 100 = \dfrac{0.55}{1+0.55} \times 100 = 35.48\%$

(3) $\gamma_t = \dfrac{G_s + \dfrac{S \cdot e}{100}}{1+e} \gamma_w = \dfrac{2.50 + \dfrac{60 \times 0.55}{100}}{1+0.55} \times 9.81 = 17.91\text{kN/m}^3$

04 굵은골재 및 잔골재의 체가름 시험방법(KSF 2502)에 관해 다음 물음에 답하시오.

(1) 굵은골재의 체가름 시 최소 건조질량 기준을 쓰시오.
(2) 잔골재의 체가름 시 최소 건조질량 기준을 쓰시오.
(3) 구조용 경량골재의 체가름 시 최소 건조질량 기준을 쓰시오.
(4) 빈칸을 채우고 조립률을 구하시오.(단, 잔류율과 누적 잔류율은 소수 첫째 자리, 조립률은 소수 셋째 자리에서 반올림하시오.)

체의 크기(mm)	잔류량(g)	잔류율(%)	누적 잔류율(%)
75	0		
50	0		
40	270		
30	1,755		
25	2,455		
20	2,270		
15	4,230		
10	2,370		
5	1,650		
2.5	0		

Solution

(1) 골재 최대치수(mm)의 0.2배를 kg으로 표시한 양으로 한다.

(2) ① 1.2mm 체를 95%(질량비) 이상 통과하는 것에 대한 최소 건조질량은 100g이다.

② 1.2mm 체에 5%(질량비) 이상 남는 것에 대한 최소 건조질량은 500g이다.

(3) 위 굵은골재 및 잔골재의 최소 건조질량의 1/2로 한다.

(4)

체의 크기(mm)	잔류량(g)	잔류율(%)	누적 잔류율(%)
75	0	0	0
50	0	0	0
40	270	2	2
30	1,755	12	14
25	2,455	16	30
20	2,270	15	45
15	4,230	28	73
10	2,370	16	89
5	1,650	11	100
2.5	0	0	100

- 잔류율 $= \dfrac{\text{잔류량}}{\text{전체질량}} \times 100$
- 누적 잔류율 = 각 체의 잔류율 누계
- 조립률 $= \dfrac{2+45+89+100+100+400}{100} = 7.36$

여기서, 400은 1.2, 0.6, 0.3, 0.15mm 체 누적 잔류율에 해당한다.

05 **마샬 안정도 시험을 실시한 결과가 다음과 같다. 물음에 답하시오.(단, 아스팔트의 밀도 : 1.02g/cm³, 혼합되는 건조골재의 밀도 : 2.712g/cm³이다.)**

공시체 번호	아스팔트 혼합률	두께(cm)	중량(g)		용적(cm³)
			공기중	수중	
1	4.5	6.29	1,151	668	486
2	4.5	6.30	1,159	674	485
3	4.5	6.31	1,162	675	487

(1) 아스팔트의 실측밀도를 구하시오.(단, 소수 넷째 자리에서 반올림하시오.)

공시체 번호	실측밀도(g/cm³)
1	
2	
3	
평균	

(2) 이론 최대밀도를 구하시오.(단, 소수 넷째 자리에서 반올림하시오.)

(3) 아스팔트의 용적률을 구하시오.

(4) 아스팔트의 공극률을 구하시오.

(5) 아스팔트의 포화도를 구하시오.

Solution

(1) 실측밀도

$\frac{\text{공기 중 중량(g)}}{\text{용적(cm}^3)}$

① $\frac{1,151}{486} = 2.368\text{g/cm}^3$

② $\frac{1,159}{485} = 2.390\text{g/cm}^3$

③ $\frac{1,162}{487} = 2.386\text{g/cm}^3$

평균 $= \frac{(2.368 + 2.390 + 2.386)}{3} = 2.381\text{g/cm}^3$

공시체 번호	실측밀도(g/cm³)
1	2.368
2	2.390
3	2.386
평균	2.381

(2) 이론밀도

$$\frac{100}{\frac{A}{G_b}+\frac{100-A}{G_{ag}}}$$

$$=\frac{100}{\frac{4.5}{1.02}+\frac{100-4.5}{2.712}}=2.524\text{g/cm}^3$$

여기서, A : 아스팔트 혼합률

G_b : 아스팔트 밀도

G_{ag} : 혼합된 골재의 평균밀도

(3) 용적률

$$\frac{\text{아스팔트 함량}\times\text{실측밀도}}{\text{아스팔트 밀도}}=\frac{4.5\times 2.381}{1.02}=10.504\%$$

(4) 공극률

$$\left(1-\frac{\text{실측밀도}}{\text{이론밀도}}\right)\times 100=\left(1-\frac{2.381}{2.524}\right)\times 100=5.665\%$$

(5) 포화도

$$\frac{\text{용적률}}{\text{용적률}+\text{공극률}}\times 100=\frac{10.50}{10.50+5.67}\times 100=64.935\%$$

06 골재의 단위용적질량 및 실적률 시험방법(KS F 2050)에 대한 규정이다. 다음 물음에 답하시오.

(1) 굵은골재 최대치수가 10mm 초과, 40mm 이하의 경우 용기의 용적과 1층당 다짐횟수는?

(2) 봉 다지기가 곤란하여 충격에 의해 실시해야 하는 이유 2가지

(3) 골재의 흡수율이 3%, 표건밀도가 2.65kg/L, 용기의 용적이 30L, 용기 안의 시료의 질량이 45kg인 경우 실적률을 구하시오.

Solution

(1) 10L, 30회

(2) ① 굵은골재의 최대치수가 커서 봉 다지기가 곤란한 경우

② 시료를 손상할 염려가 있는 경우

(3) ① 골재의 단위용적 질량

$$T=\frac{m}{V}=\frac{45}{30}=1.5\text{kg/L}$$

② 실적률

$$G=\frac{T}{d_s}\times(100+Q)=\frac{1.5}{2.65}\times(100+3)=58.3\%$$

07 압밀시험의 $\sqrt{t}$ 법 그래프를 그리고 설명하시오.

Solution

(1) 다이얼 게이지 변형량(압밀량)과 대응하는 시간으로 곡선을 그린다.

(2) 초기의 직선부(접선)를 그리고 d_0 값을 구한다.

(3) 직선부분의 1 : 1.15배 구배로 직선을 긋는다.

(4) 1.15배선과 시험곡선의 교점을 압밀도 90% 점으로 d_{90}, t_{90}을 읽는다.

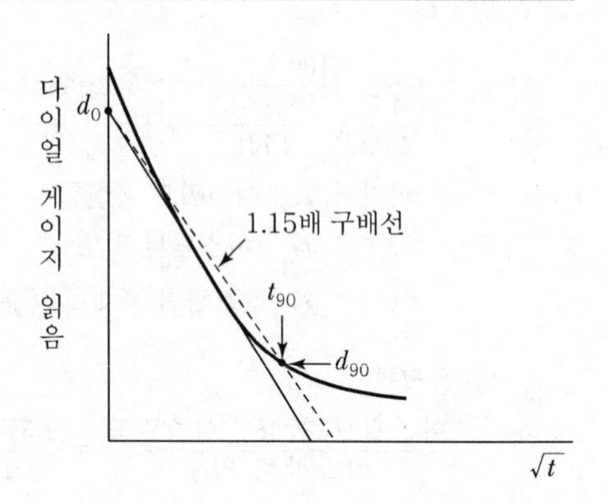

08 콘크리트 압축강도 측정치와 시험 횟수가 29회 이하일 때 표준편차의 보정계수를 보고 다음 물음에 답하시오.

[콘크리트 압축강도 측정치(MPa)]

27.2	24.1	23.4	24.2	28.6	25.7
23.5	30.7	29.7	27.7	29.7	24.4
26.9	29.5	28.5	29.7	25.9	26.6

(1) 시험은 18회 실시하였다. 표준편차를 구하시오.(단, 표준편차의 보정계수가 사용표에 없을 경우 직선보간하여 사용한다.)

(2) 콘크리트의 호칭강도(f_{cn})가 24MPa일 때 배합강도를 구하시오.

Solution

(1) ① 콘크리트 압축강도 측정치 합계

$\sum x = 486$

② 평균값

$\bar{x} = \dfrac{486}{18} = 27\text{MPa}$

③ 편차 제곱합

$$S = (27.2-27)^2 + (23.5-27)^2 + (26.9-27)^2 + (24.1-27)^2 + (30.7-27)^2 + (29.5-27)^2$$
$$+ (23.4-27)^2 + (29.7-27)^2 + (28.5-27)^2 + (24.2-27)^2 + (27.7-27)^2 + (29.7-27)^2$$
$$+ (28.6-27)^2 + (29.7-27)^2 + (25.9-27)^2 + (25.7-27)^2 + (24.4-27)^2 + (26.6-27)^2$$
$$= 98.44\text{MPa}$$

④ 표준편차

$$\sigma = \sqrt{\frac{S}{n-1}} = \sqrt{\frac{98.44}{18-1}} = 2.41\text{MPa}$$

⑤ 직선보간한 표준편차(표준편차 × 보정계수)

$2.41 \times 1.112 = 2.68\text{MPa}$

여기서, 직선보간한 보정계수값은 16회 때 1.144, 17회 때 1.128, 18회 때 1.112, 19회 때 1.096 이 된다.

⑥ 시험 횟수가 29회 이하일 때 표준편차의 보정계수

시험 횟수	표준편차의 보정계수
15	1.16
20	1.08
25	1.03
30 이상	1.00

(2) $f_{cn} \leq 35\text{MPa}$이므로

① $f_{cr} = f_{cn} + 1.34S = 24 + 1.34 \times 2.68 = 27.59\text{MPa}$

② $f_{cr} = (f_{cn} - 3.5) + 2.33S = (24 - 3.5) + 2.33 \times 2.68 = 26.74\text{MPa}$

여기서, S : 직선보간한 표준편차값

∴ 두 식 중 큰 값 27.59MPa

건설재료시험 기사 실기 작업형 출제시험 항목

- 액성한계시험
- 들밀도 시험
- 실내 CBR 시험

산업기사 2017년 4월 16일 시행

• NOTICE •

한국산업인력공단의 저작권법 저촉에 대한 언급(2013년 2회 시험부터)이 있어 과거에 수험자의 기억을 토대로 작성한 동일한 문제나 그 유형의 문제로 재구성하였으며, 혹 미비한 부분은 계속 수정 보완하겠습니다.

01 현장 도로 토공에서 모래치환법에 의한 현장 건조 단위 중량 시험을 했다. $V=1,900\text{cm}^3$이었고, 구멍에서 파낸 흙 3,280g, 함수비 12%, $G_S=2.70$, 최대 건조밀도 $\gamma_{d\max}=1.65\text{g/cm}^3$이었다. 물음에 답하시오.(단, $\gamma_w=1\text{g/cm}^3$이다.)

(1) 현장 건조밀도를 구하시오.

(2) 공극비 및 공극률을 구하시오.

(3) 다짐도를 구하시오.

(4) 이 현장이 95% 이상의 다짐도를 원할 때 이 토공은 합격권에 들어가는지 여부를 판단하시오.

Solution

(1) $\gamma_d=\dfrac{\gamma_t}{1+\dfrac{\omega}{100}}$

$\gamma_t=\dfrac{W}{V}=\dfrac{3,280}{1,900}=1.73\text{g/cm}^3$

$\therefore\ \gamma_d=\dfrac{1.73}{1+\dfrac{12}{100}}=1.54\text{g/cm}^3$

(2) ① $e=\dfrac{\gamma_\omega}{\gamma_d}G_s-1=\dfrac{1}{1.54}\times 2.7-1=0.75$

② $n=\dfrac{e}{1+e}\times 100=\dfrac{0.75}{1+0.75}\times 100=42.86\%$

(3) 다짐도$=\dfrac{\gamma_d}{\gamma_{d\max}}\times 100=\dfrac{1.54}{1.65}\times 100=93.33\%$

(4) 이 흙의 다짐도가 95% 이하이므로 불합격이다.

02 굵은골재에 대한 밀도 및 흡수율 시험 결과가 아래 표와 같을 때 물음에 답하시오.

절건상태의 시료질량	4,191g
수중 시료의 질량	2,645g
표건상태의 시료질량	4,259g
물의 밀도	0.9970g/cm^3

(1) 표면건조포화상태의 밀도를 구하시오.

(2) 절대건조상태의 밀도를 구하시오.

(3) 흡수율을 구하시오.

Solution

(1) 표면건조포화상태 밀도 $= \dfrac{B}{B-C} \times \rho_w = \dfrac{4,259}{4,259-2,645} \times 0.9970 = 2.63\text{g/cm}^3$

(2) 절대건조상태 밀도 $= \dfrac{A}{B-C} \times \rho_w = \dfrac{4,191}{4,259-2,645} \times 0.9970 = 2.59\text{g/cm}^3$

(3) 흡수율 $= \dfrac{B-A}{A} \times 100 = \dfrac{4,259-4,191}{4,191} \times 100 = 1.62\%$

03 어떤 시료에 대하여 수축한계시험을 실시한 결과 자연함수비 41.28%, 습윤토 체적 21.0cm^3, 건조토 체적 16.34cm^3, 건조토 중량 26.36g이었다. 다음 물음에 답하시오.(단, 소성한계 33.4%, 액성한계 46.2%, γ_w = 1g/cm^{3}이다.)

(1) 수축한계를 구하시오.

(2) 수축지수를 구하시오.

(3) 수축비를 구하시오.

(4) 체적 수축률을 구하시오.

(5) 흙입자 비중을 구하시오.

Solution

(1) $\omega_s = \omega - \left[\dfrac{(V-V_o)}{W_s} \times \gamma_\omega \times 100\right] = 41.28 - \left[\dfrac{(21-16.34)}{26.36} \times 1 \times 100\right] = 23.6\%$

(2) $I_s = \omega_p - \omega_s = 33.4 - 23.6 = 9.8\%$

(3) $R = \dfrac{W_o}{V_o \gamma_w} = \dfrac{26.36}{16.34 \times 1} = 1.61$

(4) $C = \dfrac{V-V_o}{V_o} \times 100 = \dfrac{21-16.34}{16.34} \times 100 = 28.52\%$

(5) $G_s = \dfrac{1}{\dfrac{1}{R} - \dfrac{\omega_s}{100}} = \dfrac{1}{\dfrac{1}{1.61} - \dfrac{23.6}{100}} = 2.60$

04 평판재하 시험 결과를 기초지반에 이용할 때 고려사항 3가지를 쓰시오.

(1)

(2)

(3)

Solution

(1) 토질의 종단
(2) 지하수위의 위치와 변동
(3) 재하판의 크기에 의한 영향

05 다음의 시멘트 밀도시험 성과표를 보고 적합, 부적합 여부를 판정한 후 그 이유를 쓰시오.

시멘트 밀도시험		
측정 횟수	1회	2회
처음 광유 눈금 읽음(mL)	0.3	0.4
시료 무게(g)	64.05	64.14
시료와 광유의 눈금 읽음(mL)	20.7	21.1
밀도(g/cm^3)	3.14	3.10

Solution

- 부적합
- 동일 시험자가 동일 재료에 대하여 2회 측정한 결과가 $\pm 0.03 g/cm^3$ 이내이어야 한다.

06 어떤 흙 시료를 직접전단시험을 하여 얻은 값이다. 물음에 답하시오.(단, 시료의 직경 60mm, 두께 20mm이다. 소수 셋째 자리에서 반올림하시오.)

수직하중(N)	2,000	3,000	4,000	5,000
전단력(N)	2,430	2,870	3,240	3,630

(1) 빈칸을 채우시오.

σ (MPa)				
τ (MPa)				

(2) 파괴선을 작도하시오.

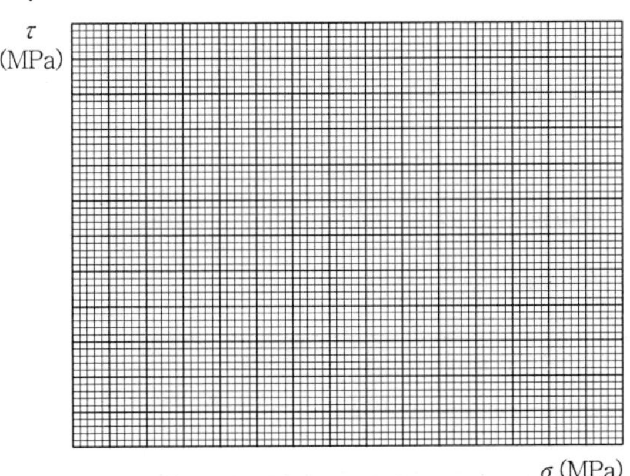

(3) 점착력(C)을 구하시오.

(4) 내부마찰각(ϕ)을 구하시오.

Solution

(1) $\sigma = \dfrac{P}{A}$ $\qquad\qquad \tau = \dfrac{S}{A}$

여기서, $A = \dfrac{\pi \times 60^2}{4} = 2{,}827\text{mm}^2$

σ (MPa)	0.71	1.06	1.41	1.77
τ (MPa)	0.86	1.02	1.15	1.28

- $\sigma_1 = \dfrac{2{,}000}{2{,}827} = 0.71\text{MPa}$
- $\sigma_2 = \dfrac{3{,}000}{2{,}827} = 1.06\text{MPa}$
- $\sigma_3 = \dfrac{4{,}000}{2{,}827} = 1.41\text{MPa}$
- $\sigma_4 = \dfrac{5{,}000}{2{,}827} = 1.77\text{MPa}$
- $\tau_1 = \dfrac{2{,}430}{2{,}827} = 0.86\text{MPa}$
- $\tau_2 = \dfrac{2{,}870}{2{,}827} = 1.02\text{MPa}$
- $\tau_3 = \dfrac{3{,}240}{2{,}827} = 1.15\text{MPa}$
- $\tau_4 = \dfrac{3{,}630}{2{,}827} = 1.28\text{MPa}$

(2)
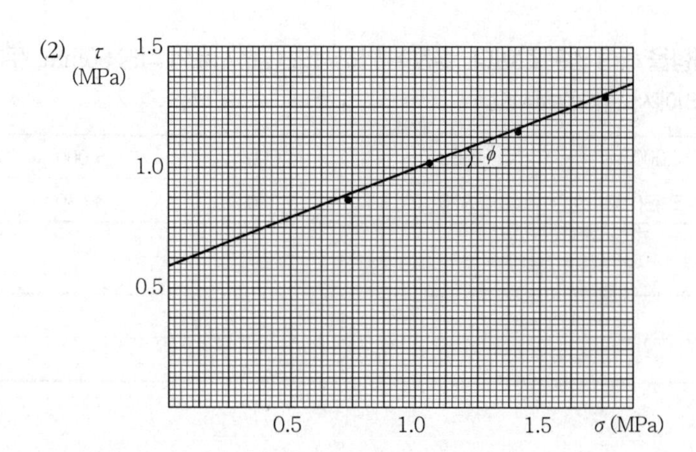

(3) $C = 0.6\text{MPa}$

※ 그래프에서 점착력 값을 읽는다.

(4) $\tau = C + \sigma \tan\phi$

$1.28 = 0.6 + 1.77\tan\phi$

$\tan\phi = \dfrac{0.68}{1.77},\ \phi = \tan^{-1}\dfrac{0.68}{1.77}$

$\therefore\ \phi = 21.02°$ ※ 각도기를 이용할 경우 $\phi = 21°$

07 아스팔트 침입도 시험에 사용되는 시험기구 4가지를 쓰시오.

(1)

(2)

(3)

(4)

Solution

(1) 가열기

(2) 침입도 시험기

(3) 온도계

(4) 초시계

(5) 항온수조

08 콘크리트 배합 시 시방배합을 현장배합으로 수정할 때 고려해야 할 사항 3가지를 쓰시오.

(1)

(2)

(3)

Solution

(1) 현장 골재의 표면수량

(2) 현장 잔골재 중의 5mm 체에 남는 양

(3) 현장 굵은골재 중의 5mm 체에 통과하는 양

09 콘크리트 반발경도법의 종류 3가지를 쓰시오.

(1)

(2)

(3)

Solution

(1) 슈미트 해머법

(2) 낙하식 해머법

(3) 스프링식 해머법

(4) 회전식 해머법

건설재료시험 산업기사 실기 작업형 출제시험 항목

- 시멘트 밀도시험
- 슬럼프시험
- 흙의 다짐시험(A)

기사 2017년 6월 25일 시행

• NOTICE •

한국산업인력공단의 저작권법 저촉에 대한 언급(2013년 2회 시험부터)이 있어 과거에 수험자의 기억을 토대로 작성한 동일한 문제나 그 유형의 문제로 재구성하였으며, 혹 미비한 부분은 계속 수정 보완하겠습니다.

01 슈미트 해머에 대한 다음 물음에 답하시오.

(1) 슈미트 해머법의 시험원리를 쓰시오.

(2) 콘크리트 종류에 따른 슈미트 해머의 종류를 쓰시오.

(3) 20회 슈미트 해머 시험 시 오차가 ( )% 이상인 경우 버리고, 범위를 벗어나는 시험값이 ( ) 개 이상인 경우 전체를 버린다.

(4) 보정방법의 종류를 쓰시오.

(5) 슈미트 해머 시험면이 어떤 상태일 때 시험값을 버리는가?

Solution

(1) 슈미트 해머를 이용하여 콘크리트의 표면을 타격하여 반발경도로부터 콘크리트의 강도를 추정하는 것이다.

(2) ① 보통 콘크리트 : N형
② 경량 콘크리트 : L형
③ 저강도 콘크리트 : P형
④ 매스 콘크리트 : M형

(3) 20%, 4개

(4) ① 타격 각도에 대한 보정
② 콘크리트 건습에 대한 보정
③ 압축응력에 대한 보정
④ 재령에 대한 보정

(5) 시험면에 균열이 생기거나 파손되었을 때

02 시멘트 모르타르의 압축강도 및 휨강도의 시험방법은 KSL ISO 679에서 규정한다. 다음 물음에 답하시오.

(1) 압축강도 및 휨강도의 공시체 규격을 쓰시오.

(2) 공시체를 제작할 때 사용되는 시멘트양을 1이라고 할 때 다음 재료량의 비율을 쓰시오.

① 물

② 잔골재

(3) 공시체를 틀에 넣은 후 강도시험을 할 때까지의 양생방법을 쓰시오.

Solution

(1) 40mm×40mm×160mm

(2) ① 물 : 시멘트비가 0.5이므로 $\left(\frac{W}{C}=0.5\right)$

$W=C\times 0.5=1\times 0.5=0.5$

② 잔골재 : 3

(3) 틀에 다진 공시체는 24시간 습윤양생한다. 그 후 탈형하여 강도시험을 할 때까지 수중양생한다.

03 수축한계시험 결과가 다음과 같다. 물음에 답하시오.(단, γ_w = 1g/cm³이다.)

습윤시료의 체적	20.5cm³
노건조시료의 중량	25.75g
노건조시료의 체적	14.97cm³
습윤시료의 함수비	42.8%

(1) 수축한계를 구하시오.

(2) 수축비를 구하시오.

(3) 근사치 비중을 구하시오.

Solution

(1) $w_s=w-\left[\frac{V-V_0}{W_s}\times\gamma_w\times 100\right]=42.8-\left[\frac{20.5-14.97}{25.75}\times 1\times 100\right]=21.32\%$

(2) $R=\frac{W_S}{V_0\cdot\gamma_w}=\frac{25.75}{14.97\times 1}=1.72$

(3) $G_s=\frac{1}{\frac{1}{R}-\frac{w_s}{100}}=\frac{1}{\frac{1}{1.72}-\frac{21.32}{100}}=2.72$

04 콘크리트 압축강도 측정치를 보고 다음 물음에 답하시오.

[콘크리트 압축강도 측정치(MPa)]

48	41	45	50	49	41	51	53
52	40	41	47	48	52	46	48

(1) 시험은 16회 실시하였다. 수정 표준편차를 구하시오.

(2) 콘크리트의 호칭강도(f_{cn})가 45MPa일 때 배합강도를 구하시오.

Solution

(1) 표준편차

① 콘크리트 압축강도 측정치 합계

$\sum x = 752\text{MPa}$

② 콘크리트 압축강도 평균값

$\bar{x} = \dfrac{752}{16} = 47\text{MPa}$

③ 편차 제곱합

$$S = (48-47)^2 + (41-47)^2 + (45-47)^2 + (50-47)^2 + (49-47)^2 + (41-47)^2 + (51-47)^2 + (53-47)^2 + (52-47)^2 + (40-47)^2 + (41-47)^2 + (47-47)^2 + (48-47)^2 + (52-47)^2 + (46-47)^2 + (48-47)^2 = 280\text{MPa}$$

④ 표준편차

$$\sigma = \sqrt{\frac{S}{n-1}} = \sqrt{\frac{280}{16-1}} = 4.32\text{MPa}$$

∴ 수정 표준편차(직선보간)

$4.32 \times 1.144 = 4.94\text{MPa}$

여기서, 표준편차 보정계수가 15회 1.16, 20회 1.08이므로

직선보간은 $\dfrac{1.16-1.08}{5} = 0.016$씩 고려하면

16회의 경우 $1.16 - 0.016 = 1.144$이다.

(2) 콘크리트 배합강도($f_{cn} > 35\text{MPa}$인 경우)

① $f_{cr} = f_{cn} + 1.34s = 45 + 1.34 \times 4.94 = 51.62\text{MPa}$

② $f_{cr} = 0.9f_{cn} + 2.33s = 0.9 \times 45 + 2.33 \times 4.94 = 52.01\text{MPa}$

∴ 두 식 중 큰 값 52.01MPa

05 아스팔트의 시험에 대한 사항이다. 다음 물음에 답하시오.

(1) 신도시험에서 보통일 때 표준온도와 인장속도는?

(2) 신도시험에서 저온일 때 표준온도와 인장속도는?

(3) 인화점의 정의는?

(4) 연소점의 정의는?

Solution

(1) 25℃, 5cm/min

(2) 4℃, 1cm/min

(3) 청색 불꽃이 나타날 때의 온도

(4) 인화 후 매분 5.5±0.5℃로 온도를 상승시켜 5초 동안 연소될 때의 온도

06 다음 물음에 답하시오. 다음 흙을 통일분류법에 의하여 분류하시오.

(1) No.200체 통과율 2%, No.4체 통과율 70%, $D_{10}=0.15\text{mm}$, $D_{30}=0.4\text{mm}$, $D_{60}=0.61\text{mm}$

(2) 액성한계가 40%인 소성도가 낮은 실트

(3) 유기질이 많이 함유되어 있는 이탄

Solution

(1) ① 앞부분 대문자

No.200체 통과율< 50% : S, G

No.4체 통과율> 50% : S

② 뒷부분 대문자

$$C_g=\frac{D_{30}^2}{D_{10}\times D_{60}}=\frac{0.4^2}{0.15\times 0.61}=1.74$$

$$C_u=\frac{D_{60}}{D_{10}}=\frac{0.61}{0.15}=4.07$$

곡률계수 $C_g=1\sim 3$ 범위에 있어 양호하지만

균등계수 $C_u<6$이므로 입도가 불량하다.

∴ SP(입도분포가 불량한 모래)

(2) ML

(3) Pt

07 도로공사의 토공관리 시험에 대한 사항이다. 다음 물음에 답하시오.

(1) 현장밀도 측정방법 3가지를 쓰시오.

[예시] 물에 의한 치환방법

(2) 모래치환법에 의해 현장 밀도시험을 하였다. 파낸 구멍의 부피가 $1,680cm^3$, 파낸 흙의 무게가 3,000g이고 함수비가 20%였으며, 시험실에서 구한 최대건조 단위 중량이 $1.5g/cm^3$이었다.

① 건조밀도를 구하시오.

② 다짐도를 구하시오.

Solution

(1) ① 기름 치환법

② γ선 산란형 밀도계에 의한 방법(방사선법)

③ 코어 커터(Core Cutter)에 의한 방법(절삭법)

(2) ① 습윤밀도 $\gamma_t = \dfrac{W}{V} = \dfrac{3,000}{1,680} = 1.786g/cm^3$

건조밀도 $\gamma_d = \dfrac{\gamma_t}{1+\dfrac{\omega}{100}} = \dfrac{1.786}{1+\dfrac{20}{100}} = 1.488g/cm^3$

② 다짐도$= \dfrac{\gamma_d}{\gamma_{d\max}} \times 100 = \dfrac{1.488}{1.5} \times 100 = 99.2\%$

08 그림과 같은 지반의 점토를 대상으로 압밀시험을 실시하여 다음과 같은 결과를 얻었다. 물음에 답하시오.(단, $\gamma_w = 9.81\text{kN/m}^3$이다.)

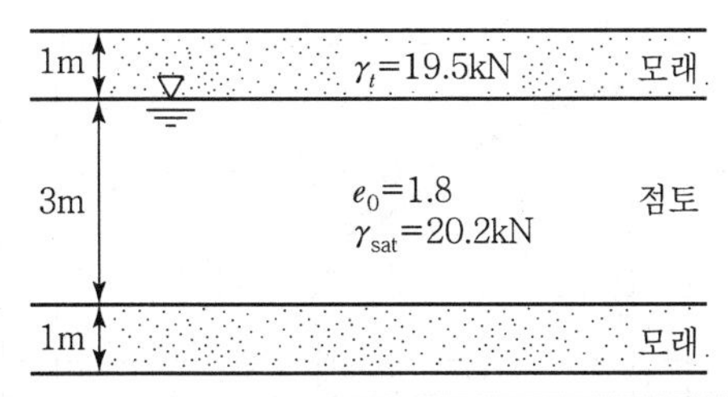

압력(kN/m²)	10	20	40	80	160	320	640	80	20
간극비	1.71	1.67	1.58	1.45	1.3	1.03	0.81	0.9	1.1

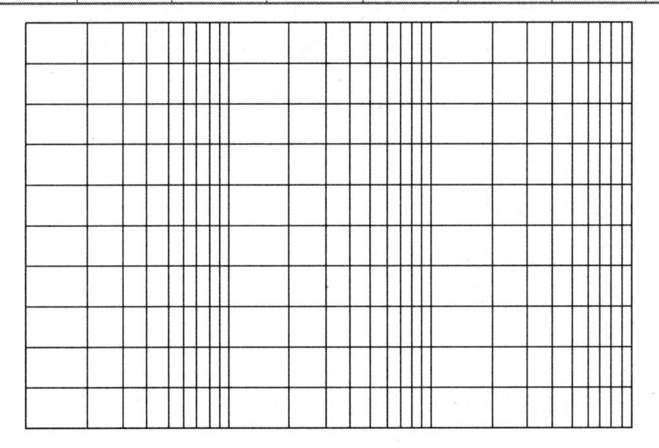

(1) $e - \log P$ 곡선을 그리고 선행압밀하중(P_c)과 과압밀비(OCR)를 구하시오.(단, P_c는 100kN/m² 보다 작다.)

(2) 넓은 지역에 걸쳐 $\gamma_t = 25\text{kN/m}^3$인 흙이 3m 두께로 성토되었을 때 점토층의 압밀침하량을 구하시오.

Solution

(1)

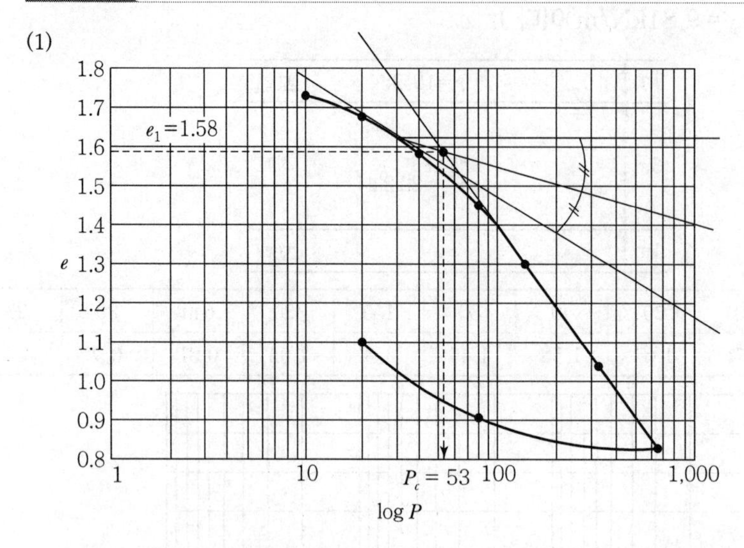

- 선행압밀하중 $P_c = 53\text{kN/m}^2$

- $C_c = \dfrac{e_1 - e_2}{\log\dfrac{P_2}{P_1}} = \dfrac{1.58-0.81}{\log\dfrac{640}{53}} = 0.71$

- $OCR = \dfrac{P_c}{P_0} = \dfrac{53}{35.09} = 1.51$

  여기서, $P_0 = 19.5\times1+(20.2-9.81)\times1.5 = 35.09\text{kN/m}^2$

(2) • $\Delta P = 25\times3 = 75\text{kN/m}^2$

- $P_0 + \Delta P = 35.09 + 75 = 110.09\text{kN/m}^2$
- $P_0 + \Delta P > P_c$인 과압밀점토의 침하량

$$S = \frac{C_s}{1+e}\log\frac{P_c}{P_o}\cdot H + \frac{C_c}{1+e}\log\frac{P_o+\Delta P}{P_c}\cdot H$$

$$= \frac{0.1065}{1+1.8}\log\frac{53}{35.09}\times3 + \frac{0.71}{1+1.8}\log\frac{110.09}{53}\times3 = 0.2619\,\text{m} = 26.19\,\text{cm}$$

여기서, C_s(팽창지수)는 대략 압축지수(C_c)의 1/5 ~ 1/10 정도이므로 중간값을 적용하면 $C_s = 0.15\times C_c = 0.15\times0.71 = 0.1065$이다.

건설재료시험 기사 실기 작업형 출제시험 항목

- 액성한계시험
- 들밀도 시험
- 실내 CBR 시험

산업기사 2017년 6월 25일 시행

• NOTICE •

한국산업인력공단의 저작권법 저촉에 대한 언급(2013년 2회 시험부터)이 있어 과거에 수험자의 기억을 토대로 작성한 동일한 문제나 그 유형의 문제로 재구성하였으며, 혹 미비한 부분은 계속 수정 보완하겠습니다.

01 **잔골재에 대한 밀도 및 흡수율 시험 결과가 아래 표와 같을 때 물음에 답하시오.(물의 밀도 1.0g/cm^3, 소수 셋째 자리에서 반올림하시오.)**

물+플라스크의 무게	600g
표건시료의 무게	500g
시료+물+플라스크의 무게	911g
노건조시료의 무게	480g

(1) 표건밀도를 구하시오.
(2) 절건밀도를 구하시오.
(3) 상대 겉보기 밀도를 구하시오.
(4) 흡수율을 구하시오.

Solution

(1) 표건밀도 $= \dfrac{m}{B+m-C} \times \rho_w$

$$= \frac{500}{600+500-911} \times 1 = 2.65\text{g/cm}^3$$

(2) 절건밀도 $= \dfrac{A}{B+m-C} \times \rho_w$

$$= \frac{480}{600+500-911} \times 1 = 2.54\text{g/cm}^3$$

(3) 상대 겉보기 밀도 $= \dfrac{A}{B+A-C} \times \rho_w$

$$= \frac{480}{600+480-911} \times 1 = 2.84\text{g/cm}^3$$

(4) 흡수율 $= \dfrac{m-A}{A} \times 100$

$$= \frac{500-480}{480} \times 100 = 4.17\%$$

02 **콘크리트 품질기준강도(f_{cq})가 28MPa이고 30회 이상의 실험에 의한 압축강도의 표준편차가 3.0MPa였다면 콘크리트의 배합강도는?**

Solution

- $f_{cr} = f_{cq} + 1.34S = 28 + 1.34 \times 3 = 32.02\text{MPa}$
- $f_{cr} = (f_{cq} - 3.5) + 2.33S = (28 - 3.5) + 2.33 \times 3 = 31.49\text{MPa}$

∴ 큰 값인 32.02MPa

03 **시방배합의 잔골재량이 710kg, 굵은골재량이 1,260kg이며 현장 골재의 상태는 잔골재가 5mm체에 남는 율 : 2%, 잔골재의 표면수율 : 5%, 굵은골재가 5mm체를 통과하는 율 : 6%, 굵은골재 표면수율 : 1%이다. 다음 물음에 답하시오.**

(1) 단위 잔골재량

(2) 단위 굵은골재량

Solution

〈입도 보정〉

- 잔골재 $x = \dfrac{100S - b(S+G)}{100-(a+b)} = \dfrac{100 \times 710 - 6(710 + 1{,}260)}{100 - (2+6)} = 643.26\text{kg}$
- 굵은골재 $y = \dfrac{100G - a(S+G)}{100-(a+b)} = \dfrac{100 \times 1{,}260 - 2(710 + 1{,}260)}{100 - (2+6)} = 1{,}326.74\text{kg}$

〈표면수 보정〉

- 잔골재 $643.26 \times 0.05 = 32.163\text{kg}$
- 굵은골재 $1{,}326.74 \times 0.01 = 13.267\text{kg}$

〈단위 골재량〉

(1) 단위 잔골재량

$643.26 + 32.163 = 675.42\text{kg}$

(2) 단위 굵은골재량

$1{,}326.74 + 13.267 = 1{,}340.01\text{kg}$

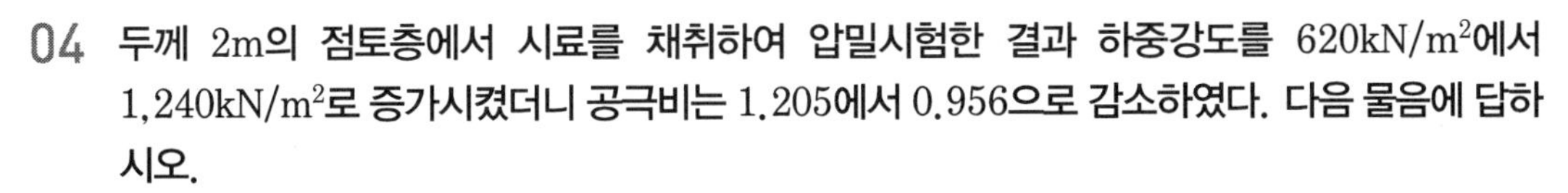

04 **두께 2m의 점토층에서 시료를 채취하여 압밀시험한 결과 하중강도를 $620kN/m^2$에서 $1,240kN/m^2$로 증가시켰더니 공극비는 1.205에서 0.956으로 감소하였다. 다음 물음에 답하시오.**

(1) 압축계수(a_V)

(2) 체적 변화계수(m_V)

(3) 최종 압밀침하량(ΔH)

Solution

(1) $a_V = \dfrac{e_1 - e_2}{P_2 - P_1} = \dfrac{1.205 - 0.956}{1{,}240 - 620} = 0.0004\text{m}^2/\text{kN}$

(2) $m_V = \dfrac{a_V}{1+e} = \dfrac{0.0004}{1+1.205} = 0.00018\text{m}^2/\text{kN}$

(3) $\Delta H = m_V \cdot \Delta P \cdot H = 0.00018 \times (1{,}240 - 620) \times 200 = 22.32\text{cm}$

05 **시험 구멍에 파낸 흙의 무게가 2,735g, 그 속의 함수비가 35%, 시험 구멍에 채워진 모래무게 2,590g, 구멍에 채워 넣은 모래의 단위무게가 $1.65g/cm^3$, 최대 건조 단위무게 $1.54g/cm^3$, 비중이 2.65일 때 다음을 구하시오.(단, $\gamma_w = 1g/cm^3$이다.)**

(1) 습윤밀도(γ_t)   (2) 건조밀도(γ_d)   (3) 간극비(e)

(4) 포화도(S)   (5) 다짐도

Solution

(1) $\gamma_{모래} = \dfrac{W}{V}$

$\therefore\ V = \dfrac{2{,}590}{1.65} = 1{,}569.696\text{cm}^3$

$\gamma_t = \dfrac{W}{V} = \dfrac{2{,}735}{1{,}569.696} = 1.74\text{g/cm}^3$

(2) $\gamma_d = \dfrac{\gamma_t}{1+\dfrac{w}{100}} = \dfrac{1.74}{1+\dfrac{35}{100}} = 1.29\text{g/cm}^3$

(3) $e = \dfrac{\gamma_w}{\gamma_d} G_s - 1 = \dfrac{1}{1.29} \times 2.65 - 1 = 1.05$

(4) $S \cdot e = w \cdot G_s$

$\therefore\ S = \dfrac{w \cdot G_s}{e} = \dfrac{35 \times 2.65}{1.05} = 88.33\%$

(5) 다짐도$= \dfrac{\gamma_d}{\gamma_{d\max}} \times 100 = \dfrac{1.29}{1.54} \times 100 = 83.77\%$

06 아스팔트 시험의 종류 4가지를 쓰시오.

(1)

(2)

(3)

(4)

Solution

(1) 점도시험
(2) 침입도시험
(3) 신도시험
(4) 연화점시험

07 다음은 자연상태의 함수비가 31%인 점성토 시료를 채취하여 Atterberg 한계시험을 한 성과표이다. 물음에 답하시오.

(1) 다음 시험성과표의 빈칸을 채우시오.

[액성한계시험]

용기 번호	$L-1$	$L-2$	$L-3$	$L-4$
(습윤시료+용기)무게(g)	30.21	28.36	29.72	30.08
(건조시료+용기)무게(g)	25.97	24.60	26.02	26.42
용기무게(g)	15.11	14.02	15.12	15.49
물 무게(g)	(　)	(　)	(　)	(　)
건조시료 무게(g)	(　)	(　)	(　)	(　)
함수비(%)	(　)	(　)	(　)	(　)
타격횟수	9	21	30	34

[소성한계시험]

용기 번호	$S-1$	$S-2$	$S-3$
(습윤시료+용기)무게(g)	10.80	11.40	11.86
(건조시료+용기)무게(g)	9.71	10.24	10.63
용기무게(g)	6.11	6.24	6.53
물 무게(g)	(　)	(　)	(　)
건조시료 무게(g)	(　)	(　)	(　)
함수비(%)	(　)	(　)	(　)

(2) 유동곡선을 그리고 액성한계를 구하시오.

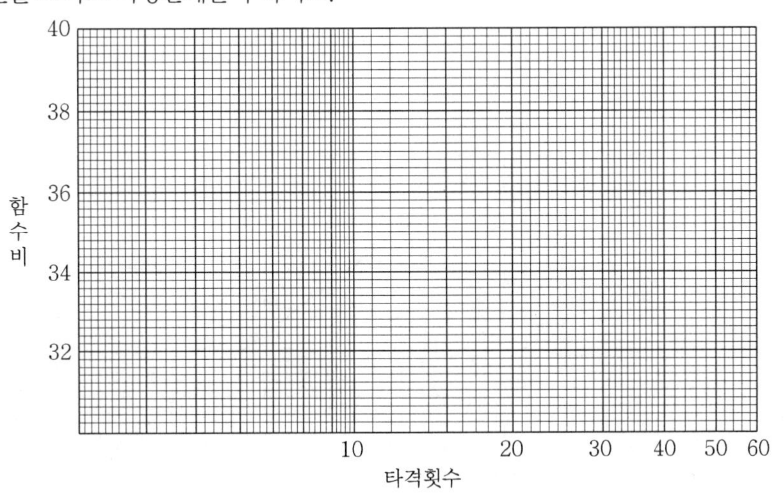

(3) 소성한계를 구하시오.

(4) 소성지수를 구하시오.

(5) 액성지수를 구하시오.

(6) 컨시스턴시 지수를 구하시오.

Solution

(1) **[액성한계시험]**

용기 번호	$L-1$	$L-2$	$L-3$	$L-4$
(습윤시료+용기)무게(g)	30.21	28.36	29.72	30.08
(건조시료+용기)무게(g)	25.97	24.60	26.02	26.42
용기무게(g)	15.11	14.02	15.12	15.49
물 무게(g)	(4.24)	(3.76)	(3.70)	(3.66)
건조시료 무게(g)	(10.86)	(10.58)	(10.90)	(10.93)
함수비(%)	(39.04)	(35.54)	(33.94)	(33.49)
타격횟수	9	21	30	34

[소성한계시험]

용기 번호	$S-1$	$S-2$	$S-3$
(습윤시료+용기)무게(g)	10.80	11.40	11.86
(건조시료+용기)무게(g)	9.71	10.24	10.63
용기무게(g)	6.11	6.24	6.53
물 무게(g)	(1.09)	(1.16)	(1.23)
건조시료 무게(g)	(3.60)	(4.0)	(4.10)
함수비(%)	(30.28)	(29.0)	(30.0)

- 물 무게 = (습윤시료 + 용기)무게 − (건조시료 + 용기)무게
- 건조시료 무게 = (건조시료 + 용기)무게 − 용기무게
- 함수비 = $\frac{\text{물 무게}}{\text{건조시료 무게}} \times 100$

(2)

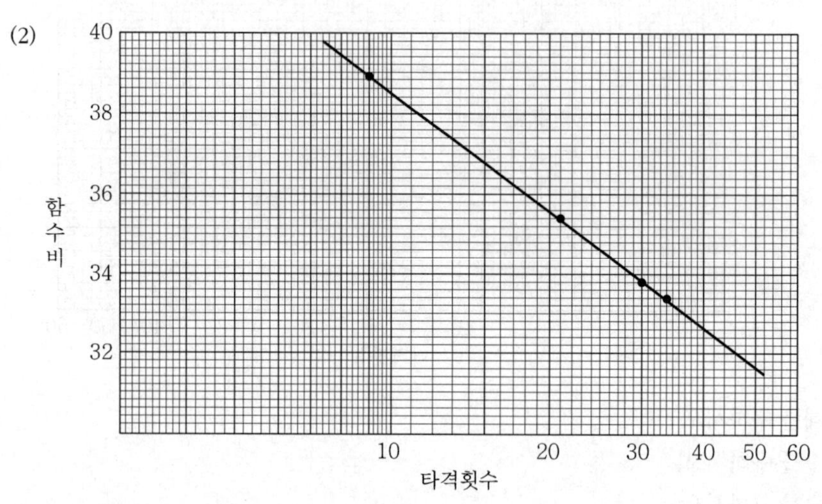

$\omega_L = 34.6\%$

(3) $\omega_P = \frac{30.28 + 29.0 + 30.0}{3} = 29.8\%$

(4) $I_P = \omega_L - \omega_P = 34.6 - 29.8 = 4.8\%$

(5) $I_L = \frac{\omega_n - \omega_P}{I_P} = \frac{31 - 29.8}{4.8} = 0.25$

(6) $I_c = \frac{\omega_L - \omega_n}{I_P} = \frac{34.6 - 31}{4.8} = 0.75$

08 콘크리트 시방서에 명시된 잔골재의 유해물 함유량의 종류 4가지를 쓰시오.

(1) (2) (3) (4)

Solution

(1) 점토 덩어리
(2) 0.08mm체 통과량
(3) 석탄, 갈탄 등으로 밀도 2.0g/cm^{3}의 액체에 뜨는 것
(4) 염화물

건설재료시험 산업기사 실기 작업형 출제시험 항목

- 시멘트 밀도시험
- 슬럼프시험
- 흙의 다짐시험(A)

기사 2017년 11월 11일 시행

• NOTICE •

한국산업인력공단의 저작권법 저촉에 대한 언급(2013년 2회 시험부터)이 있어 과거에 수험자의 기억을 토대로 작성한 동일한 문제나 그 유형의 문제로 재구성하였으며, 혹 미비한 부분은 계속 수정 보완하겠습니다.

01 흙의 입도시험방법 중 비중계를 이용한 입도분석에서 메니스커스 보정을 한다. 메니스커스의 보정방법을 설명하시오.

Solution

메니스커스의 보정값은 메니스커스 아래 끝에서의 비중계 눈금과 위 끝에서의 비중계 소수부분의 눈금의 차

02 다음 물음에 답하시오.

(1) 알칼리 실리카 반응에 대하여 서술하시오.
(2) 시험방법 2가지를 쓰시오.

Solution

(1) 콘크리트 중의 알칼리 이온이 골재 중의 실리카 성분과 결합하여 알칼리 실리카겔을 형성하고 이 겔이 수분을 흡수하여 콘크리트 내부에 국부적인 팽창으로 구조물에 균열이 생긴다.
(2) ① 화학법
② 모르타르바법

03 어떤 현장에서 $0.13m^3$의 흙을 채취하였다. 이 흙의 무게는 245kg이었으며 함수비는 15%였다. 이 흙의 함수비를 20%로 증가시키려면 $1m^3$에 몇 kg의 물을 가하여야 하는가?

Solution

(1) 함수비 15% 흙의 경우

• $W_s = \dfrac{100 \times W}{100 + \omega} = \dfrac{100 \times 245}{100 + 15} = 213.04\text{kg}$

• $W = W_w + W_s$

$\therefore\ W_w = W - W_s = 245 - 213.04 = 31.96\text{kg}$

(2) 함수비 20% 흙의 경우

• $\omega = \dfrac{W_w}{W_s} \times 100$

$20 = \dfrac{W_w}{213.04} \times 100$

$\therefore\ W_w = \dfrac{20 \times 213.04}{100} = 42.608\text{kg}$

• 첨가할 물의 양 $42.608 - 31.96 = 10.648\text{kg}$

• 1m^3에 첨가할 물의 양 $\dfrac{10.648}{0.13} = 81.91\text{kg}$

04 초음파 전달 비파괴 검사법 중 콘크리트 균열깊이 측정에 이용되는 3가지 방법을 쓰시오.

(1) (2) (3)

Solution

(1) T법
(2) $T_c - T_o$법
(3) BS−4408 규정방법
(4) 레슬리법(Leslie법)
(5) 위상변화를 이용하는 방법
(6) SH파를 이용하는 방법

05 콘크리트 배합에 관련된 사항이다. 다음 물음에 답하시오.

(1) 압축강도 시험 횟수가 30회 이상일 때 배합강도 식을 쓰시오.
(2) 압축강도 시험 횟수가 29회 이하일 때 표준편차 보정계수에 대해 쓰시오.
(3) 압축강도의 시험 횟수가 14회 이하이거나 기록이 없는 경우의 배합강도를 쓰시오.

Solution

(1) $f_{cq} \leq 35\text{MPa}$일 때

• $f_{cr} = f_{cq} + 1.34s$
• $f_{cr} = (f_{cq} - 3.5) + 2.33s$

두 식 중에 큰 값을 배합강도로 한다.

여기서, 표준편차는 보정계수 1.0을 곱해준다.

$f_{cq} > 35\text{MPa}$일 때

• $f_{cr} = f_{cq} + 1.34s$
• $f_{cr} = 0.9f_{cq} + 2.33s$

두 식 중에 큰 값을 배합강도로 한다.

여기서, 표준편차는 보정계수 1.0을 곱해준다.

(2)

시험 횟수	표준편차의 보정계수
15	1.16
20	1.08
25	1.03
30 이상	1.0

여기서, 시험 횟수에 따라 직선보간하여 적용한다.

(3)

호칭강도(MPa)	배합강도(MPa)
21 미만	$f_{cn}+7$
21 이상 35 이하	$f_{cn}+8.5$
35 초과	$1.1f_{cn}+5.0$

06 포화된 모래 시료에 대해 39kN/m²의 구속압력으로 압밀시킨 다음 배수를 허용하지 않고 축응력을 증가시켜 축응력 34kN/m²에 파괴되었으며, 이때의 간극수압이 29kN/m²라면 압밀 비배수 전단저항각과 배수 전단저항각은?

(1) 압밀 비배수 전단저항각

(2) 배수 전단저항각

Solution

(1) $\sigma_3=39\text{kN/m}^2$

$\sigma_1=\sigma_3+\Delta\sigma=\sigma_3+(\sigma_1-\sigma_3)$

$=39+34$

$=73\text{kN/m}^2$

$\sin\phi=\dfrac{\sigma_1-\sigma_3}{\sigma_1+\sigma_3}=\dfrac{73-39}{73+39}=0.304$

$\therefore\ \phi=\sin^{-1}0.304=17.7°$

(2) $\sigma_3{}'=\sigma_3-\Delta u=39-29=10\text{kN/m}^2$

$\sigma_1{}'=\sigma_1-\Delta u=73-29=44\text{kN/m}^2$

$\sin\phi=\dfrac{\sigma_1{}'-\sigma_3{}'}{\sigma_1{}'+\sigma_3{}'}=\dfrac{44-10}{44+10}=0.630$

$\therefore\ \phi=\sin^{-1}0.630=39.05°$

07 굳은 콘크리트 시험에 관한 다음 물음에 답하시오.

(1) 압축강도 시험 시 공시체에 하중을 가하는 속도를 쓰시오.

(2) 휨강도 시험 시 공시체에 하중을 가하는 속도를 쓰시오.

(3) 강도 시험용 공시체 제작방법에서 공시체 몰드를 떼어내는 시기 및 공시체의 수중 양생온도의 범위를 쓰시오.

Solution

(1) 매초 0.6±0.4MPa

(2) 매초 0.06±0.04MPa

(3) 16시간 이상 3일 이내, 20±2℃

08 그림과 같이 $P=40\text{kN/m}^2$의 등분포하중이 작용할 때 다음 물음에 답하시오.(단, $\gamma_w=9.81\text{kN/m}^3$이다. 소수 넷째 자리에서 반올림하시오.)

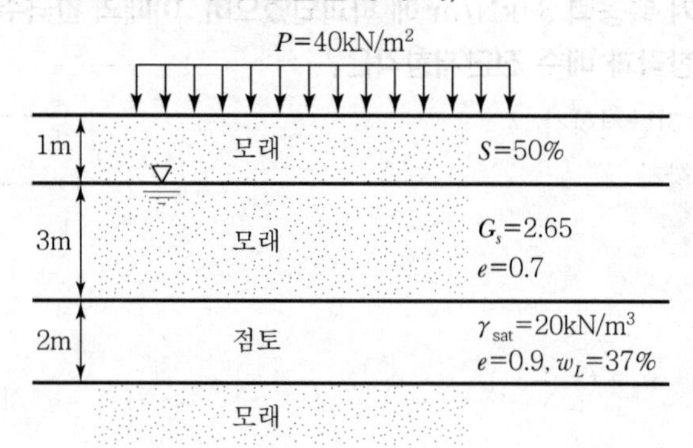

(1) 지하수면 아래 모래지반의 수중밀도를 구하시오.

(2) Skempton 공식에 의한 점토지반의 압축지수를 구하시오.(단, 시료는 불교란 상태이다.)

(3) 점토지반의 최종 압밀침하량을 구하시오.

Solution

(1) $\gamma_{\text{sub}} = \dfrac{G_s - 1}{1+e}\gamma_\omega = \dfrac{2.65-1}{1+0.7} \times 9.81 = 9.521\text{kN/m}^3$

(2) $C_c = 0.009(\omega_L - 10) = 0.009(37-10) = 0.243$

(3) • 지하수면 위 모래지반의 습윤밀도

$$\gamma_t = \frac{G_s + \dfrac{S \cdot e}{100}}{1+e} \cdot \gamma_\omega = \frac{2.65 + \dfrac{50 \times 0.7}{100}}{1+0.7} \times 9.81 = 17.312\text{kN/m}^3$$

• 점토지반의 수중밀도

$\gamma_{\text{sub}} = \gamma_{\text{sat}} - \gamma_\omega = 20 - 9.81 = 10.19\text{kN/m}^3$

• 점토층 중앙 유효응력

$P_1 = 17.312 \times 1 + 9.521 \times 3 + 10.19 \times 1 = 56.065\text{kN/m}^2$

∴ 최종 압밀침하량

$$\begin{aligned} \Delta H &= \frac{C_c}{1+e}\log\frac{P_2}{P_1} \cdot H \\ &= \frac{C_c}{1+e}\log\frac{(P_1 + \Delta P)}{P_1} \cdot H \\ &= \frac{0.243}{1+0.9}\log\frac{(56.065+40)}{56.065} \times 200 = 5.98\text{cm} \end{aligned}$$

09 굳지 않은 콘크리트의 염화물 함유량 측정 시험방법 4가지를 쓰시오.

(1)

(2)

(3)

(4)

Solution

(1) 질산은 적정법

(2) 전위차 적정법

(3) 흡광광도법

(4) 이온 전극법

(5) 비색 시험지법

10 다음 물음에 답하시오.

(1) 공내 재하시험에 대하여 간단히 설명하시오.

(2) 공내 재하시험에서 알 수 있는 지반 관련 물성치 3가지를 쓰시오.

Solution

(1) 보링 공내에 고무원관을 넣어 단계적으로 공벽에 압력을 증가시켜 각각의 압력에 대응하는 변형을 측정한다.

(2) ① 지반의 변형계수
② 횡방향 지지력 계수
③ 항복하중

11 아스팔트 침입도 시험의 정밀도에 대한 설명이다. 다음 물음에 답하시오.

(1) 동일한 시험실에서 동일인이 동일한 시험기로 시간을 달리하여 동일 시료를 2회 시험했을 때 정밀도에 관한 식을 쓰시오.(단, A_m : 시험 결과의 평균치)

(2) 서로 다른 시험실에서 서로 다른 사람이 다른 시험기로 동일 시료를 각각 1회씩 시험했을 때 정밀도에 관한 식을 쓰시오.(단, A_p : 시험 결과의 평균치)

Solution

(1) 허용차$=0.02\times A_m+2$

(2) 허용차$=0.04\times A_p+4$

건설재료시험 기사 실기 작업형 출제시험 항목

- 액성한계시험
- 들밀도 시험
- 실내 CBR 시험

산업기사 2017년 11월 11일 시행

• NOTICE •

한국산업인력공단의 저작권법 저촉에 대한 언급(2013년 2회 시험부터)이 있어 과거에 수험자의 기억을 토대로 작성한 동일한 문제나 그 유형의 문제로 재구성하였으며, 혹 미비한 부분은 계속 수정 보완하겠습니다.

01 현장 다짐 흙의 밀도를 모래치환법으로 시험을 실시한 결과가 다음과 같았다. 물음에 대한 산출근거와 답을 쓰시오.

- 시험구멍 흙의 함수비 ω : 27.3%
- 시험구멍에서 퍼낸 흙의 무게 W : 2,520g
- 시험구멍에 채워넣은 표준모래의 무게 W : 2,410g
- 시험구멍에 채워넣은 표준모래의 단위 중량 : 1.59g/cm^3
- 실험실에서 구한 최대건조밀도 : 1.52g/cm^3

(1) 현장 흙의 건조밀도를 구하시오.

(2) 현장 흙의 다짐도를 구하시오.

Solution

(1) • $V=\dfrac{2,410}{1.59}=1,515.72\text{cm}^3$

• $\gamma_t=\dfrac{W}{V}=\dfrac{2,520}{1,515.72}=1.66\text{g/cm}^3$

• $\gamma_d=\dfrac{\gamma_t}{1+\dfrac{w}{100}}=\dfrac{1.66}{1+\dfrac{27.3}{100}}=1.30\text{g/cm}^3$

(2) 다짐도$=\dfrac{\gamma_d}{\gamma_{d\max}}\times 100=\dfrac{1.30}{1.52}\times 100=85.53\%$

02 아래 표는 흙의 수축정수를 구하기 위한 시험결과이다. 물음에 답하시오.

그리스 바른 수축접시 무게	14.36g
(습윤 흙+그리스를 바른 수축접시)의 무게	50.36g
(노건조 흙+그리스를 바른 수축접시)의 무게	39.36g
수축접시에 넣은 습윤상태 흙의 부피	19.65cm^3
수축한 후 노건조 흙 공시체의 부피	13.5cm^3

(1) 흙의 수축하기 전 수축접시에 넣은 습윤 흙 공시체의 함수비를 구하시오.

(2) 수축한계를 구하시오.(단, $\gamma_w = 1\text{g/cm}^3$이다.)

(3) 수축비를 구하시오.

(4) 근사치의 비중을 구하시오.

(5) 수축정수시험에서 습윤 흙과 노건조 흙의 공시체 체적을 알기 위해 사용되는 것은?

Solution

(1) $w = \dfrac{50.36 - 39.36}{39.36 - 14.36} \times 100 = 44\%$

(2) $w_s = w - \left[\left(\dfrac{V - V_o}{W_s} \cdot \gamma_w\right) \times 100\right]$

$= 44 - \left[\left(\dfrac{19.65 - 13.50}{39.36 - 14.36} \times 1\right) \times 100\right] = 19.40\%$

(3) $R = \dfrac{W_s}{V_o \cdot \gamma_w} = \dfrac{25}{13.5 \times 1} = 1.85$

(4) $G_s = \dfrac{1}{\dfrac{1}{R} - \dfrac{w_s}{100}} = \dfrac{1}{\dfrac{1}{1.85} - \dfrac{19.4}{100}} = 2.89$

(5) 수은

03 습윤상태의 굵은골재 질량이 1,000g, 수중 질량은 602g, 절대건조 상태에서의 질량은 948g, 골재의 흡수율이 2%였다. 이때 다음 물음에 답하시오.(단, $\rho_w = 1\text{g/cm}^3$, 소수 셋째 자리에서 반올림하시오.)

(1) 표면수율(%)을 구하시오.

(2) 함수율(%)을 구하시오.

(3) 표건밀도(표면건조포화상태의 밀도)를 구하시오.

Solution

(1) ① 흡수율(%)

$$\frac{\text{표면건조질량}-\text{절대건조질량}}{\text{절대건조질량}}\times 100=\frac{x-948}{948}\times 100=2\%$$

∴ (표건질량)$x=966.96\text{g}$

② 표면수율(%)

$$\frac{\text{습윤질량}-\text{표건질량}}{\text{표건질량}}\times 100=\frac{1{,}000-966.96}{966.96}\times 100=3.42\%$$

(2) 함수율

$$\frac{\text{습윤질량}-\text{절대건조질량}}{\text{절대건조질량}}\times 100=\frac{1{,}000-948}{948}\times 100=5.49\%$$

(3) 표건밀도

$$\frac{B}{B-C}\times \rho_w=\frac{966.96}{966.96-602}\times 1=2.65\text{g/cm}^3$$

04 **시방배합의 잔골재량이 710kg, 굵은골재량이 1,260kg이며 현장 골재의 상태는 잔골재가 5mm체에 남는 율 : 2%, 잔골재의 표면수율 : 5%, 굵은골재가 5mm체를 통과하는 율 : 6%, 굵은골재 표면수율 : 1%이다. 다음 물음에 답하시오.**

(1) 단위 잔골재량

(2) 단위 굵은골재량

Solution

〈입도 보정〉

• 잔골재 $x=\dfrac{100S-b(S+G)}{100-(a+b)}$

$=\dfrac{100\times 710-6(710+1{,}260)}{100-(2+6)}$

$=643.26\text{kg}$

• 굵은골재 $y=\dfrac{100G-a(S+G)}{100-(a+b)}$

$=\dfrac{100\times 1{,}260-2(710+1{,}260)}{100-(2+6)}$

$=1{,}326.74\text{kg}$

〈표면수 보정〉

• 잔골재 $643.26\times 0.05=32.163\text{kg}$

• 굵은골재 $1{,}326.74\times 0.01=13.267\text{kg}$

〈단위 골재량〉

(1) 단위 잔골재량

643.26 + 32.163 = 675.42kg

(2) 단위 굵은골재량

1,326.74 + 13.267 = 1,340.01kg

05 콘크리트 시험에 대한 내용이다. 다음 물음에 대한 강도를 계산하시오.(단, 소수 셋째 자리에서 반올림하시오.)

(1) 콘크리트 인장강도 시험

최대 파괴하중 : 210kN, 공시체 직경 : 150mm, 공시체 길이 : 300mm

(2) 콘크리트 휨강도 시험(공시체가 지간의 가운데 부분에서 파괴된 경우)

최대 파괴하중 : 30kN, 지간의 길이 : 450mm, 폭 : 150mm, 높이 : 150mm

Solution

(1) $\dfrac{2P}{\pi Dl} = \dfrac{2 \times 210,000}{\pi \times 150 \times 300} = 2.97\text{N/mm}^2 = 2.97\text{MPa}$

(2) $\dfrac{Pl}{bd^2} = \dfrac{30,000 \times 450}{150 \times 150^2} = 4\text{N/mm}^2 = 4\text{MPa}$

06 아스팔트 신도시험에 대한 다음 물음에 답하시오.

(1) 신도시험의 목적은?

(2) 저온일 경우의 온도 및 인장속도는?

(3) 표준일 경우의 온도 및 인장속도는?

Solution

(1) 아스팔트의 연성을 알기 위해서

(2) 4℃, 1cm/min

(3) 25℃, 5cm/min

07 도로의 평판재하시험에서 시험을 끝마치는 조건에 대해 2가지만 쓰시오.

(1)

(2)

Solution

(1) 침하량이 15mm에 달할 때
(2) 하중강도가 현장에서 예상되는 최대 접지압력을 초과할 때
(3) 하중강도가 그 지반의 항복점을 넘을 때

08 교란되지 않은 시료에 대하여 일축압축시험을 한 결과가 다음과 같다. 시료의 단면적(A_0) = 754mm^2, 시료의 길이(L_0) = 77.5mm이다. 다음 물음에 답하시오.

하중 P(N)	0	3	6	9	12	15	18	21	24	27	30
변위 $\Delta L\left(\frac{1}{100}\text{mm}\right)$	0	55	165	264	450	642	853	985	1,103	1,264	2,578

(1) 빈칸을 완성하시오.

P(N)	$\Delta L\left(\frac{1}{100}\text{mm}\right)$	ε(%)	$\frac{P}{A_0}$(kPa)	σ(kPa)
0	0			
3	55			
6	165			
9	264			
12	450			
15	642			
18	853			
21	985			
24	1,103			
27	1,264			
30	2,578			

(2) 응력－변형도 곡선을 작도하고 일축압축강도를 구하시오.

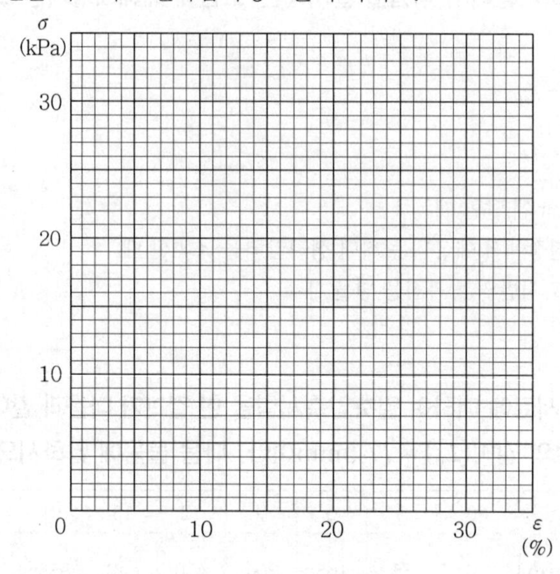

(3) 파괴면이 수평면과 이루는 각이 53°일 때 점착력(C)은?

Solution

(1)

P(N)	$\Delta L\left(\frac{1}{100}\text{mm}\right)$	ε(%)	$\frac{P}{A_0}$(kPa)	σ(kPa)
0	0	0	0	0
3	55	0.71	3.98	3.95
6	165	2.13	7.96	7.79
9	264	3.41	11.94	11.53
12	450	5.81	15.92	15
15	642	8.28	19.89	18.25
18	853	11.01	23.87	21.24
21	985	12.71	27.85	24.31
24	1,103	14.23	31.83	27.3
27	1,264	16.31	35.81	29.97
30	2,578	33.26	39.79	26.55

$$\varepsilon = \frac{\Delta l}{l} \times 100$$

$$\sigma = \left(1 - \frac{\varepsilon}{100}\right)\frac{P}{A_0} \times 1,000(\text{kPa})$$

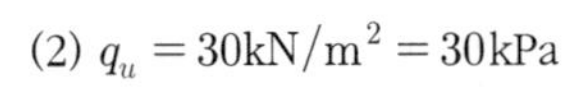

(2) $q_u = 30\text{kN/m}^2 = 30\text{kPa}$

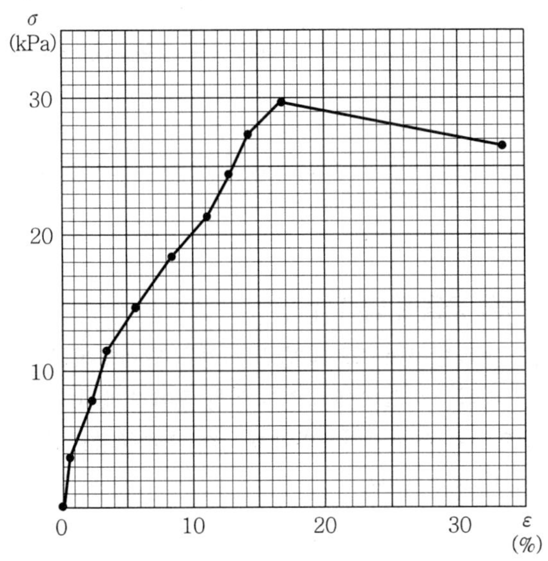

(3) • $\theta = 45° + \dfrac{\phi}{2}$

$53° = 45° + \dfrac{\phi}{2}$

$\therefore\ \phi = 16°$

• $C = \dfrac{q_u}{2\tan\left(45° + \dfrac{\phi}{2}\right)}$

$= \dfrac{30}{2\tan\left(45° + \dfrac{16°}{2}\right)}$

$= 11\text{kN/m}^2 = 11\text{kPa}$

건설재료시험 산업기사 실기 작업형 출제시험 항목

- 시멘트 밀도시험
- 슬럼프시험
- 흙의 다짐시험(A)

기사 2018년 4월 15일 시행

• NOTICE •

한국산업인력공단의 저작권법 저촉에 대한 언급(2013년 2회 시험부터)이 있어 과거에 수험자의 기억을 토대로 작성한 동일한 문제나 그 유형의 문제로 재구성하였으며, 혹 미비한 부분은 계속 수정 보완하겠습니다.

01 도로의 평판재하시험 방법에 대한 다음 물음에 답하시오.

(1) 재하판 위에 잭을 놓고 지지력 장치와 조합하여 소요의 반력을 얻을 수 있도록 장치하여야 하는데, 이때 지지력 장치의 지지점은 재하판 바깥쪽에서 얼마 이상 떨어져 배치하여야 하는가?

(2) 평판에 하중을 재하시킬 때 단계적으로 하중을 증가시켜야 하는데 그 하중강도의 크기는?

(3) 평판재하시험은 최종적으로 언제 끝내야 하는가?

(4) 재하판의 크기 3가지는?

Solution

(1) 1m

(2) $35kN/m^2$

(3) ① 침하량이 15mm에 도달할 경우
② 하중강도가 현장에서 예상되는 최대 접지압의 크기를 넘을 때
③ 하중강도가 그 지반의 항복점을 넘을 때

(4) 지름 30cm, 지름 40cm, 지름 75cm

02 다음의 잔골재 시험 결과치를 보고 물음에 답하시오.(단, 소수 셋째 자리에서 반올림하시오.)

- 대기중 표면건조포화상태의 질량=500g
- 대기중 절대건조상태의 질량=492g
- 물+플라스크의 질량=685g
- 물+플라스크+시료의 질량=995g
- $\rho_w = 1g/cm^3$

(1) 표건밀도를 구하시오.

(2) 절대건조밀도를 구하시오.

(3) 흡수율을 구하시오.

Solution

(1) 표건밀도 $= \dfrac{m}{B+m-C} \times \rho_w = \dfrac{500}{685+500-995} \times 1 = 2.63g/cm^3$

(2) 절대건조밀도 $= \dfrac{A}{B+m-C} \times \rho_w = \dfrac{492}{685+500-995} \times 1 = 2.59\text{g/cm}^3$

(3) 흡수율 $= \dfrac{m-A}{A} \times 100 = \dfrac{500-492}{492} \times 100 = 1.63\%$

03 어떤 점토시료의 압밀시험에 있어서 압밀시간과 압밀량을 측정한 결과 다음과 같은 값을 얻었다. 물음에 답하시오.

경과시간(min)	압밀량(mm)	경과시간(min)	압밀량(mm)
0	−	12.25	2.07
0.25	1.50	16.0	2.15
1.0	1.60	20.25	2.20
2.25	1.70	36.0	2.30
4.0	1.80	64.0	2.35
6.25	1.88	121.0	2.40
9.0	1.97		

(1) $\sqrt{t}$ 법을 이용하여 작도하시오.

(2) 초기보정치(d_0)와 압밀도 90%에 도달하는 t_{90} 및 압밀침하량 d_{90}을 구하시오.

(3) 1차 압밀비(γ_p)를 계산하시오.

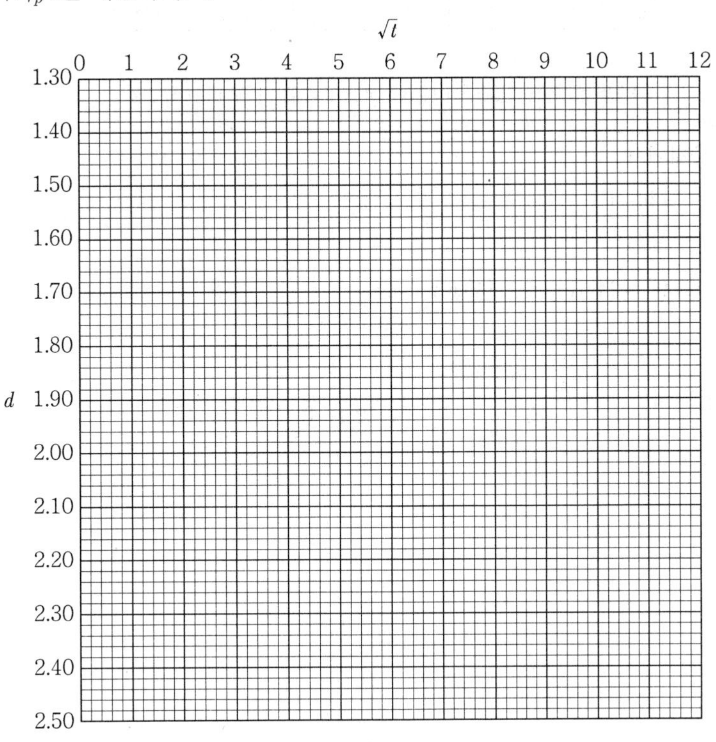

Solution

(1) $\sqrt{t}$ 작도

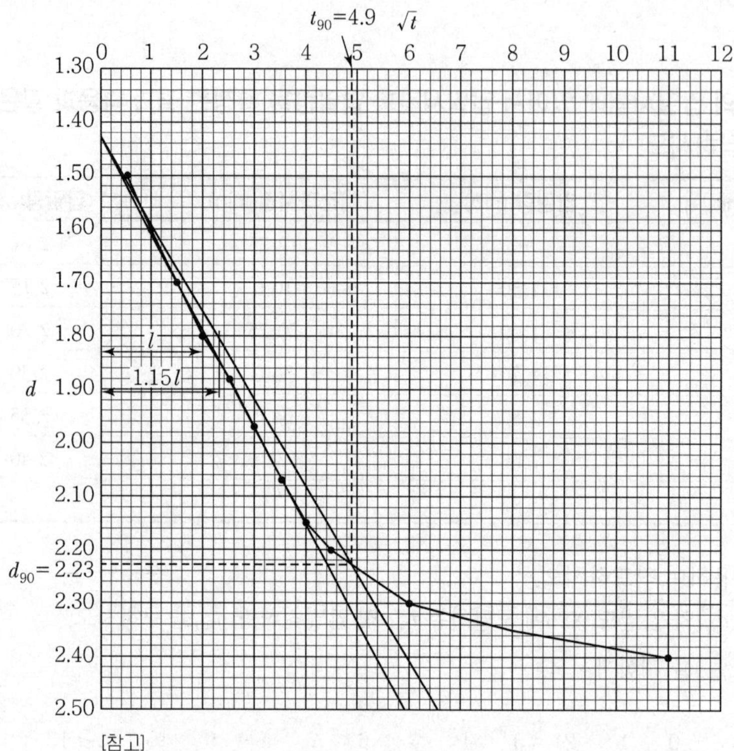

[참고]

$l=1$을 정할 때는 임의 위치에서 정하고 그 값에 1.15배 하여 직선을 긋는다.

(2) 그림상태에서

- $d_0 = 1.42\text{mm}$
- $d_{90} = 2.23\text{mm}$
- $t_{90} = 4.9^2 = 24.01$분 $= 1{,}440.6$초

(3) 1차 압밀비$(\gamma_p) = \dfrac{\frac{10}{9}(d_{90}-d_0)}{d_f - d_s} = \dfrac{\frac{10}{9}(2.23-1.42)}{2.4-0} = 0.375$

04 다음은 골재의 체가름표이다. 물음에 답하시오.

체 크기(mm)	75	40	20	10	5	2.5	1.2
잔류율(%)	0	5	24	48	19	4	0

(1) 굵은골재의 최대치수에 대하여 서술하고, 굵은골재의 최대치수를 구하시오.

①

②

(2) 조립률을 구하시오.

Solution

(1) ① 굵은골재의 최대치수란 질량비로 90% 이상을 통과시키는 체 중에서 최소치수의 체눈의 호칭치수로 나타낸다.

② 40mm

(2) $FM = \dfrac{5+29+77+96+100+100+100+100+100}{100} = 7.07$

※ 골재의 조립률이란 75mm, 40mm, 20mm, 10mm, 5mm, 2.5mm, 1.2mm, 0.6mm, 0.3mm, 0.15mm 등 10개의 체를 1조로 하여 체가름 시험을 하였을 때 각 체에 남는 누계량의 전체 시료에 대한 질량 백분율의 합을 100으로 나눈 값이다.

05 역청 포장용 혼합물로부터 역청의 정량추출시험을 하여 다음과 같은 결과를 얻었다. 역청 함유율(%)을 구하시오.

- 시료의 질량 $W_1 = 1{,}170\text{g}$
- 시료 중 수분의 질량 $W_2 = 32\text{g}$
- 추출된 골재의 질량 $W_3 = 945\text{g}$
- 추출액 중 세립골재분의 질량 $W_4 = 29.5\text{g}$
- 필터링의 질량 $W_5 = 1.7\text{g}$

Solution

$$\text{역청 함유량} = \frac{(W_1 - W_2) - (W_3 + W_4 + W_5)}{(W_1 - W_2)} \times 100$$

$$= \frac{(1{,}170 - 32) - (945 + 29.5 + 1.7)}{(1{,}170 - 32)} \times 100$$

$$= 14.22\%$$

06 콘크리트 압축강도 측정치를 보고 다음 물음에 답하시오.

[콘크리트 압축강도 측정치(MPa)]

35	43	40	43	43
42.5	45.5	34	35	38.5
36	41	36.5	41.5	45.5

(1) 시험은 15회 실시하였다. 표준편차를 구하시오.

(2) 콘크리트의 호칭강도(f_{cn})가 40MPa일 때 배합강도를 구하시오.

Solution

(1) 표준편차

- 콘크리트 압축강도 측정치 합계

  $\sum x = 600\text{MPa}$

- 콘크리트 압축강도 평균값

  $\bar{x} = \dfrac{600}{15} = 40\text{MPa}$

- 편차 제곱합

  $$S = (35-40)^2 + (43-40)^2 + (40-40)^2 + (43-40)^2 + (43-40)^2$$
  $$+ (42.5-40)^2 + (45.5-40)^2 + (34-40)^2 + (35-40)^2 + (38.5-40)^2$$
  $$+ (36-40)^2 + (41-40)^2 + (36.5-40)^2 + (41.5-40)^2 + (45.5-40)^2$$
  $$= 213.5\text{MPa}$$

- 표준편차

  $$\sigma = \sqrt{\frac{S}{n-1}} = \sqrt{\frac{213.5}{15-1}} = 3.91\text{MPa}$$

- 직선보간한 표준편차

  $3.91 \times 1.16 = 4.54\text{MPa}$

(2) 콘크리트 배합강도($f_{cn} > 35\text{MPa}$인 경우)

- $f_{cr} = f_{cn} + 1.34s = 40 + 1.34 \times 4.54 = 46.08\text{MPa}$
- $f_{cr} = 0.9f_{cn} + 2.33s = 0.9 \times 40 + 2.33 \times 4.54 = 46.58\text{MPa}$

∴ 두 식 중 큰 값 46.58MPa

07 전단시험에 대한 내용이다. 다음 물음에 답하시오.

(1) 실내시험 종류 2가지를 쓰시오.

(2) 현장시험 종류 2가지를 쓰시오.

(3) 어느 시료에 대한 삼축압축시험을 한 결과가 다음 표와 같았다. 이 흙의 전단강도 정수를 구하시오.

구분 / 시료	σ_3(kN/m^2)	$\sigma_1 - \sigma_3$(kN/m^2)
1	7	21
2	10	25

① 내부마찰각(ϕ)

② 점착력(C)

Solution

(1) ① 직접전단시험　② 일축압축시험　③ 삼축압축시험

(2) ① 베인전단시험　② 표준관입시험　③ 원추관입시험

(3)

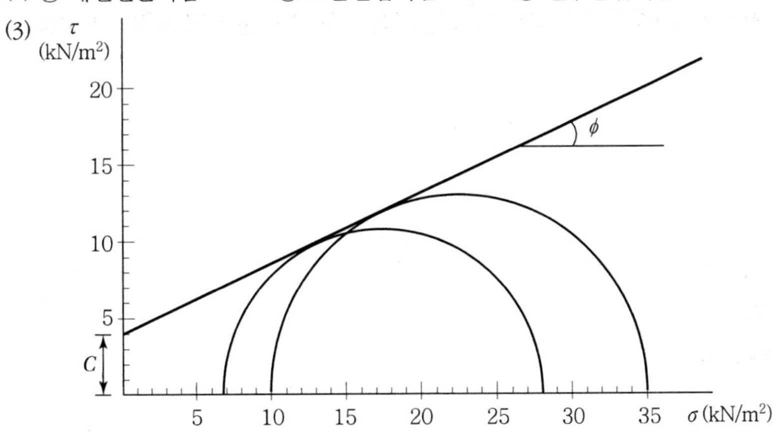

$\sigma_1 = \sigma_3 + (\sigma_1 - \sigma_3)$로 최대 주응력을 구하여 작도한다.

측압(σ_3)	7	10
최대 주응력(σ_1)	28	35

① 내부마찰각 $\phi = 22°$

② 점착력 $C = 4\text{kN/m}^2$

08 어떤 지반에서 시료를 채취하여 입도분석을 한 결과 No.200체 통과량이 4%, No.4체 통과량이 55%였으며 D_{10} = 0.04mm, D_{30} = 0.012mm, D_{60} = 0.025mm였다. 이 시료를 통일분류법으로 분류하시오.

Solution

- No.200체 통과량이 50% 이하이므로 조립토(G, S)에 해당된다.
- No.4체 통과량이 50% 이상이므로 모래(S)에 해당된다.
- $C_u = \dfrac{D_{60}}{D_{10}} = \dfrac{0.025}{0.004} = 6.25$

  $C_g = \dfrac{(D_{30})^2}{D_{10} \times D_{60}} = \dfrac{(0.012)^2}{0.004 \times 0.025} = 1.44$

  C_g가 1~3 범위에 있으므로 입도가 양호하다.

  $C_u > 6$이므로 입도가 양호하다.

∴ SW(입도가 양호한 모래)

09 흙의 입도시험 방법 중 비중계를 이용한 입도분석에 사용되는 분산제 용액 3가지를 쓰시오.

(1)

(2)

(3)

Solution

(1) 헥사메타인산나트륨

(2) 피로인산나트륨

(3) 트리폴리인산나트륨

건설재료시험 기사 실기 작업형 출제시험 항목

- 액성한계시험
- 들밀도 시험
- 실내 CBR 시험

산업기사 2018년 4월 15일 시행

• NOTICE •

한국산업인력공단의 저작권법 저촉에 대한 언급(2013년 2회 시험부터)이 있어 과거에 수험자의 기억을 토대로 작성한 동일한 문제나 그 유형의 문제로 재구성하였으며, 혹 미비한 부분은 계속 수정 보완하겠습니다.

01 현장 다짐 흙의 밀도를 조사하기 위하여 모래치환법으로 시험을 실시한 결과 다음과 같은 값을 얻었다. 물음에 대한 산출근거와 답을 쓰시오.

- 시험 구멍에서 흙의 무게 : 1,670g
- 시험 구멍 흙의 함수비 : 15%
- 시험 구멍에 채워진 표준모래무게 및 단위 중량 : 1,480g, 1.65g/cm³
- 실내 시험에서 구한 최대 건조밀도 및 비중 : 1.73g/cm³, 2.65
- 물의 단위 중량 : 1g/cm³

(1) 시험 구멍의 부피 (2) 습윤밀도
(3) 건조밀도 (4) 공극비
(5) 포화도 (6) 다짐도

Solution

(1) 시험 구멍의 부피 : $V = \frac{W}{\gamma_{모래}} = \frac{1,480}{1.65} = 896.97\text{cm}^3$

(2) 습윤밀도 : $\gamma_t = \frac{W}{V} = \frac{1,670}{896.97} = 1.86\text{g/cm}^3$

(3) 건조밀도 : $\gamma_d = \frac{\gamma_t}{1 + \frac{w}{100}} = \frac{1.86}{1 + \frac{15}{100}} = 1.62\text{g/cm}^3$

(4) 공극비 : $e = \frac{\gamma_w}{\gamma_d} G_s - 1 = \frac{1}{1.62} \times 2.65 - 1 = 0.64$

(5) 포화도 : $S = \frac{G_s \cdot w}{e} = \frac{2.65 \times 15}{0.64} = 62.11\%$

(6) 다짐도 : $R = \frac{\gamma_d}{\gamma_{d\max}} \times 100 = \frac{1.62}{1.73} \times 100 = 93.64\%$

02 콘크리트의 시방배합으로 각 재료의 단위량과 현장골재의 상태가 다음과 같을 때 현장 배합에 의한 단위 잔골재량, 단위 굵은골재량, 단위 수량을 구하시오.

[시방배합]

시멘트	물	잔골재	굵은골재
320kg	180kg	621kg	1,339kg

[현장 골재의 상태]

- 잔골재가 5mm체에 남는 율 : 10%
- 잔골재의 표면수율 : 3%
- 굵은골재의 5mm체 통과율 : 4%
- 굵은골재의 표면수율 : 1%

(1) 단위 잔골재량
(2) 단위 굵은골재량
(3) 단위 수량

Solution

(1) ① 입도보정

잔골재량 $x=\dfrac{100S-b(S+G)}{100-(a+b)}=\dfrac{100\times 621-4(621+1{,}339)}{100-(10+4)}=630.93\text{kg}$

② 표면수 보정

$630.93\times 0.03=18.93\text{kg}$

③ 단위 잔골재량

$630.93+18.93=649.86\text{kg}$

(2) ① 입도보정

굵은골재량 $y=\dfrac{100G-a(S+G)}{100-(a+b)}=\dfrac{100\times 1{,}339-10(621+1{,}339)}{100-(10+4)}=1{,}329.07\text{kg}$

② 표면수 보정

$1{,}329.07\times 0.01=13.29\text{kg}$

③ 단위 굵은골재량

$1{,}329.07+13.29=1{,}342.36\text{kg}$

(3) 단위 수량 $=180-(18.93+13.29)=147.78\text{kg}$

03 시멘트의 분말도 시험방법 2가지를 쓰시오.

(1)

(2)

Solution

(1) 표준체에 의한 방법
(2) 브레인 공기 투과장치에 의한 방법

04 점토질 흙의 현장에서 시험한 결과 간극비 1.5, 액성한계 50%, 점토층의 두께 4m, 유효한 재하압력이 130kN/m²에서 170kN/m²로 증가한 경우 이때의 압축지수 C_c와 최종 압밀침하량 ΔH를 구하시오. (단, 불교란 시료이고, 테르자기(Terzaghi)와 Deek의 공식을 이용하여 계산하시오. 소수 셋째 자리에서 반올림하시오.)

Solution

(1) 압축지수(C_c)

$$C_c = 0.009 \times (\omega_L - 10) = 0.009 \times (50 - 10) = 0.36$$

(2) 최종 압밀침하량(ΔH)

$$\Delta H = \frac{C_c}{1+e} \log \frac{P_2}{P_1} \times H = \frac{0.36}{1+1.5} \log \frac{170}{130} \times 4 = 0.07\text{m}$$

05 굵은골재의 유해물 함유량의 종류 3가지를 쓰시오.

(1)

(2)

(3)

Solution

(1) 점토덩어리
(2) 연한 석편
(3) 0.08mm체 통과량
(4) 석탄, 갈탄 등으로 밀도 2.0g/cm³의 액체에 뜨는 것

06 다음은 잔골재 체가름 시험 결과이다. 물음에 답하시오.

(1) 다음 표를 완성하시오.(단, 소수 첫째 자리에서 반올림하시오.)

체눈금(mm) \ 구분	남는 양(g)	잔류율(%)	가적 잔류율(%)	통과율(%)
5.0	0	—	—	100
2.5	43			
1.2	132			
0.6	252			
0.3	108			
0.15	58			
Pan	7			—

(2) 조립률을 구하시오.(단, 소수 셋째 자리에서 반올림하시오.)

Solution

(1)

체눈금(mm) \ 구분	남는 양(g)	잔류율(%)	가적 잔류율(%)	통과율(%)
5.0	0	—	—	100
2.5	43	7	7	93
1.2	132	22	29	71
0.6	252	42	71	29
0.3	108	18	89	11
0.15	58	10	99	1
Pan	7	1	100	—

- 잔류율$=\dfrac{\text{각 체에 남는 양}}{\text{전체 질량}}\times 100$
- 가적 잔류율=각 체의 잔류율의 누계
- 통과율=100−가적 잔류율

(2) 조립률

$$FM=\frac{7+29+71+89+99}{100}=2.95$$

07 점토지반에서 베인전단시험을 한 결과 회전 저항모멘트가 200N · m일 때 점착력을 구하시오.(단, 베인의 지름은 50mm, 높이는 100mm이다.)

Solution

$$C = \frac{M_{max}}{\pi D^2\left(\frac{H}{2}+\frac{D}{6}\right)} = \frac{200}{3.14\times 0.05^2\left(\frac{0.1}{2}+\frac{0.05}{6}\right)} = 436{,}761\text{N/m}^2 = 436.76\text{kN/m}^2$$

08 애터버그(Atterberg) 한계 3가지를 쓰고 간략하게 설명하시오.

(1)

(2)

(3)

Solution

(1) 액성한계란 흙이 유동할 때의 최소 함수비이다.(또는 액성한계란 흙이 소성을 나타내는 최대 함수비이다.)

(2) 소성한계란 흙이 소성을 나타낼 때의 최소 함수비이다.

(3) 수축한계란 흙이 반고체상을 나타낼 때의 최소 함수비이다.

09 어떤 지반에서 시료를 채취하여 입도분석을 한 결과 No.200체 통과량이 4%, No.4체 통과량이 55%였으며 D_{10} = 0.004mm, D_{30} = 0.012mm, D_{60} = 0.025mm였다. 이 시료를 통일분류법으로 분류하시오.

Solution

- No.200체 통과량이 50% 이하이므로 조립토(G, S)에 해당된다.
- No.4체 통과량이 50% 이상이므로 모래(S)에 해당된다.
- $C_u = \frac{D_{60}}{D_{10}} = \frac{0.025}{0.004} = 6.25$

  $C_g = \frac{(D_{30})^2}{D_{10}\times D_{60}} = \frac{(0.012)^2}{0.004\times 0.025} = 1.44$

  C_g가 1~3 범위에 있으므로 입도가 양호하다.

  $C_u > 6$이므로 입도가 양호하다.

∴ SW(입도가 양호한 모래)

10 아스팔트 신도시험에 대한 내용이다. 다음 물음에 답하시오.

(1) 신도시험의 목적은?

(2) 표준온도는?

(3) 인장속도는?

(4) 신도시험 횟수는?

Solution

(1) 아스팔트의 연성을 알기 위해서

(2) 25±0.5℃

(3) 5±0.25cm/min

(4) 3회

건설재료시험 산업기사 실기 작업형 출제시험 항목

- 시멘트 밀도시험
- 슬럼프시험
- 흙의 다짐시험(A)

기사 2018년 6월 30일 시행

• NOTICE •

한국산업인력공단의 저작권법 저촉에 대한 언급(2013년 2회 시험부터)이 있어 과거에 수험자의 기억을 토대로 작성한 동일한 문제나 그 유형의 문제로 재구성하였으며, 혹 미비한 부분은 계속 수정 보완하겠습니다.

01 직경 75mm, 길이 60mm인 Sampler에 가득 찬 흙의 습윤중량 무게가 447.5g이고 노건조 시켰을 때의 무게가 316.2g였다. 흙의 비중이 2.75, γ_w = 1g/cm³인 경우 다음 물음에 답하시오.

(1) 습윤밀도(γ_t)를 계산하시오.(단, 소수 넷째 자리에서 반올림하시오.)

(2) 건조밀도(γ_d)를 구하시오.(단, 소수 넷째 자리에서 반올림하시오.)

(3) 함수비(w)를 구하시오.(단, 소수 셋째 자리에서 반올림하시오.)

(4) 간극비(e)를 구하시오.(단, 소수 넷째 자리에서 반올림하시오.)

(5) 간극률(n)을 구하시오.(단, 소수 셋째 자리에서 반올림하시오.)

(6) 포화도(S)를 구하시오.(단, 소수 셋째 자리에서 반올림하시오.)

(7) 포화밀도(γ_{sat})를 구하시오.(단, 소수 넷째 자리에서 반올림하시오.)

(8) 수중밀도(γ_{sub})를 구하시오.(단, 소수 넷째 자리에서 반올림하시오.)

Solution

(1) $\gamma_t = \frac{W}{V} = \frac{447.5}{264.938} = 1.689\text{g/cm}^3$

여기서, $V = \frac{\pi D^2}{4} \cdot H = \frac{3.14 \times 7.5^2}{4} \times 6 = 264.938\text{cm}^3$

(2) $\gamma_d = \frac{W_s}{V} = \frac{316.2}{264.938} = 1.193\text{g/cm}^3$

(3) $w = \frac{W_w}{W_s} \times 100 = \frac{447.5 - 316.2}{316.2} \times 100 = 41.52\%$

(4) $e = \frac{\gamma_w}{\gamma_d} G_s - 1 = \frac{1}{1.193} \times 2.75 - 1 = 1.305$

(5) $n = \frac{e}{1+e} \times 100 = \frac{1.305}{1+1.305} \times 100 = 56.62\%$

(6) $S = \frac{G_s \cdot w}{e} = \frac{2.75 \times 41.52}{1.305} = 87.49\%$

(7) $\gamma_{sat} = \frac{G_s + e}{1+e} \cdot \gamma_w = \frac{2.75 + 1.305}{1 + 1.305} \times 1 = 1.759\text{g/cm}^3$

(8) $\gamma_{\text{sub}} = \dfrac{G_s - 1}{1+e} \cdot \gamma_w = \dfrac{2.75-1}{1+1.305} \times 1 = 0.759\text{g/cm}^3$

02 점토의 변수위 투수시험을 수행하여 다음과 같은 실험값을 얻었다. 이 점토의 투수계수는 얼마인가?(소수 일곱째 자리에서 반올림하시오.)

- 시료의 지름 : 8cm
- 파이프 지름 : 0.5cm
- 스탠드 파이프 내 초기 수위부터 최종 수위까지 수위 하강에 걸린 시간 : 30분
- 시료의 높이 : 20cm
- 스탠드 파이프 내 초기 수위 : 50cm
- 스탠드 파이프 내 종료 수위 : 17cm
- 온도 : 15℃

Solution

$K = 2.3 \dfrac{a \times L}{A \times t} \log \dfrac{h_1}{h_2}$

$a = \dfrac{\pi D^2}{4} = \dfrac{\pi \times 0.5^2}{4} = 0.196 = 0.2\text{cm}^2 = 20\text{mm}^2$

$A = \dfrac{\pi D^2}{4} = \dfrac{\pi \times 8^2}{4} = 50.265 = 50.27\text{cm}^2 = 5{,}027\text{mm}^2$

$L = 200\text{mm}$

$t = 30 \times 60 = 1{,}800$초

$h_1 = 500\text{mm},\ h_2 = 170\text{mm}$

$\therefore\ K = 2.3 \times \dfrac{20 \times 200}{5{,}027 \times 1{,}800} \times \log \dfrac{500}{170} = 0.0004764\text{mm/sec} = 0.000048\text{cm/sec}$

03 **다음 그림과 같은 지반에 넓은 면적에 걸쳐서 20kN/m²의 성토를 하려고 한다. 모래층 중의 지하수위가 정수압분포로 일정하게 유지되는 경우 다음 물음에 답하시오.(단, γ_w = 9.81kN/m³이며 지표면으로부터 2.0m 깊이까지의 모래의 포화도는 50%로 가정한다.)**

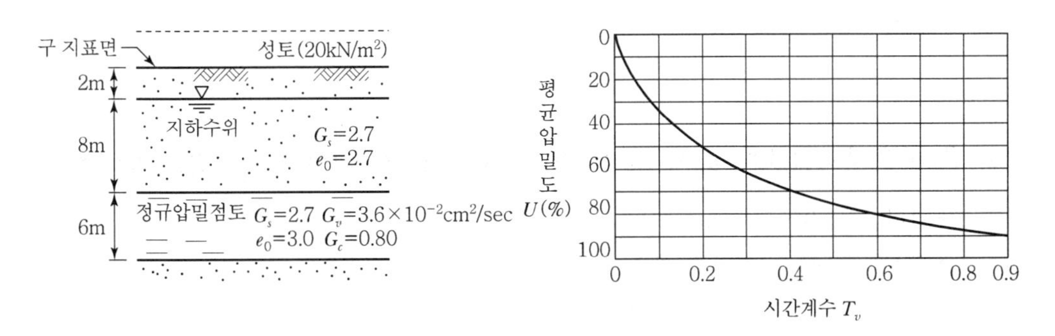

(1) 점토층의 최종 압밀침하량을 구하시오.

(2) 시간계수 T_v와 압밀도 U의 관계가 다음과 같을 때 6개월 후 점토층의 압밀침하량을 산정하시오.(단, 시간계수 T_v =0.2일 때)

Solution

(1) ① 2m까지의 습윤밀도

$$\gamma_t = \frac{G_s + \dfrac{S \cdot e}{100}}{1+e}\gamma_w = \frac{2.7 + \dfrac{50 \times 0.7}{100}}{1+0.7} \times 9.81 = 17.6\text{kN/m}^3$$

② 모래층의 수중밀도

$$\gamma = \frac{2.7-1}{1+0.7} \times 9.81 = 9.81\text{kN/m}^3$$

③ 점토층의 수중밀도

$$\gamma_{\text{sub}} = \frac{G_s - 1}{1+e}\gamma_w = \frac{2.7-1}{1+3} \times 9.81 = 4.169\text{kN/m}^3$$

④ 점토층 중앙 유효응력(P_1)

$$P_1 = 17.6 \times 2 + 9.81 \times 8 + 4.169 \times 3 = 126.187\text{kN/m}^2$$

⑤ 최종 압밀침하량(ΔH)

$$\Delta H = \frac{C_c}{1+e}\log\frac{P_2}{P_1} \cdot H = \frac{C_c}{1+e}\log\frac{(P_1 + \Delta P)}{P_1} \cdot H$$

$$= \frac{0.8}{1+3}\log\frac{(126.187+20)}{126.187} \times 600 = 7.67\text{cm}$$

(2) $U = \dfrac{\Delta H_t}{\Delta H} = \dfrac{\text{임의 시간에서의 침하량}}{\text{최종 침하량}}$

$\therefore \ \Delta H_t = U \cdot \Delta H$

$= 0.5 \times 7.67$

$= 3.84\text{cm}$

04 콘크리트의 배합결과 시방배합을 현장배합으로 보정하시오.(단, 물의 보정은 제외한다.)

- 단위 잔골재량 $S = 700\text{kg/m}^3$
- 잔골재의 5mm체 잔류율= 2%
- 단위 굵은골재량 $G = 1{,}200\text{kg/m}^3$
- 굵은골재의 5mm체 통과율= 5%

(1) 단위 잔골재량

(2) 단위 굵은골재량

Solution

(1) 단위 잔골재량

$$x = \frac{100S - b(S+G)}{100-(a+b)} = \frac{100 \times 700 - 5(700+1{,}200)}{100-(2+5)} = 650.5\text{kg/m}^3$$

(2) 단위 굵은골재량

$$y = \frac{100G - a(S+G)}{100-(a+b)} = \frac{100 \times 1{,}200 - 2(700+1{,}200)}{100-(2+5)} = 1{,}249.5\text{kg/m}^3$$

05 굵은골재 및 잔골재의 체가름 시험방법(KSF 2502)에 관해 다음 물음에 답하시오.

(1) 굵은골재의 체가름 시 최소 건조질량 기준을 쓰시오.

(2) 잔골재의 체가름 시 최소 건조질량 기준을 쓰시오.

(3) 구조용 경량골재의 체가름 시 최소 건조질량 기준을 쓰시오.

(4) 빈칸을 채우고 조립률을 구하시오.(단, 잔류율과 누적 잔류율은 소수 첫째 자리, 조립률은 소수 셋째 자리에서 반올림하시오.)

체의 크기(mm)	잔류량(g)	잔류율(%)	누적 잔류율(%)
75	0		
50	0		
40	270		
30	1,755		

체의 크기(mm)	잔류량(g)	잔류율(%)	누적 잔류율(%)
25	2,455		
20	2,270		
15	4,230		
10	2,370		
5	1,650		
2.5	0		

Solution

(1) 골재 최대치수(mm)의 0.2배를 kg으로 표시한 양으로 한다.

(2) ① 1.2mm 체를 95%(질량비) 이상 통과하는 것에 대한 최소 건조질량은 100g이다.

② 1.2mm 체에 5%(질량비) 이상 남는 것에 대한 최소 건조질량은 500g이다.

(3) 위 굵은골재 및 잔골재의 최소 건조질량의 1/2로 한다.

(4)

체의 크기(mm)	잔류량(g)	잔류율(%)	누적 잔류율(%)
75	0	0	0
50	0	0	0
40	270	2	2
30	1,755	12	14
25	2,455	16	30
20	2,270	15	45
15	4,230	28	73
10	2,370	16	89
5	1,650	11	100
2.5	0	0	100

- 잔류율 $= \dfrac{\text{잔류량}}{\text{전체질량}} \times 100$
- 누적 잔류율 = 각 체의 잔류율 누계
- 조립률 $= \dfrac{2+45+89+100+100+400}{100} = 7.36$

여기서, 400은 1.2, 0.6, 0.3, 0.15mm체 누적 잔류율에 해당한다.

06 마샬 안정도 시험을 실시한 결과가 다음과 같다. 물음에 답하시오.(단, 아스팔트의 밀도 : $1.02g/cm^3$, 혼합되는 건조골재의 밀도 : $2.712g/cm^3$이다.)

공시체 번호	아스팔트 혼합률	두께(cm)	중량(g)		용적 (cm^3)
			공기중	수중	
1	4.5	6.29	1,151	668	486
2	4.5	6.30	1,159	674	485
3	4.5	6.31	1,162	675	487

(1) 아스팔트의 실측밀도를 구하시오.(단, 소수 넷째 자리에서 반올림하시오.)

공시체 번호	실측밀도(g/cm^3)
1	
2	
3	
평균	

(2) 이론 최대밀도를 구하시오.(단, 소수 넷째 자리에서 반올림하시오.)

(3) 아스팔트의 용적률을 구하시오.

(4) 아스팔트의 공극률을 구하시오.

(5) 아스팔트의 포화도를 구하시오.

Solution

(1) 실측밀도

$$\frac{\text{공기 중 중량(g)}}{\text{용적}(cm^3)}$$

① $\frac{1,151}{486}=2.368g/cm^3$

② $\frac{1,159}{485}=2.390g/cm^3$

③ $\frac{1,162}{487}=2.386g/cm^3$

$$\text{평균}=\frac{(2.368+2.390+2.386)}{3}=2.381g/cm^3$$

공시체 번호	실측밀도(g/cm^3)
1	2.368
2	2.390
3	2.386
평균	2.381

(2) 이론밀도

$$\frac{100}{\frac{A}{G_b}+\frac{100-A}{G_{ag}}}$$

$$=\frac{100}{\frac{4.5}{1.02}+\frac{100-4.5}{2.712}}=2.524\text{g/cm}^3$$

여기서, A : 아스팔트 혼합률

G_b : 아스팔트 밀도

G_{ag} : 혼합된 골재의 평균밀도

(3) 용적률

$$\frac{\text{아스팔트 함량}\times\text{실측밀도}}{\text{아스팔트 밀도}}=\frac{4.5\times 2.381}{1.02}=10.504\%$$

(4) 공극률

$$\left(1-\frac{\text{실측밀도}}{\text{이론밀도}}\right)\times 100=\left(1-\frac{2.381}{2.524}\right)\times 100=5.665\%$$

(5) 포화도

$$\frac{\text{용적률}}{\text{용적률}+\text{공극률}}\times 100=\frac{10.50}{10.50+5.67}\times 100=64.935\%$$

07 애터버그(Atterberg) 한계를 그리고(표시 : 소성상태, 액체상태, 고체상태, 반고체상태) 설명하시오.

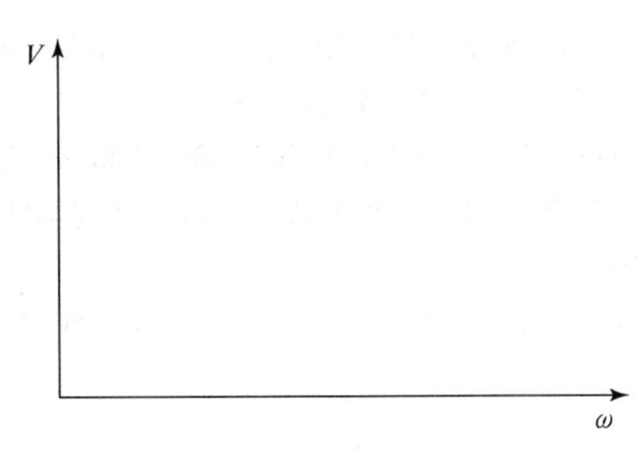

Solution

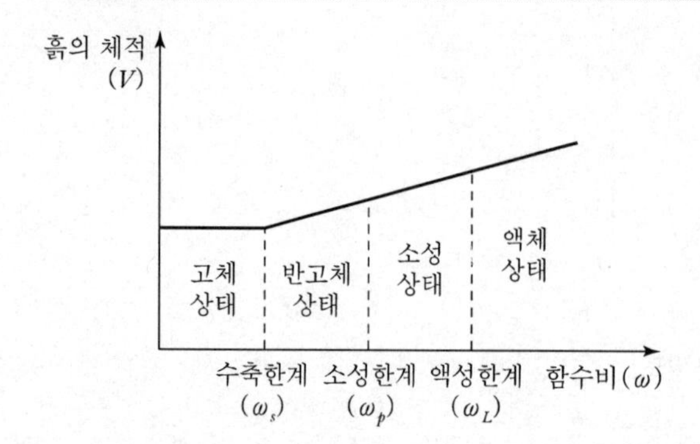

수축한계(고체상태에서 반고체상태로 변하는 경계 함수비), 소성한계(반고체상태에서 소성상태로 변하는 경계 함수비), 액성한계(소성상태에서 액체상태로 변하는 경계 함수비)를 통틀어 애터버그 한계라 한다.

08 다음 용어에 대한 정의를 간단히 쓰시오.

(1) 결합재
(2) 빈배합
(3) 혼합 시멘트
(4) 시멘트 안정성 시험

Solution

(1) 물을 반응하여 콘크리트 강도 발현에 기여하는 물질을 생성하는 것의 총칭으로 시멘트, 고로 슬래그 미분말, 플라이 애시, 실리카 퓸, 팽창재 등을 함유하는 것
(2) 콘크리트 배합 시 단위 시멘트량이 비교적 적은 150～250kg/m^3 정도의 배합이다.
(3) 포틀랜드 시멘트 클링커에 적당한 포졸란 재료를 조합하여 분쇄한 것으로 고로 시멘트, 실리카 시멘트, 플라이 애시 시멘트 등이 있다.
(4) 시멘트가 굳어 가는 도중에 부피가 팽창하는 정도를 오토클레이브 팽창도 시험법에 의해 시험한다.

건설재료시험 기사 실기 작업형 출제시험 항목

- 액성한계시험
- 들밀도 시험
- 실내 CBR 시험

산업기사 2018년 6월 30일 시행

• NOTICE •

한국산업인력공단의 저작권법 저촉에 대한 언급(2013년 2회 시험부터)이 있어 과거에 수험자의 기억을 토대로 작성한 동일한 문제나 그 유형의 문제로 재구성하였으며, 혹 미비한 부분은 계속 수정 보완하겠습니다.

01 자연시료의 일축압축파괴시험 시 강도가 1.57kN/m², 파괴면 각도 58°, 교란된 시료의 압축강도 0.28kN/m²일 때 다음 물음에 답하시오.(단, 소수 셋째 자리에서 반올림하시오.)

(1) 내부마찰각(ϕ)을 구하시오.

(2) 점착력(C)을 구하시오.

(3) 예민비를 구하고 판정하시오.

Solution

(1) $\theta = 45° + \dfrac{\phi}{2}$

$58° = 45° + \dfrac{\phi}{2}$

$\therefore\ \phi = 26°$

(2) $C = \dfrac{q_u}{2\tan\left(45° + \dfrac{\phi}{2}\right)} = \dfrac{1.57}{2\tan\left(45° + \dfrac{26°}{2}\right)} = 0.49\text{kN/m}^2$

(3) $S_t = \dfrac{q_u}{q_{ur}} = \dfrac{1.57}{0.28} = 5.61$

∴ 예민비가 4~8 범위이므로 예민하다.

02 통일분류법과 AASHTO 분류법의 차이점을 쓰시오.

(1)

(2)

(3)

(4)

Solution

(1) 조립토와 세립토의 분류를 통일분류법에서는 No.200체 통과량을 50% 기준으로 하지만 AASHTO 분류법에서는 35%를 기준으로 한다.

(2) 자갈과 모래의 분류를 통일분류법에서는 No.4체를 기준으로 하지만 AASHTO 분류법에서는 No.10 체를 기준으로 한다.

(3) 통일분류법에서는 자갈질 흙과 모래질 흙의 구분이 명확하나 AASHTO 분류법에서는 명확하지 않다.

(4) 유기질 흙은 통일분류법에서는 있으나 AASHTO 분류법에서는 없다.

03 흙의 자연함수비(ω_n)가 36.21%인 점성토의 토성시험 결과가 아래와 같을 때 다음 물음에 답하시오.

[액성한계시험]

구분 \ 측정 번호	1	2	3	4
낙하 횟수(회)	34	27	17	13
함수비(%)	72.27	72.87	74.26	75.08

[소성한계시험]

구분 \ 측정 번호	1	2	3
함수비(%)	31.23	30.82	32.82

(1) 유동곡선을 그리고 액성한계를 구하시오.

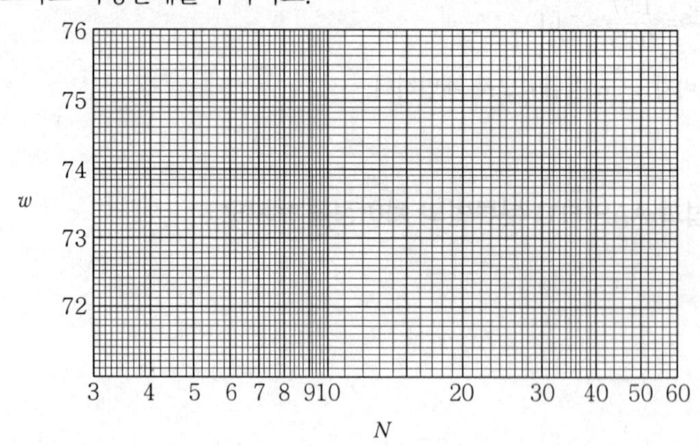

(2) 소성한계를 구하시오.

(3) 소성지수를 구하시오.

(4) 액성지수를 구하시오.

(5) 연경도지수를 구하시오.

Solution

(1)

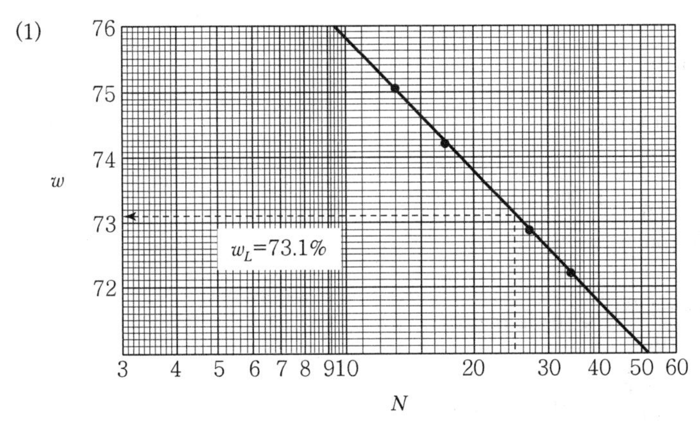

액성한계(ω_L) : 73.1%

(2) 소성한계(ω_P)$=\dfrac{31.23+30.82+32.82}{3}=31.62\%$

(3) 소성지수(I_P)$=\omega_L-\omega_P=73.1-31.62=41.48\%$

(4) 액성지수(I_L)$=\dfrac{\omega_n-\omega_P}{I_P}=\dfrac{36.21-31.62}{41.48}=0.11$

(5) 연경도지수(I_C)$=\dfrac{\omega_L-\omega_n}{I_P}=\dfrac{73.1-36.21}{41.48}=0.89$

04 현장에서 흙의 단위 중량을 모래치환법으로 실시한 결과이다. 실내 다짐시험을 한 결과 최대건조밀도가 1.90g/cm^{3}일 때 다음 물음에 답하시오.

- 시험 구멍에서 굴토한 흙의 무게 : 1,988g
- 샌드콘에 모래를 채운 후 전체 무게 : 2,765g
- 시험공에 모래를 채운 후 남는 무게 : 1,287g
- 모래의 건조단위질량 : 1.65g/cm^3
- 건조로에서 건조시킨 흙의 무게 : 1,701g

(1) 건조밀도를 구하시오.

(2) 함수비를 구하시오.

(3) 상대 다짐도를 구하시오.

Solution

(1) • $V = \dfrac{W}{\gamma_{모래}} = \dfrac{2,765-1,287}{1.65} = 895.76\text{cm}^3$

• $\gamma_t = \dfrac{W}{V} = \dfrac{1,988}{895.76} = 2.219\text{g/cm}^3$

• $\gamma_d = \dfrac{\gamma_t}{1+\dfrac{\omega}{100}} = \dfrac{2.219}{1+\dfrac{16.9}{100}} = 1.899\text{g/cm}^3$

(2) $\omega = \dfrac{W_\omega}{W_s} \times 100 = \dfrac{1,988-1,701}{1,701} \times 100 = 16.9\%$

(3) 다짐도$= \dfrac{\gamma_d}{\gamma_{d\max}} \times 100 = \dfrac{1.899}{1.90} \times 100 = 99.95\%$

05 테르자기 1차 압밀 가정 4가지를 쓰시오.

(1)

(2)

(3)

(4)

Solution

(1) 흙은 균질하고 완전히 포화되어 있다.

(2) 흙입자와 물은 비압축성이다.

(3) 흙의 변형은 1차원으로 연직방향으로만 압축된다.

(4) 흙 속의 물의 이동은 Darcy 법칙을 따르며 투수계수는 일정하다.

(5) 유효응력이 증가하면 압축토층의 간극비는 유효응력의 증가에 반비례해서 감소한다.

(6) 점토층의 체적 압축계수는 압밀층의 모든 점에서 일정하다.

(7) 압밀 시의 2차 압밀은 무시한다.

06 굵은골재 밀도 및 흡수율 시험 결과가 다음과 같다. 물음에 산출근거와 답을 쓰시오.(단, 소수 셋째 자리에서 반올림하시오.)

- 표면건조 포화상태의 공기 중 시료의 질량 : 2,231g
- 물속의 철망태와 시료의 질량 : 3,192g
- 물속의 철망태 질량 : 1,855g
- 건조기 건조 후 시료의 질량 : 2,102g
- 물의 밀도 : 0.9970g/cm³

(1) 표면건조 포화상태의 밀도를 구하시오.
(2) 절대건조밀도를 구하시오.
(3) 겉보기 밀도를 구하시오.
(4) 흡수율을 구하시오.

Solution

(1) $\frac{B}{B-C}\times\rho_w=\frac{2,231}{2,231-1,337}\times 0.9970=2.49\text{g/cm}^3$

(2) $\frac{A}{B-C}\times\rho_w=\frac{2,102}{2,231-1,337}\times 0.9970=2.34\text{g/cm}^3$

(3) $\frac{A}{A-C}\times\rho_w=\frac{2,102}{2,102-1,337}\times 0.9970=2.74\text{g/cm}^3$

(4) $\frac{B-A}{A}\times 100=\frac{2,231-2,102}{2,102}\times 100=6.14\%$

여기서, A : 건조기 건조 후 시료의 질량
B : 표면건조 표화상태의 공기 중 시료의 질량
C : 수중의 시료의 질량 = 3,192 − 1,855 = 1,337g
ρ_w : 물의 밀도

07 굵은골재의 유해물 함유량의 종류 3가지를 쓰시오.

(1)

(2)

(3)

Solution

(1) 점토덩어리

(2) 연한 석편

(3) 0.08mm 체 통과량

(4) 석탄, 갈탄 등으로 밀도 2.0g/cm^{3}의 액체에 뜨는 것

08 아스팔트 신도시험의 표준온도와 신장속도는?(단, 별도의 규정이 없는 경우)

(1) 표준온도

(2) 신장속도

Solution

(1) 25±0.5℃

(2) 5±0.25cm/분

건설재료시험 산업기사 실기 작업형 출제시험 항목

- 시멘트 밀도시험
- 슬럼프시험
- 흙의 다짐시험(A)

기사 2018년 11월 10일 시행

• NOTICE •

한국산업인력공단의 저작권법 저촉에 대한 언급(2013년 2회 시험부터)이 있어 과거에 수험자의 기억을 토대로 작성한 동일한 문제나 그 유형의 문제로 재구성하였으며, 혹 미비한 부분은 계속 수정 보완하겠습니다.

01 다짐시험을 실시한 결과가 다음과 같다. 물음에 답하시오.

- 몰드의 체적 : 1,000cm³
- 시료의 비중 : 2.67
- $\gamma_w = 1\text{g/cm}^3$

측정 번호	1	2	3	4	5
시료무게(g)	2,010	2,092	2,114	2,100	2,055
함수비(%)	12.8	14.5	15.6	16.8	19.2

(1) 다음 성과표의 빈칸을 계산해서 채우시오.

측정 번호	1	2	3	4	5
시료무게(g)	2,010	2,092	2,114	2,100	2,055
함수비(%)	12.8	14.5	15.6	16.8	19.2
건조밀도(g/cm³)					

(2) 다짐곡선을 작도하고 최대건조밀도($\gamma_{d\max}$)와 최적함수비(OMC)를 구하시오.

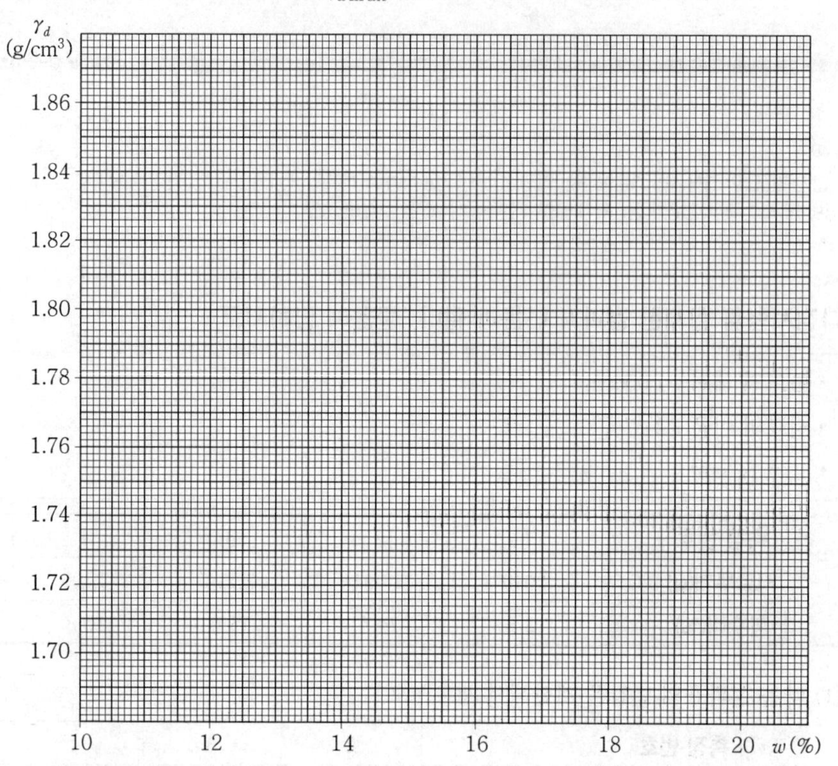

(3) 다짐도가 95%일 때 현장시공 함수비 범위를 구하시오.

(4) 영공기 공극곡선을 작도하시오.

(5) 현장 재료 조건이 다음과 같을 때 다짐 정도가 적합한지 판단하시오.

- 흙의 무게 : 2,050g
- 체적 : 980cm³
- 함수비 : 16%

Solution

(1)

측정 번호	1	2	3	4	5
시료무게(g)	2,010	2,092	2,114	2,100	2,055
함수비(%)	12.8	14.5	15.6	16.8	19.2
건조밀도(g/cm³)	1.782	1.827	1.829	1.800	1.724

[계산 예]

- $\gamma_t = \dfrac{W}{V} = \dfrac{2,010}{1,000} = 2.010\text{g/cm}^3$
- $\gamma_d = \dfrac{\gamma_t}{1+\dfrac{w}{100}} = \dfrac{2.010}{1+\dfrac{12.8}{100}} = 1.782\text{g/cm}^3$

(2)

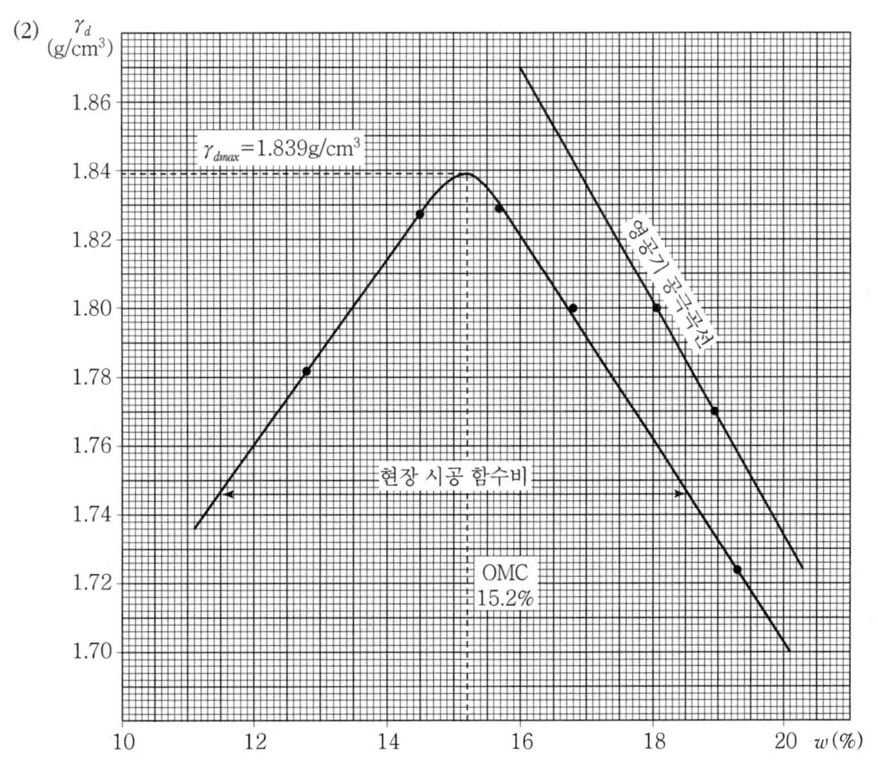

- 최대건조밀도($\gamma_{d\max}$) : 1.839g/cm³
- 최적함수비(OMC) : 15.2%

(3) • 현장시공 다짐값

$1.839 \times 0.95 = 1.747\text{g/cm}^3$

- 현장시공 함수비

11.5～18.5%

(4) $\gamma_{dsat} = \dfrac{1}{\dfrac{1}{G_s} + \dfrac{\omega}{100}} \cdot \gamma_w$

여기서, $\omega = 16\%$일 때 $\gamma_{dsat} = \dfrac{1}{\dfrac{1}{2.67} + \dfrac{16}{100}} \times 1 = 1.871\text{g/cm}^3$

$\omega = 17\%$일 때 $\gamma_{dsat} = \dfrac{1}{\dfrac{1}{2.67} + \dfrac{17}{100}} \times 1 = 1.836\text{g/cm}^3$

$\omega = 18\%$일 때 $\gamma_{dsat} = \dfrac{1}{\dfrac{1}{2.67} + \dfrac{18}{100}} \times 1 = 1.803\text{g/cm}^3$

$\omega = 19\%$일 때 $\gamma_{dsat} = \dfrac{1}{\dfrac{1}{2.67} + \dfrac{19}{100}} \times 1 = 1.771\text{g/cm}^3$

(5) • $\gamma_t = \dfrac{W}{V} = \dfrac{2,050}{980} = 2.092\,\text{g/cm}^3$

• $\gamma_d = \dfrac{\gamma_t}{1+\dfrac{\omega}{100}} = \dfrac{2,092}{1+\dfrac{16}{100}} = 1.803\,\text{g/cm}^3$

• 다짐도$= \dfrac{\gamma_d}{\gamma_{d\max}} \times 100 = \dfrac{1.803}{1.839} \times 100 = 98.04\%$

∴ 다짐도가 95% 이상이므로 적합하다.

02 **부순 굵은골재의 최대치수 40mm, 슬럼프 120mm, 물–결합재비 50%의 콘크리트를 만들기 위해 잔골재율(S/a), 단위 수량(W)을 보정하고, 단위 시멘트양(C), 단위 잔골재량(S), 단위 굵은골재량(G), 단위 공기연행제량을 구하시오.(단, 잔골재의 조립률 2.85, 잔골재의 밀도 0.0026g/mm^3, 굵은골재 밀도 0.0027g/mm^3, 시멘트 밀도 0.00315g/mm^3, 공기량 4.0%, 양질의 공기연행제를 사용하며 공기연행제의 사용량은 시멘트 질량의 0.03%이다.)**

[표 1] 콘크리트의 단위 굵은골재 용적, 잔골재율 및 단위 수량의 대략값

굵은 골재의 최대 치수 (mm)	단위 굵은 골재 용적 (%)	공기연행제를 사용하지 않은 콘크리트			공기연행 콘크리트				
		갇힌 공기 (%)	잔골재율 $\frac{S}{a}$(%)	단위 수량 W (kg/m^3)	공기량 (%)	양질의 공기연행제를 사용한 경우		양질의 공기연행감수제를 사용한 경우	
						잔골재율 $\frac{S}{a}$(%)	단위 수량 W (kg/m^3)	잔골재율 $\frac{S}{a}$(%)	단위 수량 W (kg/m^3)
15	58	2.5	53	202	7.0	47	180	48	170
20	62	2.0	49	197	6.0	44	175	45	165
25	67	1.5	45	187	5.0	42	170	43	160
40	72	1.2	40	177	4.5	39	165	40	155

1) 이 표의 값은 보통의 입도를 가진 잔골재(조립률 2.8 정도)와 부순 돌을 사용한 물–결합재비 55% 정도, 슬럼프 80mm 정도의 콘크리트에 대한 것이다.

2) 사용재료 또는 콘크리트의 품질이 1)의 조건과 다를 경우에는 위의 표의 값을 다음 표에 따라 보정한다.

[표 2] 배합수 및 잔골재율 보정방법

구분	$\frac{S}{a}$의 보정(%)	W의 보정
잔골재의 조립률이 0.1만큼 클(작을) 때마다	0.5만큼 크게(작게) 한다.	보정하지 않는다.
슬럼프 값이 10mm만큼 클(작을) 때마다	보정하지 않는다.	1.2%만큼 크게(작게) 한다.
공기량이 1%만큼 클(작을) 때마다	0.5~1.0만큼 작게(크게) 한다.	3%만큼 작게(크게) 한다.
물-결합재비가 0.05 클(작을) 때마다	1만큼 크게(작게) 한다.	보정하지 않는다.
$\frac{S}{a}$가 1% 클(작을) 때마다	보정하지 않는다.	1.5kg만큼 크게(작게) 한다.
자갈을 사용할 경우	3~5만큼 작게 한다.	9~15kg만큼 작게 한다.
부순 모래를 사용할 경우	2~3만큼 크게 한다.	6~9kg만큼 크게 한다.

단위 굵은골재 용적에 의하는 경우에는 잔골재의 조립률이 0.1만큼 커질(작아질) 때마다 단위 굵은골재 용적을 1%만큼 작게(크게) 한다.

Solution

(1) • 잔골재율 보정

① 잔골재 조립률 보정 : $\frac{2.85-2.8}{0.1}\times 0.5 = 0.25\%$

② 공기량 보정 : $-\frac{4.0-4.5}{1}\times 0.75 = 0.375\%$

③ 물-결합재비 보정 : $\frac{0.5-0.55}{0.05}\times 1 = -1\%$

$\therefore \frac{S}{a} = 39 + 0.25 + 0.375 - 1 = 38.63\%$

• 단위 수량 보정

① 슬럼프 값 보정 : $\frac{120-80}{10}\times 1.2 = 4.8\%$

② 공기량 보정 : $-\frac{4.0-4.5}{1}\times 3 = 1.5\%$

③ $\frac{S}{a}$ 보정 : $\frac{38.63-39}{1}\times 1.5 = -0.555\text{kg}$

$\therefore W = 165(1 + 0.048 + 0.015) - 0.555 = 174.84 ≒ 175\text{kg}$

(2) 단위 시멘트양

$$\frac{W}{C}=50\%$$

$$\therefore\ C=\frac{175}{0.5}=350\text{kg}$$

(3) • 단위 골재량의 절대부피

$$V=1-\left(\frac{175}{1\times1,000}+\frac{350}{3.15\times1,000}+\frac{4.0}{100}\right)=0.6739\text{m}^3$$

• 단위 잔골재의 절대부피

$$V_s=V\times\frac{S}{a}=0.6739\times0.3863=0.260\text{m}^3$$

• 단위 잔골재량

$$0.260\times2.6\times1,000=676\text{kg}$$

• 단위 굵은골재량

$$(0.6739-0.260)\times2.7\times1,000=1,117.5\text{kg}$$

• 단위 공기연행제량

$$350\times\frac{0.03}{100}=0.105\text{kg}=105\text{g}$$

03 역청 포장용 혼합물로부터 역청의 정량추출시험을 하여 다음의 결과를 얻었다. 역청 함유율(%)을 계산하시오.

- 시료의 무게 $W_1=2,230\text{g}$
- 시료 중 물의 무게 $W_2=110\text{g}$
- 추출된 광물질의 무게 $W_3=1,857.4\text{g}$
- 추출 물질 속의 회분의 무게 $W_4=93\text{g}$

Solution

$$\text{역청 함유율}=\frac{(W_1-W_2)-(W_3+W_4)}{(W_1-W_2)}\times100$$

$$=\frac{(2,230-110)-(1,857.4+93)}{(2,230-110)}\times100$$

$$=\frac{169.6}{2,120}\times100=8\%$$

04 **콘크리트 배합에 관련된 사항이다. 압축강도의 시험 횟수가 14회 이하이거나 기록이 없는 경우의 배합강도를 쓰시오.**

호칭강도(MPa)	배합강도(MPa)
21 미만	(　)
21 이상 35 이하	(　)
35 초과	(　)

Solution

호칭강도(MPa)	배합강도(MPa)
21 미만	$(f_{cn}+7)$
21 이상 35 이하	$(f_{cn}+8.5)$
35 초과	$(1.1f_{cn}+5.0)$

05 **다음은 잔골재의 밀도 및 흡수율 시험에 대한 내용이다. 물음에 답하시오.(단, $\rho_w=0.997\text{g/cm}^3$이다.)**

- 표면건조 포화상태의 공기 중 질량 : 500g
- 노건조 시료의 공기 중 질량 : 494.5g
- 물의 검정선까지 채운 플라스크 질량 : 689.6g
- 시료와 물을 검정선까지 채운 플라스크 질량 : 998g

(1) 표면건조 포화상태 밀도를 구하시오.
(2) 절대건조 밀도를 구하시오.
(3) 흡수율을 구하시오.

Solution

(1) 표건밀도$=\dfrac{500}{689.6+500-998}\times 0.997=2.60\text{g/cm}^3$

(2) 절건밀도$=\dfrac{494.5}{689.6+500-998}\times 0.997=2.58\text{g/cm}^3$

(3) 흡수율$=\dfrac{500-494.5}{494.5}\times 100=1.11\%$

06 정규압밀점토에 대하여 압밀배수삼축압축시험을 실시하였다. 시험결과 구속압력을 28kN/m² 로 하고 축차응력 28kN/m²를 가하였을 때 파괴가 일어났다. 다음 물음에 답하시오.(단, 점착력 $C=0$)

(1) 내부마찰각을 구하시오.

(2) 파괴면이 최대 주응력 면과 이루는 각을 구하시오.

(3) 파괴면에서의 수직응력을 구하시오.

(4) 파괴면에서의 전단응력을 구하시오.

Solution

(1) $\sigma_1 = \sigma_3 + (\sigma_1 - \sigma_3) = 28 + 28 = 56\text{kN/m}^2$

$\sigma_3 = 28\text{kN/m}^2$

$$\sin\phi = \frac{\sigma_1 - \sigma_3}{\sigma_1 + \sigma_3}$$

$$\phi = \sin^{-1}\frac{\sigma_1 - \sigma_3}{\sigma_1 + \sigma_3} = \sin^{-1}\frac{56-28}{56+28} = 19.47°$$

(2) $\theta = 45° + \dfrac{\phi}{2} = 45° + \dfrac{19.47°}{2} = 54.74°$

(3)
$$\sigma = \frac{\sigma_1 + \sigma_3}{2} + \frac{\sigma_1 - \sigma_3}{2}\cos 2\theta$$
$$= \frac{56+28}{2} + \frac{56-28}{2}\cos(2\times 54.74°)$$
$$= 37.33\text{kN/m}^2$$

(4)
$$\tau = \frac{\sigma_1 - \sigma_3}{2}\sin 2\theta$$
$$= \frac{56-28}{2}\sin(2\times 54.74°)$$
$$= 13.20\text{kN/m}^2$$

07 다음 용어에 대한 정의를 간단히 쓰시오.

(1) 공극

(2) 사운딩

(3) 동상현상

(4) 선행압밀

Solution

(1) 흙 입자 사이의 틈
(2) 로드(rod) 끝에 설치한 저항체를 지중에 삽입하여 관입, 회전, 인발 등의 저항으로 토층의 물리적 성질과 상태를 탐사하는 것
(3) 흙 속의 온도가 0℃ 이하로 내려가서 지표면 아래 흙 속의 물이 얼어 체적이 팽창하면서 지표면이 부풀어 올라가는 현상
(4) 지반이 과거에 어떤 하중을 받은 압밀

08 아스팔트 시험에 대한 사항이다. 다음 물음에 답하시오.

(1) 아스팔트 침입도 시험에서 표준침이 6mm 관입되었을 때 침입도는?
(2) 아스팔트 신도시험 시 저온에서의 표준온도 및 인장속도는?

Solution

(1) 0.1mm 관입하였을 때 침입도가 1이므로 $0.1 : 1 = 6 : x$ 관계가 되어 침입도는 60이다.
(2) $4℃$, 1cm/min

건설재료시험 기사 실기 작업형 출제시험 항목

- 액성한계시험
- 들밀도 시험
- 실내 CBR 시험

산업기사 2018년 11월 10일 시행

• NOTICE •

한국산업인력공단의 저작권법 저촉에 대한 언급(2013년 2회 시험부터)이 있어 과거에 수험자의 기억을 토대로 작성한 동일한 문제나 그 유형의 문제로 재구성하였으며, 혹 미비한 부분은 계속 수정 보완하겠습니다.

01 다음 그림과 같은 토층단면이 있다. 물음에 답하시오. (단, $\gamma_w = 9.81\text{kN/m}^3$이다.)

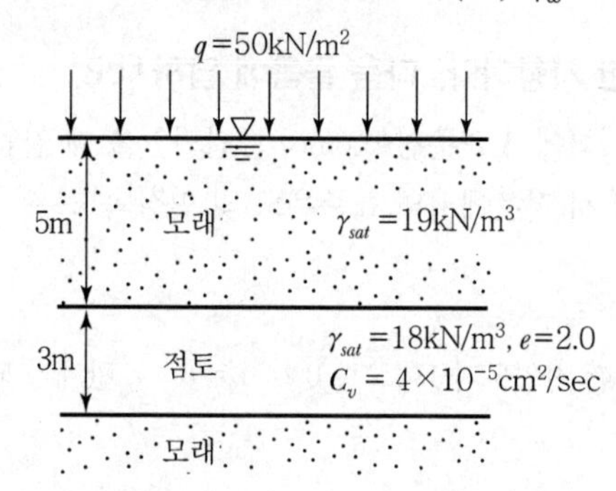

(1) 등분포하중이 작용한다고 할 때 4개월 후 점토층 중심부의 간극수압은 얼마인가?(단, 압밀도 $U=0.70$)

(2) 이때 점토층 중심부의 유효응력은 얼마인가?

Solution

(1) $U=1-\dfrac{u}{P}$

$0.7=1-\dfrac{u}{50}$

$\therefore\ u=0.3\times 50=15\text{kN/m}^2$

(2) $\bar{\sigma}=q+\gamma_{\text{sub}}\times 5+\gamma_{\text{sub}}\times 1.5$

$=(50-15)+(19-9.81)\times 5+(18-9.81)\times 1.5$

$=93.24\text{kN/m}^2$

02 콘크리트용 굵은골재의 유해물 함유량의 한도에 대한 표이다. 빈칸을 채우시오.

[굵은골재 유해물 함유량의 한도]

종류	최대치
점토덩어리	(1)
연한 석편	(2)
0.08mm체 통과량	1.0
• 석탄, 갈탄 등으로 밀도 2.0g/cm³의 액체에 뜨는 것 • 콘크리트 외관이 중요한 경우 • 기타 경우	1.0

Solution

(1) 0.25%

(2) 5%

03 다음은 잔골재의 체가름 시험결과이다. 물음에 답하시오.

(1) 빈칸을 채우시오.

체눈금(mm) \ 구분	각 체의 남는 양		각 체의 남는 누계	
	(g)	(%)	(g)	(%)
5	25			
2.5	37			
1.2	68			
0.6	213			
0.3	118			
0.15	35			
Pan	4			

(2) 조립률을 구하시오.

Solution

(1)

체눈금(mm) \ 구분	각 체의 남는 양		각 체의 남는 누계	
	(g)	(%)	(g)	(%)
5	25	5	25	5
2.5	37	7.4	62	12.4
1.2	68	13.6	130	26
0.6	213	42.6	343	68.6

체눈금(mm) \ 구분	각 체의 남는 양		각 체의 남는 누계	
	(g)	(%)	(g)	(%)
0.3	118	23.6	461	92.2
0.15	35	7	496	99.2
Pan	4	0.8	500	100

- 남는 율$=\dfrac{\text{어떤 체의 남는 양}}{\text{전체질량}}\times 100$
- 누계율=각 체의 남는 율을 누계한 값

(2) 조립률(FM)$=\dfrac{5+12.4+26+68.6+92.2+99.2}{100}=3.03$

04 **흙의 자연함수비가 28%인 점성토 토성시험 결과가 아래와 같을 때 다음을 구하시오. 단, 소성한계는 21.2%이다.(소수 셋째 자리에서 반올림하시오.)**

측정 번호	1	2	3	4	5	6
낙하 횟수	11	17	27	35	42	50
함수비	33.4	32.7	32.1	31.7	31.4	31.2

(1) 유동곡선을 그리고 액성한계를 구하시오.

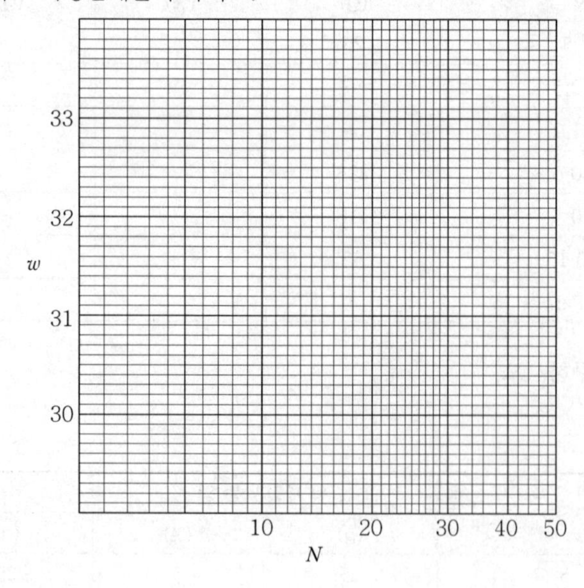

(2) 액성지수(I_L)를 구하시오.

(3) 유동지수(I_f)를 구하시오.

(4) 터프니스 지수(I_t)를 구하시오.

Solution

(1)

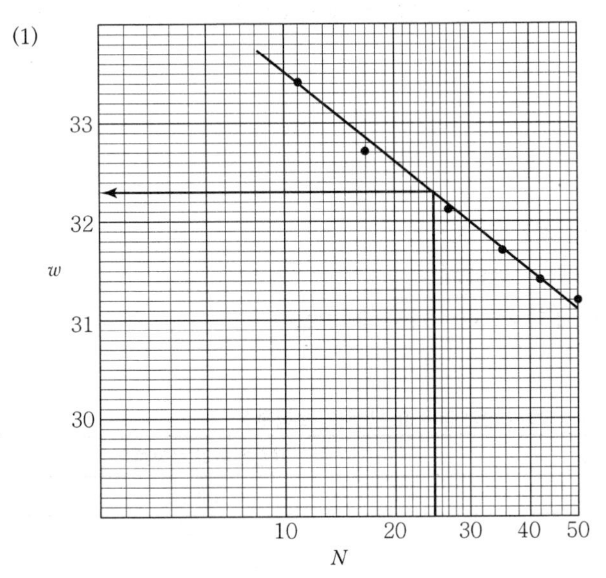

액성한계 (w_L) : 32.3%

(2) 액성지수 $I_L = \dfrac{\omega_n - \omega_P}{I_P} = \dfrac{28 - 21.2}{32.3 - 21.2} = 0.61$

(3) 유동지수 $I_f = \dfrac{\omega_1 - \omega_2}{\log N_2 - \log N_1} = \dfrac{33.4 - 31.2}{\log 50 - \log 11} = 3.35\%$

(4) 터프니스 지수 $I_t = \dfrac{I_P}{I_f} = \dfrac{32.3 - 21.2}{3.35} = 3.31$

05 어느 시료를 체분석 시험한 결과가 다음과 같다. 물음에 답하시오.

$D_{10} = 0.007\text{mm},\ D_{30} = 0.04\text{mm},\ D_{50} = 0.18\text{mm},\ D_{60} = 0.33\text{mm},\ D_{70} = 0.9\text{mm}$

(1) 유효입경
(2) 균등계수
(3) 곡률계수

Solution

(1) $D_{10} = 0.007\text{mm}$

(2) $C_u = \dfrac{D_{60}}{D_{10}} = \dfrac{0.33}{0.007} = 47.14$

(3) $C_g = \dfrac{(D_{30})^2}{D_{10} \times D_{60}} = \dfrac{(0.04)^2}{0.007 \times 0.33} = 0.69$

06 **콘크리트의 호칭강도(f_{cn})가 28MPa이고, 압축강도의 시험 횟수가 20회, 콘크리트 표준편차 S가 3.5MPa이라고 한다. 이 콘크리트의 배합강도를 구하시오.**

Solution

(1) 표준편차의 보정

$3.5 \times 1.08 = 3.78\text{MPa}$

(2) 콘크리트 배합강도($f_{cn} \leq 35\text{MPa}$이므로)

- $f_{cr} = f_{cn} + 1.34S = 28 + 1.34 \times 3.78 = 33.07\text{MPa}$
- $f_{cr} = (f_{cn} - 3.5) + 2.33S = (28 - 3.5) + 2.33 \times 3.78 = 33.31\text{MPa}$

∴ 큰 값인 $f_{cr} = 33.31\text{MPa}$

[보충] 압축강도 시험 횟수가 29회 이하이고 15회 이상인 경우 표준편차의 보정계수

시험 횟수	표준편차의 보정계수
15	1.16
20	1.08
25	1.03
30 이상	1.00

07 **공극비 $e = 0.7$, 함수비 $w = 20\%$, 흙의 비중 $G_s = 2.6$일 때 다음 물음에 답하시오.(단, $\gamma_w = 9.81\text{kN/m}^3$이다.)**

(1) 습윤밀도(γ_t)를 구하시오.

(2) 건조밀도(γ_d)를 구하시오.

(3) 포화밀도(γ_{sat})를 구하시오.

(4) 수중밀도(γ_{sub})를 구하시오.

Solution

(1) $\gamma_t = \dfrac{G_s + \dfrac{S \cdot e}{100}}{1+e}\gamma_\omega = \dfrac{2.6 + \dfrac{74.3 \times 0.7}{100}}{1+0.7} \times 9.81 = 18\text{kN/m}^3$

여기서, $Se = G_s w \quad \therefore S = \dfrac{G_s w}{e} = \dfrac{2.6 \times 20}{0.7} = 74.3\%$

(2) $\gamma_d = \dfrac{\gamma_t}{1 + \dfrac{w}{100}} = \dfrac{18}{1 + \dfrac{20}{100}} = 15\text{kN/m}^3$

(3) $\gamma_{\text{sat}} = \dfrac{G_s + e}{1+e}\gamma_w = \dfrac{2.6 + 0.7}{1 + 0.7} \times 9.81 = 19\text{kN/m}^3$

(4) $\gamma_{\text{sub}} = \gamma_{\text{sat}} - \gamma_w = 19 - 9.81 = 9.19\text{kN/m}^3$

08 아스팔트 시험에 대한 다음 물음에 답하시오.

(1) 아스팔트 시험의 종류 4가지를 쓰시오.

(2) 별도의 규정이 없는 경우 아스팔트 신도시험의 표준온도와 신장속도를 쓰시오.

Solution

(1) ① 점도시험
② 침입도시험
③ 신도시험
④ 연화점시험

(2) ① 표준온도 : 25±0.5℃
② 신장속도 : 5±0.25cm/min

건설재료시험 산업기사 실기 작업형 출제시험 항목

- 시멘트 밀도시험
- 슬럼프시험
- 흙의 다짐시험(A)

기사 2019년 4월 14일 시행

• NOTICE •

한국산업인력공단의 저작권법 저촉에 대한 언급(2013년 2회 시험부터)이 있어 과거에 수험자의 기억을 토대로 작성한 동일한 문제나 그 유형의 문제로 재구성하였으며, 혹 미비한 부분은 계속 수정 보완하겠습니다.

01 Vane 전단시험 결과에서 점착력을 구하시오.

- Vane 지름 : 50mm
- 높이 : 100mm
- 회전저항모멘트 : 59N · m

Solution

$$C=\frac{M_{\max}}{\pi D^2\left(\frac{H}{2}+\frac{D}{6}\right)}=\frac{59}{3.14\times 0.05^2\left(\frac{0.1}{2}+\frac{0.05}{6}\right)}=128,844\text{N/m}^2=128.84\text{kN/m}^2$$

02 Vibroflotation 공법에 의해 사질토 지반을 개량하는 데 있어 사용할 옹벽의 뒤채움재의 적합 여부를 판정하시오.

[조건] $D_{10}=0.36\text{mm},\ D_{20}=0.52\text{mm},\ D_{50}=1.42\text{mm}$

Solution

- 적합지수

$$S_N=1.7\sqrt{\frac{3}{(D_{50})^2}+\frac{1}{(D_{20})^2}+\frac{1}{(D_{10})^2}}$$

- 적합지수에 따른 채움재료의 등급

S_N의 범위	0～10	10～20	20～30	30～50	50 이상
등급	우수	양호	적합	불량	불가

- $S_N=1.7\sqrt{\frac{3}{(1.42)^2}+\frac{1}{(0.52)^2}+\frac{1}{(0.36)^2}}=6.11$

∴ 우수하다.

03 시방배합 결과 단위 수량 150kg, 단위 시멘트양 300kg, 단위 잔골재량 700kg, 단위 굵은골재량 1,200kg일 때 현장배합의 단위 잔골재량과 단위 굵은골재량을 구하시오.(단, 잔골재가 5mm체에 남은 율 3.5%, 굵은골재가 5mm체를 통과하는 율 6.5%, 잔골재의 표면수율 2%, 굵은골재의 표면수율 1%이다.)

Solution

(1) 입도 보정

- 잔골재

$$x=\frac{100S-b(S+G)}{100-(a+b)}=\frac{100\times\ 700-6.5(700+1,200)}{100-(3.5+6.5)}=640.56\,\text{kg}$$

- 굵은골재

$$y=\frac{100G-a(S+G)}{100-(a+b)}=\frac{100\times\ 1,200-3.5(700+1,200)}{100-(3.5+6.5)}=1,259.44\text{kg}$$

(2) 표면수량 보정

- 잔골재

$640.56\times0.02=12.81\text{kg}$

- 굵은골재

$1,259.44\times0.01=12.59\text{kg}$

(3) 단위 골재량

- 단위 잔골재량

$640.56+12.81=653.37\text{kg}$

- 단위 굵은골재량

$1,259.44+12.59=1,272.03\text{kg}$

04 슈미트 해머 시험에 관하여 답하시오.

(1) 슈미트 해머의 원리는 무엇인가?

(2) 측정은 몇 점 이상 및 몇 cm의 간격으로 하는가?

(3) 콘크리트의 종류별 슈미트 해머의 종류 3가지를 쓰시오.

(4) 보정사항을 2가지만 쓰시오.

Solution

(1) 반발경도법

(2) 20점 이상, 가로세로 3cm

(3) 보통 콘크리트 N형, 경량 콘크리트 L형, 저강도 콘크리트 P형, 매스 콘크리트 M형

(4) 타격각도, 재령일수, 압축응력, 건습에 대한 보정

05 다음과 같은 흙 시료의 C_u, C_g를 구하고 통일분류법으로 분류하시오.

- No.4체 통과율 : 92%
- No.200체 통과율 : 10%
- $D_{10}=0.15\text{mm}$
- $D_{30}=0.25\text{mm}$
- $D_{60}=0.35\text{mm}$

Solution

$$C_u=\frac{0.35}{0.15}=2.33$$

$$C_g=\frac{0.25^2}{0.15\times0.35}=1.19$$

C_g가 1~3 범위에 들었으나 $C_u<6$이므로 입도 불량이다.

4번체를 50% 이상 통과하므로 모래이고, 200번체를 50% 이하 통과하므로 조립토이다.

∴ SP(입도가 불량한 모래)

06 어느 시료에 대해 삼축압축시험을 한 결과가 다음 표와 같았다. 물음에 답하시오.

시료 \ 구분	σ_3(kN/m²)	$(\sigma_1-\sigma_3)$(kN/m²)
1	7	21
2	10	25

(1) 내부마찰각(ϕ)을 구하시오.

(2) 점착력(C)을 구하시오.

Solution

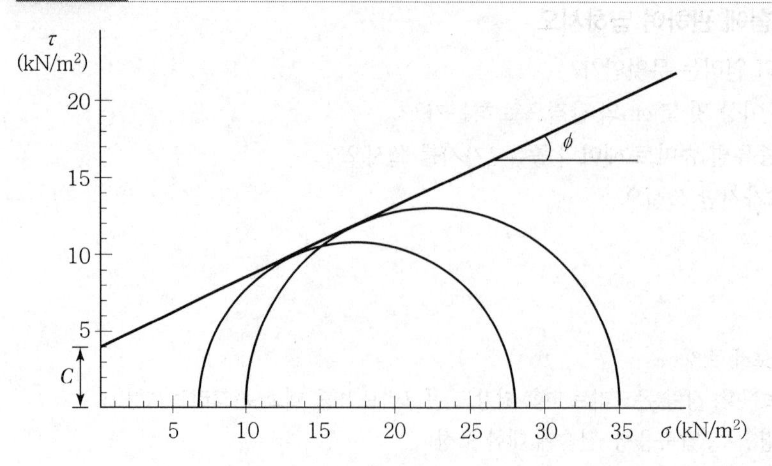

$\sigma_1 = \sigma_3 + (\sigma_1 - \sigma_3)$로 최대 주응력을 구하여 작도한다.

측압(σ_3)	7	10
최대 주응력(σ_1)	28	35

(1) 내부마찰각 $\phi = 22°$

(2) 점착력 $C = 4\text{kN/m}^2$

07 초음파 전달 비파괴 검사법 중 콘크리트 균열깊이 측정에 이용되는 3가지 방법을 쓰시오.

(1)

(2)

(3)

Solution

(1) T법

(2) $T_c - T_o$법

(3) BS－4408 규정방법

(4) 레슬리법(Leslie법)

(5) 위상 변화를 이용하는 방법

(6) SH파를 이용하는 방법

08 마샬 안정도 시험을 실시한 결과가 다음과 같다. 물음에 답하시오.(단, 아스팔트의 밀도 : 1.02g/cm³, 혼합되는 건조골재의 밀도 : 2.712g/cm³이다.)

공시체 번호	아스팔트 혼합률	두께(cm)	중량(g)		용적 (cm³)
			공기중	수중	
1	4.5	6.29	1,151	668	486
2	4.5	6.30	1,159	674	485
3	4.5	6.31	1,162	675	487

(1) 아스팔트의 실측밀도를 구하시오.(단, 소수 넷째 자리에서 반올림하시오.)

공시체 번호	실측밀도(g/cm³)
1	
2	
3	
평균	

(2) 이론 최대밀도를 구하시오.(단, 소수 넷째 자리에서 반올림하시오.)

(3) 아스팔트의 용적률을 구하시오.

(4) 아스팔트의 공극률을 구하시오.

(5) 아스팔트의 포화도를 구하시오.

Solution

(1) 실측밀도

$\dfrac{\text{공기 중 중량(g)}}{\text{용적}(\text{cm}^3)}$

① $\dfrac{1,151}{486} = 2.368\text{g/cm}^3$

② $\dfrac{1,159}{485} = 2.390\text{g/cm}^3$

③ $\dfrac{1,162}{487} = 2.386\text{g/cm}^3$

평균 $= \dfrac{(2.368 + 2.390 + 2.386)}{3} = 2.381\text{g/cm}^3$

공시체 번호	실측밀도(g/cm³)
1	2.368
2	2.390
3	2.386
평균	2.381

(2) 이론밀도

$$\dfrac{100}{\dfrac{A}{G_b} + \dfrac{100 - A}{G_{ag}}}$$

$$= \dfrac{100}{\dfrac{4.5}{1.02} + \dfrac{100 - 4.5}{2.712}} = 2.524\text{g/cm}^3$$

여기서, A : 아스팔트 혼합률

G_b : 아스팔트 밀도

G_{ag} : 혼합된 골재의 평균밀도

(3) 용적률

$$\dfrac{\text{아스팔트 함량} \times \text{실측밀도}}{\text{아스팔트 밀도}} = \dfrac{4.5 \times 2.381}{1.02} = 10.504\%$$

(4) 공극률

$$\left(1 - \dfrac{\text{실측밀도}}{\text{이론밀도}}\right) \times 100 = \left(1 - \dfrac{2.381}{2.524}\right) \times 100 = 5.665\%$$

(5) 포화도

$$\dfrac{\text{용적률}}{\text{용적률} + \text{공극률}} \times 100 = \dfrac{10.50}{10.50 + 5.67} \times 100 = 64.935\%$$

09 다음은 평판재하시험에 대한 내용이다. 물음에 답하시오.

(1) 재하판의 규격 3가지를 쓰시오.
(2) 평판재하시험을 끝마치는 조건에 대해 3가지를 쓰시오.
(3) 평판재하시험 결과로부터 항복하중을 구하는 방법 3가지를 쓰시오.

Solution

(1) ① 지름 : 30cm
② 지름 : 40cm
③ 지름 : 75cm

(2) ① 침하량이 15mm에 도달할 경우
② 하중강도가 현장에서 예상되는 최대 접지압의 크기를 넘을 때
③ 하중강도가 그 지반의 항복점을 넘을 때

(3) ① $P-S$법
② $\log P-\log S$ 법
③ $S-\log t$ 법

10 도로공사의 토공관리 시험에 대한 사항이다. 다음 물음에 답하시오.

(1) 현장밀도 측정방법 3가지를 쓰시오.

[예시] 물에 의한 치환방법

(2) 모래치환법에 의해 현장 밀도시험을 하였다. 파낸 구멍의 부피가 $1{,}680\text{cm}^3$, 파낸 흙의 무게가 3,000g이고 시험실에서 구한 최대건조 단위 중량이 1.5g/cm^3이었다. 여기서, 함수비 측정을 위한 (습윤시료+용기) 무게 : 28.58g, (건조시료+용기) 무게 : 26.4g, 용기 무게 : 15.5g이다.
① 함수비를 구하시오.
② 건조밀도를 구하시오.
③ 다짐도를 구하시오.

Solution

(1) ① 기름 치환법
② γ선 산란형 밀도계에 의한 방법(방사선법)
③ 코어 커터(Core Cutter)에 의한 방법(절삭법)

(2) ① 함수비 $\omega = \dfrac{W_\omega}{W_s} \times 100 = \dfrac{28.58 - 26.40}{26.40 - 15.5} \times 100 = 20\%$

② 습윤밀도 $\gamma_t = \dfrac{W}{V} = \dfrac{3,000}{1,680} = 1.786\text{g/cm}^3$

건조밀도 $\gamma_d = \dfrac{\gamma_t}{1 + \dfrac{\omega}{100}} = \dfrac{1.786}{1 + \dfrac{20}{100}} = 1.488\text{g/cm}^3$

③ 다짐도$= \dfrac{\gamma_d}{\gamma_{d\max}} \times 100 = \dfrac{1.488}{1.5} \times 100 = 99.2\%$

건설재료시험 기사 실기 작업형 출제시험 항목

- 액성한계시험
- 들밀도 시험
- 실내 CBR 시험

산업기사 2019년 4월 14일 시행

• NOTICE •

한국산업인력공단의 저작권법 저촉에 대한 언급(2013년 2회 시험부터)이 있어 과거에 수험자의 기억을 토대로 작성한 동일한 문제나 그 유형의 문제로 재구성하였으며, 혹 미비한 부분은 계속 수정 보완하겠습니다.

01 골재의 안정성 시험에 사용되는 용액 2가지를 쓰시오.

(1)

(2)

Solution

(1) 황산나트륨

(2) 염화바륨

02 어느 시료에 대하여 액성한계시험을 한 결과 액성한계가 68%, 소성한계는 30.8%였다. 이 흙의 자연함수비를 39.4%로 보고 다음을 계산하시오.(단, 유동지수는 5.7%, 소수 셋째 자리에서 반올림하시오.)

(1) 소성지수를 구하시오.

(2) 컨시스턴시 지수를 구하시오.

(3) 액성지수를 구하시오.

(4) 터프니스 지수를 구하시오.

Solution

(1) $I_P = w_L - w_P = 68 - 30.8 = 37.2\%$

(2) $I_C = \dfrac{w_L - w_n}{I_P} = \dfrac{68 - 39.4}{37.2} = 0.77$

(3) $I_L = \dfrac{w_n - w_P}{I_P} = \dfrac{39.4 - 30.8}{37.2} = 0.23$

(4) $I_t = \dfrac{I_P}{I_f} = \dfrac{37.2}{5.7} = 6.53$

03 정규압밀점토의 압밀배수 삼축압축시험 결과 $\sigma_3 = 31.27\text{kN/m}^2$, $(\Delta\sigma_d)_f = 31.27\text{kN/m}^2$이다. 다음 물음에 답하시오.

(1) 내부마찰각(ϕ)을 구하시오.
(2) 파괴면이 최대 주응력면과 이루는 각(θ)을 구하시오.
(3) 파괴면에서의 수직응력(σ)과 전단응력(τ)을 구하시오.

Solution

(1) $\sigma_1{}' = \sigma_3 + (\Delta\sigma_d)_f = 31.27 + 31.27 = 62.54\text{kN/m}^2$

$\sigma_3{}' = 31.27\text{kN/m}^2$

$$\sin\phi = \frac{\sigma_1{}' - \sigma_3{}'}{\sigma_1{}' + \sigma_3{}'} = \frac{62.54 - 31.27}{62.54 + 31.27} = \frac{31.27}{93.81} = 0.333$$

$\therefore\ \phi = \sin^{-1} 0.333 = 19.47°$

(2) $\theta = 45° + \dfrac{\phi}{2} = 45° + \dfrac{19.47°}{2} = 54.74°$

(3) $\sigma = \dfrac{\sigma_1 + \sigma_3}{2} + \dfrac{\sigma_1 - \sigma_3}{2}\cos 2\theta = \dfrac{62.54 + 31.27}{2} + \dfrac{62.54 - 31.27}{2}\cos(2 \times 54.74°)$

$= 41.69\text{kN/m}^2$

$\tau = \dfrac{\sigma_1 - \sigma_3}{2}\sin 2\theta = \dfrac{62.54 - 31.27}{2}\sin(2 \times 54.74°) = 14.74\text{kN/m}^2$

04 정수위 투수시험 결과 시료의 길이 25cm, 시료의 단면적 750cm^2, 수두차 45cm, 투수시간 20초, 투수량 3,200cm^3, 시험 시 수온은 12℃일 때 다음 물음에 답하시오.

[투수계수에 대한 T℃의 보정계수 μ_T / μ_{15}]

T℃	0	1	2	3	4	5	6	7	8	9
0	1.567	1.513	1.460	1.414	1.369	1.327	1.286	1.248	1.211	1.177
10	1.144	1.113	1.082	1.053	1.026	1.000	0.975	0.950	0.926	0.903
20	0.881	0.859	0.839	0.819	0.800	0.782	0.764	0.747	0.730	0.714
30	0.699	0.684	0.670	0.656	0.643	0.630	0.617	0.604	0.593	0.582
40	0.571	0.561	0.550	0.540	0.531	0.521	0.513	0.504	0.496	0.487

(1) 12℃ 수온에서의 투수계수를 구하시오.
(2) 15℃ 수온에서의 투수속도를 구하시오.
(3) $e = 0.42$일 때 15℃ 수온에서의 실제 침투속도를 구하시오.

Solution

(1) $k_{12}=\dfrac{Q \cdot L}{A \cdot h \cdot t}=\dfrac{3{,}200 \times 25}{750 \times 45 \times 20}=0.119\text{cm/sec}$

(2) • 15℃ 수온에서의 투수계수

$$k_{15}=k_T \cdot \frac{\mu_T}{\mu_{15}}=k_{12} \cdot \frac{\mu_{12}}{\mu_{15}}=0.119 \times \frac{1.082}{1}=0.129\text{cm/sec}$$

• 15℃ 수온에서의 투수속도

$$V=k \cdot i=k_{15} \cdot \frac{h}{L}=0.129 \times \frac{45}{25}=0.232\text{cm/sec}$$

(3) • 공극률

$$n=\frac{e}{1+e} \times 100=\frac{0.42}{1+0.42} \times 100=29.58\%$$

• 실제 침투속도

$$V_s=\frac{V}{n}=\frac{0.232}{0.2958}=0.784\text{cm/sec}$$

05 저온에서의 아스팔트 신도시험에 대한 사항이다. 다음 물음에 답하시오.

(1) 표준온도는 얼마인가?

(2) 인장속도는 얼마인가?

Solution

(1) 4℃

(2) 1cm/min

06 체가름 시험에서 조립률 2.9인 잔골재와 조립률 7.3인 굵은골재를 1:1.5의 무게비로 섞을 때 혼합골재의 조립률을 구하시오.

Solution

$$FM=\frac{1}{1+1.5} \times 2.9+\frac{1.5}{1+1.5} \times 7.3=5.54$$

07 콘크리트 배합강도에 대한 내용이다. 다음 물음에 답하시오.

(1) 시험 횟수가 없고 호칭강도가 17MPa일 때 배합강도를 구하시오.

(2) 시험 횟수가 14회이고 표준편차가 3.5MPa, 호칭강도가 28MPa일 때 배합강도를 구하시오.

(3) 시험 횟수가 22회이고 표준편차가 3.5MPa, 콘크리트의 호칭강도(f_{cn})가 28MPa일 때 배합강도를 구하시오.

(4) 시험 횟수가 30회이고 표준편차가 3.5MPa, 콘크리트의 호칭강도(f_{cn})가 28MPa일 때 배합강도를 구하시오.

Solution

(1) $f_{cr} = f_{cn} + 7.0 = 17 + 7.0 = 24\text{MPa}$

(2) $f_{cr} = f_{cn} + 8.5 = 28 + 8.5 = 36.5\text{MPa}$

(3) $f_{cn} \leq 35\text{MPa}$이므로

$f_{cr} = f_{cn} + 1.34S = 28 + 1.34 \times (3.5 \times 1.06) = 32.97\text{MPa}$

$f_{cr} = (f_{cn} - 3.5) + 2.33S = (28 - 3.5) + 2.33 \times (3.5 \times 1.06) = 33.14\text{MPa}$

∴ 두 값 중 큰 값인 33.14MPa이다.

여기서, 시험 횟수가 25회일 때 표준편차 보정계수가 1.03이고 시험 횟수가 20회일 때 표준편차 보정계수가 1.08이므로 직선보간하여 22회일 때 표준편차 보정계수는 1.06이다.

(4) $f_{cn} \leq 35\text{MPa}$이므로

$f_{cr} = f_{cn} + 1.34S = 28 + 1.34 \times (3.5 \times 1.0) = 32.69\text{MPa}$

$f_{cr} = (f_{cn} - 3.5) + 2.33S = (28 - 3.5) + 2.33 \times (3.5 \times 1.0) = 32.66\text{MPa}$

∴ 두 값 중 큰 값인 32.69MPa이다.

여기서, 시험 횟수가 30회일 때 표준편차 보정계수는 1.0이다.

08 다음은 골재의 단위용적질량 시험 결과이다. 물음에 답하시오.

측정 항목	잔골재	굵은골재
용기의 용적(L)	3	15
골재의 절건밀도 (kg/L)	2.63	2.65
물의 단위밀도(kg/L)	998.80	998.80
용기 계수		
(시료+용기)의 질량(kg)	6.674	28.824
용기의 질량(kg)	1.625	4.315
용기 시료 질량(kg)		

(1) 표의 빈칸을 채우시오.

① 용기 계수

- 잔골재
- 굵은골재

② 용기 시료 질량

- 잔골재
- 굵은골재

(2) 골재의 단위용적질량을 구하시오.

① 잔골재

② 굵은골재

(3) 골재의 실적률을 구하시오.

① 잔골재

② 굵은골재

Solution

(1) ① 용기 계수

- 잔골재 $= \dfrac{998.80}{2.923} = 341.704$
- 굵은골재 $= \dfrac{998.80}{14.908} = 67.0$

② 용기 시료 질량

- 잔골재 $= 6.674 - 1.625 = 5.049\text{kg}$
- 굵은골재 $= 28.824 - 4.315 = 24.509\text{kg}$

(2) 골재의 단위용적질량

① 잔골재 $= \dfrac{m}{V} = \dfrac{5.049}{3} = 1.68\text{kg/L}$

② 굵은골재 $= \dfrac{m}{V} = \dfrac{24.509}{15} = 1.63\text{kg/L}$

(3) 골재의 실적률

① 잔골재 $= \dfrac{T}{d_D} \times 100 = \dfrac{1.68}{2.63} \times 100 = 63.88\%$

② 굵은골재 $= \dfrac{T}{d_D} \times 100 = \dfrac{1.63}{2.65} \times 100 = 61.51\%$

09 **어떤 흙 시료를 직접전단시험을 하여 얻은 값이다. 물음에 답하시오.(단, 시료의 직경 60mm, 두께 20mm이다. 소수 셋째 자리에서 반올림하시오.)**

수직하중(N)	2,000	3,000	4,000	5,000
전단력(N)	2,430	2,870	3,240	3,630

(1) 빈칸을 채우시오.

σ (MPa)				
τ (MPa)				

(2) 파괴선을 작도하시오.

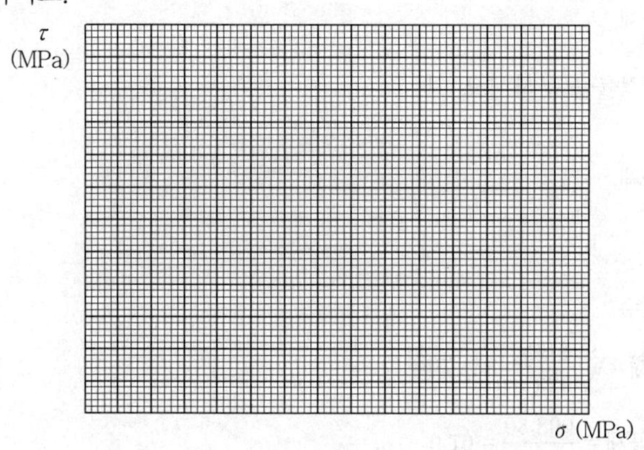

(3) 점착력(C)을 구하시오.

(4) 내부마찰각(ϕ)을 구하시오.

Solution

(1) $\sigma = \dfrac{P}{A}$　　　$\tau = \dfrac{S}{A}$

여기서, $A = \dfrac{\pi \times 60^2}{4} = 2{,}827\text{mm}^2$

σ (MPa)	0.71	1.06	1.41	1.77
τ (MPa)	0.86	1.02	1.15	1.28

- $\sigma_1 = \dfrac{2{,}000}{2{,}827} = 0.71\text{MPa}$
- $\sigma_2 = \dfrac{3{,}000}{2{,}827} = 1.06\text{MPa}$
- $\sigma_3 = \dfrac{4{,}000}{2{,}827} = 1.41\text{MPa}$
- $\sigma_4 = \dfrac{5{,}000}{2{,}827} = 1.77\text{MPa}$
- $\tau_1 = \dfrac{2{,}430}{2{,}827} = 0.86\text{MPa}$
- $\tau_2 = \dfrac{2{,}870}{2{,}827} = 1.02\text{MPa}$
- $\tau_3 = \dfrac{3{,}240}{2{,}827} = 1.15\text{MPa}$
- $\tau_4 = \dfrac{3{,}630}{2{,}827} = 1.28\text{MPa}$

(2)

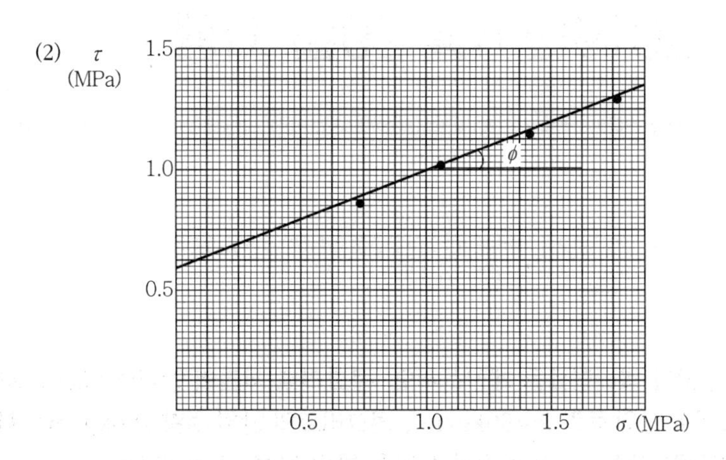

(3) $C = 0.6\text{MPa}$

※ 그래프에서 점착력 값을 읽는다.

(4) $\tau = C + \sigma \tan\phi$

$1.28 = 0.6 + 1.77\tan\phi$

$\tan\phi = \dfrac{0.68}{1.77}$, $\phi = \tan^{-1}\dfrac{0.68}{1.77}$

$\therefore\ \phi = 21.02°$ ※ 각도기를 이용할 경우 $\phi = 21°$

건설재료시험 산업기사 실기 작업형 출제시험 항목

- 시멘트 밀도시험
- 슬럼프시험
- 흙의 다짐시험(A)

기사 2019년 6월 29일 시행

• NOTICE •

한국산업인력공단의 저작권법 저촉에 대한 언급(2013년 2회 시험부터)이 있어 과거에 수험자의 기억을 토대로 작성한 동일한 문제나 그 유형의 문제로 재구성하였으며, 혹 미비한 부분은 계속 수정 보완하겠습니다.

01 다음 콘크리트의 블리딩양과 블리딩률을 계산하시오. 콘크리트 시료의 안지름 25cm, 시료의 높이 28.5cm, 콘크리트 단위 중량 2,460kg/m^3, 콘크리트의 단위 수량 160kg/m^3, 시료의 중량 34.415kg, 마지막까지 누계한 블리딩에 따른 물의 용적 75cm^{3}이다.

(1) 블리딩양

(2) 블리딩률

Solution

(1) 블리딩양

$$\frac{V}{A}=\frac{75}{\frac{\pi\times 25^2}{4}}=0.153\text{cm}^3/\text{cm}^2$$

(2) 블리딩률

$$\frac{B}{W_S}\times 100=\frac{0.075}{2.238}\times 100=3.351\%$$

여기서, $W_S=\frac{160}{2,460}\times 34.415=2.238\text{kg}$

02 부순 굵은골재의 최대치수 25mm, 슬럼프 120mm, 물-결합재비 58.8%의 콘크리트 1m^{3}를 만들기 위한 잔골재율(S/a), 단위 수량(W)을 보정하고 단위 시멘트양(C), 단위 잔골재량(S), 단위 굵은골재량(G)을 구하시오.(단, 갇힌 공기량 1.5%, 시멘트 밀도 0.00317g/mm^3, 잔골재 밀도 0.00257g/mm^3, 잔골재 조립률 2.85, 굵은골재 밀도 0.00275g/mm^3, 공기연행제 및 혼화재는 사용하지 않는다.)

[표 1] 콘크리트의 단위 굵은골재 용적, 잔골재율 및 단위 수량의 대략값

굵은 골재의 최대 치수 (mm)	단위 굵은 골재 용적 (%)	공기연행제를 사용하지 않은 콘크리트			공기연행 콘크리트				
		갇힌 공기 (%)	잔골재율 $\frac{S}{a}$(%)	단위 수량 W (kg/m³)	공기량 (%)	양질의 공기연행제를 사용한 경우		양질의 공기연행감수제를 사용한 경우	
						잔골재율 $\frac{S}{a}$(%)	단위 수량 W (kg/m³)	잔골재율 $\frac{S}{a}$(%)	단위 수량 W (kg/m³)
15	58	2.5	53	202	7.0	47	180	48	170
20	62	2.0	49	197	6.0	44	175	45	165
25	67	1.5	45	187	5.0	42	170	43	160
40	72	1.2	40	177	4.5	39	165	40	155

1) 이 표의 값은 보통의 입도를 가진 잔골재(조립률 2.8 정도)와 부순 돌을 사용한 물－결합재비 55% 정도 슬럼프 80mm 정도의 콘크리트에 대한 것이다.
2) 사용재료 또는 콘크리트의 품질이 1)의 조건과 다를 경우에는 위의 표의 값을 다음 표에 따라 보정한다.

[표 2] 배합수 및 잔골재율 보정방법

구분	$\frac{S}{a}$의 보정(%)	W의 보정
잔골재의 조립률이 0.1만큼 클(작을) 때마다	0.5만큼 크게(작게) 한다.	보정하지 않는다.
슬럼프 값이 10mm만큼 클(작을) 때마다	보정하지 않는다.	1.2%만큼 크게(작게) 한다.
공기량이 1%만큼 클(작을) 때마다	0.5～1.0만큼 작게(크게) 한다.	3%만큼 작게(크게) 한다.
물－결합재비가 0.05 클(작을) 때마다	1만큼 크게(작게) 한다.	보정하지 않는다.
$\frac{S}{a}$가 1% 클(작을) 때마다	보정하지 않는다.	1.5kg만큼 크게(작게) 한다.
자갈을 사용할 경우	3～5만큼 작게 한다.	9～15kg만큼 작게 한다.
부순 모래를 사용할 경우	2～3만큼 크게 한다.	6～9kg만큼 크게 한다.

단위 굵은골재 용적에 의하는 경우에는 잔골재의 조립률이 0.1만큼 커질(작아질) 때마다 단위 굵은골재 용적을 1%만큼 작게(크게) 한다.

(1) 잔골재율, 단위 수량
(2) 단위 시멘트량
(3) 단위 잔골재량
(4) 단위 굵은골재량

Solution

(1) • 잔골재율 보정

① 잔골재 조립률 보정 : $\dfrac{2.85-2.8}{0.1}\times 0.5=0.25\%$

② 물－결합재비 보정 : $\dfrac{0.588-0.55}{0.05}\times 1=0.76\%$

$\therefore\ \dfrac{S}{a}=45+0.25+0.76=46.01\%$

• 단위 수량 보정

① 슬럼프 값 보정 : $\dfrac{120-80}{10}\times 1.2=4.8\%$

② $\dfrac{S}{a}$ 보정 : $\dfrac{46.01-45}{1}\times 1.5=1.515\text{kg}$

$\therefore\ W=187(1+0.048)+1.515=197.49\text{kg}$

(2) $\dfrac{W}{B}=58.8\%=0.588$

$\therefore\ B=\dfrac{W}{0.588}=\dfrac{197.49}{0.588}=335.9\text{kg}$

(3) • 단위 골재량의 절대부피

$V=1-\left(\dfrac{\text{단위 수량}}{\text{물의 밀도}\times 1{,}000}+\dfrac{\text{단위 시멘트량}}{\text{시멘트 밀도}\times 1{,}000}+\dfrac{\text{공기량}}{100}\right)$

$=1-\left(\dfrac{197.49}{1\times 1{,}000}+\dfrac{335.9}{3.17\times 1{,}000}+\dfrac{1.5}{100}\right)$

$=0.6815\text{m}^3$

• 단위 잔골재의 절대부피

$V_s=V\times\dfrac{S}{a}=0.6815\times 0.4601=0.3136\text{m}^3$

• 단위 잔골재량

$S=\text{단위 잔골재의 절대부피}\times\text{잔골재 밀도}\times 1{,}000$

$=0.3136\times 2.57\times 1{,}000=806\text{kg}$

(4) • 단위 굵은골재의 절대부피

$V_G=V-V_s=0.6815-0.3136=0.3679\text{m}^3$

• 단위 굵은골재량

$G=\text{단위 굵은골재의 절대부피}\times\text{굵은골재 밀도}\times 1{,}000$

$=0.3679\times 2.75\times 1{,}000=1{,}012\text{kg}$

여기서, 시멘트 밀도 $0.00317\text{g/mm}^3=3.17\text{g/cm}^3$

잔골재 밀도 $0.00257\text{g/mm}^3=2.57\text{g/cm}^3$

굵은골재 밀도 $0.00275\text{g/mm}^3=2.75\text{g/cm}^3$

03 아스팔트 시험에 대한 다음 물음에 답하시오.

(1) 아스팔트 신도시험의 표준온도와 인장속도를 구하시오.

(2) 엥글러 점도계를 이용한 점도값은 어떻게 규정되는가?

Solution

(1) ① 표준온도 : 25±0.5℃

② 인장속도 : 5±0.25cm/min

(2) 엥글러 점도$=\dfrac{\text{시료의 유출시간(초)}}{\text{증류수의 유출시간(초)}}$

04 어떤 점토층의 압밀시험 결과가 다음과 같다. 다음 물음에 답하시오.(단, 배수조건은 양면 배수이며 γ_w = 9.81kN/m^{3}이다.)

압밀응력(kN/m^2)	공극비(e)	시료평균두께(cm)	t_{50}(초)	t_{90}(초)
6.4	1.148	1.384	79	342
12.8	0.951			

(1) 압밀계수(C_v)를 구하시오.(단, 소수 일곱째 자리에서 반올림하시오.)

① log$t$ 법

② $\sqrt{t}$ 법

(2) 압축계수(a_v)를 구하시오.(단, 소수 넷째 자리에서 반올림하시오.)

(3) 체적변화계수(m_v)를 구하시오.(단, 소수 넷째 자리에서 반올림하시오.)

(4) 압축지수(C_c)를 구하시오.(단, 소수 넷째 자리에서 반올림하시오.)

(5) $\sqrt{t}$ 법에서 구한 압밀계수로 투수계수를 구하시오.(단, 소수 아홉째 자리까지 쓰시오.)

Solution

(1) ① $C_v=\dfrac{0.197H^2}{t_{50}}=\dfrac{0.197\times\left(\dfrac{1.384}{2}\right)^2}{79}=0.001194\text{cm}^2/\text{sec}$

② $C_v=\dfrac{0.848H^2}{t_{90}}=\dfrac{0.848\times\left(\dfrac{1.384}{2}\right)^2}{342}=0.001187\text{cm}^2/\text{sec}$

(2) $a_v=\dfrac{e_1-e_2}{P_2-P_1}=\dfrac{1.148-0.951}{12.8-6.4}=0.031\text{m}^2/\text{kN}$

(3) $m_v=\dfrac{a_v}{1+e}=\dfrac{0.031}{1+1.148}=0.014\text{m}^2/\text{kN}$

(4) $C_c = \dfrac{e_1 - e_2}{\log\dfrac{P_2}{P_1}} = \dfrac{1.148 - 0.951}{\log\dfrac{12.8}{6.4}} = 0.654$

(5) $k = C_v \cdot m_v \cdot \gamma_w$

$= 1.187 \times 10^{-7} \times 0.014 \times 9.81 = 1.6 \times 10^{-8}\,\text{m/sec}$

05 콘크리트 압축강도 측정치를 보고 다음 물음에 답하시오.

[콘크리트 압축강도 측정치(MPa)]

35	43	40	43	43
42.5	45.5	34	35	38.5
36	41	36.5	41.5	45.5

(1) 시험은 15회 실시하였다. 표준편차를 구하시오.

(2) 콘크리트의 호칭강도(f_{cn})가 40MPa일 때 배합강도를 구하시오.

Solution

(1) 표준편차

- 콘크리트 압축강도 측정치 합계

  $\Sigma x = 600\text{MPa}$

- 콘크리트 압축강도 평균값

  $\bar{x} = \dfrac{600}{15} = 40\text{MPa}$

- 편차 제곱합

  $S = (35-40)^2 + (43-40)^2 + (40-40)^2 + (43-40)^2 + (43-40)^2$

  $+ (42.5-40)^2 + (45.5-40)^2 + (34-40)^2 + (35-40)^2 + (38.5-40)^2$

  $+ (36-40)^2 + (41-40)^2 + (36.5-40)^2 + (41.5-40)^2 + (45.5-40)^2$

  $= 213.5\text{MPa}$

- 표준편차

  $\sigma = \sqrt{\dfrac{S}{n-1}} = \sqrt{\dfrac{213.5}{15-1}} = 3.91\text{MPa}$

- 직선보간한 표준편차

  $3.91 \times 1.16 = 4.54\text{MPa}$

(2) 콘크리트 배합강도($f_{cn} > 35\text{MPa}$인 경우)

- $f_{cr} = f_{cn} + 1.34s = 40 + 1.34 \times 4.54 = 46.08\text{MPa}$
- $f_{cr} = 0.9f_{cn} + 2.33s = 0.9 \times 40 + 2.33 \times 4.54 = 46.58\text{MPa}$

∴ 두 식 중 큰 값 46.58MPa

06 다음 그림과 조건을 이용하여 물음에 답하시오.

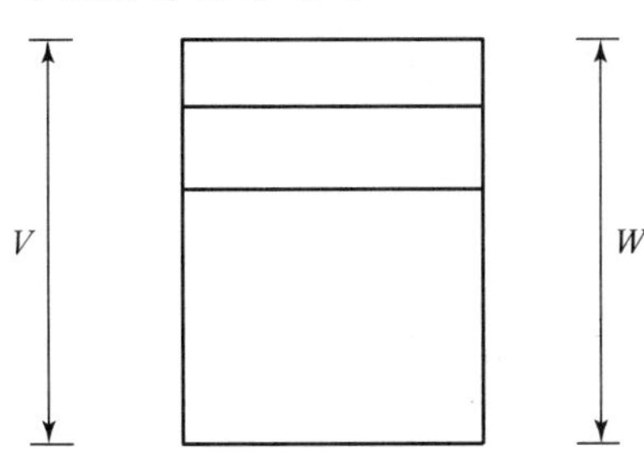

[조건]

• 비중=2.69	• 습윤밀도=1.85g/cm³
• 체적(V)=100cm³	• 함수비(w)=12%
• 물의 밀도=1g/cm³	

(1) 흙과 물의 무게를 구하시오.

(2) 흙과 물의 체적을 구하시오.

Solution

(1) $\gamma_t = \dfrac{W}{V} = 1.85\text{g/cm}^3$

$\dfrac{W}{100} = 1.85 \qquad W = 185\text{g}$

$\therefore\ W_s = \dfrac{100\,W}{100+w} = \dfrac{100 \times 185}{100+12} = 165.18\text{g}$

$W_w = \dfrac{w\,W}{100+w} = \dfrac{12 \times 185}{100+12} = 19.82\text{g}$

(2) ① $e = \dfrac{\gamma_w}{\gamma_d} G_s - 1 = \dfrac{1}{1.65} \times 2.69 - 1 = 0.63$

여기서, $\gamma_d = \dfrac{\gamma_t}{1+\dfrac{w}{100}} = \dfrac{1.85}{1+\dfrac{12}{100}} = 1.65\text{g/cm}^3$

② $G_s = \dfrac{\gamma_s}{\gamma_w} = \dfrac{W_s}{V_s \cdot \gamma_w}$

$\therefore\ V_s = \dfrac{W_s}{G_s \cdot \gamma_w} = \dfrac{165.18}{2.69 \times 1} = 61.41\text{cm}^3$

③ $e = \dfrac{V_V}{V_s}$

$\therefore\ V_V = e \cdot V_s = 0.63 \times 61.41 = 38.69\text{cm}^3$

④ $S \cdot e = G_s \cdot w$

$$\therefore S = \frac{G_s \times w}{e} = \frac{2.69 \times 12}{0.63} = 51.24\%$$

⑤ $S = \frac{V_w}{V_v} \times 100$

$$\therefore V_w = \frac{S \cdot V_v}{100} = \frac{51.24 \times 38.69}{100} = 19.82\text{cm}^3$$

07 아스팔트 혼합물의 마샬 안정도 시험에 대해 다음 물음에 답하시오.

(1) 시험의 목적을 쓰시오.
(2) 기층용 혼합물의 마샬 안정도 기준값을 쓰시오.
(3) 안정도의 정의를 쓰시오.

Solution

(1) 아스팔트 혼합물의 소성 흐름에 대한 저항성 측정
(2) 3,500N 이상
(3) 아스팔트 혼합물의 원주형 공시체에 하중을 가하여 공시체가 파괴될 때 하중

08 베인전단시험에 대해 다음 물음에 답하시오.

(1) 시험방법 및 목적을 간단히 쓰시오.
(2) 전단공식을 쓰시오.

Solution

(1) ① 시험방법

자연 지반 속으로 베인 지름 5배 이상 깊이까지 베인 틀을 밀어 넣어 설치하고 회전시켜 최대 회전력을 측정한다.

② 목적

연약한 점토지반의 점착력을 측정하여 전단저항을 알기 위한 현장시험이다.

(2) $C = \dfrac{M_{\max}}{\pi D^2 \left(\dfrac{H}{2} + \dfrac{D}{6} \right)}$

여기서, $M_{\max}$: 최대 회전모멘트
D : 베인 날개 지름
H : 베인 날개 높이

09 점토의 변수위 투수시험을 수행하여 다음과 같은 실험값을 얻었다. 이 점토의 투수계수를 구하시오.(단 소수 다섯째 자리에서 반올림하시오.)

- 스탠드 파이프 내 초기 수위부터 최종 수위까지 수위 하강에 걸린 시간 : 5분
- 파이프의 단면적 : $12cm^2$
- 시료의 단면적 : $200cm^2$
- 시료의 높이 : 10cm
- 스탠드 파이프 내 초기 수위 : 40cm
- 스탠드 파이프 내 종료 수위 : 20cm

Solution

$$k = 2.3\frac{aL}{At}\log\frac{h_1}{h_2} = 2.3\frac{12\times10}{200\times(5\times60)}\log\frac{40}{20} = 1.4\times10^{-3}\text{cm/sec}$$

10 로스앤젤레스 시험기에 의한 굵은골재의 마모 시험결과가 아래 표와 같을 때 마모감량과 사용 여부를 판정하시오.(단, 보통 콘크리트용 골재를 사용한다.)

- 시험 전 시료의 질량 : 5,000g
- 시험 후 시료의 질량 : 3,110g

(1) 마모감량

(2) 판정

Solution

(1) 마모감량= $\frac{5{,}000-3{,}110}{5{,}000}\times100 = 37.8\%$

(2) 마모감량이 보통 콘크리트용 골재의 경우 40% 이하이므로 적합하다.(사용 가능하다.)

건설재료시험 기사 실기 작업형 출제시험 항목

- 액성한계시험
- 들밀도 시험
- 실내 CBR 시험

산업기사 2019년 6월 29일 시행

• NOTICE •

한국산업인력공단의 저작권법 저촉에 대한 언급(2013년 2회 시험부터)이 있어 과거에 수험자의 기억을 토대로 작성한 동일한 문제나 그 유형의 문제로 재구성하였으며, 혹 미비한 부분은 계속 수정 보완하겠습니다.

01 어떤 자연상태의 흙에 대해 일축압축강도 시험을 행하였다. 일축압축강도 $q_u = 3.8\text{kN/m}^2$ 을 얻었고 이때 시료의 파괴면은 수평면에 대하여 $70°$ 이었다. 다음 물음에 답하시오.

(1) 이 흙의 내부마찰각을 구하시오.

(2) 점착력(C)을 구하시오.(단, 소수 셋째 자리에서 반올림하시오.)

Solution

(1) $\theta = 45° + \dfrac{\phi}{2}$

$70° = 45° + \dfrac{\phi}{2}$

$\therefore \ \phi = 50°$

(2) $C = \dfrac{q_u}{2\tan\left(45° + \dfrac{\phi}{2}\right)} = \dfrac{3.8}{2\tan\left(45° + \dfrac{50°}{2}\right)} = 0.69\text{kN/m}^2$

02 콘크리트의 강도시험에 대한 다음 물음에 답하시오.

(1) 콘크리트의 압축강도시험에서 하중을 가하는 속도에 대하여 간단히 쓰시오.

(2) 콘크리트 휨강도시험에서 하중을 가하는 속도에 대하여 간단히 쓰시오.

(3) 콘크리트 쪼갬인장강도시험에서 하중을 가하는 속도에 대하여 간단히 쓰시오.

Solution

(1) 0.6±0.4MPa/초

(2) 0.06±0.04MPa/초

(3) 0.06±0.04MPa/초

03 어떤 흙의 토질시험 결과가 습윤단위무게 17kN/m³, 함수비 40%, 흙의 비중 2.75일 때 다음 물음에 답하시오.(단, γ_w = 9.81kN/m³이다.)

(1) 건조단위무게를 구하시오.

(2) 간극비를 구하시오.

(3) 간극률을 구하시오.

(4) 포화도를 구하시오.

Solution

(1) $\gamma_d = \dfrac{\gamma_t}{1+\dfrac{w}{100}} = \dfrac{17}{1+\dfrac{40}{100}} = 12.14\text{kN/m}^3$

(2) $e = \dfrac{\gamma_w}{\gamma_d}G_s - 1 = \dfrac{9.81}{12.14}\times 2.75 - 1 = 1.22$

(3) $n = \dfrac{e}{1+e}\times 100 = \dfrac{1.22}{1+1.22}\times 100 = 54.95\%$

(4) $S = \dfrac{G_s w}{e} = \dfrac{2.75\times 40}{1.22} = 90.16\%$

04 어떤 흙의 수축한계시험을 한 결과 다음과 같은 시험값을 얻었다. 다음 물음에 답하시오.

수축 접시 내 습윤시료 부피	20.50cm³
노건조 시료 부피	16.34cm³
노건조 시료 질량	25.75g
습윤 시료의 함수비	46.31%

(1) 수축한계를 구하시오.(단, γ_w = 1g/cm³이다.)

(2) 흙의 비중을 구하시오.

Solution

(1) $w_s = w - \left[\dfrac{V-V_0}{W_s}\times\gamma_w\times 100\right] = 46.31 - \left[\dfrac{20.5-16.34}{25.75}\times 1\times 100\right] = 30.15\%$

(2) $R = \dfrac{W_S}{V_0\cdot\gamma_w} = \dfrac{25.75}{16.34\times 1} = 1.58$

$G_s = \dfrac{1}{\dfrac{1}{R}-\dfrac{w_s}{100}} = \dfrac{1}{\dfrac{1}{1.58}-\dfrac{30.15}{100}} = 3.02$

05 다음 아스팔트 시험에 대해 물음에 답하시오.

(1) 아스팔트 인화점 시험의 정의를 간단히 쓰시오.

(2) 아스팔트 연소점 시험의 정의를 간단히 쓰시오.

(3) 아스팔트 신도시험의 목적을 간단히 쓰시오.

Solution

(1) 인화점은 시료를 가열하면서 시험 불꽃을 대었을 때 시료의 증기에 불이 붙는 최저 온도이다.

(2) 연소점은 인화점을 측정한 다음 계속 가열하여 시료가 적어도 5초 동안 연소를 계속한 최저 온도이다.

(3) 신도시험은 아스팔트 연성을 알기 위한 시험이다.

06 점토층 두께가 6m인 지반의 흙을 채취하여 압밀시험을 한 결과 하중강도가 2kN/m^2에서 4kN/m^2로 증가할 때 간극비는 2.63에서 1.93으로 감소하였다. 다음 물음에 답하시오.

(1) 압축계수를 구하시오.

(2) 체적변화계수를 구하시오.(단, 소수 넷째 자리에서 반올림하시오.)

(3) 이 점토층의 압밀침하량을 구하시오.

Solution

(1) $a_v = \dfrac{e_1 - e_2}{P_1 - P_2} = \dfrac{2.63 - 1.93}{4 - 2} = 0.35\text{m}^2/\text{kN}$

(2) $m_v = \dfrac{a_v}{1+e} = \dfrac{0.35}{1+2.63} = 0.096\text{m}^2/\text{kN}$

(3) $\Delta H = m_v \cdot \Delta P \cdot H = 0.096 \times (4-2) \times 600 = 115.2\,\text{cm}$

또는 $\Delta H = \dfrac{e_1 - e_2}{1+e_1} H = \dfrac{2.63 - 1.93}{1+2.63} \times 600 = 115.7\,\text{cm}$

07 콘크리트 표준시방서에서는 콘크리트용 굵은골재의 유해물 함유량 한도를 규정하고 있다. 여기서 규정하고 있는 유해물의 종류를 3가지만 쓰시오.

(1)

(2)

(3)

Solution

(1) 점토 덩어리

(2) 연한 석편

(3) 0.08mm체 통과량

08 **시방배합표가 아래와 같을 때 현장배합으로 수정하여 각 재료량을 산출하시오.(단, 현장의 골재상태는 잔골재가 5mm체에 남는 양 5%, 굵은골재가 5mm체를 통과하는 양 10%이며, 잔골재의 표면수는 3.2%, 굵은골재의 표면수는 0.8%이다.)**

굵은골재 최대치수 (mm)	물-시멘트비(W/C) (%)	잔골재율 (S/a) (%)	슬럼프 (mm)	단위 수량 (W) (kg/m³)	단위 시멘트량 (kg/m³)	단위 잔골재량 (kg/m³)	단위 굵은골재량 (kg/m³)	AE 혼화제량 (g/m³)
25	50	40	80	161	338	632	1,176	141

(1) 단위 수량
(2) 단위 잔골재량
(3) 단위 굵은골재량

Solution

〈입도 보정〉

• 잔골재$= \dfrac{100S-b(S+G)}{100-(a+b)} = \dfrac{100\times 632-10(632+1,176)}{100-(5+10)} = 530.82\,\text{kg}$

• 굵은골재$= \dfrac{100G-a(S+G)}{100-(a+b)} = \dfrac{100\times 1,176-5(632+1,176)}{100-(5+10)} = 1,277.18\,\text{kg}$

〈표면수 보정〉

• 잔골재$= 530.82\times 0.032 = 16.99\,\text{kg}$
• 굵은골재$= 1,277.18\times 0.008 = 10.22\,\text{kg}$

〈각 재료량〉

(1) 단위 수량$= 161-16.99-10.22 = 133.79\,\text{kg}$
(2) 단위 잔골재량$= 530.80+16.99 = 547.81\,\text{kg}$
(3) 단위 굵은골재량$= 1,277.18+10.22 = 1,287.40\,\text{kg}$

건설재료시험 산업기사 실기 작업형 출제시험 항목

• 시멘트 밀도시험
• 슬럼프시험
• 흙의 다짐시험(A)

기사 2019년 11월 9일 시행

• NOTICE •

한국산업인력공단의 저작권법 저촉에 대한 언급(2013년 2회 시험부터)이 있어 과거에 수험자의 기억을 토대로 작성한 동일한 문제나 그 유형의 문제로 재구성하였으며, 혹 미비한 부분은 계속 수정 보완하겠습니다.

01 **No.200체 통과율이 60%이고 액성한계가 50%, 소성한계가 30%인 흙의 AASHTO 분류법에 의한 군지수(GI)를 구하시오.**

Solution

$GI = 0.2a + 0.005ac + 0.01bd$

여기서, $a = 60 - 35 = 25$

$b = 60 - 15 = 45$ (0~40 범위이므로 40 적용)

$c = 50 - 40 = 10$

$d = 20 - 10 = 10(I_p = 50 - 30 = 20)$

$\therefore\ GI = 0.2 \times 25 + 0.005 \times 25 \times 10 + 0.01 \times 40 \times 10 = 10.25$

※ 군지수는 정수로 표현하는 것이 원칙이지만 유의사항이나 문제에 제시된 소수점 처리 조건에 따른다.

02 **잔골재의 유해물 측정방법 3가지를 쓰시오.**

(1)

(2)

(3)

Solution

(1) 점토 덩어리 시험

(2) 석탄, 갈탄 등 밀도 2.0g/cm³의 액체에 뜨는 것에 대한 시험

(3) 염화물 함유량의 시험

03 **콘크리트 시방배합설계에서 콘크리트의 내구성 기준 압축강도(f_{cd})가 37MPa이고, 설계기준 압축강도(f_{ck})가 35MPa이다. 30회 이상의 시험실적으로부터 구한 압축강도의 표준편차(S)가 4.5MPa인 경우 현행 콘크리트 표준시방서에 따른 배합강도를 구하시오.(단, 기온보정강도(T_n)는 3MPa이다.)**

Solution

- 품질기준강도(f_{cq})

  f_{ck}와 f_{cd} 중 큰 값인 37MPa이다.
- 호칭강도(f_{cn})

  $f_{cq}+T_n=37+3=40\text{MPa}$
- $f_{cn}>35\text{MPa}$인 경우

  $f_{cr}=f_{cn}+1.34S=40+1.34\times4.5=46.03\text{MPa}$

  $f_{cr}=0.9f_{cn}+2.33S=0.9\times40+2.33\times4.5=46.49\text{MPa}$

  ∴ 큰 값인 46.49MPa

04 도로의 평판재하시험방법(KS F 2310)에 대한 물음에 답하시오.

(1) 재하판 위에 잭을 놓고 지지력 장치와 조합하여 소요의 반력을 얻을 수 있도록 장치하여야 하는데, 이때 지지력 장치의 지지점은 재하판 바깥쪽에서 얼마 이상 떨어져 배치하여야 하는가?

(2) 평판에 하중을 재하시킬 때 단계적으로 하중을 증가시켜야 하는데 그 하중강도의 크기는?

(3) 평판재하시험은 최종적으로 언제 끝내야 하는가?

Solution

(1) 1m

(2) 35kN/m^2

(3) ① 침하량이 15mm에 도달할 경우

② 하중강도가 현장에서 예상되는 최대 접지압의 크기를 넘을 때

③ 하중강도가 그 지반의 항복점을 넘을 때

05 다음은 골재의 체가름 시험결과표이다.

체의 크기(mm)	잔류량(g)	잔류율(%)	누적 잔류율(%)
40	270		
30	1,755		
25	2,455		
20	2,270		
15	4,230		
10	2,370		
5	1,650		
계	15,000		

(1) 잔류율과 누적 잔류율을 구하시오.(단, 소수 첫째 자리에서 반올림하시오.)

(2) 조립률을 구하시오.(단, 소수 셋째 자리에서 반올림하시오.)

(3) 굵은골재 최대치수를 구하시오.

Solution

(1)

체의 크기(mm)	잔류량(g)	잔류율(%)	누적 잔류율(%)
40	270	2	2
30	1,755	12	14
25	2,455	16	30
20	2,270	15	45
15	4,230	28	73
10	2,370	16	89
5	1,650	11	100
계	15,000		

- 잔류율 $= \frac{\text{잔류량}}{\text{전체질량}} \times 100$
- 누적 잔류율 = 각 체의 잔류율 누계

(2) $FM = \frac{(2+45+89+100+100+100+100+100+100)}{100} = 7.36$

(3) 40mm

06 다음을 통일분류법에 의한 흙의 기호로 표시하시오.

(1) 이토(Silt) 섞인 모래 – ( )

(2) 무기질 실트(액성한계 50% 이하) – ( )

(3) 입도분포 나쁜 모래 – ( )

(4) 점토 섞인 모래 – ( )

(5) 입도분포 좋은 자갈 – ( )

Solution

(1) SM

(2) ML

(3) SP

(4) SC

(5) GW

07 아스팔트의 시험에 대한 사항이다. 다음 물음에 답하시오.

(1) 신도시험에서 보통일 때 표준온도와 인장속도는?

(2) 신도시험에서 저온일 때 표준온도와 인장속도는?

(3) 인화점의 정의는?

(4) 연소점의 정의는?

Solution

(1) 25℃, 5cm/min

(2) 4℃, 1cm/min

(3) 청색 불꽃이 나타날 때의 온도

(4) 인화 후 매분 (5.5±0.5)℃로 온도를 상승시켜 5초 동안 연소될 때의 온도

08 그림과 같은 지반의 점토를 대상으로 압밀시험을 실시하여 다음과 같은 결과를 얻었다. 물음에 답하시오.(단, $\gamma_w = 9.81\text{kN/m}^3$이다.)

1m $\gamma_t = 19.5\text{kN/m}^3$ 모래

3m $e_0 = 1.8$, $\gamma_{sat} = 20.2\text{kN/m}^3$ 점토

1m 모래

압력(kN/m²)	10	20	40	80	160	320	640	80	20
간극비	1.71	1.67	1.58	1.45	1.3	1.03	0.81	0.9	1.1

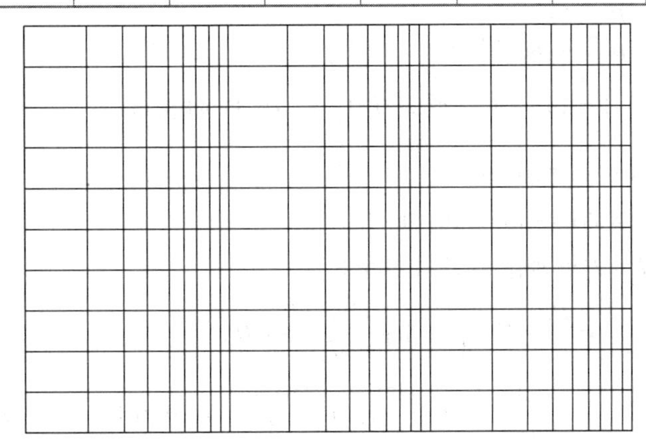

(1) $e-\log P$ 곡선을 그리고 선행압밀하중(P_c)과 과압밀비(OCR)를 구하시오.(단, P_c는 100kN/m² 보다 작다.)

(2) 넓은 지역에 걸쳐 $\gamma_t = 25\text{kN/m}^3$인 흙이 3m 두께로 성토되었을 때 점토층의 압밀침하량을 구하시오.

Solution

(1)

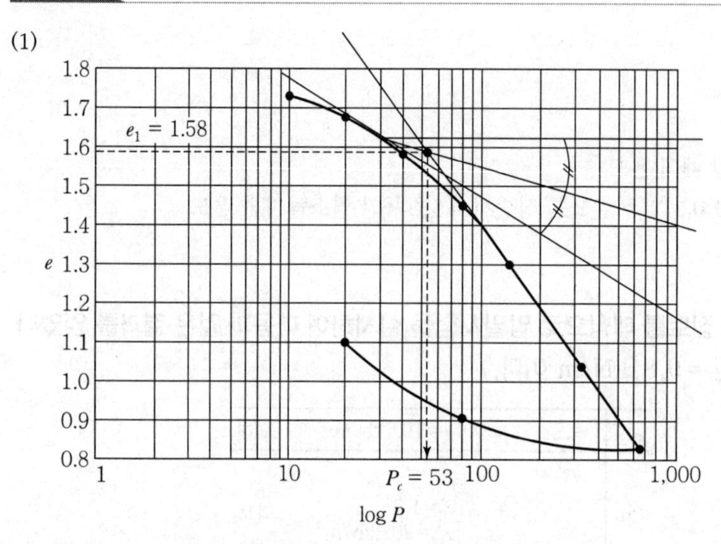

- 선행압밀하중 $P_c = 53\text{kN/m}^2$
- $C_c = \dfrac{e_1 - e_2}{\log\dfrac{P_2}{P_1}} = \dfrac{1.58-0.81}{\log\dfrac{640}{53}} = 0.71$
- $OCR = \dfrac{P_c}{P_0} = \dfrac{53}{35.09} = 1.51$

  여기서, $P_0 = 19.5\times 1 + (20.2-9.81)\times 1.5 = 35.09\text{kN/m}^2$

(2)
- $\Delta P = 25\times 3 = 75\text{kN/m}^2$
- $P_0 + \Delta P = 35.09 + 75 = 110.09\text{kN/m}^2$
- $P_0 + \Delta P > P_c$인 과압밀점토의 침하량

$$S = \frac{C_s}{1+e}\log\frac{P_c}{P_o}\cdot H + \frac{C_c}{1+e}\log\frac{P_o+\Delta P}{P_c}\cdot H$$

$$= \frac{0.1065}{1+1.8}\log\frac{53}{35.09}\times 3 + \frac{0.71}{1+1.8}\log\frac{110.09}{53}\times 3 = 0.2619\,\text{m} = 26.19\,\text{cm}$$

여기서, C_s(팽창지수)는 대략 압축지수(C_c)의 $1/5 \sim 1/10$ 정도이므로 중간값을 적용하면 $C_s = 0.15\times C_c = 0.15\times 0.71 = 0.1065$이다.

09 시멘트 응결시간 측정시험에 대한 물음에 답하시오.

(1) 목적을 쓰시오.

(2) 시험방법 두 가지를 쓰시오.

Solution

(1) 시멘트의 굳기 정도를 측정한다.

(2) 길모어 침, 비커 침

10 노상토 지지력비(CBR) 시험방법(KS F 2320)에 대한 물음에 답하시오.

(1) 4일간 수침 후 관입시험을 실시하려고 한다. 직경 5cm 관입봉의 관입 속도는?

(2) 관입시험 결과 2.5mm 관입 때의 시험 하중강도가 2.1MN/m^{2}이었다. 계속하여 관입을 실시하여 5.0mm 관입 때 시험 하중강도는 3.7MN/m^{2}이었다. 각각의 CBR은 얼마인가?

① $CBR_{2.5}$

② $CBR_{5.0}$

Solution

(1) 1mm/min

(2)

관입량(mm)	표준 하중강도(MN/m^2)	표준 하중(kN)
2.5	6.9	13.4
5.0	10.3	19.9

① $CBR_{2.5} = \dfrac{2.1}{6.9} \times 100 = 30.4\%$

② $CBR_{5.0} = \dfrac{3.7}{10.3} \times 100 = 35.9\%$

건설재료시험 기사 실기 작업형 출제시험 항목

- 액성한계시험
- 들밀도 시험
- 실내 CBR 시험

기사 2020년 5월 24일 시행

• NOTICE •

한국산업인력공단의 저작권법 저촉에 대한 언급(2013년 2회 시험부터)이 있어 과거에 수험자의 기억을 토대로 작성한 동일한 문제나 그 유형의 문제로 재구성하였으며, 혹 미비한 부분은 계속 수정 보완하겠습니다.

01 널리 쓰이는 실내투수시험방법 2가지를 쓰고, 각 시험의 대상이 되는 토질의 종류를 쓰시오.

실험방법	적용 토질

Solution

실험방법	적용 토질
정수위 투수시험	사질토(자갈, 모래)
변수위 투수시험	실트질

02 현장의 도로 토공에서 들밀도 시험한 결과표를 보고 다짐도를 구하시오.

구멍 속의 흙 무게(g)	1,697
구멍 속 흙의 함수비(%)	8.7
구멍 속의 모래 무게(g)	1,466
표준사 단위 중량(g/cm³)	1.62
실내 최대 건조 밀도(g/cm³)	1.95

Solution

• $\gamma_{모래} = \dfrac{W}{V}$ $\quad\therefore\ V = \dfrac{1,466}{1.62} = 904.94\text{cm}^3$

• $\gamma_t = \dfrac{W}{V} = \dfrac{1,697}{904.94} = 1.88\text{g/cm}^3$

• $\gamma_d = \dfrac{\gamma_t}{1+\dfrac{\omega}{100}} = \dfrac{1.88}{1+\dfrac{8.7}{100}} = 1.73\text{g/cm}^3$

• $다짐도 = \dfrac{\gamma_d}{\gamma_{d\max}} \times 100 = \dfrac{1.73}{1.95} \times 100 = 88.72\%$

03 **마샬 안정도 시험을 실시한 결과가 다음과 같다. 물음에 답하시오.(단, 아스팔트의 밀도 : 1.02g/cm³, 혼합되는 건조골재의 밀도 : 2.712g/cm³이다.)**

공시체 번호	아스팔트 혼합률	두께(cm)	중량(g)		용적(cm³)
			공기중	수중	
1	4.5	6.29	1,151	668	486
2	4.5	6.30	1,159	674	485
3	4.5	6.31	1,162	675	487

(1) 아스팔트의 실측밀도를 구하시오.(단, 소수 넷째 자리에서 반올림하시오.)

공시체 번호	실측밀도(g/cm³)
1	
2	
3	
평균	

(2) 이론 최대밀도를 구하시오.(단, 소수 넷째 자리에서 반올림하시오.)

(3) 아스팔트의 용적률을 구하시오.

(4) 아스팔트의 공극률을 구하시오.

(5) 아스팔트의 포화도를 구하시오.

Solution

(1) 실측밀도

$$\frac{\text{공기 중 중량(g)}}{\text{용적(cm}^3\text{)}}$$

① $\frac{1,151}{486} = 2.368\text{g/cm}^3$

② $\frac{1,159}{485} = 2.390\text{g/cm}^3$

③ $\frac{1,162}{487} = 2.386\text{g/cm}^3$

$$\text{평균} = \frac{(2.368 + 2.390 + 2.386)}{3} = 2.381\text{g/cm}^3$$

공시체 번호	실측밀도(g/cm³)
1	2.368
2	2.390
3	2.386
평균	2.381

(2) 이론밀도

$$\frac{100}{\frac{A}{G_b}+\frac{100-A}{G_{ag}}}$$

$$=\frac{100}{\frac{4.5}{1.02}+\frac{100-4.5}{2.712}}=2.524\text{g/cm}^3$$

여기서, A : 아스팔트 혼합률

G_b : 아스팔트 밀도

G_{ag} : 혼합된 골재의 평균밀도

(3) 용적률

$$\frac{\text{아스팔트 함량}\times\text{실측밀도}}{\text{아스팔트 밀도}}=\frac{4.5\times 2.381}{1.02}=10.50\%$$

(4) 공극률

$$\left(1-\frac{\text{실측밀도}}{\text{이론밀도}}\right)\times 100=\left(1-\frac{2.381}{2.524}\right)\times 100=5.67\%$$

(5) 포화도

$$\frac{\text{용적률}}{\text{용적률}+\text{공극률}}\times 100=\frac{10.50}{10.50+5.67}\times 100=64.94\%$$

04 수축한계시험 결과가 다음과 같다. 물음에 답하시오.(단, γ_w = 1g/cm^{3}이다.)

습윤시료의 체적	20.5cm^3
노건조시료의 중량	25.75g
노건조시료의 체적	14.97cm^3
습윤시료의 함수비	42.8%

(1) 수축한계를 구하시오.

(2) 수축비를 구하시오.

(3) 근사치 비중을 구하시오.

Solution

(1) $w_s=w-\left[\frac{V-V_0}{W_s}\times\gamma_w\times 100\right]=42.8-\left[\frac{20.5-14.97}{25.75}\times 1\times 100\right]=21.32\%$

(2) $R=\frac{W_S}{V_0\cdot\gamma_w}=\frac{25.75}{14.97\times 1}=1.72$

(3) $G_s=\frac{1}{\frac{1}{R}-\frac{w_s}{100}}=\frac{1}{\frac{1}{1.72}-\frac{21.32}{100}}=2.72$

05 어떤 점토층의 압밀시험 결과가 다음과 같다. 다음 물음에 답하시오.(단, 배수조건은 양면 배수이며 γ_w = 9.81kN/m^{3}이다.)

압밀응력(kN/m^2)	공극비(e)	시료평균두께(cm)	t_{50}(초)	t_{90}(초)
6.4	1.148	1.384	79	342
12.8	0.951			

(1) 압밀계수(C_v)를 구하시오.(단, 소수 일곱째 자리에서 반올림하시오.)

① log$t$ 법

② $\sqrt{t}$ 법

(2) 압축계수(a_v)를 구하시오.(단, 소수 넷째 자리에서 반올림하시오.)

(3) 체적변화계수(m_v)를 구하시오.(단, 소수 넷째 자리에서 반올림하시오.)

(4) 압축지수(C_c)를 구하시오.(단, 소수 넷째 자리에서 반올림하시오.)

(5) $\sqrt{t}$ 법에서 구한 압밀계수로 투수계수를 구하시오.(단, 소수 아홉째 자리까지 쓰시오.)

Solution

(1) ① log$t$ 법

$$C_v = \frac{0.197H^2}{t_{50}} = \frac{0.197\times\left(\frac{1.384}{2}\right)^2}{79} = 0.001194\text{cm}^2/\text{sec}$$

② $\sqrt{t}$ 법

$$C_v = \frac{0.848H^2}{t_{90}} = \frac{0.848\times\left(\frac{1.384}{2}\right)^2}{342} = 0.001187\text{cm}^2/\text{sec}$$

(2) $a_v = \dfrac{e_1 - e_2}{P_2 - P_1} = \dfrac{1.148 - 0.951}{12.8 - 6.4} = 0.031\text{m}^2/\text{kN}$

(3) $m_v = \dfrac{a_v}{1+e} = \dfrac{0.031}{1+1.148} = 0.014\text{m}^2/\text{kN}$

(4) $C_c = \dfrac{e_1 - e_2}{\log\dfrac{P_2}{P_1}} = \dfrac{1.148 - 0.951}{\log\dfrac{12.8}{6.4}} = 0.654$

(5) $k = C_v \cdot m_v \cdot \gamma_w$

$= 1.187\times 10^{-7}\times 0.014\times 9.81 = 1.6\times 10^{-8}\,\text{m/sec}$

06 부순 굵은골재의 사용 여부를 결정하기 위한 시험항목 4가지를 쓰시오.

(1) (2)

(3) (4)

Solution

(1) 절대 건조밀도 (2) 흡수율 (3) 안정성

(4) 마모율 (5) 0.08mm체 통과량

07 포화된 모래 시료에 대해 39kN/m^2의 구속압력으로 압밀시킨 다음 배수를 허용하지 않고 축응력을 증가시켜 축응력 34kN/m^2에 파괴되었으며, 이때의 간극수압이 29kN/m^2라면 압밀 비배수 전단저항각과 배수 전단저항각은?

(1) 압밀 비배수 전단저항각

(2) 배수 전단저항각

Solution

(1) $\sigma_3 = 39\text{kN/m}^2$

$$\sigma_1 = \sigma_3 + \Delta\sigma = \sigma_3 + (\sigma_1 - \sigma_3) = 39 + 34 = 73\text{kN/m}^2$$

$$\sin\phi = \frac{\sigma_1 - \sigma_3}{\sigma_1 + \sigma_3} = \frac{73-39}{73+39} = 0.304$$

$$\therefore \phi = \sin^{-1}0.304 = 17.7°$$

(2) $\sigma_3' = \sigma_3 - \Delta u = 39 - 29 = 10\text{kN/m}^2$

$$\sigma_1' = \sigma_1 - \Delta u = 73 - 29 = 44\text{kN/m}^2$$

$$\sin\phi = \frac{\sigma_1' - \sigma_3'}{\sigma_1' + \sigma_3'} = \frac{44-10}{44+10} = 0.630$$

$$\therefore \phi = \sin^{-1}0.630 = 39.05°$$

08 굳지 않은 콘크리트의 염화물 함유량 측정 시험방법 4가지를 쓰시오.

(1) (2)

(3) (4)

Solution

(1) 질산은 적정법 (2) 전위차 적정법 (3) 흡광광도법

(4) 이온 전극법 (5) 비색 시험지법

09 **콘크리트의 호칭강도(f_{cn})가 28MPa이고, 압축강도의 시험 횟수가 20회, 콘크리트 표준편차 S가 3.5MPa이라고 한다. 이 콘크리트의 배합강도를 구하시오.**

Solution

(1) 표준편차의 보정

$3.5 \times 1.08 = 3.78\text{MPa}$

(2) 콘크리트 배합강도($f_{cn} \leq 35\text{MPa}$이므로)

- $f_{cr} = f_{cn} + 1.34S = 28 + 1.34 \times 3.78 = 33.07\text{MPa}$
- $f_{cr} = (f_{cn} - 3.5) + 2.33S = (28 - 3.5) + 2.33 \times 3.78 = 33.31\text{MPa}$

$\therefore$ 큰 값인 $f_{cr} = 33.31\text{MPa}$

[보충] 압축강도 시험 횟수가 29회 이하이고 15회 이상인 경우 표준편차의 보정계수

시험 횟수	표준편차의 보정계수
15	1.16
20	1.08
25	1.03
30 이상	1.00

10 **다음은 잔골재 체가름 시험 결과이다. 아래 물음에 답하시오.**

(1) 다음 표를 완성하시오.

체눈금(mm)	각 체에 남은 양		각 체에 남은 양의 누계	
	(g)	(%)	(g)	(%)
5	25			
2.5	37			
1.2	68			
0.6	213			
0.3	118			
0.15	35			
Pan	4			

(2) 조립률(FM)을 구하시오.

Solution

(1)

체눈금(mm)	각 체에 남는 양		각 체에 남는 양의 누계	
	(g)	(%)	(g)	(%)
5	25	5	25	5
2.5	37	7.4	62	12.4
1.2	68	13.6	130	26
0.6	213	42.6	343	68.6
0.3	118	23.6	461	92.2
0.15	35	7	496	99.2
Pan	4	0.8	500	100
합계	500			

- 잔류율(남는 율)$=\dfrac{\text{각 체에 남는 양}}{\text{전체 질량}}\times 100$
- 가적 잔류율(누계 남는 율)=각 체의 잔류율의 누계

(2) $FM=\dfrac{\text{각 체에 남는 골재의 전체 질량에 대한 질량비(\%)의 합}}{100}$

$=\dfrac{5+12.4+26+68.6+92.2+99.2}{100}=3.03$

건설재료시험 기사 실기 작업형 출제시험 항목

- 액성한계시험
- 들밀도 시험
- 실내 CBR 시험

기사 2020년 7월 25일 시행

• NOTICE •

한국산업인력공단의 저작권법 저촉에 대한 언급(2013년 2회 시험부터)이 있어 과거에 수험자의 기억을 토대로 작성한 동일한 문제나 그 유형의 문제로 재구성하였으며, 혹 미비한 부분은 계속 수정 보완하겠습니다.

01 액성한계가 50%이고 소성지수가 14%인 흙이 있다. 다음 물음에 답하시오.

(1) 소성한계를 구하시오.

(2) 현장 시료의 함수비가 40%일 때 이 흙의 상태를 판단하시오.

Solution

(1) 소성지수(I_P) = 액성한계(ω_L) − 소성한계(ω_P)

$14 = 50 - \omega_P$

$\therefore\ \omega_P = 50 - 14 = 36\%$

(2) 액성한계(50%)와 소성한계(36%) 사이에 있으므로 소성상태

02 부순 굵은골재의 최대치수 25mm, 슬럼프 120mm, 물 − 결합재비 58.8%의 콘크리트 $1m^3$를 만들기 위하여 잔골재율(S/a), 단위 수량(W)을 보정하고 단위 시멘트량(C), 단위 잔골재량(S), 단위 굵은골재량(G)을 구하시오.(단, 갇힌 공기량 1.5%, 시멘트 밀도 0.00317 g/mm^3, 잔골재 밀도 $0.00257g/mm^3$, 잔골재 조립률 2.85, 굵은골재 밀도 $0.00275g/mm^3$, 공기연행제 및 혼화재는 사용하지 않는다.)

[표 1] 콘크리트의 단위 굵은골재 용적, 잔골재율 및 단위 수량의 대략값

굵은 골재의 최대 치수 (mm)	단위 굵은 골재 용적 (%)	공기연행제를 사용하지 않은 콘크리트			공기연행 콘크리트				
						양질의 공기연행제를 사용한 경우		양질의 공기연행감수제를 사용한 경우	
		갇힌 공기 (%)	잔골재율 $\frac{S}{a}$(%)	단위 수량 W (kg/m³)	공기량 (%)	잔골재율 $\frac{S}{a}$(%)	단위 수량 W (kg/m³)	잔골재율 $\frac{S}{a}$(%)	단위 수량 W (kg/m³)
15	58	2.5	53	202	7.0	47	180	48	170
20	62	2.0	49	197	6.0	44	175	45	165
25	67	1.5	45	187	5.0	42	170	43	160
40	72	1.2	40	177	4.5	39	165	40	155

1) 이 표의 값은 보통의 입도를 가진 잔골재(조립률 2.8 정도)와 부순 돌을 사용한 물－결합재비 55% 정도 슬럼프 80mm 정도의 콘크리트에 대한 것이다.
2) 사용재료 또는 콘크리트의 품질이 1)의 조건과 다를 경우에는 위의 표의 값을 다음 표에 따라 보정한다.

[표 2] 배합수 및 잔골재율 보정방법

구분	$\frac{S}{a}$의 보정(%)	W의 보정
잔골재의 조립률이 0.1만큼 클(작을) 때마다	0.5만큼 크게(작게) 한다.	보정하지 않는다.
슬럼프 값이 10mm만큼 클(작을) 때마다	보정하지 않는다.	1.2%만큼 크게(작게) 한다.
공기량이 1%만큼 클(작을) 때마다	0.5～1.0만큼 작게(크게) 한다.	3%만큼 작게(크게) 한다.
물－결합재비가 0.05 클(작을) 때마다	1만큼 크게(작게) 한다.	보정하지 않는다.
$\frac{S}{a}$가 1% 클(작을) 때마다	보정하지 않는다.	1.5kg만큼 크게(작게) 한다.
자갈을 사용할 경우	3～5만큼 작게 한다.	9～15kg만큼 작게 한다.
부순 모래를 사용할 경우	2～3만큼 크게 한다.	6～9kg만큼 크게 한다.

단위 굵은골재 용적에 의하는 경우에는 잔골재의 조립률이 0.1만큼 커질(작아질) 때마다 단위 굵은골재 용적을 1%만큼 작게(크게) 한다.

(1) 잔골재율, 단위 수량
(2) 단위 시멘트량
(3) 단위 잔골재량
(4) 단위 굵은골재량

Solution

(1) • 잔골재율 보정

① 잔골재 조립률 보정 : $\dfrac{2.85-2.8}{0.1}\times 0.5=0.25\%$

② 물-결합재비 보정 : $\dfrac{0.588-0.55}{0.05}\times 1=0.76\%$

$\therefore\ \dfrac{S}{a}=45+0.25+0.76=46.01\%$

• 단위 수량 보정

① 슬럼프 값 보정 : $\dfrac{120-80}{10}\times 1.2=4.8\%$

② $\dfrac{S}{a}$ 보정 : $\dfrac{46.01-45}{1}\times 1.5=1.515\text{kg}$

$\therefore\ W=187(1+0.048)+1.515=197.49\text{kg}$

(2) $\dfrac{W}{B}=58.8\%=0.588$

$\therefore\ B=\dfrac{W}{0.588}=\dfrac{197.49}{0.588}=335.9\text{kg}$

(3) • 단위 골재량의 절대부피

$V=1-\left(\dfrac{\text{단위 수량}}{\text{물의 밀도}\times 1{,}000}+\dfrac{\text{단위 시멘트량}}{\text{시멘트 밀도}\times 1{,}000}+\dfrac{\text{공기량}}{100}\right)$

$=1-\left(\dfrac{197.49}{1\times 1{,}000}+\dfrac{335.9}{3.17\times 1{,}000}+\dfrac{1.5}{100}\right)$

$=0.6815\text{m}^3$

• 단위 잔골재의 절대부피

$V_s=V\times\dfrac{S}{a}=0.6815\times 0.4601=0.3136\text{m}^3$

• 단위 잔골재량

$S=$ 단위 잔골재의 절대부피 × 잔골재 밀도 × 1,000

$=0.3136\times 2.57\times 1{,}000=806\text{kg}$

(4) • 단위 굵은골재의 절대부피

$V_G=V-V_s=0.6815-0.3136=0.3679\text{m}^3$

• 단위 굵은골재량

$G=$ 단위 굵은골재의 절대부피 × 굵은골재 밀도 × 1,000

$=0.3679\times 2.75\times 1{,}000=1{,}012\text{kg}$

여기서, 시멘트 밀도 $0.00317\text{g/mm}^3=3.17\text{g/cm}^3$

잔골재 밀도 $0.00257\text{g/mm}^3=2.57\text{g/cm}^3$

굵은골재 밀도 $0.00275\text{g/mm}^3=2.75\text{g/cm}^3$

03 다음과 같은 흙 시료의 C_u, C_g를 구하고 통일분류법으로 분류하시오.

- No.4체 통과율 : 92%
- No.200체 통과율 : 4%
- $D_{10}=0.15$mm
- $D_{30}=0.25$mm
- $D_{60}=0.35$mm

Solution

$$C_u = \frac{0.35}{0.15} = 2.33$$

$$C_g = \frac{0.25^2}{0.15 \times 0.35} = 1.19$$

C_g가 1~3 범위에 들었으나 $C_u < 6$이므로 입도 불량이다.
4번체를 50% 이상 통과하므로 모래, 200번체를 50% 이하 통과하므로 조립토이다.
∴ SP(입도가 불량한 모래)

04 아스팔트 침입도 시험에서 표준침이 1.2cm 관입되었을 때 침입도를 구하시오.

Solution

0.1mm 관입하였을 때 침입도가 1이므로 0.1 : 1 = 12 : x 관계가 되어 침입도는 120이다.

05 역청 포장용 혼합물로부터 역청의 정량추출시험을 하여 다음의 결과를 얻었다. 역청 함유율(%)을 계산하시오.

- 시료의 무게 $W_1 = 2{,}230$g
- 시료 중 물의 무게 $W_2 = 110$g
- 추출된 광물질의 무게 $W_3 = 1{,}857.4$g
- 추출 물질 속의 회분의 무게 $W_4 = 93$g

Solution

$$\text{역청 함유율} = \frac{(W_1 - W_2) - (W_3 + W_4)}{(W_1 - W_2)} \times 100$$

$$= \frac{(2{,}230 - 110) - (1{,}857.4 + 93)}{(2{,}230 - 110)} \times 100$$

$$= \frac{169.6}{2{,}120} \times 100 = 8\%$$

06 수축한계시험 결과가 다음과 같다. 물음에 답하시오.(단, γ_w = 1g/cm³이다.)

습윤시료의 체적	20.5cm³
노건조시료의 중량	25.75g
노건조시료의 체적	14.97cm³
습윤시료의 함수비	42.8%

(1) 수축한계를 구하시오.
(2) 수축비를 구하시오.
(3) 근사치 비중을 구하시오.

Solution

(1) $w_s = w - \left[\dfrac{V-V_0}{W_s} \times \gamma_w \times 100\right] = 42.8 - \left[\dfrac{20.5-14.97}{25.75} \times 1 \times 100\right] = 21.32\%$

(2) $R = \dfrac{W_S}{V_0 \cdot \gamma_w} = \dfrac{25.75}{14.97 \times 1} = 1.72$

(3) $G_s = \dfrac{1}{\dfrac{1}{R} - \dfrac{w_s}{100}} = \dfrac{1}{\dfrac{1}{1.72} - \dfrac{21.32}{100}} = 2.72$

07 골재의 밀도 및 흡수율 시험값은 2회 평균값과 차이의 정밀도 규정에 대한 내용이다. 물음에 답하시오.

[예시] 잔골재 흡수율은 0.05% 이하

(1) 잔골재 밀도
(2) 굵은골재 흡수율
(3) 굵은골재 밀도

Solution

(1) 0.01g/cm³ 이하
(2) 0.03% 이하
(3) 0.01g/cm³ 이하

08 점토층 두께가 4m인 지반의 흙을 압밀시험하였다. 간극비는 1.5에서 0.9로 감소하였고 하중강도는 300kN/m²에서 600kN/m²로 증가하였을 때 다음을 구하시오.

(1) 압축계수

(2) 체적변화계수

(3) 최종 침하량

Solution

(1) $a_v = \dfrac{e_1 - e_2}{P_2 - P_1} = \dfrac{1.5 - 0.9}{600 - 300} = 0.002\text{m}^2/\text{kN}$

(2) $m_v = \dfrac{a_v}{1+e} = \dfrac{0.002}{1+1.5} = 0.0008\text{m}^2/\text{kN}$

(3) $\Delta H = \dfrac{e_1 - e_2}{1+e_1}\ H = \dfrac{1.5 - 0.9}{1+1.5} \times 4 = 0.96\text{m}$

09 다음 물음에 답하시오.

(1) 알칼리 실리카 반응에 대하여 서술하시오.

(2) 시험방법 2가지를 쓰시오.

Solution

(1) 콘크리트 중의 알칼리 이온이 골재 중의 실리카 성분과 결합하여 알칼리 실리카겔을 형성하고 이 겔이 수분을 흡수하여 콘크리트 내부에 국부적인 팽창으로 구조물에 균열이 생긴다.

(2) ① 화학법

② 모르타르바법

10 아스팔트 침입도 시험의 정밀도에 대한 설명이다. 다음 물음에 답하시오.

(1) 동일한 시험실에서 동일인이 동일한 시험기로 시간을 달리하여 동일 시료를 2회 시험했을 때 정밀도에 관한 식을 쓰시오.(단, A_m : 시험 결과의 평균치)

(2) 서로 다른 시험실에서 서로 다른 사람이 다른 시험기로 동일 시료를 각각 1회씩 시험했을 때 정밀도에 관한 식을 쓰시오.(단, A_p : 시험 결과의 평균치)

Solution

(1) 허용차 $= 0.02 \times A_m + 2$

(2) 허용차 $= 0.04 \times A_p + 4$

11 현장 도로 토공에서 모래치환법(들밀도 시험)에 의한 현장 밀도시험을 하였다. 파낸 구멍의 체적이 $1,500cm^3$, 흙 무게가 3,500g이고, 실내 다짐시험 결과 최대건조밀도는 $2.2g/cm^3$이었다. 다짐도가 95%일 경우 현장 흙의 함수비는?

Solution

- 다짐도 $= \dfrac{\gamma_d}{\gamma_{d\max}} \times 100$

  $\gamma_d = \dfrac{95 \times 2.2}{100} = 2.09g/cm^3$

- $\gamma_t = \dfrac{W}{V} = \dfrac{3,500}{1,500} = 2.33g/cm^3$

- $\gamma_d = \dfrac{\gamma_t}{1 + \dfrac{w}{100}}$

  $1 + \dfrac{w}{100} = \dfrac{\gamma_t}{\gamma_d} = \dfrac{2.33}{2.09}$

  $\therefore w = 11.48\%$

12 어떤 시료를 정수위 투수시험을 하여 다음과 같은 결과를 얻었다.

- 시료의 길이 $L = 25cm$
- 시료의 지름 $d = 12cm$
- 경과시간(투수시간) $t = 2$분
- 투수량 $Q = 116cm^3$
- 측정 시의 온도 = 25℃
- 수위차 $h = 40cm$

(1) 측정 시의 수온 25℃에서의 투수계수를 구하시오.

(2) 표준온도 15℃의 투수계수를 구하시오.(단, $\dfrac{\mu_{25}}{\mu_{15}} = 0.782$)

(3) $e = 0.7$일 때 15℃ 수온에서의 실제 침투유속(V_s)을 구하시오.

Solution

(1) $k_{25}=\dfrac{Q\cdot L}{A\cdot h\cdot t}=\dfrac{116\times 25}{\dfrac{3.14\times 12^2}{4}\times 40\times 2\times 60}=5.345\times 10^{-3}\text{cm/sec}$

(2) $k_{15}=k_{25}\times\dfrac{\mu_{25}}{\mu_{15}}=5.345\times 10^{-3}\times 0.782=4.18\times 10^{-3}\text{cm/sec}$

(3) • 공극률

$n=\dfrac{e}{1+e}\times 100=\dfrac{0.7}{1+0.7}\times 100=41.18\%$

• 15℃ 수온에서의 투수속도

$V=k\,i=k_{15}\times\dfrac{h}{L}=4.18\times 10^{-3}\times\dfrac{40}{25}=6.688\times 10^{-3}\text{cm/sec}$

• 실제 침투유속

$V_s=\dfrac{V}{n}=\dfrac{6.688\times 10^{-3}}{0.4118}=1.624\times 10^{-2}\text{cm/sec}$

건설재료시험 기사 실기 작업형 출제시험 항목

- 액성한계시험
- 들밀도 시험
- 실내 CBR 시험

산업기사 2020년 7월 25일 시행

• NOTICE •

한국산업인력공단의 저작권법 저촉에 대한 언급(2013년 2회 시험부터)이 있어 과거에 수험자의 기억을 토대로 작성한 동일한 문제나 그 유형의 문제로 재구성하였으며, 혹 미비한 부분은 계속 수정 보완하겠습니다.

01 골재 안정성 시험 목적과 사용 용액 1가지를 쓰시오.

(1) 목적

(2) 사용 용액

Solution

(1) 기상작용에 의한 골재의 균열 또는 파괴에 대한 저항성 정도를 측정하는 시험이다.

(2) 황산나트륨

02 흙의 자연함수비(ω_n)가 36.21%인 점성토의 토성시험 결과가 아래와 같을 때 다음 물음에 답하시오.

[액성한계시험]

구분 \ 측정 번호	1	2	3	4
낙하 횟수(회)	34	27	17	13
함수비(%)	72.27	72.87	74.26	75.08

[소성한계시험]

구분 \ 측정 번호	1	2	3
함수비(%)	31.23	30.82	32.82

(1) 유동곡선을 그리고 액성한계를 구하시오.

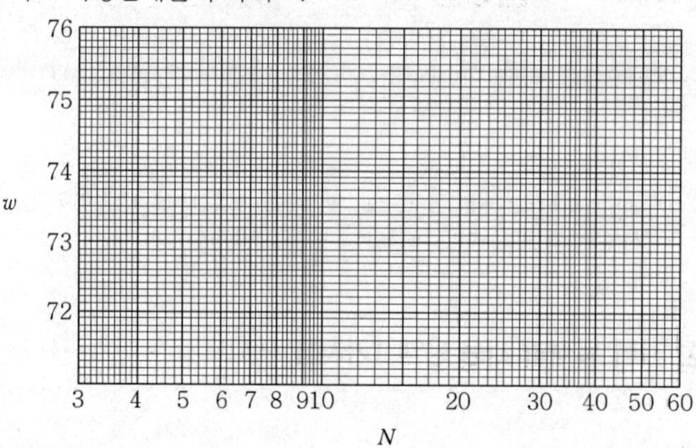

(2) 소성한계를 구하시오.

(3) 소성지수를 구하시오.

(4) 액성지수를 구하시오.

(5) 연경도지수를 구하시오.

Solution

(1)

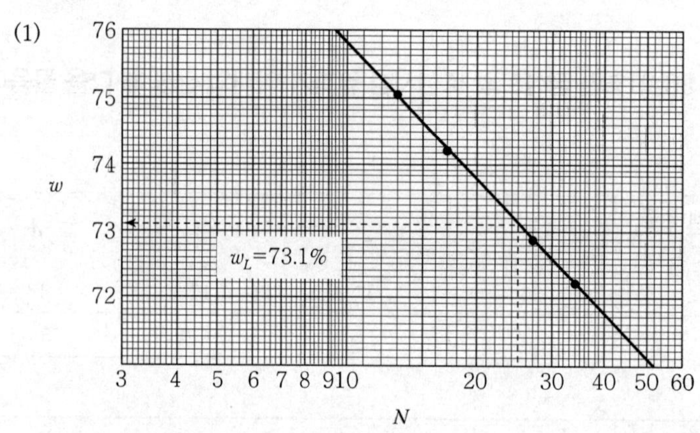

액성한계(ω_L) : 73.1%

(2) 소성한계(ω_P)$=\dfrac{31.23+30.82+32.82}{3}=31.62\%$

(3) 소성지수(I_P)$=\omega_L-\omega_P=73.1-31.62=41.48\%$

(4) 액성지수(I_L)$=\dfrac{\omega_n-\omega_P}{I_P}=\dfrac{36.21-31.62}{41.48}=0.11$

(5) 연경도지수(I_C)$=\dfrac{\omega_L-\omega_n}{I_P}=\dfrac{73.1-36.21}{41.48}=0.89$

03 아스팔트 침입도 시험에 대한 다음 물음에 답하시오.

(1) "침입도 1"이란 표준침이 몇 mm 관입한 것을 말하는가?

(2) ① 침입도 시험의 표준이 되는 중량, ② 시험온도, ③ 관입시간은 각각 얼마인가?

Solution

(1) $\frac{1}{10}$mm

(2) ① 100g　　② 25℃　　③ 5초

04 다음은 표준관입시험에 대한 내용이다. 물음에 답하시오.

(1) 표준관입시험 N값의 정의를 쓰시오.

(2) 표준관입시험에서 관입 불능이 되는 경우를 쓰시오.

(3) 토립자가 둥글고 입도분포가 나쁜 모래지반에서 N값을 측정한 결과 10이었다. 내부마찰각을 구하시오.(단, Dunham 공식을 이용한다.)

Solution

(1) 중공 샘플러를 63.5kg 해머로 75cm 높이에서 자유 낙하시켜 샘플러를 30cm 관입시키는 데 소요되는 타격횟수

(2) 지반이 단단하여 50회 타격하여도 30cm 관입이 안 되는 경우

(3) $\phi = \sqrt{12N} + 15 = \sqrt{12 \times 10} + 15 = 26°$

05 현장 다짐 흙의 밀도를 조사하기 위하여 모래치환법으로 시험을 실시한 결과 다음과 같은 값을 얻었다. 물음에 대한 산출근거와 답을 쓰시오.

- 시험 구멍에서 흙의 무게 : 1,670g
- 시험 구멍 흙의 함수비 : 15%
- 시험 구멍에 채워진 표준모래무게 및 단위 중량 : 1,480g, 1.65g/cm³
- 실내 시험에서 구한 최대 건조밀도 및 비중 : 1.73g/cm³, 2.65
- 물의 단위 중량 : 1g/cm³

(1) 시험 구멍의 부피 (2) 습윤밀도
(3) 건조밀도 (4) 공극비
(5) 포화도 (6) 다짐도

Solution

(1) 시험 구멍의 부피 : $V=\dfrac{W}{\gamma_{모래}}=\dfrac{1,480}{1.65}=896.97\text{cm}^3$

(2) 습윤밀도 : $\gamma_t=\dfrac{W}{V}=\dfrac{1,670}{896.97}=1.86\text{g/cm}^3$

(3) 건조밀도 : $\gamma_d=\dfrac{\gamma_t}{1+\dfrac{w}{100}}=\dfrac{1.86}{1+\dfrac{15}{100}}=1.62\text{g/cm}^3$

(4) 공극비 : $e=\dfrac{\gamma_w}{\gamma_d}G_s-1=\dfrac{1}{1.62}\times2.65-1=0.64$

(5) 포화도 : $S=\dfrac{G_s\cdot w}{e}=\dfrac{2.65\times15}{0.64}=62.11\%$

(6) 다짐도 : $R=\dfrac{\gamma_d}{\gamma_{d\max}}\times100=\dfrac{1.62}{1.73}\times100=93.64\%$

06 콘크리트의 시방배합으로 각 재료의 단위량과 현장골재의 상태가 다음과 같을 때 현장 배합에 의한 단위 잔골재량, 단위 굵은골재량, 단위 수량을 구하시오.

[시방배합]

시멘트	물	잔골재	굵은골재
320kg	180kg	621kg	1,339kg

[현장 골재의 상태]

- 잔골재가 5mm체에 남는 율 : 10%
- 잔골재의 표면수율 : 3%
- 굵은골재의 5mm체 통과율 : 4%
- 굵은골재의 표면수율 : 1%

(1) 단위 잔골재량
(2) 단위 굵은골재량
(3) 단위 수량

Solution

(1) ① 입도보정

잔골재량 $x = \dfrac{100S - b(S+G)}{100-(a+b)} = \dfrac{100 \times 621 - 4(621 + 1,339)}{100-(10+4)} = 630.93\text{kg}$

② 표면수 보정

$630.93 \times 0.03 = 18.93\text{kg}$

③ 단위 잔골재량

$630.93 + 18.93 = 649.86\text{kg}$

(2) ① 입도보정

굵은골재량 $y = \dfrac{100G - a(S+G)}{100-(a+b)} = \dfrac{100 \times 1,339 - 10(621 + 1,339)}{100-(10+4)} = 1,329.07\text{kg}$

② 표면수 보정

$1,329.07 \times 0.01 = 13.29\text{kg}$

③ 단위 굵은골재량

$1,329.07 + 13.29 = 1,342.36\text{kg}$

(3) 단위 수량$= 180 - (18.93 + 13.29) = 147.78\text{kg}$

07 굵은골재 밀도 및 흡수율 시험 결과가 다음과 같다. 물음에 산출근거와 답을 쓰시오.(단, 소수 셋째 자리에서 반올림하시오.)

- 표면건조 포화상태의 공기 중 시료의 질량 : 2,231g
- 물속의 철망태와 시료의 질량 : 3,192g
- 물속의 철망태 질량 : 1,855g
- 건조기 건조 후 시료의 질량 : 2,102g
- 물의 밀도 : 0.9970g/cm^3

(1) 표면건조 포화상태의 밀도를 구하시오.

(2) 절대건조밀도를 구하시오.

(3) 겉보기 밀도를 구하시오.

(4) 흡수율을 구하시오.

Solution

(1) $\frac{B}{B-C} \times \rho_w = \frac{2,231}{2,231-1,337} \times 0.9970 = 2.49\text{g/cm}^3$

(2) $\frac{A}{B-C} \times \rho_w = \frac{2,102}{2,231-1,337} \times 0.9970 = 2.34\text{g/cm}^3$

(3) $\frac{A}{A-C} \times \rho_w = \frac{2,102}{2,102-1,337} \times 0.9970 = 2.74\text{g/cm}^3$

(4) $\frac{B-A}{A} \times 100 = \frac{2,231-2,102}{2,102} \times 100 = 6.14\%$

여기서, A : 건조기 건조 후 시료의 질량

B : 표면건조 표화상태의 공기 중 시료의 질량

C : 수중의 시료의 질량=3,192−1,855=1,337g

ρ_w : 물의 밀도

08 콘크리트용 굵은골재의 유해물 함유량의 한도에 대한 표이다. 빈칸을 채우시오.

[굵은골재 유해물 함유량의 한도]

종류	최대치(%)
점토덩어리	(1)
연한 석편	(2)
0.08mm체 통과량	1.0
석탄, 갈탄 등으로 밀도 2.0g/cm³ 액체에 뜨는 것 • 콘크리트의 외관이 중요한 경우 • 기타의 경우	 0.5 1.0

Solution

(1) 0.25%

(2) 5%

09 **두께 6m 점토층이 양면 배수되는 경우에 압밀계수가 $0.005\text{cm}^2/\text{sec}$이고, 압밀도와 시간계수가 다음 표와 같을 때 물음에 답하시오.(단, 월은 30일이다.)**

압밀도(U)	시간계수(T_v)
20%	0.031
50%	0.197
90%	0.848

(1) 점토층이 20% 압밀하는 데 걸리는 월수는?

(2) 점토층이 50% 압밀하는 데 걸리는 월수는?

(3) 점토층이 90% 압밀하는 데 걸리는 월수는?

Solution

(1) $t = \dfrac{T_v\, H^2}{C_v} = \dfrac{0.031 \times \left(\dfrac{600}{2}\right)^2}{0.005} = 558{,}000\text{초} = \dfrac{558{,}000}{60 \times 60 \times 24 \times 30} = 0.22\text{월}$

(2) $t = \dfrac{T_v\, H^2}{C_v} = \dfrac{0.197 \times \left(\dfrac{600}{2}\right)^2}{0.005} = 3{,}546{,}000\text{초} = \dfrac{3{,}546{,}000}{60 \times 60 \times 24 \times 30} = 1.37\text{월}$

(3) $t = \dfrac{T_v\, H^2}{C_v} = \dfrac{0.848 \times \left(\dfrac{600}{2}\right)^2}{0.005} = 15{,}264{,}000\text{초} = \dfrac{15{,}264{,}000}{60 \times 60 \times 24 \times 30} = 5.89\text{월}$

건설재료시험 산업기사 실기 작업형 출제시험 항목

- 시멘트 밀도시험
- 슬럼프시험
- 흙의 다짐시험(A)

기사 2020년 10월 17일 시행

• NOTICE •

한국산업인력공단의 저작권법 저촉에 대한 언급(2013년 2회 시험부터)이 있어 과거에 수험자의 기억을 토대로 작성한 동일한 문제나 그 유형의 문제로 재구성하였으며, 혹 미비한 부분은 계속 수정 보완하겠습니다.

01 노상의 깊이 방향으로 토질이 다른 층이 그림과 같이 이루고 있을 때 이 지점의 평균 CBR을 구하시오.(단, 소수 둘째 자리에서 반올림하시오.)

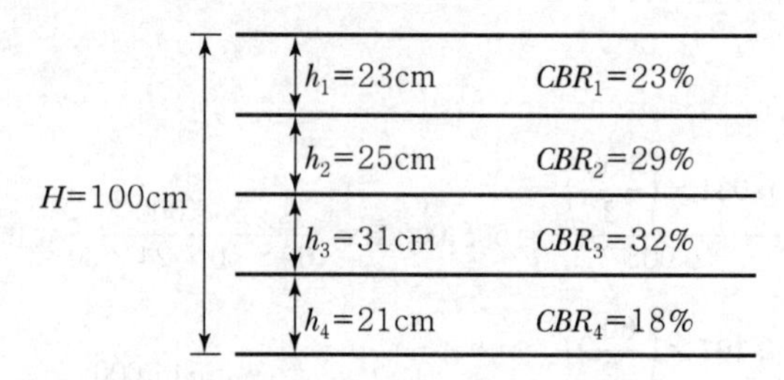

Solution

$$CBR_m=\left(\frac{h_1\cdot CBR_1^{\frac{1}{3}}+h_2\cdot CBR_2^{\frac{1}{3}}+\cdots+h_n\cdot CBR_n^{\frac{1}{3}}}{H}\right)^3$$

여기서, CBR_m : 그 지점의 CBR

CBR_1, CBR_2, ⋯ : 각각 제1층, 제2층, ⋯ 흙의 CBR

h_1, h_2 ⋯ : 각각 제1층, 제2층, ⋯ 의 두께(cm)

$h_1+h_2+\cdots+h_n=100$

$$CBR_m=\left(\frac{23\times 23^{\frac{1}{3}}+25\times 29^{\frac{1}{3}}+31\times 32^{\frac{1}{3}}+21\times 18^{\frac{1}{3}}}{100}\right)^3=25.8\%$$

02 **함수비가 42.3%인 모래질 점토시료에 대한 수축한계시험으로부터 다음 결과를 얻었다. 이 시료의 수축한계(w_s), 수축지수(I_s) 및 수축비(R)를 구하시오.(단, γ_w = 1g/cm³이다.)**

습윤시료의 체적 : V(cm³)	21.2
노건조시료의 체적 : V_o (cm³)	16.6
노건조시료의 중량 : W_s (g)	25.8
소성한계 : w_p	35.2%
액성한계 : w_L	48.7%

Solution

(1) 수축한계

$$w_s = w_n - \left[\frac{(V - V_0)}{W_s} \cdot \gamma_w \times 100\right] = 42.3 - \left[\frac{(21.2 - 16.6)}{25.8} \times 1 \times 100\right] = 24.47\%$$

(2) 수축지수

$$I_s = w_p - w_s = 35.2 - 24.47 = 10.73\%$$

(3) 수축비

$$R = \frac{\gamma_s}{\gamma_w} = \frac{W_s}{V_o \cdot \gamma_w} = \frac{25.8}{16.6 \times 1} = 1.55$$

03 **역청 포장용 혼합물로부터 역청의 정량추출시험을 하여 다음과 같은 결과를 얻었다. 역청 함유율(%)을 구하시오.**

- 시료의 질량 $W_1 = 1{,}170\text{g}$
- 시료 중 수분의 질량 $W_2 = 32\text{g}$
- 추출된 골재의 질량 $W_3 = 945\text{g}$
- 추출액 중 세립골재분의 질량 $W_4 = 29.5\text{g}$
- 필터링의 질량 $W_5 = 1.7\text{g}$

Solution

$$\text{역청 함유량} = \frac{(W_1 - W_2) - (W_3 + W_4 + W_5)}{(W_1 - W_2)} \times 100$$

$$= \frac{(1{,}170 - 32) - (945 + 29.5 + 1.7)}{(1{,}170 - 32)} \times 100$$

$$= 14.22\%$$

04 시방배합으로 단위 수량 150kg, 시멘트량 320kg, 잔골재량 600kg, 굵은골재량 1,200kg이 산출된 콘크리트 배합을 현장입도를 고려하여 현장배합으로 수정하여 단위 잔골재량, 단위 굵은골재량, 단위 수량을 구하시오.(단, 잔골재가 5mm체에 남는 질량 : 4%, 굵은골재가 5mm체에 통과하는 질량 : 5%, 잔골재의 표면수 : 3%, 굵은골재 표면수 : 0.5%)

(1) 단위 잔골재량

(2) 단위 굵은골재량

(3) 단위 수량

Solution

(1) ① 입도보정

$$x=\frac{100S-b(S+G)}{100-(a+b)}=\frac{100\times600-5(600+1,200)}{100-(4+5)}=560.44\text{kg}$$

② 표면수 보정

$560.44\times0.03=16.81\text{kg}$

③ 단위 잔골재량

$560.44+16.81=577.25\text{kg}$

(2) ① 입도보정

$$y=\frac{100G-a(S+G)}{100-(a+b)}=\frac{100\times1,200-4(600+1,200)}{100-(4+5)}=1,239.56\text{kg}$$

② 표면수 보정

$1,239.56\times0.005=6.20\text{kg}$

③ 단위 굵은골재량

$1,239.56+6.20=1,245.76\text{kg}$

(3) 단위 수량 $=150-16.81-6.2=126.99\text{kg}$

05 콘크리트 모래에 포함되어 있는 유기불순물시험에서 식별용 표준색 용액을 만드는 제조방법을 쓰시오.

Solution

(1) 10% 알코올 용액으로 2% 타닌산 용액을 만든다.

(2) 3% 수산화나트륨 용액을 만든다.

(3) 2% 타닌산 용액 2.5mL를 3%의 수산화나트륨 용액 97.5mL에 타서 만든다.

06 콘크리트 배합에 관련된 사항이다. 물음에 답하시오.

(1) $f_{cq} \le 35\text{MPa}$일 때 f_{cr} 식 2가지를 쓰시오.

(2) $f_{cq} > 35\text{MPa}$일 때 f_{cr} 식 2가지를 쓰시오.

(3) 압축강도의 시험 횟수가 29회 이하일 때 빈칸에 표준편차의 보정계수를 쓰시오.

시험 횟수	표준편차의 보정계수
15	( )
20	( )
25	( )
30 이상	1.0

(4) 압축강도의 시험 횟수가 14회 이하이거나 기록이 없는 경우의 배합강도를 쓰시오.

호칭강도(MPa)	배합강도(MPa)
21 미만	( )
21 이상 35 이하	( )
35 초과	( )

Solution

(1) ① $f_{cr} = f_{cq} + 1.34s$

② $f_{cr} = (f_{cq} - 3.5) + 2.33s$

(2) ① $f_{cr} = f_{cq} + 1.34s$

② $f_{cr} = 0.9f_{cq} + 2.33s$

(3)

시험 횟수	표준편차의 보정계수
15	(1.16)
20	(1.08)
25	(1.03)
30 이상	1.0

(4)

호칭강도(MPa)	배합강도(MPa)
21 미만	$(f_{cn} + 7)$
21 이상 35 이하	$(f_{cn} + 8.5)$
35 초과	$(1.1f_{cn} + 5.0)$

07 **정수위 투수시험 결과 시료길이 25cm, 직경 12.5cm, 시험 시 75cm 수두차 유지, 3분 동안 유출량 650cm³일 때 투수계수를 구하시오.(단, 소수 다섯째 자리에서 반올림하시오.)**

Solution

$$Q = A \cdot V = A \cdot k \cdot i \cdot t = A \cdot k \cdot \frac{h}{L} \cdot t$$

$$\therefore\ k = \frac{Q \cdot L}{A \cdot h \cdot t} = \frac{650 \times 25}{\frac{\pi \times 12.5^2}{4} \times 75 \times (3 \times 60)} = 9.8 \times 10^{-3} \text{cm/sec}$$

08 **현장에서 다짐한 흙의 밀도를 모래치환법으로 시험한 결과가 다음과 같았다. 물음에 답하시오.**

- 시험 구멍에서 파낸 흙의 무게 : 1,436g
- 시험 구멍 속에 채운 모래의 무게 : 1,234g
- 시험구멍에서 파낸 흙의 함수비 : 10%
- 시험용 모래의 단위 중량 : 1.55g/cm³
- 실내 최대건조밀도 : 1.70g/cm³

(1) 건조밀도를 구하시오.

(2) 다짐도를 구하시오.

Solution

(1) • $\gamma_{모래} = \frac{W}{V}$

$$\therefore\ V = \frac{W_{모래}}{\gamma_{모래}} = \frac{1,234}{1.55} = 796.13\text{cm}^3$$

• $\gamma_t = \frac{W}{V} = \frac{1,436}{796.13} = 1.804\text{g/cm}^3$

• $\gamma_d = \frac{\gamma_t}{1 + \frac{w}{100}} = \frac{1.804}{1 + \frac{10}{100}} = 1.64\text{g/cm}^3$

(2) 다짐도 $= \frac{\gamma_d}{\gamma_{d\max}} \times 100 = \frac{1.64}{1.70} \times 100 = 96.47\%$

09 도로의 평판재하시험방법(KS F 2310)에 대한 물음에 답하시오.

(1) 재하판의 규격 3가지를 쓰시오.(단, 원판의 경우)

(2) 평판에 하중을 재하시킬 때 하중을 단계적으로 증가시켜야 하는데 그 하중강도의 크기를 쓰시오.

(3) 평판재하시험을 최종적으로 멈추어야 하는 조건을 3가지만 쓰시오.

Solution

(1) ① 30cm
② 40cm
③ 75cm

(2) 35kN/m^2

(3) ① 침하량이 15mm에 도달할 경우
② 하중강도가 현장에서 예상되는 최대 접지압의 크기를 넘을 때
③ 하중강도가 그 지반의 항복점을 넘을 때

10 어떤 시료를 정수위 투수시험을 하여 다음과 같은 결과를 얻었다.

- 시료의 길이 $L = 25\text{cm}$
- 시료의 지름 $d = 12\text{cm}$
- 경과시간(투수시간) $t = 2$분
- 투수량 $Q = 116\text{cm}^3$
- 측정 시의 온도 = 25℃
- 수위차 $h = 40\text{cm}$

(1) 측정 시의 수온 25℃에서의 투수계수를 구하시오.

(2) 표준온도 15℃의 투수계수를 구하시오.(단, $\dfrac{\mu_{25}}{\mu_{15}} = 0.782$)

(3) $e = 0.7$일 때 15℃ 수온에서의 실제 침투유속(V_s)을 구하시오.

Solution

(1) $k_{25}=\dfrac{Q \cdot L}{A \cdot h \cdot t}=\dfrac{116\times 25}{\dfrac{3.14\times 12^2}{4}\times 40\times 2\times 60}=5.345\times 10^{-3}\text{cm/sec}$

(2) $k_{15}=k_{25}\times \dfrac{\mu_{25}}{\mu_{15}}=5.345\times 10^{-3}\times 0.782=4.18\times 10^{-3}\text{cm/sec}$

(3) • 공극률

$n=\dfrac{e}{1+e}\times 100=\dfrac{0.7}{1+0.7}\times 100=41.18\%$

• 15℃ 수온에서의 투수속도

$V=k \cdot i=k_{15}\times \dfrac{h}{L}=4.18\times 10^{-3}\times \dfrac{40}{25}=6.688\times 10^{-3}\text{cm/sec}$

• 실제 침투유속

$V_s=\dfrac{V}{n}=\dfrac{6.688\times 10^{-3}}{0.4118}=1.624\times 10^{-2}\text{cm/sec}$

11 골재의 밀도 및 흡수율 시험값은 평균과의 차이가 얼마인지 다음 물음에 답하시오.

(1) 굵은골재의 밀도
(2) 굵은골재의 흡수율
(3) 잔골재의 밀도
(4) 잔골재의 흡수율

Solution

(1) 0.01g/cm³ 이하
(2) 0.03% 이하
(3) 0.01g/cm³ 이하
(4) 0.05% 이하

건설재료시험 기사 실기 작업형 출제시험 항목

• 액성한계시험
• 들밀도 시험
• 실내 CBR 시험

산업기사 2020년 10월 18일 시행

한국산업인력공단의 저작권법 저촉에 대한 언급(2013년 2회 시험부터)이 있어 과거에 수험자의 기억을 토대로 작성한 동일한 문제나 그 유형의 문제로 재구성하였으며, 혹 미비한 부분은 계속 수정 보완하겠습니다.

01 도로의 평판재하시험에서 시험을 끝마치는 조건에 대해 2가지만 쓰시오.

(1)

(2)

Solution

(1) 침하량이 15mm에 달할 때

(2) 하중강도가 현장에서 예상되는 최대 접지압력을 초과할 때

(3) 하중강도가 그 지반의 항복점을 넘을 때

02 점토층 두께가 10m인 지반의 흙을 압밀시험하였다. 공극비는 1.8에서 1.2로 감소하였고 하중강도가 240kN/m²에서 360kN/m²으로 증가하였을 때 다음을 구하시오.(소수 셋째 자리에서 반올림하시오.)

(1) 압축계수

(2) 체적변화계수

(3) 최종 침하량

Solution

(1) $a_v = \dfrac{e_1 - e_2}{P_2 - P_1} = \dfrac{1.8 - 1.2}{360 - 240} = 0.005\text{m}^2/\text{kN}$

(2) $m_v = \dfrac{a_v}{1 + e_1} = \dfrac{0.005}{1 + 1.8} = 0.0018\text{m}^2/\text{kN}$

(3) $\Delta H = \dfrac{e_1 - e_2}{1 + e_1} \cdot H = \dfrac{1.8 - 1.2}{1 + 1.8} \times 10 = 2.14\text{m}$

또는 $\Delta H = m_v \cdot \Delta P \cdot H = 0.0018 \times (360 - 240) \times 10 = 2.16\text{m}$

(체적변화계수 값의 소수자리 관계로 다소 차이가 있음)

03 어느 시료를 체분석 시험한 결과가 다음과 같다. 물음에 답하시오.

$$D_{10} = 0.007\text{mm},\ D_{30} = 0.04\text{mm},\ D_{50} = 0.18\text{mm},\ D_{60} = 0.33\text{mm},\ D_{70} = 0.9\text{mm}$$

(1) 유효입경

(2) 균등계수

(3) 곡률계수

Solution

(1) $D_{10} = 0.007\text{mm}$

(2) $C_u = \dfrac{D_{60}}{D_{10}} = \dfrac{0.33}{0.007} = 47.14$

(3) $C_g = \dfrac{(D_{30})^2}{D_{10} \times D_{60}} = \dfrac{(0.04)^2}{0.007 \times 0.33} = 0.69$

04 콘크리트의 시방배합 결과와 현장 골재 상태가 다음과 같을 때 시방배합을 현장배합으로 고치시오.(단, 소수 첫째 자리에서 반올림하시오.)

[현장 골재의 상태]

- 잔골재가 5mm체에 남은 율 : 2%
- 굵은골재가 5mm체에 통과한 율 : 5%
- 잔골재 표면수율 : 3%
- 굵은골재 표면수율 : 1%

[시방배합표(kg/m^3)]

굵은골재 최대치수 (mm)	잔골재율 (%)	슬럼프 (mm)	단위 수량	단위시멘트	단위 잔골재량	단위 굵은골재량
25	40	80	200	400	700	1,200

(1) 단위 잔골재량

(2) 단위 굵은골재량

(3) 단위 수량

Solution

(1) 단위 잔골재량(S)

① 입도 보정

$$\frac{100S-b(S+G)}{100-(a+b)}=\frac{100\times 700-5(700+1{,}200)}{100-(2+5)}=650.54\text{kg}$$

② 표면수 보정

$650.54\times 0.03=19.52\text{kg}$

$\therefore\ S=650.54+19.52=670\text{kg}$

(2) 단위 굵은골재량(G)

① 입도 보정

$$\frac{100G-a(S+G)}{100-(a+b)}=\frac{100\times 1{,}200-2(700+1{,}200)}{100-(2+5)}=1{,}249.46\text{kg}$$

② 표면수 보정

$1{,}249.46\times 0.01=12.49\text{kg}$

$\therefore\ G=1{,}249.46+12.49=1{,}262\text{kg}$

(3) 단위 수량(W)

$W=200-(19.52+12.49)=168\text{kg}$

05 **시험 구멍에 파낸 흙의 무게가 2,735g, 그 속의 함수비가 35%, 시험 구멍에 채워진 모래무게 2,590g, 구멍에 채워 넣은 모래의 단위무게가 1.65g/cm^3, 최대 건조 단위무게 1.54g/cm^3, 비중이 2.65일 때 다음을 구하시오.(단, γ_w = 1g/cm^{3}이다.)**

(1) 습윤밀도(γ_t)

(2) 건조밀도(γ_d)

(3) 간극비(e)

(4) 포화도(S)

(5) 다짐도

Solution

(1) $\gamma_{모래} = \frac{W}{V}$

$\therefore V = \frac{2,590}{1.65} = 1,569.696\text{cm}^3$

$\gamma_t = \frac{W}{V} = \frac{2,735}{1,569.696} = 1.74\text{g/cm}^3$

(2) $\gamma_d = \frac{\gamma_t}{1+\frac{w}{100}} = \frac{1.74}{1+\frac{35}{100}} = 1.29\text{g/cm}^3$

(3) $e = \frac{\gamma_w}{\gamma_d} G_s - 1 = \frac{1}{1.29} \times 2.65 - 1 = 1.05$

(4) $S \cdot e = w \cdot G_s$

$\therefore S = \frac{w \cdot G_s}{e} = \frac{35 \times 2.65}{1.05} = 88.33\%$

(5) 다짐도$= \frac{\gamma_d}{\gamma_{d\max}} \times 100 = \frac{1.29}{1.54} \times 100 = 83.77\%$

06 다음 물음에 답하시오.

(1) 시멘트 밀도시험에 사용하는 병의 이름을 쓰시오.

(2) 시멘트 분말도 시험방법 2가지를 쓰시오.

(3) 시멘트 응결 시간 측정방법 2가지를 쓰시오.

Solution

(1) 르샤틀리에 병

(2) 표준체에 의한 방법, 블레인 공기투과장치에 의한 방법

(3) 비카 침, 길모어 침

07 아스팔트 신도시험에 대한 다음 물음에 답하시오.

(1) 최소 시료 단면적은?

(2) 표준온도는?

(3) 인장속도는?

(4) 최소 시험 횟수 및 측정값의 단위는?

Solution

(1) $1cm^2$
(2) 25±0.5℃
(3) 5±0.25cm/min
(4) 3회, cm

08 굵은골재의 유해물 함유량의 종류 3가지를 쓰시오.

(1)
(2)
(3)

Solution

(1) 점토덩어리
(2) 연한 석편
(3) 0.08mm 체 통과량
(4) 석탄, 갈탄 등으로 밀도 $2.0g/cm^3$의 액체에 뜨는 것

09 굵은골재 및 잔골재의 체가름 시험방법(KS F 2502)에 대한 내용이다. 다음 물음에 답하시오.

(1) 조립률을 구할 때 사용되는 체 종류는?
(2) 기계 이용 시 1분간 각 체를 통과하는 것이 전 시료 질량의 몇 % 이하로 될 때까지 작업을 하는가?
(3) 체에 알갱이가 끼었을 때 어떻게 하는가?

Solution

(1) 75mm, 40mm, 20mm, 10mm, 5mm, 2.5mm, 1.2mm, 0.6mm, 0.3mm, 0.15mm
(2) 0.1
(3) 체눈에 막힌 알갱이는 파쇄되지 않도록 주의하면서 되밀어 체에 남는 시료로 간주한다. 어떤 골재에서나 손으로 밀어서 무리하게 체를 통과시켜서는 안 된다.

건설재료시험 산업기사 실기 작업형 출제시험 항목

- 시멘트 밀도시험
- 슬럼프시험
- 흙의 다짐시험(A)

기사 2020년 11월 29일 시행

• NOTICE •

한국산업인력공단의 저작권법 저촉에 대한 언급(2013년 2회 시험부터)이 있어 과거에 수험자의 기억을 토대로 작성한 동일한 문제나 그 유형의 문제로 재구성하였으며, 혹 미비한 부분은 계속 수정 보완하겠습니다.

01 **그림과 같이 $P=40\text{kN/m}^2$의 등분포하중이 작용할 때 다음 물음에 답하시오.(단, $\gamma_w=9.81\text{kN/m}^3$이다. 소수 넷째 자리에서 반올림하시오.)**

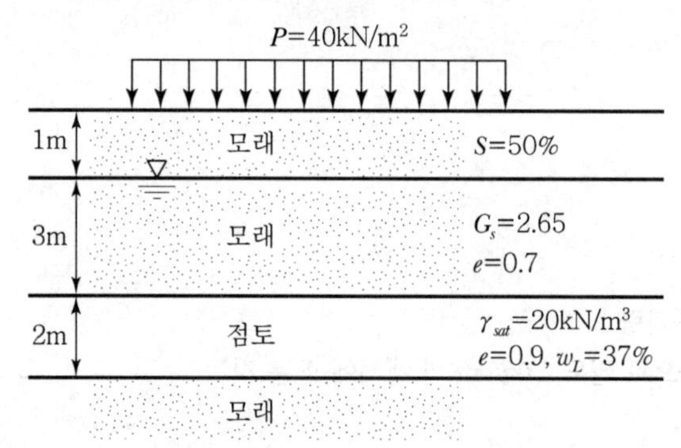

(1) 지하수면 아래 모래지반의 수중밀도를 구하시오.
(2) Skempton 공식에 의한 점토지반의 압축지수를 구하시오.(단, 시료는 불교란 상태이다.)
(3) 점토지반의 최종 압밀침하량을 구하시오.

Solution

(1) $\gamma_{\text{sub}}=\dfrac{G_s-1}{1+e}\gamma_\omega=\dfrac{2.65-1}{1+0.7}\times 9.81=9.521\text{kN/m}^3$

(2) $C_c=0.009(\omega_L-10)=0.009(37-10)=0.243$

(3) • 지하수면 위 모래지반의 습윤밀도

$$\gamma_t=\frac{G_s+\dfrac{S\cdot e}{100}}{1+e}\cdot\gamma_\omega=\frac{2.65+\dfrac{50\times 0.7}{100}}{1+0.7}\times 9.81=17.312\text{kN/m}^3$$

• 점토지반의 수중밀도

$\gamma_{\text{sub}}=\gamma_{\text{sat}}-\gamma_\omega=20-9.81=10.19\text{kN/m}^3$

• 점토층 중앙 유효응력

$P_1=17.312\times 1+9.521\times 3+10.19\times 1=56.065\text{kN/m}^2$

∴ 최종 압밀침하량

$$\Delta H = \frac{C_c}{1+e}\log\frac{P_2}{P_1}\cdot H$$
$$= \frac{C_c}{1+e}\log\frac{(P_1+\Delta P)}{P_1}\cdot H$$
$$= \frac{0.243}{1+0.9}\log\frac{(56.065+40)}{56.065}\times 200 = 5.98\text{cm}$$

02 아스팔트 신도시험에 대한 사항이다. 다음 물음에 답하시오.

(1) 신도시험의 목적은?

(2) 고온에서의 표준온도 및 인장속도는?

(3) 저온에서의 표준온도 및 인장속도는?

Solution

(1) 아스팔트의 연성을 알기 위해서

(2) 25±0.5℃, 5±0.25cm/min

(3) 4℃, 1cm/min

03 기존 철근 콘크리트 구조물의 비파괴 검사에 대한 다음 물음에 답하시오.

(1) 철근의 배치 상태를 측정하는 방법 2가지를 쓰시오.

(2) 철근의 부식 정도를 측정하는 방법 2가지를 쓰시오.

Solution

(1) ① 전자파 레이더법 ② 전자기장 유도법

(2) ① 자연 전위법 ② 표면 전위차법 ③ 분극 저항법 ④ 전기 저항법

04 콘크리트의 워커빌리티 정도를 판단하는 콘크리트 반죽질기 평가 시험방법을 4가지만 쓰시오.

(1) (2)

(3) (4)

Solution

(1) 슬럼프 시험

(2) 흐름 시험

(3) 구관입 시험

(4) 리몰딩 시험

(5) 비비 시험

05 아스팔트 시험에 대한 다음 물음에 답하시오.

(1) 아스팔트 침입도 시험 시 표준 조건을 쓰시오.

① 온도

② 하중

③ 시간

(2) 인화점 및 연소점의 정의를 쓰시오.

① 인화점

② 연소점

Solution

(1) ① 25℃

② 100g

③ 5초

(2) ① 시료를 가열하면서 시험 불꽃을 대었을 때 시료의 증기에 불이 붙는 최저 온도

② 인화점을 측정한 다음 계속 가열하여 시료가 적어도 5초 동안 연소를 계속한 최저 온도

06 굵은골재 15,000g으로 체가름 시험을 실시한 아래의 결과표를 완성하고 물음에 답하시오.

체의 크기(mm)	잔류량(g)	잔류율(%)	누적 잔류율(%)
75	0		
50	0		
40	270		
30	1,755		
25	2,455		
20	2,270		
15	4,230		
10	2,370		
5	1,650		
2.5	0		

(1) 굵은골재의 최대치수에 대한 정의를 설명하고, 굵은골재 최대치수를 구하시오.

① 정의

② 굵은골재 최대치수

(2) 조립률을 구하시오.

Solution

체의 크기(mm)	잔류량(g)	잔류율(%)	누적 잔류율(%)
75	0	0	0
50	0	0	0
40	270	2	2
30	1,755	12	14
25	2,455	16	30
20	2,270	15	45
15	4,230	28	73
10	2,370	16	89
5	1,650	11	100
2.5	0	0	100

- 잔류율 $= \dfrac{\text{잔류량}}{\text{전체질량}} \times 100$
- 누적 잔류율 = 각 체의 잔류율 누계

(1) ① 질량비로 90% 이상을 통과시키는 체 중에서 최소치수의 체는 호칭치수로 나타낸다.
② 40mm

(2) • 조립률 $= \dfrac{2+45+89+100+100+400}{100} = 7.36$

여기서, 400은 1.2, 0.6, 0.3, 0.15mm체 누적 잔류율에 해당한다.

07 **현장에서 채취한 시료의 습윤단위 중량이 18.4kN/m^{3}이었고, 최대습윤단위 중량, 최소습윤단위 중량이 각각 19.8kN/m^3, 17.2kN/m^{3}이었다. 이 흙의 비중이 2.72, 함수비가 25%일 때 다음 물음에 답하시오.(단, γ_w = 9.81kN/m^{3}이다.)**

(1) 건조밀도를 구하시오.
(2) 공극비를 구하시오.
(3) 포화도를 구하시오.
(4) 상대밀도를 구하시오.

Solution

(1) $\gamma_d = \dfrac{\gamma_t}{1+\dfrac{w}{100}} = \dfrac{18.4}{1+\dfrac{25}{100}} = 14.72\text{kN/m}^3$

(2) $e = \dfrac{\gamma_w}{\gamma_d} G_s - 1 = \dfrac{9.81}{14.72} \times 2.72 - 1 = 0.81$

(3) $S = \dfrac{G_s \cdot w}{e} = \dfrac{2.72 \times 25}{0.81} = 83.95\%$

(4) • $\gamma_{d\min} = \dfrac{\gamma_{t\min}}{1+\dfrac{w}{100}} = \dfrac{17.2}{1+\dfrac{25}{100}} = 13.76\text{kN/m}^3$

• $\gamma_{d\max} = \dfrac{\gamma_{t\max}}{1+\dfrac{w}{100}} = \dfrac{19.8}{1+\dfrac{25}{100}} = 15.84\text{kN/m}^3$

$\therefore D_r = \dfrac{\gamma_d - \gamma_{d\min}}{\gamma_{d\max} - \gamma_{d\min}} \times \dfrac{\gamma_{d\max}}{\gamma_d} \times 100$

$= \dfrac{14.72 - 13.76}{15.84 - 13.76} \times \dfrac{15.84}{14.72} \times 100 = 49.67\%$

08 모르타르 및 콘크리트의 길이 변화 시험방법(KS F 2424)에 규정되어 있는 길이 변화 측정방법 3가지를 쓰시오.

(1) (2) (3)

Solution

(1) 콤퍼레이터 방법
(2) 콘택트 게이지 방법
(3) 다이얼 게이지 방법

09 정규압밀점토에 대하여 압밀배수 삼축압축시험을 실시하였다. 시험결과 구속압력을 150kN/m^{2}로 하고 축차응력 150kN/m^{2}를 가하였을 때 파괴가 일어났다. 다음 물음에 답하시오.(단, 점착력 C=0이다.)

(1) 마찰각(ϕ)을 구하시오.
(2) 파괴면이 최대 주응력 면과 이루는 각(θ)을 구하시오.
(3) 파괴면에서의 수직응력(σ)을 구하시오.
(4) 파괴면에서의 전단응력(τ)을 구하시오.

Solution

(1) $\sigma_1 = \sigma_3 + (\sigma_1 - \sigma_3) = 150 + 150 = 300\text{kN/m}^2$

$\sigma_3 = 150\text{kN/m}^2$

$\sin\phi = \dfrac{\sigma_1 - \sigma_3}{\sigma_1 + \sigma_3}$, $\phi = \sin^{-1}\dfrac{\sigma_1 - \sigma_3}{\sigma_1 + \sigma_3} = \dfrac{300-150}{300+150} = \sin^{-1}\dfrac{150}{450}$

$\therefore\ \phi = 19.47°$

(2) $\theta = 45 + \dfrac{\phi}{2} = 45° + \dfrac{19.47°}{2} = 54.74°$

(3) $\sigma = \dfrac{\sigma_1 + \sigma_3}{2} + \dfrac{\sigma_1 - \sigma_3}{2}\cos 2\theta = \dfrac{300+150}{2} + \dfrac{300-150}{2}\cos(2 \times 54.74°)$

$= 199.99\text{kN/m}^2$

(4) $\tau = \dfrac{\sigma_1 - \sigma_3}{2}\sin 2\theta = \dfrac{300-150}{2}\sin(2 \times 54.74°) = 70.71\text{kN/m}^2$

10 No.200체 통과율 8%, No.4체 통과율 70%, 액성한계 30%, 소성한계 20%, D_{10} = 0.09mm, D_{30} = 0.10mm, D_{60} = 0.15mm 통일분류법으로 분류하시오.

Solution

- No.200체 통과율이 50% 이하이므로 조립토(G, S)에 해당
- No.4체 통과율이 50% 이상이므로 모래(S)에 해당
- $C_u = \dfrac{D_{60}}{D_{10}} = \dfrac{0.15}{0.09} = 1.67$, $C_g = \dfrac{(D_{30})^2}{D_{10} \times D_{60}} = \dfrac{(0.1)^2}{0.09 \times 0.15} = 0.74$이므로 입도가 불량하다.

여기서, No.200체 통과율이 5~12% 사이이므로

SP－SC 또는 SP－SM으로 판정한다.

건설재료시험 기사 실기 작업형 출제시험 항목

- 액성한계시험
- 들밀도 시험
- 실내 CBR 시험

기사 2021년 4월 25일 시행

• NOTICE •

한국산업인력공단의 저작권법 저촉에 대한 언급(2013년 2회 시험부터)이 있어 과거에 수험자의 기억을 토대로 작성한 동일한 문제나 그 유형의 문제로 재구성하였으며, 혹 미비한 부분은 계속 수정 보완하겠습니다.

01 다음은 골재의 체가름표이다. 물음에 답하시오.

체 크기(mm)	75	40	20	10	5	2.5	1.2
잔류율(%)	0	5	24	48	19	4	0

(1) 굵은골재의 최대치수에 대하여 서술하고, 굵은골재의 최대치수를 구하시오.

①

②

(2) 조립률을 구하시오.

Solution

(1) ① 굵은골재의 최대치수란 질량비로 90% 이상을 통과시키는 체 중에서 최소치수의 체눈의 호칭치수로 나타낸다.

② 40mm

(2) $FM = \dfrac{5+29+77+96+100+100+100+100+100}{100} = 7.07$

※ 골재의 조립률이란 75mm, 40mm, 20mm, 10mm, 5mm, 2.5mm, 1.2mm, 0.6mm, 0.3mm, 0.15mm 등 10개의 체를 1조로 하여 체가름 시험을 하였을 때 각 체에 남는 누계량의 전체 시료에 대한 질량 백분율의 합을 100으로 나눈 값이다.

02 현장도로 토공에서 모래치환법에 의한 현장 밀도시험을 하였다. 파낸 구멍의 체적이 V = 2,110cm^3, 흙의 무게가 3,515g이고 함수비가 10%였다. 시험실에서 구한 최대건조밀도 $\gamma_{d\max}$ = 1.60g/cm^{3}일 때 물음에 답하시오.

(1) 현장건조밀도를 구하시오.

(2) 다짐도를 구하시오.

Solution

(1) $\gamma_t = \dfrac{W}{V} = \dfrac{3,515}{2,110} = 1.67\text{g/cm}^3$

$\gamma_d = \dfrac{\gamma_t}{1+\dfrac{w}{100}} = \dfrac{1.67}{1+\dfrac{10}{100}} = 1.52\text{g/cm}^3$

(2) 다짐도 $= \dfrac{\gamma_d}{\gamma_{d\max}} \times 100 = \dfrac{1.52}{1.60} \times 100 = 95\%$

03 두께 10m의 점토층에서 시료를 채취하여 압밀시험한 결과 하중강도를 150kN/m^2에서 300kN/m^2로 증가시켰더니 간극비가 1.8에서 1.1로 감소하였다. 다음을 구하시오.

(1) 압축계수
(2) 체적변화계수
(3) 최종 압밀침하량

Solution

(1) $a_v = \dfrac{e_1 - e_2}{P_2 - P_1} = \dfrac{1.8-1.1}{300-150} = 0.0047\text{m}^2/\text{kN}$

(2) $m_V = \dfrac{a_v}{1+e_1} = \dfrac{0.0047}{1+1.8} = 0.0017\text{m}^2/\text{kN}$

(3) $\Delta H = \dfrac{e_1 - e_2}{1+e_1} \cdot H = \dfrac{1.8-1.1}{1+1.8} \times 10 = 2.5\text{m}$

04 현장 모래의 습윤밀도가 17kN/m^3, 함수비 8.0%였다. 시험실에서 이 모래에 대한 최대, 최소 건조밀도를 측정하였더니 17.1kN/m^3, 15.3kN/m^3이었다. 상대밀도(D_r)에 따른 사질토의 조밀상태를 판별하시오.

Solution

(1) 건조밀도

$$\gamma_d = \frac{\gamma_t}{1+\dfrac{\omega}{100}} = \frac{17}{1+\dfrac{8}{100}} = 15.74\text{kN/m}^3$$

(2) 상대밀도

$$D_r = \frac{\gamma_d - \gamma_{d\min}}{\gamma_{d\max} - \gamma_{d\min}} \times \frac{\gamma_{d\max}}{\gamma_d} \times 100$$

$$= \frac{15.74-15.3}{17.1-15.3} \times \frac{17.1}{15.74} \times 100 = 26.6\%$$

$\therefore D_r < \frac{1}{3}$ 이므로 느슨한 상태이다.

※ $D_r < \frac{1}{3}$: 느슨한 상태

$\frac{1}{3} < D_r < \frac{2}{3}$: 보통인 상태

$D_r > \frac{2}{3}$: 조밀한 상태

05 다음은 잔골재의 밀도 및 흡수율 시험에 대한 내용이다. 물음에 답하시오.(단, $\rho_w = 0.997$ g/cm³이다.)

- 표면건조 포화상태의 공기 중 질량 : 500g
- 노건조 시료의 공기 중 질량 : 494.5g
- 물의 검정선까지 채운 플라스크 질량 : 689.6g
- 시료와 물을 검정선까지 채운 플라스크 질량 : 998g

(1) 표면건조 포화상태 밀도를 구하시오.

(2) 절대건조 밀도를 구하시오.

(3) 흡수율을 구하시오.

(4) 시험결과 2회 평균값과 차이의 정밀도를 쓰시오.

① 밀도

② 흡수율

Solution

(1) 표건밀도$= \dfrac{500}{689.6+500-998} \times 0.997 = 2.60\text{g/cm}^3$

(2) 절건밀도$= \dfrac{494.5}{689.6+500-998} \times 0.997 = 2.58\text{g/cm}^3$

(3) 흡수율$= \dfrac{500-494.5}{494.5} \times 100 = 1.11\%$

(4) ① 밀도 : $0.01\,\text{g/cm}^3$ 이하
② 흡수율 : 0.05% 이하

06 어떤 지반에서 시료를 채취하여 입도분석을 한 결과 No. 200체 통과량이 4%, No. 4체 통과량이 55%였으며 D_{10} = 0.04mm, D_{30} = 0.012mm, D_{60} = 0.025mm였다. 이 시료를 통일분류법으로 분류하시오.

Solution

- No. 200체 통과량이 50% 이하이므로 조립토(G, S)에 해당된다.
- No. 4체 통과량이 50% 이상이므로 모래(S)에 해당된다.
- $C_u = \dfrac{D_{60}}{D_{10}} = \dfrac{0.025}{0.004} = 6.25$, $C_g = \dfrac{(D_{30})^2}{D_{10} \times D_{60}} = \dfrac{(0.012)^2}{0.004 \times 0.025} = 1.44$

  C_g가 1~3 범위에 있으므로 입도가 양호하다. $C_u > 6$이므로 입도가 양호하다.

∴ SW(입도가 양호한 모래)

07 애터버그(Atterberg) 한계를 그리고(표시 : 소성상태, 액체상태, 고체상태, 반고체상태) 설명하시오.

Solution

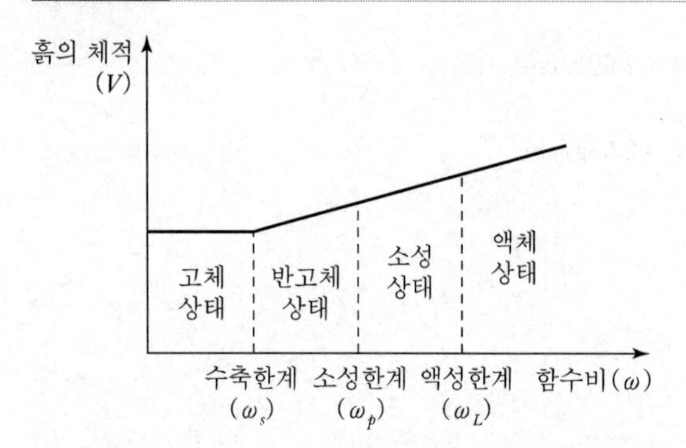

수축한계(고체상태에서 반고체상태로 변하는 경계 함수비), 소성한계(반고체상태에서 소성상태로 변하는 경계 함수비), 액성한계(소성상태에서 액체상태로 변하는 경계 함수비)를 통틀어 애터버그 한계라 한다.

08 아스팔트 시험에 대한 사항이다. 다음 물음에 답하시오.

(1) 아스팔트 침입도 시험에서 표준침이 5mm 관입되었을 때 침입도는?
(2) 아스팔트 신도시험 시 저온에서의 표준온도 및 인장속도는?

Solution

(1) 0.1mm 관입하였을 때 침입도가 1이므로 0.1 : 1 = 5 : x 관계가 되어 침입도는 50이다.
(2) 4℃, 1cm/min

09 콘크리트용으로 사용하는 굵은골재에 대한 다음 물음에 답하시오.

(1) 부순 굵은골재에 있어서 요구되는 물리적 성질에 대한 품질기준을 쓰시오.
① 절대건조밀도(g/cm^3)
② 흡수율(%)
③ 안정성(%)

(2) 굵은골재의 유해물 함유량 한도 최대치를 쓰시오.
① 점토 덩어리(%)
② 연한 석편(%)
③ 0.08mm체 통과량(%)

Solution

(1) ① 2.50 이상
② 3.0 이하
③ 12 이하

(2) ① 0.25
② 5
③ 1.0 이하

10 마샬 안정도 시험을 실시한 결과가 다음과 같다. 물음에 답하시오.(단, 아스팔트의 밀도는 $1.02g/cm^3$, 혼합되는 골재의 밀도는 $2.642g/cm^3$이다.)

공시체 번호	아스팔트 혼합률(%)	실측밀도 (g/cm^3)	이론밀도 (g/cm^3)	안정도 (N)	흐름값 (1/100cm)
1	6.0	2.319	2.417	7,600	25
2	6.5	2.315	2.399	8,530	30
3	7.0	2.321	2.383	9,850	38

(1) 공시체 번호 2의 용적률을 구하시오.
(2) 공시체 번호 1의 공극률을 구하시오.
(3) 공시체 번호 3의 포화도를 구하시오.

Solution

(1) $\text{용적률}=\dfrac{\text{아스팔트 혼합률}\times\text{실측밀도}}{\text{아스팔트 밀도}}=\dfrac{6.5\times2.315}{1.02}=14.75\%$

(2) $\text{공극률}=\left(1-\dfrac{\text{실측밀도}}{\text{이론밀도}}\right)\times100=\left(1-\dfrac{2.319}{2.417}\right)\times100=4.05\%$

(3) $\text{포화도}=\dfrac{\text{용적률}}{\text{용적률}+\text{공극률}}\times100=\dfrac{15.93}{15.93+2.60}\times100=85.97\%$

여기서, • 공시체 번호 3의 용적률 $=\dfrac{\text{아스팔트 혼합률}\times\text{실측밀도}}{\text{아스팔트 밀도}}=\dfrac{7.0\times2.321}{1.02}=15.93\%$

• 공시체 번호 3의 공극률 $=\left(1-\dfrac{\text{실측밀도}}{\text{이론밀도}}\right)\times100=\left(1-\dfrac{2.321}{2.383}\right)\times100=2.60\%$

11 그림과 같이 정수위 투수시험을 한 결과 10분 동안에 1,000cm³의 물이 A, B 부분의 비균질 토층을 통과하여 유출되었다. 이때 B시료의 투수계수를 구하시오.(단, A시료의 투수계수는 0.02cm/sec이며 등방성이다.)

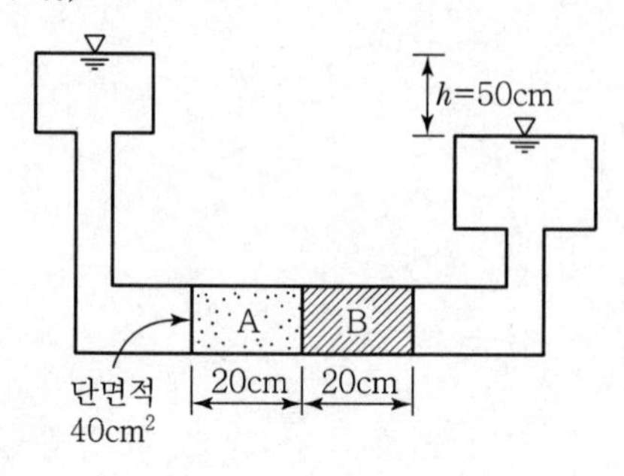

Solution

- $Q = A \cdot V = A \cdot k \cdot i \cdot t = A \cdot k \cdot \dfrac{h}{L} \cdot t$

  $k = \dfrac{QL}{Aht} = \dfrac{1,000 \times 40}{40 \times 50 \times (10 \times 60)} = 0.033\,\text{cm/sec}$

- 토층에 직각(연직)으로 침투하므로

  $k_v = \dfrac{H}{\dfrac{h_1}{k_1} + \dfrac{h_2}{k_2}}$

  $0.033 = \dfrac{40}{\dfrac{20}{0.02} + \dfrac{20}{k_B}}$

  $\therefore\ k_B = 0.094\text{cm/sec}$

건설재료시험 기사 실기 작업형 출제시험 항목

- 액성한계시험
- 들밀도 시험
- 실내 CBR 시험

산업기사 2021년 4월 24일 시행

• NOTICE •

한국산업인력공단의 저작권법 저촉에 대한 언급(2013년 2회 시험부터)이 있어 과거에 수험자의 기억을 토대로 작성한 동일한 문제나 그 유형의 문제로 재구성하였으며, 혹 미비한 부분은 계속 수정 보완하겠습니다.

01 어떤 지반에서 시료를 채취하여 입도분석을 한 결과 #200체 통과량이 3%, #4체 통과량이 76%였으며 균등계수 값이 11, 곡률계수는 2였다. 이 시료를 통일분류법으로 분류하시오.

Solution

- #4체 통과량 50% 이상 → 모래
- #200체 통과량 50% 이하 → GW, GP, SW, SP
- 곡률계수 1~3 범위 → 양호
- 균등계수 > 6 → 양호

∴ SW

02 다음의 로스앤젤레스 마모시험 결과를 보고 물음에 답하시오.

- 시험 전 시료의 질량 : 10,000g
- 시험 후 시료의 질량 : 6,124g

(1) 마모량을 구하시오.

(2) 골재의 적합 여부를 판단하시오.(보통 콘크리트의 경우)

Solution

(1) 마모량 $= \dfrac{\text{시험 전 시료질량} - \text{시험 후 시료질량}}{\text{시험 전 시료질량}} \times 100$

$= \dfrac{10,000 - 6,124}{10,000} \times 100 = 38.8\%$

(2) 마모감량의 한도는 보통 콘크리트의 경우 40% 이하이므로 사용 가능하다.

03 **물 – 시멘트비 46%, 잔골재율(S/a) 37%, 슬럼프 80mm, 단위 시멘트량 253kg, 공기량 1.5%, 시멘트 밀도 3.14g/cm³, 잔골재 밀도 2.50g/cm³, 굵은골재 밀도 2.52g/cm³일 때 콘크리트 1m³당 사용되는 단위 수량, 단위 잔골재량, 단위 굵은골재량을 구하시오.**

(1) 단위 수량을 구하시오.

(2) 단위 잔골재량을 구하시오.

(3) 단위 굵은골재량을 구하시오.

Solution

(1) $\dfrac{W}{C}=46\%$

$W=0.46\times 253=116.38\text{kg}$

(2) $V_{S+G}=1-\left(\dfrac{253}{3.14\times 1,000}+\dfrac{116.38}{1\times 1,000}+\dfrac{1.5}{100}\right)=0.788\text{m}^3$

$S=0.788\times 0.37\times 2.50\times 1,000=728.9\text{kg}$

(3) $G=0.788\times 0.63\times 2.52\times 1,000=1,251.03\text{kg}$

04 **현장 도로 토공에서 들밀도시험을 한 결과가 다음과 같다. 물음에 답하시오.**

- 구멍 속의 모래무게+깔때기 속 모래무게 : 867g
- 깔때기 속 모래무게 : 319g
- 표준사의 단위 중량 : 1.568g/cm³
- 습윤토의 흙무게 : 747g
- 함수비 : 13.7%

(1) 사용된 모래무게를 구하시오.

(2) 구멍 속 체적을 구하시오.

(3) 습윤단위 중량을 구하시오.

(4) 건조단위 중량을 구하시오.

Solution

(1) $867-319=548\text{g}$

(2) $V=\dfrac{548}{1.568}=349.49\text{cm}^3$

(3) $\gamma_t=\dfrac{W}{V}=\dfrac{747}{349.49}=2.14\text{g/cm}^3$

(4) $\gamma_d=\dfrac{\gamma_t}{1+\dfrac{w}{100}}=\dfrac{2.14}{1+\dfrac{13.7}{100}}=1.88\text{g/cm}^3$

05 **잔골재에 대한 밀도 및 흡수율 시험 결과가 아래 표와 같을 때 물음에 답하시오.(물의 밀도 1.0g/cm³, 소수 셋째 자리에서 반올림하시오.)**

물+플라스크의 무게	600g
표건시료의 무게	500g
시료+물+플라스크의 무게	911g
노건조시료의 무게	480g

(1) 표건밀도를 구하시오.

(2) 절건밀도를 구하시오.

(3) 상대 겉보기 밀도를 구하시오.

Solution

(1) 표건밀도 $= \dfrac{m}{B+m-C} \times \rho_w$

$= \dfrac{500}{600+500-911} \times 1 = 2.65\text{g/cm}^3$

(2) 절건밀도 $= \dfrac{A}{B+m-C} \times \rho_w$

$= \dfrac{480}{600+500-911} \times 1 = 2.54\text{g/cm}^3$

(3) 상대 겉보기 밀도 $= \dfrac{A}{B+A-C} \times \rho_w$

$= \dfrac{480}{600+480-911} \times 1 = 2.84\text{g/cm}^3$

06 **점토층 두께가 10m인 지반의 흙을 압밀시험하였다. 공극비는 1.8에서 1.2로 감소하였고 하중강도가 240kPa에서 360kPa로 증가하였을 때 다음을 구하시오.**

(1) 압축계수 (2) 체적변화계수 (3) 최종 압밀침하량

Solution

(1) $a_v = \dfrac{e_1 - e_2}{P_2 - P_1} = \dfrac{1.8 - 1.2}{360 - 240} = 0.005\text{m}^2/\text{kN}$

(2) $m_v = \dfrac{a_v}{1+e_1} = \dfrac{0.005}{1+1.8} = 0.0018\text{m}^2/\text{kN}$

(3) $\Delta H = \dfrac{e_1 - e_2}{1+e_1} \cdot H = \dfrac{1.8 - 1.2}{1+1.8} \times 10 = 2.14\text{m}$

또는 $\Delta H = m_v \cdot \Delta P \cdot H = 0.0018 \times (360 - 240) \times 10 = 2.16\text{m}$

(체적변화계수 값의 소수자리 관계로 다소 차이가 있음)

07 배수조건에 따른 삼축압축시험의 종류 3가지를 쓰시오.

(1)

(2)

(3)

Solution

(1) 비압밀비배수(UU)

(2) 압밀비배수(CU)

(3) 압밀배수(CD)

08 시멘트 모르타르의 압축강도 및 휨강도의 시험방법은 KSL ISO 679에서 규정한다. 다음 물음에 답하시오.

(1) 압축강도 및 휨강도의 공시체 규격을 쓰시오.

(2) 공시체를 제작할 때 사용되는 시멘트 : 표준사의 재료량 비율을 쓰시오.

(3) 물−시멘트비를 쓰시오.

Solution

(1) 40mm×40mm×160mm

(2) 1 : 3

(3) 0.5

09 노상토 지지력비(CBR) 시험방법(KS F 2320)에 대한 물음에 답하시오.

(1) 4일간 수침 후 관입시험을 실시하려고 한다. 직경 5cm 관입봉의 관입 속도는?

(2) 관입시험 결과 2.5mm 관입 때의 시험 하중강도가 2.1MN/m^{2}이었다. 계속하여 관입을 실시하여 5.0mm 관입 때 시험 하중강도는 3.7MN/m^{2}이었다. 각각의 CBR은 얼마인가?

① $CBR_{2.5}$

② $CBR_{5.0}$

Solution

(1) 1mm/min

(2)

관입량(mm)	표준 하중강도(MN/m²)	표준 하중(kN)
2.5	6.9	13.4
5.0	10.3	19.9

① $CBR_{2.5} = \frac{2.1}{6.9} \times 100 = 30.4\%$

② $CBR_{5.0} = \frac{3.7}{10.3} \times 100 = 35.9\%$

10 아스팔트 시험에 대한 사항이다. 다음 물음에 답하시오.

(1) 아스팔트 시험의 종류 4가지를 쓰시오.(단, 신도시험은 제외하고 쓰시오.)

(2) 아스팔트 연화점은 시료가 강구와 함께 시료대에서 몇 mm 떨어진 밑판에 닿는 순간의 온도를 말하는가?

(3) 아스팔트 신도시험에서 별도의 규정이 없는 경우 시험온도와 인장속도를 쓰시오.

Solution

(1) ① 비중시험
② 침입도시험
③ 연화점시험
④ 인화점시험
⑤ 점도시험

(2) 25mm

(3) ① 표준온도 : (25±0.5)℃
② 인장속도 : 5±0.25cm/분

건설재료시험 산업기사 실기 작업형 출제시험 항목

- 시멘트 밀도시험
- 슬럼프시험
- 흙의 다짐시험(A)

기사 2021년 7월 10일 시행

• NOTICE •

한국산업인력공단의 저작권법 저촉에 대한 언급(2013년 2회 시험부터)이 있어 과거에 수험자의 기억을 토대로 작성한 동일한 문제나 그 유형의 문제로 재구성하였으며, 혹 미비한 부분은 계속 수정 보완하겠습니다.

01 **물－결합재비 50%, 잔골재율 35%, 슬럼프 120mm, 단위 수량 165kg, 공기량 1.6%, 시멘트 밀도 3.14g/cm^3, 잔골재 밀도 2.5g/cm^3, 굵은골재 밀도 2.6g/cm^{3}일 때 콘크리트 1m^3 당 사용되는 단위 시멘트양, 단위 잔골재량, 단위 굵은골재량을 구하시오.**

Solution

• 시멘트양

$$\frac{W}{C} = 0.5$$

$$\therefore C = \frac{165}{0.5} = 330\text{kg}$$

• 골재의 전체 용적(체적) : $V = 1 - \left(\frac{330}{3.14 \times 1,000} + \frac{165}{1 \times 1,000} + \frac{1.6}{100}\right) = 0.7139\text{m}^3$

• 잔골재량 : $0.7139 \times 0.35 \times 2.5 \times 1,000 = 624.66\text{kg}$

• 굵은골재량 : $0.7139 \times 0.65 \times 2.6 \times 1,000 = 1,206.49\text{kg}$

02 **정수위 투수시험 결과 시료길이 25cm, 직경 12.5cm, 시험 시 75cm 수두차 유지, 3분 동안 유출량 650cm^{3}일 때 투수계수를 구하시오.(단, 소수 다섯째 자리에서 반올림하시오.)**

Solution

$$Q = A \cdot V = A \cdot k \cdot i \cdot t = A \cdot k \cdot \frac{h}{L} \cdot t$$

$$\therefore k = \frac{Q \cdot L}{A \cdot h \cdot t} = \frac{650 \times 25}{\frac{\pi \times 12.5^2}{4} \times 75 \times (3 \times 60)} = 9.8 \times 10^{-3}\text{cm/sec}$$

03 골재의 단위용적질량 및 실적률 시험방법(KS F 2050)에 대한 규정이다. 다음 물음에 답하시오.

(1) 봉 다지기가 곤란하여 충격에 의해 실시해야 하는 이유 2가지를 쓰시오.

(2) 골재의 흡수율이 3%, 표건밀도가 2.65kg/L, 용기의 용적이 30L, 용기 안의 시료의 질량이 45kg인 경우 공극률을 구하시오.

Solution

(1) ① 굵은골재의 최대치수가 커서 봉 다지기가 곤란한 경우

② 시료를 손상할 염려가 있는 경우

(2) • 골재의 단위용적 질량

$$T = \frac{m}{V} = \frac{45}{30} = 1.5\text{kg/L}$$

• 실적률

$$G = \frac{T}{d_s} \times (100 + Q) = \frac{1.5}{2.65} \times (100 + 3) = 58.3\%$$

∴ 공극률 = 100 − 실적률 = 100 − 58.3 = 41.7%

04 초기에 $\sigma_1 = \sigma_3 = 0$에서 시작해서 $K_0 = 0.5$에 따라 일정하게 증가하다가 파괴된 후부터는 σ_1만 증가한 경우 $\overline{p} - q$ 응력의 그래프를 작도하시오.

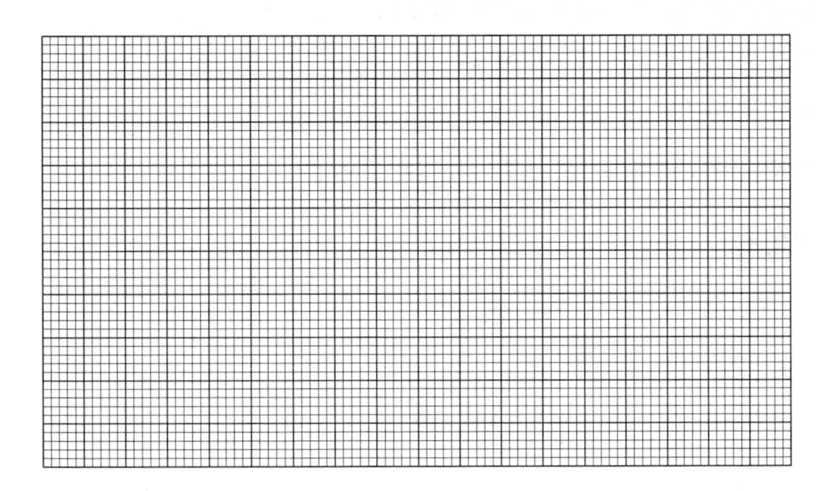

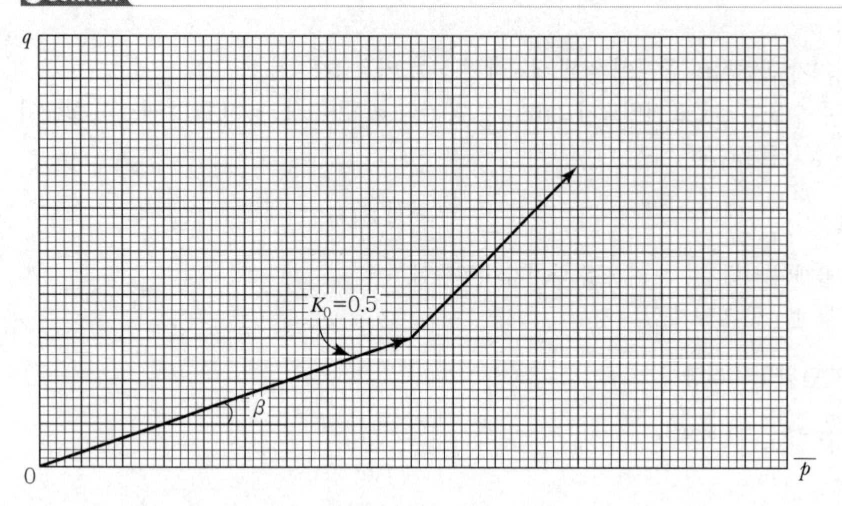

$\bar{p}-q$ 평면상에 나타내면 기울기가 $\tan\beta$이고 원점을 지나는 직선이 된다.

$\frac{q}{\bar{p}}=\frac{1-K_0}{1+K_0}=\tan\beta \qquad \frac{1-0.5}{1+0.5}=\frac{1}{3}=\tan\beta$

05 **현장 도로 토공에서 모래치환법에 의한 현장밀도시험을 한 결과 습윤밀도 19.7kN/m³, 함수비 23%, 실내 최대건조밀도가 17.1kN/m³, 흙의 비중 2.69, 최적함수비 24%이었다. 다음 물음에 답하시오.(단, γ_w = 9.81kN/m³이다.)**

(1) 현장 건조단위 중량(γ_d)을 구하시오.

(2) 상대 다짐도를 구하시오.

(3) 현장 흙의 다짐 후 공기함률$\left(A=\frac{V_a}{V}\right)$을 구하시오.

Solution

(1) $\gamma_d=\frac{\gamma_t}{1+\frac{w}{100}}=\frac{19.7}{1+\frac{23}{100}}=16\text{kN/m}^3$

(2) 다짐도 $=\frac{\gamma_d}{\gamma_{d\max}}\times100=\frac{16}{17.1}\times100=93.57\%$

(3) • $e=\frac{\gamma_w}{\gamma_d}G_s-1=\frac{9.81}{16}\times2.69-1=0.65$ • $S=\frac{G_s\cdot w}{e}=\frac{2.69\times24}{0.65}=99.32\%$

$$\therefore \frac{V_a}{V}=\frac{V_v-V_w}{V_s+V_v}=\frac{\left(1-\frac{V_w}{V_v}\right)}{\left(\frac{V_s}{V_v}+1\right)}=\frac{\left(1-\frac{S}{100}\right)}{\left(\frac{1}{e}+1\right)}=\frac{\left(1-\frac{99.32}{100}\right)}{\left(\frac{1}{0.65}+1\right)}=0.0027$$

06 **그림과 같이 $P = 40\text{kN/m}^2$의 등분포하중이 작용할 때 다음 물음에 답하시오.(단, $\gamma_w = 9.81\text{kN/m}^3$이다. 소수 넷째 자리에서 반올림하시오.)**

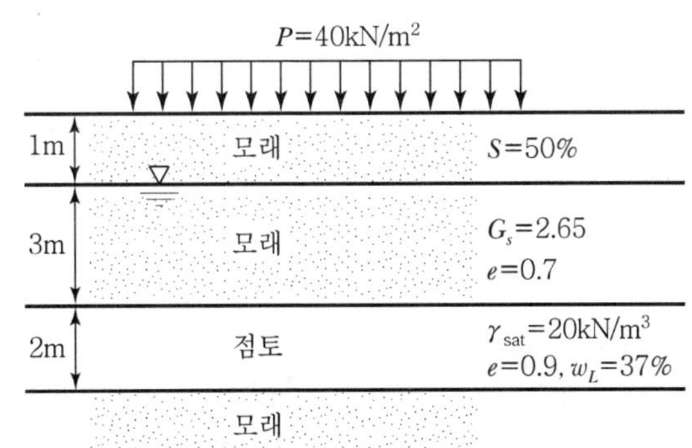

(1) 지하수면 아래 모래지반의 수중밀도를 구하시오.

(2) Skempton 공식에 의한 점토지반의 압축지수를 구하시오.(단, 시료는 불교란 상태이다.)

(3) 점토지반의 최종 압밀침하량을 구하시오.

Solution

(1) $\gamma_{\text{sub}} = \dfrac{G_s - 1}{1+e}\gamma_\omega = \dfrac{2.65-1}{1+0.7} \times 9.81 = 9.521\text{kN/m}^3$

(2) $C_c = 0.009(\omega_L - 10) = 0.009(37-10) = 0.243$

(3) • 지하수면 위 모래지반의 습윤밀도

$$\gamma_t = \frac{G_s + \dfrac{S \cdot e}{100}}{1+e} \cdot \gamma_\omega = \frac{2.65 + \dfrac{50 \times 0.7}{100}}{1+0.7} \times 9.81 = 17.312\text{kN/m}^3$$

• 점토지반의 수중밀도

$\gamma_{\text{sub}} = \gamma_{\text{sat}} - \gamma_\omega = 20 - 9.81 = 10.19\text{kN/m}^3$

• 점토층 중앙 유효응력

$P_1 = 17.312 \times 1 + 9.521 \times 3 + 10.19 \times 1 = 56.065\text{kN/m}^2$

∴ 최종 압밀침하량

$$\Delta H = \frac{C_c}{1+e}\log\frac{P_2}{P_1} \cdot H$$

$$= \frac{C_c}{1+e}\log\frac{(P_1 + \Delta P)}{P_1} \cdot H$$

$$= \frac{0.243}{1+0.9}\log\frac{(56.065+40)}{56.065} \times 200 = 5.98\text{cm}$$

07 역청 포장용 혼합물로부터 역청의 정량추출시험을 하여 다음과 같은 결과를 얻었다. 역청 함유율(%)을 구하시오.

- 시료의 질량 $W_1 = 1{,}170\text{g}$
- 시료 중 수분의 질량 $W_2 = 32\text{g}$
- 추출된 골재의 질량 $W_3 = 945\text{g}$
- 추출액 중 세립골재분의 질량 $W_4 = 29.5\text{g}$
- 필터링의 질량 $W_5 = 1.7\text{g}$

Solution

$$\text{역청 함유량} = \frac{(W_1 - W_2) - (W_3 + W_4 + W_5)}{(W_1 - W_2)} \times 100$$

$$= \frac{(1{,}170 - 32) - (945 + 29.5 + 1.7)}{(1{,}170 - 32)} \times 100$$

$$= 14.22\%$$

08 직경 75mm, 길이 60mm인 Sampler에 가득 찬 흙의 습윤중량 무게가 447.5g이고 노건조시켰을 때의 무게가 316.2g였다. 흙의 비중이 2.75, $\gamma_w = 1\text{g/cm}^3$인 경우 다음 물음에 답하시오.

(1) 습윤밀도(γ_t)를 계산하시오.(단, 소수 넷째 자리에서 반올림하시오.)

(2) 건조밀도(γ_d)를 구하시오.(단, 소수 넷째 자리에서 반올림하시오.)

(3) 함수비(w)를 구하시오.(단, 소수 셋째 자리에서 반올림하시오.)

(4) 간극비(e)를 구하시오.(단, 소수 넷째 자리에서 반올림하시오.)

(5) 간극률(n)을 구하시오.(단, 소수 셋째 자리에서 반올림하시오.)

Solution

(1) $\gamma_t = \dfrac{W}{V} = \dfrac{447.5}{264.938} = 1.689\text{g/cm}^3$

여기서, $V = \dfrac{\pi D^2}{4} \cdot H = \dfrac{3.14 \times 7.5^2}{4} \times 6 = 264.938\text{cm}^3$

(2) $\gamma_d = \dfrac{W_s}{V} = \dfrac{316.2}{264.938} = 1.193\text{g/cm}^3$

(3) $w = \dfrac{W_w}{W_s} \times 100 = \dfrac{447.5 - 316.2}{316.2} \times 100 = 41.52\%$

(4) $e = \dfrac{\gamma_w}{\gamma_d} G_s - 1 = \dfrac{1}{1.193} \times 2.75 - 1 = 1.305$

(5) $n = \dfrac{e}{1+e} \times 100 = \dfrac{1.305}{1+1.305} \times 100 = 56.62\%$

09 아스팔트 시험에 대한 다음 물음에 답하시오.

(1) 아스팔트 신도시험의 표준온도와 인장속도, 정밀도를 쓰시오.

(2) 엥글러 점도계를 이용한 점도값은 어떻게 규정되는가?

Solution

(1) ① 표준온도 : 25±0.5℃ ② 인장속도 : 5±0.25cm/min

③ 정밀도 : 3회 측정의 평균값을 1cm 단위로 표시한다.

(2) 엥글러 점도 $= \dfrac{\text{시료의 유출시간(초)}}{\text{증류수의 유출시간(초)}}$

10 로스앤젤레스 시험기에 의한 굵은골재의 마모 시험결과가 아래 표와 같을 때 마모감량과 사용 여부를 판정하시오.(단, 보통 콘크리트용 골재를 사용한다.)

• 시험 전 시료의 질량 : 5,000g	• 시험 후 시료의 질량 : 3,110g

(1) 마모감량 (2) 판정

Solution

(1) 마모감량 $= \dfrac{5{,}000-3{,}110}{5{,}000} \times 100 = 37.8\%$

(2) 마모감량이 보통 콘크리트용 골재의 경우 40% 이하이므로 적합하다.(사용 가능하다.)

11 굳지 않은 콘크리트의 염화물 함유량 측정 시험방법 4가지를 쓰시오.

(1) (2) (3) (4)

Solution

(1) 질산은 적정법 (2) 전위차 적정법 (3) 흡광광도법

(4) 이온 전극법 (5) 비색 시험지법

12 두 개의 과압밀점토에 대하여 압밀배수 삼축압축시험을 실시한 결과가 다음과 같다.

시료	구속응력(σ_3) (kN/m²)	축차응력($\sigma_1-\sigma_3$) (kN/m²)
1	68	420
2	85	425

(1) 내부마찰각을 구하시오.

(2) 점착력을 구하시오.

Solution

- 시료 1

$\sigma_3' = \sigma_3 = 68\text{kN/m}^2$

$\sigma_1' = \sigma_1 = \sigma_3 + (\sigma_1 - \sigma_3) = 68 + 420 = 488\text{kN/m}^2$

- 시료 2

$\sigma_3' = \sigma_3 = 85\text{kN/m}^2$

$\sigma_1' = \sigma_1 = \sigma_3 + (\sigma_1 - \sigma_3) = 85 + 425 = 510\text{kN/m}^2$

- 과압밀의 경우 관계식을 적용하면

$\sigma_1' = \sigma_3' \tan^2\left(45° + \frac{\phi}{2}\right) + 2c\tan\left(45° + \frac{\phi}{2}\right)$

- 시료 1에 대하여

$488 = 68\tan^2\left(45° + \frac{\phi}{2}\right) + 2c\tan\left(45° + \frac{\phi}{2}\right)$ ······························ ⓐ

- 시료 2에 대하여

$510 = 85\tan^2\left(45° + \frac{\phi}{2}\right) + 2c\tan\left(45° + \frac{\phi}{2}\right)$ ······························ ⓑ

- ⓐ, ⓑ 식을 연립하여 풀면

$22 = 17\tan^2\left(45° + \frac{\phi}{2}\right)$

$\tan^2\left(45° + \frac{\phi}{2}\right) = \frac{22}{17}$

$45° + \frac{\phi}{2} = \tan^{-1}\sqrt{\frac{22}{17}} = 48°$

$\therefore \phi = 6°$

- $\phi = 6°$를 ①식에 대입하면

$488 = 68\tan^2\left(45° + \frac{6°}{2}\right) + 2c\tan\left(45° + \frac{6°}{2}\right)$

$488 = 83.9 + 2.2c$

$\therefore c = 183.7\text{kN/m}^2$

건설재료시험 기사 실기 작업형 출제시험 항목

- 액성한계시험
- 들밀도 시험
- 실내 CBR 시험

산업기사 2021년 7월 10일 시행

• NOTICE •

한국산업인력공단의 저작권법 저촉에 대한 언급(2013년 2회 시험부터)이 있어 과거에 수험자의 기억을 토대로 작성한 동일한 문제나 그 유형의 문제로 재구성하였으며, 혹 미비한 부분은 계속 수정 보완하겠습니다.

01 모래치환법에 의한 현장 흙의 단위무게 시험의 결과를 보고 다음을 구하시오.(단, $\gamma_w = 1\text{g/cm}^3$ 이다.)

- 시험구멍의 체적 = $2,020\text{cm}^3$
- 시험구멍에서 파낸 흙 무게 = 3,570g
- 함수비 = 15.3%
- 흙의 비중 = 2.67
- 최대건조밀도 = 1.635g/cm^3

(1) 건조밀도(γ_d)

(2) 공극비(e)

(3) 공극률(n)

(4) 다짐도

Solution

(1) $\gamma_t = \dfrac{W}{V} = \dfrac{3,570}{2,020} = 1.767\text{g/cm}^3$

$$\gamma_d = \frac{\gamma_t}{1+\dfrac{w}{100}} = \frac{1.767}{1+\dfrac{15.3}{100}} = 1.533\text{g/cm}^3$$

(2) $e = \dfrac{\gamma_w}{\gamma_d} \times G_s - 1 = \dfrac{1}{1.533} \times 2.67 - 1 = 0.742$

(3) $n = \dfrac{e}{1+e} \times 100 = \dfrac{0.742}{1+0.742} \times 100 = 42.595\%$

(4) 다짐도 $= \dfrac{\gamma_d}{\gamma_{d\max}} \times 100 = \dfrac{1.533}{1.635} \times 100 = 93.761\%$

02 시방배합으로 각 재료의 단위량과 현장의 골재상태가 체분석 결과 모래 속에 5mm체에 남은 것이 7%, 자갈 속에 5mm체를 통과하는 것이 10%이며, 모래의 표면수가 3.2%, 자갈의 표면수가 0.8%일 때 현장배합의 단위 수량, 단위 시멘트량, 단위 잔골재량, 단위 굵은골재량을 구하시오.(단, 소수 둘째 자리에서 반올림하시오.)

굵은골재의 최대치수 (mm)	슬럼프의 범위 (mm)	공기량의 범위 (%)	물 시멘트비 (%)	잔골재율 (%)	단위량(kg/m^3)				AE제 (g/m^3)
					물 (W)	시멘트 (C)	잔골재 (S)	굵은골재 (G)	
25	100	4.5	47.6	35.4	161	338	632	1,176	101.4

kg/m^3			
단위 수량	단위 시멘트량	단위 잔골재량	단위 굵은골재량

Solution

(1) 입도보정

- $x = \dfrac{100S - b(S+G)}{100-(a+b)} = \dfrac{100 \times 632 - 10(632+1,176)}{100-(7+10)} = 543.6\text{kg}$
- $y = \dfrac{100G - a(S+G)}{100-(a+b)} = \dfrac{100 \times 1,176 - 7(632+1,176)}{100-(7+10)} = 1,264.4\text{kg}$

(2) 표면수량 보정

- 잔골재 = 543.6×0.032 = 17.4kg
- 굵은골재 = 1,264.4×0.008 = 10.1kg

(3) 콘크리트 $1m^3$당 계량할 재료

- 시멘트 : 338kg
- 물 : 161 − (17.4 − 10.1) = 133.5kg
- 잔골재 : 543.6 + 17.4 = 561kg
- 굵은골재 : 1,264.4 + 10.1 = 1,274.5kg

kg/m^3			
단위 수량	단위 시멘트량	단위 잔골재량	단위 굵은골재량
133.5	338	561	1,274.5

03 KSF 2310의 규정에 의하여 직경 30cm 재하판으로 도로의 평판재하시험을 실시하였다. 다음 물음에 답하시오.(소수 셋째 자리에서 반올림하시오.)

하중강도(kN/m²)	0	35	70	105	140	175	210	245	280	315	350
침하량(cm)	0	0.026	0.055	0.081	0.112	0.138	0.170	0.192	0.225	0.258	0.292

(1) 하중강도－침하량 곡선을 그리고 K_{30} 값을 구하시오.

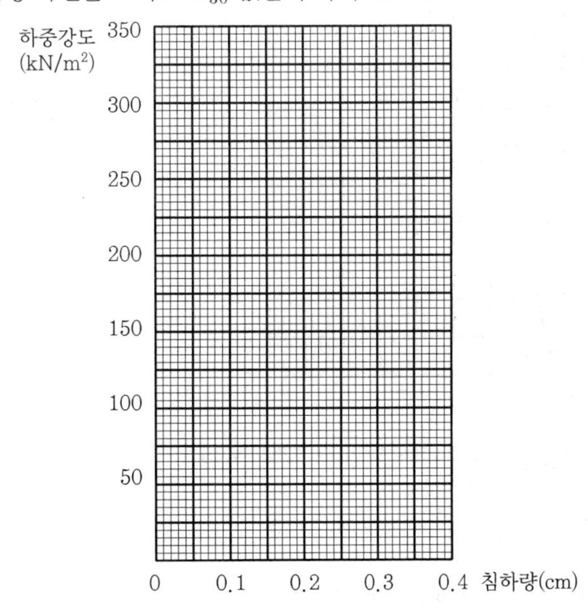

(2) K_{40}과 K_{75}값을 구하시오.

(3) 평판재하시험은 최종적으로 어떤 상태에 이를 때까지 하는지 2가지를 쓰시오.

Solution

(1)

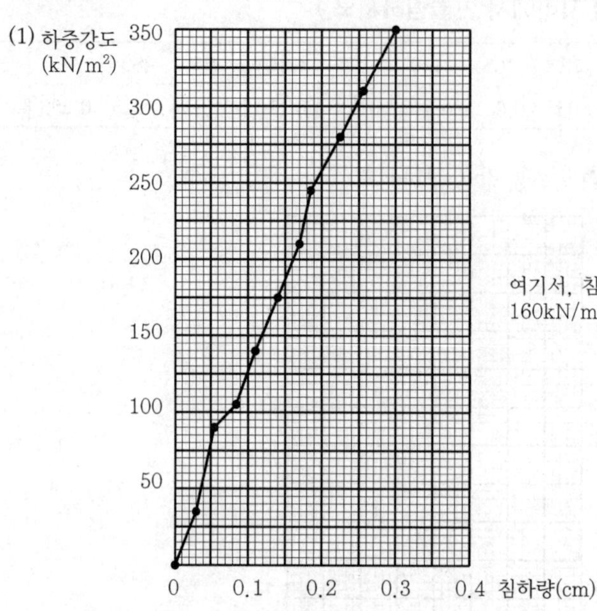

여기서, 침하량 0.125cm에 해당하는 하중강도 값 160kN/m²를 적용한다.

$$K_{30} = \frac{q}{y} = \frac{160}{0.00125} = 128,000\text{kN/m}^3 = 128\text{MN/m}^3$$

(2) $K_{40} = \dfrac{1}{1.3} K_{30} = \dfrac{1}{1.3} \times 128 = 98.46\text{MN/m}^3$

$K_{75} = \dfrac{1}{2.2} K_{30} = \dfrac{1}{2.2} \times 128 = 58.18\text{MN/m}^3$

(3) • 관입량이 15mm를 초과할 때

• 하중강도가 최대 접지압 또는 그 지반의 항복점을 초과할 때

04 콘크리트의 호칭강도(f_{cn})가 28MPa이고 30회 이상의 실험에 의한 압축강도의 표준편차가 3.0MPa였다면 콘크리트의 배합강도는?

Solution

콘크리트 배합강도($f_{cn} \leq 35$MPa 이므로)

• $f_{cr} = f_{cn} + 1.34S = 28 + 1.34 \times 3 = 32.02\text{MPa}$

• $f_{cr} = (f_{cn} - 3.5) + 2.33S = (28 - 3.5) + 2.33 \times 3 = 31.49\text{MPa}$

∴ 큰 값인 32.02MPa

05 잔골재 밀도시험의 결과가 다음과 같았다. 물음에 답하시오.(단, ρ_w = 1g/cm^3, 소수 셋째 자리에서 반올림하시오.)

자연건조 상태의 시료의 질량	표면건조 포화상태의 시료의 질량	노건조 시료의 질량	물+플라스크의 질량	시료+물+플라스크의 질량
542.7g	526.3g	487.2g	850g	1,182.5g

(1) 절건밀도를 구하시오.

(2) 표건밀도를 구하시오.

Solution

(1) 절건밀도$=\dfrac{A}{B+m-C}\times\rho_w=\dfrac{487.2}{850.0+526.3-1{,}182.5}\times 1=2.51\text{g/cm}^3$

(2) 표건밀도$=\dfrac{m}{B+m-C}\times\rho_w=\dfrac{526.3}{850.0+526.3-1{,}182.5}\times 1=2.72\text{g/cm}^3$

06 정수위 투수시험 결과 시료의 길이 25cm, 시료의 단면적 750cm^2, 수두차 45cm, 투수시간 20초, 투수량 3,200cm^3, 시험 시 수온은 12℃일 때 다음 물음에 답하시오.

[투수계수에 대한 T℃의 보정계수 μ_T/μ_{15}]

T℃	0	1	2	3	4	5	6	7	8	9
0	1.567	1.513	1.460	1.414	1.369	1.327	1.286	1.248	1.211	1.177
10	1.144	1.113	1.082	1.053	1.026	1.000	0.975	0.950	0.926	0.903
20	0.881	0.859	0.839	0.819	0.800	0.782	0.764	0.747	0.730	0.714
30	0.699	0.684	0.670	0.656	0.643	0.630	0.617	0.604	0.593	0.582
40	0.571	0.561	0.550	0.540	0.531	0.521	0.513	0.504	0.496	0.487

(1) 12℃ 수온에서의 투수계수를 구하시오.

(2) 15℃ 수온에서의 투수속도를 구하시오.

(3) $e=0.42$일 때 15℃ 수온에서의 실제 침투속도를 구하시오.

Solution

(1) $k_{12}=\dfrac{Q\cdot L}{A\cdot h\cdot t}=\dfrac{3{,}200\times 25}{750\times 45\times 20}=0.119\text{cm/sec}$

(2) • 15℃ 수온에서의 투수계수

$$k_{15}=k_T\cdot\frac{\mu_T}{\mu_{15}}=k_{12}\cdot\frac{\mu_{12}}{\mu_{15}}=0.119\times\frac{1.082}{1}=0.129\text{cm/sec}$$

• 15℃ 수온에서의 투수속도

$$V=k\cdot i=k_{15}\cdot\frac{h}{L}=0.129\times\frac{45}{25}=0.232\text{cm/sec}$$

(3) • 공극률

$$n=\frac{e}{1+e}\times 100=\frac{0.42}{1+0.42}\times 100=29.58\%$$

• 실제 침투속도

$$V_s=\frac{V}{n}=\frac{0.232}{0.2958}=0.784\text{cm/sec}$$

07 흙의 공학적 분류방법인 통일분류법과 AASHTO 분류법의 차이점 3가지를 쓰시오.

(1)

(2)

(3)

Solution

(1) 조립토와 세립토의 분류를 통일분류법에서는 No.200체 통과량을 50% 기준으로 하지만 AASHTO 분류법에서는 35%를 기준으로 한다.

(2) 자갈과 모래의 분류를 통일분류법에서는 No.4체를 기준으로 하지만 AASHTO 분류법에서는 No.10체를 기준으로 한다.

(3) 통일분류법에서는 자갈질 흙과 모래질 흙의 구분이 명확하나 AASHTO 분류법에서는 명확하지 않다.

(4) 유기질 흙은 통일분류법에서는 있으나 AASHTO 분류법에서는 없다.

08 아스팔트 침입도 시험에 대한 다음 물음에 답하시오.

(1) "침입도 1"이란 표준침이 몇 mm 관입한 것을 말하는가?

(2) ① 침입도 시험의 표준이 되는 중량, ② 시험온도, ③ 관입시간은 각각 얼마인가?

Solution

(1) $\frac{1}{10}$mm

(2) ① 100g

② 25°C

③ 5초

09 아스팔트 신도시험에 대한 다음 물음에 답하시오.

(1) 신도시험의 목적은?

(2) 저온일 경우의 온도 및 인장속도는?

(3) 표준일 경우의 온도 및 인장속도는?

Solution

(1) 아스팔트의 연성을 알기 위해서

(2) 4℃, 1cm/min

(3) 25℃, 5cm/min

건설재료시험 산업기사 실기 작업형 출제시험 항목

- 흙의 다짐시험
- 잔골재의 밀도시험
- 흙 입자의 밀도시험

기사 2021년 11월 14일 시행

• NOTICE •

한국산업인력공단의 저작권법 저촉에 대한 언급(2013년 2회 시험부터)이 있어 과거에 수험자의 기억을 토대로 작성한 동일한 문제나 그 유형의 문제로 재구성하였으며, 혹 미비한 부분은 계속 수정 보완하겠습니다.

01 초음파 전달 비파괴 검사법 중 콘크리트 균열깊이 측정에 이용되는 3가지 방법을 쓰시오.

(1)

(2)

(3)

Solution

(1) T법

(2) $T_c - T_o$법

(3) BS－4408 규정방법

(4) 레슬리법(Leslie법)

(5) 위상변화를 이용하는 방법

(6) SH파를 이용하는 방법

02 콘크리트 배합에 관련된 사항이다. 물음에 답하시오.

(1) $f_{cq} \leq 35\text{MPa}$일 때 f_{cr} 식 2가지를 쓰시오.

(2) $f_{cq} > 35\text{MPa}$일 때 f_{cr} 식 2가지를 쓰시오.

(3) 압축강도의 시험 횟수가 29회 이하일 때 빈칸에 표준편차의 보정계수를 쓰시오.

시험 횟수	표준편차의 보정계수
15	( )
20	( )
25	( )
30 이상	1.0

Solution

(1) ① $f_{cr} = f_{cq} + 1.34s$

② $f_{cr} = (f_{cq} - 3.5) + 2.33s$

(2) ① $f_{cr} = f_{cq} + 1.34s$

② $f_{cr} = 0.9 f_{cq} + 2.33s$

(3)

시험 횟수	표준편차의 보정계수
15	(1.16)
20	(1.08)
25	(1.03)
30 이상	1.0

03 굵은골재 및 잔골재의 체가름 시험방법(KSF 2502)에 관해 다음 물음에 답하시오.

(1) 굵은골재의 체가름 시 최소 건조질량 기준을 쓰시오.

(2) 잔골재의 체가름 시 최소 건조질량 기준을 쓰시오.

(3) 구조용 경량골재의 체가름 시 최소 건조질량 기준을 쓰시오.

Solution

(1) 골재 최대치수(mm)의 0.2배를 kg으로 표시한 양으로 한다.

(2) ① 1.2mm체를 95%(질량비) 이상 통과하는 것에 대한 최소 건조질량은 100g이다.

② 1.2mm체에 5%(질량비) 이상 남는 것에 대한 최소 건조질량은 500g이다.

(3) 위 굵은골재 및 잔골재의 최소 건조질량의 1/2로 한다.

04 물-시멘트비 55%, 잔골재율(S/a) 41%, 슬럼프 80mm, 단위 시멘트양 360kg, 공기량 1.5%, 시멘트 밀도 3.14g/cm^3, 잔골재 밀도 2.50g/cm^3, 굵은골재 밀도 2.52g/cm^{3}일 때 다음 물음에 답하시오.

(1) 단위 잔골재량을 구하시오.

(2) 단위 굵은골재량을 구하시오.

Solution

(1) $\dfrac{W}{C} = 55\% \quad \therefore W = 0.55 \times 360 = 198\text{kg}$

$V_{S+G} = 1 - \left(\dfrac{360}{3.14 \times 1,000} + \dfrac{198}{1 \times 1,000} + \dfrac{1.5}{100}\right) = 0.672\text{m}^3$

$S = 0.672 \times 0.41 \times 2.50 \times 1,000 = 688.8\text{kg}$

(2) $G = 0.672 \times 0.59 \times 2.52 \times 1,000 = 999.13\text{kg}$

05 흙의 입도시험 방법 중 비중계를 이용한 입도분석에 사용되는 분산제 용액 3가지를 쓰시오.

(1)

(2)

(3)

Solution

(1) 헥사메타인산나트륨

(2) 피로인산나트륨

(3) 트리폴리인산나트륨

06 마샬 안정도 시험을 실시한 결과가 다음과 같다. 물음에 답하시오.(단, 아스팔트의 밀도 : 1.02g/cm^3, 혼합되는 건조골재의 밀도 : 2.712g/cm^{3}이다.)

공시체 번호	아스팔트 혼합률	두께(cm)	중량(g)		용적(cm^3)
			공기중	수중	
1	4.5	6.29	1,151	668	486
2	4.5	6.30	1,159	674	485
3	4.5	6.31	1,162	675	487

(1) 아스팔트의 실측밀도를 구하시오.(단, 소수 넷째 자리에서 반올림하시오.)

공시체 번호	실측밀도(g/cm^3)
1	
2	
3	
평균	

(2) 이론 최대밀도를 구하시오.(단, 소수 넷째 자리에서 반올림하시오.)

Solution

(1) 실측밀도

$$\frac{\text{공기 중 중량(g)}}{\text{용적(cm}^3\text{)}}$$

① $\dfrac{1,151}{486} = 2.368\text{g/cm}^3$

② $\dfrac{1,159}{485} = 2.390\text{g/cm}^3$

공시체 번호	실측밀도(g/cm^3)
1	2.368
2	2.390
3	2.386
평균	2.381

③ $\frac{1,162}{487} = 2.386\text{g/cm}^3$

평균 $= \frac{(2.368 + 2.390 + 2.386)}{3} = 2.381\text{g/cm}^3$

(2) 이론밀도

$$\frac{100}{\frac{A}{G_b} + \frac{100 - A}{G_{ag}}}$$

$$= \frac{100}{\frac{4.5}{1.02} + \frac{100 - 4.5}{2.712}} = 2.524\text{g/cm}^3$$

여기서, A : 아스팔트 혼합률

G_b : 아스팔트 밀도

G_{ag} : 혼합된 골재의 평균밀도

07 **정규압밀점토에 대하여 압밀배수 삼축압축시험을 실시하였다. 시험결과 구속압력을 280kN/m^2로 하고 축차응력 280kN/m^2를 가하였을 때 파괴가 일어났다. 다음 물음에 답하시오.(단, 점착력 $C = 0$)**

(1) 내부마찰각을 구하시오.

(2) 파괴면이 최대 주응력 면과 이루는 각을 구하시오.

(3) 파괴면에서의 전단응력을 구하시오.

Solution

(1) $\sigma_1 = \sigma_3 + (\sigma_1 - \sigma_3) = 280 + 280 = 560\text{kN/m}^2$

$\sigma_3 = 280\text{kN/m}^2$

$\sin\phi = \frac{\sigma_1 - \sigma_3}{\sigma_1 + \sigma_3}$

$\phi = \sin^{-1}\frac{\sigma_1 - \sigma_3}{\sigma_1 + \sigma_3} = \sin^{-1}\frac{560 - 280}{560 + 280} = 19.47°$

(2) $\theta = 45° + \frac{\phi}{2} = 45° + \frac{19.47°}{2} = 54.74°$

(3) $\tau = \frac{\sigma_1 - \sigma_3}{2}\sin 2\theta$

$= \frac{560 - 280}{2}\sin(2 \times 54.74°)$

$= 131.99\text{kN/m}^2$

08 **어느 흙의 애터버그 한계 시험 결과 값이다. 다음 물음에 답하시오.(단, 소수 셋째 자리에서 반올림하시오.)**

- 액성한계 : 38%
- 소성한계 : 19%
- 자연함수비 : 32%
- 유동지수 : 9.8%

(1) 액성지수를 구하시오.
(2) 컨시스턴시 지수를 구하시오.
(3) 터프니스 지수를 구하시오.

Solution

(1) $I_L = \dfrac{w_n - w_P}{w_L - w_P} = \dfrac{32-19}{38-19} = 0.68$

(2) $I_c = \dfrac{w_L - w_n}{w_L - w_P} = \dfrac{38-32}{38-19} = 0.32$

(3) $I_t = \dfrac{I_p}{I_f} = \dfrac{19}{9.8} = 1.94$

여기서, 소성지수 $I_p = w_L - w_P = 38 - 19 = 19\%$

09 **모래치환법에 의한 현장 흙의 밀도시험 결과가 다음과 같다. 물음에 답하시오.**

- 시험 구멍에서 파낸 흙의 무게 : 3,527g
- 시험 전, 샌드 콘+모래의 무게 : 6,000g
- 시험 후, 샌드 콘+모래의 무게 : 2,840g
- 모래의 건조단위 중량 : 1.6g/cm^3
- 현장 흙의 실내토질시험 결과 함수비 : 10%
- 흙의 비중 : 2.72
- 최대 건조단위무게 : 1.65g/cm^3

(1) 현장 건조단위무게를 구하시오.
(2) 간극비 및 간극률을 구하시오.
(3) 상대 다짐도를 구하시오.

Solution

(1) $\gamma_d = \dfrac{\gamma_t}{1+\dfrac{w}{100}} = \dfrac{1.79}{1+\dfrac{10}{100}} = 1.63\text{g/cm}^3$

여기서, $\gamma_t = \dfrac{W}{V} = \dfrac{3{,}527}{1{,}975} = 1.79\text{g/cm}^3$

$\gamma_{모래} = \dfrac{W_{모래}}{V_{구멍}}$

$1.6 = \dfrac{(6{,}000-2{,}840)}{V_{구멍}}$

$\therefore\ V_{구멍} = \dfrac{(6{,}000-2{,}840)}{1.6} = 1{,}975\text{cm}^3$

(2) $e = \dfrac{\gamma_w}{\gamma_d}G_s - 1 = \dfrac{1}{1.63}\times 2.72 - 1 = 0.67$

$n = \dfrac{e}{1+e}\times 100 = \dfrac{0.67}{1+0.67}\times 100 = 40.12\%$

(3) 상대 다짐도$= \dfrac{\gamma_d}{\gamma_{d\max}}\times 100 = \dfrac{1.63}{1.65}\times 100 = 98.79\%$

10 다음의 베인전단시험 결과에서 점착력을 구하시오.

• Vane의 직경 : 50mm, 높이 : 100mm	• 회전 저항 모멘트 : 100N · m

Solution

$$C = \dfrac{M_{\max}}{\pi D^2\left(\dfrac{H}{2}+\dfrac{D}{6}\right)} = \dfrac{100}{3.14\times 0.05^2\left(\dfrac{0.1}{2}+\dfrac{0.05}{6}\right)} = 218{,}380\text{N/m}^2 = 218.38\text{kN/m}^2$$

11 아스팔트질 혼합물의 증발감량 시험결과에 대한 물음에 답하시오.

(1) 시료의 항온 공기 중탕 내의 온도와 유지 시간은 얼마인가?

① 시료의 항온 공기 중탕 내 온도 :

② 시료의 항온 공기 중탕 내 온도 유지 시간:

(2) 아스팔트질 혼합물의 증발감량 시험결과가 다음과 같을 때 이 아스팔트의 증발 무게 변화율을 구하시오.

• 시료 채취량 : 50g	• 증발 후의 시료의 무게 : 49.7g

(3) 서로 다른 두 시험실에서 사람과 장치가 다를 때 동일 시료를 각각 1회씩 시험하여 구한 시험 결과의 허용차를 기록하시오.

증발 무게 변화율(%)	재현성의 허용차(%)
①	0.20
②	0.40
③	0.60 또는 평균값의 20% 중 큰 값

Solution

(1) ① 163℃
② 5시간

(2) 증발 무게 변화율

$$V=\frac{W-W_s}{W_s}\times 100=\frac{49.7-50}{50}\times 100=-0.6\%$$

(3) ① 0.5 이하
② 0.5 초과 1.0 이하
③ 1.0을 초과하는 것

12 모래층 사이에 두께가 5m인 점토층에서 시료를 채취하여 압밀시험을 한 결과 점토 중앙에서의 평균하중강도가 50kN/m², 투수계수가 2×10^{-9}m/sec이었다. $t_{50}=1.5$년인 경우 다음 물음에 답하시오.

(1) 압밀계수를 구하시오.
(2) 체적변화계수를 구하시오.
(3) 최종 압밀침하량을 구하시오.

Solution

(1) $C_v=\dfrac{0.197\left(\dfrac{H}{2}\right)^2}{t_{50}}=\dfrac{0.197\left(\dfrac{5}{2}\right)^2}{60\times60\times24\times540}=2.64\times10^{-8}\text{m}^2/\text{sec}$

(2) $m_v=\dfrac{k}{C_v\cdot\gamma_w}=\dfrac{2\times10^{-9}}{2.64\times10^{-8}\times9.81}=7.72\times10^{-3}\text{m}^2/\text{kN}$

(3) $\Delta H=m_v\cdot\Delta P\cdot H=7.72\times10^{-3}\times50\times5=1.93\text{m}$

건설재료시험 기사 실기 작업형 출제시험 항목

- 콘크리트의 슬럼프 및 공기량시험
- 흙의 액성한계 및 소성한계시험
- 모래치환법에 의한 흙의 밀도시험

기사 2022년 5월 7일 시행

• NOTICE •

한국산업인력공단의 저작권법 저촉에 대한 언급(2013년 2회 시험부터)이 있어 과거에 수험자의 기억을 토대로 작성한 동일한 문제나 그 유형의 문제로 재구성하였으며, 혹 미비한 부분은 계속 수정 보완하겠습니다.

01 굵은골재 밀도 및 흡수율 시험 결과가 다음과 같다. 물음에 산출근거와 답을 쓰시오.(단, 소수 셋째 자리에서 반올림하시오.)

- 표면건조 포화상태의 공기 중 시료의 질량 : 2,231g
- 물속의 철망태와 시료의 질량 : 3,192g
- 물속의 철망태 질량 : 1,855g
- 건조기 건조 후 시료의 질량 : 2,102g
- 물의 밀도 : 0.9970g/cm^3

(1) 표면건조 포화상태의 밀도를 구하시오.

(2) 겉보기 밀도를 구하시오.

(3) 흡수율을 구하시오.

Solution

(1) $\dfrac{B}{B-C}\times\rho_w=\dfrac{2{,}231}{2{,}231-1{,}337}\times 0.9970=2.49\,\text{g/cm}^3$

(2) $\dfrac{A}{A-C}\times\rho_w=\dfrac{2{,}102}{2{,}102-1{,}337}\times 0.9970=2.74\,\text{g/cm}^3$

(3) $\dfrac{B-A}{A}\times 100=\dfrac{2{,}231-2{,}102}{2{,}102}\times 100=6.14\%$

여기서, A : 건조기 건조 후 시료의 질량

B : 표면건조 포화상태의 공기 중 시료의 질량

C : 수중의 시료의 질량 = 3,192 − 1,855 = 1,337g

ρ_w : 물의 밀도

02 그림과 같이 $P = 50\text{kN/m}^2$의 등분포하중이 작용할 때 다음 물음에 답하시오.(단, $\gamma_w = 9.81\text{kN/m}^3$이다.)

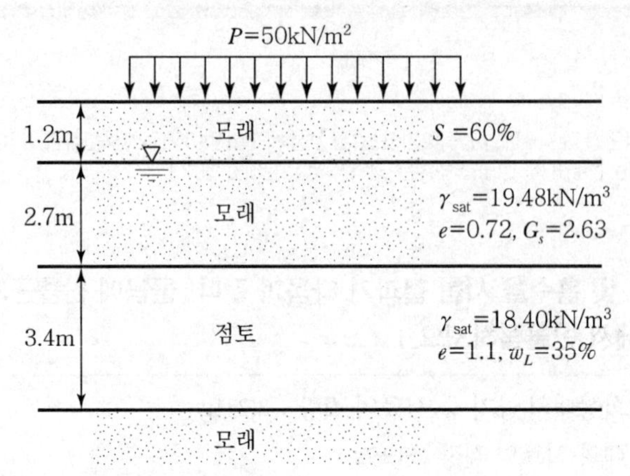

(1) 지하수면 아래 모래지반의 수중밀도를 구하시오.

(2) 점토지반의 중앙단면에서의 초기 유효응력을 구하시오.

(3) Skempton 공식에 의한 점토지반의 압축지수를 구하시오.(단, 시료는 불교란 상태이다.)

(4) 점토지반의 최종 압밀침하량을 구하시오.

Solution

(1) $\gamma_{\text{sub}} = \gamma_{\text{sat}} - \gamma_w = 19.48 - 9.81 = 9.67\text{kN/m}^3$

(2) • 지하수면 위 모래지반의 습윤밀도

$$\gamma_t = \frac{G_s + \dfrac{S \cdot e}{100}}{1+e} \cdot \gamma_w = \frac{2.63 + \dfrac{60 \times 0.72}{100}}{1+0.72} \times 9.81 = 17.46\text{kN/m}^3$$

• 점토지반의 수중밀도

$$\gamma_{\text{sub}} = \gamma_{\text{sat}} - \gamma_w = 18.40 - 9.81 = 8.59\text{kN/m}^3$$

$$\therefore\ P_1 = 17.46 \times 1.2 + 9.67 \times 2.7 + 8.59 \times \frac{3.4}{2} = 61.66\text{kN/m}^2$$

(3) $C_c = 0.009(w_L - 10) = 0.009(35 - 10) = 0.225$

(4) $$\Delta H = \frac{C_c}{1+e}\log\frac{P_2}{P_1} \cdot H = \frac{C_c}{1+e}\log\frac{(P_1 + \Delta P)}{P_1} \cdot H$$

$$= \frac{0.225}{1+1.1}\log\frac{(61.66+50)}{61.66} \times 340 = 9.39\text{cm}$$

03 콘크리트 압축강도 측정치와 시험 횟수가 29회 이하일 때 표준편차의 보정계수를 보고 다음 물음에 답하시오.

[콘크리트 압축강도 측정치(MPa)]

27.2	24.1	23.4	24.2	28.6	25.7
23.5	30.7	29.7	27.7	29.7	24.4
26.9	29.5	28.5	29.7	25.9	26.6

(1) 시험은 18회 실시하였다. 표준편차를 구하시오.(단, 표준편차의 보정계수가 사용표에 없을 경우 직선보간하여 사용한다.)

(2) 콘크리트의 호칭강도(f_{cn})가 24MPa일 때 배합강도를 구하시오.

Solution

(1) ① 콘크리트 압축강도 측정치 합계

$\sum x = 486$

② 평균값

$\bar{x} = \frac{486}{18} = 27\text{MPa}$

③ 편차 제곱합

$$S = (27.2-27)^2 + (23.5-27)^2 + (26.9-27)^2 + (24.1-27)^2 + (30.7-27)^2 + (29.5-27)^2$$
$$+ (23.4-27)^2 + (29.7-27)^2 + (28.5-27)^2 + (24.2-27)^2 + (27.7-27)^2 + (29.7-27)^2$$
$$+ (28.6-27)^2 + (29.7-27)^2 + (25.9-27)^2 + (25.7-27)^2 + (24.4-27)^2 + (26.6-27)^2$$
$$= 98.44\text{MPa}$$

④ 표준편차

$$\sigma = \sqrt{\frac{S}{n-1}} = \sqrt{\frac{98.44}{18-1}} = 2.41\text{MPa}$$

⑤ 직선보간한 표준편차(표준편차×보정계수)

$2.41 \times 1.112 = 2.68\text{MPa}$

여기서, 직선보간한 보정계수값은 16회 때 1.144, 17회 때 1.128, 18회 때 1.112, 19회 때 1.096이 된다.

⑥ 시험 횟수가 29회 이하일 때 표준편차의 보정계수

시험 횟수	표준편차의 보정계수
15	1.16
20	1.08
25	1.03
30 이상	1.00

(2) $f_{cn} \leq 35$MPa인 경우

① $f_{cr} = f_{cn} + 1.34S = 24 + 1.34 \times 2.68 = 27.59$MPa

② $f_{cr} = (f_{cn} - 3.5) + 2.33S = (24 - 3.5) + 2.33 \times 2.68 = 26.74$MPa

여기서, S : 직선보간한 표준편차값

∴ 두 식 중 큰 값 27.59MPa

04 물-시멘트비 55%, 잔골재율(S/a) 41%, 슬럼프 80mm, 단위 시멘트양 360kg, 공기량 1.5%, 시멘트 밀도 3.14g/cm³, 잔골재 밀도 2.50g/cm³, 굵은골재 밀도 2.52g/cm³일 때 콘크리트 1m³당 사용되는 단위 수량, 단위 잔골재량, 단위 굵은골재량을 구하시오.

(1) 단위 수량을 구하시오.

(2) 단위 잔골재량을 구하시오.

(3) 단위 굵은골재량을 구하시오.

Solution

(1) $\dfrac{W}{C} = 55\%$

$W = 0.55 \times 360 = 198$kg

(2) $V_{S+G} = 1 - \left(\dfrac{360}{3.14 \times 1{,}000} + \dfrac{198}{1 \times 1{,}000} + \dfrac{1.5}{100} \right) = 0.672\text{m}^3$

$S = 0.672 \times 0.41 \times 2.50 \times 1{,}000 = 688.8$kg

(3) $G = 0.672 \times 0.59 \times 2.52 \times 1{,}000 = 999.13$kg

05 건조밀도 $\gamma_d = 15.8\text{kN/m}^3$, 흙의 비중 $G_s = 2.50$일 때 다음 물음에 답하시오.(단, $\gamma_w = 9.81\text{kN/m}^3$이다.)

(1) 공극비를 구하시오.

(2) 공극률을 구하시오.

(3) 포화도가 60%일 때 습윤밀도를 구하시오.

Solution

(1) $e = \dfrac{\gamma_w}{\gamma_d} G_s - 1 = \dfrac{9.81}{1.58} \times 2.50 - 1 = 0.55$

(2) $n = \dfrac{e}{1+e} \times 100 = \dfrac{0.55}{1+0.55} \times 100 = 35.48\%$

(3) $\gamma_t = \dfrac{G_s + \dfrac{S \cdot e}{100}}{1+e} \gamma_w = \dfrac{2.50 + \dfrac{60 \times 0.55}{100}}{1+0.55} \times 9.81 = 17.91\text{kN/m}^3$

06 슈미트 해머에 대한 다음 물음에 답하시오.

(1) 콘크리트 종류에 따른 슈미트 해머의 종류 2가지를 쓰시오.

(2) 20회 슈미트 해머 시험 시 오차가 (　)% 이상인 경우 버리고, 범위를 벗어나는 시험값이 (　) 개 이상인 경우 전체를 버린다.

(3) 보정방법의 종류 2가지를 쓰시오.

Solution

(1) ① 보통 콘크리트 : N형
② 경량 콘크리트 : L형
③ 저강도 콘크리트 : P형
④ 매스 콘크리트 : M형

(2) 20%, 4개

(3) ① 타격 각도에 대한 보정
② 콘크리트 건습에 대한 보정
③ 압축응력에 대한 보정
④ 재령에 대한 보정

07 점토의 변수위 투수시험을 수행하여 다음과 같은 실험값을 얻었다. 이 점토의 투수계수는 얼마인가?(소수 일곱째 자리에서 반올림하시오.)

- 시료의 지름 : 8cm
- 파이프 지름 : 0.5cm
- 스탠드 파이프 내 초기 수위부터 최종 수위까지 수위 하강에 걸린 시간 : 30분
- 시료의 높이 : 20cm
- 스탠드 파이프 내 초기 수위 : 50cm
- 스탠드 파이프 내 종료 수위 : 17cm
- 온도 : 15℃

Solution

$$K = 2.3\frac{a \times L}{A \times t}\log\frac{h_1}{h_2}$$

$$a = \frac{\pi D^2}{4} = \frac{\pi \times 0.5^2}{4} = 0.196 = 0.2\text{cm}^2 = 20\text{mm}^2$$

$$A = \frac{\pi D^2}{4} = \frac{\pi \times 8^2}{4} = 50.265 = 50.27\text{cm}^2 = 5{,}027\text{mm}^2$$

$$L = 200\text{mm}$$

$t = 30 \times 60 = 1{,}800$초

$h_1 = 500\text{mm}$, $h_2 = 170\text{mm}$

$$\therefore \ K = 2.3 \times \frac{20 \times 200}{5{,}027 \times 1{,}800} \times \log\frac{500}{170} = 0.0004764\text{mm/sec} = 0.000048\text{cm/sec}$$

08 Vibroflotation 공법에 의해 사질토 지반을 개량하는 데 있어 사용할 옹벽의 뒤채움재의 적합 여부를 판정하시오.

[조건] $D_{10} = 0.36\text{mm}$, $D_{20} = 0.52\text{mm}$, $D_{50} = 1.42\text{mm}$

Solution

- 적합지수

$$S_N = 1.7\sqrt{\frac{3}{(D_{50})^2} + \frac{1}{(D_{20})^2} + \frac{1}{(D_{10})^2}}$$

- 적합지수에 따른 채움재료의 등급

S_N의 범위	0～10	10～20	20～30	30～50	50 이상
등급	우수	양호	적합	불량	불가

- $S_N = 1.7\sqrt{\frac{3}{(1.42)^2} + \frac{1}{(0.52)^2} + \frac{1}{(0.36)^2}} = 6.11$

  ∴ 우수하다.

09 아스팔트질 혼합물의 증발감량 시험결과에 대한 물음에 답하시오.

(1) 시료의 항온 공기 중탕 내의 온도와 유지 시간은 얼마인가?

① 시료의 항온 공기 중탕 내 온도

② 시료의 항온 공기 중탕 내 온도 유지시간

(2) 아스팔트질 혼합물의 증발감량 시험결과 다음과 같을 때 이 아스팔트의 증발 무게 변화율을 구하시오.

• 시료 채취량 : 50g	• 증발 후의 시료의 무게 : 49.7g

(3) 서로 다른 두 시험실에서 사람과 장치가 다를 때 동일 시료를 각각 1회씩 시험하여 구한 시험결과의 허용차를 기록하시오.

증발 무게 변화율(%)	재현성의 허용차(%)
0.5 이하	①
0.5 초과 1.0 이하	②
1.0을 초과하는 것	0.60 또는 평균값의 20% 중 큰 값

Solution

(1) ① 163℃

② 5시간

(2) 증발 무게 변화율

$$V=\frac{W-W_s}{W_s}\times 100=\frac{49.7-50}{50}\times 100=-0.6\%$$

(3) ① 0.2

② 0.4

10 아스팔트 연화점시험(환구법)에 대한 물음에 답하시오.

(1) 환구법은 (　)mm 침강 시 온도를 측정하며, 시료를 환에 주입하고 (　)시간 이내에 시험을 종료한다.

(2) 가열시간 (　)분 후부터 연화점에 도달할 때까지 중탕온도가 매분 똑같이 (　)의 속도로 상승하도록 가열한다.

(3) 재현 정밀도

연화점	허용차(℃)
80℃ 이하	
80℃ 초과	

Solution

(1) 25mm, 4시간

(2) 3분, 5±0.5℃

(3)

연화점	허용차(℃)
80℃ 이하	4.0
80℃ 초과	8.0

11 다음과 같은 흙을 통일 분류법으로 분류하시오.(단, 필요시 소성도 참고)

- 0.08mm체 통과율 : 40%
- 5mm체 통과율 : 90%
- 액성한계 : 35%
- 소성지수 : 15%

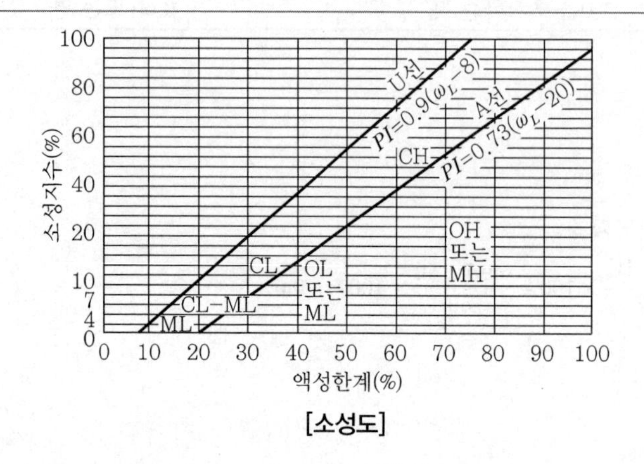

[소성도]

Solution

(1) 0.08mm체 통과율이 50% 이하이므로 조립토에 해당한다.
(2) 5mm체 통과율이 50% 이상이므로 모래에 해당한다.
∴ 소성도에서 소성지수 15%, 액성한계 35%의 위치는 A선 위가 되므로 SC로 분류한다.

12 어떤 흙 입자의 밀도시험 결과가 다음과 같다. 물음에 답하시오.

- 병의 질량 : 42.85g
- (병+노건조시료) 질량 : 67.89g
- (병+물) 질량 : 139.55g
- (병+물) 채웠을 때 온도 : 12℃
- (병+노건조시료+물) 질량 : 155.42g
- (병+노건조시료+물) 채웠을 때 온도 : 23℃
- 12℃일 때 물의 밀도 : 0.999526
- 23℃일 때 물의 밀도 : 0.997568

(1) 23℃에서 물을 채운 병의 질량을 구하시오.
(2) 23℃일 때 흙 입자의 밀도를 구하시오.

Solution

(1) $m_a = \dfrac{23℃ \text{에서의 물의 밀도}}{12℃ \text{에서의 물의 밀도}} \times (m_a' - m_f) + m_f$

$= \dfrac{0.997568}{0.999526} \times (139.55 - 42.85) + 42.85 = 139.36\text{g}$

(2) $\rho_s = \dfrac{m_s}{m_2 + (m_a - m_b)} \times \rho_{w(T)}$

$= \dfrac{25.04}{25.04 + (139.36 - 155.42)} \times 0.997568 = 2.78\text{g/cm}^3$

여기서, 노건조시료 질량 $m_s = 67.89 - 42.85 = 25.04\text{g}$

$\rho_{w(T)}$: 23℃일 때 물의 밀도

건설재료시험 기사 **실기 작업형 출제시험 항목**

- 콘크리트의 슬럼프 및 공기량시험
- 흙의 액성한계 및 소성한계시험
- 모래치환법에 의한 흙의 밀도시험

산업기사 2022년 5월 7일 시행

• NOTICE •

한국산업인력공단의 저작권법 저촉에 대한 언급(2013년 2회 시험부터)이 있어 과거에 수험자의 기억을 토대로 작성한 동일한 문제나 그 유형의 문제로 재구성하였으며, 혹 미비한 부분은 계속 수정 보완하겠습니다.

01 **상 · 하면이 모래층 사이에 끼인 두께 8m의 점토가 있다. 이 점토의 압밀계수 $C_v = 2.12 \times 10^{-3}$cm/sec로 보고 압밀도 50%의 압밀이 일어나는 데 소요되는 일수를 구하시오.**

Solution

$C_v = \dfrac{T_v\, H^2}{t}$ 공식에서 양면배수이며 압밀도가 50%이므로 $C_v = \dfrac{0.197\left(\dfrac{H}{2}\right)^2}{t_{50}}$

$$\therefore\ t_{50} = \frac{T_v\left(\dfrac{H}{2}\right)^2}{C_v} = \frac{0.197 \times \left(\dfrac{800}{2}\right)^2}{2.12 \times 10^{-3}} = 14{,}867{,}925\text{초} \div (60 \times 60 \times 240) = 172\text{일}$$

02 **애터버그 한계의 종류 3가지를 쓰고 간단히 설명하시오.**

(1)

(2)

(3)

Solution

(1) 액성한계 : 황동접시에 반죽된 시료를 2등분하여 25회 타격으로 시료의 붙는 길이가 13mm일 때 함수비

(2) 소성한계 : 반죽된 시료를 유리판에 놓고 손바닥으로 굴려 3mm 굵기로 부슬부슬 갈라지는 상태가 될 때 함수비

(3) 수축한계 : 시료를 건조시켜 함수비를 감소시켜도 체적이 감소하지 않을 때 함수비

03 **아스팔트 신도시험에 대한 다음 물음에 답하시오.**

(1) 아스팔트 신도시험의 목적을 쓰시오.

(2) 별도의 규정이 없을 때의 온도와 속도를 쓰시오.

(3) 저온에서 시험할 때의 온도와 속도를 쓰시오.

Solution

(1) 아스팔트의 연성을 알기 위해서
(2) 온도 : 25±0.5℃, 속도 : 5±0.25cm/분
(3) 온도 : 4℃, 속도 : 1cm/분

04 **콘크리트 표준시방서에서 콘크리트용 잔골재의 유해물 함유량 한도를 규정하고 있다. 여기서 규정하고 있는 유해물의 종류를 3가지만 쓰시오.**

(1)
(2)
(3)

Solution

(1) 점토 덩어리
(2) 염화물
(3) 석탄, 갈탄 등 밀도 2.0g/cm³의 액체에 뜨는 것
(4) 0.08mm체 통과량

05 **지름이 150mm, 길이가 300mm인 콘크리트 원주형 공시체에 할렬 인장강도시험을 한 결과 최대하중 190kN에서 파단 시 쪼갬인장강도를 구하시오.**

Solution

$$\text{인장강도} = \frac{2P}{\pi d l} = \frac{2 \times 190{,}000}{3.14 \times 150 \times 300} = 2.69\text{MPa}$$

06 **현장에서 흙의 단위 중량을 알기 위해 모래치환법을 실시하였다. 구멍에서 파낸 습윤 흙의 무게가 2,000g이고 구멍의 부피를 알기 위해 구멍에 모래를 넣은 무게를 쟀더니 1,350g이다. 이 모래의 단위 중량 γ = 1.35g/cm³, 흙의 함수비 ω = 20%일 때, 이 흙의 건조밀도를 구하시오.**

Solution

- $\gamma_{\text{모래}} = \dfrac{W}{V}$

  $1.35 = \dfrac{1{,}350}{V}$

$$\therefore\ V=\frac{1,350}{1.35}=1,000\text{cm}^3$$

- $\gamma_t=\dfrac{W}{V}=\dfrac{2,000}{1,000}=2.0\text{g/cm}^3$

- $\gamma_d=\dfrac{\gamma_t}{1+\dfrac{\omega}{100}}=\dfrac{2.0}{1+\dfrac{20}{100}}=1.667\text{g/cm}^3$

07 콘크리트 강도시험에 대한 다음 물음에 답하시오.

(1) 콘크리트 압축강도 시험체의 지름은 굵은골재 최대치수의 몇 배 이상이어야 하는가?

(2) 콘크리트 휨강도 시험체를 만들 때 다짐 시 각 층마다 몇 mm^2에 대하여 1회 비율로 다지는가?

Solution

(1) 3배

(2) $1,000\text{mm}^2$

08 흐트러지지 않은 연약한 점토 시료를 채취하여 일축압축시험을 행하였다. 공시체의 직경이 38mm, 높이가 76mm이고, 파괴 시의 하중계를 읽은 값이 127N, 축방향의 변형량이 0.8mm일 때 이 시료의 일축압축강도는 얼마인가?

Solution

- $A=\dfrac{\pi\cdot d^2}{4}=\dfrac{3.14\times 0.038^2}{4}=1.13\times 10^{-3}\text{m}^2$

- $A_o=\dfrac{A}{1-\varepsilon}=\dfrac{1.13\times 10^{-3}}{1-\dfrac{0.8}{76}}=1.14\times 10^{-3}\text{m}^2$

$$\therefore\ q_u(\sigma_1)=\frac{P}{A_o}=\frac{127\times 10^{-3}}{1.14\times 10^{-3}}=111.2\text{kN/m}^2=111.2\text{kPa}$$

09 다음은 잔골재 체가름 시험 결과이다. 물음에 답하시오.

(1) 다음 표를 완성하시오.(단, 소수 첫째 자리에서 반올림하시오.)

체눈금(mm) \ 구분	남는 양(g)	잔류율(%)	가적 잔류율(%)	통과율(%)
5.0	0	–	–	100
2.5	43			
1.2	132			
0.6	252			
0.3	108			
0.15	58			
Pan	7			–

(2) 조립률을 구하시오.(단, 소수 셋째 자리에서 반올림하시오.)

Solution

(1)

체눈금(mm) \ 구분	남는 양(g)	잔류율(%)	가적 잔류율(%)	통과율(%)
5.0	0	–	–	100
2.5	43	7	7	93
1.2	132	22	29	71
0.6	252	42	71	29
0.3	108	18	89	11
0.15	58	10	99	1
Pan	7	1	100	–

- $\text{잔류율} = \dfrac{\text{각 체에 남는 양}}{\text{전체 질량}} \times 100$
- 가적 잔류율＝각 체의 잔류율의 누계
- 통과율＝100－가적 잔류율

(2) 조립률

$$FM = \frac{7+29+71+89+99}{100} = 2.95$$

10 콘크리트 배합 시 시방배합을 현장배합으로 수정할 때 고려해야 할 사항 3가지를 쓰시오.

(1)

(2)

(3)

Solution

(1) 현장 골재의 표면수량
(2) 현장 잔골재 중의 5mm 체에 남는 양
(3) 현장 굵은골재 중의 5mm 체에 통과하는 양

11 도로의 평판재하시험에서 시험을 끝마치는 조건에 대해 2가지만 쓰시오.

(1)
(2)

Solution

(1) 침하량이 15mm에 달할 때
(2) 하중강도가 현장에서 예상되는 최대 접지압력을 초과할 때
(3) 하중강도가 그 지반의 항복점을 넘을 때

12 다음은 표준관입시험에 대한 내용이다. 물음에 답하시오.

(1) 표준관입시험 N값의 정의를 쓰시오.
(2) 표준관입시험에서 관입이 불가능한 경우를 쓰시오.
(3) 토립자가 모나고 입도분포가 양호한 모래지반에서 N값을 측정한 결과 12이었다. 내부마찰각을 구하시오.(단, Dunham 공식을 이용한다.)

Solution

(1) 중공 샘플러를 63.5kg 해머로 75cm 높이에서 자유 낙하시켜 샘플러를 30cm 관입시키는 데 소요되는 타격횟수
(2) 지반이 단단하여 50회 타격하여도 30cm 관입이 안 되는 경우
(3) $\phi = \sqrt{12} + 25 = \sqrt{12} + 15 = 28.46°$
- 모래의 입자가 둥글고 입도분포가 균등(불량)한 경우 : $\phi = \sqrt{12} + 15$
- 모래의 입자가 둥글고 입도분포가 양호한 경우 : $\phi = \sqrt{12} + 20$
- 모래의 입자가 모나고 입도분포가 균등(불량)한 경우 : $\phi = \sqrt{12} + 20$
- 모래의 입자가 모나고 입도분포가 양호한 경우 : $\phi = \sqrt{12} + 25$

건설재료시험 산업기사 실기 작업형 출제시험 항목

- 흙의 다짐시험
- 잔골재의 밀도시험
- 흙 입자의 밀도시험

기사 2022년 7월 24일 시행

• NOTICE •

한국산업인력공단의 저작권법 저촉에 대한 언급(2013년 2회 시험부터)이 있어 과거에 수험자의 기억을 토대로 작성한 동일한 문제나 그 유형의 문제로 재구성하였으며, 혹 미비한 부분은 계속 수정 보완하겠습니다.

01 **3개의 공시체를 가지고 마샬 안정도 시험을 실시한 결과 다음과 같다. 아래 물음에 답하시오.(단, 아스팔트의 밀도는 $1.02g/cm^3$, 혼합되는 골재의 평균밀도는 $2.712g/cm^3$이다.)**

공시체 번호	아스팔트 혼합률(%)	두께(cm)	질량(g)		용적(cm^3)
			공기 중	수중	
1	4.5	6.29	1,151	665	486
2	4.5	6.30	1,159	674	485
3	4.5	6.31	1,162	675	487

(1) 아스팔트 혼합물의 실측밀도를 구하시오.(단, 소수점 넷째 자리에서 반올림하시오.)

공시체 번호	실측밀도(g/cm^3)
1	
2	
3	
평균	

(2) 이론 최대밀도를 구하시오.(단, 소수점 넷째 자리에서 반올림하시오.)

Solution

(1) 실측밀도

$$\frac{\text{공기 중 질량(g)}}{\text{용적}(cm^3)}$$

① $\frac{1,151}{486} = 2.368g/cm^3$

② $\frac{1,159}{485} = 2.390g/cm^3$

③ $\frac{1,162}{487} = 2.386g/cm^3$

평균 $= \frac{(2.368 + 2.390 + 2.386)}{3} = 2.381g/cm^3$

(2) 이론 최대밀도

$$\frac{100}{\frac{A}{G_b}+\frac{100-A}{G_{ag}}}=\frac{100}{\frac{4.5}{1.02}+\frac{100-4.5}{2.712}}=2.524\text{g/cm}^3$$

여기서, A : 아스팔트 혼합율

G_b : 아스팔트 밀도

G_{ag} : 혼합된 골재의 평균밀도

02 콘크리트 배합강도의 결정에 대한 아래 물음에 답하시오.

(1) 압축강도의 시험횟수가 29회 이하일 때 표준편차의 보정계수에 대한 아래 표의 빈칸을 채우시오.

시험횟수	표준편차의 보정계수
15	①
20	②
25	③
30	1.00

(2) 30회 이상의 콘크리트 압축강도 시험으로부터 구한 표준편차는 4.5MPa이고, 호칭강도가 40MPa인 고강도 콘크리트의 배합강도를 구하시오.

Solution

(1) ① 1.16　② 1.08　③ 1.03

(2) $f_{cn}>35$MPa이므로

- $f_{cr}=f_{cn}+1.34s=40+1.34\times4.5=46.03\text{MPa}$
- $f_{cr}=0.9f_{cn}+2.33s=0.9\times40+2.33\times4.5=46.49\text{MPa}$

∴ 배합강도는 두 값 중 큰 값인 46.49MPa이다.

03 잔골재에 대한 밀도 및 흡수율 시험 결과가 아래 표와 같을 때 다음 물음에 답하시오.(단, 시험 온도에서의 물의 밀도는 0.9970g/cm³이다.)

물을 채운 플라스크 질량(g)	600
표면 건조 포화 상태 시료 질량(g)	500
시료와 물을 채운 플라스크 질량(g)	911
절대 건조 상태 시료 질량(g)	480

(1) 표면 건조 포화 상태의 밀도를 구하시오.
(2) 상대 겉보기 밀도를 구하시오.
(3) 흡수율을 구하시오.

Solution

(1) 표면 건조 포화 상태 밀도

$$d_s = \frac{m}{B+m-C} \times \rho_w = \frac{500}{600+500-911} \times 0.9970 = 2.64\text{g/cm}^3$$

(2) 상대 겉보기 밀도

$$d_A = \frac{A}{B+A-C} \times \rho_w = \frac{480}{600+480-911} \times 0.9970 = 2.83\text{g/cm}^3$$

(3) 흡수율

$$Q = \frac{m-A}{A} \times 100 = \frac{500-480}{480} \times 100 = 4.17\%$$

04 아스팔트와 관련된 시험에 대한 물음이다. 다음에 답하시오.

(1) 유화 아스팔트의 엥글러 점도시험 결과 시료 50mL가 유출되는 시간이 140초이고, 같은 양의 증류수가 유출되는 시간이 20초일 때 엥글러 점도를 구하시오.
(2) 아스팔트의 침입도 시험 결과 관입깊이가 6mm였다. 침입도를 구하시오.

Solution

(1) 엥글러 점도 $= \dfrac{\text{시료의 유출시간(초)}}{\text{증류수의 유출시간(초)}} = \dfrac{140}{20} = 7$

(2) 침입도 1은 관입깊이가 0.1mm이므로 $1 : 0.1 = x : 6$

$\therefore$ 침입도 $= \dfrac{6}{0.1} = 60$

05 시멘트 밀도시험(KS L 5110)에 대한 아래 물음에 답하시오.

(1) 시험용으로 사용하는 광유의 품질에 대하여 간단히 설명하시오.
(2) 투입한 시멘트의 무게가 64g이고, 시멘트 투입 후 르샤틀리에 플라스크 눈금 차가 20.4mL였다. 이 시멘트의 밀도를 구하시오.
(3) 시멘트 밀도시험의 정밀도 및 편차에 대한 아래 표의 설명에서 ( )를 채우시오.

동일 시험자가 동일 재료에 대하여 (①)회 측정한 결과가 (②) 이내이어야 한다.

Solution

(1) 온도 (20±1)℃에서 밀도 0.73g/cm³ 이상인 완전히 탈수된 등유나 나프타를 사용한다.

(2) 시멘트 밀도$=\dfrac{\text{시멘트의 질량(g)}}{\text{르샤틀리에 플라스크의 눈금 차(mL)}}=\dfrac{64}{20.4}=3.14\text{g/cm}^3$

(3) ① 2, ② ±0.03g/cm³

06 **다음은 어느 토층의 그림이다. 선행압밀하중(P_c)이 165kN/m²일 때 상재하중 ΔP= 73kN/m²에서 일어나는 1차 압밀량(S)을 구하시오.(단, γ_w = 9.81kN/m³, C_s(팽창지수) = $\dfrac{1}{5}C_c$(압축지수)로 가정하고, 소수점 넷째 자리에서 반올림하시오.)**

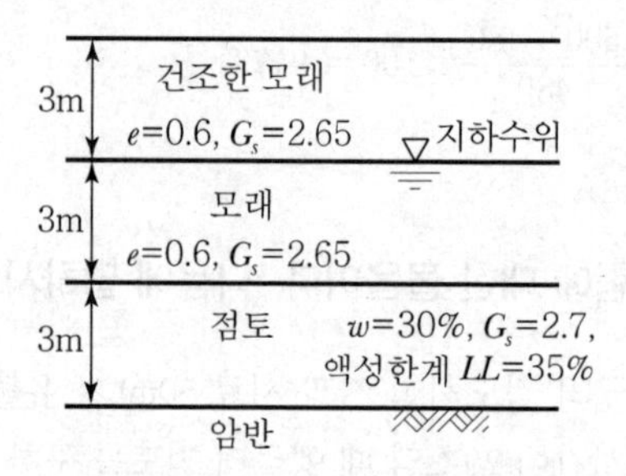

Solution

- 건조한 모래

$$\gamma_d=\frac{G_s}{1+e}\cdot\gamma_w=\frac{2.65}{1+0.6}\times 9.81=16.245\text{kN/m}^3$$

- 포화된 모래

$$\gamma_{sat}=\frac{G_s+e}{1+e}\cdot\gamma_w=\frac{2.65+0.6}{1+0.6}\times 9.81=19.924\text{kN/m}^3$$

$$\gamma_{\text{sub}}=\gamma_{\text{sat}}-\gamma_w=19.924-9.81=10.114\text{kN/m}^3$$

- 포화된 점토

$$S\cdot e=G_s\cdot w$$

$$e=\frac{G_s\cdot w}{S}=\frac{2.7\times 30}{100}=0.81$$

$$\gamma_{\text{sat}}=\frac{G_s+e}{1+e}\cdot\gamma_w=\frac{2.7+0.81}{1+0.81}\times 9.81=19.022\text{kN/m}^3$$

$$\gamma_{\text{sub}}=\gamma_{\text{sat}}-\gamma_w=19.022-9.81=9.212\text{kN/m}^3$$

점토층 중앙의 초기 유효연직 압력 $P_0=16.245\times 3+10.114\times 3+9.212\times\dfrac{3}{2}=92.895\text{kN/m}^2$

$P_0 + \Delta P = 92.895 + 73 = 165.895\text{kN/m}^2$

$P_c = 165\text{kN/m}^2$

여기서, $P_0 + \Delta P > P_c$이므로

$$S = \frac{C_s}{1+e}\log\frac{P_c}{P_0}\cdot H + \frac{C_c}{1+e}\log\frac{P_0+\Delta P}{P_c}\cdot H$$

$$= \frac{0.045}{1+0.81}\log\frac{165}{92.895}\times 300 + \frac{0.225}{1+0.81}\log\frac{165.895}{165}\times 300 = 1.948\text{cm}$$

여기서, $C_c = 0.009(w_L - 10) = 0.009(35-10) = 0.225$

$$C_s = \frac{1}{5}C_c = \frac{1}{5}\times 0.225 = 0.045$$

07 토질시험 결과 보고서에서 NP(비소성)의 기호를 볼 수 있다. NP의 기호를 사용하는 경우를 3가지만 쓰시오.

(1)

(2)

(3)

Solution

(1) 액성한계와 소성한계를 구할 수 없는 경우

(2) 액성한계는 구하나 소성한계를 구할 수 없는 경우

(3) 소성한계가 액성한계와 같은 경우

(4) 소성한계가 액성한계보다 큰 경우

08 도로현장 토공에서 들밀도 시험을 하여 파낸 구멍의 체적 $V = 1,960\text{cm}^3$이었고 이 구멍 속에서 파낸 흙 무게가 3,440g이었다. 이 흙의 토질 시험 결과 함수비가 15%였으며 최대건조밀도 $\rho_{d\max} = 1.60\text{g/cm}^3$이었다. 다음 물음에 답하시오.

(1) 현장건조밀도를 구하시오.

(2) 흙의 다짐도를 구하시오.

Solution

(1) 현장건조밀도

- 습윤밀도 $\rho_t = \dfrac{m}{V} = \dfrac{3,440}{1,960} = 1.755\text{g/cm}^3$

$\therefore$ 현장건조밀도 $\rho_d = \dfrac{\rho_t}{1+\dfrac{w}{100}} = \dfrac{1.755}{1+\dfrac{15}{100}} = 1.53\text{g/cm}^3$

(2) 흙의 다짐도

$$C_d = \frac{\rho_d}{\rho_{d\max}} \times 100 = \frac{1.53}{1.60} \times 100 = 95.63\%$$

09 정규압밀점토에 대하여 압밀배수 삼축압축시험을 실시하였다. 시험결과 구속압력을 312.7kN/m² 로 하고 축차응력 312.7kN/m²를 가하였을 때 파괴가 일어났다. 아래 물음에 답하시오.(단, 점착력 c = 0이다.)

(1) 내부마찰각(ϕ)을 구하시오.
(2) 파괴면이 최대주응력면과 이루는 각(θ)을 구하시오.
(3) 파괴면에서 수직응력(σ)을 구하시오.

Solution

(1) • $\sigma_1 = \sigma_3 + \Delta\sigma = 312.7 + 312.7 = 625.4\text{kN/m}^2$

• $\sigma_3 = 312.7\text{kN/m}^2$

• $\sin\phi = \dfrac{\sigma_1 - \sigma_3}{\sigma_1 + \sigma_3}$

$$\therefore \phi = \sin^{-1}\frac{\sigma_1 - \sigma_3}{\sigma_1 + \sigma_3} = \sin^{-1}\frac{625.4 - 312.7}{625.4 + 312.7} = 19.47°$$

(2) $\theta = 45° + \dfrac{\phi}{2} = 45° + \dfrac{19.47°}{2} = 54.74°$

(3) $\sigma = \dfrac{\sigma_1 + \sigma_3}{2} + \dfrac{\sigma_1 - \sigma_3}{2}\cos 2\theta$

$$= \frac{625.4 + 312.7}{2} + \frac{625.4 - 312.7}{2}\cos(2 \times 54.74°) = 416.91\text{kN/m}^2$$

10 점토질 시료를 변수위 투수시험을 수행하여 다음과 같은 시험값을 얻었다. 이 점토의 투수계수를 구하시오.(단, 소수점 일곱 자리에서 반올림하시오.)

- 시료의 지름 : 8cm
- 스탠드 파이프 지름 : 0.5cm
- 스탠드 파이프 내 초기 수위부터 최종 수위까지 수위 하강에 걸린 시간 : 30분
- 시료의 길이 : 20cm
- 스탠드 파이프 내 초기 수위 : 50cm
- 스탠드 파이프 내 종료 수위 : 17cm

Solution

- 스탠드 파이프 면적 $a=\frac{\pi d^2}{4}=\frac{3.14\times 0.5^2}{4}=0.196\,\text{cm}^2$
- 시료의 단면적 $A=\frac{\pi D^2}{4}=\frac{3.14\times 8^2}{4}=50.24\text{cm}^2$

$\therefore\ k=2.3\frac{a\,L}{A\,t}\log\frac{h_1}{h_2}=2.3\times\frac{0.196\times 20}{50.24\times(30\times 60)}\log\frac{50}{17}=0.000047\text{cm/sec}$

11 시방배합으로 단위수량 162kg/m³, 단위시멘트량 300kg/m³, 단위잔골재량 700kg/m³, 단위굵은골재량 1,200kg/m³를 산출하였다. 현장골재의 상태를 고려하여 현장배합으로 수정한 단위잔골재량과 단위굵은골재량을 구하시오.

<현장골재의 상태>
- 잔골재가 5mm 체에 남는 양 : 3.5%
- 굵은골재가 5mm 체를 통과하는 양 : 6.5%
- 잔골재의 표면수 : 5%
- 굵은골재의 표면수 : 1%

Solution

- 입도에 의한 조정

잔골재$=\frac{100S-b(S+G)}{100-(a+b)}=\frac{100\times 700-6.5(700+1{,}200)}{100-(3.5+6.5)}=640.56\text{kg/m}^3$

굵은골재$=\frac{100G-a(S+G)}{100-(a+b)}=\frac{100\times 1{,}200-3.5(700+1{,}200)}{100-(3.5+6.5)}=1{,}259.44\text{kg/m}^3$

- 표면수에 의한 조정

잔골재의 표면수$=640.56\times 0.05=32.03\text{kg/m}^3$

굵은골재의 표면수$=1{,}259.44\times 0.01=12.59\text{kg/m}^3$

$\therefore$ 단위잔골재량$=640.56+32.03=672.59\text{kg/m}^3$

$\therefore$ 단위굵은골재량$=1{,}259.44+12.59=1{,}272.03\text{kg/m}^3$

12 어떤 흙의 입도 분석 시험 결과가 다음과 같을 때 통일 분류법에 따라 이 흙을 분류하시오.

> **[시험 결과]**
> NO.200체 통과율이 10%, NO.4체 통과율이 42%이고, 액성한계 20%, 소성한계 10%, $D_{10}=0.09$mm, $D_{30}=0.10$mm, $D_{60}=0.15$mm인 흙

Solution

- NO.200체 통과율이 50% 이하이므로 조립토(G, S)에 해당
- NO.4체 통과율이 50% 이하이므로 자갈(G)에 해당
- 균등계수

  $C_u=\dfrac{D_{60}}{D_{10}}=\dfrac{0.15}{0.09}=1.67$(자갈의 경우 균등계수가 4 이하이므로 입도 불량)
- 곡률계수

  $C_g=\dfrac{(D_{30})^2}{D_{10}\times D_{60}}=\dfrac{(0.1)^2}{0.09\times 0.15}=0.74$(곡률계수가 1~3 범위를 벗어나므로 입도 불량)
- NO.200체 통과율이 5~12% 사이이므로 2중 기호를 적용한다.

  ∴ GP−GC 또는 GP−GM으로 판정한다.

건설재료시험 기사 실기 작업형 출제시험 항목

- 콘크리트의 슬럼프 및 공기량시험
- 흙의 액성한계 및 소성한계시험
- 모래치환법에 의한 흙의 밀도시험

기사 2022년 11월 19일 시행

• NOTICE •

한국산업인력공단의 저작권법 저촉에 대한 언급(2013년 2회 시험부터)이 있어 과거에 수험자의 기억을 토대로 작성한 동일한 문제나 그 유형의 문제로 재구성하였으며, 혹 미비한 부분은 계속 수정 보완하겠습니다.

01 콘크리트 $1m^3$를 만드는 데 필요한 잔골재 및 굵은골재량을 구하시오.

- 단위 시멘트양 = 220kg
- 물 – 시멘트비 = 55%
- 잔골재율(S/a) = 34%
- 시멘트 밀도 = 3.15g/cm^3
- 잔골재 밀도 = 2.65g/cm^3
- 굵은골재 밀도 = 2.70g/cm^3
- 공기량 = 2%

(1) 단위 잔골재량

(2) 단위 굵은골재량

Solution

• 단위 수량

$$\frac{W}{C} = 0.55$$

$$\therefore\ W = C \times 0.55 = 220 \times 0.55 = 121\text{kg}$$

• 단위 골재량의 절대부피

$$V = 1 - \left(\frac{121}{1 \times 1{,}000} + \frac{220}{3.15 \times 1{,}000} + \frac{2}{100}\right) = 0.789\text{m}^3$$

(1) 단위 잔골재량

$$S = 0.789 \times 0.34 \times 2.65 \times 1{,}000 = 710.89\text{kg}$$

(2) 단위 굵은골재량

$$G = 0.789 \times (1 - 0.34) \times 2.7 \times 1{,}000 = 1{,}406\text{kg}$$

02 수축한계시험 결과가 다음과 같다. 물음에 답하시오.(단, γ_w = 1g/cm³이다.)

습윤시료의 체적	20.5cm³
노건조시료의 중량	25.75g
노건조시료의 체적	14.97cm³
습윤시료의 함수비	42.8%

(1) 수축한계를 구하시오.
(2) 수축비를 구하시오.
(3) 근사치 비중을 구하시오.

Solution

(1) $w_s = w - \left[\dfrac{V - V_0}{W_s} \times \gamma_w \times 100\right] = 42.8 - \left[\dfrac{20.5 - 14.97}{25.75} \times 1 \times 100\right] = 21.32\%$

(2) $R = \dfrac{W_S}{V_0 \cdot \gamma_w} = \dfrac{25.75}{14.97 \times 1} = 1.72$

(3) $G_s = \dfrac{1}{\dfrac{1}{R} - \dfrac{w_s}{100}} = \dfrac{1}{\dfrac{1}{1.72} - \dfrac{21.32}{100}} = 2.72$

03 4m×4m 크기의 구조물을 설치하였을 때 그림과 같은 지반조건에서 다음 물음에 답하시오. (단, γ_w = 9.81kN/m³이다.)

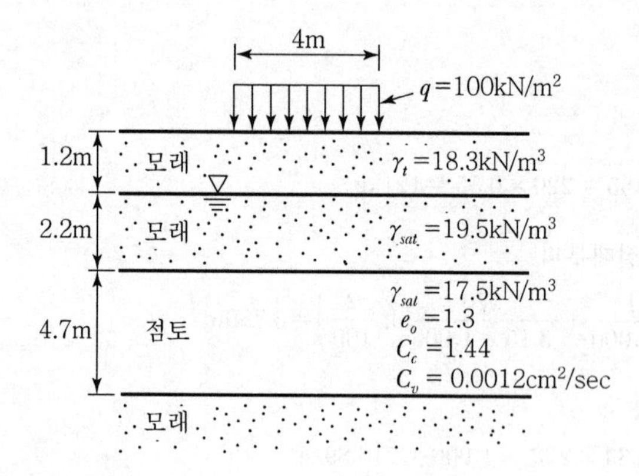

(1) 점토층의 중앙단면에 작용하는 초기 유효응력을 구하시오.
(2) 점토층의 중앙단면에 작용하는 응력증가분을 2 : 1 분포법으로 구하시오.
(3) 점토지반의 최종 압밀침하량을 구하시오.

Solution

(1) $P_1 = 18.3 \times 1.2 + (19.5 - 9.81) \times 2.2 + (17.5 - 9.81) \times \dfrac{4.7}{2} = 61.35\text{kN/m}^2$

(2) $\Delta P = \dfrac{q \cdot B^2}{(B+Z)^2} = \dfrac{100 \times 4^2}{(4+5.75)^2} = 16.83\text{kN/m}^2$

여기서, $Z = 1.2 + 2.2 + \dfrac{4.7}{2} = 5.75\text{m}$

(3) $\Delta H = \dfrac{C_C}{1+e} \log \dfrac{P_2}{P_1} \cdot H = \dfrac{1.44}{1+1.3} \log \dfrac{78.18}{61.35} \times 4.7 = 0.3098\text{m} = 30.98\text{cm}$

여기서, $P_2 = P_1 + \Delta P = 61.35 + 16.83 = 78.18\text{kN/m}^2$

04 도로공사의 토공관리 시험에 대한 사항이다. 다음 물음에 답하시오.

(1) 현장밀도 측정방법 2가지를 쓰시오.

[예시] 모래 치환법에 의한 밀도시험(들밀도 시험)

(2) 모래치환법에 의해 현장 밀도시험을 하였다. 파낸 구멍의 부피가 $1{,}680\text{cm}^3$, 파낸 흙의 무게가 $3{,}000\text{g}$이고 함수비가 20%였으며, 시험실에서 구한 최대건조 단위 중량이 1.5g/cm^3이었다.

① 건조밀도를 구하시오.

② 다짐도를 구하시오.

Solution

(1) ① 기름 치환법

② γ선 산란형 밀도계에 의한 방법(방사선법)

③ 코어 커터(Core Cutter)에 의한 방법(절삭법)

(2) ① 습윤밀도 $\gamma_t = \dfrac{W}{V} = \dfrac{3{,}000}{1{,}680} = 1.786\text{g/cm}^3$

건조밀도 $\gamma_d = \dfrac{\gamma_t}{1 + \dfrac{\omega}{100}} = \dfrac{1.786}{1 + \dfrac{20}{100}} = 1.488\text{g/cm}^3$

② 다짐도 $= \dfrac{\gamma_d}{\gamma_{d\max}} \times 100 = \dfrac{1.488}{1.5} \times 100 = 99.2\%$

05 아스팔트 시험에 대한 다음 물음에 답하시오.

(1) 아스팔트 침입도 시험에서 다음 사항에 대해 허용치를 쓰시오

① 동일한 시험실에서 동일인이 동일한 시험기로 시간을 달리하여 동일 시료를 2회 시험했을 때 정밀도에 관한 식을 쓰시오.(단, A_m : 시험 결과의 평균치)

② 서로 다른 시험실에서 서로 다른 사람이 다른 시험기로 동일 시료를 각각 1회씩 시험했을 때 정밀도에 관한 식을 쓰시오.(단, A_p : 시험 결과의 평균치)

(2) 역청 포장용 혼합물로부터 역청의 정량추출시험을 하여 다음의 결과를 얻었다. 역청 함유율(%)을 계산하시오.

- 시료의 무게 $W_1 = 2{,}230\text{g}$
- 시료 중 물의 무게 $W_2 = 110\text{g}$
- 추출된 광물질의 무게 $W_3 = 1{,}857.4\text{g}$
- 추출 물질 속의 회분의 무게 $W_4 = 93\text{g}$

Solution

(1) ① 허용차 $= 0.02 \times A_m + 2$

② 허용차 $= 0.04 \times A_p + 4$

(2) 역청 함유율 $= \dfrac{(W_1 - W_2) - (W_3 + W_4)}{(W_1 - W_2)} \times 100$

$$= \frac{(2{,}230 - 110) - (1{,}857.4 + 93)}{(2{,}230 - 110)} \times 100$$

$$= \frac{169.6}{2{,}120} \times 100 = 8\%$$

06 콘크리트용 골재의 체가름 시험에 대한 다음 물음에 답하시오.

(1) 굵은골재의 체가름 시 최소 건조질량 기준은 골재 최대치수(mm)의 몇 배를 kg으로 표시한 양인가?

(2) 잔골재의 체가름 시 최소 건조질량 기준을 쓰시오.

① 1.2mm 체를 95% 이상 통과하는 것에 대한 최소 건조질량은?

② 1.2mm 체를 5% 이상 남는 것에 대한 최소 건조질량은?

(3) 굵은 골재의 체가름 시험을 실시한 아래의 결과표를 완성하고 조립률을 구하시오.

체의 크기(mm)	잔류량(g)	잔류율(%)	누적 잔류율(%)
75	0		
50	0		
40	270		
30	1,755		
25	2,455		
20	2,270		
15	4,230		
10	2,370		
5	1,650		
2.5	0		

Solution

(1) 0.2

(2) ① 100g

② 500g

(3)

체의 크기(mm)	잔류량(g)	잔류율(%)	누적 잔류율(%)
75	0	0	0
50	0	0	0
40	270	2	2
30	1,755	12	14
25	2,455	16	30
20	2,270	15	45
15	4,230	28	73
10	2,370	16	89
5	1,650	11	100
2.5	0	0	100

- 잔류율 $= \dfrac{\text{잔류량}}{\text{전체질량}} \times 100$
- 누적 잔류율 = 각 체의 잔류율 누계
- 조립률 $= \dfrac{2+45+89+100+100+400}{100} = 7.36$

  여기서, 400은 1.2, 0.6, 0.3, 0.15mm 체 누적 잔류율에 해당한다.

07 어떤 흙 입자의 밀도시험 결과가 다음과 같다. 물음에 답하시오.

- 병의 질량 : 42.85g
- (병+노건조시료) 질량 : 67.89g
- (병+물) 질량 : 139.55g
- (병+물) 채웠을 때 온도 : 12℃
- (병+노건조시료+물) 질량 : 155.42g
- (병+노건조시료+물) 채웠을 때 온도 : 25℃
- 12℃일 때 물의 밀도 : 0.999526
- 25℃일 때 물의 밀도 : 0.99707

(1) 25℃에서 물을 채운 병의 질량을 구하시오.
(2) 25℃일 때 흙 입자의 밀도를 구하시오.

Solution

(1) $m_a = \dfrac{25℃\text{에서의 물의 밀도}}{12℃\text{에서의 물의 밀도}} \times (m_a' - m_f) = m_f$

$= \dfrac{0.99707}{0.999526} \times (139.55 - 42.85) + 42.85 = 139.31\text{g}$

(2) $\rho_s = \dfrac{m_s}{m_s + (m_a - m_b)} \times \rho_{w(T)}$

$= \dfrac{25.04}{25.04 + (139.31 - 155.42)} \times 0.99707 = 2.80\text{g/cm}^3$

여기서, 노건조시료 질량 $m_s = 67.89 - 42.85 = 25.04\text{g}$

$\rho_{w(T)}$: 25℃일 때 물의 밀도

08 그림과 같은 지층의 흙입자 비중이 2.8, 공극비가 0.6인 조립토층이 있다. 다음 물음에 답하시오.(단, $\gamma_w = 9.81\text{kN/m}^3$이다.)

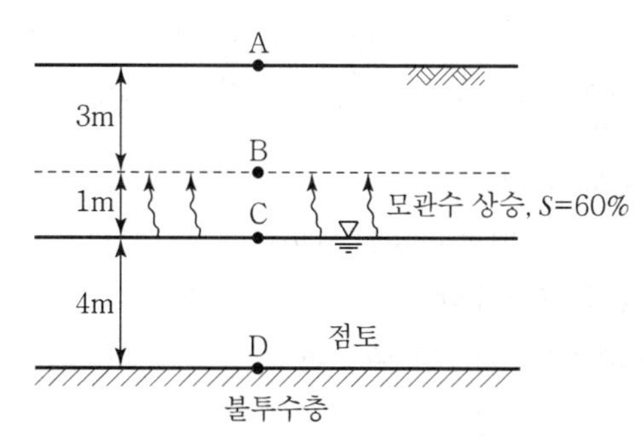

(1) B점의 유효응력을 구하시오.

(2) B점 바로 아래의 유효응력을 구하시오.

(3) C점의 유효응력을 구하시오.

(4) D점의 유효응력을 구하시오.

Solution

(1) • 전응력 $\sigma_B = \gamma_d \times Z = \left(\dfrac{G_s}{1+e}\gamma_w\right) \times Z = \left(\dfrac{2.8}{1+0.6} \times 9.81\right) \times 3 = 51.50\text{kN/m}^2$

• 간극수압 $u_B = 0$(B점 바로 위)

∴ 유효응력 = 전응력 − 간극수압

= 51.50 − 0 = 51.50kN/m²

(2) • 전응력 $\sigma_B = \gamma_d \times Z = \left(\dfrac{G_s}{1+e}\gamma_w\right) \times Z = \left(\dfrac{2.8}{1+0.6} \times 9.81\right) \times 3 = 51.50\text{kN/m}^2$

• 간극수압 $u_B = -\gamma_w h \dfrac{S}{100} = -9.81 \times 1 \times \dfrac{60}{100} = -5.89\text{kN/m}^2$($B$점 바로 아래)

∴ 유효응력 = 전응력 − 간극수압

= 51.50 − (−5.89) = 57.39kN/m²

(3) • 전응력 $\sigma_C = \gamma_d \times 3 + \gamma_t \times 1 = \left(\dfrac{G_s}{1+e}\gamma_w\right) \times 3 + \left(\dfrac{G_s + \dfrac{S\,e}{100}}{1+e}\gamma_w\right) \times 1$

$$= \left(\frac{2.8}{1+0.6} \times 9.81\right) \times 3 + \left(\frac{2.8 + \dfrac{60 \times 0.6}{100}}{1+0.6} \times 9.81\right) \times 1 = 70.87\text{kN/m}^2$$

• 간극수압 $u_C = 0$

∴ 유효응력 = 전응력 − 간극수압

= 70.87 − 0 = 70.87kN/m²

(4) • 전응력 $\sigma_D = \gamma_d \times 3 + \gamma_t \times 1 + \gamma_{sat} \times 4 = \left(\frac{G_s}{1+e}\gamma_w\right) \times 3 + \left(\frac{G_s + \frac{S\,e}{100}}{1+e}\gamma_w\right) \times 1 + \left(\frac{G_s + e}{1+e}\gamma_w\right) \times 4$

$$= \left(\frac{2.8}{1+0.6} \times 9.81\right) \times 3 + \left(\frac{2.8 + \frac{60 \times 0.6}{100}}{1+0.6} \times 9.81\right) \times 1 + \left(\frac{2.8+0.6}{1+0.6} \times 9.81\right) \times 4$$

$= 154.26\text{kN/m}^2$

• 간극수압 $u_D = \gamma_w\ h = 9.81 \times 4 = 39.24\text{kN/m}^2$

∴ 유효응력 = 전응력 − 간극수압

$= 154.26 - 39.24 = 115.02\text{kN/m}^2$

09 아스팔트 시험에 대한 다음 물음에 답하시오.

(1) 아스팔트 신도시험에서의 별도의 규정이 없는 경우 시험온도와 인장속도를 쓰시오.

① 시험온도

② 인장속도

(2) 엥글러 점도시험에 대한 과정이다. 다음 ( ) 안을 채우시오.

> 엥글러 점도시험은 유화 아스팔트의 점성을 나타내는 것으로 25℃에서 시료 (①)mL를 엥글러계에서 유출하는 시간과 같은 양의 (②)로 엥글러계에서 유출하는 시간을 측정하여 그 비를 엥글러도로 나타낸다.

Solution

(1) ① 25±0.5℃

② 5±0.25cm/min

(2) ① 50

② 증류수

10 콘크리트 압축강도 추정을 위한 반발경도 시험방법(KSF 2730)에 대한 과정이다. 다음 ( ) 안을 채우시오.

(1) 적용 콘크리트에 따른 슈미트 해머의 종류를 2가지만 쓰시오.

(2) 타격 위치는 가장자리로부터 (①)mm 이상 떨어지고, 서로 (②)mm 이내로 근접해서는 안 된다. 각 시험 영역으로부터 (③)개의 시험값을 취한다.

Solution

(1) ① 보통 콘크리트 : N형
② 경량 콘크리트 : L형

(2) ① 100
② 30
③ 20

11 콘크리트용 굵은 골재는 규정에 적합한 골재를 사용하여야 한다. 굵은 골재의 유해물 함유량의 허용값에 대한 아래 표의 빈칸을 채우시오.

항목	허용값
점토 덩어리(%)	( )
연한 석편(%)	( )
0.08mm 통과율(%)	( )
석탄, 갈탄 등으로 밀도 $2.0g/cm^3$ 액체에 뜨는 것 • 콘크리트의 외관이 중요한 경우 • 기타의 경우	 ( ) ( )

Solution

항목	허용값
점토 덩어리(%)	(0.25)
연한 석편(%)	(5.0)
0.08mm 통과율(%)	(1.0)
석탄, 갈탄 등으로 밀도 $2.0g/cm^3$ 액체에 뜨는 것 • 콘크리트의 외관이 중요한 경우 • 기타의 경우	 (0.5) (1.0)

12 아래의 베인 전단시험 결과에서 점착력을 구하시오.

- Vane의 직경 5cm, 높이 10cm
- 회전 저항 모멘트 1,603N · m

Solution

$$C=\frac{N_{\max}}{\pi D^2\left(\frac{H}{2}+\frac{D}{6}\right)}=\frac{1.603}{3.14\times0.05^2\left(\frac{0.1}{2}+\frac{0.05}{6}\right)}=3,500.6\text{kN/m}^2$$

여기서, 1,603N · m = 1.603kN · m

건설재료시험 기사 실기 작업형 출제시험 항목

- 콘크리트의 슬럼프 및 공기량시험
- 흙의 액성한계 및 소성한계시험
- 모래치환법에 의한 흙의 밀도시험

산업기사 2022년 7월 24일 시행

• NOTICE •

한국산업인력공단의 저작권법 저촉에 대한 언급(2013년 2회 시험부터)이 있어 과거에 수험자의 기억을 토대로 작성한 동일한 문제나 그 유형의 문제로 재구성하였으며, 혹 미비한 부분은 계속 수정 보완하겠습니다.

01 모래치환법에 의한 현장 흙의 단위무게 시험의 결과를 보고 물음에 답하시오.(단, γ_w = 1g/cm^{3}이다.)

- 시험구멍의 체적 = 2,020cm^3
- 시험구멍에서 파낸 흙 무게 = 3,570g
- 함수비 = 15.3%
- 흙의 비중 = 2.67
- 최대건조밀도 = 1.635g/cm^3

(1) 건조밀도(γ_d)

(2) 공극비(e)

(3) 공극률(n)

(4) 다짐도

Solution

(1) $\gamma_t = \dfrac{W}{V} = \dfrac{3,570}{2,020} = 1.767\text{g/cm}^3$

$$\gamma_d = \frac{\gamma_t}{1+\dfrac{w}{100}} = \frac{1.767}{1+\dfrac{15.3}{100}} = 1.533\text{g/cm}^3$$

(2) $e = \dfrac{\gamma_w}{\gamma_d} \times G_s - 1 = \dfrac{1}{1.533} \times 2.67 - 1 = 0.742$

(3) $n = \dfrac{e}{1+e} \times 100 = \dfrac{0.742}{1+0.742} \times 100 = 42.595\%$

(4) 다짐도 $= \dfrac{\gamma_d}{\gamma_{d\max}} \times 100 = \dfrac{1.533}{1.635} \times 100 = 93.761\%$

02 **수직방향의 투수계수가 4.5×10^{-8}m/sec이고, 수평방향의 투수계수가 1.6×10^{-8}m/sec인 균질하고 비등방(非等方)인 흙댐의 유선망을 그린 결과 유로(流路) 수가 4개이고 등수두선의 간격 수가 18개였다. 단위길이(m)당 침투수량은?(단, 댐 상하류의 수면의 차는 18m이다.)**

Solution

비등방인 경우 투수계수

$$k=\sqrt{k_v\times k_h}=\sqrt{4.5\times10^{-8}\times1.6\times10^{-8}}=2.68\times10^{-8}\text{m/sec}$$

$$\therefore\ Q=k\cdot h\cdot\frac{N_f}{N_d}=2.68\times10^{-8}\times18\times\frac{4}{18}=1.1\times10^{-7}\text{m}^3\text{/sec}$$

03 **통일분류법과 AASHTO 분류법의 차이점을 쓰시오.**

(1)

(2)

(3)

(4)

Solution

(1) 조립토와 세립토의 분류를 통일분류법에서는 No.200체 통과량의 50%를 기준으로 하지만 AASHTO 분류법에서는 35%를 기준으로 한다.
(2) 자갈과 모래의 분류를 통일분류법에서는 No.4체를 기준으로 하지만 AASHTO 분류법에서는 No.10체를 기준으로 한다.
(3) 통일분류법에서는 자갈질 흙과 모래질 흙의 구분이 명확하나 AASHTO 분류법에서는 명확하지 않다.
(4) 유기질 흙은 통일분류법에서는 있으나 AASHTO 분류법에서는 없다.

04 **어떤 흙에 정수위투수시험을 하였다. 직경 및 길이는 각각 10cm, 31.4cm였고, 수두차를 20cm로 유지하면서 15℃의 물을 투과시킨 결과 10분간 480cm^{3}의 물이 시료를 통하여 흘러나왔다. 투수계수를 구하시오.**

Solution

$$k_{15}=\frac{Q\cdot L}{A\cdot h\cdot t}=\frac{480\times31.4}{\frac{\pi\cdot10^2}{4}\times20\times(10\times60)}=0.016\text{cm/sec}$$

05 자연시료의 압축파괴시험 시 강도가 1.57kN/m^2, 파괴면 각도 58°, 교란된 시료의 압축강도가 0.28kN/m^2일 때 다음 물음에 답하시오.(단, 소수 셋째 자리에서 반올림하시오.)

(1) 내부마찰각(ϕ)을 구하시오.

(2) 점착력(C)을 구하시오.

(3) 예민비를 구하고 판정하시오.

Solution

(1) $\theta = 45° + \dfrac{\phi}{2}$

$58° = 45° + \dfrac{\phi}{2}$

$\therefore \ \phi = 26°$

(2) $C = \dfrac{q_u}{2\tan\left(45° + \dfrac{\phi}{2}\right)} = \dfrac{1.57}{2\tan\left(45° + \dfrac{26°}{2}\right)} = 0.49\text{kN/m}^2$

(3) $S_t = \dfrac{q_u}{q_{ur}} = \dfrac{1.57}{0.28} = 5.61$

$\therefore$ $4 < S_t < 8$이므로 예민하다.

여기서, $S_t < 2$: 비예민

$2 < S_t < 4$: 보통

$4 < S_t < 8$: 예민

$8 < S_t$: 초예민

06 아스팔트 시험에 대한 다음 물음에 답하시오.

(1) 아스팔트 신도시험의 표준온도와 인장속도를 구하시오.

(2) 엥글러 점도계를 이용한 점도값은 어떻게 규정되는가?

Solution

(1) ① 표준온도 : 25±0.5℃

② 인장속도 : 5±0.25cm/min

(2) 엥글러 점도$= \dfrac{\text{시료의 유출시간(초)}}{\text{증류수의 유출시간(초)}}$

07 다음의 시멘트 밀도시험 성과표를 보고 적합, 부적합 여부를 판정한 후 그 이유를 쓰시오.

시멘트 밀도시험		
측정 횟수	1회	2회
처음 광유 눈금 읽음(mL)	0.3	0.4
시료 무게(g)	64.05	64.14
시료와 광유의 눈금 읽음(mL)	20.7	21.1
밀도(g/cm³)	3.14	3.10

Solution

- 부적합
- 동일 시험자가 동일 재료에 대하여 2회 측정한 결과가 ±0.03g/cm³ 이내이어야 한다.

08 점토질 흙의 현장에서 시험한 결과 간극비 1.5, 액성한계 50%, 점토층의 두께 4m, 유효한 재하압력이 130kN/m²에서 170kN/m²로 증가한 경우 이때의 압축지수 C_c와 최종 압밀침하량 ΔH를 구하시오.(단, 불교란 시료이고, 테르자기(Terzaghi)와 Deek의 공식을 이용하여 계산하시오. 소수 셋째 자리에서 반올림하시오.)

Solution

(1) 압축지수(C_c)

$$C_c = 0.009 \times (\omega_L - 10) = 0.009 \times (50 - 10) = 0.36$$

(2) 최종 압밀침하량(ΔH)

$$\Delta H = \frac{C_c}{1+e}\log\frac{P_2}{P_1} \times H = \frac{0.36}{1+1.5}\log\frac{170}{130} \times 4 = 0.07\text{m}$$

09 어떤 지반에서 시료를 채취하여 입도분석을 한 결과 No.200체 통과량이 4%, No.4체 통과량이 55%였으며 D_{10} = 0.004mm, D_{30} = 0.012mm, D_{60} = 0.025mm였다. 이 시료를 통일 분류법으로 분류하시오.

Solution

- No.200체 통과량이 50% 이하이므로 조립토(G, S)에 해당된다.
- No.4체 통과량이 50% 이상이므로 모래(S)에 해당된다.
- $C_u = \dfrac{D_{60}}{D_{10}} = \dfrac{0.025}{0.004} = 6.25$

$$C_g = \frac{(D_{30})^2}{D_{10} \times D_{60}} = \frac{(0.012)^2}{0.004 \times 0.025} = 1.44$$

C_g가 1~3 범위에 있으므로 입도가 양호하다.

$C_u > 6$이므로 입도가 양호하다.

∴ SW(입도가 양호한 모래)

10 골재 안정성 시험 목적과 사용 용액 1가지를 쓰시오.

(1) 목적

(2) 사용 용액

Solution

(1) 기상작용에 의한 골재의 균열 또는 파괴에 대한 저항성 정도를 측정하는 시험이다.

(2) 황산나트륨

11 동수경사 0.8, 비중 2.7, 함수비 35%인 완전포화된 흙의 분사현상에 대한 안전율을 구하시오.

Solution

$$S \cdot e = G_s \cdot w$$

$$e = \frac{G_s \cdot w}{S} = \frac{2.7 \times 35}{100} = 0.945$$

$$i_c = \frac{G_s - 1}{1 + e} = \frac{2.7 - 1}{1 + 0.945} = 0.874$$

$$\therefore F = \frac{i_c}{i} = \frac{0.874}{0.8} = 1.09$$

12 **아래의 조건에서 압력법에 의한 굳지 않은 콘크리트의 공기량 시험에서 골재수정계수 결정을 위해 사용해야 하는 잔골재와 굵은골재의 질량을 구하시오.**

- 콘크리트 시료의 용적 : 10L
- 콘크리트 용적 $1m^3$의 소요 잔골재 질량 : 900kg
- 콘크리트 용적 $1m^3$의 소요 굵은골재 질량 : 1,100kg

(1) 잔골재 질량
(2) 굵은골재 질량

Solution

(1) 잔골재 질량

$$\frac{10}{1,000}\times 900 = 9\text{kg}$$

(2) 굵은골재 질량

$$\frac{10}{1,000}\times 1,100 = 11\text{kg}$$

건설재료시험 산업기사 실기 작업형 출제시험 항목

- 흙의 다짐시험
- 잔골재의 밀도시험
- 흙 입자의 밀도시험

기사 2023년 4월 23일 시행

• NOTICE •

한국산업인력공단의 저작권법 저촉에 대한 언급(2013년 2회 시험부터)이 있어 과거에 수험자의 기억을 토대로 작성한 동일한 문제나 그 유형의 문제로 재구성하였으며, 혹 미비한 부분은 계속 수정 보완하겠습니다.

01 시방배합으로 단위 수량 150kg, 시멘트량 320kg, 잔골재량 600kg, 굵은골재량 1,200kg이 산출된 콘크리트 배합을 현장입도를 고려하여 현장배합으로 수정하여 단위 잔골재량, 단위 굵은골재량, 단위 수량을 구하시오.(단, 잔골재가 5mm체에 남는 질량 : 4%, 굵은골재가 5mm체에 통과하는 질량 : 5%, 잔골재의 표면수 : 3%, 굵은골재 표면수 : 0.5%)

(1) 단위 잔골재량

(2) 단위 굵은골재량

(3) 단위 수량

Solution

(1) ① 입도보정

$$x = \frac{100S - b(S+G)}{100-(a+b)} = \frac{100 \times 600 - 5(600+1{,}200)}{100-(4+5)} = 560.44\text{kg}$$

② 표면수 보정

$560.44 \times 0.03 = 16.81\text{kg}$

③ 단위 잔골재량

$560.44 + 16.81 = 577.25\text{kg}$

(2) ① 입도보정

$$y = \frac{100G - a(S+G)}{100-(a+b)} = \frac{100 \times 1{,}200 - 4(600+1{,}200)}{100-(4+5)} = 1{,}239.56\text{kg}$$

② 표면수 보정

$1{,}239.56 \times 0.005 = 6.20\text{kg}$

③ 단위 굵은골재량

$1{,}239.56 + 6.20 = 1{,}245.76\text{kg}$

(3) 단위 수량$= 150 - 16.81 - 6.2 = 126.99\text{kg}$

02 도로의 평판재하시험에서 침하량 1.25mm에 해당하는 하중강도가 270kN/m²일 때 다음 물음에 답하시오.(단, KSF 2310 규정에 의한다.)

(1) 직경 30cm의 재하판을 사용한 경우 지지력계수 K_{30}를 구하시오.

(2) 직경 40cm의 재하판을 사용한 경우 지지력계수 K_{40}를 구하시오.

(3) 직경 75cm의 재하판을 사용한 경우 지지력계수 K_{75}를 구하시오.

Solution

(1) $K_{30} = \frac{q}{y} = \frac{270}{0.00125} = 216{,}000\text{kN/m}^3 = 216\text{MN/m}^3$

(2) $K_{40} = \frac{K_{30}}{1.3} = \frac{216}{1.3} = 166.15\text{MN/m}^3$

(3) $K_{75} = \frac{K_{30}}{2.2} = \frac{216}{2.2} = 98.18\text{MN/m}^3$

03 테르자기 1차 압밀 가정 4가지를 쓰시오.

(1)

(2)

(3)

(4)

Solution

(1) 흙은 균질하고 완전히 포화되어 있다.

(2) 흙입자와 물은 비압축성이다.

(3) 흙의 변형은 1차원으로 연직방향으로만 압축된다.

(4) 흙 속의 물의 이동은 Darcy 법칙을 따르며 투수계수는 일정하다.

(5) 유효응력이 증가하면 압축토층의 간극비는 유효응력의 증가에 반비례해서 감소한다.

(6) 점토층의 체적 압축계수는 압밀층의 모든 점에서 일정하다.

(7) 압밀 시의 2차 압밀은 무시한다.

04 다음 물음에 해당되는 흙의 통일분류 기호를 쓰시오.

(1) No.200체 통과율이 10%, No.4체 통과율이 74%이고, 통과백분율 10%, 30%, 60%에 해당하는 입경이 각각 $D_{10} = 0.15\text{mm}$, $D_{30} = 0.38\text{mm}$, $D_{60} = 0.61\text{mm}$인 흙

(2) 액성한계가 40%이며 소성이 작은 무기질의 silt 흙

(3) 이탄 및 그 외의 유기질이 극히 많은 흙

Solution

(1) • No.200체 통과율이 50% 이하이므로 G 또는 S

• No.4체 통과율이 50% 이상이므로 S

• 균등계수 $C_u = \frac{D_{60}}{D_{10}} = \frac{0.61}{0.15} = 4.07$, $C_u < 6$이므로 입도 불량

곡률계수 $C_g = \frac{(D_{30})^2}{D_{10} \times D_{60}} = \frac{0.38^2}{0.15 \times 0.61} = 1.58$, $1 < C_g < 3$이므로 입도 양호

$\therefore$ SP(입도분포가 불량한 모래)

(2) ML(액성한계가 50% 이하이므로 무기질 실트이다.)

(3) P_t

05 아스팔트 신도시험에 대한 다음 물음에 답하시오.

(1) 아스팔트 신도시험의 목적을 간단히 쓰시오.

(2) 별도의 규정이 없을 때의 시험온도와 인장속도를 쓰시오.

(3) 저온에서 시험할 때의 시험온도와 인장속도를 쓰시오.

Solution

(1) 아스팔트의 연성을 알기 위해서

(2) 시험온도 : 25±0.5℃, 인장속도 : 5±0.25cm/min

(3) 시험온도 : 4℃, 인장속도 : 1cm/min

06 모래 치환법에 의한 현장 흙의 단위 무게시험 결과가 다음 표와 같을 때 물음에 답하시오.

• 시험구멍에서 파낸 흙의 무게 : 3,527g
• 시험 전 샌드 콘+모래의 무게 : 6,000g
• 시험 후 샌드 콘+모래의 무게 : 2,840g
• 모래의 건조밀도 : 1.6g/cm^3
• 현장 흙의 실내 토질 시험 결과 함수비 : 10%
• 최대건조밀도 : 1.65g/cm^3

(1) 현장 흙의 건조밀도를 구하시오.

(2) 상대 다짐도를 구하시오.

Solution

(1) • $\rho_{모래} = \frac{W}{V}$

$\therefore\ V = \frac{W_{모래}}{\rho_{모래}} = \frac{6{,}000 - 2{,}840}{1.6} = 1{,}975\text{cm}^3$

• 습윤밀도 $\rho_t = \frac{W}{V} = \frac{3{,}527}{1{,}975} = 1.79\text{g/cm}^3$

• 건조밀도 $\rho_d = \frac{\rho_t}{1 + \frac{w}{100}} = \frac{1.79}{1 + \frac{10}{100}} = 1.63\text{g/cm}^3$

(2) 상대 다짐도 $= \frac{\rho_d}{\rho_{d\,\max}} \times 100 = \frac{1.63}{1.65} \times 100 = 98.79\%$

07 골재의 단위용적질량 및 실적률 시험(KS F 2505) 결과 용기의 용적이 30L, 용기 안의 시료의 건조질량이 45kg이었다. 이 골재의 흡수율이 2.0%이고 표면건조포화상태의 밀도가 2.65kg/L일 때 공극률을 구하시오.

Solution

• 골재의 단위용적질량

$T = \frac{m}{V} = \frac{45}{30} = 1.5\text{kg/L}$

• 실적률

$G = \frac{T}{d_s}(100 + Q) = \frac{1.5}{2.65}(100 + 2.0) = 57.74\%$

• 공극률

$100 - 57.74 = 42.26\%$

08 아스팔트 시험에 대한 다음 물음에 답하시오.

(1) 아스팔트 침입도 시험에서 표준침의 관입량이 1.2cm로 나왔다. 침입도는 얼마인가?

(2) 동일한 시험실에서 동일인이 동일한 시험기로 시간을 달리하여 동일 시료를 2회 시험했을 때 시험 결과의 차이는 얼마의 허용치를 넘어서는 안 되는가?(단, A_m : 시험결과의 평균치)

(3) 서로 다른 시험실에서 서로 다른 사람이 다른 시험기로 동일 시료를 각각 1회 시험한 결과의 차이는 얼마의 허용치를 넘어서는 안 되는가?(단, A_p : 시험결과의 평균치)

Solution

(1) 침입도 $= \frac{1}{0.1} \times$ 관입량(mm) $= \frac{1}{0.1} \times 12 = 120$

(2) 허용치 $= 0.02A_m + 2$

(3) 허용치 $= 0.04A_p + 4$

09 블리딩 측정 용기의 안지름 25cm, 안높이 28cm인 측정 용기에 콘크리트를 타설한 후 콘크리트 블리딩을 시험한 결과가 다음과 같다. 이 콘크리트의 블리딩량과 블리딩률을 구하시오.

- 블리딩 물의 양 : 54mL
- 시료의 블리딩 물의 총무게 : 76g
- 시료와 용기의 무게 : 39.22kg
- 용기의 무게 : 10.80kg
- 콘크리트 $1m^3$에 사용된 재료의 총 무게 : 2,278kg
- 콘크리트 $1m^3$에 사용된 물의 총 무게 : 167kg

(1) 블리딩량을 구하시오.

(2) 블리딩률을 구하시오.

Solution

(1) 블리딩량 $B_r = \frac{V}{A} = \frac{51}{\frac{3.14 \times 25^2}{4}} = 0.11\text{mL/cm}^2$

(2) • 시료 중의 물의 질량(kg)

$$W_s = \frac{W}{C} \times S = \frac{167}{2278} \times (39.22 - 10.80) = 2.09\,\text{kg}$$

여기서, W : 콘크리트의 단위수량(kg/m^3), C : 콘크리트의 단위용적질량(kg/m^3)

S : 시료의 질량(kg)

• 블리딩률

$$B_r = \frac{B}{W_s} \times 100 = \frac{0.076}{2.09} \times 100 = 3.64\%$$

여기서, B : 최종까지 누계한 블리딩에 의한 물의 질량(kg)

W_s : 시료 중의 물의 질량(kg)

10 어떤 흙의 CBR 시험을 한 결과 다음과 같다. 물음에 답하시오.

- 팽창비(γ_e) : 14.24%
- 공시체의 건조밀도(γ_d) : 1.755g/cm³
- 흡수 팽창 시험 후의 공시체의 평균 함수비(ω') : 28.39%

(1) 흡수 팽창 시험 후의 건조밀도(γ_d')를 구하시오.

(2) 흡수 팽창 시험 후의 습윤밀도(γ_t')를 구하시오.

Solution

(1)

$$\gamma_d' = \frac{\gamma_d}{1+\frac{\gamma_e}{100}} = \frac{1.755}{1+\frac{14.24}{100}} = 1.536\text{g/cm}^3$$

(2)

$$\omega' = \left(\frac{\gamma_t'}{\gamma_d'} - 1\right) \times 100$$

$$\therefore\ \gamma_t' = \gamma_d'(1+\frac{\omega'}{100}) = 1.536(1+\frac{28.39}{100}) = 1.972\text{g/cm}^3$$

11 포화점토 시료를 대상으로 2회의 시험을 실시하였으며 배수조건 삼축압축시험의 결과는 다음과 같다. 전단강도 정수(내부마찰각과 점착력)를 구하시오.

시험 횟수	1	2
시료 파괴 시 구속응력 σ_3	70.30kN/m²	105.46kN/m²
파괴면의 축차응력 $(\Delta\sigma_d)_f$	173.66kN/m²	235.53kN/m²

Solution

- 시료 1

$\sigma' = \sigma_3 + (\Delta\sigma_d)_f = 70.30 + 173.66 = 243.96\text{kN/m}^2$

- 시료 2

$\sigma' = \sigma_3 + (\Delta\sigma_d)_f = 105.46 + 235.53 = 340.99\text{kN/m}^2$

- 과압밀의 경우 관계식을 적용하면

$$\sigma' = \sigma_3' \tan^2\left(45^\circ + \frac{\phi}{2}\right) + 2c\ \tan\left(45^\circ + \frac{\phi}{2}\right)$$

- 시료 1에 대하여

$$243.96 = 70.30\tan^2\left(45^\circ + \frac{\phi}{2}\right) + 2c\ \tan\left(45^\circ + \frac{\phi}{2}\right) \cdots\cdots\cdots\cdots ①식$$

• 시료 2에 대하여

$340.99 = 105.46\tan^2\left(45^\circ + \frac{\phi}{2}\right) + 2c\tan\left(45^\circ + \frac{\phi}{2}\right)$ ....②식

• ② − ①식에서

$97.03 = 35.16\tan^2\left(45^\circ + \frac{\phi}{2}\right)$

$\therefore\ \phi = 27.91^\circ$

• ①식에서

$243.96 = 70.30\tan^2\left(45^\circ + \frac{27.91^\circ}{2}\right) + 2c\tan\left(45^\circ + \frac{27.91^\circ}{2}\right)$

$\therefore\ c = 15.03\text{kN/m}^2$

12 콘크리트 배합에 관련된 사항으로 압축강도의 시험횟수가 14회 이하이거나 기록이 없는 경우로 빈칸의 호칭강도 범위와 배합강도를 쓰시오.

호칭강도 f_{cn}(MPa)	배합강도 f_{cr}(MPa)
시( ) 미만	f_{cn} +( )
( ) 이상 ( ) 이하	f_{cn} +( )
( ) 초과	( )f_{cn} +( )

Solution

호칭강도 f_{cn}(MPa)	배합강도 f_{cr}(MPa)
(21) 미만	f_{cn} +(7)
(21) 이상 (35) 이하	f_{cn} +(8.5)
(35) 초과	(1.1)f_{cn} +(5.0)

건설재료시험 기사 실기 작업형 출제시험 항목

• 콘크리트의 슬럼프 및 공기량시험
• 흙의 액성한계 및 소성한계시험
• 모래치환법에 의한 흙의 밀도시험

기사 2023년 7월 22일 시행

• NOTICE •

한국산업인력공단의 저작권법 저촉에 대한 언급(2013년 2회 시험부터)이 있어 과거에 수험자의 기억을 토대로 작성한 동일한 문제나 그 유형의 문제로 재구성하였으며, 혹 미비한 부분은 계속 수정 보완하겠습니다.

01 시멘트의 응결시간 측정방법에 대한 물음에 답하시오.

(1) 시험의 목적을 간단히 설명하시오.

(2) 시험방법을 2가지 쓰시오.

Solution

(1) 시멘트의 굳기 정도를 측정한다.

(2) ① 비커 침에 의한 방법

② 길모어 침에 의한 방법

02 콘크리트용 골재(KS F 2526)는 규정에 적합한 골재를 사용하여야 한다. 굵은골재의 물리적 성질에 대한 아래 표의 빈칸을 채우시오.

구분	규정 값
절대건조밀도(g/cm^3)	
흡수율(%)	
안정성(%)	
마모율(%)	

Solution

구분	규정 값
절대건조밀도(g/cm^3)	2.50 이상
흡수율(%)	3.0 이하
안정성(%)	12 이하
마모율(%)	40 이하

03 **입도분석용 비중계의 구부 길이가 150mm, 구부 체적이 27,000mm³, 메스실린더 단면적이 2,400mm²이었다. 비중계 구부상단에서 비중계 읽음 부분까지의 거리는 다음과 같다. 각각의 비중계 읽음에 대한 유효깊이를 구하시오.**

비중계 눈금	읽음 상단 거리(mm)	계산 과정	유효깊이(mm)
1.000	116		
1.015	85		
1.035	49		
1.050	25		

Solution

비중계 눈금	읽음 상단 거리(mm)	계산 과정	유효깊이(mm)
1.000	116	116+1/2(150－27,000/2,400)	185.4
1.015	85	85＋1/2(150－27,000/2,400)	154.4
1.035	49	49＋1/2(150－27,000/2,400)	118.4
1.050	25	25＋1/2(150－27,000/2,400)	94.4

여기서, 유효깊이 $L = L_1 + \frac{1}{2}\left(L_2 - \frac{V_B}{A}\right)$

L_1 : 중계 구부의 상단에서 읽은 점까지의 거리

L_2 : 중계 구부 길이

V_B : 중계 구부 체적

A : 스실리더 단면적

04 **그림과 같이 $P = 40\text{kN/m}^2$의 등분포하중이 작용할 때 다음 물음에 답하시오.(단, $\gamma_w = 9.81\text{kN/m}^3$이다. 소수 넷째 자리에서 반올림하시오.)**

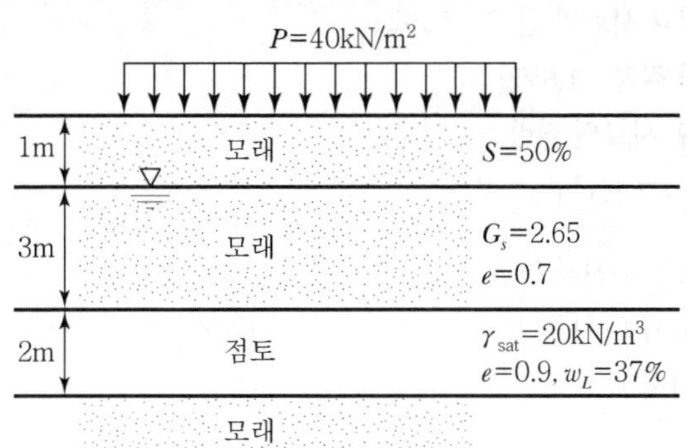

(1) 지하수면 아래 모래지반의 수중밀도를 구하시오.

(2) Skempton 공식에 의한 점토지반의 압축지수를 구하시오.(단, 시료는 불교란 상태이다.)

(3) 점토지반의 최종 압밀침하량을 구하시오.

Solution

(1) $\gamma_{\text{sub}} = \dfrac{G_s - 1}{1+e}\gamma_\omega = \dfrac{2.65-1}{1+0.7} \times 9.81 = 9.521\text{kN/m}^3$

(2) $C_c = 0.009(\omega_L - 10) = 0.009(37-10) = 0.243$

(3) • 지하수면 위 모래지반의 습윤밀도

$$\gamma_t = \frac{G_s + \dfrac{S \cdot e}{100}}{1+e} \cdot \gamma_\omega = \frac{2.65 + \dfrac{50 \times 0.7}{100}}{1+0.7} \times 9.81 = 17.312\text{kN/m}^3$$

• 점토지반의 수중밀도

$$\gamma_{\text{sub}} = \gamma_{\text{sat}} - \gamma_\omega = 20 - 9.81 = 10.19\text{kN/m}^3$$

• 점토층 중앙 유효응력

$$P_1 = 17.312 \times 1 + 9.521 \times 3 + 10.19 \times 1 = 56.065\text{kN/m}^2$$

∴ 최종 압밀침하량

$$\begin{aligned} \Delta H &= \frac{C_c}{1+e}\log\frac{P_2}{P_1} \cdot H \\ &= \frac{C_c}{1+e}\log\frac{(P_1 + \Delta P)}{P_1} \cdot H \\ &= \frac{0.243}{1+0.9}\log\frac{(56.065+40)}{56.065} \times 200 = 5.98\text{cm} \end{aligned}$$

05 굵은골재 밀도 및 흡수율 시험 결과가 다음과 같다. 물음에 산출근거와 답을 쓰시오.(단, 소수 셋째 자리에서 반올림하시오.)

- 표면건조 포화상태의 공기 중 시료의 질량 : 2,231g
- 물속의 철망태와 시료의 질량 : 3,192g
- 물속의 철망태 질량 : 1,855g
- 건조기 건조 후 시료의 질량 : 2,102g
- 물의 밀도 : 0.9970g/cm³

(1) 절대건조밀도를 구하시오.

(2) 겉보기 밀도를 구하시오.

(3) 흡수율을 구하시오.

Solution

(1) $\dfrac{A}{B-C} \times \rho_w = \dfrac{2,102}{2,231 - 1,337} \times 0.9970 = 2.34\text{g/cm}^3$

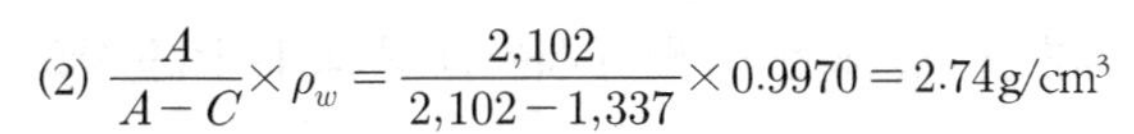

(2) $\dfrac{A}{A-C}\times\rho_w=\dfrac{2{,}102}{2{,}102-1{,}337}\times0.9970=2.74\text{g/cm}^3$

(3) $\dfrac{B-A}{A}\times100=\dfrac{2{,}231-2{,}102}{2{,}102}\times100=6.14\%$

여기서, A : 건조기 건조 후 시료의 질량

B : 표면건조 표화상태의 공기 중 시료의 질량

C : 수중의 시료의 질량$=3{,}192-1{,}855=1{,}337$g

ρ_w : 물의 밀도

06 도로의 평판재하시험방법(KS F 2310)에 대한 물음에 답하시오.

(1) 재하판 위에 잭을 놓고 지지력 장치와 조합하여 소요의 반력을 얻을 수 있도록 장치하여야 하는데, 이때 지지력 장치의 지지점은 재하판 바깥쪽에서 얼마 이상 떨어져 배치하여야 하는가?

(2) 평판에 하중을 재하시킬 때 단계적으로 하중을 증가시켜야 하는데 그 하중강도의 크기는?

(3) 평판재하시험은 최종적으로 언제 끝내야 하는가?

Solution

(1) 1m

(2) 35kN/m^2

(3) ① 침하량이 15mm에 도달할 경우

② 하중강도가 현장에서 예상되는 최대 접지압의 크기를 넘을 때

③ 하중강도가 그 지반의 항복점을 넘을 때

07 아스팔트 침입도 시험의 정밀도에 대한 설명이다. 다음 물음에 답하시오.

(1) 동일한 시험실에서 동일인이 동일한 시험기로 시간을 달리하여 동일 시료를 2회 시험했을 때 정밀도에 관한 식을 쓰시오.(단, A_m : 시험 결과의 평균치)

(2) 서로 다른 시험실에서 서로 다른 사람이 다른 시험기로 동일 시료를 각각 1회씩 시험했을 때 정밀도에 관한 식을 쓰시오.(단, A_p : 시험 결과의 평균치)

Solution

(1) 허용차$=0.02\times A_m+2$

(2) 허용차$=0.04\times A_p+4$

08 Vibroflotation 공법에 의해 사질토 지반을 개량하는 데 있어 사용할 옹벽의 뒤채움재의 적합 여부를 판정하시오.

[조건] $D_{10} = 0.36\text{mm}$, $D_{20} = 0.52\text{mm}$, $D_{50} = 1.42\text{mm}$

Solution

• 적합지수

$$S_N = 1.7\sqrt{\frac{3}{(D_{50})^2} + \frac{1}{(D_{20})^2} + \frac{1}{(D_{10})^2}}$$

• 적합지수에 따른 채움재료의 등급

S_N의 범위	0~10	10~20	20~30	30~50	50 이상
등급	우수	양호	적합	불량	불가

• $S_N = 1.7\sqrt{\frac{3}{(1.42)^2} + \frac{1}{(0.52)^2} + \frac{1}{(0.36)^2}} = 6.11$

∴ 우수하다.

09 아스팔트질 혼합물의 증발감량 시험결과에 대한 물음에 답하시오.

(1) 시료의 항온 공기 중탕 내의 온도와 유지 시간은 얼마인가?

① 시료의 항온 공기 중탕 내 온도

② 시료의 항온 공기 중탕 내 온도 유지시간

(2) 아스팔트질 혼합물의 증발감량 시험결과 다음과 같을 때 이 아스팔트의 증발 무게 변화율을 구하시오.

• 시료 채취량 : 50g　　• 증발 후의 시료의 무게 : 49.7g

(3) 동일 시험실에서 동일인이 동일 시험기로 동일 시료를 2회 시험했을 때 빈칸의 시험 결과 허용차를 쓰시오.

증발 무게 변화율(%)	반복성의 허용차(%)
0.5 이하	0.1
0.5 초과 1.0 이하	
1.0을 초과하는 것	0.3 또는 평균값의 10%(어느 쪽이든 큰 쪽을 택한다.)

Solution

(1) ① 163℃

② 5시간

(2) 증발 무게 변화율

$$V=\frac{W-W_s}{W_s}\times 100=\frac{49.7-50}{50}\times 100=-0.6\%$$

(3) 0.20

10 **콘크리트 시방배합의 결과 단위 시멘트량 320kg, 단위 수량 165kg, 단위 잔골재량 705.4kg, 단위 굵은골재량 1,134.6kg이었다. 현장배합을 위한 검사 결과 잔골재 속의 5mm체에 남은 양 1%, 굵은골재 속의 5mm체를 통과하는 양 4%, 잔골재의 표면수 1%, 굵은골재의 표면수 3%일 때 현장 배합량의 단위 잔골재량, 단위 굵은골재량, 단위 수량을 구하시오.**

Solution

(1) 단위 잔골재량(S)

① 입도 보정

$$\frac{100S-b(S+G)}{100-(a+b)}=\frac{100\times 705.4-4(705.4+1{,}134.6)}{100-(1+4)}=665.05\text{kg}$$

② 표면수 보정

$665.05\times 0.01=6.65\text{kg}$

$\therefore S=665.05+6.65=671.70\text{kg}$

(2) 단위 굵은골재량(G)

① 입도 보정

$$\frac{100G-a(S+G)}{100-(a+b)}=\frac{100\times 1{,}134.6-1(705.4+1{,}134.6)}{100-(1+4)}=1{,}174.95\text{kg}$$

② 표면수 보정

$1{,}174.95\times 0.03=35.25\text{kg}$

$\therefore G=1{,}174.95+35.25=1{,}210.20\text{kg}$

(3) 단위 수량(W)

$165-(6.65+35.25)=123.10\text{kg}$

11 **교란되지 않은 시료에 대한 일축압축시험 결과가 아래와 같으며, 파괴면과 수평면이 이루는 각도는 60°이다. 물음에 답하시오.(단, 시험체의 크기는 평균직경 3.5cm, 단면적 962mm², 길이 80mm이다.)**

(1) 빈칸을 완성하시오.

압축량 ΔH(1/100mm)	압축력 P(N)	ε(%)	σ(kPa)
0	0		
20	9		
60	44		
100	90.8		
140	126.7		
180	150.3		
220	164.7		
260	172		
300	174		
340	173.4		
400	169.2		
480	159.6		

(2) 압축응력(kPa)과 변형률(ε)의 관계도를 그리고 일축압축강도를 구하시오.

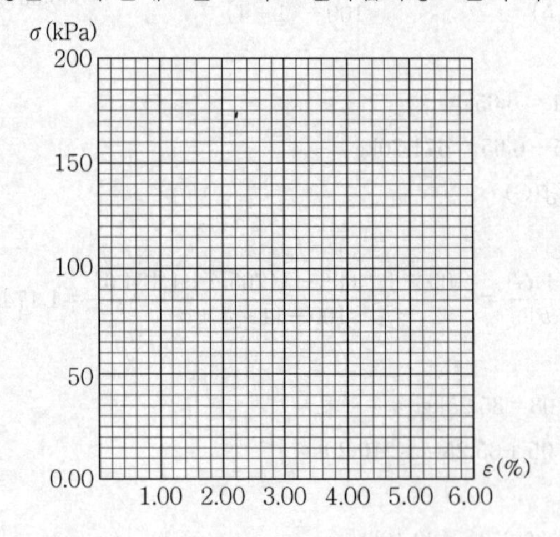

Solution

(1)

압축량 ΔH(1/100mm)	압축력 P(N)	ε(%)	$\left(1-\frac{\varepsilon}{100}\right)$	σ(kPa)
0	0	0	0	
20	9	0.25	0.9975	9.33
60	44	0.75	0.9925	45.39
100	90.8	1.25	0.9875	93.20
140	126.7	1.75	0.9825	129.40
180	150.3	2.25	0.9775	152.72
220	164.7	2.75	0.9725	166.50
260	172	3.25	0.9675	172.98
300	174	3.75	0.9625	174.09
340	173.4	4.25	0.9575	172.59
400	169.2	5.0	0.95	167.09
480	159.6	6.0	0.94	155.95

변형률 $\varepsilon(\%) = \frac{\Delta l}{l} \times 100$

여기서, l : 시료길이(80mm), Δl : 압축량

$$\sigma = \frac{P}{A_o} \times \left(1-\frac{\varepsilon}{100}\right) \times 1{,}000\,(\text{kPa})$$

여기서, A_o : 처음 시료의 평균단면적(962mm^2)

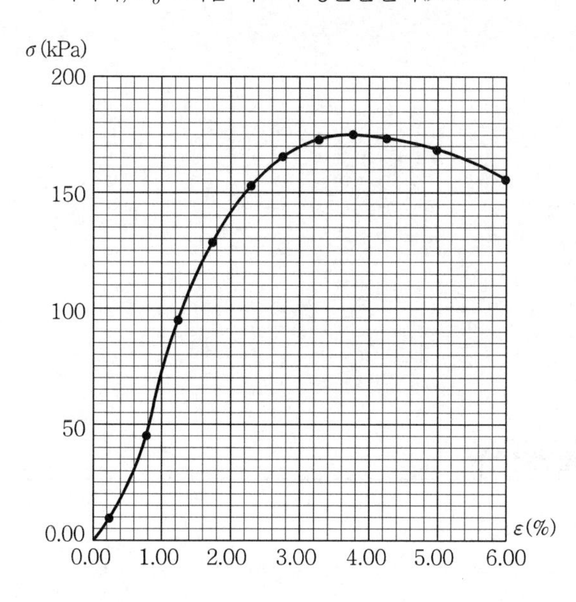

$q_u = 174.09\text{kPa}$

12 **토층의 깊이가 100cm인 노상이 있다. 이 토층이 다음과 같이 각각 다른 5층의 흙으로 구성되어 있다고 할 때 이 층의 평균 CBR값을 구하시오.**

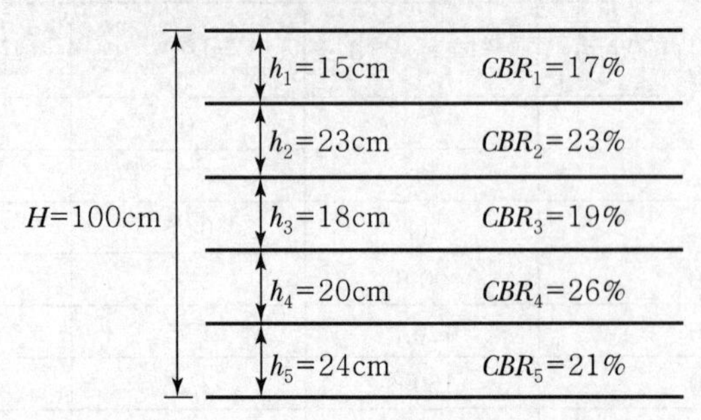

Solution

$$CBR_m = \left(\frac{h_1 \times CBR_1^{\frac{1}{3}} + h_2 \times CBR_2^{\frac{1}{3}} + \cdots + h_n \times CBR_n^{\frac{1}{3}}}{H} \right)^3$$

$$= \left(\frac{15 \times 17^{\frac{1}{3}} + 23 \times 23^{\frac{1}{3}} + 18 \times 19^{\frac{1}{3}} + 20 \times 26^{\frac{1}{3}} + 24 \times 21^{\frac{1}{3}}}{100} \right)^3 = 21.36\%$$

건설재료시험 기사 실기 작업형 출제시험 항목

- 콘크리트의 슬럼프 및 공기량시험
- 흙의 액성한계 및 소성한계시험
- 모래치환법에 의한 흙의 밀도시험

기사 2023년 11월 5일 시행

• NOTICE •

이 문제는 수험자의 기억을 토대로 작성하였으므로 실제문제와 일부 다를 수도 있습니다. 문제해설과 해답은 오류가 없도록 최선을 다하였으나 혹 미비한 부분은 계속 수정 보완하겠습니다.

01 현장에서 모래치환법에 의한 다음의 밀도시험결과표를 보고 물음에 답하시오.

• 구멍 속 흙의 무게 : 4,150g	• 구멍 속 흙의 함수비 : 20%
• 구멍 속 모래 무게 : 2,882g	• 모래 단위 중량 : 1.35g/cm³
• 실내 최대건조밀도 : 1.68g/cm³	• 물의 단위 중량 : 1g/cm³
• 흙의 비중 : 2.72	

(1) 건조밀도(γ_d)를 구하시오.

(2) 공극비(e)와 공극률(n)을 구하시오.

(3) 다짐도를 구하시오.

Solution

(1) • $\gamma_{모래} = \dfrac{W}{V}$

$1.35 = \dfrac{2,882}{V}$

$\therefore V = 2,135\text{cm}^3$

• $\gamma_t = \dfrac{W}{V} = \dfrac{4,150}{2,135} = 1.944\text{g/cm}^3$

• $\gamma_d = \dfrac{\gamma_t}{1+\dfrac{w}{100}} = \dfrac{1.944}{1+\dfrac{20}{100}} = 1.62\text{g/cm}^3$

(2) • $e = \dfrac{\gamma_w}{\gamma_d} G_s - 1 = \dfrac{1}{1.62} \times 2.72 - 1 = 0.68$

• $n = \dfrac{e}{1+e} \times 100 = \dfrac{0.68}{1+0.68} \times 100 = 40.48\%$

(3) $다짐도 = \dfrac{\gamma_d}{\gamma_{d\max}} \times 100 = \dfrac{1.62}{1.68} \times 100 = 96.43\%$

02 골재의 안정성 시험의 목적과 사용되는 용액 2가지를 쓰시오.

(1) 목적
(2) 사용하는 시약 2가지

Solution

(1) 골재의 내구성을 알기 위해서 시험하는 것이다.
(2) ① 황산나트륨
　 ② 염화바륨

03 역청 포장용 혼합물로부터 역청의 정량추출시험을 하여 아래와 같은 결과를 얻었다. 역청함유율(%)을 계산하시오.(단, 소수 셋째 자리에서 반올림하시오.)

- 시료의 무게=2,230g
- 시료 중 물의 무게=110g
- 추출된 광물질의 무게=1,857.4g
- 추출 물질 속의 회분의 무게=93g
- 필터의 증가분 무게=5.4g

Solution

$$역청\ 함유율 = \frac{(W_1 - W_2) - (W_3 + W_4 + W_5)}{W_1 - W_2} \times 100$$

$$= \frac{(2,230 - 110) - (1,857.4 + 93 + 5.4)}{2,230 - 110} \times 100 = 7.75\%$$

여기서, W_1 : 시료의 무게
W_2 : 시료 중 물의 무게
W_3 : 추출된 광물질의 무게
W_4 : 추출 물질 속의 회분의 무게
W_5 : 필터의 증가분 무게

04 콘크리트 배합에 관련된 사항이다. 물음에 답하시오.

(1) $f_{cq} \leq 35$MPa일 때 f_{cr} 식 2가지를 쓰시오.
(2) $f_{cq} > 35$MPa일 때 f_{cr} 식 2가지를 쓰시오.
(3) 압축강도의 시험 횟수가 29회 이하일 때 빈칸에 표준편차의 보정계수를 쓰시오.

시험 횟수	표준편차의 보정계수
15	( )
20	( )
25	( )
30 이상	1.0

(4) 압축강도의 시험 횟수가 14회 이하이거나 기록이 없는 경우의 배합강도를 쓰시오.

호칭강도(MPa)	배합강도(MPa)
21 미만	( )
21 이상 35 이하	( )
35 초과	( )

Solution

(1) ① $f_{cr} = f_{cq} + 1.34s$

② $f_{cr} = (f_{cq} - 3.5) + 2.33s$

(2) ① $f_{cr} = f_{cq} + 1.34s$

② $f_{cr} = 0.9f_{cq} + 2.33s$

(3)

시험 횟수	표준편차의 보정계수
15	(1.16)
20	(1.08)
25	(1.03)
30 이상	1.0

(4)

호칭강도(MPa)	배합강도(MPa)
21 미만	($f_{cn} + 7$)
21 이상 35 이하	($f_{cn} + 8.5$)
35 초과	($1.1f_{cn} + 5.0$)

05 부순 굵은골재의 최대치수 25mm, 슬럼프 120mm, 물－결합재비 58.8%의 콘크리트 1m³를 만들기 위하여 잔골재율(S/a), 단위 수량(W)을 보정하고 단위 시멘트량(C), 단위 잔골재량(S), 단위 굵은골재량(G)을 구하시오.(단, 갇힌 공기량 1.5%, 시멘트 밀도 0.00317g/mm³, 잔골재 밀도 0.00257g/mm³, 잔골재 조립률 2.85, 굵은골재 밀도 0.00275g/mm³, 공기연행제 및 혼화재는 사용하지 않는다.)

[표 1] 콘크리트의 단위 굵은골재 용적, 잔골재율 및 단위 수량의 대략값

굵은 골재의 최대 치수 (mm)	단위 굵은 골재 용적 (%)	공기연행제를 사용하지 않은 콘크리트			공기연행 콘크리트				
		갇힌 공기 (%)	잔골 재율 $\frac{S}{a}$(%)	단위 수량 W (kg/m³)	공기량 (%)	양질의 공기연행제를 사용한 경우		양질의 공기연행감수제를 사용한 경우	
						잔골 재율 $\frac{S}{a}$(%)	단위 수량 W (kg/m³)	잔골 재율 $\frac{S}{a}$(%)	단위 수량 W (kg/m³)
15	58	2.5	53	202	7.0	47	180	48	170
20	62	2.0	49	197	6.0	44	175	45	165
25	67	1.5	45	187	5.0	42	170	43	160
40	72	1.2	40	177	4.5	39	165	40	155

1) 이 표의 값은 보통의 입도를 가진 잔골재(조립률 2.8 정도)와 부순 돌을 사용한 물－결합재비 55% 정도 슬럼프 80mm 정도의 콘크리트에 대한 것이다.
2) 사용재료 또는 콘크리트의 품질이 1)의 조건과 다를 경우에는 위의 표의 값을 다음 표에 따라 보정한다.

[표 2] 배합수 및 잔골재율 보정방법

구분	$\frac{S}{a}$의 보정(%)	W의 보정
잔골재의 조립률이 0.1만큼 클(작을) 때마다	0.5만큼 크게(작게) 한다.	보정하지 않는다.
슬럼프 값이 10mm만큼 클(작을) 때마다	보정하지 않는다.	1.2%만큼 크게(작게) 한다.
공기량이 1%만큼 클(작을) 때마다	0.5～1.0만큼 작게(크게) 한다.	3%만큼 작게(크게) 한다.
물－결합재비가 0.05 클(작을) 때마다	1만큼 크게(작게) 한다.	보정하지 않는다.
$\frac{S}{a}$가 1% 클(작을) 때마다	보정하지 않는다.	1.5kg만큼 크게(작게) 한다.
자갈을 사용할 경우	3～5만큼 작게 한다.	9～15kg만큼 작게 한다.
부순 모래를 사용할 경우	2～3만큼 크게 한다.	6～9kg만큼 크게 한다.

단위 굵은골재 용적에 의하는 경우에는 잔골재의 조립률이 0.1만큼 커질(작아질) 때마다 단위 굵은골재 용적을 1%만큼 작게(크게) 한다.

(1) 잔골재율, 단위 수량
(2) 단위 시멘트량
(3) 단위 잔골재량
(4) 단위 굵은골재량

Solution

(1) • 잔골재율 보정

① 잔골재 조립률 보정 : $\frac{2.85-2.8}{0.1}\times 0.5=0.25\%$

② 물-결합재비 보정 : $\frac{0.588-0.55}{0.05}\times 1=0.76\%$

$\therefore\ \frac{S}{a}=45+0.25+0.76=46.01\%$

• 단위 수량 보정

① 슬럼프 값 보정 : $\frac{120-80}{10}\times 1.2=4.8\%$

② $\frac{S}{a}$ 보정 : $\frac{46.01-45}{1}\times 1.5=1.515\text{kg}$

$\therefore\ W=187(1+0.048)+1.515=197.49\text{kg}$

(2) $\frac{W}{B}=58.8\%=0.588$

$\therefore\ B=\frac{W}{0.588}=\frac{197.49}{0.588}=335.9\text{kg}$

(3) • 단위 골재량의 절대부피

$$V=1-\left(\frac{\text{단위 수량}}{\text{물의 밀도}\times 1{,}000}+\frac{\text{단위 시멘트량}}{\text{시멘트 밀도}\times 1{,}000}+\frac{\text{공기량}}{100}\right)$$

$$=1-\left(\frac{197.49}{1\times 1{,}000}+\frac{335.9}{3.17\times 1{,}000}+\frac{1.5}{100}\right)$$

$$=0.6815\text{m}^3$$

• 단위 잔골재의 절대부피

$V_s=V\times\frac{S}{a}=0.6815\times 0.4601=0.3136\text{m}^3$

• 단위 잔골재량

S=단위 잔골재의 절대부피×잔골재 밀도×1,000

$=0.3136\times 2.57\times 1{,}000=806\text{kg}$

(4) • 단위 굵은골재의 절대부피

$V_G=V-V_s=0.6815-0.3136=0.3679\text{m}^3$

• 단위 굵은골재량

G=단위 굵은골재의 절대부피×굵은골재 밀도×1,000

$=0.3679\times 2.75\times 1{,}000=1{,}012\text{kg}$

여기서, 시멘트 밀도 $0.00317\text{g/mm}^3=3.17\text{g/cm}^3$

잔골재 밀도 $0.00257\text{g/mm}^3=2.57\text{g/cm}^3$

굵은골재 밀도 $0.00275\text{g/mm}^3=2.75\text{g/cm}^3$

06 마샬 안정도 시험을 실시한 결과가 다음과 같다. 물음에 답하시오.(단, 아스팔트의 밀도 : 1.02g/cm³, 혼합되는 건조골재의 밀도 : 2.712g/cm³이다.)

공시체 번호	아스팔트 혼합률	두께(cm)	중량(g)		용적(cm³)
			공기중	수중	
1	4.5	6.29	1,151	668	486
2	4.5	6.30	1,159	674	485
3	4.5	6.31	1,162	675	487

(1) 아스팔트의 실측밀도를 구하시오.(단, 소수 넷째 자리에서 반올림하시오.)

공시체 번호	실측밀도(g/cm³)
1	
2	
3	
평균	

(2) 이론 최대밀도를 구하시오.(단, 소수 넷째 자리에서 반올림하시오.)

(3) 아스팔트의 용적률을 구하시오.

(4) 아스팔트의 공극률을 구하시오.

(5) 아스팔트의 포화도를 구하시오.

Solution

(1) 실측밀도

$$\frac{\text{공기 중 중량(g)}}{\text{용적(cm}^3\text{)}}$$

① $\frac{1,151}{486} = 2.368\text{g/cm}^3$

② $\frac{1,159}{485} = 2.390\text{g/cm}^3$

③ $\frac{1,162}{487} = 2.386\text{g/cm}^3$

$$\text{평균} = \frac{(2.368 + 2.390 + 2.386)}{3} = 2.381\text{g/cm}^3$$

공시체 번호	실측밀도(g/cm³)
1	2.368
2	2.390
3	2.386
평균	2.381

(2) 이론 최대밀도

$$\frac{100}{\frac{A}{G_b} + \frac{100 - A}{G_{ag}}}$$

$$= \frac{100}{\frac{4.5}{1.02} + \frac{100 - 4.5}{2.712}} = 2.524\text{g/cm}^3$$

여기서, A : 아스팔트 혼합률

G_b : 아스팔트 밀도

G_{ag} : 혼합된 골재의 평균밀도

(3) 용적률

$$\frac{\text{아스팔트 함량} \times \text{실측밀도}}{\text{아스팔트 밀도}} = \frac{4.5 \times 2.381}{1.02} = 10.504\%$$

(4) 공극률

$$\left(1 - \frac{\text{실측밀도}}{\text{이론밀도}}\right) \times 100 = \left(1 - \frac{2.381}{2.524}\right) \times 100 = 5.665\%$$

(5) 포화도

$$\frac{\text{용적률}}{\text{용적률} + \text{공극률}} \times 100 = \frac{10.50}{10.50 + 5.67} \times 100 = 64.935\%$$

07 굵은골재 및 잔골재의 체가름 시험방법(KSF 2502)에 관해 다음 물음에 답하시오.

(1) 굵은골재의 체가름 시 최소 건조질량 기준을 쓰시오.

(2) 잔골재의 체가름 시 최소 건조질량 기준을 쓰시오.

(3) 구조용 경량골재의 체가름 시 최소 건조질량 기준을 쓰시오.

Solution

(1) 골재 최대치수(mm)의 0.2배를 kg으로 표시한 양으로 한다.

(2) ① 1.2mm 체를 95%(질량비) 이상 통과하는 것에 대한 최소 건조질량은 100g이다.

② 1.2mm 체에 5%(질량비) 이상 남는 것에 대한 최소 건조질량은 500g이다.

(3) 위 굵은골재 및 잔골재의 최소 건조질량의 1/2로 한다.

08 정규압밀점토에 대하여 압밀배수삼축압축시험을 실시하였다. 시험결과 구속압력을 28kN/m^{2}로 하고 축차응력 28kN/m^{2}를 가하였을 때 파괴가 일어났다. 다음 물음에 답하시오.(단, 점착력 $C=0$)

(1) 내부마찰각을 구하시오.

(2) 파괴면이 최대 주응력 면과 이루는 각을 구하시오.

(3) 파괴면에서의 수직응력을 구하시오.

(4) 파괴면에서의 전단응력을 구하시오.

Solution

(1) $\sigma_1 = \sigma_3 + (\sigma_1 - \sigma_3) = 28 + 28 = 56\text{kN/m}^2$

$\sigma_3 = 28\text{kN/m}^2$

$\sin\phi = \dfrac{\sigma_1 - \sigma_3}{\sigma_1 + \sigma_3}$

$\phi = \sin^{-1}\dfrac{\sigma_1 - \sigma_3}{\sigma_1 + \sigma_3} = \sin^{-1}\dfrac{56-28}{56+28} = 19.47°$

(2) $\theta = 45° + \dfrac{\phi}{2} = 45° + \dfrac{19.47°}{2} = 54.74°$

(3) $\sigma = \dfrac{\sigma_1 + \sigma_3}{2} + \dfrac{\sigma_1 - \sigma_3}{2}\cos 2\theta$

$= \dfrac{56+28}{2} + \dfrac{56-28}{2}\cos(2 \times 54.74°)$

$= 37.33\text{kN/m}^2$

(4) $\tau = \dfrac{\sigma_1 - \sigma_3}{2}\sin 2\theta$

$= \dfrac{56-28}{2}\sin(2 \times 54.74°)$

$= 13.20\text{kN/m}^2$

09 통일분류법과 AASHTO 분류법의 차이점을 쓰시오.

(1)

(2)

(3)

(4)

Solution

(1) 조립토와 세립토의 분류를 통일분류법에서는 No.200체 통과량의 50%를 기준으로 하지만 AASHTO 분류법에서는 35%를 기준으로 한다.

(2) 자갈과 모래의 분류를 통일분류법에서는 No.4체를 기준으로 하지만 AASHTO 분류법에서는 No.10체를 기준으로 한다.

(3) 통일분류법에서는 자갈질 흙과 모래질 흙의 구분이 명확하나 AASHTO 분류법에서는 명확하지 않다.

(4) 유기질 흙은 통일분류법에서는 있으나 AASHTO 분류법에서는 없다.

10 도로 토공현장에서 현장밀도 측정방법인 모래치환법을 제외한 측정방법 4가지를 쓰시오.

(1)

(2)

(3)

(4)

Solution

(1) 물 치환법
(2) γ선 산란형 밀도계에 의한 방법(방사선법)
(3) 기름 치환법
(4) 코어 커터(Core Cutter)에 의한 방법(절삭법)

11 압밀시험의 $\sqrt{t}$ 법 그래프를 그리고 설명하시오.

Solution

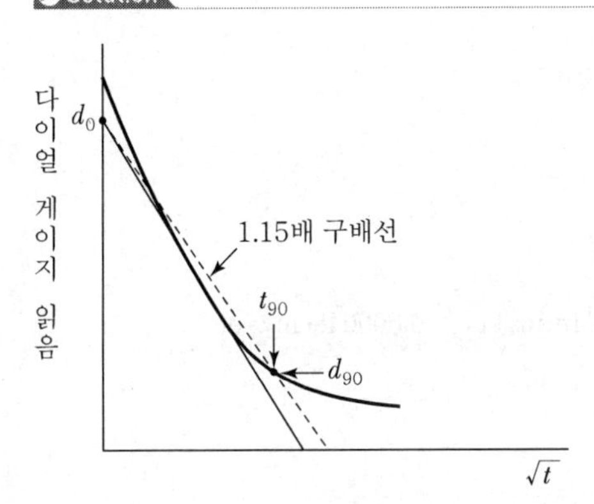

(1) 다이얼 게이지 변형량(압밀량)과 대응하는 시간으로 곡선을 그린다.
(2) 초기의 직선부(접선)를 그리고 d_0 값을 구한다.
(3) 직선부분의 1 : 1.15배 구배로 직선을 긋는다.
(4) 1.15배선과 시험곡선의 교점을 압밀도 90%점으로 d_{90}, t_{90}을 읽는다.

12 **점토의 변수위 투수시험을 수행하여 다음과 같은 실험값을 얻었다. 이 점토의 투수계수는 얼마인가?(소수 일곱째 자리에서 반올림하시오.)**

- 시료의 지름 : 8cm
- 파이프 지름 : 0.5cm
- 스탠드 파이프 내 초기 수위부터 최종 수위까지 수위 하강에 걸린 시간 : 30분
- 시료의 높이 : 20cm
- 스탠드 파이프 내 초기 수위 : 50cm
- 스탠드 파이프 내 종료 수위 : 17cm
- 온도 : 15℃

Solution

$K = 2.3\dfrac{a \times L}{A \times t}\log\dfrac{h_1}{h_2}$

$a = \dfrac{\pi D^2}{4} = \dfrac{\pi \times 0.5^2}{4} = 0.196 = 0.2\text{cm}^2 = 20\text{mm}^2$

$A = \dfrac{\pi D^2}{4} = \dfrac{\pi \times 8^2}{4} = 50.265 = 50.27\text{cm}^2 = 5{,}027\text{mm}^2$

$L = 200\text{mm}$

$t = 30 \times 60 = 1{,}800$초

$h_1 = 500\text{mm}, \ h_2 = 170\text{mm}$

$\therefore \ K = 2.3 \times \dfrac{20 \times 200}{5{,}027 \times 1{,}800} \times \log\dfrac{500}{170} = 0.0004764\text{mm/sec} = 0.000048\text{cm/sec}$

건설재료시험 기사 실기 작업형 출제시험 항목

- 콘크리트의 슬럼프 및 공기량시험
- 흙의 액성한계 및 소성한계시험
- 모래치환법에 의한 흙의 밀도시험

건설재료시험
기사 · 산업기사 실기

발행일 | 1999. 3. 1 초판 발행
2008. 5. 30 개정 13판1쇄
2009. 1. 10 개정 14판1쇄
2009. 6. 15 개정 15판1쇄
2010. 4. 1 개정 16판1쇄
2011. 3. 1 개정 17판1쇄
2012. 1. 30 개정 18판1쇄
2013. 1. 5 개정 19판1쇄
2014. 1. 15 개정 20판1쇄
2015. 1. 15 개정 21판1쇄
2016. 2. 15 개정 22판1쇄
2017. 1. 15 개정 23판1쇄
2018. 1. 15 개정 24판1쇄
2019. 1. 20 개정 25판1쇄
2020. 2. 10 개정 26판1쇄
2021. 3. 31 개정 27판1쇄
2022. 2. 20 개정 28판1쇄
2023. 3. 20 개정 29판1쇄
2024. 1. 30 개정 30판1쇄

편 저 | 고행만
발행인 | 정용수
발행처 | 예문사

주 소 | 경기도 파주시 직지길 460(출판도시) 도서출판 예문사
TEL | 031) 955-0550
FAX | 031) 955-0660
등록번호 | 11-76호

정가 : 28,000원

ISBN 978-89-274-5343-7 13530

내가 뽑은 1 원픽!

최신 출제경향에 맞춘 최고의 수험서

www.yeamoonsa.com

2024

건설재료시험

기사·산업기사

실기

이 책의 구성

값 28,000원

ISBN 978-89-274-5343-7